Friedrich v. Sydow

InformLex

Ein Lexikon für Abkürzungen (z.T. Akronyme) und Metaphern von a bis ZZZ mit 2587 Einträgen aus Informatik und Umfeld. Herkunft und Bedeutung der Stichwörter sind erläutert.

An wen sich das Werk beispielsweise richtet ...

Anwender von Datenverarbeitung/Datenkommunikation oder Informationstechnik, berufstätige Informatiker, Bibliotheken, Dokumentare, Einkäufer, Entwickler, Ingenieure, Lehrer, Manager, Mathematiker, Naturwissenschaftler, Normer, Ökonomen, Patentbüros, Prüflaboratorien, Publizisten, Rechtsanwälte, Redakteure, Sachverständige, Softwarehäuser, Stabsstellen, Studenten, Techniker, Terminologen, Übersetzer – als Beteiligte an Informationstechnik, deren Beobachter oder davon Betroffene.

185 charakteristische Beispiele für über 2500 aufgenommene Stichwörter sind ...

abs, ACE, ACM, Ada, AdW, AGB, ANSI, APL, arc, ASCII, ASIC, BASIC, BCS, Bd, BDSG, BIOS, bit, BRD, Btx, BVB, Byte, CALM, C++, CAE, CASE, CBEMA, CEN, CH, CIM, COBOL, COCOM, COSINE, CSL, Datex, DBMS, DDR, DFG, DIA, DIN, DIR, DMV, DOS, Ebone, ec, EARN, ECMA, EDIFACT, EG, EGA, E-Mail, EISA, EN, ent, EP, EPHOS, Esprit, ETSI, EUnet, EuroKom, EWOS, FDT, Fido, FIFO, FIZ, Fortran, FTAM, GAMM, GATT, GDV, Gflops, ggT, GI, gon, HDN, HDTV, Helios, HIPPI, HRK, Hypertext, IC, ICOT, IEEE, iff, IFIP, in, Inform., Internet, IR, IRD, ISBN, ISDN, ISO, ISP, IT, ITG, ITSEC, IXI, JESSI, JTC1, JURIS, kgV, KI, KS, LAN, LIFO, LISP, LSI, Math., MCA, MESZ, MHS, MIMD, ML, mod, Modula-P, Motif, NAND, NI, NIST, NOR, NP, NREN, Occam, ODA, ODP, OECD, OMG, OODB, OOP, OR, OSE, OSF, OSI, Pascal, PCI, Pentium, PERT, PL/I, PLZ, POSIX, POWER, PREMO, PROLOG, PrT, QoS, RACE, rad, RARE, RDBS, RGB, RISC, RSA, Scheme, SCSI, SGML, sgn, SI, Simula, SOGITS, SQL, TCP/IP, $\mathrm{T_EX}$, Thesaurus, Transputer, TRON, UCS, Unix, UrhG, Usenet, UTC, V.24, VDI, VDMA, VGA, VLSI, WIN, WYSIWYG, X.25, X/Open, XOR, YP, ZIP, ZKP, ZVEI, ZZF.

Friedrich v. Sydow

InformLex

Lexikon für Abkürzungen und Metaphern in Informatik und Umfeld

Die Deutsche Bibliothek – CIP-Einheitsaufnahme

Sydow, Friedrich v.:
InformLex: Lexikon für Abkürzungen und Metaphern in Informatik und Umfeld / Friedrich v. Sydow. – Braunschweig; Wiesbaden: Vieweg, 1994
ISBN 3-528-05301-1

NE: HST

Der Verlag Vieweg ist ein Unternehmen der Verlagsgruppe Bertelsmann International.

Druck und buchbinderische Verarbeitung: W. Langelüddecke, Braunschweig
Gedruckt auf säurefreiem Papier
Printed in Germany

ISBN 3-528-05301-1

Vorwort

Dieses Lexikon soll Aufschluß über die Bedeutung von Abkürzungen (u.a. Akronymen, Buchstabensymbolen) und Metaphern in Informatik und Umfeld geben, die in dem Bereich besonders zahlreich auftreten. Insbesondere für Informatik sowie Normung und Standards der Informatik bzw. der Informationstechnik (IT) soll es Beobachtern, Beteiligten und Betroffenen (als Zielgruppen) nützliche Hilfe bieten, sich in dem Wirrwarr zurechtzufinden.

Die Orientierung einer derartigen Arbeitshilfe an Abkürzungen und Wortmetaphern als Stichwörtern bringt natürlich eine Filterwirkung mit sich, insofern sonstige Termini nicht erfaßt sind (von wenigen Ausnahmen abgesehen). Sie ist *keine Empfehlung zu rücksichtsloser Verwendung von Abkürzungen oder Metaphern, sondern eine Hilfe zu deren Verständnis* und dem, was sich dahinter verbirgt. Zwischen Kürze und Verständlichkeit seiner Texte muß jeder selbst abwägen, kontext- und situationsabhängig.

Zielgruppen und gegenseitige Durchdringung von Fachwelt und Normungswelt erforderten Einbeziehung sehr unterschiedlicher Gegebenheiten, für deren Auswahl ein Profil angestrebt wurde, das auch zugehörige Institutionen, Vereinigungen und rechtliche Bestimmungen berücksichtigt.

Es wurden Stichwörter aufgenommen, die einem in Fach- oder Managementtexten begegnen. Die Aufnahme bestimmter Abkürzungen oder Metaphern besagt also noch nicht, daß sie normgerecht wären. Es wurden auch solche Stichwörter berücksichtigt, die wohl in keiner Norm enthalten sind, wenn ihre Gegenstände in der fach- oder normungsbezogenen Diskussion eine Rolle spielen, wie AGB, BDSG, BVB, GATT, GI, IFIP, MITI, OECD, OSF, UrhG, SPAG, X/Open, oder auch nur negativ darin vorkommen, wie das altbackene EDV.

In IT-Normen enthaltene Abkürzungen sind keineswegs vollständig erfaßt, sondern im allgemeinen nur dann, wenn ihnen nicht ausschließlich eine lokale Bedeutung zukommt.

Vorläufer des Manuskripts waren zwei GMD-Arbeitspapiere, Nr. 372 von 1988 mit 639 Einträgen und Nr. 400 von 1989 mit 1364 Einträgen. Dieses Lexikon enthält nunmehr 2587 Einträge. Doch wurde es gegenüber dem letzten Arbeitspapier nicht nur ergänzt, sondern auch in vielem neugefaßt, da sowohl der vorläufige Charakter vieler Einträge als auch die atemraubende Entwicklung in aller Welt und besonders die in Europa es erforderlich machten.

Die Vollendung des EG-europäischen Binnenmarktes Ende 1992 erfordert[e] zwingend die Harmonisierung der Normen der Informationstechnik (IT) wie die anderer Bereiche. Neben gemeinschaftlich - vorwiegend international oder europäisch - erarbeiteten IT-Normen in großer Zahl, oft bereichsweise orientiert an Referenzmodellen (RMs), spielen IT-Standards anderer Art eine Rolle, die von Marktführern oder Gruppierungen gesetzt werden. Beide Bereiche bestehen nicht unabhängig voneinander. Sie sind vielmehr aufeinander bezogen und konditionieren sich gegenseitig. Zahlreiche Gruppierungen nehmen Einfluß, viele von ihnen eigens zu diesem Zweck gegründet.

Mancherlei Einfluß geht von EG-europäischen Projekten wie denen von Esprit, RACE oder EUREKA aus oder beruht auf US-amerikanischer oder japanischer Förderung. Auch geopolitische Veränderungen wie die unerwartete Überwindung deutscher Zweistaatlichkeit wirken sich in diesen Zusammenhängen aus. So ist das Deutsche Institut für Normung e.V. (DIN) seit Ende 1990 auch wieder für das östliche Deutschland zuständig, in dem Konsensnormung 1961 durch staatliche Normensetzung des Amts für Standardisierung, Meßwesen und Warenprüfung (ASMW) der ehemaligen DDR ersetzt worden war.

Zahlreiche Referenzen auf Empfehlungen, Gesetze, Normen, Normentwürfe, Richtlinien etc. haben sich gegenüber den Vorläufern aufgrund vieler Neuerscheinungen geändert. Bisher Fehlendes wurde in Abrundung der früheren Ausrichtung ergänzt. Entscheidend für die Auswahl war dabei der Nutzen zum Nachschlagen. Ihm soll auch das neu aufgenommene Register dienen.

Viele Detailverbesserungen gehen wieder auf Zuschriften oder auf Verbesserungsvorschläge zum Manuskript zurück. Ausgewogenheit und Verläßlichkeit einer derartigen Ausarbeitung eines Einzelautors profitieren von solchen Zuschriften erheblich. Darum möchte ich hiermit allen, die zur Verbesserung dieser Arbeitshilfe beigetragen haben, meinen besten Dank sagen (vgl. Dank und Quellen, S. 355). Ebenso danke ich Frau B. Valtinke für die große Mühe und Sorgfalt, die sie auf Schreibsatz und vielfältige Korrekturen des ersten Manuskripts verwendet hat.

Künftige Aktualisierung ist beabsichtigt. Schriftliche Vorschläge zum Inhalt wie auch Verbesserungen zu Details sind mir daher wieder sehr willkommen.

Eine lexikographisch und typographisch bessere Konzeption wurde zugunsten von Aktualisierung und Erweiterung zurückgestellt. Die Erläuterung der Einträge der beiden Vorläufer wurde angepaßt und verdeutlicht.

Bonn, im Februar1994 F. v. Sydow

Inhaltsverzeichnis

Arten der Stichwörter ix

Erläuterung der Einträge xiii

a ... ZZZ (Einträge alphabetisch nach Stichwörtern) ..... 1 - 354

Dank und Quellen 357

Normalwortregister 359

Arten der Stichwörter

Offenbar haben legitime Anforderungen an Sprache (Benennungsbedarf, Internationalität, Ökonomie) neue fachsprachliche Barrieren errichtet, auf die man sich einstellen muß. Diese Erscheinung ist sicherlich nicht als unbedenklich abzutun, behindert sie doch das heute so unerläßliche lebenslängliche Lernen beträchtlich, und zwar am meisten für Informatikanwendung als Kulturtechnik für alle, weniger, aber auch, für Fachleute unter sich. Glanz und Elend dieser Spracherscheinung verlangen unsere Aufmerksamkeit.

Allein die Zahl der *Abkürzungen* (*Akronyme* und andere Arten) ist Legion. Viele von ihnen decken sich mit ungekürzten *Normalwörtern*, oft *Namen*, und sind darum als solche nicht sicher auszumachen, wenn und solange sie einem nicht vertraut sind. Kontrastierende Schreibweise in Versalien (z.B. die von "BASIC") liefert einen Anhaltspunkt, wird aber anscheinend tendenzweise bei Neueinführungen gemieden (z.B. bei "Esprit" neben alternativ "ESPRIT"). Auch der Übergang vom älteren "FORTRAN" auf das neuere "Fortran" erscheint dafür symptomatisch. Erkennbarkeit für Menschen oder gar Übersetzungsprogramme bzw. Expertensysteme ist dann allenfalls im Kontext gegeben.

Hinzu kommen *Wortmetaphern*, in diesem Lexikon zumeist *Namensmetaphern* (z.B. "Pascal"), als Mittel zur Deckung des Bennenungsbedarfs, deren Designate oft im gleichen Dunstkreis liegen wie die von *Abkürzungen* mit Wortcharakter, ja geradezu in geschwisterlicher Nachbarschaft. Das tritt insbesondere bei Programmiersprachen deutlich in Erscheinung (z.B. "Ada", "Occam", "Pascal", "PROLOG", "SMALLTALK" neben "BASIC", "Fortran", "Modula", "Simula"). Aufgrund der bei *Metaphern* eher vorherrschenden gemischten Schreibweise stellt sich auch bei ihnen das Problem der Erkennbarkeit im Kontext.

Die mangelnde Erkennbarkeit beider wortüberdeckender Stichworttypen dieses Lexikons in Texten schließt auch ihrer beider mangelnde Unterscheidbarkeit voneinander ein, um so mehr als beiderlei Benennungen und die mit ihnen vertretenen Bedeutungen benachbart sind. Selbst menschliche Apperzeptionsfähigkeit vermag diese Mängel nur bedingt auszugleichen.

Andere Abkürzungstypen (wie von "APL", "ML", "Modula") weisen nicht oder weniger den Nachteil schwieriger Erkennbarkeit als *Abkürzung* auf, werden aber zum Teil von Menschen als weniger eingängig empfunden und führen ihrer Kürze wegen leichter zu Homonymen (wie "DD"$_{1-3}$, "EMS"$_{1-5}$). Eine fremdsprachliche (meist englische) Langform ist ein zusätzliches Erschwernis.

Unter *Abkürzungen* (von Wörtern oder Fügungen) werden hier alle Arten (relativ) verkürzter Ausdrücke verstanden, unabhängig von ihrer Bildungsweise, Form oder Länge. Sie können selbst als Wörter (anderer Art) aufgefaßt werden und sind grammatisch Gegenstand der Wortbildung (wie die Bildung von Beugungsformen oder die Bildung von Wortverbindungen). Sie haben (im Unterschied zu anderen Wortbildungen) gewöhnlich die gleiche Bedeutung wie ihre Langformen, die sie darum vertreten können (Sprachökonomie), soweit sie eingeführt sind oder als bekannt vorausgesetzt werden können und zumindest keine Verwechslungsgefahr im Nahbereich besteht.

Dieses Lexikon berücksichtigt folgende *Abkürzungstypen:*

Buchstabenwörter mit buchstäblicher (abgesetzter) Aussprache wie ACM, AdW, APL, BDSG, Btx, DBMS, DV, ggT, GI, IQ, IT, ISBN, kgV, KI, MHS, ML, NP, OOP, SGML, VDMA, UCS, ZVEI sowie
solche mit silbischer (gebundener) Aussprache wie ACE, ANSI, ASCII, ASIC, BASIC, bit, CASE, ECMA, EDIFACT, EPHOS, Esprit, FIFO, GAMM, LIFO, LISP, MOTIS, WYSIWYG (bei Zusammensetzung aus den Anfangsbuchstaben mehrerer Wörter heißen Buchstabenwörter auch *Akronyme*) und
solche mit gemischter Aussprache wie CBEMA, FTAM und XOR, bei denen ein Teil (hier der erste Buchstabe) buchstäblich, der Rest silbisch gesprochen wird.

Einige der Buchstabenwörter zweiter Art sind zugleich *Metaphern* (vgl. unten).

Silbenwörter, und zwar *Kopfsilbenwörter* wie abs (absolut), arc (Arkus), ent (entier), Max, Min, mod (modulo), Modula, gon, rad, die je nach Konvention vollständig wie ihre Langform gesprochen werden oder kurz gemäß ihrer Schriftform, sowie *Anfangssilbenwörter* wie Fortran und PROLOG (zugleich Metapher) aus den Anfangssilben von Wörtern einer Fügung.

Siglen wie As (Amperesekunde bzw. Arsenid), e (von eulersche Zahl), Ga (Gallium), kg (Kilogramm), m (Meter), s (Sekunde, Si (Silizium) für chemische Elemente, Einheiten, Konstanten u.a.m., deren Schreibweise Konventionen folgt und die zumeist vollständig wie ihre Langformen gesprochen werden.

Schreibkürzungen mit Punkt wie Inform. (Informatik[erIn]), lfd. (laufend...), Math. (Mathematik[erIn]), Mio. (Million...), Mrd. (Milliarde...), Nr. (Nummer), die - mit Punkt geschrieben - stets vollständig ausgesprochen werden [sollten].

Unter *Metaphern* werden hier Benennungen (oft Namen) verstanden, die bewußt von einem Gegenstand (des öfteren einer historischen Person) auf einen anderen Gegenstand (z.B. eine Programmiersprache oder ein Projekt) zu dessen Benennung übertragen wurden.* In Betracht kommen hier jedoch nur *Metaphern* als Mittel technischer Terminologie, also *konventionelle* (im Unterschied zu anderer, etwa rhetorischer oder didaktischer Verwendung von Metaphern, die auch wechselhaft oder spontan sein kann). Ihre neue, zusätzliche Bedeutung als Terminus ist ihnen durch ausdrückliche und bekanntgemachte Zuordnung des neuen Gegenstands, eventuell (explizite oder implizite) Definition des Begriffs davon, aufgeprägt. Das ermöglicht in einem begrenzten Geltungsbereich ihre einvernehmlich eindeutige Verwendung.

Das gilt sowohl für *eigenständige Wortmetaphern* wie Ada, Fido, Oberon, Occam, Pascal, SMALLTALK, Thesaurus, die dieses Lexikon zusätzlich zu Abkürzungen berücksichtigt, als auch für *metaphorische Abkürzungen,* also solche wie ACE, BASIC, CASE, Esprit, PROLOG, RACE, RARE, STOA, die zugleich *Metaphern* sind. Es gibt also eine nicht leere Schnittmenge von *Abkürzungen* und *Metaphern*, in der *metaphorische Abkürzungen* liegen. In der (unvollständigen) Vereinigungsmenge dieses Lexikons sind die anderen, nämlich *nicht-metaphorischen Abkürzungen* demnach *Nur-Abkürzungen* (unterschiedlicher Art mit buchstäblicher oder silbischer Aussprache).

Die Auswahl der übertragenen Benennung als *eigenständiger Metapher* legt es wohl meist darauf an, dem neu benannten Gegenstand eine sachdienliche, positive oder gar hehre Konnotation vom namensberaubten Gegenstand anderer Gattung mitzugeben, der dabei als eine Art Leitbild** dienen mag, und umgekehrt auf dessen Ehrung (die natürlich nicht verbürgt ist). Daß es auch witzig geht, zeigen indessen "Fido" und '"SMALLTALK". Bei den *metaphorischen Abkürzungen* ist dergleichen natürlich schwieriger, da Langform und *Metapher* in Einklang zu bringen sind. Dennoch zeigen die Beispiele "ACE", "BASIC", "Esprit", "PROLOG", "RACE", "STOA", daß es ihren Urhebern immer wieder gelingt, ihnen sogar Absicht oder Zweck mitzugeben.

Das Lexikon enthält auch *abgekürzte Metaphern* wie A (Ampere), K (Kelvin), V (Volt[a]), W (Watt) für Einheiten des SI-Systems, die vollständig wie ihre Langform gesprochen werden und als *Abkürzungen* zu den *Siglen* gehören.

Es enthält schließlich einige *Mischformen* oder *Grenzfälle* (wie iff) sowie einzelne *Normalwörter* wie bis (lat.), Kote, Mailbox, Median als Stichwörter, die kontextuell oder referentiell bedingt aufgenommen wurden oder weil sie in diesem Lexikon vermutet werden könnten.

Die hier skizzierten fachsprachlichen Erscheinungen auf dem Gebiet der noch immer jungen Informatik sind nicht erst mit ihr in die Welt gekommen. Sie sind vielmehr von älteren Disziplinen her bekannt. Die Jurisprudenz verwendet Abkürzungen, insonderheit Buchstabenwörter, in großer Zahl und hat dafür eigene Usancen entwickelt. Die Nomenklatur der chemischen Elemente besteht teilweise aus Metaphern, für die Abkürzungen vereinbart sind. Physik und Technik verwenden Abkürzungen, Metaphern und abgekürzte Metaphern (z.B. Kran für weitauskragendes Hebezeug, angelehnt an Kranich). Militär und Projektmanagement verwenden schon lange metaphorische Abkkürzungen und silbisch oder buchstäblich gesprochene Akronyme.

Erst recht müßte die Informatik, die jünger ist und allen dient, Rücksicht auf Vorbelegungen von Abkürzungen und Metaphern mit allgemein oder übergreifend wichtigen Bedeutungen nehmen, wenn sie wichtige Gegenstände benennt. Außer bei Warenzeichen scheint eine allgemeine Sprachverwirrung vorprogrammiert. – Oder Recycling von Abkürzungen und Metaphern?

----

* Gemeint ist hier "... bewußt ... übertragen wurden" in statu nascendi, nämlich zur Zeit der Benennungsübertragung, unabhängig davon, ob andere Leute den Metaphern-charakter bemerken oder beachten, für sie also die Metapher vielleicht von vornherein verblaßt ist. Eine allgemeinere Auffassung expliziert die: DUDEN Grammatik der deutschen Gegenwartssprache (Der Duden in 10 Bd., Bd. 4), hrsg. von G. Drosdowsky, 4. Aufl., Bibliograph. Inst., Mannheim 1984, dort unter Nr. 979.

** Siehe dazu auch: P. Mambrey, R. Tepper: Metaphern und Leitbilder als Instrument, Beispiele und Methoden (Arbeitspapiere der GMD 651), GMD, Sankt Augustin, 1992; und G. Helm: Metaphern in der Informatik, Begriffe, Theorien, Prozesse (Arbeitspapiere der GMD 652), GMD, Sankt Augustin, 1992. In diesen beiden Arbeiten werden Metaphern jedoch i.U. zu hier eher nach ihrer Rolle für die Informatik bzw. als Objekte der Informatik gesehen, weniger als terminologisch fixierte Mittel.

Erläuterung der Einträge

Erfaßt wurden Abkürzungen und Metaphern, vorwiegend in der im Deutschen verwendeten, oftmals internationalen Fassung, unabhängig von ihrer sprachlichen Herkunft: stets in Originalschreibweise. Deutsche Langformen fremdsprachlicher Abkürzungen im Deutschen sind der passenden fremdsprachlichen Auflösung nur vorangestellt, wenn sie für allgemeine Begriffe stehen oder offiziellen Charakter haben, also beispielsweise nicht bei Eigennamen. Zumindest diejenigen Abkürzungen, die üblicherweise übersetzt werden, wurden sowohl deutsch als auch fremdsprachlich aufgenommen und gegenseitig referenziert, z.B. dt. KI (Künstliche Intelligenz), engl. AI (artificial intelligence).

Außer Nominalerklärungen (vorn) werden auch Realerklärungen gegeben. Denn sie lassen sich an Abkürzungen und Metaphern (als Begriffsbenennungen) festmachen und erübrigen oft ein zusätzliches Nachschlagen in anderen Quellen. Außerdem wurde von zahlreichen Querverweisen Gebrauch gemacht, um dadurch auch sachliche Zusammenhänge assoziativ zu erfassen, die sonst nur aus systematischen Darstellungen ersichtlich wären.

Die runden Klammern **( )** um die Erläuterungen etc. und der Gedankenstrich **-** alsTrennzeichen heben den (terminologisch störenden) Zwang zu Großschreibung am Satzanfang auf sowie den zu vollständigen Sätzen.

Natürliche Sprachen wurden gemäß lexikographischer Gepflogenheit lokal erkennbar (also nicht nach Norm) wie folgt angegeben: **dt.** (deutsch), **engl.** (englisch), **frz.** (französisch), **grch.** (griechisch i.S. von altgriechisch), **lat.** lateinisch, usw. (andere nur selten).

Referenzen auf Normen, Gesetze, Verordnungen oder Literatur sind meist hinter **siehe** aufgeführt, falls sie nicht ausnahmsweise Bestandteil des erläuternden Textes sind. Bei Verweisungen auf Gesetze, Normen oder dergleichen sollte sich der Leser vergewissern, ob die angegebene Ausgabe noch gültig ist; denn sie könnte zum Zeitpunkt des Bedarfs zurückgezogen oder ersetzt worden sein. Referenzen auf andere Einträge sind entweder lokal in erläuternde Texte eingebettet (oft in Klammern hinter Langformen) oder hinter **vgl.** [**auch**] am Ende des Eintrags aufgeführt; tiefgestellte Ziffern unterscheiden dabei zwischen gleichnamigen Einträgen (Homonymen) mit Nummer. Bei **auch** sind schon im Text Referenzen. Leicht verwechselbare Stichwörter wie CIP und ZIP sind wie folgt gegenseitig nachgewiesen: Unter CIP steht vgl. [auch] ≠ ZIP; ... und unter ZIP steht vgl. [auch] ≠ CIP; ... . Das Zeichen ≠ (ungleich) gilt dabei nur für das unmittelbar folgende Stichwort. Auch irriges Aufschlagen führt daher zum Ziel.

Abkürzungen von Herstellern, Software- oder Systemhäusern sowie Bezeichnungen nicht-genormter Programmiersprachen (PS') oder bestimmter Produkte wurden (mit begründeten Ausnahmen) nicht aufgenommen, 'Online'-Datenbanken (DBs) wurden teilweise, Betriebssysteme (BS') und Schnittstellen (SS') vergleichsweise breit berücksichtigt (Standardcharakter und anhaltende Diskussion). Ebenso ausgewählte europäische Förderprogramme und -projekte (Interessenten sollten sich dazu auf das EG-Amtsblatt (EG ABl.) stützen).

a — (als Einheit:) Jahr (von lat. annus - als gesetzl. Zeiteinheit vereinfachter bürgerlich-wirtschaftlicher Zeitrechnung ohne Kalenderkorrektur ist das sog. Gemeinjahr 1 a = 365 d = 8760 h i.U. zum Schaltjahr mit 366 d (29. Februar) - für Zinsberechnungen im Bankgewerbe gilt abweichend: 1 (Zins)Jahr = 360 d - bei unzusammenhängendem Verlauf von Monatsfristen wird gem. § 191 BGB für einen Monat mit 30 Tagen gerechnet - siehe auch: DIN 1301 T. 1 (Einheiten); DIN 1355 T. 1 (Kalender) - vgl. auch KW_1; DLST, MESZ, MEZ_2; DCF 77; ZeitG; MOZ, WOZ; ZU, ZZ_1; UTC; min, s; SI_1)

A
1. (das) Ampere (SI-Basiseinheit (SI_1) der elektrischen Stromstärke - vgl. auch As_1; Ω, S_3, V_3; VA_2, var, W_1; cd, K_1, kg, m_1, mol, s)
2. als Landeskennz. von Kraftfahrzeugen: (Bundesrepublik) Österreich (von lat. Austria - übertragen auch als Teil der Postleitzahl (PLZ) verwendet - vgl. auch AT_2, AUT; CH_2, D_1)
3. als Ziffer (nach 9): Zehn (etwa sedezimal - vgl. B, C_3, D_2, E_2, F)

AA
1. Auswärtiges Amt, Bonn (Ressort des Bundesministers des Auswärtigen - kulturelle Zusammenarbeit u.a. mit AvH, DAAD, DUK und GI (GI_1) - vgl. auch IOI'92)
2. Beim DIN: Arbeitsausschuß (z.B. NI-AA17: Identifikationskarten, kurz NI 17 - vgl. auch ID; AK, NA_2, UA_1)

AAAI — American Association for Artificial Intelligence, Menlo Park, CA (gegr. 1979 - hat ca. 17 000 Mitgl. - hält jährl. nationale Konferenzen ab - Hrsg. des vierteljährl. erscheinenden AI Magazine - vgl. auch KI_1)

ABI — (engl.) Application Binary Interface (dt. Anwendungs-Binär-Schnittstelle - von AT&T und Sun gemeinsam entwickelte und seit 1989 propagierte Schnittstelle zur Portierung binär dargestellter Programme zwischen Rechensystemen (RS') verschiedener Fabrikate und Größenordnungen - vgl. auch NFS; $SPARC_1$; SS_1)

ABNT — Associação Brasileira de Normas Técnicas, Rio de Janeiro (Fórum Nacional de Normalização - das brasilianische Normungsinstitut - Mitgl. von ISO, IEC und JTC 1)

abs — absolut[er Betrag von] (in der Betragsfunktion $\operatorname{abs} x = |x| := (x$ für $x \geq 0) \vee (-x$ für $x < 0)$ bei reellen x - abschnittsweise affine Funktion - dabei gilt $\operatorname{abs} x = x \operatorname{sgn} x$ - in der Inform. oft mit "abs", in der Math. gewöhnl. mit Betragsstrichen notiert - für komplexe Zahlen u. vektorielle Größen: positive Quadratwurzel aus dem Produkt der gegebenen Zahl oder Größe mit ihrer konjugierten Zahl o. Größe - vgl. auch i_2, Im, Re; ent, mod)

ABTT ISO/IEC Presidents' Advisory Board on Technological Trends (dt. etwa ISO/IEC-Präsidial-Beirat für technische Trends - eine von zwei 1987 berufenen Gruppen zur Erarbeitg. von Prognosen bzw. eines Plans für **künftige Anforderungen an Normung** und zur Empfehlung von deren Umsetzung - siehe unter LRPG - vgl. auch EBN)

AbzG Abzahlungsgesetz (der BRD - 1991 abgelöst vom neuen VerbrKrG)

AC; A.C. (engl.) alternating current (dt. Wechselstrom - engl. alternating voltage, dt. Wechselspannug. - vgl. DC)

ACC Vermittlungsrechner (eines Gebiets - von engl. Area Communication-Controller - vermittelt zwisch. Datenfunk u. Datex-P bei Modacom)

ACE (abgesehen von einem bekannten Softwarehaus in Amsterdam hier:) (engl.) Advanced Computing Environment (dt. etwa Fortgeschrittene Rechenumgebung - das Akr. ist an engl. ace, dt. u.a. As, angelehnt - Gruppe von urspr. 21 RS-Herstellern, voran Compaq, bzw. deren gemeins. Ziel eines übergreifenden Standards, der DOS- und Unix-Welt verbindet - gegr. im Apr. 1991 und bis Aug. 1991 auf über 30 Mitgl. angewachsen - diese Herausforderg. für IBM und Apple führte 1991 zu einer Absichtserklärg. beider Firmen für eine gemeins. Entwicklg. einer offenen Systemplattform bezüglich Architekturen, Betriebssystemen (BS_1), Prozessoren u. multimedialen Anwendg., die auch Lizenznehmern angeboten wird - obgl. zunächst eine Zäsur und Verlagerung im **Kampf um Standards** (Marktanteile) für PCs (PC_1) und WS', erscheint ACE inzwischen durch Uneinigkeit stark geschwächt - Compaq hat ACE lt. Fachpresse im Mai 1992 verlassen - siehe u.a. iX unter YAMA - vgl. auch ISA_1; EISA, MCA, PCI_1, VL_2; MP)

ACGA Austrian Computer Graphics Association, Wien (vgl. OCG, ÖGI; GI_1 (FB 4); Eurographics)

ACM Association for Computing Machinery, New York, NY (gegr. 1947 - größter US-amerikanischer Fachverband f. Informatik - AFIPS-Mitgl. - unterhält 33 SIGs und viele angeschlossene Vereinigungen in anderen Ländern (sog. 'Chapters') - hat allein in den USA ca. 45 000, insges. ca. 75 000 Mitgl. - Hrsg. von: CACM; Newsletters d. SIGs u.v.a.m. - vgl. auch GChACM; AMS, DPMA, IEEE; IFIP)

ACSE (engl.) Association Control Service Element (das Akr. wird nicht übers. - in OSI-Schicht 7, der Anwendungsschicht des OSI-RM, das Anwendungsdienstelement (ASE) für den Auf- und Abbau von Anwendungsverbindungen - siehe: ISO 8649:1988 (Service def. for the ACSE) entspr. CCITT X.217; ISO 8650 (Protocol spec. for the ACSE) unterstützt andere ASEs, so FTAM, RDA, SR - vgl. auch CCR, ROSE, TP_2; EDIFACT, MHS (MOTIS), RPC; ODP)

ACTE — Approval Committee for Telecommunication Equipment (von ITSTC & KEG - vgl. auch CTR; Roland, ZZF)

ACTS — Automated Computer Time Service (USA) (automatisierter Zeitdienst des NIST f. Rechensysteme (RS') - ermögl. automat. Stellen von Uhren über kommerzielle Telefonverbindg. - dient genauer Zeitregistrierg. u.a. zu astronom. o. seismolog. Meßwerten bei einer (modus-abhäng.) Genauigk. zwisch. 10^{-1} u. 10^{-3} s - vgl. auch DLST; DCF77; SI_1)

ACVO — Ada Compiler Validation Organiz., Washington, DC (vgl. IABG; AIC)

AD — 1. Bei ISO & JTC 1: Addendum (eines IS - vgl. auch DAD, PDAD)
2. Analog-Digital (in "AD-Wandler", "AD-Wandlung" - vgl. DA_2)

Ada — (ben. nach Augusta Ada Countess of Lovelace née Byron, 1815-1852, dem "ersten Programmierer", einer Mitarbeiterin von Ch. Babbage, 1792-1871 - prozedurale Programmierspr. (PS_2) mit Ansätzen zur objektor. Programmierg. (OOP) u. Unterstützg. von Interprozeß-Kommunikation zur Entwickl. u. Wartung großer, insbes. verteilter Systeme - ihre Eigenschaften u. Sprachmittel berücksichtigen Konzepte unterschiedl. PS', insbes. Pascals, u. ermögl. modernes 'Software-Engineering' (SE) - entwick. im Auftr. des DoD zur Ablösg. von ca. 450 Sprach. durch eine umfassende, von J.D. Ichbiah et al. bei CII-Honeywell Bull, Paris, urspr. als "Green", 1979, u. vom DoD als eine von zwei Alternativen ausgewählt - da Ada zugl. die weitgehend übereinstimmenden Anforderg. d. KEG an eine Systemimplementierungsspr. erfüllte (mit Btlg. von Ichbiah durchgef. ESL-Studie), wird sie auch von d. KEG unterst. - erstmalig eine PS, die vollstdg. spezifiziert war u. als de-facto-Standard vorlag, bevor die ersten Kompilierer fertig wurden - u.a. für Realzeitaufg. geeignet, ermögl. sie auch nebenlfg. Rechenprozesse - zivile Nutzg. zulässig u. von der KEG gefördert - trotz früher Fertigstellg. erster Kompilierer in d. BRD setzte vermehrte Implementation hier erst spät ein u. führte zur Gründg. von AdaD - siehe: ANSI/MIL-STD 1815A-1983 (= FIPS PUB 119); ISO/IS 8652:1987 (Ref. auf ANSI/MIL-STD); DIN 66 268, 5.88 (inhaltsgl. deutsch. Übers. von ISO/IS, fakt. ANSI/MIL-STD, plus deutsch. Glossar, zweisprach. Index); inhaltsgl. EN 28 652: 1989; ACM (edtr.): Ada Letters; G. Goos, G. Persch, J. Uhl: Programmiermethodik mit Ada, Berlin, ... 1987; H. Kern: Erwacht Ada aus ... Dornröschenschlaf? in Inform.-Spektr. (1989) 12, H. 4, S. 211-214 - vgl. auch IABG; ACVO, AIC, AJPO, APSE, KAPSE, KIT_1; ALGOL 60, APL, BASIC, C_1, CHILL, COBOL, ELAN, Fortran, LISP, Modula-2, PEARL, PL/I, PROLOG, Simula; PSP)

Ada 9x (Ada-Version der 90er Jahre - in Vorbereitung)

AdaD Ada Deutschland, München (1988 gegr. GI-Fachgruppe (GI_1) im FB 2, und Anwenderforum -vgl. auch IABG; ACVO, AIC, AJPO, APSE)

adi Anwenderverband deutscher Informationsverarbeiter, Kiel (buchstäbl. gesprochen - bereits 1955 (als ADL) gegründet - unterstützt Anwender gegenüber Herstellern - ist Mit-Hrsg. d. Zeitschrift Online - deutsches Mitgl. von CECUA - vgl. auch GChACM, GI_1, ITG_1)

ADLZ Auftragsdurchlaufzeit (siehe: Def. von Auftrag in DIN 44300 T.1, 11.88; Entw. DIN 66273 (Leistung von DVS) T.1, 3.90 - vgl. auch AG_3, AN, DF; SPEC; EPPT)

ADM Adaptive Deltamodulation (entspr. engl. adaptive delta modulation - spezielle Modulationsart zur Digitalisierung von Analogsignalen - zur Übertragung, Speicherung, Erkennung oder Verarbeitung gesprochener Sprache verwendet - vgl. LPS, PCM)

ADMD öffentlicher Versorgungsbereich (eines MHS - von engl. administration management domain (lt. CCITT X.400) - betreut vom jeweiligen Telegrafieträger (vgl. PTT), z.B. von DBP Telekom - vgl. auch PRMD; MD_1; VAS; MOTIS; EP_2; OSI)

AdöR Anstalt des öffentlichen Rechts (in der BRD - z.B. BfA, VBL)

ADT abstrakter Datentyp (Begr. der theoretischen Informatik (TI) - i.U. zu konkretem Datentyp bei Programmiersprachen (PS_2): unabh. von jegl. Implementation oder bestimmten Operandenmenge (Wertevorat) - z.B. boolean, char, integer, real ohne konkr. Ausprägung - siehe: Def. von Datentyp u. Erltrg. in DIN 44300 T.3, 11.88; H. Reichel: Zur Evolution des Typkonzeptes in Programmiersprachen, in Wiss. Beitr. Inform. d. TU Dresden, Heft 3/1989 - vgl. auch AFL)

ADV automatisierte Datenverarbeitung (nicht: "automatische Datenverarbeitung" - vgl. "KoopA ADV"; DV, GDV, LDV, PDV)

AdW (d. DDR) Akademie der Wissenschaften der DDR, Berlin (Ost) (war die nationale Akad. d. DDR für nahezu alle Bereiche d. Wissenschaft - betrieb vor d. deutschen Vereinigung Grundlagenforschg. u. anwendungsbez. Forschg. in größter Breite u. versah zentrale Aufg. - hatte 70 Institute - so u.a.:
- Institut f. Theorie, Geschichte u. Organis. d. Wissenschaften (ITW);
- Institut für Informatik und Rechentechnik (IIR);
- Institut für Kybernetik und Informationsprozesse (IKI);
- Zentrum für Wissenschaftlichen Gerätebau (ZWG) -

vom Ministerium für Wissenschaft und Technik (MWT) der ehem. DDR zuvor kontrolliert, zum Schluß eher unterstützt - aus Art. 38 EinigungsV u. dessen Anlage II Kap. XV (BMFT) resultierten einschneidende Änderungen - die AdW der DDR als solche wurde inzw. aufgelöst - für ihre Institute ist übergreifend eine Abwicklungsstelle, KAI/AdW, eingesetzt (die taktlose Bez. ist rechtl. begründet) - 34 sog. Langzeit- u. Editionsvorhaben bleiben nach Vorschlag des WR erhalten, soweit sie in eine Akad. überführt werden - am 28.3.1993 war die Gründungsverslg. für eine Berlin-Brandenburgische Akad. der Wissenschaften (vorm. Preußische ...): Kooptation bis zu 150 Mitgl. - das Schicksal der urspr. 1700 gegr. Gelehrtensozietät (G.W. Leibniz, 1646-1716) klärt sich damit wohl auch - vgl. auch AGF, FhG, MPG; DFG)

AE
1. Bei ISO/TC97 (alt): Application Elements (Grouping: SC1, SC7, SC14, SC22 - vgl. auch EM_1, SYS_1)
2. Bei JTC1 (bis 1991): Application Elements (Grouping: SC1, SC7, SC14, SC22 - vgl. auch EM_2, S_1, SS_3)
3. (engl.) application entity (dt. Anwendungs-Instanz - im Zshg. von OSI - vgl. auch AET)
4. Astronomische Einheit (mittl. Entfernung Erde-Sonne als Einheit für kosmische Entf. - als astrophysikal. Größe i.U. zu SI-Einheiten (SI_1) nicht genau bestimmt: $1\,AE = 149{,}598 \cdot 10^6\,km$ - engl. AU (AU_1) - vgl. auch k; m_1; CODATA)

AEF
Ausschuß Einheiten und Formelgrößen (Normenausschuß (NA_2) im DIN - vgl. auch PTB; EUROMET; SI_1)

AELE
Europäische Freihandelszone (von frz. Association Européenne de Libre-Echange - offizielle frz. Bez. der EFTA)

AENOR
Associación Española de Normalización y Certificación, Madrid (spanisches Normungsinstitut - früher IRANOR (nicht in diesem Lexikon))

AET
(engl.) application entity title (im Zusammenhg. von OSI - vgl. AE_3)

AF
Autofokus (selbsttätig scharfeinstellendes Einbauobjektiv von Kamera oder Projektor bzw. selbsttätig scharfeinstellendes Wechselobj., gestützt auf zusätzl. Meßeinrichtg. - vgl. PC_2; EV, SCA, TTL; MSK, SLR)

AFAST
Association Franco-Allemande pour la Science et la Technologie, Bonn (vgl. = DFGWT)

AFC
(engl.) automatic frequency control (dt. automat. Scharfabstimmung - zu automatischem Auffinden und Festhalten der bestmöglichen Sendereinstellung eines UKW-Empfängers - vgl. auch BFO, MGC, SSB)

afcet — (von urspr.) Association Française pour la Cybernétique Economique et Technique, Paris (Akr. blieb, Name geänd. - französ. Fachverb. für Inform., d. Frankr. in d. IFIP vertr. - Mitgl. des CEPIS - vgl. auch AFIN)

AFG — Arbeitsförderungsgesetz (der BRD - siehe BMA (Hrsg.): Wegweiser durch das AFG (neueste Fassg. plus Erläuterungen der Fachausdrücke, erhältl. bei BMA, Referat Öffentlichkeitsarbeit)

AFIN — Association Française des Informaticiens, Paris (betreibt berufsständische Förderung durch Weiterbildung und befaßt sich mit Zertifikation von Produkten - Mitgl. des CEPIS - vgl. auch afcet)

AFIPS — American Federation of Information Processing Societies (USA), Reston, VA (war nationaler Dachverband von Fachverbänden für Informatik in den USA - gegr. 1961, aufgel. 1991 - war Vollmitgl. der IFIP - vertrat zwölf US-amerikanische Fachvereinigungen, darunter (der Größe nach) ACM, IEEE Computer Society, DPMA - richtete nationale Fachkonferenzen aus - neue Federation für IFIP geplant)

AFL — (engl.) abstract family of languages (dt. abstrakte Sprachenfamilie - vgl. ADT; CH_1; TI)

AFNOR — Association Française de Normalisation, Paris (vgl. NF_2; BNI)

AFUTT — Association Française des Utilisateurs du Telephone et des Telecommunications, Marne-la-Coquette (vgl. CIGREF; ECTUA)

AFUU — Association Française des Utilisateurs d'UNIX, Paris (vgl. auch EurOpen; UniForum)

AG — (außer: Aktiengesellschaft; Amtsgericht; Arbeitsgemeinschaft hier:)

1. Bei JTC 1 (wie bei ISO): Advisory Group (vgl. auch SC, SG-FS, SWG_1, WG)
2. Bei DIN (gelegentlich): Arbeitsgruppe (etwa als Übers. von WG - vgl. auch AK)
3. Auftraggeber (vgl. ADLZ, AN, DF)
4. Bei CEN & CLC: Generalverslg. (von frz. Assemblée Générale)

AGA — Advanced Graphics Adapter (eine mehrfunktionale Graphikanpassung von Monitoren für CGA, HGC und MDA - vgl. auch VESA; EGA, PGA, SVGA, VGA; Tiga, XGA)

AGB — Allg. Geschäftsbedingungen (in der BRD nur gem. AGBG - siehe insbes. die Legaldef. von AGB in § 1 AGBG - bei d. DBP Telekom gelten seit 1.10.1992 für die freien Leistung. im Wettbewerb ausschließl. deren AGB in d. zu diesem Zeitpkt. überarbeitet. Fassg., für ihre Leistungen, die als Pflichtleistung unter die neue PLV T fallen u. ihre Monopolleistungen gilt zusätzl. die TKV weiter - vgl. auch BVB_1, VOL)

AGBG AGB-Gesetz; Gesetz (der BRD) zur Regelung des Rechts der Allgemeinen Geschäftsbedingungen (in Kraft seit 1.4.1977 - wirkt durch Setzung sachlich-rechtlicher Inhaltsschranken und verstärkter richterlicher Überwachung einseitig vorformulierter AGBs einseitiger Verkürzung von Vertragsfreiheit auf bloße Abschlußfreiheit entgegen, und zwar i.S. sowohl des GG als auch der Rechtsentwicklung d. EG (EG_1), etwa bezügl. Verbraucherschutz - dies ist um so bedeutsamer als infolge d. wirtschaftl. Entwicklg. weite Bereiche des Güter- u. Leistungsverkehrs AGBs unterliegen - siehe u.a. M.J. Dietlein, E. Rebmann: AGB aktuell (mit Gesetz & Erltrg.), Köln 1976 (bei BAnz. Verlagsges. mbH) - vgl. aauch HWiG; ZPO; BGB, HGB)

AGD Arbeitsgruppe Graphische Datenverarbeitung, Darmstadt (der FhG - vgl. auch GRIS, ZGDV)

AGF Arbeitsgemeinschaft der Großforschungseinrichtungen, Bonn (gegr. 1970 - 13 Großforschungseinrichtungen in der alten BRD im Besitz des Bundes (90%), vertreten durch den BMFT, und des jeweiligen Sitzlandes (10%) - mit unterschiedl. Gesellschaftsformen u. zusammen rund 20 000 Mitarbeitern: AWI, DESY, DKFZ, DLR, GBF, GKSS, GMD, GSF, GSI, HMI, IPP, KFA, KfK - wurde 1990 in die ESF (ESF_1) aufgen. - die Großforschungseinrichtungen arbeiten eng mit den Hochschulen sowie den außeruniversitären Forschungseinrichtungen und Industriefirmen im In- und Ausland zusammen - sie beteiligen sich u.a. an Verbundprojekten (auch gemeins.) sowie an europ. Projekten im Rahmen von EUREKA, Esprit, RACE u. and. Programmen - Transfer von Know-How der AGF-Einrichtungen in die (voreilende) Normung, der teilweise sehr intensiv betrieben wurde (z.B. IT), faktisch aber rücklfg. ist, wird derzeit zumindest kaum herausgestellt, obgleich. die Bundesreg. im Frühjahr 1988 im Rahmen der EG (EG_1) ein Memorandum über "entwicklungs-begleitende Normung zur Förderung technologischer Entwicklungen in Europa" unterbreitet hat, um die **Bedeutung der Verzahnung der Normung mit Forschung und Entwicklung** zu unterstreichen, dem zugestimmt wurde - die AGF betreibt u.a. einen Koordinierungsausschuß für DV, in dem auch die Leiter der zugehör. Rechenzentren zusammengeschl. sind - seit der Vereinigung Deutschlands und dem 20jährigen AGF-Jubiläum 1990 trat die **Zusammenarbeit mit den neuen Bundesländern** in den Vordergrund (WR-Gutachten von Ende 1991) - siehe: BMFT, BMWi (Hrsg.): Zukunftskonzept Informationstechnik, Bonn, August 1989, 320 S., ISBN 3-88135-200-7 (u.a. Teil II, Abschn. 4: Entwicklung u.

Durchsetzung von Normen); AGF (Hrsg.): Programmbudget 1990, 95 S., ISSN 0175-8438 (Abschn. 6 zu IT, KT u. Fertigungstechnik); AGF (Hrsg.): Programmbudget 1991, 103 S., ISSN 0175-8438 (Abschn. 6 zu IT, KT u. Fertigungstechnik, insbes. S. 58 vorletzt. Abs.) - neu gegr. Großforschungseinrichtungen in den NBL kommen hinzu - vgl. auch ALWR; FhG, MPG; AdW; DFG; KEG; KSZE)

AG-FIZ — Arbeitsgemeinschaft der FIZ, Frankfurt a.M. (vgl. = INFORUM; FI)

AGULF — Association Générale des Usagers de la Langue Française, Paris (dt. etwa: Allg. Vereinigung der Anwender der französischen Sprache - verfolgt Abweichung von französischer Terminologie mit Anzeige bei Gericht - z.B. bei 'software' für logiciel oder 'hardware' für matériel)

AgV — Arbeitsgemeinschaft der Verbraucherverbände e.V., Bonn (vgl. auch COPOLCO; IOCU)

AI
1. (Zeitschrift) Acta Informatica (bei Springer, Heidelberg)
2. (Zeitschrift) Angewandte Informatik (1990 umben. in: "Wirtschaftsinformatik" (WI_2), bei Vieweg, Braunschweig)
3. (engl.) artificial intelligence (dt. KI (KI_1) - vgl. auch AICOM; AAAI, ECCAI; XPS)

AIC — Ada Information Clearinghouse (USA), Lanham, Mass.

AICA
1. Internat. Vereinig. für Analogrechnen, ... (von frz. Association Internationale pour le Calcul Analogique - vgl.. IMACS)
2. Associazione Italiana Per Il Calculo Automatico, Mailand (d. italienische Fachverband f. Informatik - Mitgl. der IFIP u. des CEPIS)

AICOM — AI Communications, The European Journal on Artificial Intelligence (bei ECCAI - Organ der ECCAI)

AIR — AI Language Research Institute, Ltd., Tokio (von japanischen Rechensystemherstellern (RS) 1988 gegr. zur Förderung der KI-Sprache (KI_1) ESP von ICOT)

AIST — Agency of Industrial Science and Technology (Jap.), Tokio (vgl. MITI)

AIX — Advanced Interactive Executive (Unix-nahes BS-Prod. (BS_1) von IBM)

AJPO — Ada Joint Program Office, Washington, DC (im DoD)

AK — Arbeitskreis (bei DIN üblicherweise die kleinste Arbeitseinh. eines Arbeitsaussch. (AA_2) auf unterster Ebene - vgl. auch AG_2; NA_2, UA_1)

AKA Bei DEKITZ: Akkreditierungsausschuß (vgl. auch AS; TGA; DAR)

AKI Arbeitsgemeinschaft der deutschen KI-Institute (gegr. 1990 - beteiligt sind das DFKI in Kaiserslautern, das FAW in Ulm, das FORWISS in Bayern, das LKI in Hamburg und der Forschungsverbund 'Anwendungen der Künstlichen Intelligenz' in NRW - soll zu inhaltlicher u. organisator. Strukturierung des Wissenschaftsgebiets Künstliche Intelligenz (KI_1) beitragen, etwa bezügl. natürlichsprachlichem Verstehen, Neuronaler Netze (NN_0), symbolischem Rechnen (sR) u. CIM sowie mancherlei anderen Themen, auch hinsichtl. industrieller Umsetzg., Folgen und Auswirkungen - siehe Inform.-Spektr., Bd. 14, 1/1991, S. 40)

AKIOI'92 Arbeitskreis zur Vorbereitung der IOI'92, Sankt Augustin (lenkte die Organisation der von der BRD veranstalteten Internat. Inform.-Olympiade 1992 - Ltg. Prof. Dr. F. Krückeberg, GMD)

AK-IT Arbeitskreis Informationstechnik (im ZVEI - vgl. auch FG-BIT; EUROBIT; IT)

AKPL Akustikkoppler (wandelt akustische Schwingungen in elektrische Signale um oder umgekehrt oder beides - insbes. am Rechner ein Gerät mit Mulde zum Einlegen eines Telefonhörers, das Datenübertragung ($DÜ_2$) über das Telefonnetz ermögl. und dazu anstelle eines Modems verwendet werden kann - vgl. auch TTU)

ALGOL 60 (von engl. Algorithmic Language, 1960 - nach dem bei IFIP/WG2.1 entstandenen Modified Report on the Algorithmic Language ALGOL 60 von J.W. Backus et al. (1977), i.U. zum früheren ALGOL (1959), dem ALGOL 60 des Revised Report (1963) wie dem ALGOL der früheren DIN-Norm (1975) und dem abweichend konzipierten, mächtigeren ALGOL 68 - angelehnt an K. Zuses Plankalkül in den späten 50er Jahren in internat. Zusammenarbeit von Hochschullehrern entwickelt - eine der ältesten prozeduralen Programmiersprachen (PS_2) - Syntaxbeschrbg. erstmals in BNF - siehe: ISO/IS 1538-1984 (1st ed.); DIN 66 026, 9.86 (enthält engl. Original, zweispr. Fachwörterliste u. Lit.) - das neuere, genormte ALGOL 60 nach IFIP unterscheidet zwei statt drei Teilsprachen, bietet zusätzliche Standardfunktionen, weist Änderungen in den EA-Prozeduren und Vereinfachungen auf - vgl. auch Ada, APL, BASIC, C_1, CHILL, COBOL, ELAN, Fortran, LISP, Modula-2, Pascal, PEARL, PL/I, PROLOG, Simula; PSP)

ALGOL 68; Algol 68 (von engl. Algorithmic Language (defined in) 1968 - aus Fortführung der Arbeiten der IFIP/WG 2.1, die zu ALGOL 60 geführt hatten, u. der Diskussion einer Weiterentwicklg. entstandene prozedurale Programmiersprache (PS_2) abweichender Konzeption (u.a. so gen.

Orthogonalität freier Kombinierbarkeit unabhängiger Konzepte, Def. d. Syntax einschließl. Kontextbedingungen in zweistufiger van-Wijngaarden-Grammatik (kurz 2vWG)) für die Darstellg. von Algorithmen u. den Lehrbetrieb an Hochschulen - hat keine nachhaltige Verbreitung gefunden, jedoch internat. Diskussion von Programmiersprachkonzepten weiterführend beeinflußt - siehe (lt. IFIP) endgült. Def. in: Revised Report on the Algorithmic Lang. Algol 68, Edtd. by A. van Wijngaarden, B.J. Mailloux, J.E.L. Peck, C.H.A. Koster, M. Sintzoff, C.H. Lindsey, L.G.L.T. Meertens, and R.G. Fisker, Springer-Verl., Berlin, Heidelberg, New York 1976, 236 p. ISBN 3-540-07592-5 - vgl. auch Ada, APL, BASIC, C_1, CHILL, COBOL, ELAN, Fortran, LISP, Modula-2, Pascal, PEARL, PL/I, PROLOG, Simula; PSP)

ALU — (engl.) arithmetic and logic unit (dt. Rechenwerk (RW) - vgl. CPU)

ALWR — Arbeitskreis der Leiter wissenschaftlicher Rechenzentren (in der BRD - vgl. auch AGF (Koordinierungsausschuß DV), VDRZ)

AM
1. Amplitudenmodulation (z.B. bei KW_2, MW, LW - i.U zu Frequenzmodulation (FM) - vgl. auch PCM_1)
2. Bei ISO & JTC 1: Amendment (zu einem IS - dt. Berichtigung - vgl. auch DAM, PDAM)

AMB — Bei IFIP: Activity Management Board (hat dem IFIP-Rat im März 1990 einen Bericht vorgelegt, der ein System von Verantwortlichen, Prozeduren und Formularen zur Vorbereitung und Abhaltung von IFIP-Veranstaltungen beschreibt und eine vereinheitlichte Nomenklatur für fünf Veranstaltungsarten enthält - die Veranstaltungsarten sind (engl.): **Congress**, **Conference**, **Working Conference**, **Workshop**, **Seminar** - siehe IFIP newsletter 2/1990, p. 8 - vgl. auch CGC, IPC_2, OC, SEC)

AMS — American Mathematical Society, Providence, RI (mit rd. 21 000 Mitgl. aus allen Erdteilen größter Verb. von Berufsmathematikern d.Welt - gegr. 1888 - trägt im Signet die grch. Inschrift, die über dem Eingang d. Akad. von Platon im antiken Athen angebr. war: dt. "Hier trete kein der Math. Unkundiger ein" - Hrsg. d. Mathematical Rev., eig. Zeitschr. u.v.a.m. - vgl. COMAP; AFIPS; DMV, ÖMG, SMF; EMS_4; IMU)

AMT — Fortschrittliche Herstellungsverfahren (von engl. advanced manufacturing technologies - das Akr. wird im internat. Zshg. nicht übers. - z.B. CAM, CIM_2, DNC, EDIF, MAP, MMS, TOP - von ITAEGM mit Unterstützg. der KEG empfohlenes großangelegtes und integrierendes Normungsvorhaben - siehe M-IT-04 - vgl. auch CFI; CAMAC, PROFIBUS; NC; IMS; ECA, EWICS; ESPRIT, EUREKA)

AN — Auftragnehmer (vgl. ADLZ, AG, DF)

ANF — adjunktive Normalform (der Schaltalgebra - siehe: DIN 5474; DIN 66 000 - vgl. auch $\vee_2$; KNF; NF_1; NAND, NOR, XOR; PLA; LOP)

ANN — (engl.) artifical neural network (auf dt. übers. künstliches neuronales Netzwerk - üblich (eingeführt) dafür ist dt. Neuronales Netz (NN_0) - vgl. auch NMPS; MPS)

ANP — Ausschuß Normenpraxis (NA im DIN - allg. fachl. übergreifend tätig - bildet jedoch themenbezogen Arbeitskreise (AKs) wie z.B. ESHD zu SGML - hält jährlich eine größere Tagung ab - vgl. auch IFAN)

ANS — Von ANSI: American National Standard (hrsgg. von ANSI - entweder dort erarbeitet oder von einer anderen Institution im Vorfeld formeller Normung, z.B. von CBEMA, CODASYL, CSL, IEEE)

ANSI — 1. American National Standards Institute Inc. (USA), New York, NY (ASA; CBEMA; IEEE; NIST)

ANSI ... — 2. (mit Nr. ...: Norm(en) des gleichnamigen Instituts mit dem Status einer ANS - die Nr. hinter "ANSI" beginnt mit Buchstabe und Ziffer(n) der Kurzbezeichnung des zuständigen 'Standards Committee', so z.B. dem "X3" in "ANSI X3J-1990", der Bez. des dritten Entw. zu Fortran-90 - vgl. auch FIPS; NTIS)

ANUIT — Associazione Nazionale Utanti Italiani di Telecomunicazioni, Rom (vgl. ECTUA)

AO [1977] — Abgabenordnung (der BRD - vom 16.3.1976 - die DVbezogenen GoS ergänzen die allg. GoB - vgl. auch GoDV, GoDS; HGB; EStG)

AOB; A.O.B. — (engl.) any other business (dt. Sonstiges (als vorsorglicher Tagesordnungspunkt (TOP_1) - gewöhnlich letzter Punkt einer Tagesordnung (TO_1), engl. agenda - vgl. auch BOF)

AOW — Asia-Oceanic Workshop on Open Systems, Tokio (regionales Analogon für Australien, China, Japan, Korea und Neuseeland zu NIST OIW in Nordamerika und EWOS in Europa - Sekretariat bei INTAP - vgl. auch ECMA, ETSI, SPAG; ISP; OSI)

AP — Anwendungsprozeß (entspr. engl. application process - bei OSI)

A-P; AP — Bei JTC 1: A-Profile; Application Profile (dt. A-Profil; Anwendungsprofil - gemäß vom SPAG im GUS vorgeschlag. Stufung funktioneller OSI-Anwend'gsausmaße nach Schicht u. inhaltl. Ausfüllung des OSI-

RM so gen. A-P eines Internat. Standardized Profile (ISP) - siehe ISO/ IEC JTC 1 TR 10000 (zu ISPs) - vgl. auch F-P, T-P, DAP_2; FN)

APC — Arbeitsplatzcomputer (i. S. von Arbeitsplatzrechner - das Akr. sollte wohl auch an "PC" erinnern (obgleich 'Workstation' (WS) wohl nicht auszuschließen) und wurde von der ZSI verwendet in "APCSH")

APCSH — Hinweise zur Sicherheit beim Einsatz von ... (APC[s]) (der ZSI von 1990 - aufgegangen in Kap. 8 des ITSHB, Fassg. 1, des BSI (BSI_2))

APDU — (engl.) application protocol data unit (bei OSI, insbes. RTSE - vgl. auch AE_3; ACSE, ROSE; ASE; EDIDIFACT, FTAM, MHS (MOTIS), RDA, RPC, SR; ODP)

API
1. (engl.) Application Program Interface (dt. Anwenderprogramm-Schnittstelle - bei Betriebssystemen (BS_1), so insbes. POSIX.1 von IEEE und JTC 1 für C (C_1), die bei OS/2 von IBM (Microsoft nicht mehr beteiligt) aber auch SAG CLI - vgl. auch FAPI; SS_1)
2. Associacão Portuguesa de Informática, Lissabon (Fachverband)

APL — (von engl. A Programming Language - von K.E. Iverson als formales Beschreibungsmittel (vgl. FDT) für Vektor- und Matrizenrechnung entwickelt und 1962 in gleichnamigem Buch vorgeschlagen als Programmiersprache (PS_2) zur interaktiven Bearbeitung von Datenfeldern ('arrays'), auch mehrdimensionalen, mit einer algebraisch knappen Notation, die eine klammerfreie (rechtsassoziative) Darstellung von Termen ermöglicht (Abarbeitung von rechts) - von IBM ab 1966 angebotener Interpretierer führte erst zur Markteinführung - obgl. kontrovers diskutiert, wurden in den 80er Jahren auch Kompilierer für PCs (PC_1) eingeführt - erst spät genormt - die Norm definiert u.a. auch konsistente Erweiterungen - die Verbreitung von APL ist eher in Zunahme begriffen als abnehmend - siehe: DIN ISO 8485, 5.91 (englisch mit deutschen Symbolbezeichnungen u. zweisprach. Wörterverz.) inhaltsgleich ISO/IS 8485:1989 - vgl. auch PN_2; Ada, ALGOL 60, BASIC, C, CHILL, COBOL, ELAN, Fortran, LISP, Modula-2, Pascal, PEARL, PL/I, PROLOG, Simula; PSP)

APL2 — (Erweiterung und Verallgem. von APL - insbes. von IBM unterstützt)

APN — (engl.) Advances in Petri Nets (dt. Fortschritte in Petri-Netzen (PN_1) - in der Reihe LNCS)

APP — Applications Portability Profile (USA) (dt. Profil für Anwendungsportabilität - US Government OSE Profile - siehe draft NIST specific. report: APP Guide, Gaithersbg. 1990, 51 p.)

AppleLink (von Apple + engl. link, dt. Bindeglied - von Quantum (USA) angebot. Netz f. Apple-PCs (PC_1) der Macintosh-Familie - vgl. auch PCLink; FidoNet, UUCP; DFN, EARN, EUnet, WIN)

APP/OSE Applications Portability Profile / Open System Environment (USA) (APP/OSE User Forum bei NIST, gefördert vom CSL - dient dazu, Bundesanforderungen festzulegen und die Entwicklung eines Architekturansatzes für Anwendungsportabilität in einer offenen Systemumgebung (OSE) zu diskutieren - trifft sich zweimal jährl. - vgl. auch GIG, NIU, OIW; APP; OSI)

APSE Ada Programming Support Environment (vgl. ACVO, KAPSE, KIT_1)

APT (von engl. Automatic Programming for Tools - spezielle Programmiersprache (PS_2) zur Beschreibung 3dimensionaler Gebilde der euklidischen Geometrie und zu entsprechender numerischer Werkzeugsteuerung (NC_1) - vgl. auch EXAPT; CLDATA)

AQS Ausschuß Qualitätssicherung und Angewandte Statistik (NA im DIN - vgl. auch DQS, GGS, RAL; DGQ_1; QM, TQM; EQ; QA, QS)

ArbStättV Arbeitsstättenverordnung (Verordnung (VO) des BMA - der BRD - vom 20.3.1975 - dient Arbeitnehmerschutz vor gesundheitlichen Unzuträglichkeiten am Arbeitsplatz)

arc Arkus (lat. arcus: Bogen - in Koordinatengeometrie und Analysis zweierlei in Zusammenhang stehende, notationell und kontextbezogen unterschiedene Funktionen:)

1. (in Gleichungen wie $y = \text{arc}\ \varphi$ affine Arkusfunktion (i.e.S.) von Winkeln in Gradmaß (d.h. in $^\circ$ oder gon), die einem ebenen Winkel als Argumentvariablen eineindeutig dessen (winkelabhängige) Bogenlänge im Einheitskreis zuordnet (geometrische Orientierung konventionell im Gegenuhrzeigersinn positiv, sonst negativ), so daß $2\pi = \text{arc}\ 360^\circ = \text{arc}\ 400\,\text{gon}$ ist (gem. $2\pi\,\text{rad} = 360^\circ = 400\,\text{gon}$) - mit ihrer Umkehrbarkeit in $\varphi = \angle\ \text{arc}\, y$ (i.S. von Winkel von Bogenlänge y) hängt die Angabe von Winkeln in Bogenmaß (d.h. in rad), i.U. zu Gradmaß, eng zusammen - entspr. wird "arc" auch bei Polarkoordinaten zur Bezeichnung des Polarwinkels verwendet - vgl. auch arc_2; pla)
2. (in Gleichungen wie $y = \text{arc}\sin x$ (i.S. von Bogen von Sinuswert x) für $x \leq |\frac{\pi}{2}|$ transzendente Arkus(hauptwert)fkt. als Umkehrfunktion der jeweiligen trigonometrischen Funktion (hier $x = \sin y$) mit demselben Graphen oder, umbezeichnet, dem bezügl. $x = y$ spiegelsymmetrischen Graphen im eingeschränkten Bereich bei einheitlichem Achsenmaßstab - vgl. arc_1)

ARI — Autofahrer-Rundfunk-Informationssystem (Akr. eingetr. Wz - Bereichs-, Sender- u. Durchsagekennung f. Verkehrsfunk auf UKW - in d. BRD ab 1974, in Österreich ab 1976 eingeführt - vgl. auch RDS; CPS_1, DNR)

ARPA — Advanced Research Project Agency, Washington, DC (jetzt: "DARPA" - dem DoD nachgeordnet - bekannt u.a. durch ihr, auch zivilen praktischen und wissenschaftlichen Untersuchungen zugängliche ARPANET - vgl. auch BITNET, CSNET, Internet)

ARPANET — ("klassisches", ab 1969 realisiertes heterogenes Rechnernetz von ARPA, das sich seit 1975 finanziell selbst trägt - verbindet ca. 2000 Hauptteilnehmer - ist auch von Europa her zugänglich - Vorbild für CSNET - vgl. auch BITNET, Internet; EAN_1, EARN, EUnet, Euronet, RARE, TCP/IP, UUCP, WIN; FTAM, X.400, X.500; OSI)

ARV8 — Allg. Ref.-Version des 8-Bit-Codes (nach DIN 66 303 - vgl. auch DRV8, MBV8)

As
1. (Einheitenzeichen) Amperesekunde (Einheit der Elektrizitätsmenge, die bei einer Stromstärke von 1 Ampere (A_1) in 1 Sekunde (s) durch den Querschnitt eines Leiters fließt - vgl. auch S_3, V_3; SI_1)
2. (Elementsymbol) Arsen(ik) (grch. - engl. arsenic - **giftig** chem. El.: Halbmet. mit d. Ordnungszahl 33, in Gr. 5 des Periodensyst. d. chem. El. - Arsen-Metall-Verbindg. heißen "Arsenide" - vgl. GaAs)

AS — Akkreditierungsstelle (vgl. PL_2, ZS; DAE, DEKITZ/AKA; TGA; DAR)

ASA — American Standards Association (Vor-Vorgängerin von ANSI - die alte Abk. hat ihre Geltung im Zusammenhang der Fotografie für die Angabe von Filmempfindlichkeit überlebt, weil sie dafür sehr verbreitet war und auf Einstellungselementen älterer Fotoapparate heute noch steht - dabei gilt: ..., 50 ASA = 18 DIN, 100 ASA = 21 DIN, 200 ASA = 24 DIN, ... - die der Stufung der Verschlußblenden und -zeiten entsprechende Halbierung bzw. Verdoppelung war bei den ASA-Werten proportional ausgedrückt (geometrische Folge), bei den DIN-Werten logarithmisch (arithmetische Folge) - beide leben in der ISO-Angabe fort - Beispiele: ISO 50/18°, ISO 100/21°, ISO 200/24°, ISO 400/27° - vgl. auch ld; EV, TTL)

ASB — Bei CEN & CENELEC: Associated Standardizing Body (dt. etwa: Assoziiertes Normungsinstitut - Einhaltung bestimmter Regeln der Normung ermöglicht Anerkennung als ASB, die zur Vorlage geeigneter Dokumente zum Annahmeverfahren für ENs berechtigt - siehe CEN/CENELEC: Auszug aus Statut, Anl. 2 - ETSI hat diesen Status erst 1991 erhalten - vgl. auch ENSO; ITSTC; JTESI)

ASC (engl.) Apple Sound Chip (des Macintosh IIfx - für sog. Stereosampling und zur Tonerzeugung - vgl. $OASIS_2$)

ASCII American National Standard Code for Information Interchange (US-amerik. Referenzvers. des (jüngeren) ISO-7-Bit-Codes - bei übl. Verwendg. mit 1 Zeich. je Byte zu 8 Bits wird das ergänzende Bit als Prüfbit (Übertragung) o. z. Unterscheidg. positiver u. negat. Schrift (Bildschirm) einges. - die Bez. ASCII wird z.T. auch (unzulässig verallgem.) auf die verwandte deutsche ISO-Referenzvers. übertr., also inkorr. verwendet - vgl. auch EBCDIC; ARV8, DRV8, MBV8, UCS, Unicode)

ASE Anwendungsdienstelement (von engl. application service element - in OSI-Schicht 7, der Anwendungsschicht des OSI-RM, die (i.U. zu den anderen sechs Schichten) keinen umfassenden schichtspezifischen Dienst bereitstellt, eine funktionell abgegrenzte Komponente unter vielen verschiedenen mit jeweils bestimmter Funktion - unterschieden wurden zeitweilig allgemeine Anwendungsdienstelemente ($CASE_1$) wie ACSE, CCR, ROSE, TP (TP_2), die direkt in Anspruch genommen werden können, also sozusagen autark sind, und sog. spezielle Anwendungsdienstelemente (SASE) wie FTAM, RDA, RPC, die von allgemeinen, also CASEs, unterstützt werden - die jeweils benötigten ASEs bilden den kommunikationsrelevanten Teil einer OSI-Anwendung - siehe: ISO/IEC 9549 (Application Layer Structure); DIN-Norm in Vorbrtg. - vgl. auch EDI, MHS (MOTIS), MIDA, SR; ODP)

ASIC anwendungsspezifische integrierte Schaltung (von engl. application-specific integrated circuit - ICs (IC_1) verschiedener Zweckbestimmung, meist u. zunehmend CMOS, die sich in großer Anzahl u. Dichte auf Leiterplatten aufbringen lassen u. so als Bestandteile bestückter Leiterplatten, sog. Platinen (engl. boards), etwa von PCs (PC_1) oder WS' vielfältig verwendet werden - vgl. auch DIP; SMT)

ASIM Arbeitsgemeinschaft Simulation, Bonn (in der Gesellschaft für Informatik (GI_1) - Arbeitsgemeinschaft im deutschsprachigen Raum d. BRD (früher auch DDR), Österreichs u. d. Schweiz, die sich allen Aspekten d. Simulation von Systemverhalten bzw. Prozessen auf Rechensystemen (RS') widmet - so Grundlagen, Entwicklg. mathem. Modelle u. Anwendungen in Naturwissenschaften u. Technik - urspr. unabh., 1982 als FA 4.5 unter Beibehaltung d. Bez. "ASIM" in die GI eingegliedert - ca. 600 Mitgl. - hat zwei Fachgruppen (FGs) mit je drei Arbeitskreisen (AKs) - hält jährl. ein Symposium Simulationstechnik ab (Tagungssprache Deutsch) - siehe u.a. ASIM-Mitt. (dt.), im Selbstverlag - ist Gründungsmitgl. von EUROSIM - vgl. auch IMACS)

ASME American Soc. of Mechan. Engin., New York, NY (vgl. IEEE; VDI)

ASK Akademische Software Kooperation (gemeinschaftliche Initiative des BMBW u. des DFN-Vereins mit Herstellern von Rechensystemen (RS') zur Verbesserung der Software(SW)-Situation an (d.h. von o. für) deutschen Hochschulen - hat 1990 erstmals den Deutschen Hochschul-Software-Preis vergeben: von namhaften Systemherstellern gestiftete WS' u. PCs für insges. mehr als 200.000,-- DM an die Autoren von 21 (von 219 eingereichten) Progr. zur Ausbildung von Studenten verschiedener Fachrichtg., darunter 15 Professoren, 17 wissenschaftl. Mitarbeiter u. 8 Studenten - siehe GMD-Spiegel 2'90 vom Aug. 1990, S. 6-7)

ASMW Amt für Standardisierung, Meßwesen und Warenprüfung (DDR), Berlin (war beim Ministerrat der Deutschen Demokratischen Republik (DDR) - Hrsg. der TGLs und der deutschsprachigen ST RGWs - seit Januar 1988 Mitgl. der ISO - lt. Grundsatzartikel "Auf dem Weg zu einheitl. techn. Regeln" in der ASMW-Zeitschrift "Standardisierung" vom März 1990 machten Währungs- und Wirtschaftsgemeinschaft von DDR und BRD "... eine einheitliche Regelsetzung auf dem Gebiet der Technik dringend erforderlich" - das ASMW empfahl darin auch den Wirtschaftseinheiten der DDR Erwerb und Anwendung von DIN-Normen (einschl. DIN-ENs) sowie Mitwirkung in den Gremien des DIN - **das ASMW hat seine Tätigkeit am 30.9.1990 eingestellt** - seine Aufgaben wurden in der (neuen) BRD anteilig von DIN, BAM und PTB übernommen - vgl. auch MWT; EinigungsV)

ASN.1 Abstrakte Syntaxnotation Eins (entspr. engl. Abstract Syntax Notation One - lt. DIN-Titel:: für darstellungsunabhängige Syntax - Notation (halbformales Beschreibungsmittel) zur Spezifikation von Datenströmen in OSI-Schicht 6 (Darstellungsschicht) - wird in Protokollnormen der OSI-Schicht 7 (Anwendungsschicht) verwendet - ist Basis von ODIF - siehe: CCITT X.208; DIN ISO 8824 (ANS.1), 1.90; DIN ISO 8825 (Codierreg. f. ANS.1) - vgl. auch BNF, CCS, CSP, Estelle, IMCL, LOTOS, PrT, SDL, VDL; FDT)

ASP (engl.) abstract service primitive (dt. sinngem. abstraktes Dienstprimitiv - von PCOs zum Ferntesten von IUTs bzw. Protokollen gesendet - vgl. auch ATS; PDU; TTCN; CTS; OSI)

ASPI (von engl. Advanced SCSI Programming Interface - für SCSI-Treiber zu diversen EA-Geräten (EA_1) oder Speicherlaufwerken - wird bereits von vielen PC-Hostadaptern unterstüzt, so daß sich eine Suche nach SCSI-Treibern damit erübrigt - vgl. auch LW_2; SS_1)

AStA Allgemeiner Studentenausschuß (einer Hochschule - die in freier und geheimer Wahl des Studentenparlaments gewählte Vertretung der Studentenschaft - vgl. ≠ ASTA; BAföG; HIS; NC_2; ZVS)

ASTA — Advanced Software Technology and Algorithms (USA) (dt. Fortgeschrittene Softwaretechnik u. Algorithmen - das 1993 mit 346 Mio. $ meistgeförderte FuE-Ziel der Bundesregierung neben BRHR, HPCS und NREN im Rahmen von HPCC - vgl. auch ≠ AStA)

ASTM — American Society for Testing a. Materials (USA), Philadelphia, PA (hat 1989 den Gen.sekr. d. ISO, Dr. L.D. Eicher, ausgez. - vgl. auch BAM)

AT
1. (angelehnt an engl. Advanced Technology - Bez. von IBM eingef. - PC (PC_1) i.w.S. mit Intel-80286-Prozessor und 16-Bit-Datenbus - vgl. auch XT; WS)
2. zweistelliges Landeskennzeichen: (Bundesrepubl.) Österreich (nach ISO 3166:1988 - vgl. auch A_2, AUT; BRD, D_1, DD_2, DDR, DE_2, DEU; CH_2, CHE)

ATB — Amtl. Telefonbuch (d. DBP Telekom - i.U. z. örtl. - vgl. auch AVON)

ATIS — (engl.) A Tools Integration Standard (im Zusammenhang von CASE ($CASE_2$) - vgl. auch SE)

ATM
0. Bei ETSI: (außer ATM_1) Advanced Testing Methods (dt. Fortschrittliche Prüfmethoden - Technisches Komitee (TC) - vgl. auch BT_2, EE, GSM, HF_2, NA_1, PS_1, RES, SES, SPS, TE, TM_2)
1. asynchronous transfer mode (dt. asynchroner Übertragungsmodus - Basis von IBCN für Paketübertragung auf vorhandenen öffentl. Netzen - vgl. auch EEPG; STM)
2. (engl.) automatic teller machine (dt. Kassierautomat - vgl. GAA; POS; ID; ec; GZS; TTT_2)

ATR — Advanced Telekommunication Research Institute International (Japan), Kyoto (1986 vom Key Technology Center und einigen Firmen gegr. als Hauptstelle Japans für grundlegende und weiterführende Forschung und Entwicklung für Telekommunikation (TK_2))

ATS — Abstrakte Testfolge (von engl. abstract test suite - vgl. ASP, PTS; CTS; OSI)

AU
1. (engl.) Astronomical Unit (dt. Astronomische Einheit (AE))
2. Zugangseinheit (von engl. access unit - Funktionseinheit (FE) eines Mitteilungsübermittlungssystems (MHS), die Nutzern eines bestimmten anderen Kommunikationssystems oder Telematikdienstes außerhalb des MHS, etwa [Nutzern von] Telex (Tx) oder Teletex (Ttx), eine indirekte Nutzung des MHS ermöglicht (über einen Mitteilungstransferagenten (MTA_3) seines Mitteilungstransfersystems (MTS)) - vgl. auch PDAU; UA_2; OSI)

AUMA — Ausstellungs- und Messeausschuß der Deutschen Wirtschaft e.V., Köln (Hrsg. von: AUMA-Handb. Messeplatz Deutschland 93 (gratis); Auslandsmesseprogramm 93 - vgl. auch Eurofitness)

AUSINET — (Bez. angelehnt an "EurOSInet", "OSInet" - australisches Analogon zu diesen Einrichtungen und zu INTAPNET - vgl. auch OSI^{ONE})

A/UX — Apple/Unix (Unix-nahes BS-Produkt (BS_1) von Apple -vgl auch AIX)

AUT — dreistelliges Landeskennzeichen: (Bundesrepublik) Österreich (nach ISO 3166:1988 - vgl. auch A_2, AT_2; BRD, D_1, DD_2, DDR, DE_2, DEU; CH_2, CHE)

AUTEL — Associación Española de Usuarios de Telecommunicaciónes, Madrid (vgl. AENOR; FESI; ECTUA)

AutomGr — Atomatisierungs-Grundsätze; Grundsätze für die Gestaltung automationsgeeigneter Rechts- und Verwaltungsvorschriften (der BuReg der BRD vom 22.11.1973 - vgl. auch KBSt; GGO)

AUUG — The Australien UNIX systems Users Group, Sydney (vgl. auch ≠ UUGA; CHUUG, GUUG; JUS, USENIX; EurOpen; UniForum)

AV — Arbeitsvorbereitung (in industrieller Fertigung, aber auch übertr. - z.B. auf Programmiervorhaben - vgl. CAP)

AVC — (engl.) audio-video computer (seit 1991 auch Arbeitsprogr. der KEG)

AvH — Alexander-von-Humboldt-Stiftung, Bonn (von der BRD, vertreten vom Bundesminister des Auswärtigen (AA_1), errichtete rechtsfähige Stiftung des bürgerlichen Rechts mit dem Zweck, wissenschaftlich hochqualifizierten Akademikern fremder Nationalität ohne Ansehen von Geschlecht, Rasse, Religion oder Weltanschauung durch Gewährung von Forschungsstipendien und Forschungspreisen die Möglichkeit zu geben, ein Forschungsvorhaben in der BRD durchzuführen, und die sich ergebenden wissenschaftlichen Verbindungen zu erhalten - Organe der Stiftung sind Vorstand, Präsident, Generalsekretär - der Vorstand beruft mehrere Ausschüsse, insbes. einen Auswahlausschuß - urspr. 1953 errichtet - vergibt auch Stipendien an deutsche Wissenschaftler und Sachspenden - siehe: Stiftungsurkunde vom 10.12.1953 in der Fassung vom 4.12.1984; AvH (Hrsg.): Jahresber. - vgl. auch DAAD; DFG)

AVON — amtliches Verzeichnis der Vorwahlnummern (der DBP Telekom - Ergänzungsheft zum amtlichen Telefonbuch (ATB) - enthält die Vorwahlnummern der Ortsnetzbereiche, kurz die ONKs)

AVT — Aufbau- und Verbindungstechnik (für ICs (IC_1) auf [betüdkten] Leiterplatten oder Sockeln von Steckeinheiten in Gehäusen oder Schränken - vgl. auch PCB; SMD_2, SMT)

AWbG — Arbeitnehmerweiterbildungsgesetz; Gesetz zur Freistellung von Arbeitnehmern zum Zweck der berufl. und polit. Weiterbildung (von NRW - in Kraft seit 1.1.1985 - ermögl. Bildungsurlaub - Annahmebescheinig. muß Arbeitgeber mind. vier Wochen vor der Veranstaltung vorliegen)

AWF — Ausschuß f. Wirtschaftl. Fertigung e.V., Frankf. a.M. (vgl. auch AWV_1)

AWG — Außenwirtschaftsgesetz (der BRD - im Zusammenhang der Reform von Außenwirtschaftsrecht und -kontrolle vielfältig geändert - siehe BMWi-Dokumentation Nr. 131: Die Reform ..., März 1991, ISSN 0342-9288 - vgl. auch AWV_2; BAW; COCOM)

AWI — Stiftung Alfred-Wegner-Institut für Polar- und Meeresforschung, Bremerhafen (vgl. AGF)

AWV
1. Arbeitsgemeinschaft für wirtschaftliche Verwaltung e.V., Eschborn (Rationalisierungsverband (gem. GWB) zur Mittelstandsförderung - vgl. auch AWF)
2. Außenwirtschaftsverordnung (der BRD - im Zusammenhang der Reform von Außenwirtschaftsrecht und -kontrolle vielfältig geändert - siehe unter AWG - vgl. auch BAW; COCOM)

Az.; AZ — Aktenzeichen (vgl. TK_1;, TO_1; GGO)

AZG — Ausschuß Zertifizierungsgrundlagen (UA von DINZERT - vorrangige Aufgabe ist: die Erarbeitung der deutschen Stellungnahmen zu EG-Dokumenten (EG_1), insbes. den Vorlagen zu einschlägigen Europäischen Normen (ENs) über allg. Kriterien und Empfehlungen für Prüflaboratorien und Akkreditierungskörperschaften bzw. für die Kompetenz von Zertifikationskörperschaften bezüglich auf Normkonformität geprüfter Produkte zu Normen, die von CEN und CENELEC aufgrund eines KEG-Mandats in ENs umgesetzt worden sind oder werden - siehe: EN 45 000 bis 45 003 und EN 45 011 bis 45 014 - vgl. auch CASCO, CENCER; DAE, DEKITZ/AKA, DKD; TGA, DAR; ECITC, EOTC)

Azubi — Auszubildende(r) (früher Lehrling)

B — als Ziffer (nach 9): Elf (etwa sedezimal - vgl. A_3, C_3, D_2, E_2, F)

BA — Bundesanstalt für Arbeit, Nürnberg (eine bundesunmittelbare Anstalt des öffentlichen Rechts (AdöR) mit Selbstverwaltung in paritätiischer Beteiligung der Sozialpartner u. Rechtsaufsicht des BMA - ihre Hauptaufgab. sind Arbeitsvermittlung u. Arbeitslosenversicherung - Hauptstelle mit Institut für Arbeitsmarkt- u. Berufsforschung - 14 Landesarbeitsämter - ca. 200 Arbeitsämter - nachgeordn. besondere Dienststellen wie u.a. die ZAV - siehe u.a. BA (Hrsg.): Was? Wieviel? Wer?, Ausg. 1993 mit Leistungen, Adressen (gratis bei allen Arbeitsämtern in Deutschland erhältlich) - vgl. auch COSIMA; BetrVG; BAG)

BABl. — Bundesausschreibungsblatt (f. die BRD - bei BAnz. - vgl. auch GMBl.)

BAföG — Bundesausbildungsförderungsgesetz (der BRD - siehe BMBW (Hrsg.): Neues BAföG '90/91; Änderung '92 (gratis bei AStA oder BMBW erhältl. - vgl. auch ZVS; NC_2; AvH, DAAD; ZAV)

BAG — Bundesarbeitsgericht, Kassel (vgl. BFH, BGH, BSG, BVerfG, BVerwG)

BAM — Bundesanstalt für Materialforschung und -prüfung, Berlin (West) (dem BMWI nachgeordn. techn. Oberbehörde u. Forschungsanstalt - beteiligt an einschläg. Normung beim DIN u. internat. - vgl. auch PTB; DAR)

BAnz. — Bundesanzeiger (für die BRD - hrsgg. vom BMJ - bei Bundesanzeiger Verlagsges. mbH, Bonn - vgl. auch BABl., BGBl., GMBl.)

BAPT — Bundesamt für Post- u. Telekommunikation, Mainz (unmittelbar dem BMPT nachgeordnet (hoheitl. Bereich) - gegr. 1989 unter Übernahme hoheitl. Aufg. sowie einiger Beamter aus den weiterhin bestehenden Einrichtg. FTZ u. PTZ in Vollzug der Postreform - vgl. auch PSG)

BASIC — (von engl. Beginner's All-Purpose Symbolic Instruction Code - urspr. (und als Elementar-BASIC, engl. Minimal BASIC, noch heute) einfache, kompakte und leicht (autodidaktisch) erlernbare prozedurale Programmierspr. (PS_2) - als solche 1965-1967 in den USA von J. Kemeney u. Th. Kurtz für Kleinrechner u. zur Ausbildg. entwickelt u. gemäß internat. Abstimmg. bei d. ISO verbessert u. als 'Minimal BASIC' genormt - von Rechensystem- u. Softwareherstellern (RS, SW) vielfältig erweitert, heute eine der meistverbreiteten PS (in leider sehr unterschiedl. Dialekten), deren Verwendung viele kleine Schritte erfordert, die keine Datenstrukturen unterscheidet, insofern also atypisch für moderne prozedurale Sprach. ist, u. daher zumindest zur Ausbildg., auf entschiedene u. vielfältige Kritik stieß (z.B. "Blutige Anfänger Sinken Ins

Chaos") - dennoch betreiben ECMA u. ANSI die Normung eines erweiterten BASIC, das Elementar-BASIC umfaßt - (kleine) Interpretierer ermögl. Anwendung im Dialog schon auf kleinen PCs (PC_1) - Kompilierer ermögl. Übersetzg. mehrf. benötigter Progr. in laufzeitgünstige Objekte - Minimal BASIC bzw. Elementar-BASIC siehe: ISO/IS 6373-1984; DIN 66 284, 5.88 (deutsche Übers. von ISO/IS + zweispr. Wörterverz.; auch in Einführung von K. Däßler bei Springer u. Beuth enthalt.); inhaltsgl. EN 26 373:1989 - Erweitertes BASIC siehe: ECMA-116, 1987; ANSI X3.113-1987; FIPS PUB 68-2 (Full BASIC), 1.3.88; ISO/IEC DIS 10 279:1990-07 (Full BASIC) - vgl. auch Ada, ALGOL 60, APL, C_1, CHILL, COBOL, ELAN, Fortran, LISP, Modula-2, Pascal, PEARL, PL/I, PROLOG, Simula; PSP)

BAST — Bundesanstalt für Straßenwesen, Bergisch-Gladbach

BAT — Bundes-Angestellten-Tarif (der BRD - in der jeweils neuesten Fassung)

Baud — (eingedeutscht gesprochen /bo:t/ - vgl. Bd)

BAUM — Bundesdeutscher Arbeitskreis für umweltbewußtes Management e.V., Hamburg (1987 gegr. - Mitgl. sind u.a. große Hersteller von Rechensystemen (RS'), Versandhäuser u. KMUs)

BAW — Bundesamt für Wirtschaft, Eschborn (dem BMWi nachgeordnet - erteilt auf Antrag Ausfuhrgenehmigungen, internat. Einfuhr- bzw. Ausfuhrlizenzen bezügl. Gegenständen und Ländern, für die das erforderlich ist und nicht durch COCOM-Vereinbarungen ausgeschlossen ist - die Bearbeitung eines Antrags erfordert ca. 8 Wochen - erteilt auch Auskünfte zum Stand der Handelsbeschränkungen durch COCOM - vgl. auch AWG, AWV_2; BfAI, EIC; RKW)

BBB — (abgesehen vom Bonner Bürger-Bund gegen Berlin-Umzug hier bes.) Bundesstelle für Büroorganisation und Bürotechnik, Köln (beim Bundesverwaltungsamt (BVA) - erarbeitet, i.A. des BMI u. gemeinschaftl. mit anderen Ressorts, u.a. normenähnliche Merkblätter zu allg. Mitteln oder Methoden der Verwaltung - siehe u.a.: BBB M 17/3 Vordrucke für die Dateneingabe; BBB M 17/4 Vordrucke für die Datenausgabe; BBB M 18 Bürgernahe Verwaltungssprache - vgl. auch BSprA; KGst)

BBk — Deutsche Bundesbank, Frankfurt a. M. (vgl. DM_1; EWI, ECU)

BBN — Bundeseinheitl. Betriebsnummer (registr. bei CCG - vgl. auch EAN_2)

BBS — (engl.) bulletin board system (im MHS-Zshg. - dt. etwa "Schwarzes Brett" oder "Wandzeitung" - vgl. auch Mailbox; MOTIS; EP_2)

BC Von ITSTC: Mandat (für eine EN - von frz. bon de commande - engl. mandate - die Abk. wird nicht übers. - wird CEN, CENELEC o. ETSI erteilt - seit Dez. 1991 nicht mehr f. unveränderte Übernahme von IS')

Bcc: (engl.) Blind carbon copy (dt. etwa "Blindkopie" gen. - die Abk. wird als optionaler 'Prompt' im Kopf einer E-Mail verwendet - vom Absender zur Kennzeichnung von Kopieadressaten, die für andere unsichtbar sind, i.U. zu Cc: - vgl. auch EP_2, MHS, MOTIS)

BCD binär kodierte Dezimalziffer (von engl. binary-coded decimal - in allg. o. besond., auf best. Codes (z.B. Aiken-Code, 3-Exzess-Code) bezogen. Verwendg. - bes. in Zusammensetzungen - vgl. EBCDIC; PZ, ZSC)

BCPL (von engl. Basic Combined Programming Lang. - von M. Richards in den 60er Jahren am MIT aus CPL weiterentwick. prozedurale Programmierspr. (PS_2) ohne Datentypen (außer Maschinenwort) - zeitweilig in Systementwicklung verwendet - nie genormt - Vorläufer von C (C_1))

BCS

1. Binärer Kompatibilitätsstandard (von engl. Binary Compatibility Standard - von fünf europ. Partnern begründeter Standard für eine gemeins. innere Binärschnittstelle des Transputers T9000 zum Betriebssyst. (BS_1), passend zu den Standards XPG3 von X/Open u. POSIX von IEEE - dient d. Programmkompatibilität unterschiedl. transputerbasierter Systeme - die Partner sind ACE (die Firma) in Amsterdam, die GMD in Berlin u. Karlsruhe, PACT in Delft, Parsytec in Aachen, u. die TUM in München, die alle selbst den Standard mit eigen. Entwicklg. einhalten - siehe Veröffentlichg. in Vorbrtg. - vgl. auch C_1 (Parallel C), Modula-P; TOPSYS; SS_1)
2. British Computer Society, London (der britische Fachverband für Informatik, der das Land bei der IFIP repräsentiert - Mitgl. des CEPIS - mit ca. 30 000 Mitgl. größte Informatikervereinigung in Europa - breit aufgefächert in 40 Fachgruppen, die u.a. Empfehlungen zur Normung für BSI (BSI_1) erarbeiten - betätigt sich also (mehr als die GI (GI_1)) **im Vorfeld der Normung** - publiziert u.a. die Zeitschrift Computer Bull., die Mitgl. gratis erhalten)

Bd Baud (Einheit der sog. Schrittgeschwindigkeit beim Telegrafieren: ein Modulationsschritt pro Sekunde (s) - ben. nach E. Baudot, 1845-1903, dem Erfinder des nach ihm benannten Telegrafen - vgl. auch bps)

BDE Betriebsdatenerfassung (vgl. MIS, PPS; GoDS, GoDV; WI_1)

BDI Bundesverband der Deutschen Industrie e.V., Köln (Dachverband d. industriellen Wirtschaftsverbände in d. BRD - 34 Verbände - vgl. auch TGA; DHKT, DIHT; VDMA, ZVEI; UNICE)

BDOS (von engl. Basic Disk Operating System - dt. Grund-Platten-Betriebssystem (BS_1) - betreibt und verwaltet Diskette und Festplatte, und formatiert Diskette - Modul von CP/M)

BDSG Bundes-Datenschutzgesetz (der BRD - Gesetz zum Schutz vor Mißbrauch personenbezogener Daten bei der Datenverarbeitung - in Kraft seit 1.1.1978 - neugefaßt durch das Gesetz zur Fortentwicklung d. Datenverarbeitung und des Datenschutzes vom 20.12.1990 (BGBl. 1990, S. 2954 ff) - Neufassung in Kraft seit 1.6.1991 - ergänzende Regelungen für die Behörden der Bundesländer sind in Landesdatenschutzgesetzen enthalten - erforderl. supranationale Regelungen f. Europa, insbes. den EG-Binnenmarkt (EG_1), zeichnen sich seit 1990 zunehmend deutl. in Dokumenten von Rat u. Kommission (KEG) d. EG u. deren Diskussion beim EP (EP_1) u. beimWSA ab, u.a. mit Bezug auf eine Übereinkunft des Europarats zum Schutz des Menschen bei automat. Verarbeitung personenbezog. Daten - siehe: außer Gesetzen (mit Legaldef.) auch: Def. von Datenschutz u. von Datensicherheit in DIN 44 300 T.1, 11.88; DIN 32 757 (Datenträger-Vernichtung) T.1 u. 2; Th. Beth: Kryptographie als Instrument des Datenschutzes, in Inform.-Spektr., Jhrg. 5 (1982), S. 82-96; Lit. unter DES; bezügl. Europa: (sieben) Dokumente KOM (90) 314 endg., 1990, Katalognr. CB-CO-90-452-DE-C, ISBN 92-77-64091-X, 133 S. und KOM (92) 422 endg. vom 15.10.1952, EG ABl. Nr. C 311/30 vom 27.11.1992 bei Amt f. amtl. Veröffentl. d. EG, Luxemburg - vgl. auch BfD, DSB; TDSV; DB_1, DBMS, DBS; DMSPTG; ISDN; OSI; CCC_1; UrhG, WiKG)

BdSt Bund der Steuerzahler e.V., Wiesbaden

BDU Bundesverb. Deutsch. Unternehmensberater e.V., Bonn (vgl. auch DIA_1)

BDÜ Bundesverband der Dolmetscher und Übersetzer e.V., Bonn (Fachblatt: "Lebende Sprachen", viertelj. bei Langenscheidt, Berlin - vgl. auch VDÜ)

BE Baueinheit (siehe Def. in DIN 44 300 T.1, 11.88 - vgl. auch FE, SS_1)

BELTUG Belgian Telecommunications Users Group, Brüssel (vgl. ECTUA)

BERKOM (von "Berlin" und "Kommunikation" - vom HMI initiiertes Telekommunikationsprojekt von Berlin(West) - von GMD-FOKUS, Berlin, TUB, ZIB et al. weitergeführt - Zshg. mit DFN)

BetrVG Betriebsverfassungsgesetz (der BRD - regelt u.a. Mitbestimmung - vgl. auch ZAV; BA; BAG)

BfA Bundesversicherungsanstalt für Angestellte, Berlin (West) (vgl. VBL)

BfAI — Bundesstelle für Außenhandelsinformation, Köln (dem BMWi nachgeordnet - unterhält seit 1990 ein Europa-Informations-Zentrum als Beratungsstelle (Postf. 10 80 07, 50111 Köln) für Unternehmen, insbes. für KMUs - stellt u.a. Kurzdarstellung. zum EGBinnenmarkt (EG_1) z. Verfügung, z.B. über Warenzeichenrecht, Transportwesen, techn. Handelshemmnisse - vermittelt Originaltexte handelsrelev. nation. Gesetze nach EG-Richtl. - vgl. auch Wz; EIC; BAW; IHK; BVMV, RKW)

BfD — Bundesbeauftragter für den Datenschutz, Bonn (unabhäng. Persönlichkeit u. Einrichtg. f. die Kontrolle des Datenschutzes gem. BDSG in d. Bundesverwaltg. d. BRD - veröffentlicht jährl. einen Tätigkeitsber. - entspr. gibt es Landesdatenschutzbeauftragte - vgl. auch DSB; CNIL)

BFH — Bundesfinanzhof, München (vgl. BAG, BGH, BSG, BVerfG, BVerwG)

BFO — (engl.) beat frequency oscillator (dt. Telegrafieüberlagerer - an KW-Empfängern (KW_2) eine zuschaltbare Einrichtung zum Hörbarmachen unmodulierter Telegrafie, evtl. auch von Einseitenband-Sendungen - vgl. auch AFC, MGC, SSB)

BGB — Bürgerliches Gesetzbuch (der BRD - vgl. u.a. auch a; e.V.; ZPO; HGB, SGB, StGB; GG)

BGBl. — Bundesgesetzblatt (für die BRD - bei Bundesdruckerei, Bonn - vgl. auch BABl., BAnz., GMBl.)

BGH — Bundesgerichtshof, Karlsruhe (hat sich 1987 auch mit der rechtl. Bedtg. von DIN-Normen f. Tests d. Stiftung Warentest auseinanderges. - das Urteil dazu dürfte u.a. auch bezügl. Konformität von IT-Produkten mit Normen von grundsätzl. Interesse sein - siehe E. Budde: Rechtsprechg. u. DIN-Normen (mit Bez. auf das BGH-Urteil), in DIN-Mitt. 66. 1987, Nr. 7, S. 317-319 - vgl. auch BAG, BFH, BSG, BVerfG, BVerwG)

BHO — Bundeshaushaltsordnung (der BRD - vgl. auch RVO; EStR; BRH)

BIADI — Bureau Inter Administration de Documentation Informatique, Issy-les-Moulineaux bei Paris (u.a. Konformitätsprüfung von IT-Produkten)

BIBLIODATA — (von Bibliographie + lat. data - 'Online'-Datenbk. (DB_1) d. Dtsch. Biblioth. (DB_2) f. die von ihr hrsgg. Dtsch. Bibliographie - zugängl. von bedeut. Datennetzen über STN Internat. - vgl. auch DFN; FIS; FI, IuD)

BIGFON — Breitbandiges Integriertes Glasfaser-Fernmelde-Ortsnetz (der DBP Telekom - schließt Bildfernsprechkanal ein - ermöglicht Videokonferenzen - vgl. auch LWL; EMP; IBFN; TAT-...; B-ISDN; OSI)

BIFOA Betriebswirtschaftliches Institut für Organisation und Automation an der Universität zu Köln, Köln (vgl. FJI, ZRVI; GI_1 (FB 5), WKWI; BWL, WI_1)

BIH Internationales Büro für die Zeit, Paris (von frz. Bureau International de l'Heure (eigtl. Internat. Stundenbüro) - gegründet 1919 - koordiniert die Ergebnisse der nationalen Zeitdienste anhand der Internationalen Atomzeitskala (TAI), errechnet die endgültige mittlere Sonnenzeit (astronomische Weltzeit) und legt fest, wann in die koordinierte Weltzeit (UTC) eine Schaltsekunde einzufügen ist - siehe T.R. Meyer (Hrsg.): Slg. Meßwesen, Bd. 1 (3 Bd.), 1979 ff (lfd. erg.) - vgl. auch BIPM; DHI, PTB; ZeitG; min, h, s; SI_1)

BIOS Basic Input-Output System (EA-Grundsystem von PCs (PC_1) - Software (SW) zwischen Betriebssystem (BS_1) und Hardware (HW) (oder als unterste Schicht des BS aufgefaßt), die direkt nur Anwendungsprogramme oder das BS unterstützt, nicht unmittelbar, wie diese selbst, den Benutzer - es vermittelt allein und ausschließlich die HW-Eigenschaften des PC und dient damit der Portabilität von Anwenderprogrammen und BS' - meist in einem ROM dauerhaft gespeichert)

BIP Bruttoinlandsprodukt (engl. gross domestic product (GDP) - vgl. auch BSP, GNP)

BIPM Internationales Büro für Maß und Gewicht, Sèvres (von frz. Bureau International des Poids et Mesures - von den Unterzeichnerstaaten der Meterkonvention (völkerrechtl. Vertrag) als eines ihrer Organe gemeinschaftl. unterhaltenes wissenschaftliches Institut, zu dessen Aufgaben es gehört, die internat. einheitliche Darstellung d. physikalischen Einheiten zu gewährleisten - unter Aufsicht des CIPM, das von d. CGPM eingesetzt wird - vgl. auch BIH; DHI, PTB; EUROMET; SI_1)

BirliX (Akr. aus "Birlinghoven" und "Unix" (WZ von AT&T internat.) - modulares Betriebssystem (BS_1) mit verteiltem Kern u. Unix-Schnittstelle (zunächst f. BSD Vers. 4.3 sowie d. Möglichkt. z. POSIX-Emulation) für Mehrplatz- und Mehrprogrammbetrieb - die Konzeption beruht wesentlich auf abstrakten Datentypen (ADTs), wodurch die Unterstützung eines, für Rechnernetze bedeutsamen, fehlertoleranten Verhaltens ermöglicht wird, bei vergleichsweise guter Übersichtlichkeit, Portierbarkeit, Wartbarkeit und Erweiterbarkeit - ohne Lizenzerfordernis - ein von der GMD entwickelter Prototyp führte zur Zusammenarbeit mit BS-Gruppen deutscher Hochschulen in Ost und West sowie Arbeitskontakten im Rahmen von ERCIM und dem Forschungsinstitut der OSF - siehe u.a. Das BirliX-Betriebssystem ..., in AGF-Mitt. Nr. 42, Bonn, Dez. 1990, S. 32-34, ISSN 0724-9926 - vgl. auch XPG)

bis	(lat.) zweimal, zweites Mal (gram. sog. Wiederholungszahl - wird (z.B. vom CCITT) zur Zweitvergabe einer [Empfehlungs-]Nummer als unterscheidender Zusatz zur Nummer verwendet, wenn eine Nummer einzufügen ist, da neutral gegenüber lebend. Sprach. - Beisp.: "X.21 bis")
BIS	(engl.) business information system (vgl. NMS, SCS)
B-ISDN	Breitband-ISDN (engl. Broadband-ISDN - vgl. auch BIGFON; LWL; EMP; IBFN; TAT-...; OSI)
BISOWE	Bildungsdienst und Sozialwerk des DBB, Bonn
bit	bit (von engl. binary indissoluble unit - ältere Sondereinh. der Informationstheorie nach C.E. Shannon - kein Plural-s - siehe: DIN 44 301, Erläuterung.; ISO 2382/16 (ersetzt bit durch sh) - vgl. auch Bit; hart)
Bit	1. Binärzeichen (von ursprüngl. engl. binary digit, jedoch i.S. von heute engl. binary character - Plural auf s - siehe Def. in DIN 44 300, 11.88 - vgl. auch bit) 2. (vorstehende Sondereinheit bit im Satzzusammenhang gemäß deutscher Substantivgroßschreibung als das Bit - vergleichbar "Sekunde" oder evtl. "Sec" für die Einheit s)
BITNET	(von engl. Because-It's-Time Network - "klass." Datennetz von IBM f. Dateitransfer (engl. file transfer) u. E-Mail zwisch. Univers. und Forschungseinrichtg. mit NJE-Protokoll - hat ca. 1000 Hauptteiln. in den USA - am Internet - Zugang in vielen Ländern - ihm entspr. EARN in Europa - vgl. auch TCP/IP; EAN_1; ARPANET; CSNET, NREN; UUCP; DFN, WIN; Datex-P; EUnet, EuroKom, Euronet; RARE; COSINE, RACE; CONCISE, Ebone; GEN; CCIRN; IXI; GAN; OSI)
BK	Bürokommunikation (vgl. PC (PC_1); LAN, MHS; EDI, IPM_2, ODA; DOAM, ODP)
BKA	Bundeskriminalamt, Wiesbaden (dem BMI nachgeordnet)
BKartA	Bundeskartellamt, Berlin (West) (dem BMWi nachgeordnet)
BLK	Bund-Länder-Kommission für Bildungsplanung und Forschungsförderung, Bonn (gemeins. Beratungsforum von Bund und Ländern für Bildung und Forschungsförderung - 1970 gem. Art. 91b GG errichtet - der Bund wird mit der gleichen Stimmenzahl vertreten wie alle Länder mit je einer Stimme zusammen - mit 3/4-Mehrheit beschlossene Empfehlungen werden den Regierungschefs zur Beschlußfassung zugeleitet - vgl. auch ITG_2; DFG, HRK, KMK, SV, WR)

BLZ
Bankleitzahl (8stellig - gegliedert wie 123 456 78 - vgl. LZB; PLZ, ZIP; EAN_2, UPC; ISBN, ISSN; TAN; DK, UDC; PIN, PK[Z]; ID)

BMA
Bundesminister[ium] für Arbeit und Sozialordnung, Bonn (nimmt u.a. Rechtsaufsicht bei der Bundesanstalt für Arbeit (BA) wahr - vgl. auch AFG, ArbStättV, GSG; GS_2; BAG, BSG)

BMBW
Bundesminister[ium] für Bildung und Wissenschaft, Bonn (beteiligt sich u.a. an BLK und ASK - betreut[e] u.a. CIP (CIP_3) und IOI'92 - vgl. auch KAI/AdW; HRK, KMK, WR)

BMF
Bundesminister[ium] der Finanzen, Bonn (vgl. u.a. BHO; BRH; BFH)

BMFT
Bundesminister[ium] für Forschung und Technologie, Bonn (kurz auch Bundesforschungsminister[ium] - fördert wissenschaftliche Forschung und Entwicklung (FuE) insbes. auf zukunftsorientierten oder grundlegend wichtigen Gebieten durch Projekt- bzw. Grundfinanzierung i.S. staatlicher Vorsorge, so u.a. Informatik, Informationstechnik (IT) und Fachinformation (FI) - unterhält anteilig die Großforschungseinrichtungen (GFEs) zusammen mit den jeweil. Sitz-Bundesländern - betreibt die nationale Koordinierungsstelle für die deutschen EUREKA-Beiträge (unterstützt von d. DLR) - vergibt jährl. einen Technologiepreis sowie (seit 1990) mehrere mit 100 000 DM dotierte Max-Planck-Forschungspreise für hervorragende wissenschaftl. Leistungen und zur Förderung von Forschungskooperationen - hat im Rahmen der Förderung der neuen Bundesländer in Verbindung mit seiner Ostberliner Außenstelle 14 Technologiezentren eingerichtet, für die rund 10 Mio. DM Fördermittel für technologieorientierte Unternehmensgründungen bewilligt wurden - siehe u.a.: BMFT (Hrsg.): Förderkonzept Informationstechnik 1993 bis 1996; BMFT (Hrsg.): Technologienachrichten - vgl. auch FORKAT; EBN; AGF, DARA, GRS, IdS; ICSI; KAI/AdW; DFG, WR)

BMI
Bundesminister[ium] des Innern, Bonn (ihm oblieg. Angelegenh. d. inneren Sicherheit u. Ordnung sowie behördl. übergreifende bzw. koordinier. Funktionen (vereinfacht) u.a. bezügl. Informatikanwendg. - nachgeordn. Behörden sind u.a. das Bundeskriminalamt (BKA), das Bundesverwaltungsamt (BVA) u. das Statistische Bundesamt - betreibt u.a. die Koordinierungs- u. Beratungsstelle f. Informationstechnik (KBSt, IT) - hat das BDSG vorbereitet - hat 1987 das IdS mit Vorschl. zur Neuregelg. d. deutschen Rechtschreibg. beauftr., die 1988/89 vorlagen u. in die internat. Diskussion zur (1995?) bevorsteh. Rechtschreibreform eingebracht wurden - fördert u.a. zus. mit d. KMK die GfdS u. die Dtsch. Akad. f. Sprache u. Dichtg. (DA_1) - ist zuständig f. die Festleg. der Sommerzeit (MESZ) durch Verordnung (VO) gem. ZeitG - vgl. auch BBB, BOS, BSI_2; GGO, SiR; IMKA, KoopA ADV; BVB, GMBl.)

BMJ Bundesminister[ium] der Justiz, Bonn (beteiligt sich u.a. an Arbeiten des Europarates (engl. European Council, frz. Conseil Européen), z.B. zur Computerkriminalität - vgl. JURIS; CDPC/PC-R-CC; WiKG; RI; BAnz.; EinigungsV; GG; BVerfG)

BMP Bundesminister[ium] für das Post- und Fernmeldewesen, Bonn (im Zusammenhang mit der Postreform im Juli 1989 umbenannt in BMPT - wurde postintern oft noch BPM gen. i.S. von Bundespostministerium - vgl. auch FTZ, PTZ, ROLAND, ZZF; DBP)

BMPT Bundesminister[ium] für Post und Telekommunikation, Bonn (so ben. im Zshg. mit der Postreform, 1989 - vormals BMP - vgl. auch VTM; PSG; DBP; FTZ, ROLAND, PTZ; BAPT, ZZF; IT, TK_2)

BMVg Bundesminister[ium] der Verteidigung, Bonn (nachgeordnete Behörden sind u.a. das Bundessprachenamt (BSprA) u. das Bundesamt für Wehrtechnik und Beschaffung (BWB) - vgl. auch VG_2)

BMWi Bundesminister[ium] für Wirtschaft, Bonn (vertritt die BRD u.a. in der ECE - nachgeordnete Behörden sind u.a. die Bundesanstalt für Materialprüfung (BAM), das Bundesamt für Wirtschaft (BAW), das Bundeskartellamt (BKartA) und die PTB - fördert das DIN u. andere Rationalisierungsges. - Vorsitz von DEUPRO - beteiligt sich für die BRD federführend an SOGITS - fördert mit Eurofitness die deutsche Beteiligung an Messen - siehe u.a.: BMWi (Hrsg.): Studienreihe, Nr. 71, Bericht der Arbeitsgruppe Rechtssetzung u. techn. Normen; Wirtschaftl. Hilfen f. die bisherige DDR - vgl. auch BfAI; RKW; VTM; GWB, UWG)

BMZ Bundesminister[ium] für wirtschaftliche Zusammenarbeit und Entwicklung, Bonn (fördert Entwicklungsländer und Schwellenländer - ständige enge Zusammenarbeit mit DED, DTA und GTZ - bedingte fallweise Zusammenarbeit mit DIN, DPA und v.a.m.)

BNF Backus-Naur-Form (irrtümlich auch "Backus-Normalform" gen. - einfache metasprachliche Notationsform für kontextfreie Grammatiken - ben. nach J. Backus u. P. Naur, die sie zur Syntaxbeschreibung im Revised ALGOL 60 Report von 1963 verwendet haben - mit zusätzlichen Symbolen (z.B. Optionalklammern und Alternativklammern) "erweiterte BNF" gen. - siehe DIN 66 280 (erweit. kontextfreie Grammatiken; Begriffe u. Schreibweisen) - vgl. auch AFL, CH_1; ASN.1, CCS, CSP, Estelle, IMCL, LOTOS, PrT, SDL, VDL; FDT)

BNI Bureau d'Orientation de la Normalisation en Informatique, Rocquencourt (bis198? - ehem., dem franz. Industrieminist. nachgeordn. Stelle beim I[N]RIA - hat Reg. einschläg. beraten - vgl. auch AFNOR)

BOF — (engl.) birds of a feather; birds-of-a-feather (dt. sinngem. Gleichgesinnte - z.B. in engl. "BOF session" für eine Zusammenkunft Gleichgesinnter, etwa am Rand einer Sitzung - vgl. auch AOB)

boolean — (von engl.Boolean, dt. boolesch - u.a. (konkreter) Datentyp von Operanden zweiwertiger extensionaler Logik (gewöhnl. nicht auf die Junktorbasis (¬, ∧, ∨) von G. Boole, 1815-1864, beschränkt) in vielen Programmierspr. (PS_2) - i.U. zum gleichnamigen abstr. Datentyp (ADT) - vgl auch ANF, KNF; NAND, NOR, XOR; char, integer, real)

BOS — Behörden und Organisationen mit Sicherheitsaufgaben (in der BRD - u.a. die Verfassungsschutzbehörden, das BKA und das BSI (BSI_2) - vgl. auch SiR; BMI)

BPA —
1. Presse- und Informationsamt der Bundesregierung, Bonn (kurz auch Bundespresseamt)
2. Bahnpostamt (vgl. PA)

BPM — (war postintern informelle Abk. für BMP)

bps — (engl.) bits per second (dt. bit/s; bit pro Sekunde - Einheit der sog. Übertragungsrate, nicht der sog. Schrittgeschwindigkeit, obgleich die Zahlenwerte beider Größenangaben übereinstimmen können - vgl. auch Bd; cps; Bit_1, sh)

BRD — Bundesrepublik Deutschland (Akr. informell, im GG nicht eingeführt u. von d. Bundesregierung (BuReg) sowie im repräsentativen Sprachgebrauch d. ihren Ressorts nachgeordn. Einrichtg. (zumindest bis zur sog. Wende) strikt vermieden; andererseits weithin als allgemeinverständlich angesehen u. daher in anderen Ber. (etwa publizist., wissenschaftl.) verwendet, insbes. dort, wo es wegen häufiger Nennung o. Platzmangel auf Kürze ankommt (außer in PLZ, Anschriften o. als Landeskennz. von Kraftfahrz.) - siehe: GMBl. 1965, S. 227 (Bezeichnungsrichtl.); GMBl. 1971, S. 272 (Aufhebung); GfdS (Hrsg.): Der Sprachdienst 1988, S. 164 ff u. S. 180 (zur Geschichte des Abk.-Gebrauchs); NJW 1989, Heft 21, Nr. 27 (Urteil zum Abk.-Gebrauch); Wirtschafts-Woche 3/1990 S. 3 u. 6/1990 S. 72 & 81 (für u. wider die Abk.) - für die Bez. bundesdeutsch. Delegationen bei d. internat. Normung von ISO u. IEC galt vor der Vereinigung engl. "Germany, F.R." und frz. "Allemagne, R.F." - die Unterscheidung der beiden deutschen Staaten ist aufgrund des Einigungsvertrags (EinigungsV) seit 3.10.1990 (Beitritt der DDR zur BRD gem. weggefallenem Art. 23 GG) auch in der internat. Normung Geschichte - vgl. auch D_1, DE, DEU, FRG, RFA; DD_2)

BRH — Bundesrechnungshof, Frankfurt a.M. & Bonn (vgl. BMF; BFH)

BRHR Basic Research and Human Resources (USA) (dt. Grundlagenforschung und Menschliche Resourcen - 1993 mit voraussichtlich 156 Mio. $ gefördertes FuE-Ziel der Bundesregierung neben ASTA (≠ AStA), HPCS und NREN im Rahmen von HPCC)

BS
1. Betriebssystem (allgem., aber auch in Produktbezeichnungen wie "BS 2000" von Siemens und "BS/2" von IBM D - engl. OS - die Forderung nach portabl. BS' u. einheitl. BS-Schnittstellen als Voraussetzg. für die Portabilität von Anwendungspr., ihre Diskussion u. Ansätze zu Standardisierung u. Normung haben sich aufgr. faktischer Entwicklungen stark belebt - siehe: Def. in DIN 44 300 T.4, 11.88; Systembegr. in DIN 19 226; Auftragsbeziehungen in DIN 66 200 T.1 (Betrieb von RS'); Situation in KBSt-Reihe Bd. 16, 2.89; W. Laun: Konzepte der Betriebssysteme, Wien, New York 1989, ISBN 3-211-82153-8; H.-J. Siegert, Betriebssysteme, Einführg., 2. Aufl. München 1989, 240 S., ISBN 3-486-21258-3 (Hdb. d. Inform. Bd. 4.1); A.S. Tanenbaum: Betriebssysteme, 2 T., München 1990 (übertr. aus dem Engl.) 340 + 276 S., ISBN 3-446-15268-7, ISBN 3-446-15269-5; P. Siering: Maskenball, Windows NT ... Mitbewerber (akt. krit. Überbl. zu Desktopsyst.) in c't 1993, Heft 6, S. 72-82 - vgl. auch ≠ BSS; TCB; FE, SS_1; RS, VM_1; AIX, A/UX, BDOS, BirliX, BSD, CP/M, Desktop-Unix, DOS, DR DOS, EUMEL, Helios, HP-UX, L3, Mach, MS-DOS, MVS, NeXTSTEP, OS/2, OSF/1, PC-DOS, PEACE, RTU, Sinix, TRON, Ultrix, Unix, UTS, VM_2, Xenix, X/Open Unix, Windows NT; OSCRL; GPOS; API_1, PIF_2; $CASE_2$; OO; SE, SEU, SW)
2. Von BSI (BSI_1): (engl.) British Standard (Brit. Norm - mit Nr. ...)

BS/2 Betriebssystem/2 (von IBM - so hieß bei Einführg. die deutsche IBM-Fassung von OS/2 (vgl. dort) - vgl. auch PC-DOS; AIX; BS_1)

BSA Business Software Alliance (USA/Europazentrale) (Geschäfts-Software-Allianz - US-amerikanischer Interessenverband der PC-Software-Industrie (PC_1, SW) - habe lt. CW CeBIT aktuell vom 17.3.92, S. 2, den Verband der Software-Industrie Deutschlands (VSI) ungefragt in eine Kampagne zur **Denunziation von Raubkopierern** eingespannt, gegen die der sich verwahrt habe - siehe auch EG-Richtl. (EG_1) zum 1.1.1993 unter UrhG - vgl. auch CBEMA)

BSC (engl.) binary synchronous communication

BSD Berkeley System Distribution (Unix-nahes BS (BS_1) der Universität Berkeley (UCB) - im techn.-wissenschaftl. Ber. am weitesten verbreitetes Unix-Derivat - vgl. auch Desktop-Unix; AIX, A/UX, BirliX, HP-UX, OSF/1, RTU, Sinix, Ultrix, UTS, Xenix, X/Open Unix)

BSG Bundessozialgericht, Kassel (BAG, BFH, BGH, BVerfG, BVerwG)

BSI
1. British Standards Institution, London (Hrsg. der BS' (BS_2) - vgl. auch BCS_2, DISC, FOCUS, ITUSA)
2. Bundesamt für Sicherheit in der Informationstechnik, Bonn (zur Begrenzung der Verletzlichkeit der Gesellschaft infolge Anwendung von Informations- und Kommunikationstechnik und zur Prüfung von Sicherheitssystemen nach gestuften Kriterien Anfg. 1991 gegr. Bundesoberbehörde unter dem BMI, die aus dem ZSI hervorgegangen ist - das BSI-Errichtungsgesetz (BSIG) wurde im Bundestag beraten und Ende 1990 verabschiedet - Kritiker hatten in diesem Zusammenhang verschiedene Arten von Bedenken vorgebracht, die u.a. auf Datenschutzerfordernisse verwiesen oder sich gegen eine Art staatliches Primat für Datensicherheit im kommerziellen Bereich richteten - seit dem Haushaltsjahr 1992 werden für Bundesbehörden finanzielle Mittel zur Beschaffung von Informationstechnik (IT) nur noch dann freigegeben, wenn die Sicherheit der zu beschaffenden Funktionseinheiten (FE) vom BSI zertifiziert ist - der Industrie steht es frei, die Erfahrungen des BSI zu nutzen - es unterstützt u.a. auch die Abwehr sog. Computer-Viren u.dgl. - siehe: Def. von Datensicherheit in DIN 44300 T.1, 11.88; ZSI: IT-Sicherheitskriterien (ITSK), 1. Fassg. vom Jan. 1989; ZSI: IT-Evaluationshandbuch (ITEHB), 1. Fassg. vom Febr. 1990; H. Kesberg: gefährl. Zwitterposition, in highTech, 6/1990, S. 94-95; BSIG vom 12.12.1990; BSI: Forderungen an Virensuchprogramme, Virus Telex 8/91 bei Vogel-Verl.; BSI: IT-Sicherheitshandbuch (ITSHB), Handb. für die sichere Anwendung der Informationstechnik, Vers. 1.0, März 1992, BSI 7105 (BSI_2!) - die ITSK, das ITEHB und das ITSHB werden vom BSI als Standardwerke zur IT-Sicherheit angesehen und entsprechen dem vom ISIT (i.A. des Bundeskabinetts) erkannten Handlungsbedarf - vgl. auch APCSH; NCSC, NSA; TCSEC; ITSEC, ITSEM; CARO, EICAR; RI; BDSG)

BSIG BSI-Errichtungsgesetz; Gesetz über die Errichtung des Bundesamtes für Sicherheit in d. Informationstechnik (der BRD - vom 17.12.1990, in Kraft seit 1.1.1991 - siehe Bundesgesetzbl., Jhrg. 1990, T.1, Nr. 71 vom 22.12.90, S. 2834-2836 - vgl. auch BSI_2, ZSI; BDSG; IT)

BSP Bruttosozialprodukt (engl. gross national product (GNP) - vgl. auch BIP, GDP)

BSprA Bundessprachenamt, Hürth (bei Köln) (Bundesoberbehörde (seit 1969), zuständig für Sprachmittlerwesen und Sprachunterricht (ursprünglich) im Bereich des BMVg (heute auch darüber hinaus für den Öffentlichen Dienst) - leistet umfangreiche Terminologiearbeit zur Erarbeitung und

Bearbeitung von Fachwörtern und beteiligt sich an einschlägiger Normung - unterhält eine reichhaltige terminologische Datenbank in den gängigen europ. Sprachen (LEXIS, verfügbar z.Z. nur über Mikrofiches, nicht 'on-line') - Schwerpunkt: mehrsprachige Terminologie im techn.-wissenschaftl. Bereich und im Vorfeld der Normung, eigene Terminologieausschüsse in den Bereichen Technik, Verteidigung, Abrüstung - vgl. auch BBB; MÜ, TV_2; LDV; GfdS, IdS; NAT_2; COTEL, EUROTRA; ECAT; Infoterm)

BSS — Benutzerschnittstelle (Benutzeroberfläche und Bedienerführung umfassend - siehe außer Tastaturnormen insbes. die Serie DIN 66 234 (Bildschirmarbeitsplätze) T.1-8 (mit T.8 über Grundsätze ergonomischer Dialoggestaltung) - vgl. auch ≠ BS_1; PS_2, VM_1; CCL, GUI, MML, NLS; MMI; SS_1)

BT —
1. British Telecom, London (entspr. DBP Telekom in Deutschland)
2. Bei ETSI: (außer BT_1) Business Telecommunication (dt. Geschäftliche Telekommunikation - Technisches Komitee (TC) - vgl. auch ATM_0, EE, GSM, HF_2, NA_1, PS_1, RES, SES, SPS_1, TE, TM_2)
3. Bei CEN & CENELEC: Techn. Büro (von frz. Bureau Technique)

BTRON — Business TRON (Näheres u. Lit. unter TRON - vgl. auch CTRON, ITRON, MTRON; BS_1)

Btx — Bildschirmtext (1984 eingeführter Dienst der DBP Telekom zur interaktiven Übermittlung von Daten (einschl. Texten und Bildern, u. deren Anzeige beim Teilnehmer - entspr. engl. interactive Videotex (ohne t) - nutzt Infrastruktur des Farbfernsehens (TV_1) und des Telefonnetzes - ermöglicht Teilnehmern Zugang zu 'Online'-Datenbanken (DB_1) und Rechenleistung, Einkäufern wie Privatleuten Angebotsvergleich und vereinfachte Bestellung u. jedem Anschlußinhaber, Telexe aufzugeben o. zu empfangen - sog. 'Homebanking' mit Btx erfordert entweder PIN und jeweils neue TAN oder (Feldversuch bis Mitte 1992) PIN u. zwei Chipkarten, eine von der DBP Telekom und eine (mit Fehlbedienungszähler, der nach dreimaliger Falscheingabe sperrt) vom jeweilig. Geldinstitut - nach unerwartet zurückhaltender Rezeption in den ersten Jahren hat sich Btx in den letzten Jahren zu einem der teilnehmerstärksten Dienste der DBP Telekom mit über 370 000 Anschlüssen entwikkelt - siehe: CEPT T/CD 6-1; DIN ... ...; F. von Bornstaedt: Bibliographie Bildschirmtext, Heidelberg 1985, 174 S., ISBN 3-7685-1; BtxStV; KBSt-Reihe, Bd. 10; E. Danke: Btx hat Zukunft, im neuen Netzkonzept der Telekom, IBM Nachrichten 42 (1992) Heft 310, S. 64-66 - Zugang verbessert: seit 1993 über Datex-J - vgl. auch CULI; Videotext (mit t); Ttx, Tx; CGM; EP_2, Mailbox, Telebox; ISDN; OSI)

BtxStV Bildschirmtext-Staatsvertrag der Länder (der BRD - vom 18.3.1983 - vgl. auch Btx)

btw; b. t. w. (engl.) by the way (dt. übrigens - auch in E-Mails - vgl. auch wrt)

BuReg Bundesregierung (der BRD - die Abk. wird insbes. in rechtskundlichem Schrifttum verwendet - vgl. auch GOBReg)

BVA Bundesverwaltungsamt, Köln (dem BMI nachgeordnet - umfaßt u.a. die Bundesstelle für Büroorganisation (BBB))

BVB
1. (so gen.) Besondere Vertragsbedingungen (eigtl. eher allgem. Vertragsbedingungen für besondere Gegenstände der IT im öffentl. Bereich der BRD, die der Kürze halber so ben. wurden - die BVBs des KoopA ADV (AK BVB) beziehen sich auf jeweils bestimmte Arten DV-bezog. Leistungen, die von Lieferanten zu erbringen sind - im einzelnen: BVB Erstellung; BVB Miete; BVB Kauf und Wartung; BVB Überlassung; BVB Pflege - alle erhältl. beim BAnz. - siehe auch: KBSt-Reihe, Bd. 14 von 11.88 (BVB Planung) - eine Sonderstellung nimmt eine neuere BVB-Vertragsklausel für X/Open-Produkte ein, insofern sie von der KBSt im Einvernehmen mit dem IMKA als Anlaß zu einer Empfehlung (nach den IT-Richtl. von 1988) bekanntgegeben wurde u. ausschließl. im Bereich der Bundesregierung (BuReg) gilt (entspr. Regelung in NRW) - dazu Näheres unter X/Open - vgl. auch AGB, VOL/A; LKR)
2. Bundesverband Büro- und Informationssysteme e.V., Bad Homburg (Zweckverband von Anbietern u. Benutzern derartiger Systeme als Forum u. Interessenvertretg., in dem u.a. Apple, Compaq, CPT, HP, IBM, NCR, Tandem vertreten sind - das Umsatzwachstum von 1990 im Bereich Informationstechnik (IT) habe sich von Hardware (HW) auf Software (SW) verlagert und komme besonderrs Handel u. Dienstleistung zugute, während sich die Rechnerindustrie einem Exportschwund u. Marktanpassungserfordernissen ausgesetzt sehe - vgl. auch AK-IT, FG BIT; VDMA, ZVEI; NBü, NI; IT)

BVerfG Bundesverfassungsgericht, Karlsruhe (vgl. BAG, BFH, BGH, BSG, BVerwG)

BVerfGG Bundesverfassungsgerichtsgesetz (letztmals geändert durch Gesetz vom 23.9.1990 - das BVerfGG konkretisiert die in Art. 93, 94 GG geregelte Zuständigkeit und Verfassung des BVerfG und enthält Verfahrensvorschriften - vgl. auch GVG, StPO, VwGO, ZPO)

BVerwG Bundesverwaltungsgericht, Berlin (West) (vgl. VwGO; BAG, BFH, BGH, BSG, BVerfG)

BVMW	Bundesverband mittelständische Wirtschaft - Interessengemeinschaft mittelständischer Verbände und Unternehmer e.V., Bonn (über 20 Bundesverbände plus Regionalverbände - vgl. auch KMU; BfAI, EIC; IHK; AWV, RKW)
BVS	Bundesverband öffentlich bestellter und vereidigter Sachverständiger e.V., Bonn (unterhält u.a. eine Bundesfachgruppe "Elektronik u. EDV" - vgl. auch ÖBVSV; IHK; IFS; DIHT)
BWB	Bundesamt für Wehrtechnik und Beschaffung, Koblenz (der BRD - vgl. auch VG_2; BMVg)
BWL	Betriebswirtschaftslehre (vgl. WI_1, WISO; WPV; VDB, WKWI)
Byte	(i.e.S. Wort von 8 Bits, dt. auch "Oktade" gen. (entspr. "Tetrade"), nicht etwa "Octet" (engl. bei CCITT) oder übers.(?) "Oktett" wie im Datex-P-Benutzerhandbuch des FTZ (DBP Telekom) - i.w.S. auch Wort von 9 Bits aus 1 Oktade und 1 Sicherungsbit - vgl. auch MByte)
BZR	Bundeszentralregister, Berlin (West) (zentrales Strafregister der BRD)

c

1. als kleine römische Ziffer: Hundert (vgl. C_2)
2. Zenti (von lat. centesimus, dt. Hundertstel - dezimaler Vorsatz für $0{,}01 = 10^{-2}$ bei SI-Einheiten (SI_1) und anderen gesetzl. Einh. (doch nicht empfohl., da Exponent kein Vielfaches von drei) - z.B. in "cm", Zentimeter - vgl. auch d_2, G, h, k, μ, m_2, M_2, n, T)

C

1. (kleine prozedurale Programmiersprache (PS_2) mit einfachen, auf das Notwendige eingeschränkten Kontrollstrukturen, elementaren Datentypen, vielen einfachen Operatoren (für nicht-zusammengesetzte Operanden) und großer Anwendungsbreite einschließlich Systemprogrammierung - entwickelt von D.M. Ritchie und B.W. Kerninghan in Anlehnung an BCPL - vergleichsweise maschinennah, ohne notw. strenge Typenbindung, Prüfungsmöglichkeiten zur Übersetzungszeit eingeschränkt (evtl. sicherheitskritisch) - geringer Umfang, überschaubare Konzeption u. Flexibilität ermögl. kompakte Kompilierer u. erleichtern die Portierung von Quellprogrammen - diese Eigenschaften haben auch einer Entstehung von Dialekten u. größeren Portabilitätsproblemen vorgebeugt - neu vorgeschlagene Sprachelemente u. veraltende (sog. Anachronismen) legten mit wachsender Verbreitung ihre Normung nahe - C ist die Hauptimplementierungssprache (ca. 94 %) von Unix (Rest Assemblierer) u. die einzige Sprache seiner Dienstprogramme - C ist auch die meistverwendete PS unter Unix jedoch keineswegs daran gebunden, sondern völlig frei verwendbar - die internat. Normung hat ANSI beantragt - siehe: Kernighan, Ritchie: Programmieren in C (mit dem 'Reference Manual' in deutsch) , deutsche Ausg. von A.T. Schreiner u. E. Janich, München, Wien 1983 (Originalausg. von 1977 bzw. 1978), 262 S., ISBN 3-446-1878-1 (mit Anm. d. Ü., neueren Sprachelementen sowie zusätzl. Syntaxgraphen); ISO/IEC IS 9899:1990 (deutsche Fassg. wurde nebenlfg. bearbeitet) - von PACT, Delft gibt es einen Kompilierer für Parallel C (eig. Normerwtrg.) zu BSD - vgl. auch C++; POSIX, XPG; PCTE; ECUG; Ada, ALGOL 60, APL, BASIC, CHILL, COBOL, ELAN, Fortran, LISP, Modula-2, Pascal; PEARL, PROLOG, Simula; PSP)
2. als römische Ziffer: Hundert (entspr. lat. centum - vgl. D_3, I, L, M_4, V_1, X_2)
3. als Ziffer (nach 9): Zwölf (etwa sedezimal - vgl. A_3, B, D_2, E_2, F)

C++

(objektorientierte Erweiterung von C (C_1) - von B. Stroustrup bei AT&T Bell Laboratories entwickelt - Obermenge von C, so daß Programme in C auch Programme in C++ sind - dies ermöglicht zusätzlich objektorientiertes Programmieren (OOP) sowie dynamische Speicherzuweisung u.a.m. - Kompilierer von AT&T sind portabel und im Quellcode erhältlich - siehe: B. Stroustrup: C++, bei Addison

Wesley; Norm bei ISO-IEC/JTC 1 und DIN/NI in Vorbrtg. - vgl. auch Simula, SMALLTALK; PS_2, PSP)

CA — Bei CEN: Verwaltungsrat (von frz. Conseil Administratif)

CACM — Communications of the ACM (Fachzeitschrift und Organ der ACM)

CAD — rechnergestütztes Konstruieren (von engl. Computer Aided Design - eine der sog. C-Techniken - auch "Entwurfsautomatisierung" gen. - siehe: Referenzmodell (RM_1) für CAD-Systeme, 1. Entw., von GI/-FA4.2/FG4.2.1/AK, Stand 29.6.88; Entwurf VDI 2216, 10.90 (Einführg. u. Wirtschaftlkt.); ECIP-Verlautbarungen; vorlfg. Ergebnisse von CFI - vgl. auch CAM, CIM_2; MAP, TOP; AMT)

CADDIA — Co-operation in Automation of Data and Documentation for Imports/-Exports and Agriculture (älteres Langzeitprogramm der KEG für deren Datenaustausch mit Zoll- und Statistikdiensten der Mitgliedsstaaten über Importe, Exporte u. Landwirtschaft des EG-Binnenmarkts (EG_1) - vgl. auch EUROSTAT; INSIS, TDIS; EDI)

CAE

1. Common Application Environment (dt. Gemeins. Anwendungsumgebung - Standard von X/Open - hierzu konforme Programme sind auf Quellsprach-Ebene von C, COBOL, FORTRAN, Pascal nach diesem Standard kompatibel zu mindestens einem Rechensystem (RS) mit Unix nach diesem Standard jedes derjenig. Hersteller, die Mitgl. von X/Open sind - beruht auf Normen von ANSI und ISO und umfangreichen eigenen Festlegungen - 1990 von EWOS aufgegriff., internat. erweitert u. verallgemeinert gen.."Offene Systemumgebung (OSE)" - siehe auch EWOS/ETG 012 (1991): Guide to Profiles for the O... S... E... - vgl. auch BVB_1; POSIX; IAP)
2. (engl.) computer aided engineering (spielt u.a. in der Elektroindustrie eine wesentliche Rolle (spezialisierte Softwarehäuser) - vgl. CAD,CAM, CIM_2; MAP, TOP; AMT)

CAI — (engl.)computer aided instruction (dt. rechnergestützt. Unterricht (RGU))

CALM — Allgemeine Assembliersprache für Mikroprozessoren (von engl. Common Assembly Language for Microprocessors - in den 80er Jahren von J.-D. Nicoud, Lausanne, und P. Fäh, Fribourg, entwickelt - siehe DIN 66283 - vgl. auch MP; PS_2; FDT)

CALS — (engl.) Computer-aided Acquisition and Logistic Support Program (des DoD - zur Berücksichtigung von SQL und anderen Datenverwaltungs-Standards in den CALS-Anforderungen aufgrund eines interbehördlichen Zusammenarbeitsabkommens unterstützt vom CSL)

CAM rechnergestützte Fertigung (von engl. Computer Aided Manufacturing - eine der sog. C-Techniken - vgl. auch PROFIBUS; CAD, CIM_2, MAP, TOP; AMT)

CAMAC (bei IEC genormtes modulares Instrumentierungs- und Schnittstellensystem für Prozeßdatenverarbeitung (PDV) - ursprünglich von engl. Computer Automated Measurement and Control - vgl. auch ECA; AMT)

CAP rechnergestützte Arbeitsplanung (von engl. Computer Aided Planning - vgl. AV, PPS)

CAQ rechnergestützte Qualitätssicherung (von engl. Computer Aided Quality Assurance (QA) - der Fachverbd. Kommunikationstechnik des ZVEI hat in Anlehng. an DIN ISO 9000 ff (= EN 2900 ff) unter Mitwirkung führender Untern. d. Elektronikindustr. einen CAQ-Leitfaden erarbeitet - siehe auch: ZVEI: Leitfaden zu Auswahl und Einsatz rechnerunterstützter Methoden in der Qualitätssicherung (I + K Forum: Rechnerunterstützte Methoden in der Qualitätssicherung), bei Maschinenbauverlag GmbH, Frankfurt a.M., 1992, DM 89,--, für Mitgliedsfirmen DM 69,--; QZ - vgl. auch QS; WSS; EPIA, FMEA; QM, TQM; EQ)

card (in Math.) Kardinalzahl (von lat. cardinalis: zur Türangel gehörig, übertr. auf vorzüglich, Haupt... - die Abk. wird in Termen wie card(M) für die Mächtigkeit einer Menge M verwendet und zum Rechnen mit Kardinalzahlen (Elementen einer Quotientenmenge) - Beispiele sind: $\text{card}(M \times N) = \text{card}(M) \cdot \text{card}(N)$ und $\text{card}(P(M)) = 2^n$, wobei P Potenzmenge bedeutet und M n-elementig ist - die Mächtigkeiten unendlicher Mengen können mit Hilfe des Begr. der [transfiniten] Kardinalzahl (von G. Cantor, 1845-1918) unterschieden werden - vgl. ord)

CARO Computer Anti-Virus-Research Organisation, Hamburg (Vereinigung zur Erforschung und Bekämpfung von Programmviren und dgl. - 1991 von Fachleuten mehrerer europ. Länder gegr. unter Beteiligung von Prof. K. Brunnstein, System- bzw. SW-Herstellern, DV-Anwendern, TK-Nutzern (TK_2) u. dem BSI (BSI_2) - Zsarbt. u.a. mit EICAR)

CAS
1. Chemical Abstracts Service, Columbus, OH (vgl. STN; FIZ; FI)
2. China Association for Standardization, Peking (umben. in CSBS)

CASCO Committee for Conformity Assessment (der ISO - vgl. auch AZG; DINZERT; CENCER)

CASE
1. allgemeine Anwendungsdienstelemente (von engl. common application service elements - in OSI-Schicht 7, d. Anwendungsschicht

des OSI-RM, diejenigen Anwendungsdienstelemente (ASEs), die eigenständig sind, d.h. einzeln von einer Anwendung in Anspruch genommen werden können, unmittelbar oder über spezielle Anwendungsdienstelemente (SASEs) - als Hilfsbegr. inzwischen weniger aktuell - Beisp.: ACSE, CCR, ROSE, TP_2)

2. rechnergestütztes 'Software-Engineering' (von engl. computer-assisted software engineering - das Akr. wird nicht übers. - stützt sich auf geeign. Werkzeuge zur Wartung oder Entwicklg. von vorhandener bzw. erforderl. Software (SW) und kann auf oder für Software in allen Stadien ihres Lebenszyklus angewandt werden, zunehmend auch auf o. für SW in kleineren, weniger leistungsfähigen Rechensystemen (RS') - trotz vieler vorhandener Werkzeuge wohl noch lange in Entwicklung begriffen - Gegenstand von ESF, ESSI, EUROMETHOD - auf Antrag von PIMP hat ECMA 1988 eine Weiterbearbeitg. der Portablen Gemeinsamen Werkzeugumgebung (PCTE) aufgegriffen, eine Schnittstelle (SS_1) für Programmportabilität, das Ergebnis von Esprit-Projekt 32 - zusätzl. hat ECMA ein Referenzmodell (RM) für CASE-Rahmen vorgeschlagen - siehe: ECMA-149 (PCTE, Abstract Specification), 12.1990; ECMA TR/55 (RM), 12.1990; akt. Schlagwort (übers.) von U. Kelter in Inform.-Spektr. 14(4), Aug. 1991; unter ESSI - vgl. auch SEU; BS_1, BSS, FDT, FE, GUI, PS_2, SS_1; IAP; OO; SE)

CAT

1. rechnergestütztes Testen (von engl. Computer Aided Testing - hier nicht bezogen auf Programme, sondern auf Schaltungen - vgl. IC_1)
2. rechnergestütztes Übersetzen (von engl. Computer Aided Translation - zumindest bei der KEG - vgl. auch Mü; KI_1, LDV)
3. rechnergestütztes Telefonieren (von engl. Computer Aided Telephony - vgl. CIT)

(Beisp. mehrdeutiger, nicht notwendig kontextabhängig deutbarer Abk.)

CB

(von engl. Citizen Band - 11-m-Band für offenen Sprechfunkverkehr (über 12 bis 40 Kanäle) ohne Lizenz, mit begrenzter Senderleistung und Reichweite - siehe: CEPT-Richtlinie T/R 20-02 für 40 Kanäle mit 4 W Sendeleistung; CEPT PR 27 SF; FTZ-Richtlinie 17 R 2028 (Techn. Vorschriften für CB-Funkgeräte) - vgl. auch KW_2, UKW; AM, FM; DARC; SOS)

CBC

(engl.) cipher block chaining mode (Betriebsmodus 'Chifren-Block-Verkettung' in Kryptographie - vgl. CFB, ECB; DES, FEAL, MAC_2)

CBEMA

Computer and Business Equipment Manufacturers Association (USA), Washington, DC (unterstützt ANSI X3 u.a. als Arbeitsstelle und durch Betreiben von ISO-Sekretariaten (vergleichbar der Unterstützung des DIN-NAM durch den VDMA) - vgl. auch ECMA, JBMA)

CBMS (engl.) computer-based message system (dt. rechnerbasiertes Mitteilungssystem - vgl. MHS (MOTIS); EDIFACT; E-Mail; EP_2)

Cc: (engl.) Carbon copy (optionaler 'Prompt' im Kopf einer E-Mail - dt. sinngem. Kopie - vom Absender zur Kennzeichnung der (dahinter aufgeführten) Adressaten einer Kopie verwendet, die für alle Empfänger sichtbar sind, i.U. zu Bcc: - vgl. auch EP_2, MHS, MOTIS)

CCA CENELEC-Zertifikationsvereinbarung (von engl. CENELEC Certification Agreement)

CCC
1. Chaos Computer Club, Hamburg (Hackervereinigung, die mehrmals den Nachweis für die Zugänglichkeit unzureichend geschützter Daten über unzureichend gesicherte Telekommunikationsdienste erbracht hat - vgl. BDSG, WIKG; DSB)
2. (engl.) Cube-Connected Cycles (auf dt. übers. Würfel-verbundene Zyklen - eine Netzwerkstruktur, in/auf die sich algorithmische Probleme abbilden lassen und die deswegen für die Struktur von Parallelrechnern in Betracht gezogen wird - siehe aktuelles Schlagwort: Cube-Connected Cycles, Shuffle-Exchange Graph, in Inform.-Spektr. Bd. 5 (1982), Heft 3, S. 192-194)
3. (engl.) Customs Co-operation Council, Brüssel (dt. RZZ)

CCC...
4. CENCER Certification Committee (mit Nummer ... - CCCs werden errichtet, um f. best. Produktarten o. Produktbereiche sog. Zertifizierungsprogramme (engl. Certification Schemes) zu erarbeiten, die d. Zustimmung des CEN-Rates bedürfen - sie setzen sich aus nation. Delegat. d. CEN-Mitgliedsländer zusammen - vgl. CCC1)

CCC1 CENCER Certification Committee 1 "Information Technology" (hat Zertifizierungsprogramme für Pascal, COBOL 85, FORTRAN 77 und GKS erarbeitet - weitere Programme in Vorbereitung - entsprechende Produktprüfungen und deren Zertifizierung werden in akkreditierten Prüfstellen bzw. nationalen Zertifizierungsstellen durchgeführt - in der BRD u.a. von Prüfstellen (nicht mehr der GMD) oder Herstellern bzw. der DGWK - vgl. auch DEKITZ, ECITC)

CCD (engl.) card coupling device (Gerät zu Datenaustausch mit ID-Karten, insbes. CICCs)

CCE (frz.) Commission des Communautés Européennes (dt. KEG, engl. CEC - vgl. auch CE_1, EC_2, EG_1)

CCF Chinese Computer Federation, Peking (der GI (GI_1) vergleichbar, jedoch staatliche wissenschaftliche Gesellschaft für Informatik der Volksrepublik China - vgl. auch GCI; CIPSTC)

CCG — Centrale für Coorganisation, Gesellschaft zur Rationalisierung des Informationsaustausches zwischen Handel und Industrie mbH, Köln (kartellrechtlich anerkannter Rationalisierungsverbd. (gem. GWB) - paritätisch getragen u. kontrolliert vom Markenverband e.V. für die Industrie u. von d. Rationalisierungsgesellschaft des Handels für den Handel - ihre Hauptaufgabe besteht darin, in der Konsumgüterwirtschaft Rationalisierungsempfehlungen für den Daten- u. Warenverkehr zu entwickeln u. bei den (1989 ca. 14 000) Mitgliedsunternehmen aus Handel u. Industrie einzuführen u. zu unterstützen (Mitgl. aus neuen Bundesländern noch nicht enth.) - registriert BBN und EAN (EAN_2) - trägt auf Basis von SEDAS zur Entwicklung von EANCOM bei u. damit zur Einführung von EDIFACT - seit Anfg. 1989 besteht ein Zusammenarbeitsabkommen mit dem DIN - ist seither auch Träger des NDWK - siehe div. Schriften der CCG - vgl. auch HDE; AWV, NBü; DEUPRO; KeG; TDI; EDI; OSI)

CCH —
1. Bei CEPT: Komitee zur Koordination von Harmonisierung (von frz. Comité de Coordination de l'Harmonisation)
2. Congress-Centrum Hamburg (gemeint ist Kongresszentrum von Hamburg, nicht Hamburg als Kongresszentrum! Doch erfreulicherweise heißt es wenigstens nicht 'Center')

CCIR — Internationaler beratender Rundfunkausschuß, Genf (von frz. Comité Consultatif International des Radio-Communications, engl. International Radio Consultative Committe - die Abk. wird nicht übers. - bei der ITU - schafft normenartige Empfehlungen (mit hohem Verbindlichkeitsgrad) für den Funkverkehr und "verteilt" Frequenzen an Rundfukstationen in aller Welt - vgl. auch UTC; FTZ; CEPT, ETRI)

CCIRN — Coordinating Committee for Intercontinental Research Networking (die Abk. wird nicht übers. - hat 1990 zu seiner technischen Unterstützung die IEPG gebildet - 1991 wurde die Asien-Pazifik-Region als Vollmitgl. aufgenommen, so daß seither auch Australien und Japan im CCIRN vertreten sind - hat die Internationalisierung des Internet Activity Board (IAB) zu einer Internet Society begrüßt zur Vermeidung regional unverträglicher Entwicklungen im TCP/IP-Bereich (wie sie z.T. bei GOSIPartigen Festlegungen im OSI-Bereich entstanden seien) - würde es grundsätzl. begrüßen, wenn sich die Internet Society zur globalen Schirminstitution (engl. umbrella organization) zur Koordination und Entwicklung von Forschungsnetzen entwickelt - hat 1991 den weiteren Abbau der COCOM-Bestimmungen bezügl. der Vernetzung zentral- u. osteurop. Länder begrüßt - unterstützt die Ebone-Initiative zur Einrichtg. eines Internet-IP-'Backbone' in Europa mit CLNS - befürwortet die Einrichtg. von Multi-Protokoll-CERTs in allen Regionen der Welt - vgl. auch WIN; EARN; RARE; NREN)

CCITT — Internationaler beratender Ausschuß für den Telegrafen- und Telefondienst, Genf (von frz. Comité Consultatif International Télégraphique et Téléphonique, engl. International Telegraph and Telephone Consultative Committee - das Akr. wird nicht übers. - bei der ITU - hat bis 1993 normenartige Empfehlungen (engl. & frz. recommendations) zur Telekommunikation mit weitgehender Verbindlichkeit für die Telegrafieträger aller beteiligten Länder geschaffen, z.B. CCITT X.25, CCITT X.400, in Publikationsserien mit bestimmter Farb- und Buchstabenkennzeichnung - siehe CCITT Blue Book, Vol. I-XI von 1989 (löste Red Book ab) - die Arbeitsweise in Mammutsitzungen unterscheidet sich erhebl. von der bei ISO-IEC/JTC 1 - Veröffentlichungssprachen: Englisch, Französisch - wurde 1993 umben. in (engl.) 'Telecommunication Standardization Section' der ITU (**ITU-TS**), die **ITUT**s hrsg. - vgl. auch WATTCC-88; FTZ; CEPT, TRAC; ETSI)

CCL
1. Certified Compiler List (USA) (dt. Liste zertifizierter Kompilierer)
2. Common Command Language (Gemeinsame Kommandosprache für DBs (DB_1), die bei ECHO in DIANEGUIDE registriert sind - vgl. auch GUI, MML, NLS)

CCR — (engl.) Concurrency, Commitment and Recovery (in OSI-Schicht 7, der Anwendungsschicht des OSI-RM, das Anwendungsdienstelement (ASE) zur Auflösung von Verklemmungen (engl. deadlocks) o. Wiederherstellg. von übertragungsbedingt. Datenverlusten bei Job- o. evtl. Dateitransfer (wurde zeitweilig als allgem. Anwendungsdienstelement ($CASE_1$) aufgefaßt insofern es andere Dienstelem. unterstützt, näml. spez. Anwendungsdienstelemente (SASEs) wie JTM o. evtl. FTAM) - vgl. auch ACSE, ROSE, TP_2; MOTIS (MHS); RPC; ODP)

CCS — Calculus of Communicating Systems (Beschreibungsmittel von R. Milner - vgl. ASN.1, BNF, CSP, Estelle, IMCL, LOTOS, PrT, SDL, VDL; FDT)

cd — (die) Cand<u>e</u>la (SI-Basiseinheit (SI_1) der Lichtstärke - vgl. auch EV; A_1, K_1, kg, m_1, mol, s)

CD
1. Bei ISO & JTC1: (neu) Committee Draft (Komitee-Entwurf - evtl. auch 2nd o. 3rd CD - im Entstehungsgang einer internat. Norm: öffentl. zugängl. Schriftstück im Status zwischen WD u. DIS - die Bez. ersetzte 1990 die Bez. 'DP' (DP_1) - vgl. auch NP_0 (NWI); IS)
2. (optische) Kompaktdiskette (von engl. compact (optical) disk - Tonträger für einmalige (vorzugsweise) digitale, mehrspurig-spiralige Aufzeichnung und beliebig häufige (abriebfreie) Abtastung mit Laserstrahl - entwickelt und erfolgreich eingeführt von Philips und Sony (Aufbau u. Aufzeichnung spezifiziert im Yellow Book beider

Firmen für ihre Lizenznehmer) - als zuverlässiger und wirtschaftlicher Einweg-Datenträger für große Datenmengen in Datenverarbeitung (DV) übernommen, jedoch anfänglich auf unterschiedliche Weise - dies führte zur Normg. als CD-ROM - als Tontr. eingef. mit: ∅ 120 mm bzw. ... mm - siehe IEC 908 (CD (CD_2) digital audio syst.) - vgl. auch ROM; DAT, LP, MC)

CDI — Call for Declarations of Interest (dt. etwa Aufruf zu Interessenerklärungen - insbesondere d. KEG an europ. Informationsdienst-Unternehmer, großangelegte Demonstrationsprojekte zu planen)

CDL — Bei CEN & CENELEC: Normenprüfstelle (von . . .)

CDMTG — Common Data Model Task Group (USA) (der DBSSG von ANSI/X3/-SPARC ($SPARC_2$) - auf dt. übers. Aufgabengruppe für ein gemeinsames Datenmodell - vgl. auch DADTG, DMSPTG, FADTG, GTG, OODBTG, OSIDBTG; DB_1, DBMS, DBS; KS, OSI; ODP)

CDPC — European Committee on Crime Problems, Straßburg (des Europarats - hat 1990 eine Empfehlung über Computerkriminalität hrsgg. - vgl. PC-R-CC; WiKG; StGB; BMJ)

CD-ROM — (von engl. compact (optical) disk read-only memory - das Akr. wird nicht übers. - optischer Einweg-Datenträger bzw. opt., auswechselbare 'read-only'-Speicherplatte für externe Speicher (z.B. mit zusätzl. Laufwerk (LW_2) an PCs (PC_1) o. WS' - ∅ 120 mm, Kapazität ca. 650 MB (Text-Modus) - Aufzeichng mit teurem Spezialgerät (Verlag) im Text-, Faksimile- oder Audiomodus, evtl. auch kombiniert - zuverl., nicht abnutzend (Laserabtastung), elektromagnet. unbeeinflußt (EMK-unkritisch) sowie aufgrund physischer u. funktioneller Normung wirtschaftl. anderen, nicht-marktreifen Alternativen überlegen - eingesetzt als Buchersatz u. anstelle von 'online'-DBs (DB_1) in Verbindg. mit geeigneter Software (SW) - siehe: IEC 908 (CD); ECMA-119 (Volume & File Structure) = ISO 9660; ECMA 130 (CD-ROM) = ISO/IEC in Vorbrtg.; DIN-EN-Normen (ENs) in Vorbrtg.; anwendungsbezogene Artikel u.a. in CM 11-12/89, S. 43-54 - vgl. auch WORM)

CE

1. (frz.) Communauté[s] Européenne[s] (dt. EG (EG_1), engl. EC (EC_2) - vgl. auch CCE, CEC, KEG)
2. (als EG-Konformitätszeichen (EG_1) entspr. frz. "CE" (CE_1) - Buchstaben ausgeführt als zwei Kreisbogenstücke (knapp Halbkreise) mit Mittestrich im rechten - symbolisiert einheitliche Einhaltung der grundlegenden Anforderungen von EG-Richtlinien - soll dazu die existierenden anderen EG-Zeichen ablösen - wird evtl. kombiniert mit zusätzlichen Zeichen gemäß Niederspannungs- und EMV-

Richtlinie (89/336/EWG) bzw. Zulassungsrichtlinie für Telekommunikationsendgeräte (91/263/EWG) - "private" Zeichen können daneben verwendet werden, soweit das keine Verwechslung nahelegt - siehe 16. Unternehmergespräch, in DIN-Mitt. 69. 1990, Nr. 4, S. 210-216, Bild auf S. 213 - vgl. auch ≠ CECC (Konformitätszeichen); GS_2; ZZF; ONP)

CeBIT Welt-Centrum für Büro- und Informationstechnik, Hannover (erstmals 1987 aus der vormals umfassenden Hannover[schen] (Industrie)Messe herausgelöste internat. Fachmesse für Informatik und Informationstechnik (IT) - vgl. CeBIT'93/'94/'95; SYS_2)

CeBIT'93 (24.-31.3.1993 abgehaltene siebente Hannover-Messe CeBIT)

CeBIT'94 (für 16.-21.3.1994 angesetzte achte Hannover-Messe CeBIT)

CeBIT'95 (für 08.-15.3.1995 angesetzte neunte Hannover-Messe CeBIT)

CEC (engl.) Commission of the European Communities (dt. KEG, frz. CCE - vgl. auch CE_1, EC_2, EG_1)

CECC CENELEC-Komitee für Bauelemente der Elektronik, Frankfurt a.M. (von engl. CENELEC Electronic Components Committee - die Abk. wird nicht übersetzt - das europäische Normungs- u. Gütebestätigungssystem für Bauelemente der Elektronik - getragen von sog. Nationalen Autorisierten Stellen (z.B. d. DKE, dem ÖVE, dem SEV) aus 15 europ. Mitgliedsländern - erarbeitet u. publiziert eigene, z.T. internat. beachtete Spezifikationen (CECC ...) allgemeinen Inhalts wie Verfahrensregeln oder Grundspezifikationen bzw. techn. Inhalts wie Fachgrund- o. Bauartspezifikationen - auf dieser Basis vergibt es begehrte Anerkennungen an Firmen u. erteilt es weltweit Bauartzulassungen - auch erteilt es ein internat. anerkanntes Konformitätszeichen (verquickt die vier Buchstaben ≠ CE_2) - siehe F. Graichen: CECC, Das europ. ..., DIN-Mitt. 71. 1992, Nr.8, S. 460-465 - vgl. auch IC_1; ONP)

CECUA Conference of European Computer User Associations, Bussum (NL) (unabhäng. Zusammenschluß westeurop. RS-Benutzervereinigungen - unterstützt u. in Anspruch genommen von der KEG - erörtert Themen von gemeinschafl. Interesse - berät die KEG, konsultiert o. initiativ - wirkt an EG-Projekten (EG_1) mit - beeinflußt europ. Normung, insbes. zu OSI - betont Benutzerstandpkt. - siehe: CECUA Model Conditions für Hardware Purchase Contracts - vgl. auch KBSt; adi; ECOMA)

CEE (frz.) Communauté Economique Européenne (dt. EWG, engl. EEC)

CEI (frz.) Commission Electrotechnique Internationale, Genf (Internationale Elektrotechnische Kommission - dt. wie engl. IEC)

CEN Europäisches Komitee für Normung, Brüssel (von frz. Comité Européen de Normalisation, engl. European Committee for Standardization - das Akr. wird nicht übers. - Vereinigung belgischen Rechts der westeuropäischen Mitgliedskörperschaften der ISO - eine von derzeit acht wichtigen regionalen Normungsinstitutionen (für arab. sprechende Länder, karibische, lateinamerik., pazifische Länder, RGW-Staaten, schwarz-afrikanische Länder etc.) - zuständig für die sog. Regionalnormung und für Harmonisierung von Normen im Bereich der EG (EG_1) und der EFTA, ausgenommen das Gebiet der Elektrotechnik, für das CENELEC zuständig ist, u. das Zuständigkeitsgebiet von ETSI - Dokumentationssprachen: Deutsch, Englisch, Französisch - entstehende ENVs u. ENs werden nicht von CEN o. CENELEC selbst publiziert, sondern von den Mitgliedsinstituten, z.B. dem DIN als DIN EN ... mit der Nr. ... der EN ... - CEN tritt seit seiner Generalverslg. 1989 (Helsinki) für ein neues einheitl. europäisches Normungsinstitut ein, unterstützt von der KEG, die als ersten Schritt eine Anerkennung des ITSTC zur Koordination der IT-bezogenen Normungsarbeiten forderte - siehe u.a.: DIN (Hrsg.) Grundlagen der Normungsarbeit des DIN (Normenheft 10), 5. geänd. Aufl., Berlin 1987, S. 229-279 (Europ. Normungsarbeit); CEN-CENELEC Review in DIN-Mitt. (mtl.) - vgl. auch JTESI; NI; CEPT, TRAC; ITSTC; EWOS; CCITT, ISO; JTC1)

CENCER CEN (-Abtlg. f.) Zertifikation (von engl. CEN Certification (branch) - erarbeitet grundlegende Festlegungen zur Zertifikation normkonformer Produkte u. errichtet Ausschüsse (CCC_3), in denen jeweil. Zertifizierungsprogramme (engl. Certification Schemes) erarbeitet werden, z.B. im Bereich Informatik das CCC1 - die Zertifizierg. selbst wird aufgr. d. Programme u. entsprech. Produktprüfung durch akkreditierte Prüfstellen von nationalen Einrichtungen durchgeführt, z.B. von der DGWK - vgl. auch AZG, CASCO; DINZERT, EOTC; DEKITZ, ECITC)

CENELEC Europäisches Komitee für elektrotechnische Normung, Brüssel (von frz. Comité Européen de Normalisation Electrotechnique - siehe Erläuterungen zu CEN - vgl. auch CLC; CECC; JTESI; DKE; CEPT, ETSI, TRAC; EWOS; CCITT, IEC; JTC1)

CEPIS Council of European Professional Informatics Societies (dt. etwa Rat der europ. Berufsvereinigungen für Informatik - zurückgehend auf eine Zusammenkunft europ. Informatikgesellschaften bei d. BCS (BCS_2) im Nov. 1988, einberufen im Hinblick auf den Auftrag der KEG, bis 1992 den offenen EG-Binnenmarkt (EG_1) herbeizuführen - hält seither etwa alle sechs Monate eine Zusammenkunft von Vertr. d. Mitgliedsges. ab - gab sich bei seiner dritten Zusammenkunft im Sept. 1989 den Namen CEPIS - Mitgliedskörperschaften sind afcet, AFIN, AICA ($AICA_2$), API, BCS, FBVI, FESI, GCS, GI (GI_1), ICS, ITG (ITG_1), NGI u. SI

(SI$_2$) - unterhält 'working parties' für derzeit sieben Themen: Berufliche Qualifikationen; Verhaltenscode; Positionenklassifikation; Computermißbrauch; Normen; Identifikation von Begr.; Veröffentlichungen - die für sie nominierten persönl. Mitgl. werden vom jeweiligen 'Convenor' einer d. Gesellschaften bedarfsweise angeschrieben o. eingeladen, können also mehr o. minder aktiv sein - ist faktisch an die Stelle der früheren ECI getreten - zum Stand siehe M.S. Elzas: Das Council of ... (CEPIS) anno 1993, Edit. in Inform.-Spektr. vgl. auch IFIP)

CEPT — Europäische Konferenz der Post- u. Fernmeldeverwaltungen, Bern (CH) (von frz. Conférence Européenne des administrations des Postes et des Télécommunications, engl. European Conference of Postal and Telecommunications Administrations - das Akr. wird nicht übers. - schafft normenartige Festleg. (NET bzw. CTR) zur Telekommunikation (TK$_2$) mit weitgehender Verbindlichkeit für die beteiligten westeurop. Telegrafieträger u. (indirekt) alle Anbieter zulassungspflichtiger Einrichtg. zur Telekommunikat. im Ber. von EG (EG$_1$) u. EFTA - vgl. auch TRAC; CEN, CENELEC, ETSI; ITSTC; EWOS; CCITT, JTC1)

CERN — Europäisches Kernforschungszentrum, Genf (von frz. Centre Européen pour la Recherche Nucléaire - vgl. EAG)

CERT — (von engl. Computer Emergency Response Team - sollte als Notfallhilfe (zumindest) für Forschungsnetze in allen Regionen der Welt eingerichtet werden, empfiehlt das CCIRN)

CES — Consumer Electronics Show (USA) (jährl. im Frühjahr in Chicago, im Herbst in Las Vegas)

CFB — (engl.) cipher feed-back mode (Betriebsmodus 'Chifren-Rückkopplung' in Kryptographie - vgl. CBC, EBC; DES, FEAL, MAC$_2$)

CFI — CAD Framework Initiative, San Francisco, CA (Initiative im Vorfeld der offiz. Normung zur gemeinschaftl. Schaffung u. Durchsetzung von Standards im Bereich d. Entwurfsautomatisierung - als 'non-profit organization' im Mai 1988 in San Franzisko von 38 Herstellern von Werkzeugen bzw. integr. Schaltungen (IC$_1$) gegr. - inzw. ca. 60 Mitgl., darunter auch einige europ. - hat im Okt. 1989 sein '1st International CFI Meeting' bei d. GMD in Birlinghoven abgehalten - doch soll nur eine von vier Tagungen im Jahr in Europa sein - es bestehen Kontakte zu ECIP u. JESSI sowie ein Interesse an gemeinsamen einheitl. Standards o. besser (in KEG-Sicht) Normen - wichtig i. d. Zshg. ist EDIF)

CFV — (engl.) call for votes (dt. Aufruf zur Stimmenabgabe - leitet bei Usenet die Abstimmungsperiode für eine 'Newsgruppe' ein - vgl. auch RFD)

CGA Color Graphics Adapter (ältere, von IBM entwickelte Grafikanpassung von Farbmonitoren für 320 × 200 Pixel und 4 aus 16 Farben oder 640 × 200 Pixel und 2 aus 16 Farben - vgl. auch AGA, EGA, HGC, MDA, PGA, VGA, XGA)

CGC Bei IFIP: Congress Guidelines Committee (dt. Kongreßrichtlinien-Komitee - zuständig für die Bearbeitung der internen Kongreßrichtlinien ('Congress Guidelines') für die dreijährlich abgehaltenen IFIP-Kongresse (1992 Madrid, 1994 Hamburg, 1996 ...) - wird auf den Kongress in Hamburg angewandt - eine bearbeitete Fassung soll evtl. veröffentlicht werden - vgl. auch AMB, IPC_2, OC, SEC)

CGI Graphische Rechnerschnittstelle (von engl. Computer Graphics Interface - mit eigenem Referenzmodell (RM_1) genormte Schnittstelle (SS_1) für die Kommunikation zwischen 2D-Graphiksystemen, insbes. GKS, und EA-Geräten für Graphik - siehe: ISO IS 9636, DIN ...; ISO/IEC DIS 9638-3:1993 (CGI-Sprachbindung Ada), DIN ... - Normkonformitätsprüfung bei der GMD wurde 1991 eingestellt - vgl. auch CGM; GKS, GKS-3D, PHIGS; PHI-GKS; PREMO; CGRM)

CGM Metadatei für Computer-Graphik (von engl. Computer Graphics Metafile - genormte Metadatei zur Übertragung und Speicherung von Bildbeschreibungsdaten in einer von drei Codierungen - einzige genormte Art von Graphik(darstellungs)format - siehe ISO/IS 8632:1987 P. 1-4 - vgl. auch EPS_2, IGES; CGI; GKS, GKS-3D, PHIGS; PHI-GKS; PREMO; CGRM)

CGRM Referenzmodell für Graphische Datenverarbeitung (von engl. Computer Graphics Reference Model; frz. Modèle de référence pour l'infographie - die Abk. wird nicht übers. - Referenzmodell (RM_1) für Normen für Graphiksoftware (SW) bzw. normgerechte Graphiksoftwareprodukte und als Bezugssystem zur Verständigung insofern es auch Begr. zweckbezogen def. - das CGRM unterscheidet fünf sog. Umgebungen (engl. environments) auf je einer anderen Abstraktionsstufe zwischen den zwei externen Objekten Anwendung (engl. application) und Bediener (engl. operator), einem Menschen oder Prozeß - siehe DIN 66 341, 1x.92, 8+5+34 S., enth. ISO/IEC IS 11 072:1992 in Englisch (5+34 p.) u. zwei Fachwörterlisten engl.-dt., dt.-engl - vgl. auch CGI, CGM; GKS, GKS-3D, PHIGS; PHI-GKS; PREMO)

CGPM Generalkonferenz für Maß und Gewicht (von frz. Conférence Générale des Poids et Mesures - Organ der Meterkonvention (völkerrechtlicher Vertrag) und aus deren Delegierten aller Unterzeichnerstaaten gebildet mit der Aufgabe, die Verbreitung und Vervollkommnung des SI (SI_1) zu fördern und BIPM zu lenken - vgl. auch UTC; CIPM, EUROMET)

CH 1. Chomsky-Hierarchie (ben. nach N. Chomsky, der sie 1959 aufstellte - grundl. Begr. der Theorie formaler Sprachen: Hierarchie von Sprachmengen (bzw. AFLs) nach der generativen Mächtigkeit ihrer Grammatiken (i.S. allg. Chomsky-Grammatiken / Phrasenstrukturgrammatiken) herkömml. unterschieden werden: von sog. Typ-i-Grammatiken erzeugbare Typ-i-Sprachen mit i = 0, 1, 2, 3, denen bestimmte (theoretische) Automaten(modelle) zugeordnet werden können, die die Sprachen des jeweil. Typs akzeptieren:

Typ 0: uneingeschränkte Grammatiken - **Typ-0-Sprachen** - (allg.) Turingmaschinen (TM_3)

Typ 1: kontextsensitive Grammat. - **kontextsensitive Spr.** - (nicht-determinist.) linear beschränkte Automaten (LBA)

Typ 2: kontextfreie Grammatiken - **kontextfreie Sprachen** - (nichtdeterministische) Kellerautomaten (KA)

Typ 3: reguläre Grammatiken - **reguläre Sprachen** - endliche Automaten (EA_2) -

die Menge der Sprachen vom Typ 0 umfaßt die Menge der kontextsensitiven Spr. (vom Typ 1), diese die Menge der kontextfreien Spr. (vom Typ 2), diese die Menge der regulären Spr. (vom Typ 3), so daß die jeweils niedere Sprachfamilie eine echte Teilmenge der jeweils höheren Sprachfamilie(n) ist - diese CH i.e.S. wird durch zusätzl. Unterscheidungen ergänzt - Programmiersprachen (PS_2) gehören zu den kontextsensitiven Spr., die BNF-Notation zu den kontextfreien Grammatiken, durch rechtslineare Grammatiken erzeugbare Sprachen sind zugleich reguläre Sprachen - siehe u.a.: A. Salomaa: Formale Sprachen, Berlin 1978; Lit. unter TM_3 - vgl. auch TI)

2. Schweiz (von lat. confoederatio helvetica - Landeskennzeichen für Kraftfahrzeuge, auch in PLZ verwendet - zugl. zweistelliges Landeskennz. nach ISO 3166:1988 - vgl. auch CHE; A_2, AT_2, AUT; BRD, D_1, DD_2, DDR, DE_2, DEU)

char character (aus dem Engl., dt. Zeichen - Abk. u. engl. Langform im Dt. nur für den Datentyp, insbes. in Programmierssprachen (PS_2) (Vorteil Sprachkontrast) aber auch für ADT - vgl. integer, real)

CHE Schweiz (von lat. confoederatio helvetica - dreistelliges Landeskennzeichen nach ISO 3166: 1988 - vgl. auch CH_2; AT, AUT; BRD, D, DE, DEU; DD, DDR)

CHEMSAFE (Datenbank mit sicherheitstechnisch bewerteten Daten von gegenwärtig ca. 1200 Substanzen - bearbeitet von PTB und BAM zusammen mit DECHEMA - gefördert von BMFT, Berufsgenossenschaften und Industrie - seit Oktober 1989 über FIZ-Chemie in Berlin (West) als Online-DB (DB_1) direkt zugänglich)

CHILL — CCITT High Level Language (1977 bis 1980 entwickelte prozedurale Programmiersprache (PS_2) für SPC-Fernmeldedienste, ferner Nachrichtenvermittlung, Paketvermittlung, Modellierung etc. - siehe: CCITT Z.200-1984 (Red Book, Vol. VI, Fasc. VI.12); CCITT Manuals: Formal def. of CHILL, Introduction to CHILL; ISO/2ndDIS 9496:1988 - vgl. auch MML; ASN.1, Estelle, LOTOS; Ada, ALGOL 60, APL, BASIC, C_1, COBOL, ELAN, Fortran, LISP, Modula-2, Pascal, PEARL, PL/I, PROLOG, Simula; PSP)

CHUUG — Interessengemeinschaft schweizerischer UNIX-Benutzer, Zürich (von engl.(/lat.) Swiss (CH_2) UNIX User Group - hieß anfängl. UNIGS - Mitgl. von EurOpen - vgl. auch GUUG, UUGA)

CI
1. (lat.) casus irreducibilis (dt. unlösbarer Fall - in der Mathematik)
2. (engl.) corporate identity (dt. etwa: Unternehmensidentifizierg.(von Mitarbeitern) - in den USA entstandener Begr., der unübers. auch im Deutschen verwendet wird - vgl. auch PR)

CIAJ — Communications Industry Association of Japan, Tokio (1948 gegr. Handelsvereinigung mit derzeit 250 Mitgl., d.h. japanischen u. ausländ. Untern. - siehe CIAJ (edtr.): Outline of Communications Industry)

CICC
1. Center of the International Cooperation for Computerization, Tokio (1983 als Stiftung des MITI gegr., bsd. zur industriellen Zusammenarbeit mit Entwicklungsländern)
2. (engl.) contactless integrated circuit card (kontaktlose ID-1-Karte mit IC (IC_1) nach ISO/IEC IS 10536, d.h. ohne galvanische Kopplung an die CCD)

CIF; c.i.f. — Kosten, Versicherung und Fracht (... benannter Bestimmungshafen - von engl. Cost, Insurance and Freight (... named port of destination) - eine von 13 Klauseln der seit 1.7.1990 revidiert geltenden Incoterms d. ICC (ICC_2), - vgl. auch EXW, FOB; UNICID; EDI)

CIGREF — Club Informatique des Grandes Entreprises Françaises, Paris (vgl. AFUTT; ECTUA)

CIM
1. Rechnereingabe von Mikrofilm (von engl. comp. input fr. microfilm - vgl. COM)
2. rechnerintegrierte Fertigung (von engl. Computer Integrated Manufacturing - eine der sog. C-Techniken - das BMFT hat zur Entwicklung von CIM für 1989 bis 1994 18 Mio. DM bereitgest. - siehe: DIN-Fachber. 15 (Schnittstellen/Stand u. Handlungsbedarf), 1987; DIN-Fachber. 20 (Schnittst./CAD u. NC, Fortschritt), 1989; DIN-Fachber. 21 (Schnittst./Fertigungsstrg. u. Auftragsabwicklg., Fort-

schritt) 1989; B. Rixius, H. Behrend: Grundl. u. Zsarbt. ... CIM, in DIN-Mitt. 69, 1990, Nr. 11, S. 613-622 - vgl. auch KCIM; PROFIBUS; PPS, WSS; SS_1; CAM, MAP, TOP; AMT)

CIP

1. (von engl. cataloguing in publishing - die Abk. wird nicht übers. - Festlegung d. wesentl. Bestandteile d. Katalogeintragung schon vor Druck, so daß diese Angab. im Buch mitgedruckt werden können - u.a. d. Deutschen Bibliothek (DB_2), Frankfurt a.M., für von ihr erfaßtes deutschspr. o. aus d. [alten] BRD stammendes Schrifttum)
2. (von engl. Computer-aided, Intuition-guided Programming, dt. Rechner-gestütztes, Intuitions-geleitetes Programmieren - war ein Projekt im SFB 49, Programmiertechnik, an der TUM mit einer Methodik zur Spezifikation und Entwicklung von Software (SW) durch Programmtransformation mittels einer geeigneten Sprache (der CIP-L) und einem Unterstützungssystem (demCIP-S) - siehe: CIP Language Group: Report on a wide spectrum language for program specification and development, TUM-18104, May 1981, 256 p.; H. Partsch, R. Steinbrüggen: A comprehensive survey on program transformation systems, TUM-18108, July 1981, 49 p. - vgl. auch CASE, SE)
3. Computer-Investitions-Programm (des Bundes und der Länder der BRD mit Federführung beim BMBW - erstmals 1985 aufgelegtes Förderprogramm für die Anschaffung von Mikrorechnern (PCs (PC_1)) an Hochschulen und Fachhochschulen (rd. 25%) - in erster Linie zur Modernisierung der Studentenausbildung im Zusammenhang mit dem Lehrbetrieb - ursprünglich mit 250 Mio. DM ausgestattet und bis Ende 1988 begrenzt, laut Mitteilung des BMBW am 5.10.1988 auf Dauer fortgesetzt - vom Wissenschaftsrat (WR) empfohlen, der in sechs Jahren ab 1989 die Anschaffung von weiteren 100 000 PCs für erforderlich hielt (Stand 1988) - in den 18. Rahmenplan für den Hochschulbau einbezogen - die Verteilung auf nunmehr 16 Bundesländer nach Aufstellorten, Fächern etc. wurde oder wird revidiert - vgl. auch KfR; KAI/AdW)

(- vgl. auch ≠ ZIP)

CIPM

Internationales Komitee für Maß und Gewicht (von frz. Comité International des Poids et Mesures - Organ der Meterkonvention (völkerrechtl. Vertrag), das die BIPM beaufsichtigt - aus 18 Mitgl. von Unterzeichnerstaaten der Meterkonvention, die von der CGPM gewählt werden - vgl. auch EUROMET; SI_1)

CIPS

Canadian Information Processing Society, Toronto (kanadische Informatikgesellschaft - Vollmitglied der IFIP)

CIPSTC

Computer and Information Processing Standardization Technical Committee, Peking (JTC1-Spiegelgremium des CSBS bzw. des CSBTS - siehe H. Hong-Wen: Standardization Activ. f. Information Processing in China, CSI (CSI_2) Vol. 8, Nr. 3, 1989 - vgl. auch CCF)

CIRC Cross Interleaved Reed-Solomon Code (Fehlerkorrekturcode bestimmter Art - z.B. bei CD-ROMs - vgl. auch RSPC)

CISC Rechner mit komplexem Befehlsvorrat (von engl. complex instruction set computer - Typ oder Exemplar einer Rechnerarchitektur bzw. Prozessorarchitektur herkömmlicher Art nach dem Befehlsvorrat, i.U. zu RISC - komplexe Anweisungen werden in Maschinensprache realisiert oder als Mikroprogramme in die Hardware (HW) verlagert - vgl. auch Pentium; VLIW; VNM; MIMD, MISD, SIMD, SISD)

CISE Computer and Information Science Directorate (USA), ... (1989 gegr. Abt. der NSF, die seither 'Computer Science' (CS_1) mit anderen Disziplinen gleichstellt - vgl. auch CSTB, NRC)

CIT
1. rechnerintegriertes Telefonieren (von engl. Computer Integrated Telephony - vgl. ≠ KIT; CAT_3)
2. Virginia Center for Innovative Technology, Herdon, VA (regionale Forschungseinrichtung - Austausch mit GMD)

CL (engl.) connectionless-mode (dt. verbindungslos - vgl. CLNS; CO; OSI-RM)

CLC (Abk. der Abk.) CENELEC (vgl. auch CEN, ETSI; ASB; ITSTC)

CLDATA (von engl. Cutter Location Data - Programmiersprache (PS_2) z. Steuerung von Werkzeugmaschinen - siehe: DIN 66215 T1, T2; VDI/AWF 2870 - vgl. auch APT, EXAPT; ENC, DNC, NC_1; CIM)

CLEI Centro Latino Americano de Estudios en Informatica, Valparaiso/Chile (zentrallateinamerikan. Regionalverband von Informatikgesellschaften in Argentinien, Bolivien, Brasilien, Chile, Kolumbien, Ekuador, Paraguay, Peru, Uruguay und Venezuela - wie auch die zu ihren Mitgliedskörperschaften gehörenden Argentina Sadio, Brazil Sucesu-Nacional selbst Vollmitgl. d. IFIP - vgl. auch ECI, SEARCC, W.A.R.C.S)

CLI (engl.)Call Level Interface (auf dt. übers. [Auf]ruf-Ebenen-Schnittstelle - ist jedoch eher ein Software(SW)baustein zwischen zwei Schnittstellen (SS'): eine SQL-bezog. Bibliothek von Prozeduraufr., die Anwendungen, die mit ihnen kompiliert wurden, ermögl., über die Prozedurbibl. jeweil. Datenbanken zu öffnen - nicht optimierbar wie Embedded SQL, doch SW wesentl. vereinfachend - wird standardisiert von der SAG)

CLID — Common Language-Independent Datatype (bei JTC1/SC22 - vgl. auch PCTE; ADT)

CLNS — Connectionless-mode Network Service (vgl. CL; OSI; CCIRN)

CLPT[s] — (engl.) computer language[s] for the processing of text (älterer Gattungsbegriff i.S. von dt. Textverarbeitungssprache[n] - als Projektbezeichnung in Normung nicht mehr gebräuchlich - vgl. DSSSL, ODA, PDL, SGML, SPDL; FDT, PS_2; TV_2)

cm — Centimeter (hundertstel m (m_1) - abgeleitete SI-Einheit (SI_1) d. Länge - vgl. auch c_2; in)

CM — Computer Magazin, Stuttgart (Branchenzeitschrift - erschien mtl., seit 1989 bei Basten Verl. - erhielten Mitgl. d. GI (GI_1) u. anderer Fachges. gratis - 1993 ersetzt durch das Inforrmatik-Magazin des Springer-Verl., das zusammen mit dem Inform.-Spektr. u. GI-Beilagen versandt wird)

CMIP — (engl.) Common Management Information Protoc. (im Zshg. von OSI)

CMOS — komplementärer Metall-Oxid-Halbleiter (von engl. complementary metal-oxide semiconductor - IC-Art (IC_1), insbes. und zunehmend für ASICs verwendet - vgl. auch MOS; NMOS, PMOS, VMOS; DL_1, DTL, TTL_2; E.I.S)

CMU — Carnegie Mellon University, Pittsburgh, PA (vgl. SEI; MIT, UCB; NCSL, SRI; ICSI)

CMY — (von engl. cyan, magenta, yellow; dt. Cyan, Magenta, Gelb - bei Farbdruckern verwendetes würfelförmiges Farbmodell subtraktiver Primärfarben im Gegensatz zu RGB - vgl. auch HLS, HSV; GDI, SCSI)

CNC — rechnergestützte numerische Steuerung (von engl. computerized numerical control - vgl. $DNC_{1,2}$; NC_1; PPS; PDV; AMT)

CNIL — Commission nationale de l'Informatique et des Libertés, Paris (französische Nationale Datenschutzkommission - veröffentlicht jährlich einen Bericht von ca. 400 S. - vgl. BfD)

CNR — Consiglio Nazionale delle Ricerche, Pisa (italien. Nation. Forschungsrat - hat eigene Forschungsinst., so das Istituto di Elaborazione della Informazione (IEI), mit dem d. CNR seit 1991 Mitgl. des ERCIM)

CNRS — Centre National de la Recherche Scientifique, Paris (französisches nationales Zentrum für wisscnschaftliche Forschung - gegr. 1939)

CO (engl.) connection-mode (dt. verbindungsorientiert - vgl. CL; OSI-RM)

COBOL (von engl. Common Business Oriented Language - prozedurale Programmiersprache (PS_2) f. kommerzielle Aufg. - von CODASYL ursprüngl. in den 50er Jahren lochkartenorient. entwick. (COBOL 60) - inzw. zur Erhaltung großer Investitionen in Programmvorräte über mehrere Stufen weiterentwickelt und mit modernen Konzepten ergänzt: COBOL 68, COBOL 74, COBOL 85 (wobei die zweistelligen Jahreszahlen die Erstausgabe der jeweilig. Norm kennzeichnen, doch nicht zum Namen gehören) - die noch bei COBOL 74 zulässige große Zahl portabilitätshinderlicher, vielfältig untereinander inkompatibler Teilmengen der genormten Sprache wurde zugunsten einer aufwärtskompatiblen Stufung aufgegeben - mit COBOL 85 wurde u.a. auch eine alternative knappere Schreibweise f. Programme eingef. (!) - das in den USA seit COBOL 68 eingeführte Validationsverfahren für Kompilierer wurde zur Normkonformitätsprüfung u.a. von der GMD übernommen und anteilig von ihr mit Förderung der KEG für COBOL 85 weiterentwickelt - COBOL ist die am häufigsten totgesagte, weiterentwickelte u. genormte PS (im krassen Unterschied zum fast gleichalten LISP) - von der CODASYL OOCTG (1989-1992) vorbereitete objektorientierte (OO) Erweiterungen beabsichtigt ANSI X3J4.1 bei JTC 1 einzubringen - siehe: ANSI X3.23-1985 (unterschiedl. Interpretationen wird mit einem Add. begegnet); ISO/IS 1989:1985 (Ref. auf ANSI); DIN 66 028, 8.86 inhaltl.= EN 21 989:1989; ANSI X3J4.1/93-0012: Object-Oriented Extensions to COBOL (TR), Febr., 1992 - vgl. auch COBOL JOD; Ada, ALGOL 60, APL, BASIC, C_1, CHILL, ELAN, Fortran, Modula-2, Pascal, PEARL, PL/I, PROLOG, Simula; PSP)

COBOL JOD COBOL Journal of Development (von CODASYL hrsgg. Mitteilungsdienst - berichtet über Stand u. Tendenzen d. Weiterentw. von COBOL)

COCOM Coordinating Committee for Multilateral Strategic Export Controls, Paris (Embargo-Vereinigung zur Verhinderung von sicherheitsrelevantem Know-How-Abfluß in Staaten des ehemaligen Ostblocks oder anderer sicherheitskritischer Staaten unter Federführung der USA und Beteiligung der NATO-Mitgliedsstaaten außer Island und Spanien - Auswirkungen für den Handel waren stets umstritten und werden in den einzelnen Partnerländern unterschiedlich beurteilt - schon hinsichtlich der Wirtschaftsunion mit der DDR wurden von Seiten der BRD notwendige Erleichterungen beantragt (Stand Juli 1990) - siehe u.a.: Feinjustierung eines Druckmittels (Interview mit D.E. Kloske), in highTech 5/1990, S. 126, 127; Ergebnisse der großen COCOM-Konferenz im Juni 1990, etc. - Auskunft über den jeweils aktuellen Stand geben: das Bundesamt für Wirtschaft (BAW) in Eschborn u. die zuständige Industrie- u. Handelskamer (IHK) - vgl. auch AWG, AWV_2)

CODASYL Conference on Data Systems Languages, Hull, Québec (1957 in Zshg. mit der urspr. Entwicklg. von COBOL (bis 1960) für das DoD in den USA gegr. private Vereinig., die sich, im Vorfeld formeller Normung, jahrzehntelang in Gemeinschaftsarbeit standardor. Weiterentwicklg. von COBOL angenommen hat u. die den wohl bekanntesten u. meistverbreiteten Standard f. hierarchische Datenbanken (DB_1) mit Datenmodell u.Anforderung. an DBMS' gesetzt hat - wohl aufgrund d. allmähl. sinkenden Bedeutg. von COBOL sowie neuerer, von anderen eingeleiteter o. getragener Entwicklg. (Ada, C (C_1), KS, RDBs, OODBs) war es ruhig um CODASYL geworden - sie hat vor Jahren ihren Sitz von den USA nach Kanada verlegt - doch hat CODASYL noch/schon 1989 die Schaffung objektorientierter (OO) COBOL-Erweiterungen eingeleitet - sie hat dazu die Object-Oriented COBOL Technical Group (OOCTG) gebildet, die im Dez. 1992 in der Object-Oriented COBOL Task Group (X3J4.1) von ANSI aufging (siehe unter COBOL) - vgl. auch COBOL JOD; DBS, PS_2; ECMA, IEEE, OMG, OSF; $SPARC_2$)

CODATA Committee on Data for Science and Technology, Bonn & Gaithersburg, MD & Paris (der ICSU - dt. Komitee für Daten in Naturwissenschaft und Technik - führt u.a. eine Liste empfohlener konsistenter Werte der Fundamentalkonstanten - gegr. 1966 - ca. 35 korporative Mitgl. - vgl. auch AE_4; SI_1)

COM Rechnerausgabe auf Mikrofilm (von engl. computer output microfilm - siehe DIN 19 065 - vgl. auch CIM_1)

COMAP Consortium for Mathematics and its Applications, USA (US-amerikanische Mathemaikervereinigung zur verständlichen und zugänglichen Vermittlung von Mathematik für die breite Öffentlichkeit - nach dem zweiten Weltkrieg gegr. - hat in den 80er Jahren wesentl.ich zur Schaffung einer mehrteiligen Fernsehserie zu Anwendungen der Mathematik beigetragen und zu einem auch unabhängig davon verwendbaren Buch dazu - siehe dt. Ausg. bei Springer, Spektr. d. Wiss., Heidelberg, 1989, ISBN 3-89330-697-8 - vgl. auch AMS; GAMM; MATHDI, ZDM)

COMECON Rat für gegenseitige Wirtschaftshilfe (der ehem. Ostblockstaaten - von engl. Council for Mutual Economic Aid - 1990 aufgelöst - dt. RGW)

COMETT (von engl. . . . . - ein Förderprogr. der KEG - vgl. auch DELTA, DRIVE, Esprit, $FAST_1$, INSIS, RACE, SCIENCE; EUREKA)

COMPRO Ausschuß für die Vereinfachung internationaler Handelsverfahren, Brüssel (in der EG (EG_1) - von engl. Committee for the Simplification of International Trade Procedures - vgl. auch DEUPRO; ECE, JEDI; ODETTE, TEDIS; EDIFACT, TDED; EDI)

CONCISE COSINE Network's Central Information Service for Europe (von RARE - realisiert auf Basis eines RDBMS: Oracle - zugänglich über E-Mail - vgl. auch SQL; PARADISE; OSI)

CONCUR Concurrency (dt. Nebenläufigkeit (von Prozessen) - Esprit-Proj. 3006 zur Entwicklung akzeptierter Standards f. formale Beschreibungsmittel u. Methoden f. Nebenläufigkeit - vgl. auch DeMoN, GRASPIN; FDT)

COPOLCO Council Committee on Consumer Policy (der ISO - auf dt. übers. Ratskomitee für Verbraucherpolitik - siehe ISO/IEC Guide 36-1982 - vgl. auch SMMP)

CoR Computer Report (Sonderteil der NJW zu Rchnereinsatz und Datenverarbeitung (DV) für Juristen - vgl. auch CR, CuR, DuD, RDV; DGIR, GI_1(-FB 4), GDD, GRVI; RI_1)

CORBA (engl.) Common Object Request Broker Architecture (dt. Gemeinsame Objektnachfragemakler-Architektur - das Akr. wird nicht übers. - Standard der OMG für die Architektur von Objektnachfragemaklern (ORBs) ihrer Mitgl., einer Art Botschaftenvermittler für netzwerktransparente Kommunikation von Applikations- oder Systemobjekten in Systemen aus heterogenen Subsyst. - vgl. auch IDL; OMA; OOD, OOP; OO)

COS Corporation for the application of standards for Open Systems (USA), McLean, Virg. (OSI-Fördergruppe - 1985 von 17 nordamerikanischen Unternehmen gegr., zu denen die größten Anbieter von Rechensystemen (RS') und Kommunikationseinrichtungen der Welt gehören - fördert Normung von ISPs und deren Anwendung mit Jahresetat von ca. 20 Mio. DM, Stab von 100 Personen - entwickelt Test- und Zertifizierverfahren für OSI-Produkte entspr. POSI in Japan, SPAG in Europa - vgl. auch Intap; CPS; MAP/TOP, OSITOP; EWOS)

COSE Common Open Software Environment, White Plains, CA (dt. Gemeins. Offene Softwareumgebung - Vereinigung von Herstellern von Rechensystemen (RS') oder Software (SW) und deren Zweck - erkennt lt. CW vom 9.7.1993 die X/Open Company Ltd. als Kontrollinstanz an - habe ihr einen Entw. einer COSE-Spezifikation für eine GBO mit einheitl. 'look and feel' f. Anwendg. in off. Syst. vorgelegt, die sich u.a. auf bekannte Spezifik. von HP, IBM, USL sowie auf OSF/Motif stützt - werde von X/Open evtl. noch 1993 in XPG integriert)

COSIMA (dt.) Computersysteme im Arbeitsamt (Projekt und Verfahren der Bundesanstalt für Arbeit (BA) zur Unterstützung von Arbeitsvermittlung, Berufsberatung etc. in den Arbeitsämtern mittels vernetzter Rechensysteme (RS') - vgl. auch LAN, MAN, WAN; OSI)

COSINE Cooperation for Open Systems Interconnection Networking in Europe (EUREKA-Projekt zur europäischen Zusammenarbeit für OSI-Netze - mit dem Management wurde RARE 1986 betraut - zu vielfältigen, z.T. naturgemäß vorläufigen Ergebnissen gehören u.a. ein Netzinformationsdienst für Europa (CONCISE) und ein Pilot-Directory-Dienst (PARADISE) - vgl. auch ECFRN; RIPE; EurOSInet; ECMA, EWOS, SPAG; ETSI; CEPT; EPHOS; OSI)

COST Co-Operation in the field of Scientific and Technical research in Europe (dt. Zusammenarbeit auf dem Gebiet wissenschaftl. u. techn. Forschung in Europa - 1971 auf Initiativen aus EG-Ländern (EG_1) u. mit Unterstützung d. KEG gegr. Zusammenarbeit europ. Forschung, die außer den EG-Mitgliedsländern auch die EFTA-Mitgliedsländer, die Türkei u. (bis 1991/92) Jugoslawien einbezieht - dient als Forum fach- u. länderübergreifender Verständigung u. als Plattform zur Vereinbarung von Forschungsprogrammen (COST n) unter mindestens drei Teilnehmerländern - bis auf die regelmäßig von d. KEG übernommenen Kosten d. Koordination werden die Programmkosten grundsätzl. von den beteiligten Ländern aufgebracht, ausnahmsweise auch von d. EG - andere europ. Einrichtungen beteiligen sich zumindest an den Beratungen - von über 60 durchgeführten Progr. bezogen sich einige auf Informatik o. Telekommunikation - 1990 hat der EG-Forschungs-Ministerrat eine auf deutsche Initiativen zurückgehende Erweiterg. des COST-Rahmens auf mittel- u. osteurop. Staaten beschlossen - siehe u.a. BMFT-Journal Nr. 5/Sept. 1990, S. 3 - vgl. auch CREST)

COTEL Computerized Online Translation for European Languages (Übersetzungsdienst von ECAT - vgl. auch EUROTRA)

COVER (von engl. Compliance Verification Report- statt "Verification" müßte es richtig "Validation" oder "Test" heißen - Typprüfungsbericht zur Einhaltung von Sicherheitsanforderungen an IT-Einrichtungen, einschließlich elektrischer Büroeinrichtungen, gem. ECMA TR/39 (z.Z. 3rd Ed., Dec. 1992) bezüglich ECMA-129 = IEC 950 = EN 60950)

cpi (engl.) characters per inch (dt. Zeichen je Zoll (in) - wird z. Angabe von Schriftbreiten bei Nadeldruckern verwendet, während Progr. zur Textverarbeitg. (TV_2) (wie u.a. MS-Word, Nisus, Word Perfect) o. Satzerstellg. (wie u.a. PageMaker o. QuarkXPress) metrische Angab., typograph. Punkt (p) o. Point ermögl. - vgl. auch cps, dpi; DTP; m_1; SI_1)

cpl (engl.) characters per line (dt. Zeichen je Zeile - vgl. bps, cpi, cps, dpi)

CPL (von engl. Combined Programming Language - ältere Programmiersprache (PS_2) - vgl. auch BCPL, C_1, C++; PSP)

CPM — Critical Path Method (dt. Methode des kritischen Wegs - einfaches Netzplanungsverfahren, das mit nur einer Zeitdauer bewertete Vorgänge graphisch als Pfeile darstellt - ursprüngl. in den USA entwickelt - zu Netzplantechnik (NPT) allg. siehe DIN 69 900, 8.87 T. 1 (Begriffe), T. 2 (Darstellung) - vgl. auch MPM, PERT; NP_2; PM_2; OR; FDT)

CP/M — (von engl. Control Program for Microcomp.- dt. Steuerprogr. für Miorechner (PCs) - weit verbreitet. Einplatz-Betriebssyst. (BS_1) f. Einprogrammbetr. von Digital Res. f. die 8-Bit-Prozessoren Intel 8080, Intel 8085 u. Zilog 80 - erfolgr. de-facto-Standard in diesem Ber., dem eine sehr große Ausw. von Anwenderprogr. entspr. - zwei erweit. Varianten f. 16-Bit-Prozess. (im Schatten von MS-DOS u. PC-DOS) wurden mit DR DOS abgel. - vgl. auch BDOS; DOS; BS/2, OS/2; L 3; Unix)

CPN
1. Computer Product News (gratis erhältliche Neuheiten-Zeitschrift bei Elsevier (North Holland)), Amsterdam)
2. gefärbtes Petrinetz (von engl. couloured Petri net - in der Netztheorie eine Klasse von Petrinetzen (PN_1) mit unterscheidbaren Marken, gleichbedeutend Petrinetzen höherer Ordnung - vgl. auch EPS_1, PrT-...; ASN.1, BNF, CCS, CSP, Estelle, IMCL, LOTOS, SDL, VDL; FDT)

cps — (engl.) characters per second (dt. Z/s: Zeichen pro Sekunde - Einheit der Übertragungsrate, wobei nur s eine SI-Einh. (SI_1) ist - vgl. auch Bd; bps, cpi; bit, Bit, sh)

CPS
1. (engl.) cassette programme search (dt. Kassetten-Programm-Suchlauf - Einrichtung an Kassettenabspielgeräten, die es ermöglicht, mit Knopfdruck zu veranlassen, daß eine Aufzeichnung übersprungen oder wiederholt abgespielt wird - vgl. ARI, DNR)
2. in "CPS Forum": COS-POSI-SPAG (das Forum der drei Vereinigungen hat sich im April 1990 konstituiert mit dem Ziel, gemeinsam einen techn. Rahmen für Normkonformitätsprüfungen von OSI-Produkten abzustecken - als zusätzl. Mitgl. sind dem Forum inzw. INTAP u. ETRI beigetreten - vgl. auch CTS)

CPU — (engl.) central processing unit (dt. sinngem. Zentraleinheit (ZE) - Ben. u. Begr. aus VNM-Tradition heute meist unpassend - vgl. auch ALU)

CR
1. (Zeitschrift) Computer und Recht, Forum für die Praxis des Rechts der Datenverarbeitung (DV), Information u. Automation (seit 1989 vereinigt mit "Informatik u. Recht" - Hrsg. Graefe & Partner, München - bei Dr. Otto Schmidt, Köln - vgl. auch DuD; RI_1)
2. (Steuerzeichen) Zeilenende (von urspr. engl. carriage return, dt. Wagenrücklauf (zurückgehend auf Schreibmaschinen mit Papier-

wagen) - in vielen Codes - auf Tastaturen etwa mit "Return" oder nach links zeigendem Winkelhaken symbolisiert, i.U. zu "Enter", das ausschließl. unmittelbarer Veranlassung von Eingaben dient - vgl. auch DEL, EOF, EOT, ESC, NBSP, NIL, SHY, SP)

CRC
1. (engl.) camera-ready copy (dt. Reprovorlage)
2. zyklische Blockprüfung (von engl. cyclic redundancy check - Fehlererkennungsverfahren bei Magnetband (MB_1) bzw. Datenübertragungsprotokollen mit zusätzl. Zeichen zur Blocksicherung - Fehlerkorrektur durch Wiederholung - vgl. auch LRC, VRC; LAPM)

CREST
Komitee für wissenschaftl. u. technische Forschung (von frz. Comité de recherche scientifique et technique - bei der KEG - vgl. auch COST)

CRIM
Centre de Recherche Informatique de Montreal, Montreal (Zentrum für Informatikforschung von Montreal - gegr. 1985 - selbständige 'non-profit corporation' mit dem erklärten Ziel, Forschungsaktivitäten aus Industrie und Universitäten zu verbinden - wird zu ca. je 50 % aus öffentlichen Mitteln und Beiträgen der beteiligten Unternehmen finanziert - hat im Febr. 1992 mit der GMD einen Rahmenvertrag zur Zusammenarbeit geschlossen, der Informationsaustausch, gemeinsame Projekte und Austausch von Wissenschaftlern vorsieht)

CRT
(engl.) cathode ray tube (dt. Kathodenstrahlröhre - herkömmlich in Bildschirm-, Fernsehgeräten, Monitoren, Oszilloskopen verwendet - vgl. LCD, TFT; SIG)

CS
1. (engl.) Computer Science (bes. in den USA so ben. - dt. sinngem. Informatik - siehe K. Lange: Aktuelle Trends staatl. Förderung d. Computer Science in den USA, in Inform.-Spektr., Bd. 13, Heft 2, Apr. 1990, S. 104-105 - vgl. auch CISE, CSTB; NRC, NSF)
2. (engl.) Conceptual Schema (dt. Konzeptionelles Schema (KS) - ursprüngl. entwick. f. das ANSI/X3/SPARC ($SPARC_2$) von dessen DBSSG - internat. im Rahmen von ISO/TC 97 abgest. - siehe: ANSI/X3/SPARC: DBSSG Report on the C.S., 1977; Begr. in ISO/TR 9007:1987 - vgl. auch OODBS, RDBS; DB_1, DBMS, DBS; FDT; RM_1; OSIE; CCR, RDA, SQL; IRDS, TP_2; ODP)
3. Bei CEN: Zentralsekretariat (von engl. Central Secretariat)

CSBS
China State Bureau of Standards, Peking (Staatliches Normungsinstitut der Volksrepublik China - evtl. umbenannt in oder ersetzt mit CSBTS - vgl. auch CIPSTC)

CSBTS
China State Bureau of Technical Supervision, Peking (Staatsinstitut für Technische Überwachung der Volksrepublik China - betreibt u.a.

das Sekretariat des Chinesischen Nationalkomitees für ISO/IEC (vermutlich auch f. JTC 1 zuaständig) - lt. eign. Mittlg. vom 1.5.1992 umgezogen - Telefax: + 86 1 203 1010 - vgl. auch CIPSTC, CSBS)

CSCW (engl.) computer supported cooperative work (dt. rechnerunterstützte Gruppenarbt. (RUZA) - u.a. Begr. der KI (KI_1), wo Eigenart und Zusammenwirken von Personengruppen erklärtermaßen berücksichtigt werden - vgl. auch GBG, OBG; VDV; ODP)

CSDN Leitungsvermitteltes Datennetz (von engl. Circuit Switched Data Network - vgl. auch CSPDN; ISDN, LAN; OSI)

CSI

1. Computer Society of India, Bombay (indisch. Fachverb. f. Inform.)
2. Computer Standards & Interfaces (Internat. Journal on the Development and Applic. of Standards f. Comp., Data Communications and Interfaces - einzige **internat. Zeitschrift zur IT-Normung** - erscheint bei Elsevier, Amsterdam, ISSN 0920-5489 - vgl. auch CIPSTC, CSL, DISC, ECOMA, FIPS, IAP, NCSL, OO, OODBS, OMG, RM-ODP, SQL 3, TCP/IP, Unix; INSITS)

CSIRC (engl.) Computer Security Incident Response Capability (USA) (siehe J.P. Wack: Establishing a C... S... I... R... C..., NIST Spec. pub. 800-3, Nov. 1991, erhältl. bei GPO)

CSL (vormals NCSL) Computer Systems Laboratory (USA), Gaithersburg, MD (am NIST (vormals NBS) - zuständig f. Entwicklg. von Standards, Richtlinien (engl. guidelines) u. Testmethoden im Bereich angewandter Informationstechnik (IT) insbes. f. Bundesbehörden aber auch im nationalen Interesse b. ANSI, CCITT u. ISO/IEC JTC1 (z.T. in Zsarbt. mit IEEE, ECMA u.a.m.), sowie f. (anwendungsbez.) Forschung u. techn. Hilfe bezügl. Datenverarbeitung (DV) u. zugehöriger Telekommunikation (TK_2) - in Verbdg. mit Benutzern u. Herstellern von Systemen ist das CSL zudem bestrebt, Standards, IT-Architekturen und Konformitätsprüfungen zu entwickeln, die zur Verbesserung des Informationsmanagements in dieser Dekade erforderl. sind - das CSL umfaßt fünf techn. Abteilungen f. (engl.): Information Systems Engineering; Systems and Software Technology; Computer Security; Systems and Network Architecture; Advanced Systems - es erarbeitet u.a. die vom NIST hrsgg. FIPS', hält eigene Konferenz. ab, beherbergt o. unterstützt andere - ist seit 1987 (noch als ICST & gemäß Computer Security Act of 1987) weiterhin/wieder zuständig f. Kryptographie in nichteingestuften Ber. (statt der NSA, mit der es dazu kooperiert) - 1991 hatte CSL 231 VollzeitmitarbeiterInnen (75 % wissenschaftl.-techn., 25 % administrative) u. ca. 26 GastforscherInnen - die erhalt. Projektförderg. betrug in dem Steuerjjahr (FY) 12,3 Mio. $ - siehe J.H. Burrows et al.:

C... S... L..., An overview, in CSI (CSI_2), Vol. 14, No. 5 & 6, 1992, p. 445-470 (beschr. Aufg., Organis., Vorhab., Zsarbt., Publikat.); 'CSL' newsletter (ersch. vierteljährl.); CSL's annual rep.; div. Schriften[reih.] bei GPO bzw. NTIS; vier 'electronic Bulletin boards' f.: 'computer security', 'data management', OSI-Standardisrg., NIU-Forum - CSL fördert vier Benutzergr.: OIW, NIU-Forum, APE/OSE User Forum, GIG User's Group - hat 1991 den FOSUC gegr. - CSL wurde 1992 ISO/IEC-JTC1-Registrierstelle f. Graphikkomponenten (Linienarten, Schraffuren, Markierungsarten, verallgemein. Zeichnungselemente (engl. generalized drawing primitives) u. dgl. m.) - vgl. auch NIST OIW; CALS; CISE, MCC, NCSC; Internet, NREN; CWI, GMD, ICOT, INRIA, NCC, NPL, PTB, RAL_2; ECRC, ERCIM, JRC; ICSI)

CSMA — Aktivitätsüberwachung, Vielfachzugriff (von engl. Carrier Sense, Multiple Access - Verfahren für konkurrierenden Zugriff von Benutzern eines lokalen Netzes (LAN) mit Aktivitätsüberwachung - in Ausprägung als CSMA/CD genormt - vgl. auch ISDN; OSI)

CSMA/CD — Vielfachzugriff mit Aktivitätsüberwachung und Kollisionserkennung (für LAN - von engl. CSMA/ Collision Detection - die Abk. wird nicht übers. - CSMA-Verf. mit Kollisionserkennung - Grundlage eines auf IEEE zurückgehenden LAN-Protokolls - ermögl. vielen Netzknoten Zugang zu einem einzelnen Kanal eines Kommunikationsmediums - z.B. in Ethernet realisiert - siehe: ANSI/IEEE 802.3 (enth. IEEE Std); ISO/IEC IS 8802/3:1990 (enth. ANSI/IEEE Std); DIN EN 41 103, 10.91 (enth. ISO/IEC IS + deutsches Vorwort mit Erl. u. Fachwörterlisten Engl.-Dt., Dt.-Engl. - vgl. auch LLC, MAC_1; ISDN; OSI)

CSNET — Computer Science Research Network, USA (Forschungsnetz f. Inform. von Universitäten mit ca. 170 Hauptteilnehm. - "klassisches" Netz für Datentransfer u. E-Mail, wie ARPANET, nur mit privatem Protokoll - nicht im (nur am) Internet - entspr. teilw. dem DFN in Deutschland - vgl. auch RFC; AppleLink, BITNET, FidoNet, NSFnet, Usenet, UUCP; NREN; EARN, EUnet, WIN; HDN; EuroKom, Euronet; COSINE, RARE; CONCISE, Ebone; GEN; X.25; IXI; GAN; OSI)

CSP — Communicating Sequential Processes (formales Beschreibungsmittel von C.A.R. Hoare - vgl. Modula-P; ASN.1, BNF, CCS, Estelle, IMCL, LOTOS, PrT, SDL, VDL; FDT)

CSPDN — Leitungsvermitteltes Öffentliches Datennetz (von engl. Circuit Switched Public Data Network - etwa DATEX-L der DBP Telekom - vgl. auch CSDN; ISDN, WAN, PSPDN, PSTN; OSI)

CSTA — (ECMA-Projekt für CAT (CAT_3) - vgl. auch CIT)

CSTB Computer Science and Technology Board (USA), Washington, DC (1989 gegr. Beirat des NRC für CS (CS_1), der fundierte Politikberatung ermöglicht - vgl. auch CISE, NSF)

c't magazin für computer technik (i.w.S., d.h. auch Software (SW) - Fachzeitschrift für IT mit breitem Spektrum - hrsgg. von Ch. Heise - bei Verlag Heinz Heise GmbH & Co KG, Hannover - vgl. auch iX)

CTC Bei JTC1: Common Textual Component (gemeinsame Textkomponente - bezüglich ISPs: mehreren Profilen gemeinsamer Abschnitt)

CTR ... Von CEPT (in Abstimmung mit CEN, CENELEC, ETSI): Gemeins. Techn. Festleg. (?) (mit Nr. ... - von engl. Common Technical Regulation, frz. ? - das Akr. wird nicht übers. - normenähnl. techn. Spezifikat. zur Telekommunikation (TK_2), die zwar auf techn. Normung (nicht rechtl. Regelung) beruht, aber i.U. zu einer Norm verbindl. ist: vom CEPT-Komitee TRAC werden ausgew. ETSes zu CTRs erkl. - die im CEPT zusammengeschl. Telegrafieträger von EG (EG_1) u. EFTA haben sich in einer gemeins. Absichtserkl. (MoU) von 1985 verpflichtet, die Einhaltg. von CTRs (damals "NETs" gen.) in ihren nation. Zulassungsvorschr. (z.B. des ZZF) zu fordern - insof. das MoU d. Telegraphieträg. priv. Netzbetreiber nicht notw. (indir.) bindet, hat die KEG die Einsetzg. eines bes. Zulassungskomitees (ACTE) gefordert - i.U. zu ETSes erfordern CTRs die sog. GATT-Notifikation - vgl. auch TEN_1; EN, ENV)

CTRON Communication, Central and Common-Use TRON (Näheres u. Lit. unter TRON - vgl. auch BTRON, ITRON, MTRON; TULS; BS_1)

CTS (engl.) Comformance Testing Service(s) (dt. Konformitätsprüfdienst(e) - Proj. d. KEG im Ber. Inform. (neben Esprit u.a.. z. Entwicklg. von Prüfmitteln u. Etablierg. von Prüfdiensten z. Prüfg. von Produkten auf Normeinhaltg. - vgl. auch TCCB; MAP_2; ACTE, ECITC, EOTC)

CUG Cray User Group, Minneapolis (internationaler Cray-Benutzerverband)

CULI Computerunterstützte Leitungsinformation (Führungsinformationssystem d. DBP Telekom auf Btx-Grundl. mit z.Zt. ca. 700 Teilnehmern - wurde von 1985 bis 1991 von der GMD wissenschaftlich ausgewertet)

CuR (Zeitschrift) Computer und Recht (seit 1989 vereinigt mit "Informatik und Recht" - seither "CR" gen. (CR_1))

CW COMPUTERWOCHE, München (wöchentl. ersch. Branchenzeitg. mit aktueller und techn. versierter Berichterstattg. - "CW" steht darin für Eigenber., "cw" für Computer-World-Meldg. von amerik. Schwester)

CWI Centrum voor Wiskunde en Informatica, Amsterdam (das niederld. Forschungszentrum für Inform. - gehört zur Stichting Mathematisch Centrum (SMC), die sich im Rahmen der Niederländischen Organisation für die Förderung der Wissenschaften (NWO) betätigt und langfristig eine Finanzierung anstrebt, bei der sich NWO-Mittel und Drittmittel wie 2:1 verhalten - drei wesentl. Elemente der geltenden strategischen Planung sind: hochwertige Grundlagenforschung, Wissenstransfer und Ausbildung von Fachleuten aus Forschung, Industrie und Verwaltung - z.Zt. 270 Mitarbeiter, von denen 180 eine Forschungstätigkeit ausüben - bewährte Zusammenarbeit mit INRIA und GMD wurde 1988 intensiviert - siehe CWI GMD INRIA Newsletter No. 1, Apr. 1989 - vgl. auch ECRC, ERCIM, JRC)

d — 1. (als Einheit:) Tag (von lat. dies - d.h. normaler Tag (ohne Schaltsekunde): 1 d = 24 h = 1440 min = 86 400 s - vgl. auch a; KW_1; MESZ, MEZ_2; DCF 77; ZeitG; ZU, ZZ_1; UTC; SI_1)
2. Dezi (von lat. dezimus, dt. Zehntel - dezimaler Vorsatz für 0,**1** = 10^{-1} bei SI-Einheiten (SI_1) und anderen gesetzl. Einh. - z.B. in "dm", Dezimeter - vgl. auch dB; c_2, G, h, k, μ, m_2, M_2, n, T)

D[-] — 1. als Landeskennzeichen von Kraftfahrzeugen: (Bundesrepublik) Deutschland (einschl. der sechs neuen Bundesländer - übertr. auch als Teil der PLZ in Postadressen der BRD verwendet - nach der Vereinigung stattdessen "W-" (W_2) bzw. " O-" bis 30.6.1993 - vgl. auch DD_2, DDR, DE_2, DEU; AT_2, AUT; CH_2, CHE)

D — 2. als Ziffer (nach 9): Dreizehn (etwa sedezimal - vgl. A_3, B, C_3, E_2, F)
3. als römische Ziffer: Fünfhundert (vgl. C_2, I, L, M_4, V_1, X_2)

DA — Deutsche Akademie für Sprache und Dichtung, Darmstadt (gefördert von BMI und HRK - vgl. auch GfdS, GI_3, IdS)

DAAD — Deutscher Akademischer Austauschdienst (e.V.), Bonn (gemeinsame Einrichtung der Hochschulen in der BRD mit der Aufgabe, die Beziehungen mit Hochschulen im Ausland (und bis Nov. 1990 auch der DDR) zu fördern - fördert deutsche und ausländische Wissenschaftler aller Fachrichtungen aus nahezu allen Ländern der Welt - Finanzierung aus öffentlichen Mitteln des Bundes, der EG (EG_1), des Stifterverbandes für die deutsche Wissenschaft e.V. (SV) und einiger Stiftungen - vergibt Stipendien, vermittelt Lehrkräfte, informiert über Studien und Fortbildungsmöglichkeiten, fördert Mobilität, unterstützt Betreuung ausländischer Studenten - unterhält zahlreiche Auslandsvertretungen - Abkommen mit JSPS u.a. - wurde 1989 vom BMBW aufgrund einer Vereinbarung zwischen Bund und Ländern mit der Durchführung des **Konrad-Zuse-Programm**s zur Förderung ausländischer Gastdozenten betraut, ben. nach dem Erbauer des ersten arbeitsfähigen Rechensystems (RS), vulgo Computers - förderte zeitweilig verstärkt Besuche aus u. in der ehem. DDR - 1991 waren 23 000 deutsche Studierende und Wissenschaftler mit Förderung des DAAD im Ausland und 27 000 Ausländer auf Einladung des DAAD zu Studien- o. Forschungsaufenth. in Deutschld. - beabsichtigt Förderung für Osteuropa zu verstärken - vgl. auch AvH; GI_3; AA_1; BLK, HRK, KMK; DFG, WR)

DABEI — Deutsche Aktionsgemeinschaft für Bildung, Erfindung und Innovation e.V., Bonn (vgl. auch DEV; DPA)

DAD — Bei ISO & JTC 1: Draft Addendum (zu IS - dt. Addendum-Entwurf - vgl. auch AD, PDAD)

DADTG	Data Analysis and Design Task Group (USA) (der DBSSG von ANSI/-X3/SPARC (SPARC$_2$) - auf dt. übers. Aufgabengruppe für Datenanalyse und -entwurf - vgl. auch CDMTG, DMSPTG, FADTG, GTG, OODBTG, OSIDBTG; DB$_1$, DBMS, DBS; KS, OSI; ODP)
DAE	Deutsche Akkreditierungsstelle für Elektrotechnik, Frankfurt a.M. (Akkreditierungsstelle (AS) im ZVEI - gegr. 1991 - zuständig für die Akkreditierung von Prüfstellen zur Prüfung elektrotechn. Produkte auf Normkonformität - Koordination mit DEKITZ u. anderen AS' liegt beim TGA im BDI, mit dem staatl. Bereich übergeordnet beim DAR)
DAM	Bei ISO & CTC 1: Draft Amendment (zu IS - dt. Berichtigungs-Entwurf - vgl. auch AM$_2$, PDAM; DTR, PDTR, TR; CD$_1$, WD, DIS)
DANPRO	(vgl. ECE; COMPRO)
DANTE	Deutschsprachige Anwendervereinigung TeX e.V., Heidelberg (vgl. auch TUG)
DAP	1. Directory Access Protocol (Zugangsprotokoll zu DIR bzw. DIB) 2. so gen.: Dokumentanwendungsprofil (entspr. engl. document application profile - eigtl. Dokumentaustauschstufe - ODA-Konzept gemäß einer von SPAG vorgeschlagenen Stufung funktioneller ODIF-Anwendungsausmaße nach Architekturstufen und Architekturinhalten - dient zur Charakterisierung von Teilmengen des nach ODA-Norm Zulässigen für bestimmte Anwendungen - DAPs werden z.Zt. von AOW, EWOS, NIST, PAGODA in Abstimmung mit CCITT entwickelt - vgl. auch A-P; ISP)
DAR	Deutscher Akkreditierungsrat, Berlin (beim DIN - gegr. 1991 mit der Aufgabe, in Fragen der Akkreditierung von Prüfstellen zur Prüfung von Produkten (jeglicher Art) auf Normkonformität zwischen dem staatlichen u. dem nichtgeregelten (privaten) Bereich zu koordinieren, Fragen der Normsetzung (beim DIN) einzubeziehen und dem deutschen Akkreditierungssystem in Europa zur Akzeptanz zu verhelfen - siehe DIN-Mitt. 70. 4/1991, Kurzinformation - der nichtgeregelte Bereich wird von der TGA im BDI vertreten - vgl. auch DATech, DEKITZ; BABT, BAM, BSI$_2$, DKD, PTB, Roland, ZZF; DINZERT; ECITC; WELAC; EOTC)
DARA	1. Deutsche Arbeitsgemeinschaft für Rechenanlagen (bis 1981 bundesdeutsches, unmittelbares IFIP-Mitglied - abgelöst von der Gesellschaft für Informatik (GI$_1$)) 2. Deutsche Agentur für Raumfahrtangelegenheiten (DARA) GmbH, Bonn (Management u. internat. Verbdg. - gegr. 1989 vom BMFT)

DARC Deutscher Amateur-Radio-Club e.V., Baunatal (Klub und Interessenvertretung von derzeit ca. 50 000 Funkamateuren in der BRD - tätig auf allen Gebieten des Amateurfunkdienstes (nicht CB) - dient u.a. Ausbildung, Entwicklung, Völkerverständigung - leistet Katastrophenhilfe - unterhält eigen. Amateurfunkzentrum - vgl. auch KW_2, VHF, UHF; CCIR, ITU)

DARPA Defense Advanced Research Projects Agency, Washington, DC (früher ARPA - ihr Budget ist im Rahmen des Haushalts d. USA f. 1991 um 13 % gegenüber dem Vorjahr gewachsen - wesentliche Anteile entfallen auf FuE-Arbeiten für HDTV und den Aufbau des vom Kongreß genehmigten 'High Speed National Computer Network' ('Strategic Computing Initiative') - wesentliche zusätzliche Mittel hat der Kongreß dem Pentagon für ein neues Forschungsprogramm zu AMT zugewiesen - siehe Inform.-Spektr. Bd 14, 1/1991, S. 37 - vgl. auch NSA; NIST/CSL; CSTB, NRC)

DASAT Datenkommunikation via Satellit (1990 eingeführter Telematikdienst der DBP Telekom zur schnellen Übertragung oder Verteilung großer Datenmengen - sowohl über Punkt-zu-Punkt-Verbindung als auch über Punkt-zu-Mehrpunkt-Verbindung (die bisher in terrestrischen Netzen nicht angeboten wurde) - die Gebühren setzen sich aus Einrichtungskosten, mtl. Grundgebühr und Verbindungsentgelt zusammen - vgl. auch SaVe; DSR; SES; GAN; TK_2; OSI)

DAT (engl.) Digital Audio Tape (Data/DAT-Format bei Schrägspuraufzeichnung auf MB-Kassetten (MB_1) 3,81 mm - siehe ISO/IEC DIS 11321:1991 - vgl. auch MC; CD_2, LP)

DATech Deutsche Akkreditierungsstelle Technik, Frankfurt a.M. (1992 aus DAE hervorgegangen - zuständig für [Elektro-]Technik und EMV im gesetzlich nicht geregelten Bereich - arbeitet mit BABT (für EMV und Telekommunikation (TK_2) im geregelten Bereich) und DEKITZ (für Informationstechnik (IT), TK u. EMV für IT- wie TK-Geräte im nicht geregelten Bereich) zusammen - siehe Vereinbarung über die Zusammenarbeit (Vers. 3.0, 27.11.1992) von BABT, DATech, DEKITZ - DATech ist wie DEKITZ vertreten im DAR und in der TGA)

Datel... (in "Dateldienste" - entspr. engl. data telecommunication services - Gesamtheit aller Datenübermittlungsdienste der DBP Telekom über öffentliche Fernmeldenetze u. festgeschaltete Verbindungen - vgl. auch Btx, Datex-L, Datex-P, HfD, IDN, ISDN, Telefax, TEMEX, Ttx, Tx)

DATEV Datenverarbeitungsorganisation des steuerberatenden Berufes in d. BRD, e.G., Nürnberg (1966 gegr. Genossenschaft zur Förderung von Erwerb u.

Wirtschaft ihrer Mitgl., Angehörigen des steuerberatenden Berufes - hat ihren ca. 30 000 Mitgl. herkömml. zentral organisiert RZ-Leistung geboten, die von diesen vor allem zur Abwicklung der Buchhaltung ihrer über einer Mio. Mandanten eingesetzt wird, sich aber auch rechtzeitig als spezielles Software-Haus (SW) u. durch Netzverbund auf die in diesem Marktsegment ausgeprägte Tendenz zur Dezentralisation von DV-Leistung. eingestellt, u.a. durch Beratung im Außendienst - Kompliziertheit u. Änderungsausmaß des Steuerrechts begünstigen dessen zentrale Umsetzung bei DATEV - vgl. auch DSWR; AO, EStG; KDZ)

Datex — (von engl. data exchange - Datenübertragungsdienste d. DBP Telekom - vgl. auch Datex-L, Datex-M, Datex-J, Datex-P)

Datex-J — (Datenübertragung für Jedermann, ähnlich Datex-P, jedoch mit vereifachtem Zugang - selbst (seit 1993) der Zugangsdienst zu Btx)

Datex-L — (Datenübertragung mit Leitungsvermittlung (seit 1967), d.h. direkt verbunden u. synchron - das Datex-L-Netz ist in IDN integriert - Vermittlung über EDS - dient[e] u.a. Teletex-Dienst)

Datex-M — (Datenübertragung für mittlere Reichweite (seit 1994 in Aufbau): über LAN-Verbunde als MANs mit Übertragungsraten von 2 Mbit/s, 34 Mbit/s u. 140 Mbit/s, u.a. geeignet für Graphikanwendungen)

Datex-P — (Datenübertragung mit Paketvermittlung (seit 1980), d.h. gepuffert verbunden und in Paketen zu je 128 Bytes - Übertragungsrate von 2,4 kbit/s bis 64 kbit/s bei Datenübergabe an Hauptanschluß P10H mit Netzschnittstelle nach CCITT X.25, bei Hauptanschluß P20H von 300 bit/s bis 2400 bit/s, seriell über V.24 u. TAE o. FKS - Protokolle für höhere OSI-Schichten werden durch Normung zunehmend vereinheitlicht - Zugang zum Datex-P-Netz vom Datex-L-Netz, auch von einem WIN-Anschluß, dem Telefonnetz oder über BtxZentralen - vgl. auch EHKP; EAN_1; DFN, Euronet; X.25, X.400)

dav — Bei CEN & CENELEC: Verfügbarkeitsdatum (von engl. date of availability - Datum, zu dem vom Zentralsekretariat (CS_3) die endgültigen offiziellen Sprachfassungen einer angenommenen EN oder eines angenommenen HD verteilt werden - vgl. auch dor; dop, dow)

DAX — Deutscher Aktienindex (i.U. zum New Yorker Dow-Jones-Index u.a.)

dB — Dezibel (wie Einheit verwendete Kennzeichnung dekadisch logarithmierter Verhältnisse zweier gleichartiger Energiegrößen - also keine Einheit - darf in Einheitenrechnung nicht gleich 1 gesetzt werden - siehe DIN 5493 - vgl. auch lg; Np; dim, SI_1)

DB

1. Datenbank (entspr. engl. data base (i. allg. ≠ dt. Datenbasis) - hierarchisch, netzartig, relational oder objektorientiert organisierte Datenbasis, die mit einem Datenbank-Verwaltungssystem (DBMS) eingerichtet, bedarfsweise geändert und aktualisert wird - im Speicher eines Rechensystems (RS) oder verteilt auf mehrere RS' - entweder nur für einen oder (etwa als 'Online'-DB) für viele Benutzer zugänglich - Zugang zu ihr kann durch unterschiedl. Zugangsrechte differenziert sein - je nach Zweck, Verwendungsweise u. demgemäß Art einer DB werden unterschiedl. Anforderungen an sie gestellt, deren Einhaltung das DBMS gewährleisten muß - eine der grundlegenden Anforderungen ist die nach Datenintegrität - DDs (DD_1) bzw. IRDs u. DIRs sind spezielle DBs - siehe Def. von Datenbank-Verwaltungssystem in DIN 44 300 T.4, 11.88 - vgl. auch DBA; DBS; RDB, RDBMS, RDBS; OODB, OODBMS, OODBS; DE_1; RDA; DDL, DML; QL; NDL, SQL; KS)
2. Deutsche Bibliothek, Frankfurt a.M. (zentrale Archivbibliothek und nationalbibliographisches Zentrum der (alten) BRD - Hrsg. der Deutschen Bibliographie (in zweierlei Ausgaben) - vgl. auch BIBLIODATA; TIB; FIS, FIZ; FI, IuD)
3. Deutsche Bundesbahn (1992/1993 privatisiert - vgl. DR_2; EC_3, IC_2, ICE, TEN_2; UIC)

DBA

Datenbankadministrator (vgl. DSB; DB_1, DBMS, DBS)

DBB

Deutscher Beamtenbund, Bonn (Bund der Gewerkschaften des öffentlichen Dienstes - parteipolit. unabhängige gewerkschaftl. Spitzenorganisation des öffentl. Dienstes in der BRD - unterhält eigene Akademie u. BISOWE, die in einem eigenen Bildungszentrum in Königswinter u.a. die berufliche Bildung auf dem Gebiet der Informatik unterstützen)

DBE

Datenbankabfrage (von engl. Data Base Enquiery - vgl. DB_1; DBL; DDL, DML; QL; SQL; RDA; EWOS; INSIS)

DBL

Data Base Language (dt. Datenbanksprache - bei JTC1 - vgl. auch DB_1; DBE; DDL, DML; QL; SQL; RDA; EWOS; INSIS)

DBMS

Datenbank-Verwaltungssystem (entspr. engl. data base management system - siehe Def. in DIN 44 300 T.4, 11.88 - für hierarchische, netzartige, relationale oder objektorientierte DBs (DB_1) - vgl. auch OODB, RDB; OODBMS, RDBMS; DBS; DDL, DML; NDL, SQL)

DBP

Deutsche Bundespost (wurde 1.7.1989 gem. PSG in drei Unternehmen mit eigenem Management untergl.: DBP Postdienst, DBP Postbank, DBP Telekom - geplant ist, DBP Telekom bis 1995 in eine private Aktiengesellchaft umzuwandeln - bei Privatisierung aller drei Zweige soll eine öffentl.- rechtl. Holding den Überbau bilden - vgl. auch FTZ, PTZ, Roland; BAPT, BMPT, ZZF; DETECON; FAG, TKO)

DBS — Datenbanksystem (entspr. engl. data base system - eine Datenbank (DB_1) [oder mehrere DBs] zusammen mit ihrem Datenbank-Verwaltungssystem (DBMS) - vgl. auch DDS; IRDS; OODBS, RDBS)

DBSSG — Data Base Systems Study Group (USA) (eine Beratergruppe von ANSI/X3/SPARC ($SPARC_2$) - hat z.Zt. die 'task groups': CDMTG, DADTG, DMSPTG, FADTG, GTG, OODBTG, OSIDBTG - insges. ca. 90 Mitgl. - vgl. auch DB_1, DBMS, DBS; KS, OSI; ODP; RM_1)

DC; d.c. — (engl.) direct current (dt. Gleichstom - i.U. zu engl. direct voltage, dt. Gleichspannung - vgl. AC)

DCA — Dokumentinhaltsarchitektur (von engl. Document Content Architecture - die Abk. ist (urspr.) eingetr. Wz von Digital Communications Associates, Inc., wird aber auch in gleichartiger Bedeutung in den (jüngeren) Normen für ODA (genau definiert) verwendet - in ihrer urspr. Bedeutung steht sie für einen (älteren) de-facto-Standard zur Darstellung formatierter Texte in ASCII-Zeichenfolge einschließlich aller Formatierungen - das darauf beruhende DCA-Format (f. RFT) wird zur Textübermittlung (modisch mißverständl. auch "Textaustausch" gen.) zwischen gleichartigen oder heterogenen Systemen verwendet, insbes. im Zshg. von Textverarbeitung (TV_2) mit Standardprogrammen (wie u.a. MS-Word, dessen eigenes Word-Format etwa 25 % mehr Speicherplatz beansprucht) - vgl. auch RTF; DIA_3, ODIF; FODA; SGML)

DCE
1. (engl.) data communication equipment (dt. Datenübertragungseinrichtung (DÜE) - vgl. auch DTE; DEE)
2. Verteilte Rechenumgebung (von engl. Distributed Computing Environment - von der OSF - umfaßt u.a. die Verteilte Verwaltungsumgebung (DME) - vgl. auch Motif; Unix)

DCF77 — Deutscher Langwellensender C Frankfurt a.M. (der DBP Telekom) auf 77,5 kHz, Mainflingen (50° 01' n.B., 09° 00' ö.L., etwa 25 km südöstlich von Frankfurt a.M. - sendet Zeitsignal für MEZ (MEZ_2) bzw. MESZ gemäß UTC (PTB) auf Normalfrequenz 77,5 kHz, abgeleitet von zwei Cäsium-Atomuhren der PTB in 24-h-Dauerbetrieb zur Synchronisation von Funkuhren für Zeitmessung genauer als 1 ms in Übereinstimmung mit der gesetzl. Zeit - auch in RZs oder PCs (PC_1) angewendet - vgl. auch ACTS; LW, ZeitG; SI_1)

DCL — (engl.) data control language (dt. Datensteuerungssprache - vgl. DB_1; DBE, DBL; DDL, DML; QL; SQL; RDA)

DCS — Digital Cellular System (bei CEPT u. ETSI genormtes System der Mobilkommunikation über Funk - z.B. DCS 1800 für 1800 MHz - vgl. auch ERMES; PCN; GSM; ISDN; OSI)

DD
1. (engl.) data dictionary (dt. etwa Datenlexikon - als besondere Art von Datenbank (DB_1) im Speicher eines Rechensystems (RS) eingerichtetes u. vorrangig aktualisiertes Verz. aller von einem DV-Anwender (z.B. Gruppierung, Firma, Abtlg.) verwendeter Datenelementtypen zusammen mit Daten ü. ihre Verwendung in Aufgabenbereichen, Anwendungsprogr., RS', ü. Zugangsrechte zu ihnen und über zugehörige Konsistenz- und Integritätskriterien - Bestandteil eines 'Data-Dictionary'-Syst. (DDS), als IRD eines OSI-gerechten IRDS nach Norm - vgl. auch DE_1; DBA; DIR; OODB, RDB)
2. zweistelliges Landeskennzeichen: Deutsche Demokratische Republik (nach ISO 3166:1988 - vgl. auch DDR; BRD, D_1, DE_2, DEU)
3. (engl.) double density (dt. doppelte (Schreib)dichte - bei 5 1/4-Zoll-Disketten mit (bis zu) 360 KByte/Diskette (i.U. zu ursprünglich 180 KByte), bei 3 1/2-Zoll-Disketten mit 720 KByte/Diskette (i.U. zu ursprüngl. 360 KByte) - vgl. auch HD_2; DS_2, SS_2)

DDC — (engl.) direct digital control (dir. digitale [Mehrfach]Steuerung/Regelg. - siehe VDI/VDE 3555 - vgl. auch CLDATA; KIAP; PDV_1; MSR)

DDL — Datendefinitionssprache (von engl. data definition language - dient der Definition von Daten im Zusammenhang mit Datenbanksystemen (DBS') - vgl. auch DCL, DDL, DML; QL; SQL; DBE, DBL; RDA)

DDM — Mark; M (M_1) (der ehemaligen DDR bis 30.6.1990 (Staatsvertrag mit BRD) - das dreistellige Währungssymbol genügt ISO/IS 4217-1987 - vgl. auch DEM, DM)

DDR — Deutsche Demokratische Republik (bis 2.10.1990) (war offizielle Abk. - zugleich dreistelliges Landeskennzeichen nach ISO 3166:1988 - aufgr. des Volkskammerbeschlusses vom 23.8.90 u. des Einigungsvertrags (EinigungsV) ist die DDR mit Wirkung vom 3.10.1990 d. BRD beigetreten - vgl. auch DD_2; D_1, DE_2, DEU; GG)

DDS — (engl.) data dictionary system (dt. etwa Datenlexikonsystem - ein 'Data-Dictionary' (DD_1) zusammen mit der Software (SW) für Aufbau und Pflege des, sowie Zugang zum DD - besondere Art von Datenbanksystem (DBS), in OSI-gerechter Form ein IRDS nach Norm - vgl. auch DB_1, DE_1; DBA; DIR; OODBS, RDBS; KS)

DDV — Datendirektverbindung (der DBP Telekom mit HfD - vgl. auch TAE; Datel, SWFD, ZZZ; ZZF; $DÜ_2$; TK_2; OSI)

DE
1. Datenelement (entspr. engl. data element - mit der Ben. wurden herkömml. und werden noch immer unvereinbar verschiedene Begr. belegt, z.B. im Zshg. mit DBs (DB_1), DDs (DD_1) bzw. den TDED - Interesse verdient darum die Def. in DIN 44 300 T.2, 1988, bei deren Festlegung dieser Hintergrund beachtet wurde - siehe auch: R. Durchholz, H.-D. Ehrich (Hrsg.): Information and Data Structure Description in Standardization (GMD-Bericht Nr. 139), bei Oldenbourg 1983, mit Beiträgen von H.J. Burkhardt, P. Deussen, S. Guse, F. v. Sydow et al.; ECMA-138, 12.89 (Security, DEs, Service Def.s) - vgl. auch TDI; FI, IuD; DFR, EDI; KS, OSI; ODP)
2. zweistelliges Landeskennzeichen: Bundesrepublik Deutschland (für sich allein, wie in E-Mail-Adressen, oder in zusammenges. Abk., wie z.B. "DEM" für Deutsche Mark - siehe ISO IS 3166:1988 - vgl. auch BRD, D_1, DEU; DD_2, DDR)

DEA [1]
Data Encryption Algorithm (dt. Datenkryptieralgorithmus - neuere, anfänglich weniger verbreitete Bez. von ANSI für den so gen. DES (vgl. dort, obgleich die Bez. mißverständlich mehrdeutig ist) - wurde bei der ISO in Erwartg. mehrerer Algorithmen sinnvollerweise "DEA 1" gen. - siehe: ANSI X3.92-1981 (DEA), X3.105-1983 (data link encryption), X3.106- 1983 (modes of operation) - vgl. auch FEAL, MAC_2, PKCS, ZKP; NSA; ZfCh; ZSI; BSI_2)

DEARN
Deutscher EARN-Knoten (auf IBM 3090 mit MVS - in der GMD)

DECT
Digital European Cordless Telecommunication Systems (Normprojekt von ETSI PT10 seit Sept. 1989 für vielfältige Anwendungen - urspr. Arbeitstitel: Digital European Cordless Telephone - für Netzübergänge sind eingeschlossen eine Schnittstelle (SS_1) zu PSTN und eine SS zu ISDN - vgl. auch TFTS)

DECUS
DEC Computer User Society (vgl. GUIDE, SAVE, SEAS, SHARE)

DED
Deutscher Entwicklungsdienst gGmbH, Berlin (West) (100 % finanziert vom BMZ)

DEE
Datenendeinrichtung (engl. DTE - siehe: Def. in DIN 44 302; DIN 66 021 T. 12, 12.89 (SS (SS_1) zur DEE u. DÜE in Telefonnetzen); DIN 66 244 T. 4, 12.89 (SS zur DEE u. DÜE in Datennetzen) - vgl. auch $DÜ_2$)

DEK
Deutsche Echtheitskommission (beim DIN - vgl. auch ≠ DKE)

DEKITZ
Deutsche Koordinierungsstelle für IT-Normenkonformitätsprüfung und -zertifizierung, Berlin (beim DIN - Aufgabe ist die nationale Koordi-

nierung des Prüf- und Zertifizierwesens im IT-Bereich in Umsetzung einer gemeinsamen Absichtserklärung (MoU) zur Durchführung des CEN/CENELEC/CEPT-Memorandums M-IT-03 (des ITSTC) in der BRD sowie die Akkreditierung von Prüflaboratorien u. die Anerkennung von Zertifizierstellen (als dt. NITCCM) im Rahmen des TGA-Akkreditierungssyst. - am 23.3.1988 gebildet aus je sechs Vertretern der drei Bereiche: IT-An-wender u. Behörden / Hersteller / Normensetzer, Prüf- u. Zertifizierstellen - siehe: F. Krückeberg: Zertifizierung im Ber. der Informationstechnik, DIN-Mitt. 68, 1989, Nr. 4, S. 208-209; DIN /Hrsg.): Konformitätsnachweise und Europäischer Binnenmarkt, bei Beuth, Berlin 1992, 120 S. A4, 24,-- DM, ISBN 3-410-12859-X - gegenwärtig gilt es insbes., das europ. Normkonformitätsprüf- u. -zertifiziersystem mitzugestalten, in Deutschland zu etabl., zu fördern u. die Einhaltung einheitl. Regeln zu überwachen - Koordination mit DAE u. anderen beim TGA im BDI, zusamm. mit dem staatl. Ber. im DAR - vgl. auch ECITC; DINZERT, EOTC; AZG, CASCO, CENCER)

DEL (engl.) delete (Bez. des Steuerzeichens für Löschen in vielen Codes)

DELTA Development of European Learning through Technological Advance (ein Förderprogr. der KEG - Pilotphase 1988 mit Budget von 20 Mio. ECU für vier Jahre vom Forschungsrat angen. - vgl. auch COMETT, DRIVE, Esprit, $FAST_1$, INSIS, RACE, Science; EUREKA)

DEM Deutsche Mark; DM (der BRD u. seit 1.7.1990 d. ehem. DDR (Staatsvertrag) - das dreistellige Währungssymbol genügt ISO/IS 4217 und wird im grenzüberschreitenden Datenverkehr der Wirtschaft, insbes. der Geldinstitute, verwendet - vgl. auch DDM, M_1; ECU, XEU)

DeMoN Design Methods based on Nets (dt. sinngem. Netzbasierte Entwurfsmethoden - Esprit/Grundlagenforschg. Aktion 3148: Formalismen für Entw. u. Beschreibg. von Syst. mit nebenläufg. Funktionen auf Grundl. d. Netztheorie - Konsort. aus neun Forschungseinrichtg. in Europa unter Ltg. der GMD - vgl. auch CONCUR, GRASPIN; PrT-...; FDT)

DEPT deutscher Bereichsteil (von DE wie Deutschland + engl. part, dt. Teil - im bereichsspezifischen Adreßteil, DSP, von der Adr. des Vermittlumgsdienstzugangspunkts (NSAP) - vergeben von der DGWK nach der VG DEPT - vgl. auch MHS (MOTIS), FTAM; WAN; OSI)

DES Data Encryption Standard (jetzt 'DEA 1" gen. (vgl. dort) - auf einem Vorschlag von IBM USA beruhender Kryptoalgorithmus f. den zivilen Bereich (hier ein 'Overkill', jedoch nicht nach sicherheitskritischen Anforderungen im nicht-zivilen Bereich) - monoalphabetisches Chiffrier- u. Dechiffrierverfahren über dem binären Alphabet der Binärzeichen, zur

Blockverschlüsselung für Blöcke von 64 Bits mit 56-Bit-Schlüssel - in den USA für deren öffentl. Verwaltung von NBS/ICST (zur Implementation in Hardware(HW)) standardisiert u. infolgedessen (entspr. der 2ten Anforderung von A. Kerkhoffs van Nieuwenhof, 1835-1903) veröffentlicht - von ANSI vorgeschlagene und gemeinschaftl. vorbereitete internat. Normung als Algorithmus (DEA 1) bei ISO wurde von US-amerikan. Seite unterbunden - DES wird jedoch in Datenkommunikation und bei Chipkarten im Bankwesen (auch in Westeuropa) verwendet u. wurde bei der JTC-1-Registrierstelle für Kryptoalgorithmen (dem NCC) registriert - für Interessenten in der BRD empfiehlt sich rechtzeitige Kontaktaufnahme mit dem BSI (BSI_2) - siehe: FIPS PUB 46 (DES), 1977; FIPS PUB ... (Implementing and Using); ANSI ... ...; F.L. Bauer: Kryptologie, Verfahren und Maximen, in Inform.-Spektr., Jhrg. 5 (1982), S. 74- 81; Lit. unter BDSG - vgl. auch DEA; FEAL, MAC_2, RSA, PKCS, ZKP; NSA; ZSI; INTAMIC, SWIFT)

Desktop[rechner] (von engl. desktop [computer]: on top of the desk, dt. auf dem Schreibtisch (doch als substantiv. Adj.) - Tischrechner, Tisch-PC (PC_1 i.w.S.) i.U. zu Stand-PC unter dem Tisch - vgl. auch Laptop, WS; RA_1, RS)

Desktop-Unix (wohl von Unix International Inc. (UI) eingef. Verallgemeinerg. von AT&Ts Unix Desktop, d.h. System V Release 4.x (SVR4.x) mit graph. Benutzeroberfl. (GBO) für Betriebssyst. (BS_1) mit Unixbasis u. GBO, die [noch] nicht konform zu SVR4 sind, u. zwar zur Abgrenzg. von andersartig. BS' wie insbes. OS/2 von IBM u. Windows NT von Microsoft (NeXTSTEP ist wohl ein Grenzfall) - weithin (erreichte o. erstrebte) gemeins. Grundlage bilden wohl SVR4.2 u. OSF/Motif)

DESY Stiftung Deutsches Elektronen-Synchrotron, Hamburg (vgl. AGF)

DETECON Deutsche Telepost Consulting GmbH, Bonn (herstellerunabhängige Beratungsgesellschaft - 1977 von der DBP und drei Banken gegr. - in ca. 40 Ländern der Welt vertreten - über 1000 Angestellte)

DEU dreistell. Landeskennz.: (Bundesrepublik) Deutschland (nach ISO 3166: 1988 - numerisch (seit 3.10.90) 276 (nicht mehr 280) - vgl. auch BRD, D, DE; DD_2, DDR)

DEUPRO Ausschuß für die Vereinfachung internationaler Handelsverfahren in der Bundesrepublik Deutschland, Bonn (beim BMWi - Akr. aus "DEU" für Deutschland (BRD) u. "PRO" für engl. [trade] procedure organisation - beteiligt sich an staatlicher Normung der ECE - stützte sich auf DIN-NBü und AWV als Arbeitsträger - hat seine Aktivitäten im Juni 1993 weitgehend auf die EDIG übergeleitet - vgl. auch COMPRO; CCG; ICC_2; KeG; EDIFACT, TDED; EDI)

DEV Deutscher Erfinder-Verband, Nürnberg (vgl. DABEI; DPA)

DEVO Datenerfassungs-Verordnung (Zweite Verordng. (VO) über die Erfassg. von Daten f. die Träger d. Sozialvers. u. f. die Bundesanstalt für Arbeit (BA), 2. DEVO, vom 29.5.1980 - ersetzte urspr. DEVO von 1973 - vgl. auch BfA, VBL; VN; mod, PZ; DÜVO; SGB (4. & 5. Buch))

DF Durchlaufzeitforderung (siehe unter ADLZ - vgl. auch AG_3, AN)

DFD Deutsches Fernerkundungs-Datenzentrum, Weßling (für Satelliten-Aufnahmen - der DLR - vgl. auch DFS)

DFG Deutsche Forschungsgemeinschaft e.V., Bonn (die zentrale wissenschaftliche Selbstverwaltungsinstitution in der BRD (ohne nationale Akademie) zur Förderung der Wissenschaft, insbes. Forschung, in allen Bereichen, der nach repräsentativen Aufgaben und Fördervolumen die faktisch bedeutsamste Rolle in d. wissenschaftlichen Selbstverwaltung [West]deutschlands zukommt - in der Mitgliederverslg. sind die Hochschulen, außeruniversitären Forschungseinrichtungen, Akademien und Wissenschaftsverbände vertreten - stützt sich auf unentgeltlich erbrachte kollegiale Beratertätigkeit dazu berufener Wissenschaftler aller Fachrichtungen - Finanzierung anteilig durch Bund und Länder (unter Wahrung der im Grundgesetz (GG) verankerten Freiheit der Forschung) sowie zusätzl. Stiftungsmittel - unterstützt Forschungsvorhaben, fördert Zusammenarbeit im Inland u. mit dem Ausland, koordin. Grundlagenforschung, sorgt für Abstimmung mit staatl. Forschungsförderung, berät Regierungen u. Parlamente der BRD u. den Europarat, die OECD, die UNESCO - unterscheidet Allgem. Forschungsförderung u. Sonderforschungsbereiche (SFBs) - Mitgl. des ICSU - siehe: DFG (Hrsg.): Programme und Projekte 1989, Bonn, 1990, 973 S., ISSN 0340-1359; DFG (Hrsg.): Tätigkeitsbericht 1989, Bonn, 1990, 402 S., ISSN 0340-1359 - vgl. auch AvH, DAAD; BLK, HRK, KMK, SV, WR; AGF, FhG, MPG; AdW; ESF_1)

DFGWT Deutsch-Französiche Gesellschaft für Wissenschaft und Technologie, Bonn (vgl. = AFAST)

DFKI Deutsches Forschungszentrum für Künstliche Intelligenz, Kaiserslautern & Saarbrücken (vgl. ZED; MÜ, NN_0, WBS, XPS; KI_1)

DFN Deutsches Forschungsnetz (des Vereins zur Förderung eines Deutschen Forschungsnetzes e.V., DFN- Verein, Berlin(West), dessen Aufgabe in Bereitstellung und Betrieb einer Kommunikationsinfrastruktur (einschließlich 'Gateways', 'Routers', 'Bridges') für Forschungseinrichtungen in der BRD besteht - nutzt(e) bisher u.a. das Datex-P-Netz der

DBP Telekom - betreibt den Aufbau eines eigenen (bundes)deutschen **X.25-Wissenschaftsnetz**es (**WIN**) als teilweiser Realisierung des DFN, dessen erste von drei Phasen am 31.12.1989 erfolgreich abgeschlossen wurde mit der Inbetriebnahme der Knotenrechner in Düsseldorf und Mannheim - ermögl. den im Verein zusammengeschlossenen Nutzern wechselweise unmittelbaren Zugang zu großen Rechensystemen an Universitäten und Forschungseinrichtungen, deren Datenbanken (DB_1) und Mailboxsystemen über derzeit ca. 200 Anschlüsse von 223 Mitgl. (im Okt. 1990) einschl. solcher aus den neuen Bundesländern - betreibt nunmehr das WIN zu pauschalen Anschlußgebühren (gestaffelt) unter Förderung des Pilotbetriebs vom BMFT - Organe sind Mitgl.verslg., Vorstand u. ein wissenschaftl.-techn. Geschäftsführer - der **DFN-Verein fordert Einhaltung internat. bzw. europ. Telekommunikationsnormen** und beeinflußt die Aufstellung von Normen u. Konformitätstests - unter den Begr. DFN fallen außer dem WIN u. den DFN-Diensten auch das künftige HDN - siehe: DFN-Verein (Hrsg.): DFN-Mitt., insbes. Heft 19/20, März 1990; DFN-Berichte; unter WIN - vgl. auch EAN_1; IXI; ARPANET, BITNET, CSNET, EARN, EUnet, Euronet, UUCP; GEN; RARE; FTAM, X.400, X.500; OSI; COSINE; CEPT, ETSI; EWOS; CCITT, JTC 1)

DFR — (engl.) Document Filing and Retrieval (eine der OSI-Anwendungen nach ISO/IEC IS 10031 im Bereich Verteilte Büroanwendg. (DOA) - siehe auch: ECMA-137, 1.90; ISO/IEC IS 10166 (DFR), P.1 (abstrakte Dienstdef. u. Prozeduren), P.2 (Protokoll); inhaltsgleiche DIN-Norm ($\supset$ IS u. deutsch. Vorspann) in Vorbrtg. - vgl. auch DE_1; IR, TV_2; DOAM, DIR, MHS (MOTIS), MIDA, ODA, SGML; ODP)

DFS — Deutscher Fernmeldesatellit (z.B. DFS Kopernikus, der erste DFS, seit 1990 in seiner Umlaufbahn, mit 11 simultan betreibbaren Transpondern, zur Übertragung von Telefonaten, Texten, Fernsehprogrammen auf 11 bis 14, 12 bis 24, 20 bis 30 GHz - vgl. auch DFD; DLR)

DFÜ — Datenfernübertragung (Abk.& Begr. ungebräuchl. geworden - vgl. $DÜ_2$)

DFV — Datenfernverarbeitung (engl. teleprocessing (TP_1))

DFVLR — Deutsche Forschungs- und Versuchsanstalt ... (Abk. jetzt "DLR")

DG — Bei der KEG: Generaldirektion (von frz. Direction Générale, engl. Directorate General - vgl. auch EG_0)

DGD — Deutsche Gesellschaft für Dokumentation e.V., Vereinigung für Informationswissenschaft und -praxis, Frankfurt a.M. (pflegt Theorie, Praxis u. Lehre von Information u. Dokumentation (IuD) - zugl. berufsständische Vereinigung für wissenschaftl. Dokumentare u. Bibliothekare - zahlreiche Mitgl. gehören anderen Berufen an - ist Hrsg. der Nachrichten für Dokumentation (NfD_1) - eigenes Lehrinstitut LID)

DGIR — Deutsche Gesellschaft für Informationstechnik und Recht e.V., Karlsruhe (gegr. 1986 - hat mehrere Ausschüsse und betreibt eine schiedsgerichtliche **Schlichtungsstelle** - empfiehlt **AGB-Klauseln** für schlichtungswillige Vertragspartner - siehe Inform.-Spektr., Bd. 12, H. 3, Juni 1989; Bd. 13, H. 2, April 1990 (S. 101-102) - vgl. auch DVD, GDD, GRVI; GI_1(-FB 6); DIHT; RI_1)

DGOR — Deutsche Gesellschaft für Operations Research (vgl. GAMM; IFORS)

DGPI — Deutsche Gesellschaft für Produktinformation mbH, Berlin (West) (Gesellschafter ist u.a. das DIN - vgl. auch DGWK, DQS, GGS, RAL_1)

DGQ
1. Deutsche Gesellschaft für Qualität e.V., Frankfurt a.M. (ihr Organ ist die Zeitschrift: QZ Qualität und Zuverlässigkeit (vgl. QZ) - vgl. auch DQS)
2. Direcção-Geral de Qualidade Repartição de Normalização, Lissabon (portugiesisches Normungsinstitut)

DgVbg — Grundsätze für die Beschaffung und Verwaltung von Dienstgerät und Verbrauchsgut (Anh. IV der GGO I - vgl. auch DKfzA, KzlA, RegA)

DGWK — Deutsche Gesellschaft für Warenkennzeichnung GmbH, Berlin (Gesellschafter ist das DIN - akkreditiert Prüflaboratorien zur Prüfung von Produkten auf Normkonformität - zertifiziert normkonforme Produkte - vgl. auch DGPI, DQS, GGS, RAL_1; DAE, DEKITZ; TGA; DAR, DINZERT; WELAC; EOTC)

DHI — Deutsches Hydrographisches Institut, Hamburg (Bundesoberbehörde, mit gesetzl. Aufg. auf dem Gebiet der Seeschiffahrt, u.a. für nautische u. hydrograph. Dienste zuständig, darunter den Zeitdienst für die Seeschiffahrt - bestimmt durch astron. Beobachtungen die mittl. Sonnenzeit u. leitet die Ergebn. an das BIH - verbreitet über Küstenfunk die mittl. Sonnenzeit zur astronom. Navigation u. (gestützt auf die PTB) die gesetzl. MEZ (MEZ_2) bzw. MESZ über den Deutschlandfunk, andere Sender u. die Hauptuhr d. DB (DB_2) in Hamburg-Altona)

DHKT — Deutscher Handwerkskammerntag, Bonn (Bundesverband der Handwerkskammern - vgl. DIHT)

DHV — Deutscher Hochschul-Verband, Bonn (überparteiliche Berufsvertrtg. - berät auch - vgl. HIS; HRK)

Di Dienstag (2ter Wochentag - vgl. Do, Fr, Mi, Mo, Sa, So; KW_1)

DIA

1. GI Deutsche Informatik Akademie GmbH, Bonn (hält als interessenneutrale Einrichtg. der GI (GI_1) an wechselnden Orten Informations- und Schulungsveranstaltungen ab, bes. zu Themen, deren Wahrnehmung sich für andere, kommerz. Anbieter noch nicht lohnt - stellt Material für Multiplikatoren bereit - dient damit einer Durchdringung von Wirtschaft und Verwaltg. mit neuen Kenntnissen und Verfahren der Informatik, dem Transfer von Wissen und Erfahrung zwisch. Industrie u. Wissenschaft in der BRD u. aktueller qualifizierter Unterrichtung von Entscheidungsträgern - Organe sind Aufsichtsrat u. Geschäftsführg. (im Wissenschaftszentr. des SV) - Hauptgesellschafter ist die GI (GI_1), weitere Gesellschaft. sind z.Zt. BDU, VDMA, ZVEI - vgl. auch DLGI; LID; IBFI; VFPI)
2. Display Industry Association (USA), ... (hat einen Standard für Textterminale herausgebracht, der nach (wohl zutreffender Vermutung in) CW 28 vom 9.7.1993 wohl gegen PCs (PC1) als 'Clients' gerichtet ist, da das Terminalgeschäft seit längerem rückläufig ist - vgl. auch MCCI, MMCF, VESA; MM_2)
3. Document Interchange Architecture (von ODA - dt. Dokumentaustausch-Architektur - vgl. auch RTF; DCA, ODIF; FODA)

Diane; DIANE (von engl.) Direct Information Access Network for Europe (Vereinigung d. Betreiber von Euronet-Host-Rechnern, die ca. 300 'Online'-DBs (DB_1) zugängl. machen - vgl. auch DIANEGUIDE; ECHO; IM; FI)

DIANED (freies Paßwort für DIANEGUIDE in dt. Sprache)

DIANEE (freies Paßwort für DIANEGUIDE in engl. Sprache)

DIANEF (freies Paßwort für DIANEGUIDE in frz. Sprache)

DIANEGUIDE (dt. etwa Diane-Führer - 'Online'-DB (DB_1) von ECHO, die selbst alle (registrierten) westeuropäischen 'Online'-DBs verzeichnet)

DIANEI (freies Paßwort für DIANEGUIDE in ital. Sprache)

DIANENL (freies Paßwort for DIANEGUIDE in holl. Sprache)

DIANEP (freies Paßwort für DIANEGUIDE in port. Sprache)

DIANESP (freies Paßwort für DIANEGUIDE in span. Sprache)

DIB Directory Information Base (dt. etwa Verzeichnis-Datenbank - online zugängl. DIR-Implementation in Form einer DB (DB_1) mit DBMS -

anstelle eines Verzeichn. in Buchform - gewöhnl. unterstellt, wenn von 'Directory' die Rede ist - vgl. auch DAP_1; X.500; OSI)

DID Dokumentidentifikator (etwa Nummer eines Dokuments in einer indikativen Datenbank (DB_1) mit bibliograph. Angaben u. evtl. 'Abstracts', z.B. einer Norm oder eines Patents - vgl. auch ID)

DIHT Deutscher Industrie- und Handelstag, Bonn (Bundesverband der IHKs - hat eine **Muster-Sachverständigenordnung** erlassen, die den Standesrichtlinien anderer freier Berufe vergleichbar, u.a. auch auf DV- oder IT-Sachverständige anwendbar ist - unterhält einen Ausschuß f. das Schiedsgerichtswesen, der eine **Schiedsgerichtsordnung** aufgestellt hat - siehe auch unter DGIR - vgl. auch DHKT; BDI; ICC_2)

dim Dimension (i.S. der Verwendung im Zshg. mit Größen und Einheiten: Formelsymbol für "Dimension von (Größe ...)", z.B. in dim(U) für Dimension von elektr. Spannung - Größen gleicher Dimension lassen sich als Vielfache derselben Einheit darstellen, ohne notwendig gleicher Art zu sein (wie Länge u. Entfernung von der Größenart Länge) - mit diesem Begr. Dimension wird von d. Quantität d. Größen u. zugehörigen Einheiten abstrahiert - Beispiele: die Größe Beschleunigung, meßbar in m/s^2, hat die Dimension $Länge/Zeit^2$; die Größe ebener Winkel in rad, hat die Dimension 1 (sie ist nicht "dimensionslos", wie es fälschlich heißt) - unter Dimensionsprodukt versteht man in diesem Zshg.: Produkt aus Potenzen d. Basisdimensionen mit Dimensionsexponenten - siehe: DIN 1313; DIN 58 122 Bbl.1 - vgl. auch SI_1)

DIMDI Deutsches Institut für medizinische Dokumentation und Information, Köln (betreibt oder vermittelt 60 'Online'-Datenbanken (DB_1) im Bereich Medizin, Gesundheitswesen, Biowissenschaften und Soziales - vgl. auch gmds; WIN; FI)

DIN 1. Deutsches Institut für Normung e.V., Berlin(West) (zentraler Träger deutscher Konsensnormung jeweils interessierter Kreise und Hrsg. der Deutschen Normen (DIN-Normen und deren Entwürfe), gem. Normenvertrag vom 5.6.1975 mit der Bundesrepublik Deutschland (BRD) (vertreten durch den BMWi) - kartellrechtlich anerkannt als Rationalisierungsverband (gemäß GWB) - die Organe des DIN sind: Mitgliederverslg., Präsidium, Präsident, Direktor, Normenausschüsse (NAs) - organisiert Normungsarbeit in autonomen NAs (NA_2), wie z.B. AEF, AKA, ANP, AQS, AZG, DKE, NABD, NAM, NAT, NBü, NDWK, **NI**, die nach einheitl. Regeln u. z.T. ergänzender eigener GO arbeiten - vertritt die BRD in der internat. Normung, außer hoheitlich, gemäß Normenvertrag - siehe auch: DIN (Hrsg.): Grundlagen der Normungsarbeit des DIN, 5. Aufl.,

Berlin 1987 (DIN-Normenheft 10); DIN 820 (mehrteilige Norm der Normung) - Hrsg. der DIN-Normen etc., des DIN-Katalogs für techn. Regeln (aller bundesdeutschen Urheber), der DIN-Mitt. und von einschlägigem Schrifttum - Mitgl. von ISO, IEC, CEN, CENELEC - Lt. Mittlg. des DIN vom 2.5.1990 an seine Mitgl. hattte das DIN seine Tätigkeit wieder auf das Gebiet der DDR ausgeweitet, so wie früher bis 1961, und Maßnahmen zur Einführung des Deutschen Normenwerkes (DIN) in der DDR und zur Integration der an Normung Interessierten in der DDR eingeleitet - gemäß vertragl. Vereinbarung mit dem Ministerrat der DDR wurde das **DIN ab 1.10.1990 wieder das einzige Normungsinstitut in Deutschland** - vgl. auch EBN; DITR; TBETSI; DGWK, DGPI; DAR, DEKITZ, DINZERT; DQS; KCIM, KeG, KIT_2)

DIN ... 2. (mit Nummer ...: Norm(en) etc. des gleichnamigen Instituts, d.h. Entwurf, Vornorm o. Norm - evtl. DIN EN ..., DIN ISO ..., DIN IEC ..., DIN VDE ... - siehe: zu Begr., Entstehungsgang, Typologie: DIN 820, mehrteilige Norm der Normung; zum Bestand geltender Normen u. Entwürfe: DIN-Katalog für technische Regeln + jeweils neustes Ergänzungsheft - vgl. auch PNE; DITR)

DIN-Mitt. DIN-Mitteilungen + elektronorm (Zeitschrift: Zentralorgan der deutschen Normung mit ständigen Beilagen: DIN-Anzeiger für technische Regeln und CEN/CENELEC 'Review, Ongoing Activities in European Standards', bei Beuth Verlag, Berlin (West) - vgl. auch CSI_2)

DINZERT Deutscher Zertifizierungsrat, Berlin (West) (f. Normkonformität - beim DIN-Präsidium, aus Vertretern aller interessierten Kreise gebildet am 22.1.1988 - gemäß einer Ergänzung der Geschäftsordnung (GO) des DIN-Präsidiums, die neuen Gegebenheiten internat. oder europ. Entwicklung kurzfristig angepaßt werden soll - übergreift alle Fachgebiete und Normungsbereiche - das DIN hat sich damit auf eine bereichsübergreifende Entwicklung der Prüfung und Zertifizierung von Produkten in der EG (EG_1) hinsichtl. d. Vollendung des EG-europäischen Binnenmarktes bis Ende 1992 eingestellt, für die von der KEG eine europ. Infrastruktur gefordert wurde: aus SOGS und EOTC (Start 1991) - mitberücksichtigt wurde damit zugleich die aktuelle und intensive Entwicklung im Bereich der sog. Informationstechnik (IT), die zu integrieren ist - die deutschen Interessen an der Prüfung von Produkten einschließlich Software (SW) und Dienstleistungen sollen koordiniert und internat. wie europ. geltend gemacht werden - hinzu kommt die Beurteilung von Qualitätssicherungssystemen aufgrund von Normen und anderen autoritativen Regeln d. Technik - vgl. auch DAR; AKA, AZG, CASCO, CENCER; CCC1; DGWK; DEKITZ, ECITC)

DIP (engl.) dual in-line package (z.B. in "DIP-Schalter" - vgl. SMT)

DIR Directory (dt. etwa Verzeichnis - das von CCITT empfohlene auch dt. bisher "Directory" gen. verteilte Auskunftssystem für Adressen, Eigenschaften (Attribute) von Objekten in Form einer im wesentl. hierarchisch organisierten verteilten Datenbank (DB_1) - soll u.a. die Adressen der Teilnehmer (natürliche oder rechtliche Personen) an Telematikdiensten und evtl. privaten MOTIS-Diensten oder anderen Formen Elektronischer Post (EP_2) erfassen, und zwar der Teilnehmer selbst, also nicht von Apparaten, Rechnern, Arbeitsplätzen, Häusern als mehrdeutigen Substituten für Personen (wie bei Telefon-Nummern oder Adressen für die sog. gelbe Post) - in erster Näherung vergleichbar heutigen E-Mail-Teilnehmerverzeichnissen, jedoch mit Namen und Zusätzen - die personenbezog. Adressen sind von den Teilnehmern, o. für sie, mobil von verschiedenen Plätzen aus verwendbar, und das DIR, jedenfalls dessen Telekomanteil, dient multifunkt. Verwendg. für alle Telematikdienste - der erfreulichen Praktikabilität standen datenschutzrechtl. Bedenken gegenüber, die jedoch techn. aufhebbar waren - siehe: CCITT X.500 ff in Blue Book, Fasc. VIII.8-1989; ISO/IS 9594/1-8: 1989; K. Rihaczek: Fernmelde-Directory u. Distinguished Name: Neue Herausforderung ...? in DuD 7/88; Resolution d. FIFF-Mitgl., Hamburg 1988 - vgl. auch DIB; PARADISE; MHS; ISDN; OSI)

DIRMU 25 (Rechensystem (RS) auf der Grundlage einer 25-Prozessoren-Anlage - Sonderentwicklung am Institut für Informatik d. Universität Erlangen-Nürnberg - entwickelt 1977 bis 1985 - für besonders zuverlässigen und fehlertoleranten Betrieb und zur Untersuchung paralleler Rechnerstrukturen geschaffen (erweiterbar) - mit 730 000 DM aus öffentlichen und privaten Forschungsmitteln gefördert - vgl. Suprenum; MANNA)

DirRufV Direktruf-Verordnung (der DBP - am 1.1.1988 abgelöst von TKO, zusammen mit FO, TO_2, VFsDx)

DIS Bei ISO & JTC1: Draft International Standard (dt. Internat. Norm-Entwurf - evtl. auch 2nd o. 3rd DIS - im Entstehungsgang einer internat. Norm: öffentl. zugängl. Schriftstück im Status zwisch. dem von CD (CD_1) u. dem eines IS - vgl. auch NP_0 (NWI); WD; AD; TR)

DISC (kurz für engl. "DISC Board" des BSI (BSI_1): 1990 gegr. britischer Lenkungs- und Förderungsrat für IT-Normung mit dem Auftrag, für **schnelle Aufstellung erforderlicher Normen und Schliessung der Finanzierungslücke** zu sorgen - siehe CSI (CSI_2), Vol. 11, Nr. 3, 1990/91, p. 252-254 - vgl. auch FOCUS, ITUSA)

DISP ... Bei JTC 1: Draft ISP; Draft International Standardized Profile ... (mit Nr. ... - dt. ISP-Entwurf, für internat. genormtes Profil - vom JTC 1 akzeptiertes PDISP und Vorstufe eines ISP)

DITR — Deutsches Informationszentrum für technischer Regeln, Berlin (West) (beim DIN - als FIZ staatl. gefördert - Basis des umfassenden DIN-Katalogs autoritativer techn. Regeln (jegl. Art), die in der BRD erscheinen - erteilt auch Auskünfte 'online' - vgl. auch DIN ...; WIN; ICONE, ISONET, TermNet; ECHO)

DIW — Deutsches Institut für Wirtschaftsforschung, Berlin(West)

DK — Dezimalklassifikation (entspr. engl. UDC - prinzipiell veraltet, aber weithin eingeführtes u. bewährtes Klassifikationssystem, das auf dezimal. Unterteilg. von Sachgeb. beruht - ständig ausgebaut - Hilfsmittel zur Suche von Literatur u. Normen - b.a.w. sind noch auf allen DIN-Normen DK-Zahlen angegeb., auf allen ISO-Normen (hinten) UDC-Zahlen - DK- u. UDC-Zahlen gleicher Generation stimmen überein - zuständig: national die DGD, internat. die FID - vgl. auch ICS_2)

DKD — Deutscher Kalibrierdienst, Braunschweig ((bundes)deutsche Einrichtung der PTB - stellt Bezugsnormale f. Präzisionsmessungen entgeltlich zur Verfügung, z.B. 10-Volt-Bezugsnormal - vgl. auch DIN; DAR; SI_1)

DKE — Deutsche Elektrotechnische Kommission, Frankfurt a.M. (im DIN und VDE - NA (NA_2) mit Sonderstellung - vgl. auch ≠ DEK; TBETSI; NAM, NI; GME, ITG_1; CENELEC, IEC; IT)

DL —
1. (so gen.) Diodenlogik (digitale Schaltungstechnik - vgl. DTL, IC_1, MOS, TTL_2)
2. (engl.) Distribution List (dt. Verteiler - z.B. bei MHS (MOTIS))

DLGI — Dienstleistungsgesellschaft für Informatik mit beschränkter Haftung, Bonn (Tochterges. der GI (GI_1) für Fachtagungen etc. - vgl. auch DIA)

DLST — (engl.) Day Light Saving Time (Sommerzeit in den USA - ihre Anwendung ist den Staaten überlassen - entspricht der MESZ)

DLR — Deutsche Forschungs- u. Versuchsanstalt für Luft- u. Raumfahrt, Köln (früher "DFVLR" - mit EUREKA-Büro f. das BMFT - vgl. auch AGF)

DM —
1. (gesetzl. Kurzbezeichnung für) Deutsche Mark (Währungseinheit der Bundesrepublik Deutschland (BRD) bzw. bis 1964 auch andere Währungseinheit der DDR (DM-Ost i.U. zu DM-West) - aufgrund des Staatsvertrags zwischen (alter) BRD und (ehem.) DDR für eine Wirtschafts-, Währungs- und Sozialunion ab 1. Juli 1990 auch Währungseinheit der DDR (Währungsumstellung) vor deren Beitritt zur BRD - vgl. auch DEM; DDM, M_1; ECU, XEU)
2. Datenmodell (entspr. engl. data model - vgl. RDM, RM_2; CS_2)

DMA (engl.) direct memory access (dt. direkter Speicherzugriff - vgl. RAM)

DME Verteilte Verwaltungsumgebung (von engl. Distributed Management Environment - von d. OSF f. ihre Verteilte Rechenumgebung (DCE_2) - war für Mitgl. früher erhältl. - wurde im ersten Halbjahr 1993 allg. verfügbar gemacht - vgl. auch Motif; Unix)

DML (engl.) data manipulation language (dt. Datenbearbeitungssprache - vgl. DCL, DDL; SQL)

DMR Diebold Management Report, Frankf.a.M. (Mitteilungsdienst von Diebold Deutschland GmbH)

DMSPTG Data Management Security and Privacy Task Group (USA) (auf dt. übers. Aufgabengruppe für Sicherheit und Datenschutz bei Datenverwaltung - der DBSSG von ANSI/X3/SPARC ($SPARC_2$) - vgl. auch CDMTG, DADTG, FADTG, GTG, OODBTG, OSIDBTG; DB_1, DBMS, DBS; KS, OSI; ODP)

DMV Deutsche Mathematiker-Vereinigung, Freiburg (gegr. 1890 - erster Vorsitzer war G. Cantor, 1845-1918, Begründer der mathem. Mengenlehre, insbes. der transfiniten Zahlen, u. der Theorie der Punktmengen, denen heute eine zentrale Stellung in der Mathem. beigemessen wird - verlieh zu ihrem deutsch-deutsch gefeierten 100jähr. Jubiläum im Sept. 1990 erstmals die nach ihm ben. Georg-Cantor-Medaille - nach polit. bedingtem Abbruch der Zsarbt. mit Mathematikern der DDR 1961 u. Gründg. d. Mathematischen Ges. d. DDR 1962 vereinigte man sich nun wieder - im Okt. 1990 wurde bei Warschau die Europ. Mathematische Ges. (EMS_4) gegr., die von der DMV mitgetragen wird - vgl. auch eLib; DGOR, GAMM; DPG, GI_1, ITG_1; AMS, ÖMG, SMF; IMU)

DNA
1. DEC Net Architecture (OSI-nahe Netzverbundarchitektur von Digital Equipment Inc. - vgl. auch SNA)
2. (engl.) desoxyribonucleic acid (dt. DNS - vgl. auch RNA, RNS)

DNC
1. (früher:) direkte numerische Steuerung (von engl. direct numerical control - vgl. NC_1)
2. (jetzt:) verteilte numerische Steuerung (von engl. distributed numerical control - siehe: ANSI ... ... (1992?) - vgl. CNC, NC_1)

DNF disjunktive Normalform (der Schaltalgebra - besser "ANF" gen. - siehe: DIN 5474; DIN 66000 - vgl. auch KNF; NF_1)

DNIC Datennetzkennziffer (von engl. data network identity code - für die Paketvermittlung internat. eingeführt - vgl. Datex-P; EAN_1; NSAP)

DNR (engl.) Dynamic Noise Reduction (dt. dynamische Rauschunterdrükkung - Abk. ist Wz von National Semiconductors - Einrichtung zur Unterdrückung des Rauschens während leiser Passagen oder Pausen von Hörfunk oder Kassettenwiedergabe - vgl. auch ARI, CPS_1)

DNS Desoxyribonukleinsäure (Nukleinsäure in allen Lebewesen - hat Makromolekül aus zwei spiralig. Nukleotidenketten ("Doppelhelix" gen.) - in Chromosomen des Zellkerns Träger der Gene - engl. DNA (DNA_2))

Do Donnerstag (4ter Wochentag - vgl. Di, Fr, Mi, Mo, Sa, So; KW_1)

DOA Verteilte Büroanwendungen (von engl. Distributed Office Applications - i.S. des DOAM - gestützt auf ACSE, ROSE, RTSE - vgl. auch DIR, EDIFACT, LAN; OSI; ODP)

DOAM Modell für Verteilte Büroanwendungen (von engl. Distributed Office Applications Model - internat. genormtes Referenzmodell (RM_1) für verteilte Büroanwendungen (DOA), gestützt auf die Anwendungsdienstelemente (ASEs) ACSE, ROSE u. RTSE in Schicht 7 des OSI-RM - siehe: ISO/IEC IS 10031:1991 P. 1 (General model), P. 2 (Distinguished obj. ref. ...); DIN ISO 8613-1 (ODA, ODIF) - vgl. auch ASN.1, DIR, EDI, LAN, MHS(MOTIS); RM-ODP)

DoD Department of Defense (USA), Washington, DC (nach seinem Gebäude[grundriß] auch "Pentagon" gen. - vgl. Ada, AJPO, ARPA, DARPA; MIL-Std; NSA; FIPS; CSL; ANSI)

dop Bei CEN & CENELEC: spätestes Datum der Veröffentlichung einer identischen nationalen Norm (von engl. latest date of publication of an identical national standard - vgl. auch dow; dav, dor)

dor Bei CEN & CENELEC: Ratifizierungsdatum (von engl. date of ratification - Datum, an dem das Techn. Büro (BT_3) die Annahme einer EN o. eines HD feststellt u. sie bzw. es als angen. gilt - vgl. auch dav)

dow Bei CEN & CENELEC: spätestes Datum für die Zurückziehung entgegenstehender nationaler Normen (von engl. latest date of withdrawal of conflicting national standards - vgl. auch dop; dav, dor)

DOS (von engl. Disk Operating System - Platten- oder Disketten-Betriebssystem (BS_1) - für PCs (PC_1) z.B. die Betriebssysteme MS-DOS von Microsoft und PC-DOS von IBM, die weitgehend übereinstimmen, und DR DOS von Digital Research, das kompatibel mit Standardprogrammen für die beiden anderen ist - vgl. auch CP/M; Desktop Unix, L3, Mach, NeXTSTEP; OS/2, TRON, Windows NT)

DOSES (von engl. Development of Statistical Expertsystems, dt. Entwicklung Statistischer XPS' - Progr. der KEG - vgl. auch EUROSTAT; KI_1)

DP
1. Bei ISO & JTC 1: (alt) Draft Proposal (Entwurfsvorschlag - evtl. auch 2nd o. 3rd DP - im Entstehungsgang einer internat. Norm: öffentl. zugängl. Schriftstück im Status zwischen denen von WD u. DIS - Bez. 1990 ersetzt durch "CD" (CD_1) - vgl. auch IS, NWI)
2. (engl.) data processing (auch "dp" - dt. DV - vgl. auch ADV)
3. (engl.) distributed processing (dt. verteilte Verarbeitung (von Daten, d.h. Darsttellungen von Informationen) - vgl. DOA; ODP)

dpa Deutsche Presse-Agentur, Hamburg

DPA Deutsches Patentamt, München (vgl. PatG; DABEI, DEV; EPA; WIPO)

DPC Database Promotion Center (Japan), Tokio (gegr. 1984 als Stiftung des MITI zur Förderung der Entwicklung von DBMS', der Einrichtung und Anwendung von Datenbanken (DB_1) - vgl. auch FI)

DPE (engl.) data processing equipment (dt. Datenverarbeitungseinrichtung (DVE) o. Datenverarbeitungsanl. (DVA) - vgl. auch DCE_1, DTE; DPS)

DPG Deutsche Physikalische Gesellschaft e.V., Bad Honnef (gegr. 1845 als Physikalische Gesellschaft zu Berlin, 1899 umgewandelt in DPG - wissenschaftliche Fachgesellschaft, die ausschließlich u. unmittelbar der reinen u. angewandten Physik dient, den Erfahrungsaustausch im Land u. mit dem Ausland fördert - verpflichtet sich u. ihre Mitgl., für **Freiheit, Toleranz, Wahrhaftigkeit und Würde in Wissenschaft und Gesellschaft** einzutreten - hat sich 1990 mit d. Physikal. Ges. der DDR vereinigt - zählt seither rd. 20 000 Mitgl. (18 500 + 1 200) - führt als Signet das grch. Phi - siehe: I. Peschel (Hrsg.): Physik-Handb., Daten, Fakten, Adr., bei DPG, Bad Honnef 1991; Organ d. DPG: Physikal. Blätter mtl., bei VCH u. Physik-Verl., Weinheim - vgl. auch PII; GI_1, ITG_1; DMV, DGOR, GAMM; EPS_3; IUPAP)

dpi (engl.) dots per inch (dt. Punkte (i.S. von Tupfen) pro Zoll (in) - die (lineare) Auflösg. von Druckern, insbes. Laserdruckern, u. Bildschirmen wird in dpi angeg. - für Bürozwecke mit Schriften ab 8 p u. größer werden Laserdrucker mit einer Auflösg. von 300 bis 400 dpi eingesetzt - größere Auflösg., z.B. 600 oder 1000 dpi, ist erforderl. für kleinere Schriften, Reproduktionsvorlagen o. bei hohen Anforderungen an die graph. o. typograph. Qualität der Druckausgabe, die ihren Preis hat - die Auflösg. von Bildschirmen liegt bisher bei nur 70 bis 100 dpi, also etwa 25 bis 40 Pixel/cm, was die WYSIWYG-Eigenschaft von Editoren einschränkt - vgl. auch cpi, cpl; DTP; TV_2; m_1; SI_1)

DPMA — Data Processing Management Association, Park Ridge, Ill. (gegr. 1952, umben. 1962 - drittgrößter US-amerik. Fachverb. f. Inform. - bes. Management - war AFIPS-Mitgl. - vgl. auch ACM, IEEE; IFIP)

DPS — (engl.) data processing system; DP-system (computing system - dt. DVS bzw. Rechensystem (RS) - vgl. auch DPE; HW, SW; BE, FE)

DQDB — (engl.) Distribution Queue Dual Bus (für MANs lt. Draft IEEE Std. 802-6, Feb.1990)

DQS — Deutsche Gesellschatft zur Zertifizierung von Qualitätssicherungssystemen, Berlin & Frankfurt a.M. (gegr. von DIN u. DGQ (DGQ_1) zur Prüfung u. Zertifizierung von QS-Systemen bei Unternehmen, die ihre Qualitätsfähigkeit nachweisen möchten - auf Antrag u. gegen Entgelt - siehe DIN ISO 9001 bis 9003 - vgl. auch DGWK, GGS, RAL_1)

DR — (abgesehen von einem bekannten Software-Hersteller (vgl. DR DOS):)

1. Bei CEN & CENELEC: Mängelbericht (von engl. Defect Report - dient Anwendern von FNs (engl. FS_2) zur Mitteilung festgestellter Mängel an das CS (CS_1) - vgl. auch TS)
2. (Staatsbahn der ehem. DDR - Abk. wurde beibehalten von d. früher. Deutschen Reichsbahn - soll nach u. nach übergehen in DB (DB_3))

DR DOS — (Digital Research DOS - im Zusammenhang. mit PCs (PC_1) verbreitetes Einplatz-Betriebssystem (BS_1) für Dialogverarbeitung und Stapelverarbeitung im Einprogrammbetrieb auf 16-Bit-Prozessoren wie u.a. Intel 80286 - abgesehen vom rechnerabhängig gestalteten EA-System portabel bei PCs i.e.S. - neuere Weiterentwicklung von CP/M - kompatibel mit Standardprogrammen für MS-DOS und PC-DOS - vgl. auch DOS; BS/2, OS/2; L 3; Unix)

DRAM — dynamischer Direktzugriffsspeicher (von engl. dynamic random access memory - sein Inhalt wird durch Rückschreiben ständig aufgefrischt - i.U. zu SRAM - beide sind Direktzugriffsspeicher (RAM_1) - vgl. auch DMA; Simm; ROM; KSP, MB_1; CD-ROM, WORM)

DRIVE — (von engl. Dedicated Road Infrastructure for Vehicle Safety in Europe - ein IT-Förderprogr. der KEG für Transport auf Straßen - ab 1.6.1988 für 36 Monate mit 60 Mio. ECU ausgestattet - vgl. auch COMETT, DELTA, Esprit, FAST, INSIS, RACE, SCIENCE; EUREKA)

DRV8 — Deutsche Referenz-Version des ISO-8-Bit-Codes (nach DIN 66 303 - vgl. auch ARV8, MBV8; UCS, Unicode)

DS — 1. Dansk Standardiseringsrad, Kopenhagen (Dänisches Normungsinst.)

2. (engl.) double sided (dt. beidseitig - Magnetschicht auf Disketten, die bei $5^1/4$-Zoll-Disketten urspr. nur einseitig aufgebracht werden konnte, inzw. aber bei $5^1/4$-Zoll-Disk. wie $3^1/2$-Zoll-Disk. nur noch beidseitig aufgebracht wird - vgl. SS_2; DD_3, HD_2)

DSA — (engl.) Directory System Agent (dt. etwa Verzeichnissystemagent - u.a. bei MHS (MOTIS) - vgl. auch DUA; DIR; OSI)

DSB — Datenschutzbeauftragter (vgl. BfD; DBA; CCC_1; BDSG, WiKG 2)

DSP — bereichsspezifischer Adreßteil (von engl. domain specific part - rechter Teil der NSAP-Adr. (nach "+") i.U. zum IDP (vor "+") - vgl. auch DEPT; DNIC; MHS (MOTIS), FTAM; WAN; OSI)

DSR — digitales Satelliten-Radio (vgl. DASAT; SaVe; SES; TK_2; OSI)

DSSSL — Document Style Semantics Specification Language (Proj. des JTC 1 im Zshg. mit SGML - siehe ISO/IEC DIS 10 171 - vgl. auch SPDL)

DSWR — (Zeitschrift) Daten - Steuern - Wirtschaft - Recht (u.a. Organ der DATEV - bei C.H. Beck, München)

DT — (engl.) decision table (dt. Entscheidungstabelle (ET) - vgl. auch FDT)

DTA — Deutsche Technische Akademie GmbH, Helmstedt (Aus- und Weiterbildung von Fachleuten und Führungskräften aus Entwicklungsländern auf den Gebieten Metrologie, Normung, Prüfwesen und Qualitätssicherung (MNPQ) in Verbindung mit BMZ, DIN und PTB)

DTD — Dokument-Typ-Definition (entspr. engl. document type definition - bei SGML - vgl. auch ESHD; ODA; TV_2)

DTE — (engl.) data terminal equipment (dt. Datenendeinrichtung (DEE) - vgl. auch DCE_1; DÜE)

DTeV — Deutsche Telecom e.V., Köln (Interessenvertretg. deutsch. TK-Anwender (TK_2) bzw. Nutzer von TK-Diensten - gegr. 1978 - hat 87 Vollmitgl. (Firmen) u. 98 Einzelmitgl. - vertritt ihre Mitgl. insbes. gegenüber dem BMPT, der DBP Telekom u. den Herst. einschlägig. Produkte bzw. durch Mitwirkg: in Gremien - ihre Stellungnahmen nehmen Einfluß auf die TK-Politik, auch im europ. Zshg. als Mitgl. der ECTUA)

dti; DTI — Department of Trade and Industry (UK), London (dt. Ministerium für Handel und Industrie($\supset$ Gewerbe) - beobachtetund fördert die IT-Normung - vgl. FOCUS; DISC; ITUSA)

DTL (so gen.) Dioden-Transistor-Logik (Schaltungstechnik - vgl. DL_1, MOS, TTL_2; IC_1)

DTP
1. (engl.) desk-top publishing (wörtl. übers. Auf-dem-Schreibtisch-Publizieren, tatsächlich und verallgemeinert wohl besser dt. Eigensatz, oder evtl. rechnergestützte Publikationsgestaltung, denn es geht besonders um selbständige Layout- u. Typographiegestaltung für Publikationen, nicht um den Akt des Publizierens selbst - mit Einschluß des kreativen Aktes handelt es sich um rechnergestützte Publikationserstellung - komfortable Texteditoren unterscheiden sich in ihrem Leistungsangebot nur noch graduell von DTP-Software (SW) für höhere Ansprüche - vgl. auch DSSSL, Hypertext, ODA, SGML, SPDL, TEX; DVI_2, WYSIWYG; TV_2)
2. (engl.) distributed transaction processing (dt. verteilte Transaktionsverarbeitg. (VTV_2) - siehe: ISO 2606-8; M.W. Austen, J.M. Jonas, H.R. Wiehle: Über das ISO-Normprojekt zur verteilten Transaktionsverarbtung, Stand und technische Alternativen, ITG-GI-Tagung (ITG_1, GI_1), Stuttgart, Febr. 1988; Normenreihe unter TP_2 - vgl. auch TPSU; OSI; ODP)

DTR Bei ISO und JTC1: Draft Technical Report (dt. etwa Entwurf für Technischen Bericht - drei Arten wie bei TR - vgl. auch PDTR)

DUA (engl.) Directory User Agent (dt. etwa Verzeichnisbenutzeragent - u.a. bei MHS (MOTIS) und FTAM - vgl. auch DSA; DIR; OSI)

DuD (Zeitschrift) Datenschutz und Datensicherung (bei Vieweg, Braunschweig & Wiesbaden - vgl. CR_1; GoDS; BDSG)

DÜ
1. Datenübermittlung (siehe Def. in DIN 44 302 - vgl. auch DÜVO; DV; OSI)
2. Datenübertragung (siehe Def. in DIN 44 302 - vgl. auch DEE, DÜE; OSI)

DÜE Datenübertragungseinrichtg. (engl. DCE_1 - siehe: Def. in DIN 44 302 - vgl. auch DEE; $DÜ_2$; AKPL, Modem; V.24, X.24, X.25; LAN, WAN)

DUK Deutsche UNESCO-Kommission e.V., Bonn (Nationalkommission der BRD - berät Regierung u.a.m., wirkt mit an Ausführung der UNESCO-Programme - vgl. auch AA_1; DFG)

DÜVO Datenübermittlungs-Verordnung (Zweite Verordnung (VO) über die Datenübermittlung ($DÜ_1$) auf maschinell verwertbaren Datenträgern im Bereich der Sozialversicherung und der Bundesanstalt für Arbeit (BA), 2. DÜVO, vom 29.5.1980 - ersetzte die urspr. (1.) DÜVO von 1973 -

wird vom Bundesverband der Betriebskrankenkassen (BKK) hrsgg. - siehe: Neuausgabe mit Nachträgen von 1980 bis 1991 des BKK (Hrsg.): DÜVO-Handbuch, Loseblattslg., Erstlieferung vom Sept. 1991, bei Inside Partner Gelsenkirchen; Sozialgesetzbuch (SGB), 4. & 5. Buch - vgl. auch BfA, VBL; VN; mod, PZ; DEVO)

DV Datenverarbeitung (Verarbeitung von Daten im weitesten Sinn: numerisches oder symbolisches Rechnen (nR, sR) unabhäng. davon, ob von Menschen o. von Maschinen durchgeführt, u., ob mit mechan., hydraul., elektromagnet., elektron., optoelektron., opt., molekularbiol. o. sonstig. Mitteln - vgl. auch ADV, GDV, LDV, PDV; $DÜ_1$; IT)

DVA Datenverarbeitungsanlage (Rechenanlage (RA_1) - engl. DPE - vgl. auch DVE; DEE, DÜE; DVS, RS)

DVD Deutsche Vereinigung für Datenschutz, Bonn (vgl. DGIR, GDD, GRVI; GI_1(- FB6); DSB; BDSG; RI_1)

DVE Datenverarbeitungseinrichtung (Begriff aus Sicht der Telegrafieträger (PTTs) und im CCITT-Zusammenhang - siehe CCITT I.112 - vgl. auch DVA; DEE, DÜE; DVS, RS)

DVI
1. Deutsches Video-Institut, ...
2. (engl.) device independent format (dt. geräteunabhängiges Format (Ausgabe) - bei $\TeX$ - vgl. auch WYSIWYG; VT)
3. (engl.) Digital Video Interactive (im Multimedia-Zshg. von IBM u. Intel eingeführtes Verfahr. zur Kompression von Videodaten auf ca. ein Hundertstel ihres Speicherbedarfs u. Dekompress. zur Anzeige)

DVO Durchführungsverordnung (auf gesetzl. Grundlage erlassene VO zur Durchführung gesetzlicher oder aufgrund einer verwaltungsrechtlich geltenden Ordnung erforderlicher Maßnahmen, insbes. im Bereich der öffentl. Verwaltung, z.B. zur BHO oder RVO)

DVS Datenverarbeitungssystem; DV-System (die achtsilbige Ben. ist weitgehend streng synonym mit dem viersilbigen "Rechensystem" (RS) - unterschiedl. Konnotationen zeigen sich jedoch auch in der Normung - siehe: Def. von Rechensystem & Datenverarbeitungssystem in DIN 44 300 T.1, 11.88; E DIN 66 273 T.1, 3.90 (Messung u. Bewertung d. Leistung von DV-Systemen) - vgl. auch BS_1, SW; DVA, RA_1)

DVT Deutscher Verband technisch-wissenschaftlicher Vereine, Düsseldorf (hält u.a. kritische 'Workshops'(?) über Sprache(!) und Technik ab - vgl. u.a. DIN, DPG, GAMM, GI_1, ITG_1, VDI, VDE)

e — als mathem. Konstante: (von Eulersche Zahl - Grundzahl der natürl. Logarithmen (ln), Grenzwert von $(1 + 1/x)^x$ für x gegen unendlich: e = 2,718 281 828 459 045 235 360 287 471 352 662 497 757 247 ... - transzendente Irrationalzahl - vgl. auch exp; π; i)

E

1. bei Gleitkommazahlen Kennzeichen vor: Exponent (zwischen Mantisse und Exponent (zur Basis der außermaschinellen Zahlendarstellung, also i. allg. Zehn) des jeweiligen Numerals als Trenn- u. Deklarationszeichen - auch in d. Anzeige von Taschenrechnern - siehe: z. Datenübermittlung ($DÜ_1$) DIN 66 250, 5.87 (Syntax d. Zahlendarstllg.); ferner DIN 1333, 2.92 (zu Zahlenangaben i. allg.) - vgl. auch real, VZ; BNF; DEVO, DÜVO)
2. als Ziffer (nach 9): Vierzehn (etwa sedezimal - vgl. A_3, B, C_3, D_2, F)

EA

1. (bes. in Zusammensetzungen) Eingabe-Ausgabe (i.S.von Eingabe oder Ausgabe oder beides - entspr. engl. I/O buchstäbl. gesprochen)
2. endlicher Automat (engl. finite automaton - Begr. der Automatentheorie, unter den eine Klasse theoretischer, datenverarbeitender Automaten einfachster Art fällt: mathem. Modell einer Maschine mit einer endl. Menge von Zuständen u. ohne zustandsüberbrückenden Speicher, ausgeprägt als lesender Automat (Akzeptor), als übersetzender Automat (Transduktor) o. als erzeugender Automat (Generator) - ein endl. Transduktor kann Eingabedaten Zeichen für Zeichen einlesen u. (notwendig sequentiell) verarbeiten, indem er schrittweise aufgrund seines vorher angenommenen Zustands u. des jeweiligen Eingabezeichens in einen neuen Zustand übergeht, u. zugehör. Ausgabedaten erzeugen u. Zeichen für Zeichen abgeben - i.U. dazu ist ein endl. Akzeptor ein EA ohne Ausgabe, ein endl. Generator ein EA ohne Eingabe - EAs ermögl. (innerhalb ihrer Grenzen) Modellierungen des Verhaltens von Systemen als Prozesse, z.B. eines Zigarettenautomaten, einer Fahrstuhlsteuerung o. einer Funktionseinheit (FE) zur Erkennung bzw. Erzeug. ungeklammerter arithmet. Ausdrücke - determinist. EAs kann man mit Entscheidungstabellen (ETs) beschreib. - als formale Beschreibungsmittel (FDTs) werden oft Zustandsgraphen o. Petrinetze (PN_1) einges. - jeder lesende o. übersetzende EA akzeptiert genau eine reguläre Sprache, EAs i. allg. also Sprachen vom Typ 3 in d. Chomsky-Hierarchie (CH_1) - vgl. auch FSM; EVA; KA, LBA, TM_3; TI)

EACE — European Association of Cognitive Ergonomics, Paris & Amsterdam (dt. Europäische Gesellschaft für kognitive Ergonomie - gegr. 1978 - möchte ausgewiesene europ. Forscher, die auf dem Gebiet kognitiver Ergonomie tätig sind, zusammenbringen, um (multidisziplinär) einen engen Zusammenhang zwischen kognitiven Wissenschaften und Systementwicklungen der Informatik zu ermöglichen - Fachleute, die in Europa beheimatet sind oder ihren Wohnsitz haben, können stimmberechtigtes Mitgl. werden, andere korrespondierendes - hält seit 1982 zweijährl. eine große Konferenz ab und fördert andere einschlägige Veranstaltungen - beteiligt sich an der Hrsg. zweier Fachzeitschriften und von Büchern (z.B. zur Psychologie der Computerbenutzung) - vgl. BSS, MMI; MM_1; IQ; KI_1; ECCAI; EATCS; CEPIS, IFIP)

EAEC European Airlines Electronic Committee, Genf (dt. etwa Elektronik-Komitee der europäischen Fluggesellschaften - erarbeitet Spezifikationen für Bordeinrichtungen (engl. airborne equipment) und führt Typprüfungen durch - beeinflußt TFTS)

EAG Europäische Atomgemeinschaft ("EURATOM" gen. - vgl. auch EG_1)

EAN
1. (vom Urheber (angeblich nach Mitgl. seiner Familie) so ben. - Software (SW) zur Realisierung von 'Message Handling' (MH) - von G. Neufeld, University of British Columbia, Vancouver, BC - heute kompatibel zu beiden Adressierungsformen: dem Attributenformat der Standardadressierung nach X.400 und dem Adressierungsformat nach RFC-822 des US-amerikan. Internet - weltweit eingesetzt, sowohl für Benutzer, die ihre elektron. Post (EP_2) damit erledigen als auch zur Adressenumsetzung in sog. 'Gateways' - in Deutschld. bes. im Rahmen des WIN (DFN) eingesetzt im techn.-wissenschaftl. Bereich auf Rechensystemen (RS) mit Unix oder MVS - siehe: GMD-Spiegel 2/3 1987; P. Kaufmann: RARE-Empfehlg.: Adressen in X.400, in DFN-Mitt., H. 16, Juni 89 - vgl. auch NUA, NUI; EDI, IPM_2; MHS(MOTIS); OSI)
2. Europäische Artikelnummer (dient europaweit eindeutiger Typidentifizierung von Produkten für alle Teilnehmer am Verfahren - Darstellung mit Strichcode (engl. Barcode), bei DIN (SC (SC_2) und zusätzlich in Klarschrift (OCR-B-Schrift) - für schnelle und sichere Identifizierung d. Artikel durch optisches Lesen mit sog. Scannern - wird im Handel mit großem Warenumschlag verwendet - EANs werden in der BRD von der CCG vergeben und registriert, internat. koordiniert von der EAN-Zentrale in Brüssel - siehe Publikationen der CCG - vgl. auch EANCOM; BBN; UPC; ID)

EANCOM (aus "EAN" (EAN_2) und "COM" von engl. communication - einheitl. anwendungsspezif. Ausschnitt von EDIFACT f. die Konsumgüterwirtschaft - als solcher in Normung begr., u.a. beim NDWK im DIN - in Großbritannien u. skandinav. Ländern bereits in Testanwendungen realisiert - gefördert von der internat. EAN-Zentrale in Brüssel, die auch federführ. das KEG-Projekt TEDIS kooedinierte - siehe unter EDI - vgl. auch SEDAS; CEFIC, ODETTE; TDI; EDI; MHS(MOTIS); OSI)

EARN — European Academic and Research Network ("klassisches" Datennetz von IBM in Europa, das diese Forschungseinrichtg. kostenlos benutzen ließ - wie BITNET mit NJE-Protokoll - nach Übernahme vom DFN-Verein wurde erst in Darmstadt, dann im GMD-RZ für den Deutschen EARN-Knoten (DEARN) ein Knotenrechner installiert (nicht 1990 eingestellt) - Migration der EARN-Nutzer zu WIN, macht leider auch für Wissenschaftseinrichtg. die Zahlung gestaffelter Anschlußgebühren erforderl., die allerdings weit unter mengenabhäng. Datex-P-Gebühren liegen - vgl. auch EUnet, EuroKom, Euronet, HDN; RARE; COSINE, RACE; CONCISE, Ebone; GEN; Internet, Usenet, UUCP; TCP/IP; FTAM, MHS (MOTIS), X.25; WAN; IXI; GAN; OSI)

EATCS — European Association of Theoretical Computer Science, Brüssel (vgl. TCS, TI; EACE, ECCAI; CEPIS, IFAC, IFIP)

EBCDIC — Extended Binary Coded Decimal Interchange Code (war in unterschiedl. Varianten im Zshg. mit herkömml. Großrechnern ("Dinos") verbreitet - spät erschienene Normen von ISO u. DIN für internat. 7-Bit- u. 8-Bit-Code zur Datenübermittlg. ($DÜ_1$) und deren nationale Referenzvers. (NRVs), die in den frühen 80er-Jahren an ASCII (i.e.S.) anknüpften, konnten sich erst allmählich dagegen durchsetzen - siehe: ISO 646-1983; DIN 66003; DIN 66299 (Umsetzung von EBCDIC) - vgl. auch BCD; ARV8, DRV8, MBV8; ITA; UCS, Unicode)

EBN — **entwicklungsbegleitende Normung** (engl. standardization accompanying development (von der anderen Seite gesehen: normungsbegleitete FuE, engl. standardization accompanied R&D; i.U. zu: Forschung im Vorfeld der Normung, engl. prenormative research) - dient effizientem, frühen, schnellen Transfer von FuE-Ergebnissen in Normung durch Zusammenarbeit von Forschung und Normung (entspr. zugleich der Forderung, Wirtschaft und Wissenschaft enger zusammenzubringen) - führt insbes. zu Vornormen - oft erwogen, jedoch offiziell erst 1990 von ISO/IEC (vgl. ABTT, LRPG) vorgeschlagen und inzwischen von BMFT und DIN sowie der KEG und neuerdings CEN aufgegriffen - bereits in Definitionsphase der Förderprogramme des BMFT integr. - siehe auch B. Rixius: Systematisierung der Entwicklungsbegleitenden Normung (EBN), in DIN-Mitt. 73, 1994, Nr. 1, S. 50-53 - vgl. auch DIN V, ENV; Esprit, RACE; EUREKA)

Ebone — (von engl. European Backbone, dt. eigtl. Europäisches Rückgrat - europ. internat. Datennetz-'Backbone' zur Verbdg. nation. und internat. Forschungsnetzdienste der europ. Dienstanbieter untereinander u. mit denen außereurop. - die sog. Ebone-Initiative wurde 1991 zur Lösung hinderlicher Konnektivitätsprobl. als Sonderprojekt von RARE gestartet, gestützt auf ein Konsortium, das zu Verwaltg., Betrieb und Finanzierung des Netzes beiträgt - Ebone soll zwei Dienste bieten: einen Internet-IP-Dienst und einen OSI-CLNS-Pilotdienst (beide Schicht 3) - geht auf EEPG zurück, ergänzt IXI u.a.m. - vgl. auch WIN; DFN; RACE)

EBU European Broadcasting Union, Genf (dt. Europäische Rundfunkunion - vergleichbar CCIR - trägt seit Juni 1990 in einem JTC mit ETSI gleichberechtigt zur Erarbeitg. von ETS' bei - vgl. auch ETRI; CEPT)

ec; EC
1. Euroscheck (entspr. engl. eurocheque - Abk. in Zusammensetzg. wie "ec-Karte", "ec-Geld[ausgabe]automat" - ec-Karten-Besitzer können unter Vorlage der Karte (als Scheckgarantiekarte) Euroschecks einlösen (Limit z.Zt. DM 400,-- pro Scheck), wobei das Scheckformular evtl. mit einer Registrierkasse ausgefüllt wird (manuelle Eingabe von Betrag u. Karten-Nr. mit Tastatur) - beim Geldinstitut, das die Karte ausgegeben hat, kann sie evtl. auch f. Kontoauszugsdrucker (als Druckerkarte) verwendet werden - aufgrund einer zusätzlich vom ausgebenden Geldinstitut zugeteilten Geheimnummer (PIN) kann man die ec-Karte (als ec-Automatenkarte) unter Verwendung der Geheimnummer auch zur Entnahme von Bargeld an ec-Geldautomaten verwenden (Limit z.Zt. DM 400,-- pro Tag (evtl. bald DM 600,--), bei Geldinstituten mit höherem Kartenlimit für eigene Kunden auch höher), gewöhnlich nur beim eigenen oder gleichartigen Geldinstitut ohne Gebühr - zusätzlich ist sie in Berlin (West), München und Regensburg versuchsweise (als POS-Karte) zum bargeldlosen Einkauf verwendbar - die persönl. Geheimnummer darf nicht preisgegeben werden - bei **Verlust der Karte** empfiehlt es sich, sofort bei Zentraler Annahmedienst für Verlustmeldungen von Euroscheckkarten (d. GZS) telefon. Sperrung zu beantragen: 0 6 9 / 7 4 0 9 8 7 - unbefugte Benutzung d. Karte ist als Unterschlagung, mißbräuchl. Verwendung als Computerbetrug strafbar - rd. 23 Mio. ec-Karten sind ausgegeben - vgl. auch ATM, GAA, OLV; ID; DES, PZ, RSA, ZKP; TTT_2; StGB, WiKG 2)

EC
2. (engl.) European Communities[/y] (dt. EG_1, frz. CE_1)
3. Euroexpress (Qualitätszug europ. Bahnges. - vgl. auch IC_2, TEN_2)

ECA European CAMAC Association, Brüssel (vgl. auch EWICS; AMT)

ECAI European Conference for Artificial Intelligence (zweijährl. von ECCAI an wechselnden Orten abgehalten - vgl. auch AI_3, KI_1)

ECAT European Centre for Automatic Translation, Luxemburg (vgl. COTEL; EUROTRA; MÜ)

ECB
1. (engl.) electronic code book mode (Betriebsmodus 'elektron. Codebuch' in Kryptographie - vgl. CBC, CFB; DES, FEAL, MAC_2)

2. EUROMETHOD Control Board (sinngem. Projektleitung von EUROMETHOD - bei der Public Procurement Group (PPG) - seit 3.9.1990 auf die Vertragsnehmer beschränkt - vgl. auch ESC)

ECCAI European Coordinating Committee for Artificial Intelligence, Povo (Hrsg. d. vierteljährl. erscheinenden AICOM, ihrem Organ - Mitgl. sind u.a. afcet, AICA, BCS (BCS_2), GI_1 - hält zweijährl. die ECAI ab (nur ein C!) - vgl. auch AI_3, KI_1; AAAI; EACE, EATCS; CEPIS, IFIP)

ECE Wirtschaftskommission (der Vereinten Nationen) für Europa, Genf (von engl. (United Nations) Economic Commission for Europe - regionale Unterorganis. von ECOSOC - 1947 mit dem Ziel gegr., die wirtschaftl. Zusammenarb. in Europa zu fördern - Mitgl. sind alle Länder West- u. Osteuropas sowie die Vereinigten Staaten u. Kanada (die BRD seit 1956) - unterhält eine Arbeitsgr. "Handelserleichterungen", die (numerierte) Empfehlungen hrsg. (staatl. Quasi-Normen) - ECE-Empfehlung Nr. 4 von 1974 legte die Gründung national. Vereinfachungsorganisationen nahe - in der EG (EG_1) wurde mit COMPRO zusätzl. eine übergreif. Vereinfachungsorg. gegr., die sich aus den damals neun nationalen konstituierte: DANPRO, DEUPRO, ITALPRO, IREPRO, SIMPRO(F), SIPROCOM(B), SITPRO(GB), SITPRONETH(NL), GREEKPRO - vgl. auch BMWi; JEDI; EDIFACT, TDED; EDI)

ECFRN European Consultative Forum on Research Networking (erstmals Anfg. 1991 von dem belgischen Politiker P. Tindemans im Zusammenhang von EUREKA einberufene Beratung, an der u.a. die Verwaltungsratmitgl. von RARE teilgenommen haben - hat beschlossen, eine Lenkungsgruppe (engl. Steering Group) zu bilden, die die Hauptanliegen europäischer Forschungsnetze behandeln und dem Forum eine Strategie für das weitere Vorgehen nach Auslauf von COSINE (Ende 1992) vorlegen möge - Näheres bei DFN oder RARE)

ECHO European Commission Host Organization, Luxemburg (der KEG - dient der Förderung des europäischen Marktes für Online-Informationsdienste - bietet gegenwärtig Zugang zu etwa zwanzig Datenbanken - ist u.a. über Btx erreichbar - vgl. auch DIANEGUIDE; Diane; CCL; CONCISE, PARADISE; ICONE; TermNet; FI)

ECI European Cooperation in Informatics (in den 70er Jahren europäischer Dachverband von sechs Fachverbänden der Informatik: afcet, AICA ($AICA_2$), BCS (BCS_2), GI (GI_1) & NTG (heute ITG (ITG_1)), NRMG - siehe K. Samelson (edtr.): ECI-Conference 1976, Proceedings 1976, Lect. Notes CS (CS_1), Vol. 44, Springer-Verl. 1976 - inaktiv geworden und faktisch durch CEPIS abgelöst - vgl. auch EACE, EATCS, ECA, ECCAI; IFAC, IFIP)

ECITC — Bei CEN & CENELEC: European Committee for IT Testing and Certification, Brüssel (westeurop. Dachgremium der NITCCMs in EFTA- u. EG-Ländern (EG_1), wie z.B. DEKITZ in der BRD, und Kandidat für IT-Sektorkomitee der EOTC - keine zentr. Einrichtg. Prüfung u. Zertifizierung - in einer gemeins. Absichtserklärung (MoU) haben die Mitgl. von ECITC ihren Willen bekundet, das Europäische System für ein harmonisiertes IT-Prüf- u. Zertifizierwesen in ihren Ländern zu fördern u. zu überwachen (d.h. M-IT-03 zu implementieren) - siehe: SOGITS WD Nr. 408 = PPGN 26 vom 18.5.90: The European Syst. for IT Testing and Certific. CEN/CLC Contribut.); DIN EN 45 001 bis 45 003 u. DIN EN 45 011 bis 45 014 sowie DIN EN 45 019 (kurz auch die "EN-45000-Serie" gen.) - das ECITC-Sekretariat wird von CEN/CLC unterhalten - vgl. auch RA_2; DEKITZ, DINZERT; CCC1; AZG, CASCO, CENCER; EQNET; EQS)

ECJ — (engl.) European Court of Justice (dt. Europäisch. Gerichtshof (EuGH))

ECM — Fehlerkorrekturmodus (von engl. Error Correction Mode - u.a. bei Fax)

ECMA — 1. European Computer Manufacturers Association, Genf (Industrieverband westeuropäischer Rechensystemhersteller (RS) - betätigt sich erfolgreich im Vorfeld der institutionellen Normung - Hrsg. eigener (Hersteller-)Standards (blau, vgl. 2.), aus denen oft ISO-Normen entstehen, Techn. Berichte (weiß, vgl. TR) u. jährl. eines Mementos - Veröffentlichungssprache: Brit. Engl. - ISO-Registrierstelle f. Zeichensätze zu Codes - vgl. auch PRC; CBEMA, JBMA; ECTEL; EWOS; RARE; CEN, CENELEC, ETSI; CCITT, JTC1)

ECMA-... — 2. (mit Nummer ... (kartellrechtlich) Norm(en) von ECMA, i.S. der allg. üblichen Unterteilung von Standards in Normen von internationalen, regionalen oder nationalen Normungsinstituten (denen herkömmlich auch Werknormen zugeschlagen werden) und restliche Standards jedoch Standards - vgl. auch TR)

ECOMA — European Computer Measurement Association, Zürich (faktisch: europ. Vereinigung zur Leistungsbeurtlg. von IT-Systemen (auch zur Datenkommunikation) - 1976 von 90 großen DV-Anwendern Europas als unabhäng. gemeinnütz. Einrichtg. gegr. - betreibt Erfahrungsaust., hat mehrere SIGs (darunter eine zum Vergl. von SNA u. OSI), setzt sich mit Normung u. Standards auseinander, hält dazu beachtl. Konferenzen ab - aus Deutschland beteiligt sich u.a. die PTB - siehe u.a. 14th European Conference on Computer Measurement, in CSI (CSI_2), Vol. 6, Nr. 2, 1987, p. 308-310 - vgl. auch CECUA, ECMA)

ECOSOC — Wirtschafts- und Sozialrat der Vereinten Nationen, Genf (von engl. Economic and Social Council of the United Nations - vgl. ECE; UNO)

ECRC European Computer Industry Research Centre, München (gegr. 1987 in Gemeinschaft von Bull, ICL, Siemens als (wohl größtes) europäisches Zentrum für industrielle Informatikforschung mit Schwerpunkten im Bereich KI (KI_1) und PROLOG - vgl. auch ERCIM, ESI, JRC; ICOT, JIPDEC, MCC, NCSL (NIST); ICSI)

ECREEA European Conference of Radio and Electronic Equipment Associations, London (vgl. ECTEL; EBU)

ECTC European Council for Testing and Certification (dt. Europäischer Rat für Prüfung und Zertifizierung (von Produkten) - im früheren Stadium planender Erwägung der KEG vorgeschl. Bez. für eine DINZERT entspr. Einrichtg. - zugunsten von "EOTC" aufgeg. - vgl. auch ECITC)

ECTEL European Conference of Telecommunications and Electronic Equipment Industry, London (westeurop. Industrieverband - 1985 gegr. zur Behandlung aller Fragen, die für Mitgl. von ECREEA oder EUCATEL von Belang sind, auch in der Normung oder deren Umfeld tätig - vgl. auch CBEMA, ECMA, EUROBIT)

ECTUA European Council of Telecommunications Users Associations, Brüssel (dt. etwa Europäischer Rat von Telekommunikationsnutzer-Vereinigungen - 1986 von nationalen TK-Anwendervereinigungen (TK_2) der EG (EG_1) gegr. zur Vertretung der gemeins. Interessen europ. Dienstnutzer bei den zuständigen Institutionen, insbes. dem EP (EP_1), der KEG, der EFTA, CEPT sowie inzwisch. auch bes. ETSI - ECTUA hat seither etliche Stellungnahmen zu einer europ. Telekommunikations-Strategie bzw. Schlüsselthemen wie ETSI u. ONP eingebracht und sich als anerkannte Interessenvertretung an einschläg. Aktivitäten beteiligt - zu aktuellen Themen werden Seminare u. Aussprachen veranstaltet, die allen Interessenten offen stehen - derzeit sind in ECTUA 14 nationale Vereinigungen (wie AFUTT, ANUIT, AUTEL, BELTUG, CIGREF, DTeV, NVBTG, TMA, TUA) und drei internat. (EUSIDIC, IPTC, RARE) zusammengeschl. sowie 50 assoziierte Mitgl. (darunter etwa 25 Firmen) - Fax: 0032 / 26 47 23 54 - vgl. auch EEMA; CECUA)

ECU; Ecu /'e:ku/ (von engl. European Currency Unit, dt. Europäische Währungseinheit - zugleich angelehnt an "Ecu", die Bez. einer früheren französischen Münze - Bezugsgröße für Währungsparitäten u. Verrechnungseinheit nach einem veränderlichen europäischen Währungskorb (100 ECU notierten Anfang 1991 ca. 206 DM) - Haushalte und Fonds der EG (EG_1) werden in ECU festgesetzt, invariant gegenüber Wechselkursen und unbeeinträchtigt von Abwertungen - von Deutscher Bundesbank (BBk) im Juni 1987 anerkannt - bisher weithin nur Buchgeld - im privaten Bereich sind ECU-Reiseschecks erhältl., in Belgien und

Luxemburg werden auch ECU-Münzen und ECU-Kreditkarten verwendet - vgl. auch XEU; EWS, EWU; EWI; EU_1)

ECUG European C++ User Group (vgl. auch EurOpen, EXUG)

ed. 1. (engl.) edition (Ausgabe - z.B. einer best. Internat. Norm - vgl. IS)
ed[tr]. 2. (engl.) editor (Herausgeber - in engl. Bibliographien u. Sammelbd.)

ED EWOS-Dokument (entspr. engl. EWOS Document - von EWOS erarbeitet und hrsgg. - in ENV-Format oder als ETG)

EDI Elektronischer Datenaustausch (von engl. Electronic Data Interchange - die Abk. wird nicht übers. - in neuerer Sicht eine MH-Anwendung - davor in Verallgemeinerung von TDI (und ANSI X.12) entstandenes Vorhaben zunächst von ISO/TC 154, das Ausarbeitung eines konzeptionellen Modells f. elektron. Datenaustausch (nach Art von TDI) vorgeschl. hat - inzwischen ist die Ausarbeitg. des konzeption. EDI-Modells JTC1 angetragen worden, das auch die Koordinat. d. Normg. von Datenelementen im notw. breiten Zshg. wahrnehmen soll - JTC1 akzeptierte die Überleitung u. beauftragte eine SWG, das Modell zu erarbeiten (darüber hinaus ist das SC 14 zuständig) - Hinweise auf den Bedarf an Koordination hat es von wissenschaftl. Seite schon vor Jahren gegeben (u.a. aus der GMD), allerdings unter mehr begrifflichem als wirtschaftlichem Aspekt - siehe: zum Koordinationsbedarf: unter DE_1; zum Sachstand (auch branchenbez.): EDI 89 Report von deutsche congress gesellschaft starnberg mbH (Hrsg. u. Vlg.), Starnberg o.J., 314 S., mit Beiträgen von E.-A. Hörig, H.E. Thomas, K. Schulte, H. Roden, R. Schmidt, K. Rihaczek, H. Handwerg u.a.m.; CCITT F.435 (MH: EDI Messag. Service) in Vorbrtg.; ISO/IEC DIS 10021-7(?) in Vorbrtg. = CCITT X.435 (MHS: EDI Messaging System), 1991 - vgl. auch EDIFACT, TDED; DEUPRO, EDIG; ODA, SGML; EP_2, MHS, MOTIS; FTAM; ONP; DIB; KS; FDT, RM_1; OSI; ODP)

EDIF (engl.) Electronic Design Interchange Format (dt. etwa Transferformat für automatisierten Entwurf - Wunschstandard für Entwurfsautomatisierung bzw. CAD, insbes. im Bereich des Entwurfs integrierter Schaltungen (IC_1) - Gegenstand fachlicher Diskussion und Gemeinschaftsarbeit, u.a. auf sog. EDIF-Foren wie 1989 in BRD und 1990 in GB)

EDIFACT Elektronischer Datenaustausch für Verwaltung, Wirtschaft und Transport (von engl. Electronic Data Interchange for Administration, Commerce and Transport - die Abk. wird nicht übers. - ursprünglich von UN/ECE/Trade WP.4 entwickelt (mit Btlg. von DEUPRO), jedoch ohne Zshg. mit den bei CCITT, ISO und ECMA betriebenen Arbeiten für OSI; MHS, MOTIS; DBs, DDs (DD_1) - übergeleitet auf ISO/

TC97/SC14 (heute JTC1/SC14), das dem Bedarfsdruck folgend eine ISO-Norm für die Syntax geschaffen hat - weitere Normen für sog. Nachrichtentypen betreffen: Bestellung, Lieferabruf, Liefermeldung, Zahlungsavis etc. - das BMP führte 1989 probeweise entspr. Fernmelderechnung ein - dem Standard wird von KEG und Industrie erhebliche wirtschaftliche Bedeutung beigemessen - die KEG/DG XIII schätzt eine jährl. Einsparung von ca. 5000 Mio. ECU im EG-Bereich (EG_1) gegenüber herkömml., telefonats- u. korrespondenz-basierten Verfahren - da EDIFACT unabh. von OSI entwickelt wurde, soll eine Ergänzung anderer Normen sicherstell., daß es unverändert beibehalt. werden kann, denn der Anschein, typisierte Nachrichten könnten schon heute in einer offenen OSI-Welt sinnvoll "**quer Beet**" zwischen verschieden ausgestatteten Partnern ("**jeder mit jedem**") ohne weiteres nahezu beliebig übertragen werden, trügt, und zwar selbst dann, wenn man sich auf Schicht 7 beschränken wollte - vor dem Versand solcher Nachrichten liegt ihre rechnergestützte Entstehung, nach dem Empfang ihre rechnergestützte Verwendg. - deswegen müssen sie von anderen Nachrichten o. Dateien im Strom abgehoben sein, sich also von außen von ihnen unterscheiden, nicht nur am Inhalt der Nachricht (ihrem Rumpf) als solche erkennbar sein - zudem sind Sicherheitserfordernisse einzuhalten (Authentifikation, Kryptierung) - aus beiden Gründen dürfte Telefax gänzl. ausscheiden - in Betracht kommen aber MHS, Btx, Teletex, Telex, DATEX-P u. -L sowie ISDN - DBP Telekom, NBü u.a.m. haben Vorschläge zur Ergänzung der einschlägigen Normen vorgelegt - diese müssen jedoch noch von CCITT u. ETSI bzw. JTC1 u. CEN umgesetzt werden - bei CCITT und ISO/IEC JTC1 wurde bereits ein EDI-Transportprotokoll zur Ergänzung von MHS bzw. MOTIS erarbeitet (X.435 in Vorbrtg.) - ETSI ergänzt X.500 u. EWOS erarbeitet Profile - Btlg. d. KMUs macht kostengünstige Lösung. erforderl. - siehe: ISO/IS 9735:1988 (Syntax) = EN 29 735 = DIN 16 556, 1990; Entw. DIN 16 558 T. 1, 3.90 (Segmente), T. 2, 3.90 (Datenelementgruppen), T. 3, 3.90 (Datenelemente), T. 4, 3.90 (Codes); ISO/IS 7372:1988 = EN 27 372:1989 = DIN 16 559, 5.90 (Handelsdatenelemente); DIN 16 561 T. 1, 5.90 (Rechnung), T. 2, 8.90 (Bestellung), Vornorm T. 3, 3.90 (Bestellbestätigung), Vornorm T. 4, 3.90 (Bestelländerung), Vornorm T. 5, 3.90 (Lieferabruf), Vornorm T. 6, 3.90 (Feinabruf), Vornorm T. 7, 5.90 (Zahlungsavis), Entwurf T. 8, 1.92 (Qualitäts-daten), Vornorm T. 9, 5.90 (Anfrage), Vornorm T. 10, 5.90 (Angebot), Vornorm T. 11, 5.90 (Partnerstammdaten), Vornorm T. 12, 6.90 (Preisliste, Katalog), Vornorm T. 13, 6.90 (Kunden-Kontoauszug); Entw. DIN 16 568 T. 1, 5.90 (Bestätigung/Zurückweisg.); IM, Issue No. 53, July-Aug. 1988, p. 6; zum Normungsproblem siehe Beitrag von H. Handwerg in EDI 89 Report unter EDI; DIN-Mitt. 69. 1990, Nr. 3, Nr. 5, Nr. 6, Nr. 7, Nr. 8 - vgl. auch UN/EDIFACT, TDED, IFTM, ITMS; TDI; AWV, NBü, NTK; NI; EDIG; COMPRO, JEDI; ECE)

EDIG EDI-Gesellschaft e.V., Berlin (branchenübergreifende Interessenvereinigung für einheitliche Gestaltung und Anwendung von EDI - gegr. am 17.6.1993 auf Betreiben von Bedarfsträgern u. Einladg. von BMWi, DIHT u. DIN - hat Aufgaben von DEUPRO übernommen)

EDS Elektronisches Datenvermittlungssystem (der DBP Telekom - löste bei d. ehem. DBP in d. alten BRD die elektromechanische Vermittlung ab - ist programmgesteuert - ermöglichte IDN - vgl. auch Tx)

EDT elektronischer Datentransfer (Abk. u. Ben. in Langform wurden als Richtigstellung von "EDI" vorgeschlag., dürften aber in Anbetracht der Verbreitung von "EDI" sowie dessen Überlappung mit "EDIFACT" dafür nicht mehr durchsetzbar sein - nur allg. verwendbar wie "elektronische Post" (EP_2) für E-Mail u.a.m. - vgl. auch TDI; TEDIS)

EDV (so gen.) elektronische Datenverarbeitung (sprachl. widersinnig - von dieser Bez. wird in DIN 44300, 11.88, ausdrückl. abgeraten - aufgekommen z. werbenden Unterscheidg. von ("konventioneller") Datenverarbeitg. mit mechan. o. elektromech. Mitteln (wie Lochkartentechnik) - atypisch für den wesentl. Anteil von Software (SW) an RS' o. DVS' u. längst selbst altmodisch ("Dampf-EDV") - für Ausbildungsziele u. Berufsbez. also ungeeignet - vgl. auch ADV, DV; KoopA ADV; IT)

EE Bei ETSI: Equipment Engineering (dt. sinngem. Gerätetechnik - Technisches Komitee (TC) - vgl. auch ATM_0, BT_2, GSM, HF_2, NA_1, PS_1, RES, SES, SPS, TE, TM_2)

EEA Einheitliche Europäische Akte (des Europäischen Rats (ER_1) vom 2.-3.12.1985 - in Kraft seit Juli 1987 - das mit ihr rechtl. festgeschrieb. polit. Ziel, die dem Gemeins. Binnenmarkt der Europ. Gemeinschaften (EG_1) damals noch entgegenstehenden rechtl. u. techn. Hemmnisse bis Ende 1992 abzubauen, wurde weitgehend aber noch nicht in allen Einzelheiten erreicht - dies trifft u.a. auch auf das sehr komplexe u. in schneller Entwicklg. begriffene Gebiet der Informationstechnik (IT) einschließl. Kommunikationstechnik (KT) zu - insbes. harren noch zahlreiche Harmonisierungsakte der Umsetzg. in nationales Recht bzw. nationale techn. Normen - daher gibt es noch Übergangsregelungen für vorläufige Ausnahmen von allg. Regelungen - vgl. auch EN; HD_1)

EEC (engl.) European Economic Community (dt. EWG, frz. CEE)

EEF Europäischer Entwicklungsfonds (für die Finanzierung von Maßnahmen zur Förderung der wirtschaftl. u. sozialen Entwicklung von überseeischen Entwicklungsländern, die durch das Abkommen von Lomé (früher Jaunde) verbunden sind mit der EG (EG_1) - vgl. auch EIB)

EEMA European Electronic Mail Association, Rotterdam (wurde lt. eig. Aussage 1989 von der KEG/ DG XIII/ Direktion Telekommunikation gebeten, sich der Notwendigkeit eines paneuropäischen E-Mail-Dienstes anzunehmen, und zwar durch Vorbrtg. eines MoU d. E-Mail-Anbieter - siehe: euromail briefing, issue 2/89, Apr. 1989 - vgl. auch ECTUA, RARE, EurOSInet; EMS, Tbx; EP_2; MHS, MOTIS, MIDA; OSI)

EEMS Enhanced Expanded Memory Standard (verbesserter erweiterter Speicherstandard von AST - vgl. EMS_3)

EEPG European Engineering and Planning Group (von RARE - 1990 gebildet zur Vorbereitg. u. Planung eines europ. 'Backbone' für Datennetze - hat im Mai 1991 seine Arbeit mit Vorlage eines Berichts abgeschl., d. zur Weiterentwicklg. bisheriger Netze ein Multi-Protokoll-'Backbone'-Netz empfiehlt - darin wurde asynchroner Übertragungsmodus (ATM_1) als aussichtsreichste Technik bewertet u. empfohlen, sofort ein ATM-Pilot-Projekt zu starten (geschieht bei einer RARE Task Force) - auch führte d. vielbeachtete Bericht zu einer Multi-Protokoll-Studie im Rahmen von COSINE u. zur sog. Ebone-Initiative z. Einrichtg. eines Internet-IP-'Backbone' in Europa, die auch von CCIRN unterstützt wird)

EEPROM elektrisch löschbarer programmierbarer Festwertspeicher (von engl. electrically erasable programmable read-only memory - auch gen. "E2PROM" - Verbesserung des EPROM - vgl. auch PROM, ROM)

EFT Electronic Funds Transfer (dt. Elektronischer Zahlungsverkehr - vgl. EFTS; POS_2; EDI)

EFTA Europäische Freihandelszone (von engl. European Free Trade Association - die restl. Mitgliedsländer haben Freihandelsabkommen mit der EG (EG_1) geschlossen - verstärkte Zusammenarb. mit EG u.a. bezügl. Forschung u. Entwicklg. (FuE) sowie in d. Normung im Rahmen von CEN, CLC, ETSI - vgl. auch AELE; RGW; ECE; GATT, OECD; UN)

EFTS (engl.) electronic funds transfer system (vgl. EFT; EDIFACT; EDI)

EG

1. Europäische Gemeinschaften (Sing. informell - engl. EC (EC_2), frz. CE (CE_1) - nämlich: EGKS, EURATOM (EAG), EWG (die künftig "Europäische Gemeinschaft" heißt), deren Organe 1967 zusammengefaßt wurden (s.u.) - derzeit 12 Mitgliedsländer - die EG haben gemäß Beschluß des Europ. Rats (ER_1) u. Zustimmung des Europ. Parlaments (EP_1) bis Ende 1992 den Gemeins. Binnenmarkt geschaffen - mit dem **EG-Binnenmarkt seit 1. Januar 1993** sind die nationalen Märkte der EG-Mitgliedslander zu einem großen gemeinsamen Markt zusammengefaßt, der Menschen und Unter-

nehmen enorme wirtschaftliche und sonstige Vorteile bietet: freien Warenverkehr, Freizügigkeit der Arbeitnehmer, freies Niederlassungsrecht, freien Dienstleistungs- und Kapitalverkehr u.a.m. - die in der breiteren Öffentlichkeit wohl weit unterschätzten Voraussetzungen dafür sind vielschichtig und äußerst kompliziert, erforderten sie doch die Überwindung vielfältiger rechtlicher und technischer Hemmnisse, die u.a. in der Verschiedenheit vorgefundener rechtlicher Bestimmungen und technischer Normen liegen - die dazu erforderlichen sehr aufwendigen Harmonisierungen wurden durch Inkraftsetzung der Einheitlichen Europäischen Akte (EEA) zu einem befristeten Arbeitsprogramm erklärt - zur Setzung supranationalen Rechts in bestimmten Bereichen mit (gleichsam verdrängendem) Vorrang vor nationalen Rechten der Mitgliedstaaten bzw. zur sonstigen Einflußnahme bedienen sich die EG gemäß der Römischen Verträge (hier Art. 189 EWG-Vertrag), Aufgabenteilung und Zuständigkeit ihrer Organe folgender abgestufter Mittel:
Verordnung (engl. *regulation*): hat allg. Geltung, ist vollständig u. unmittelbar verbindl. in allen Mitgliedsländ. (ohne Umsetzung);
Richtlinie (engl. *directive*): ist mittelbar verbindlich, muß von den Mitgliedstaaten in nationale Bestimmungen umgesetzt werden, wobei Form und Mittel freigestellt sind (Beispiel: LKR);
Beschluß (engl. *decision*): kann an eine Regierung, ein Unternehmen oder eine Privatperson gerichtet sein und ist für ihren Empfänger voll verbindlich (Beispiel: 87/95/EWG);
Empfehlung (engl. *recommendation*): nicht verbindlich;
Stellungnahme (engl. *opinion*): nicht verbindlich -
zur Harmonisierung unterschiedl. nationaler techn. Normen bzw. Durchsetzung einheitl. internat. Normen in den Mitgliedsländern bedienen sich die EG des Mittels **Europäische Norm (EN)** und Varianten, gestützt auf ein Weißbuch ihrer Kommission (der KEG), eine Ratsentschließung vom 7.5.1985 über eine neue Konzeption auf dem Gebiet der technischen Harmonisierung und der Normung (in EG ABl. 1985, Nr. C 136/01) und einschlägige Richtlinien, z.B. die Maschinenrichtlinie (Nr. 89/392/EWG & Änderung Nr. 91/368/EWG) und die EMV-Richtlinie (Nr. 89/336/EWG) - einen wichtigen Beitrag zur Entwicklung von Forschung, Wirtschaft und Zusammenarbeit, zur Mittelstands- (KMU), Regionalförderung u.a.m. leisten vielfältige Förderprogramme der EG (von denen einige relevante in diesem Lexikon berücksichtigt sind), z.B. Esprit, RACE - um den mit der Gründung der EG eingeleiteten und nun mit der Schaffung des Gemeinsamen Binnenmarktes fortgeführten Prozeß der europ. Integrat. auf eine neue Stufe zu heben, soll nunmehr eine Europ. Union (EU_1) gegr. werden, die über das frühere Fernziel einer Wirtschafts- u. Währungsunion (WWU) aus bedeuts. Gründen hinausgreift - siehe auch u.a.: EGKS-Vertrag von Paris,

1951, sowie die EWG u. Euratom betr. Verträge von Rom, 1957, alle (nebst jüng.) Änderungen u. Ergänzungen; EG ABl.; H.G. Klaus: Informations- u. Kommunikationstechnolog. Forschung ist mitentscheidend f. die Qualität eines künftig. Europa, in GMD-Spiegel 3'90; DIN (Hrsg.): Europ. Binnenmarkt 1992 mit EG-Richtlinien u. Europ. Normen, Ziele erreicht? (Referatenslg.), bei Beuth, Berlin 1992, 132 S. A4, 64,-- DM, ISBN 3-410-12824-7; Lit. unter anderen Einträgen, z.B. EN, EU_1, EWG, IT - die Organe der EG sind: die Kommission (KEG), der Ministerrat bzw. der Europäische Rat (ER_1), der Wirtschafts- und Sozialausschuß (WSA) u. das Europäische Parlament (EP_1) sowie der polit. unabhäng. Europ. Gerichtshof (EuGH) - vgl. auch EWIV; EUROSTAT; STOA; EWS; EIC; EFTA, RGW; ECE; GATT, OECD; KSZE; UN)

2. Eurographics (Abk. EG im eigenen Logo - sonst informell)

EG xy — 3. Bei EWOS: Expert Group xy (berichtet gemäß 'Generic Terms of Reference' an die Technische Versmmlung (TA))

EG ABl. — EG-Amtsblatt (der Europäischen Gemeinschaften (EG_1))

EGA — Enhanced Graphics Adapter (1985 von IBM zur Ablösg. von CGA eingeführte Grafikanpass. von Farbmonitoren f. 640 × 350 Pixel u. 16 aus 64 Farben bei eigen. RAM (auf Adapterkarte) f. 256 KByte bzw. nur 4 aus 64 Farben bei RAM für 64 KByte, mit Zeichen aus 14 × 8 Pixel - vgl. auch AGA, CGA, HGC, MDA, PGA, VGA; SVGA; Tiga, XGA)

EGK — (informelle Abk. von) Kommission d. EG (i.S. von EG-Kommission - korrekt ist "KEG" - vgl. auch EG_1)

EGKS — Europäische Gemeinsch. f. Kohle u. Stahl ("Montanunion" - vgl. EG_1)

EGUNIT — Untersuchung zur praktischen Umsetzg. des EG-Ratsbeschlusses (EG_1) vom 22.12.1986 ü. die Normung auf dem Gebiet d. Informationstechnik (IT) u. d. Telekommunikation (siehe: KBST-Reihe, Bd. 12)

EHKP — Einheitl. Höhere Kommunikationsprotokolle (des KoopA ADV - derr Normung von ISO u. DIN vorgreif. Protokollstandards f. die Schichten 4, 5 u. 6 des OSI-RM - durch Entwicklg. überholt - vgl. auch KSS)

EHSA — European Home Systems Association, Eindhoven (NL) (gegr. 1990 im Zshg. mit Esprit-Proj. - will integrat. Standards in Normung einbring.)

EIA — Electronic Industries Association (USA), New York, NY (verglichen mit deutschen Industrieverbänden eine Art spezieller ZVEI, aufgr. eigener Standards und Arbeiten zur Normung bei ANSI und IEC andererseits eher vergleichbar dem VDE bzw. der DKE)

EIB — Europäische Investitionsbank, Luxemburg (d. EG (EG_1) - vgl. auch EEF)

EIC — Euro[pa]-Info[rmations]-Zentrum; EURO-Schalter (von engl.(?) Euro Info Centre - Informations- u. Beratungsstelle für Europ. Binnenmarkt, Gemeinschaftspolitik, nationale u. gemeinschaftl. Regelungen u. Projekte - im Rahmen d. EG-Mittelstandspolit. (EG_1) für KMUs entstand ein EG-weites Netz von 187 EICs, davon 27 in d. BRD bis Ende 1990 eingerichtet, getragen von IHKs, Handwerkskammern, deren Dachverbänden DIHT u. DHKT, dem RKW, VDI/VDE-Technologiezentren, Verbänden u.a. Selbsthilfeeinrichtg. der Wirtschaft - vgl. auch BfAI)

EICAR — European Institute for Computer Anti-Virus-Research (in Entstehung), Bremen(?) (1991 von Herstellern von Anti-Viren-Werkzeugen gegr. - sollte zur Abwehr latenter Bedrohung von allen interessiert. Fachleuten unterstützt werden - Zusammenarbeit mit CARO - vgl auch BSI_2)

EinigungsV — Einigungsvertrag (**Vertrag** zwischen der Bundesrepublik Deutschland und der Deutschen Demokratischen Republik **über die Herstellung der Einheit Deutschlands** - geschehen am 31.8.1990, wirksam ab 3.10.1990 (Tag der deutschen Einheit) - gliedert sich in neun Kapitel mit insges. 45 Artikeln (12 S.) und schließt lt. Art. 45 Abs. (1) das anliegende Protokoll (mit Klarstellungen) und drei Anlagen ein - bleibt lt. Art. 45 Abs. (2) als Bundesrecht geltendes Recht - lt. Art. 1 wurden die fünf Länder d. DDR sowie Berlin Länder d. BRD (Beitritt gemäß Art. 23 GG am 3.10.1990) - die neue BRD (Deutschland) besteht seither aus den 16 Bundesländern: Baden-Württemberg, Bayern, Berlin*, Brandenburg*, Bremen, Hamburg, Hessen, Mecklenburg-Vorpommern*, Niedersachsen, Nordrhein-Westfalen, Rheinland-Pfalz, Saarland, Sachsen*, Sachsen-Anhalt*, Schleswig-Holstein, Thüringen* (* neues Bundesland) - lt. Art. 3 EinigungsV trat das GG (vorerst außer Art. 131) für den Teil des Landes Berlin, in dem es bisher nicht galt, sowie die anderen fünf neuen Bundesländer in Kraft - Art. 4 führt sechs beitrittsbedingte Änderungen des GG auf (darunter 1. neue Präambel, 2. Aufhebung von Art. 23 GG) - der EinigungsV erstreckt sich im übrigen auf alle relevanten Aspekte von Arbeit, Besitz, Bildung, Finanzen, Forschung, Gewerbe, Leben, Kultur, Recht, Wirtschaft, Wissenschaft und Verwaltung und kann daher nicht angemessen in einem Kurzreferat skizziert werden - zu seiner Umsetzung sind in den Anlagen I und II rechtl. Überleitungs- u. Abwicklungsregelungen angegeben, untergliedert nach den Zuständigkeiten d. Bundesressorts - siehe Bull. des BPA, Nr. 104/S. 877(-1120), Bonn, 6.9.1990 - vgl. auch PLZ; D_1; EG_1)

E.I.S — Entwurf Integrierter Schaltungen ((bundes)deutsches Hochschulprojekt von 26 Hochschulen bzw. Fachhochschulen, FhG und GMD (Koordination) in Kooperation mit AEG und Siemens - Phase 1: 1983-1987 -

Phase 2: 1988-1992 - siehe: E.I.S-Zeitung bei GMD (ersch. bis 1992); Abschlußbericht bei GMD - die Erfahrung d. Beteiligten kommt entspr. Projekten zugute - vgl. auch EUROCHIP, JESSI; IC_1)

EISA — Extended Industry Standard Architecture (dt. Erweiterte Industrie-Standard-Architektur (ISA_1) - für PCs (PC_1 i.w.S.) - von Compaq u. einigen 'Clone'-Herstellern gesetzter de-facto-Standard für einen 32-Bit-Bus (inzwisch. auch 64-Bit-Bus) als Alternative zu dem vom ISA-Urheber IBM eingeführten Mikrokanal (MCA) - vgl. auch EMB_2; PCI_1, VL_2)

EKSt — Einkommensteuer (mit Einkommen ist gewöhnlich Jahresbrutto-Einkommen gemeint - vgl. AO; VL_1; KSSt, MWSt, USSt)

EKStG — Einkommensteuergesetz (der BRD - vgl. auch AO)

ELAN — (von engl. Educational Language - prozedurale Programmiersprache nahe Pascal, für Ausbildung (zu strukturierter Programmierg. (STP_2)) u. Schulverwaltg. - ermögl. schrittweise Verfeinerung im Dialog - enthält Modulkonzept - ist anpassungsfähig - vgl. auch EUMEL, L3; PS_2)

eLib — elektronische Softwarebibliothek (am ZIB), Berlin (West) (mit "Lib" wie engl. library - Bibliothek im übertr. Sinn, die Software (SW) für mathem. Algorithmen aus allen Bereichen des wissenschaftl. Rechnens sowie zugehörige Beschreibungen sammelt, registriert u. mittels techn. Kommunikation jederzeit automatisiert vermittelt, über das WIN oder 'Gateways' u. andere Wissenschaftsnetze nach internat. genormten Protokollen - seit 1989 in Aufbau - das anspruchsvolle Vorhaben hatte am 1.4.1991 seine zweite Ausbaustufe erreicht (mit den Verbundbibliotheken NetLib u. RedLib u. dem NA-Net) - das ZIB hat der 1989 gegr., von DMV u. GAMM mitgetrag. GI-FG 2.2.2 (GI_1) für Numerische SW seine Unterstützg. mit eLib zugesagt - siehe Rundbrief Numer. Softw. d. GI-FG 2.2.2 (Hrsg.), Nr.1, 1.3.1990 & Nr. 4, 10.5.1991 vom Inst. f. Angew. Mathem. d. Univ. Hamburg - vgl. auch ISIS)

ELOT — Ellinikos Organismos Typopoiiseos, Athen (engl. (lt. ISO) Hellenic Organization for Standardization - griechisches Normungsinstitut)

EM —
1. Bei ISO/TC97 (alt): Equipment and Media (Grouping: SC10, SC11, SC13, SC15, SC17, SC19, SC23 - vgl. auch AE_1, SYS_1)
2. Bei JTC 1 (bis 1991): Equipment and Media (Grouping: SC11, SC15, SC17, SC23 - vgl. auch AE_2, S_1, SS_3)

E-Mail; EM — /'i:'meil/ (von engl. electronic mail (auch: email) für dt. sinngem. elektronische Post (EP_2 i.e.S.) - vgl. auch IMAIL; SMTP; Internet; EMS, Telebox; MHS, MOTIS; EEMA; TCP/IP, OSI)

EMB
1. elektromagnet. Beeinflussung (engl. EMI - vgl. auch EMC; EMV)
2. (engl.) Enhanced Master Burst (ermögl. EISA bis zu 133 MByte/s)

EMC
(engl.) electromagnetic compatibility (dt. elektromagnetische Verträglichkeit (EMV) - vgl. auch EMI; EMB_1)

EMF
(engl.) electromotive force (dt. elektromotorische Kraft (EMK))

EMK
elektromotorische Kraft (engl. EMF - Größenart Spannung (in V (V_3)))

EMI
(engl.) electromagnetic interference (dt. EMB_1 - vgl. auch EMC; EMV)

EMP
elektromagnetischer Impuls (von engl. electromagnetic pulse - über gewöhnl. Bedeutg. hinaus insbes. potentielle Sicherheitsbeeinträchtigung f. den Betrieb von Rechensystemen (RS') u. Übertragungskanälen, dem man durch Einsatz aufwendg. Abschirmung wohl nur begrenzt begegnen kann, evtl. durch Einsatz von Fluidik u. Glasfaserleitung (LWL) - Gegenstand der Sicherheitsforschung - vgl. auch EMB_1, EMV)

EMS
1. Elektronisches Mitteilungssystem (der DBP Telekom - vgl. auch Telebox; IPMS; E-Mail, EP_2; MHS (MOTIS); OSI)
2. Encyclopaedia of Mathematical Science (Springer-Verl.; Berlin, Heidelberg, New York, London, Paris, Tokio, Honkong)
3. Speicher-Erweiterungs-Standard (von engl. Expanded Memory Standard - von LIM 1985 für PCs (PC_1) gesetzt: als XMS oder VCPI - vgl. auch EEMS)
4. European Mathematical Society, Helsinki (gegr. 28.10.1990 in Madralin bei Warschau - fördert Entwicklung d. Math. in Europa - vgl. auch AMS, DMV, ÖMG, SMF; IMU)
5. (engl.) Express Mail Service (Kurierpostdienst für über 180 Länder d. Welt - von GD Express Worldwide [(Deutschland) GmbH, Troisdorf], einem Zusammenschluß von derzeit fünf Postunternehmen (einschließl. d. DBP Postdienst) mit TNT Express Worldwide, Amsterdam - in der BRD von der Postdienst-Tochter EMS Kurierpost GmbH - beide in Deutschland vertreten von DBP Postdienst über EMS-Postschalter in vielen Postämtern bis max. 18 Uhr - telefon. erreichbar über 0130/ 823 823 - für Datenträger bietet DBP Postdienst EMS/Datapost an, einen internat. Kurierdienst für bestimmte Länder - Deklarationssprache Englisch - vgl. auch SAL; UPU)

EMUG
European MAP Users Group (vgl. auch EWOS)

EMV
elektromagnetische Verträglichkeit (engl. EMC - Zshg. mit Begr. Störfestigkeit - schließt i.w.S. bedingt auch Schutz vor Blitz u. EMP ein - siehe: EN 60555 T. 3 = DIN VDE 0838 T. 3; IEC 1000-2-1/2; Richtl.

des Rates vom 3.5.89 ... über die elektromagnetische Verträglichkeit, in EG-ABl. L 139/19 vom 23.5.89 - Normung bei IEC, CENELEC und DKE - vgl. auch EMI; EMB_1; DEKITZ, ECITC; CE_2)

EN ... Von CEN oder CENELEC: Europäische Norm (engl. European Standard, frz. Norme européenne - die Abk. wird nicht $über_{s.}$ - ENs werden nach Möglichkeit auf der Grundlage internat. Normen geschaffen (evtl. in zeitlicher Überlappung), meist durch Übernahme ausgewählter ISO- oder IEC-Normen - denn der mit ihnen durch völlige Harmonisierung erstrebte Abbau von Handelshemmnissen im europ. Binnenmarkt, soll und darf keine neuen Barrieren zum übrigen Weltmarkt (relativ Außenmarkt) errichten, da unerwünscht u. unzulässig (u.a. hinsichtl. GATT, OECD u. KSZE) - sie sind ein polit. $bedeut_{s.}$ Instrument $euro_{p.}$ Harmonisierung, denn es gilt (entgegen sonstiger internat. Gepflogenheit): **die nationalen Normungsinstitute (NSOs, so z.B. DIN) aller Mitgliedsländer der EG (EG_1) und der EFTA sind zu inhaltstreuer Umsetzung der ENs in ihr nationales Normenwerk verpflichtet & die Publikation von ENs erfordert den prompten Rückzug abweichender nationaler Normen zu demselben Gegenstand** - ihr Normstatus kommt durch Abstimmung aufgrund eines Stimmenproporzes zustande, wenn nicht mehr als 20% d. Stimmen dagegen sind, wobei dem DIN f. die BRD zehn von 100 Stimmen zukommen - öffentl. nicht zugängl. Originalfassungen in Deutsch, Englisch, Französisch, soweit man nicht auf die dt. und die frz. Fassung verzichten kann oder muß - ENs erscheinen im deutschen Normenwerk als DIN EN ... (mit der Nr. der EN ...), falls nicht schon als DIN ISO ... (mit der Nr. der ISO[/IEC] ...) bzw. als DIN-Norm erschienen - zwar sind auch ENs wie andere techn. Normen prinzipiell nur Empfehlungen, aber auch sie können (von außen) verbindl. gemacht sein: rechtlich (ohne, daß man ihnen dies ansähe) oder vertraglich - die EG macht hiervon selbst seit 1985 durch Referenzen in EG-Richtlinien auf ausgewählte ENs Gebrauch - den referenzierten Normen wird dadurch rechtl. Verbindlichkeit verliehen, da die mit qualifizierter Mehrheit im Europäischen Parlament (EP_1) beschlossenen Richtlinien in nationales Recht umzusetzen sind u. aufgrund einer Entschließung des Europ. Rates (ER_1) vom 7.5.1985 die Erarbeitung zugehöriger techn. Details CEN/CLC übertragen ist - siehe auch: F. v. Sydow: Gutachten zur Zusammenarbeit der BRD mit der EG bei Normen im Bereich der Informatik, 18 S. + 10 Anh., GMD/ZNK, Birlinghoven, 1979; KEG (Hrsg.): Vollendung des Binnenmarktes (Weißbuch gen.), Brüssel, 1985; CEN/CLC (Hrsg.): Verz. CEN/CLC, Europ. harmonisierte Arbeitsergebn. zu techn. Regeln u. entspr. nation. Dokumente 1993, 357 S. A5, 52,-- DM, ISBN 3-410-12442-X, bei Beuth, Berlin - vgl. auch BC; PNE; ENV, prEN; HD_1; dav, dor; ETS; CTR; CE_2; ECITC; ECMA, EWOS, SPAG)

ENS Europäisches Nervensystem (entspr. engl. European Nervous Syst. - im FuE-Rahmenprogr. der KEG verankertes, von der Initiative Transeurop. Netze d. KEG GD III getrag. Vorhaben für eine europ. TK-Infrastruktur (TK_2), dotiert mit 120 Mio. ECU - Pilotanwendung. involvierten viele Betroffene in Anknüpfung an lfd. Progr. der KEG wie INSIS, CADDIA, TEDIS unter Berücksichtg. der Nutzeraspekte - Basisnormen werden eingehalt., Standards f. Anwendung. im öffentl. Ber. erarbeitet - siehe KEG (Hrsg.): ... zu einer europ. Infrastruktur, Dok. KOM (90) 310 endg. - vgl. auch EPHOS; EuroKom; RACE; RARE)

ENSO europäisches nationales Normungsinstitut (von engl. European National Standards Organisation - Gattungsbegr. in internat. Zshg. - Beisp.: AENOR, AFNOR, BSI (BSI_1), DGQ (DGQ_2), DIN, DS (DS_1), ELOT, IBN, IIRS, ON, SIS, SNV, UNI (UNI_1) - vgl. auch NSOs; CEPT; CEN, CENELEC, ETSI; SIC; ITSTC; JTESI)

ent (frz.:) entier (dt. ganz - in "Entierfunktion", gleichbed. Gaußklammer-Fkt.: $\mathrm{ent}\ x = [x] := z :=: z \leq x < z+1$ bei reellen x und ganzzahligen z - also jeweils die größte ganze Zahl, die kleiner oder gleich x ist - (die) Treppenfkt. (par excellence) - in Informatik gewöhnl. mit "ent", in Math. auch mit eckigen Klammern notiert - mit "ent" bereits in ALGOL 60 eingeführt, heute in vielen PS' (PS_2) enthalten (für reals) - vgl. auch abs, mod, sgn)

ENV ... Von CEN oder CLC: Europäische Norm zur versuchsweisen Anwendg. (die Abk. wird nicht übers. - erscheint im deutschen Normenwerk als DIN ENV ... (mit der Nr. der ENV ...), nur in Engl. und auf blauem Papier - umsetzungspflichtig wie ENs, jedoch ohne Rückzug einer evtl. bestehenden nationalen Norm zu demselben Gegenstand - entspr. DIN-Vornorm neuerer - vgl. auch ETS, HD, prENV; CTR)

EOT Ende der Übertragung (von engl. End of Transmission - Steuerzeichen für DÜ ($DÜ_2$))

EOTC European Organisation for Testing and Certification - das Akr. wird nicht übers. - europ. Dachinstitution für allg./grundlegende Belange der Bewertung von Produkten als normkonform mittels Zertifizierungssystem und Abkommen zur gegenseit. Anerkenng. von Prüfberichten und Zertifikaten verschiedener Herkunft in EG (EG_1), EFTA, Drittländern - prägend im nichtgeregelten Bereich u. unterstützend für den rechtl. geregelten - Vorbereitung wurde 1990 abgeschl., Versuchsphase 1991 eingeleit., volle Wirksamkeit Ende 1992 erreicht - entspr. DINZERT in d. BRD - siehe MoU between the CEC, the EFTA and CEN/CENELEC for the setting up of the EOTC, CEC-DG III Certif. 90/4 (Final) - vgl. auch TGA; DAR; DEKITZ; ECITC; WELAC; DQS, EQS)

EP

0. Einheitspapier (gemeinschaftl. einheitl. Vordruck für EG (EG_1) und EFTA - zum 1.1.1988 im grenzüberschreit. Warenverkehr eingef. f. Ausfuhr, Versand u. Einfuhr - hat viele Vordr. auf einen Nenner gebracht u. abgelöst - Näheres bei IHKs - vgl. auch EDIFACT)
1. Europäisches Parlament, Straßburg & Luxemburg & Brüssel (gemeinsames Organ der EG (EG_1), d.h. von EWG, EGKS u. EAG - Plenarsitzungen in Straßburg, Sekretariat überwiegend in Luxemburg, Ausschuß- und Fraktionssitzungen in Brüssel - durch EEA gestärkt - vgl. auch STOA; ER_1, EuGH, KEG, WSA; EU_1)
2. elektronische Post (entspr. engl. electronic mail ('mail' eigtl. nur materiale Postsendung) - i.U. zur sog. gelben Post: zwischen Personen (oder FEs) mittels elektronischer Einrichtungen (papierlos) übermittelte Mitteilungen in schriftl. oder graphischer Form, oder System(e) dafür, d.h. zu interpersonaler Übermittlung von Mitteilungen - i.w.S. alles, was darunter fällt, gleich ob geschlossene oder offene Systeme, private LANs oder öffentl. WANs verwendet werden und unabhängig davon, ob die Mitteilungen (etwa über öffentl. Datennetze) nur transportiert oder ob sie in Telematikdiensten öffentlicher Telegrafieträger (wie der DBP Telekom) oder privatim rechnergestützt gespeichert u. verfügbar gemacht werden - also z.B. Mitteilung via Standverbindung, elektronische Hauspost, Telex, Teletex, Telefax, Mailbox, Telebox oder Btx (zumindest soweit aktiv genutzt), sowie Formen der Interkommunikation dazwischen (z.B. Übergang zwischen Telex und Teletex), nicht jedoch Videotext, Telefonie (obgleich Netz als Infrastruktur für EP_2 nutzbar) oder CB-Funk - i.e.S. (mangels eines besseren internat. eingeführten Ausdrucks auch deutsch so gen.:) E-Mail o. Electronic Mail i.S. von Mailbox-Systemen (IPM_2), die rechnergestützt Mitteilungen empfangerbezogen in einer sog. Mailbox (MS) speichern u. sie dem Empfänger bei eingeschaltetem Gerät o. auf Abruf von beliebigem Ort zugängl. machen - bei öffentl. Mailbox-Systemen von Telegrafieträgern (wie Telebox der DBP Telekom) liegt die Mailbox im öffentl. Datennetz, bei privaten Mailbox-Systemen liegt sie im Privatbereich - E-Mail ist i.S. dieser Unterscheidung grundsätzlich nicht monopolisiert - siehe: CCITT X.400 ff; ISO/IEC 9066; ISO/IEC 9072; ISO/IEC 10031; Michael Schneider: Message-Handling-Systeme im Spannungsfeld techn., gesellschaftl. u. juristischer Evolution, CR (CR_1) 1988, S. 767 ff u. 868 ff - vgl. auch MHS (MOTIS); BBS, IMAIL; ENS; GAN; TCP/IP; OSI)

EPA

Europäisches Patentamt, München (herkömmlich ist ein Patent nur in den Staaten rechtswirksam, in denen es angemeldet und erteilt ist - künftig braucht ein Patent im Rahmen des EG-europ. Patentrechts (EG_1) nur in einem EG-Staat angemeldet werden, damit es bei Erteilung. EG-weite Geltung erlangt - vgl. DPA; PatG, UrhG; WIPO)

EPHOS Europäisches Beschaffungshandbuch für Offene Systeme (von engl. European Procurement Handbook on Open Systems - großes und vordringliches Projekt der KEG (ITTTF & SIC) zusammen mit SOGITS-PPG (vormals PPSC-IT) und CECUA für einen sukzessive auszubauenden Leitfaden durch das Dickicht von Normen und technischen Spezifikationen sowie das Handbuch selbst - primär als Hilfestellung für Beschaffungsentscheidungen u. Ausschreibungen der öffentl. Hände (von der KEG auf rund 15 % des Bruttosozialprodukts (BSP) der EG (EG_1) geschätzt, entsprechend etwa 600 Mrd. ECU, dem Zehnfachen des EG-Haushalts 1992) - darüber hinaus auch Unternehmen, Hochschulen, Forschungseinrichtungen empfohlen und sicherlich von großem Nutzen - als Projekt anfänglich hauptsächlich getragen von den drei EG-Mitgliedsländern BRD, Frankreich und Großbritannien - orientiert an britischem Vorbild UK GOSIP ($GOSIP_2$) - auf ISPs gegründet, teilweise, um keine Zeit zu verlieren, auf Profile (FNs) von CEN - gesteuert wird die Arbeit durch ein übergreifendes EPHOS-Komitee, unterstützt vom EPHOS Project Office, London, u. nationaler Komitees (in BRD: KBSt, adi) - siehe: Draft Structure of Handbook, PE 004, 90-05-28 (mit Gliederung in 1. Introduction, 2. Guide to the Choice of Solutions, 3. Solutions (MHS, FTAM, Wide Area Comm. X.25), 4. How to ensure that products offered meet standards requirements, Glossary, Bibliography, Cross Ref. Index); erste dt. Fassg. des BMI (Hrsg.): EPHOS-Handb., in KBSt-Schriftenreihe, Bd. 25, 1991 - 'Launching' bei KEG DG XIII war in Brüssel am 26.3.1992 - inzwischen ist die Arbeit von Phase 2 angelaufen, die u.a. Strukturierung u. Management übermittelter Daten berücksichtigen soll sowie IR - das EPHOS-Handb. ist sicherlich auch im nicht-behördl. Bereich von Nutzen - vgl. auch V_4; GUS, PSI, SIG_1; IPSIT; OSTC; OSI; ODP)

EPIA (engl.) error possibility and influence analysis (dt. Fehler-Möglichkeits- und Einfluß-Analyse (FMEA) - vgl. auch QM, TQM; QZ; EQ; QS)

EPMI European Printer Manufacturers and Importers, Frankfurt a.M. (europäische Interessengruppierung - beim VDMA - hat Druckerleistungstest EPPT entwickelt - siehe: ECMA 132; EPMI Diskette Vol. 1 (DM 19.--) u. EPMI Printer Throughput Results (DM 74.--) bei Maschinenbauverlag, Frankfurt a.M. - vgl. auch SPEC)

EPPT Europäischer Drucker-Leistungstest (von engl. European Printer Performance Test - von EPMI - siehe unter EPMI - vgl. auch IPS; ADLZ, SPEC)

EPROM löschbarer programmierbarer Festspeicher (von engl. erasable programmable read-only memory - erkennbar an rechteckigem Quarzfenster am Chip - vgl. EEPROM; PROM, ROM)

EPS

1. elementares Petri-System (entspr. engl. elementary Petri system - in d. Netztheorie vorgeschlag. allg. Modell zur Darstellung von elementar. Eigenschaften d. Nebenläufigkeit (engl. concurrency), eine einfache Verallgemeinerung d. sog. Bedingungs-Ereignis-Systeme - siehe: C.A. Petri, E. Smith: Concurrency and Continuity, in APN 1987 als LNCS 266, p. 273-293, bei Springer, Berlin, Heidelberg, New York 1987, ISBN 3-540-18086-9; E. Smith: Zur Bedeutung der Concurrency-Theorie für den Aufbau hochverteilter Systeme (Dissertation bei C.A. Petri in Hamburg), GMD-Ber. Nr. 180, bei Oldenbourg, München 1989 - vgl. auch CPN_2, PrT; PN_1)
2. Encapsulated PostScript (ermögl. Kommentare - vgl. PDF)
3. Europäische Physikalische Gesellschaft, Petit Lancy (CH) & Budapest (von engl. European Physical Society - gegr. 1968 - persönl. u. korporative Mitgl. - vgl. auch DPG; EMS; IUPAP)

EPZ

Europ. Polit. Zusammenarb. (durch EEA konkretisiert - vgl. auch EG_1)

EQ

europäische Qualität (entspr. engl. European quality - vgl. SCOPE; EQNET; DQS, EQS; ECITC, EOTC; QS)

EQNET

Europäisches Netzwerk für die Beurteilung und Zertifizierung von Qualitätssicherungssystemen (von engl. European Network for Quality System Assessment and Certification - im März 1990 im EQS-Zshg. geschloss. Zusammenarbeitsvereinbrg. zwisch. Koordinierungsstellen f. Qualitätssicherungssyst. im Ber. von EG (EG_1) u. EFTA (kein Daten- oder Rechnernetz für Telekommunikation (TK_2)) - siehe DIN-Mitt. 69, 1990, Nr. 6, S. 313 - vgl. auch DQS, EQS; ECITC, EOTC; QS)

EQS

Europäisches Komitee für die Beurteilung und Zertifizierung von Qualitätssicherungssystemen, Brüssel (gegr. 1989 hinsichtlich der dann vorbereiteten EOTC, von der es nun ein 'Specialized Committee' ist - das entspr. MoU wurde im Okt. 1989 von den zuständigen nationalen Koordinierungsgremien von 18 Ländern der EG (EG_1) u. EFTA unterzeichnet, auch der DQS - danach sind den im Namen des Komitees umrissenen Hauptaufgaben des EQS die Normen der Reihen EN 29 000 (entspr. ISO 9000 bis 9004) u. EN 45 000 zugrundezulegen - siehe: DIN EN 45 001 (Allg. Kriterien zum Betreiben von Prüflaboratorien); DIN EN 45 002 (Allg. Kriterien z. Begutachten von Prüflaboratorien); DIN EN 45 003 (Allg. Kriterien f. Stellen, die Prüflaboratorien akkreditieren); DIN EN 45 011 (Allg. Kriterien f. Stellen, die Produkte zertifizieren); DIN EN 45 012 (Allg. Kriterien f. Stellen, die Qualitätssicherungssyst. zertifizier.); DIN EN 45 013 (Allg. Kriterien f. Stellen, die Personal zertifizieren); DIN EN 45 014 (Allg. Kriterien f. Konformitätserklärg. von Anbietern); DIN Mitt. 70 (1991), Nr. 4 mit Beitr. von H. Berghaus, D. Volkmann et al. - vgl. auch EQNET; GGS; QS)

ER
1. Europäischer Rat (der EG (EG_1) - tagt seit 1975 dreimal pro Jahr - hat seine Aufg. am 19.6.1983 festgelegt - erläßt zeitl. Regelungen für das europ. Einigungswerk - berichtet dem EP (EP_1) - kann in Gemeinschaftsangelegenht. entsch. als Rat d. EG (EG_1) i.S. d. Europ. Verträge - nicht etwa Europarat in Straßburg, der nicht supranat., sondern beratend tätig - vgl. auch EuGH, KEG, WSA; EU_1)
2. (engl.) entity/relationship (etwa in "ERM")

ERCIM
Europäisches Forschungskonsortium für Informatik und Mathematik (engl. European Research Consortium for Informatics and Mathematics - von CWI, GMD u. INRIA im Dez. 1989 gegr. Konsort. nation. Forschungseinrichtg. zur Zsarbt. auf ausgewählt. Gebieten mit der erklärten Absicht, sich auf eine größere Gruppe derartiger Institutionen zu erweitern - Gegenstände vereinbarter Zsarbt. waren zunächst Sicherheit von Rechensyst. (RS') u. Kommunikation (Kryptographie u. Softwaresicherh.), massiv parallele Systeme (MPS) u. hochintegr. Schaltwerke (VLSI) - 1990 wurden erstmals 'Fellowships' verliehen u. ist das RAL (RAL_2) als viertes Mitgl. beigetr. - 1991 wurde das INESC aus Portugal fünfter Partner u. der CNR aus Italien sechster - 1992 kamen FORTH aus Griechenland u. SINTEF DELAB aus Norweg. hinzu - siehe: ERCIM Newsl. No. 5, Dec. 1990; G. Seegmüller: ERCIM ..., in GMD-Spiegel 3'90, S. 34-39; ERCIM News No. 11, Oct. 1992 - vgl. auch EWIV; ECRC, ESI, JRC; RWCP; ICSI)

ERE
Europ. Rechnungseinh. (d. EG (EG_1), seit 1981 ECU - vgl. auch EWS)

ERM
(engl.) Entity Relationship Model (ein de-facto-Standard. für Entwurfswerkzeuge zu Datenbanken (DB_1) - vgl. auch DBMS; FDT)

ERMES
(ETSI-Normungsprojekt für Mobilkommunikation - vgl. auch GSM)

ERP
Europäisches Wiederaufbauprogramm (der USA - von engl. European Recovery Program - auch "Marshallplan" gen. nach G.C. Marshall, 1880-1959, der diesen Hilfsplan 1947 als Außenminister der USA verkündet hat - 1948 bis 1952 wurden Güter für rund 13 Mrd. $ ins kriegszerstörte Europa geliefert, an Westdeutschland und Berlin für rund 1,6 Mrd. $ - aus dem noch bestehenden ERP-Sondervermögen der BRD (aus DM-Gegenwerten, die die USA 1949 auf die BRD übertragen haben) werden zur Unterstützg. des wirtschaftl. Erneuerungsprozesses in der ehem. DDR seit Februar 1990 ERP-Kredite für Investitionen priv. gewerbl. Unternehmen u. Angehöriger Freier Berufe "in der DDR" vergeben - darauf hatten sich Bundesreg. u. Reg. der DDR noch vor deren Beitritt zur BRD verständigt - auf diese Weise kommt US-amerikanische Nachkriegshilfe noch heute dem schwierigen Neubeginn in den neuen Bundesländern zugute - vgl. auch BMWi)

ES (kurz für "EUROSTAT" in dessen Signet zusätzlich zu klein "eurostat")

ESA Europäische Raumfahrtbehörde, Paris (von engl. European Space Agency - vgl. $DARA_2$, DFD; NASA)

ESB
1. Ersatzschaltbild (vgl. FUP, LOP, KOP)
2. European Standardization Board (vorgeschlagen - vgl. ESF_3)

ESC
1. (engl.) escape (dt. Ausbruch, Ausweichen, (inadäquat, jedoch kurz:) Flucht - Steuerfkt. zur Umschaltung, die entw. von einem auch so bez. Steuerzeichen (eines Codes) in einer Zeichenkette oder durch Drücken einer auch so bez. Steuertaste (einer Tastatur) ausgelöst werden kann - i.U. zu speziellen, eindeutigen Umschaltungen wie groß/klein bei Schreibmaschinen oder Buchstabe/Ziffer bei Fernschreibern ist die Wirkung von ESC kontextabhängig und dient verschiedenen Zwecken - als Steuerzeichen dient ESC der Einleitung sog. ESC-Folgen zur Code-Änderung (übergreifend Code-Erweiterung nach DIN ISO 2022, engl. code extension) - mit der Steuertaste ESC können Kommandos im Dialog (also z. unmittelbar. Ausführg.) erteilt o. eingeleitet werden (gem. jeweil. Syntax dafür) - vgl. auch CR_2, DEL, EOT, NIL, NBSP, SHY, SP)
2. EUROMETHOD Steering Committee (Lenkungsausschuß - bei der PPG am 10.7.1990 gegründet - vgl. auch ECB_2)

ESDI (engl.) Enhanced Small Device Interface (dt. Erweiterte Kleingeräte-Schnittstelle - kostengünstige Schnittstelle (SS_1) hoher Leistung, entwickelt f. Laufwerke (LW_2) mit kleinen magnet. Festplatten verbesserter Konstruktion mit 16-Spur-Aufzeichnungsverf. u. 35 Sektoren/Spur bzw. kleinen opti. Platten - siehe ISO/IEC DIS 10 222:1989 (nach ANSI) - vgl. auch FDDI, IPI, SCSI, SCTD, SMD; MFM, RLL)

ESF
1. Europäische Wissenschaftsstiftung, Straßburg (von engl. European Science Foundation - hat 1990 die AGF einstimmig als neues Mitgl. aufgenommen - vgl. auch ICSU)
2. (engl.) EUREKA Software Factory (großes EUREKA-Verbundproj. für die sog. Softwarefabrik zur Überwindung der Softwaare-Krise (SW) durch Ablösg. des "Kunsthandwerks" mit rationellen Produktionsmeth. - Start 1987 mit einem Etat von ca. 400 MECU für 10 Jahre - unter franz. Ltg. u. starker brit., deutsch. u. schwed. Btlg. - vgl. auch ESSI; BS_1, FDT, PS_2; IPSE, PCTE; IAP; $CASE_2$)
3. European Standards Forum (für künftige Organisation europäischer Normung vorgeschlagen - vgl. ESB_2)

ESHD (Arbeitskreis) Elektronisches Speichern u. Handhaben von Dokumenten (im ANP des DIN - siehe DIN-Fachbericht 27: Rechnergestützte

Dokumentbearbeitung von Normen, Austausch- und Bearbeitungsformat in SGML, 3., geänderte Aufl., Berlin, Wien, Zürich 1993, 422 S., A4, 134,-- DM, ISBN 3-410-13032-2 - vgl. auch ODA; IFAN)

ESI Europäisches Software-Institut (entspr. engl. European Software Institute - gemeins. bedarfsorientierter Forschung von IT-Herstellern, Softwarehäusern u. IT-Anwend. in Europa dienendes Institut mit d. Rechtsform einer Vereinig. nach baskischem Recht - gegr. am 24.6. 1993 in Bilbao aufgr. einer Industrieinitiative im Benehmen mit der EG-Kommiss. (KEG) - das Gründungskons. bestand zunächst aus: Bull, Eritel, Olivetti, SNI; Cap Gemini, Finsiel,, Logica, Sema Group; British Aerospace, Bank Biskaia Kutxka, Electricity Supply Board, Iberdrola, Lloyds Register, Telekom Ireland; GMD - FAST ($FAST_2$), INRIA u.a.m. kamen hinzu - Hauptgegenst. sind Software-Engineering (SE) u. Systementwurf - bedarfsorientierte Ausrichtg. u. überwiegende Beteilig. kommerzieller Partner unterscheiden es vom SEI, das anfängl. als Vorbild betrachtet wurde - für die Aufbauphase ist eine Teilfinanzierg. aus Projektmitteln d. KEG vorges. - nach fünf Jahren u. einem Ausbau auf ca. 60 Pers. soll sich das Inst. aus Service- u. Beratungsleistg. selbst tragen - (vorlfg. Textfassung nach bisher. Informationen d. GMD) - vgl. auch ≠ ESSI; ECRC, ERCIM, JRC; IPA_2, RWC; ICSI)

Esprit; ESPRIT /äs'pri/ European Strategic Programme for Research and Development in Information Technology (auf dt. übers. Europäisches Strategisches Programm z. Forschung u. Entwicklg. in d. Informationstechnik (IT) - das Akr. zur engl. Langform der Ben. wurde an das frz. Wort 'esprit' für dt. Geist, Verstand, Witz, Scharfsinn etc. angelehnt - ein großes, vielfacettiges Förderprogramm der KEG für IT - urspr. 1984 für 10 Jahre, 2te Phase ab 1987/88 für 5 Jahre, 3te Phase ab 1991 für 4 Jahre - übergreifende Ziele waren und sind (übers.):

- die europäische IT-Branche mit den grundlegenden Technologien für die Wettbewerbsanforderungen der 90er Jahre auszustatten;
- die europäische industrielle (auch gewerbliche) Zusammenarbeit in der vorwettbewerblichen FuE der IT zu fördern;
- zur **Entwicklung internationaler Normen** (und Standards) beizutragen -

im April 1988 hat der Forschungsrat die zweite Phase von Esprit endg. angen. (Förderungsansatz von 1600 Mio. ECU ab Dez. 1987) - Maßnahmen bezogen sich auf Mikroelektronik, 'Software-Engineering' (SE) u. andere Bereiche - siehe: CEC DG XIII (edtr.): Esprit, Synopses & Index, 8 Vol., Brüssel 1990; ... (1991-1994), ESPRIT Workprogramme, 24.6.1991, 18 p.; EG ABl. - ältere bzw. weitergeführte Proj. sind u.a.: CONCUR, DeMoN, EUROCHIP, GRASPIN, SCOPE - vgl. auch EBN; ESSI; CTS, EPHOS, EUROMETHOD, RACE; ESF; COMETT, DELTA, DRIVE, $FAST_1$, INSIS, SCIENCE; EUREKA)

ESSI — European Systems and Software Initiative (der KEG - eins von fünf gepl. Esprit-Großproj. - 'Large-Scale Targeted Project P3' zur Verbesserung der Software-Produktion (SW) im Zusammenhang von CASE ($CASE_2$), mit Beteiligung von KMUs und DV-Anwendern - zunächst Pilotaktivität z. Einrichtg. einer Serviceorg. (ca. 2 Jahre) - siehe KEG (edtr.): ESSI Blue Book - Bildg. des Konsortiums u. Start verzögert - vgl. auch ≠ ESI; BS_1, FDT, FE, PS_2; SE; EUROMETHOD; ESF)

Estelle — (bei der ISO seit 1981 entwickeltes formales Beschreibungsmittel zur Spezifikation von Systemen nach ihren Zustandsänderungen auf der Grundlage des Modells eines erweiterten endlichen Automaten (EA_2) - in Syntax angelehnt an Pascal - entstand. im Zusammenhg. von OSI - siehe ISO/DIS 9074:1987 - vgl. auch ASN.1, BNF, CCS, CSP, EPS_1, IMCL, LOTOS, PN_1, PrT, SDL, VDL; FDT)

EStR — Einkommensteuer-Richtlinien (der BRD vgl. auch AO, EStG)

ET — Entscheidungstabelle (formales Beschreibungsmittel zur übersichtlich. Darstellung vorgegebener o. vorzugebender bedingter Entscheidungen in Form tabellarisch erfaßter Entscheidungsregeln, die Bedingungen Aktionen zuordnen - interakt. einsetzbar an Mensch-Maschine-Schnittstelle (MM-SS), aber auch in Vbdg. mit ETÜs als Programmierhilfe verwendet - siehe DIN 66241 - vgl. auch EA_2; NPT, WA; FDT)

ETB — Elektronisches Telefonbuch (der DBP Telekom auf Btx)

ETCOM — Europäische Prüfung und Zertifizierung im Bereich MAP/TOP (von engl. European Testing and Certification for Office and Manufacturing Protocols - ein 'Recognition Arrangement' (RA_2) von ECITC)

ETG — EWOS Technische Anleitung (von engl. EWOS Technical Guide - als Erltrg., Lehrmaterial oder zur Implementation von OSI - eine Art ED)

ETH — Eidgenössische Technische Hochschule, Zürich (vgl. RWTH, THD, TUB, TU-BS, TUM; TH, TU)

Ethernet — (engl. für Äthernetz - wird als Eigenname jedoch nicht übers. - außerhalb d. OSI-Normung entstand. LAN-Typ - urspr. bei Xerox, DEC u. Intel entwick. u. dann von IEEE standardisiert (erstmals 1985) - als Zugangsverf. wird CSMA/CD verwendet (Gleichberechtg. ohne Priorität) - Netzstruktur: Bus o. Baum - Übertragungsrate: 10 Mbit/s - neuere Erweiterg. beziehen sich u.a. auf Breitbandübertrag. - unterschiedliche Arbeitsplatzverkabelung mögl. (sternförmige Glasfaserverkabelung mit Lichtwellenleiter (LWL) wird zunehmend favorisiert) - Ethernet ist unempfindl. geg. Geräteausfall u. während des Betriebs erweiterbar -

siehe: IEEE 802.1 (Interworking); IEEE 802.2 (Logic link control); IEEE 802.3 (CSMA/CD) - vgl. auch EMP; FDDI; BIGFON)

ETR

ETSI-TR (von engl. ETSI Technical Report, dt. Technischer Bericht von ETSI - vgl. auch TR; ETS; CTR; BC, EN, ENV, HD)

ETRI(?)

European Frequency Research Institute, . . . (dt. Europäisches Institut f. Frequenzforschung - von der KEG vorgeschlagene Alternative zu einer auch erwogenen ständigen Einrichtung für das Radiokommunikationskomitee bei CEPT - vgl. auch EBU; ETSI; CCIR)

ETS ...

European Telecommunication Standard (von ETSI - mit Nr. ... - die Abk. wird nicht übers. - Anwendung freiwillig - f. ETSe wird zukünftige Anerkennung als bzw. Umbenennung in ENs erwartet - ausgewählte ETSe werden von CEPT/TRAC in CTRs überführt u. dadurch für Telegrafieträger verbindlich - vgl. auch ETR; BC, ENV, HD)

ETSI

Europäisches Institut für Telekommunikationsstandards, Sophia-Antipolis bei Nizza (von engl. European Telecommunication Standards Institute, frz. Institut Européen des Normes de Telecommunication - das Akr. wird nicht übers. - gegr. 1.4.1988 von CEPT auf Betreiben u. mit Zustimmung der KEG als private autonome Körperschaft zur Aufstellung der techn. Standards, die z. Errichtung eines großen einheitl. Telekommunikationsmarktes in Europa erforderl. sind, d.h. insbes. zur Determinierung u. Harmonisierung von Telekommunikationsnormen in Europa auf d. Grundlage von CCITT-Empfehlungen o. ISO-IEC-Normen (mit Optionen) - erhebt Anspruch auf Eigenständigkeit - für die Rolle des Instituts u. den Status seiner Arbeitsergebnisse wurden anfängl. mehrere Szenarien diskut. - ETSI war von 1988 bis 1991 noch kein Assoziiertes Normungsinstitut (ASB) - aufgr. d. Anl. 1 zur EG-Richtl. 83/189/ EWG (Normen u. Informationsverfahren) ist es seit 1991 als ein europ. Normungsinst. (neben CEN u. CENELEC) anerkannt, de facto ist ETSI u.a. vom DIN schon länger anerkannt, von der KEG von vornherein - die Arbeit wurde ab April 1988 mit ca. 50 Pers.-Jahren (PJ) aufgen. - 1990 belief sich der Haushalt bereits auf knapp 10 Mio. ECU - Kostendeckung durch unmittelb. Mitgliedsch. dreierlei Art (voll, als Gast o. beobachtend), gestaffelt nach Umsätzen im Sektor Telekommunikat. (TK_2) u. gegliedert in Träger, Hersteller u. Forschungseinrichtg. - Organe sind die Generalverslg. (GA_2), die Techn. Verslg: (TA), unterst. von einem Sekretariat, geleitet von einem Direktor - siehe auch allg. Informat'mat.; 'Statutes' & 'Rules of Procedure' - z.Zt. 12 Techn. Komitees (TCs): ATM (ATM_0), BT (BT_2), EE, GSM, HF (HF_2), NA (NA_1), PS (PS_1), RES, SES, SPS, TE, TM (TM_2) - vgl. auch ETS; CTR (NET, TEN_1); EN, ENV, HD; TBETSI; TRAC; EBU, ECMA, ETRI, EWOS; CEN/CLC; CCIR, JTC1; OSI)

ETÜ Entscheidungstabellenübersetzer (Software (SW) - vgl. auch ET)

EU
0. Europa-Union Deutschland e.V., Bonn (private Vereinigung zur Förderung der europäischen Integration - vgl. auch ≠ EU_1)
1. Europäische Union (entspr. engl. European Union, frz. Union Européenne - die Abk. ist [noch] informell (im Vertrag steht kurz "Union"), wird aber bereits verwendet - in Maastricht am 7. 2.1992 von den Bevollmächtigten der 12 EG-Länder (EG_1) vereinbart für Belgien, Dänemark, Deutschland (BRD), Griechenland, Spanien, Frankreich, Irland, Italien, Luxenburg, die Niederlande, Portugal, das Vereinigte Königreich Großbritannien u. Nordirland - in Kraft aufgrund Ratifikation seit 1. Nov. 1993 - Grundl. d. Union bleiben die EG mit deren Binnenmarkt als bedeuts. Etappe und das wesentl. Nahziel einer Wirtschafts- u. Währungsunion (WWU) bis spätestens 1999, ergänzt um im Vertrag eingef. Politiken u. Formen d. Zusarb. als eines Staatenverbunds souveräner Staaten (nicht gleich Bundesstaat), gleichsam der "Vereinigten Staaten von Europa" (wie W. Churchill sie schon 1946 forderte) - siehe: Vertrag über die Europ. Union, bei Presse- u. Informationsamt der Bundesreg. (Hrsg.): Bull. 16, Bonn, 12.2.1992, 71 S.; BVerfG-Urteil vom 12.10.1993 zu Verfassungsbeschwerden geg. den Vertrag - vgl. auch ≠ EU_0; EWI; EP_1, ER_1, EuGH, KEG, WSA; EWR; KSZE)

EU ... (mit Nummer ... - EUREKA-Projekt-Nummer, z.B. EU 127: JESSI)

EUCATEL European Conference of Associations of Telecommunications Industries, London (vgl. ECTEL; VDMA, ZVEI; ECMA, ETSI, EUROBIT, EWOS; IIIC)

EUCERT Europäischer Zertifizierungsrat (von engl. European Council for Certification - Bez. im früheren Stadium planender Erwägung von der KEG vorgeschlagen für eine DINZERT entspr. Einrichtung - zugunsten von "EOTC" aufgegeben - vgl. auch ECITC; EQS)

EuGH Europäischer Gerichtshof, Luxemburg (engl. European Court of Justice (ECJ) - gemeinsames Organ der EG (EG_1), d.h. von EWG, EGKS, EAG - sichert die Wahrung des Rechts bei d. Auslegung der Verträge - wird tätig auf Klage eines Gemeinschaftsorgans, eines Mitgliedsstaates, einer Einzelperson o. auf Antrag eines nationalen Gerichtes - besteht aus 13 Richtern, die für jew. sechs Jahre ernannt sind - wird von sechs Generalanwälten unterstützt u. seit 1989 von einem Gericht erster Instanz entlastet - vgl. auch EP_1, ER_1, KEG, WSA; EU_1; EWR)

EuLISP (Europäisches LISP - aus formalen u. industriellen Gründen (Verhinderung eines "barocken" LISP nach Art von PL/I hinsichtl. LISP-Maschinen) in Frankreich vorgeschlagene Alternative zu Common LISP - EUREKA-Projekt u. vom DIN-NI 22 unterstützt - hat zu Absprachen mit ANSI u. ISO/IEC JTC 1 geführt, aber leider Normung verzögert)

EUMEL (von engl. Extendable Multi User Microprocessor ELAN-System - 'Multitasking'- und 'Multiuser'-Betriebssystem (BS_1) für PCs (PC_1) - implementiert auf d. Grundlage von ELAN - Vorgänger von L3 - hat 1987 den Technologiepreis des BMFT gewonnen - vgl. auch $\neq$ OIML)

EUnet (urspr. Europäisches UNIX-Netz, entspr. engl. European UNIX Network - die Kurzbez. wurde aus Kontinuitätsgünden beibehalten - war (seit 1982) ein spezielles westeuropäisches forschungsbezogenes Datennetz, das zuletzt ca. 1000 Rechensysteme (RS') mit Unixplattform verband, mit 'Backbone' bei der Univ. Dortmund ($UNIDO_2$) - eine über Europa u. Unixplattformen hinausgeh. Inanspruchnahme mit wachsender Teilnehmerzahl aus der Industrie machte eine Reorganisation erforderl. - im Sept. 1992 wurde daher als neuer Träger die EUnet Deutschland GmbH in Dortmund (inzwisch. mit Sitz im Technologiezentrum Dortmund) gegr., eine Tochter der GMwD - die UNIDO hat dewegen den Mitgl. Ende 1992 gekündigt - Protokolle: zentral TCP/IP, daneben UUCP-Protokolle u.a. (über Datex-P, ISDN, Telefon) - dazu steht ein Multiprotokollrouter zur Verfg. - vgl. auch EurOpen; DFN, EARN, EuroKom, HDN, WIN; RARE; COSINE, RACE; CONCISE, Ebone; EurOSInet; GEN; ARPANET, BITNET, CSNET, Internet, Usenet; NREN; CCIRN; FTAM, MHS; IXI; GAN; OSI)

EURATOM Europäische Atomgemeinschaft (auch "EAG" gen. - besteht schon seit 1.1.1958 - ihre Aufgabe ist es, die Voraussetzungen für die schnelle Bildung und Entwicklung von Kernindustrien zu schaffen etc. - Forschungszentren in Ispra (I), Geel (B), Petten (NL) und Karlsruhe - vgl. auch CERN; KEG, JRC; EG_1)

EUREKA (von engl. European Research Coordination Action - zugleich angelehnt an grch. "Ich hab's (gefunden)" - eine EG (EG_1) und EFTA übergreif. europ. Initiative 18 westeurop. Staaten zur wissenschaftl.-techn. Zusammenarbeit auf dem Gebiet sog. Hochtechnologien mit dem Ziel, Produktivität u. Wettbewerbsfähigkeit der Volkswirtschaften Europas zu steigern u. damit die Grundlage f dauerhaften Wohlstand u. Beschäftig. im zivilen Bereich zu festigen - wurde auf einer Konferenz von Ministern aus 17 Staaten u. Mitgl. d. KEG am 17.7.1987 in Paris gegr. - in d. Grundsatzerklärung vom Nov. 1985 ist u.a. festgelegt, "..., daß EUREKA zu einer Beschleunigung d. lfd. Bemühungen führen sollte, um **frühzeitig gemeinsame Industrienormen auszuarbeiten**; ..." (unter Rahmenbedingungen in Zushg. mit dem EG-Binnenmarkt) - einige der größten Projekte fallen in den Bereich der Informatik, z.B.

Europäisches Forschungsnetz, COSINE, ESF (ESF_2), JESSI - nationale Koordinierungsstelle f die deutsch. EUREKA-Beiträge ist BMFT, Ref. 228, unterstützt vom EUREKA-Büro bei d. DLR (Linder Höhe, 5000 Köln 90) f. Information u. Projektverfolgung, wo auch Unterlagen erhältl. sind - Signet ist ein großes Sigma mit Ausrufezeichen (Summe Fakultät) - die EUREKA-Datenbank (DB_1) kann 'oneline' befragt werden (u.a. über ECHO) - vgl. auch EU ...; Esprit, RACE)

EUROBIT — Europäische Vereinigung der Industrie für Büro- und Informationstechnik, Frankfurt a.M. (europ. Vereinigung nationaler Verbände von Herstellern von Büromaschinen oder DV-Einrichtungen - gebildet 1974 - zu den Mitgliedern gehören der VDMA u. der ZVEI - vgl. auch ECMA, ECTEL; CBEMA, JBMA; UNICE)

EUROCHIP — (großes verteiltes Esprit-Projekt 3700 der KEG zur Förderung des Entwurfs hochintegrierter Mikroschaltungen (VLSI), einschlägiger Hochschulausbildung und Vermittlung von Design-Software (SW) an Hochschulen zu günstigen Bedingungen - vom 1.10.1989 bis 30.9.1991 mit 13,75 MECU ausgestattet - dreijährige Verlängerung wurde genehmigt - die Koordinatiion des belgisch-britisch-dänisch-deutsch-französischen Konsortiums ist E.I.S bei der GMD als Konsortialführer übertragen - vgl. auch JESSI; IC_1)

Eurofitness — (im Rahmen der von Bund u. Ländern betrieben. Förderg. aktiver Teiln. an Auslandsmessen ein Förderprogr. des BMWi - abgew. über Durchführungsges. - Förderungskatalog bei AUMA - vgl. auch KMU)

Eurographics — (von engl. Europe + graphics), Aire-la-Ville (Kanton Genf) (europäische Vereinigung für Computergraphik - im eigenen Logo kurz "EG" (EG_2) - vgl. auch ACGA, GI_1 (FB 4); IFIP)

EuroKom — (von "Europa" + "Kommunikation"), Dublin (Kommunikationsnetz der EG (EG_1), mit Zugang zu vielen wichtigen Datennetzen der Welt, das tausende von PC-Benutzern (PC_1) in zwei Dutzend europäischen Ländern verbindet - eine Trägerorganisation in Dublin wurde 1983 auf Betreiben der KEG zur Unterstützung der Teilnehmer an Espritprojekten gegründet - geboten werden u.a. E-Mail, 'Computer Conferencing', Dateitransfer für PCs u. TEXFAX - leichtfaßl. Benutzerdokumentation und Online-Hilfe sind gratis - abgerechnet wird vierteljährlich nach der geltenden Preisliste (plus X.25-Kosten von DBP Telekom) - aufgebaut und weiterentwickelt aufgrund eines mehrjährigen Projekts der KEG, unter strenger Einhaltung europ. bzw. internat. Normen - E-Mail: eurokom_dublin@eurokom.ie - vgl. auch Euronet; DFN, EARN, EUnet, HDN, Internet, UUCP, WIN; RARE; COSINE, RACE; CONCISE, Ebone; GEN; CCIRN; IXI; TCP/IP, OSI)

EUROLAB (i.S. Europäischer Prüflabor-Verband öffentl. und priv. europ. Prüf- u. Analyselaboratorien - am 27.4.1990 in Brüssel gegr. auf Basis einer Gemeins. Absichtserklärg. (MoU) von Delegationen aus 16 Ländern der EG (EG_1) bzw. d. EFTA als organis. europ. Forum des Prüfwesens u. aller anderen, davon betroff. Kreise - KEG, EFTA-Sekretariat, CEN u. CENELEC haben EUROLAB ersucht, zur Errichtg. und Entwicklung von EOTC beizutragen - siehe eurolab Newsletter No.1, Okt.1990 - vgl. auch WELAC; ECITC; DEKITZ, DINZERT; TGA; DQS; EQS)

EUROMET (von "Europa" + "Metrologie" - Komitee der staatlichen Institutionen f. Einheiten u. Meßnormale in EG (EG_1) u. EFTA - dient Koordination, Transfer, Zsarbt. - vgl. auch WELMEC; AEF; NPL, PTB; SI_1)

EUROMETHOD (von engl. "Europe" + "method" - KEG-Projekt u. dessen Gegenst.: eine sog. Referenz-Methode im IT-Bereich einschl. TK (TK_2) zur Vorbrtg., Gestaltg. u. Abgabe von Angeboten auf Ausschreibg. d. KEG, o. des gesamt. öffentl. Bereichs in EG (EG_1) u. evtl. EFTA in einheitl., d.h. vergleichbarer Form - evtl. erstreckt auf die Planung, Entwicklg. u. Pflege von Informationssyst. o. Softw. (SW) - Umfg. zeitweil. strittig - initiiert von SOGITS-PPG u. KEG - angesichts Methodenvielfalt in BRD u. wirtchaftl. Bedtg. für Anbieter erschien konzertierte Aktion angebr., andererseits Begrenzg. auf notw. Umfg. - von deutscher Seite sind bisher nur BMI (KBst) u. Softlab btlgt. - das Projekt machte eine Wandlung durch - von der KEG, GD III wird ihm goße Bedeutung beigemessen - vgl. auch ECB_2, ESC_2)

Euronet European Network (priv. Datennetz d. KEG zur Nutzung der Datenbanken (DB_1) von Diane - von den national. Telegrafieträg. der EG (EG_1) auf öffentl. X.25-Netzen realisiert (in d. BRD mit Datex-P) - vgl. auch ECHO; EuroKom; DFN, EARN, EUnet, HDN, UUCP, WIN; RARE; COSINE, RACE; CONCISE, Ebone; EurOSInet; GEN; IXI; OSI)

EurOpen European Forum for Open Systems, Buntingford, Hertfordshire (GB) (Dachverbd. nationaler Unix-Benutzergruppen in Europa - koordiniert, veranstaltet 'Workshops'/ Konferenzen, auch gemeins. mit USENIX, u. gibt News Letter hrs. - hieß anfänglich EUUG - vgl. auch AFUU, CHUUG, GUUG, NLUUG, UKUUG, UUGA; EUnet; ECUG, EXUG; AUUG, JUS; UniForum; IEEE/POSIX; OSF, X/Open, UI; YAMA)

EUROSIM (Dachverband europ. Simulationsgesellschaften - gegr. in Edinburg, 1989, von ASIM u.a. derartigen Vereinigungen - vgl. auch IMACS)

EurOSInet European OSI-Net (Zusammenschluß von europäischen Herstellern u. Anwendern zur Förderung von OSI, Demonstration von 'Interworking' von OSI-Systemen und Interoperabilitätstests (nicht Normkonformitätsprüfung), z.B. zu MHS, FTAM - vgl. auch EuroKom, Euronet; EEMA; AUSINET, INTAPNET, OSInet; IXI; OSI^{ONE}; GAN)

EUROSTAT Statistsches Amt der Europäischen Gemeinschaften, Brüssel (engl. Statistics Office of the European Communities - im Signet kurz "ES" u. kl. "eurostat" gen. - vgl. auch DOSES; EG_1)

EUROTRA (von engl. European translation - europ. maschinelles Übersetzungssystem für Übersetzung aus jeder EG-Sprache (EG_1) in jede andere EG-Sprache bzw. das Projekt dafür - 1982 vom EG-Ministerrat beschlossen - mit vorläufiger begrenzter Fertigstellung ist allenfalls im Laufe der 90er Jahre zu rechnen - siehe: Lebende Sprachen 3/89, bei Langenschedt, S. 142 - vgl. auch COTEL; ECAT)

EUSIDIC European Association of Information Services, Calne, Wiltshire (vgl. ECHO, ECTUA, IPTC, RARE; DITR, ICONE, ISONET; Infoterm; WIPO; DB_1; FIS; FIZ; FI, IuD)

EUUG European Unix® systems User Group (umbenannt in EurOpen)

e.V. eingetragener Verein (im Vereinsregister beim Amtsgericht ($AG_{0.2}$) des Sitzortes - siehe Grundlagen des Vereinsrechts im GG sowie §§ 21-54 BGB - vgl. auch VG_1; EWIV)

EV Lichtwert; Belichtungswert (von engl. exposition value - für das Fotografieren vereinbarte apparative Kenngröße für potentielle Lichtmenge zur Filmbelichtung gem. Blendenzahl und Belichtungszeit (als apparativen Einstellparametern): EV = ld(Blendenzahl^2/Belichtungszeit) ohne Einheit, d.h. unter Vernachlässigung der Einheit Sekunde (s) der Belichtungszeit - wird aufgrund von Belichtungsmessung (z.B. TTL) ermittelt, im Meßwertspeicher gespeichert oder mit der Stufung der Lichtempfindlichkeit von Filmen verknüpft - bestimmte Werte werden wie "Lichtwert 15" o. "EV 15" angegeben - nicht mit der Leitzahl von Blitzgeräten zu verwechs.! (Blendenzahl = Leitzahl/Objektentferng.) - vgl. auch cd; ASA; SCA; AF, PC_2; MSK, SLR)

EVA
1. Eingabe, Verarbeitung, Ausgabe (Erläuterungsmodell für maschinelle Datenverarbtg. (DV) - oberflächlich vergleichbar dem theoret. Modell eines übers. endl. Autom. (EA_2/Transduktor) i.S. der Automatentheorie - vgl. auch VNM; KA, LBA, TM_3; FDT)
2. Enhanced Video Adapter (Graphikanpassg., die AGA, CGA, EGA, Hercules, MCGA, MDA u. VGA auf einen Nenner bringt)

EVG Evaluationsgegenstand (i.S. der ITSEC etwa: Funktionseinheit (FE), die Gegenstand einer IT-Sicherheits-Bewertung ist - bezüglich Vertraulichkeit, Vertrauenswürdigkeit, Authentizität, Integrität und Verfügbarkeit von Informationen - engl. target of evaluation (TOE))

EWG Europäische Wirtschaftsgemeinschaft (engl. EEC, frz. CEE - soll gemäß Vertrag (von Maastricht) ü. die Europäische Union (EU_1) künftig "Europäische Gemeinschaft" (Sing.) heißen - vgl. auch EAG (EURATOM), EGKS; EP_1, ER_1, EuGH, KEG; EG_1)

EWI Europäisches Währungsinstitut, Frankfurt a.M. (1993 beschlossen, 1994 eröffnet - gem. Vertrag von Maastricht von 1991 für die Europäische Union (EU_1) Vorläufer der vorgesehenen Europ. Zentralbank - ihr Rat soll eine gemeinsame Währung vorbereiten - das EWI soll u.a. den Zahlungsverkehr in der EG (EG_1) verbessern - vgl. auch ECU)

EWICS European Workshop on Industrial Computer Systems (früher längere Zeit "PURDUE Europe" gen. - vgl. GMA; ECA; IFAC, IFIP)

EWIV europäische wirtschaftliche Interessenvereinigung (auf Vorschlag der KEG von den Mitgliedstaaten der EG (EG_1) 1989 einheitlich rechtskräftig eingeführte Vereinigungssart für grenzübergreifende Zusammenarbeit von Unternehmen in EG-Staaten, z.B. für Teilnahme an Ausschreibungen oder für Forschung und Entwicklung (FuE))

EWOS European Workshop for Open Systems, Brüssel (die Abk. wird nicht übers. - an CEN und CENELEC angegliederte eigenständige Einrichtung als offenes Forum zur Konzentration der westeurop. Erarbeitung von OSI-Profilen (FNs) und zugehörigen Konformitätstest-Spezifikationen und zur gebündelten Abstimmung mit den Entsprechungen AOW (sechs Monate jünger) sowie dem OSI Implementors Workshop (OIW) (einige Monate älter) am NIST/NCTL (vormals NBS/ICST), d. Regionen Ostasien-Ozeanien u. Nordamerika - gegr. am 15.12.1987 auf Vorschlag von SPAG u. mit Unterstützg. von KEG u. EFTA von den Trägern CEN, CENELEC, SPAG, ECMA, OSITOP, RARE, COSINE u. EMUG - mit eigenem Management u. Budget ausgestattet - Organe sind das Steering Committee (STC) aus Vertretern d. Träger, die Technical Assembly (TA) aus Vertretern aller interessierter Kreise zumindest Westeuropas, Expert Groups (EG_3) für bestimmte Themen u. das ständige Sekretariat - angestrebt wird ein Westeuropa angemessener, wesentl. Beitrag z. Kommunikation Offener Syst. bei effizienter Nutzung nur begrenzt verfügbarer Fachleute - die Ergebnisse, insbes. Vorschläge zu ENVs, ENs bzw. ISPs werden unmittelbar in die europ. u. die internat. Normung eingebr. - schon 1989 wurden die ersten EWOS-Dokumente (EDs) in ENV-Format bzw. als Techn. Anleitung (ETG) mit Lehrmaterial zu den EDs o. mit anderem nützl. Inhalt zu deren Implementation hrsgg. u. Liaison-Zusagen zu ISPs gemacht - mit ETSI wurde Querkoordination mittels gegenseit. Teiln. von Mitwirkenden vereinbart, insbes. f. MHS u. DIR - derzeitige Aktiv. bezieht sich auf: DIR, FTAM, LL, MHS, MMS, ODA, VT u. OSE (CAE) - siehe: in jew. letzter Fassg.: EWOS work progr.; EWOS ED Overview; EWOS ETG Overview; Status of (9) Proj. Teams; aktuell auch: General Information on EWOS, 1992-01-03 (8 p. tutorial + 13 annexes) - vgl. auch CEPT, ECITC; ITAEGM, ITAEGS, ITSTC; SOGITS, SOGT; PPSC-IT; EEMA; AUSINET, EurOSInet, INTAPNET; OSInet; OSI^{ONE})

EWR Europäischer Wirtschaftsraum (über den EG-Binnenmarkt hinausgehender Zusammenschluß der Länder der EG (EG_1) mit den Ländern der EFTA ab 1.1.1993 - die zwölf Länder des Binnenmarktes zusammen mit Finnland, Island, Norwegen, Schweden, Österreich, der Schweiz und Liechtenstein bilden seither den gößten Wirtschaftsraum der Erde: 358 Mio. Einwohner u. ein gemeins. Bruttoinlandsprodukt (BIP) von ca. 5.546 US-$ (lt. Politik-Information ISSN-Nr. 0177-3291, Stand 1.12.1992, vom BPA (Hrsg.)) - vgl. auch EWG; EU_1)

EWS Europäisches Währungssystem (der EG (EG_1) - vom Europäischen Rat (ER_1) am 5.12.1978 beschlossen - u.a. Wechselkursverbund gestützt auf die ECU - vgl. auch ERE; EWU; EU_1)

EWU Europäische Währungsunion (von EG (EG_1) angestrebt - erster Schritt in diese Richtung war das EWS - vgl. auch WWU; ECU; EU_1)

EXUG European X User Group (vgl. ECUG, EurOpen)

EXAPT (von engl. Extension of APT - spezielle Programmiersprache (PS_2) - Erweiterung von APT - vgl. auch CLDATA, NC_1)

exp; EXP Exponentialfunktion (i.S. von natürliche Exponentialfunktion (also nicht allg. a^x) - etwa in $y = \exp x =: e^x$ bei reellen x - nicht-algebraische (transzendente) Fkt. - erfüllt als einzige Fkt. die Forderung, mit ihrer Abltg. f' und folglich mit allen ihren Abltg. $f^{(n)}$ übereinzustimmen - Umkehrfkt. ist $y = \ln x$ (umbezeichnet) - das Symbol exp setzt mathem. die Zahl $e := \exp 1$ nicht voraus und ermöglicht es, die Fkt. ausdrückl. zu kennzeichnen - in Physik, Informatik etc. wird "exp x" ersatzweise für "e^x" notiert - auf Taschenrechnern kann (uneinheitlich) mit "EXP" auch Exponent oder allg. Exponentialfkt. gemeint sein - vgl. auch E_1; lg, log)

EXW Ab Werk (... benannter Ort - von engl. Ex Works (... named place) - eine von 13 Klauseln der seit 1.7.1990 revidiert geltenden Incoterms der ICC (ICC_2) vgl. auch CIF, FOB; UNICID; EDI)

F	als Ziffer (nach 9): Fünfzehn (etwa sedezimal (vor sechzehn (Übertrag): sedezimal 10 := F + 1) - vgl. A_3, B, C_3, D_2, E_2)
FA	(abgesehen von engl. finite automaton, dt. endlicher Automat (EA_2):) Fachausschuß (z.B. der GI_1 - vgl. auch FB, FG)
FADTG	Future Advances in Database Systems Task Group (USA) (d. DBSSG von ANSI/X3/SPARC ($SPARC_2$) - auf dt. übers. Aufgabengruppe für Fortschritte bei Datenbanksystemen (DBS') - vgl. auch CDMTG, DADTG, DMSPTG, GTG, OODBTG, OSITBTG; DB_1, DBMS; RDB, RDBMS, RDBS; OODB, OODBMS, OODBS; KS, OSI; ODP)
FAG	Fernmeldeanlagengesetz (detailliert u.a. das umstrittene, jedoch in Art. 73 Nr. 7 in Vbdg. mit Art. 87 Abs. 1 Satz 1 GG begründete Monopol der DBP für das Errichten und Betreiben von Telekommunikationsnetzen - vgl. auch TKO, TKV, PLV T; PSG; TK_2)
FAO	Organisation für Ernährung u. Landwirtschaft der Vereinten Nationen, Genf (von engl. Food and Agriculture Organization of the United Nations - bei der UNO - vgl. auch ITU, WHO; UN)
FAPI	Family Application Program Interface (Anwenderprogramm-Schnittstelle der Betriebssysteme OS/2 u. BS/2 f. MS-DOS- bzw. PC-DOS-Programme - die ü. FAPI aufrufbaren Funktionen sind eine Teilmenge aller über API erreichbaren Systemdienste für Anwenderprogramme und ermöglichen Übernahme vorhandener Programme ohne Änderung - vgl. auch BS_1, SS)
FAST	1. Forecasting and Assessment in Science and Technology (dt. Prognose und Bewertung in Naturwissenschaft u. Technik - ein Förderprogramm der KEG - vgl. auch COMETT, DELTA, DRIVE, Esprit, INSIS, RACE, SCIENCE; EUREKA) 2. Forschungsinstitut für angewandte Software-Technologie e.V., München (gegr. Anfang 1993 von der Bayerischen Landesbank, BMW, HP, SNI und der TUM (diese vorwiegend für Software-Metrik) - ihr erstes größeres Projekt ist Verfahren und Methoden zur System- und Anwendungsmodellierung im Client-Server-Umfeld gewimet - rechnet mit Unterstützg. von d. Bayerischen Forschungsstiftung, die im allg. nur in Bayern vergeben werden)
FAT	(engl.) file allocation table (dt. etwa Dateiplatztabelle - Inhaltsverzeichnis auf magnetischen Speichermedien, z.B. Disketten - registriert, wo, z.B. ab welchem Sektor, welche Datei gespeichert ist - Leitblock bei Magnetbändern (MB_1) vergleichbar - vgl. auch DAT)

FAW Forschungsinstitut für anwendungsorientierte Wissensverarbeitung, Ulm (gegr. 1987 - betreibt Forschung im Bereich Umweltinformatik, gerichtet auf Lösungen mit Mitteln der KI (KI_1) - vgl. auch DFKI)

Fax; FAX Telefax (von Faksimile (lat.-engl.) - die Abk. wird auch von DBP Telekom verw., z.B. in "Fax-Verzeichnis" - vgl. auch PCFAX; TEXFAX)

FAZ Frankfurter Allgemeine Zeitung, Frankfurt a.M. (auch Hrsg. von Wirtschaftsbriefen u.a.m. - vgl. I-S-T)

FB
1. Beim NI: Fachbeirat (urspr. aus Zusammenfassung der Beiräte von FBI und FBüma entstanden - vgl. auch NI-FB, NI-FÖ, NI-GLA)
2. Fachbereich (z.B. bei DIN o. GI (GI_1) - vgl. auch NA; FA, FG)

FBI (früherer) Fachbereich Informationsverarbeitung (des DIN-NI - im neustrukturierten NI, dem Spiegelgremium des JTC 1 von ISO und IEC, aufgegangen - vgl. auch FBüma; FB_2; FÖ, GLA; TBETSI; DKE)

FBü Fachbereich Bürowesen, Berlin (West) (des DIN - vgl. auch FB_2; EDIFACT; AEF, AQS, DKE, NABD, NAT_2, NI)

FBüma (früherer) Fachbereich Büromaschinen (des DIN-NI - im neustrukturierten NI, dem Spiegelgremium des JTC 1 von ISO und IEC, aufgegangen - vgl. auch FBI; FB_2; FÖ, GLA; TBETSI; DKE)

FCC Federal Communications Commission (USA), Washington DC (dem FTZ ungefähr entsprechende Einrichtung - gibt den FTZ-Richtlinien ungefähr entspr. FCC Rules heraus, die beim US Government Printing Office, Washington DC, erhältl. sind, sowie erläuternde Beschreibungen dazu - siehe u.a.: FCC (ed.): How to identify and resolve Radio-TV Interference Problems (TV_1) - vgl. auch NIST)

FD Formale Beschreibung (in internat. Zusammenhang - von engl. formal description - offenbar weniger häufig verwendet wie FDT)

FDC (engl.) flexible disk cartridge (dt. Diskette (mit Mantel) - siehe DIN ISO 9983; ECMA-147 - vgl. auch FDD; CD-ROM)

FDD (engl.) floppy-disk drive (dt. Diskettenlaufwerk - vgl. FDC; HDD; LW_2)

FDDI Fibre Distributed Data Interface (auf dt. übers. Faserverteilte Datenschnittstelle (?) - faktisch jedoch eine Familie sehr schneller Token-Ring-LANs, die eine Datenübertragungsrate von 100 Mbit/s ermöglichen - weist u.a. auch entspr. Schnittstellen auf - spezifiziert in derzeit drei, bald sechs, später voraussichtlich neun Teilen einer internat.

Norm, eingebracht von ANSI - siehe: ANSI X3T9.5; ISO/IS 9314-1 (PHY); ISO/IS 9314-2 (MAC); ISO/IEC JS 9314-3 (PMD) - vgl. auch LWL, OWG; SDH; HRC, MAC-2, PHY-2, SMF-PMD, SMT, SPM SONET; Ethernet; ESDI, IPI, SCSI, SCTD, SMD; VBN; SS_1)

FDT Formale Beschreibungstechnik (in internat. Zshg. - von engl. formal description technique - dt. ist üblicher: "formales Beschreibungsmittel" ohne Abk. - FDTs werden einerseits (zunehmend) als Mittel zur Formulierung von Normen eingesetzt, wo dies deren eindeutiger Anwendung o. Umsetzung in normkonforme Produkte förderlich ist (z.B. bei FODA, ODIF, PEARL), andererseits als Gegenst. von Normen selbst genormt: als Mittel zur Normung o. zur Verwendg. außerhalb d. Normung o. beides - zwischen Erfordernissen u. fallweiser Eignung o. Weiterentwicklg. u. bewußter Beschränkung der Vielfalt wird ein Ausgleich angestrebt - siehe: außer vielfältiger Lit. u. normungsinternen Schriftstücken u.a. CCITT Blue Book Fasc.X.1 (hier "zehn- eins") von 1989; S.T. Vuong: Formal Description Techniques II (Proceed. of IFIP TC6 WG6.1 2nd Internat. Conf. on FDT for Distributed Systems and Communication Protocols in Vancouver, B.C. 1989), Amsterdam 1990, 564 p., ISBN 0-444-88544-7 - vgl. auch FD; ANF, ASN.1, BNF, CCS, CPM, CPN_2, CSP, Estelle, ET, FSM, (FODA), FUP, IDL, IMCL, KNF, KOP, LOP, LOTOS, MPM, PERT, PrT, PN_1, PN_2, PS_2, R-..., SADT, SDL, SEGRAS, TTCN, VDL; CONCUR)

FE Funktionseinheit (siehe Def. in DIN 44300 T. 1, 11.88 - vgl. auch BE; HW, SW; FDT, SS_1)

FEAL Fast Data Encipherment Algorithm (auf einem Vorschl. aus Japan beruhender Kryptoalgorithmus f. schnelle Blockverschlüsselg. - vgl. DES, MAC_2, PKCS, RSA, ZKP; TeleSec, TTT_2; X.509; OSI; ODP)

FEM Finite-Elemente-Methode (in Math.)

FES Friedrich-Ebert-Stiftung e.V., Bonn (parteinahe Einrichtung (rechtl. keine Stiftung) - vgl. auch FNS, KAS)

FESI Federación Españiola de Sociedades de Informática, Madrid (Spanischer Verbd. der Gesellsch. für Informatik - Dachverband 15 spanischer Institutionen u. Fachverbände für Informatik mit zusammen über 8000 persönl. Mitgl. - gegr. 1980 - Nachf. des Span. National. Forschungsrates als Mitgl. der IFIP (seit dessen Gründg. 1960) - fördert wissenschaftl. u. techn. Entwicklung der Informatik u. pflegt internat. Beziehungen - ist selbst Gründungsmitgl. von CEPIS - siehe IFIP-Newsletter, Vol 8, no. 1, March 1991, p. 3 - zu ihren Mitgl. gehören u.a. ATI (mit an die 5000 Mitgl.), AEIA, ALI, AEPIA, CITEMA, FUNDESCO (die noch nicht in diesem Lexikon stehen) - entspr. etwa AFIPS o. Nachf. in den USA - vgl. auch afcet, BCS$_2$, GI$_1$, IPSJ, OCG, SI$_2$)

FET Feldeffekttransistor (entspr. engl. field-effect transistor - Abk. steht z.T. auch für MOSFET - vgl. auch MOS)

FF (abgesehen von forte fortissimo in Musik:)
Feeders Forum (kurz und verallgemeinernd für MLFF und TLFF von SPAG, COS, MAP-TOP und POSI - vgl. auch CPS$_2$)

FG Fachgruppe (z.B. der GI (GI$_1$) - vgl. auch AK, FA, FB)

FG BIT Fachgemeinschaft Büro- und Informationstechnik (im VDMA - gibt Mitteilungsdienst "BIT Nachrichten" hrs. (erhältlich beim VDMA) - vgl. auch AK-IT; EUCATEL, EUROBIT; IIIC)

FGS Fördergemeinschaft SERCOS interface e.V., Frankfurt a.M. (1990 gegr. gemeinsame Initiativgruppe des ZVEI und des VDW zur Markteinführung einer gemeinsam spezifizierten offenen digitalen Schnittstelle (SS$_1$) zur Kommunikation zwischen numer. Steuerungen (NC$_1$), SERCOS interface, als internat. Standard)

FH Fachhochschule (siehe Memorandum über Stand und Entwicklungsmöglichkeiten der Inform. an Fachhochschulen, 4. Aufl. Herbst 1992, Inform.-Spektr. (1993) 16, H. 3, S. 170 - vgl. GH, TH, TU, UNI$_2$)

FhG Fraunhofer Gesellschaft zur Förderung der angewandten Forschung e.V., München (wissenschaftl. Selbstverwaltungsinstitution u. Trägerorganis. f. angewandte Forschung mit 25 Einrichtug., die Auftrags-Vertragsforschung auf Gebieten d. Naturwissenschaften u. d. Technik betreibt, auch der Informationstechnik (IT) - vgl. auch AGD; AGF, MPG; DFG)

FI Fachinformation (Wissen zur Bewältigung fachlicher Aufgaben in Beruf, Wissenschaft, Forschung, Wirtschaft und Staat - zu identifizieren, zu beschaffen und zu nutzen - in organisierter Form, von der man hofft, daß sie zufällige Funde weitgehend erübrigt, mittels Bibliotheken, Fachinformationszentren (FIZ) ökonomisch arbeitsteilig institutionalisiert, gestützt auf Erkenntnisse der Wissenschaft von Information und Dokumentation (IuD) sowie Methoden u. Systeme d. Informatik bzw. Informationstechnik (IT) u., wo mögl., gefördert vom Staat, (in Europa) der KEG oder der UNESCO, die in Information einen grundlegend. Faktor von Wirtschaft u. weiterer Entwicklg. erblicken - wichtige Voraussetzungen bzw. Hilfsmittel sind offene Kommunikationsnetze, 'Online'-Datenbanken (DB$_1$), Mehrwertdienste (VAS), und Einweg-Speichermedien wie CD-ROMs u. WORMs - auch mittelständische Unternehmen (KMUs) werden in diesem Bereich gefördert - siehe u.a.: BMFT (Hrsg.): Fachinformationsprogr. der Bundesregierung 1990-1994, Bonn 1990, ISBN 3-88135-225-2 (mit weiterf. Lit.); NfD_1 - Projektträg. des BMFT ist das GMD-IZ in Darmstadt, die im Rahmen des FIZ Technik INFODATA betreibt, einschläg. Verzeichnisse hrsg. bzw. die anderer Einrichtungen nachweist - vgl. auch FIS, IVS; IR, LDV; NABD; DGD, GI_1; BIBLIODATA, DIMDI, DITR, ISIS, JURIS, MATHDI, PATOS; STN; Diane, ECHO; SR; IMPACT)

FIACC — Five International Associations Coordinating Committee (gemeins. Koordinierungskomitee der fünf internat. Vereinigungungen IFAC, IFIP, IFORS, IMACS, IMEKO - vgl. auch IMU, IUPAP)

FID — (frz.) Fédération Internationale de Documentation, Paris (vgl. DGD; Infoterm; IFIP; FI)

FidoNet — (nach dem Hund von T. Jennings (bei Apple) ben. Netz: Amateur-Rechnernetz auf Telefonverbindungen mit Mailboxen u. Anschlägen - gegr. Mittte der 80er Jahre von T. Jennings als kleines Privatnetz, gewachsen zum größten Privatnetz der Welt, Ende 1991 mit (lt. MACup 3/92) weltweit 11 000 Teiln., davon in Deutschland 600 - seit 1991 hierarchisch aufgebaut, um Telefonkosten zu begrenzen und Adressierung zu erleichtern - das Point-Programm MacWoof sei über Mailbox-Dienste erhältl. - vgl. auch AppleLink; UUCP; BITNET, CSnet, Internet, Usenet; NREN; DFN, EARN, EUnet, WIN; HDN; GEN)

FIFF — Forum InformatikerInnen für Frieden und gesellschaftliche Verantwortung e.V., Bonn (gegr. 1983 - hat sich bereits kritisch mit der Volkszählung der BRD, mit SDI ("Krieg der Sterne") und, auf der Grundlage des BDSG, mit ISDN/DIB in Zshg. mit der TKO sowie in jüngerer Zeit mit der ZSI auseinandergesetzt - gibt FIFF Kommunikation hrs., 1993 im 10. Jhrg. (Einzelpreis DM 3,--) - vgl. auch IKÖ; GI_1)

FIFO — (von engl. first in, first out - Prinzip des Silospeich. & d. Warteschl. - siehe Def. von Silospeicher in DIN 44 300, T. 6, 3.88 - vgl. LIFO)

FIMS — (engl.) Form Information Management System (dt. Formular-Informationsverwalt'gs-Syst. - Proj. des JTC1/SC18 im Zshg. mit PS' (PS_2))

FIPS ... — Federal Information Processing Standard ... (USA) (mit Nr. ... - dt. etwa Bundes-Standard für Informationsverarbeitung - für Bundesbehörden der USA verbindl. - erarbeitet vom CSL am NIST - FIPS' können ANS', IEEE-Std. oder MIL-STDs inkorporieren - Hrsg.: NIST - erhältl. bei NTIS - siehe u.a. FIPS public. list by FIPS number, in CSI (CSI_2), Vol. 14, No. 5 & 6, 1992, p. 463-470 - vgl. auch $ANSI_2$)

FIS Fachinformationssystem (vgl. FIZ, IVS; IuD, FI)

FIZ Fachinformationszentrum/en (Zentren in der BRD zur Erfassung, Erschließung, Vermittlg. bibliograph. und anderer indikativer Daten in Mathematik, Informatik, Natur- und Sozialwissenschaften, Technik, Wirtschaft u.a.m. als Literaturhinweisdiensten oder auch Faktenslg. - nach erhebl. Initialförderung des BMFT (1 Mrd. DM von 1985 bis 1988) ist eine Kostendeckg. aus eigenen Einnahmen von 30 bis 40% erreicht, die noch gesteigert werden soll - das einzelne FIZ bietet mehrere o. viele Datenbanken (DB_1) an, die von ihm selbst o. von anderen Einrichtungen betreut werden (sog. 'Hosts' (engl. Gastgeber bzw. Wirte im übertrag. Sinn), faktisch RZ-Trägern) - leider gibt es für bestimmte Fachgebiete keine eindeutigen Zuständigkeiten eines FIZ o. einer DB - Math. wird recht gut von FIZ 4 in Karlsruhe, Tokio, Ohio abgedeckt, z.B. mit MATH - Inform. ist verteilt auf FIZ 4, dort z.B. INSPEC, bzw. FIZ Technik in Frankfurt a. M., z.B. SW-Produkte in ISIS - FIZ' sind teilweise durch ausländ. Betreiber übern. worden - neben den FIZ' gibt es noch viele andere DB-Anbieter - das weltweit einzigartige Fachinformationsprogramm der Bundesregierung (BuReg) wurde mit Schwerpunkt Nutzungssteigerung fortgeschrieben (2 Mrd. DM von 1990 bis 1994) - vgl. auch AG-FIZ, INFORUM; BIBLIODATA, DIMDI, DITR, JURIS, MATHDI, PATOS; STN; IR; FI)

FJI Forschungsstelle für juristische Informatik und Automation der Universität Bonn, Bonn (vgl. BIFOA, ZRVI; BDSG, UrhG, WiKG; GI_1 (FB 6); RI_1)

FKA Festkomma-Arithmetik (engl. fixed-point arithmetic - vgl. integer; abs, ent, mod, sgn; VZ; ggT, kgV; gcd, lcm; card, ord; GKA; nR)

FKS Fernmelde-Klein-Stecker (der DBP Telekom - informell auch "Westernstecker" gen. - muß (im Rahmen von Euro-ISDN) nun doch von Telekom für ISDN verwendet werden statt TAE-Stecker)

FKTO Fernmeldekonto[nummer] (bei der DBP Telekom - die Nummer ist 12stellig - vgl. auch BLZ, DK, ISBN, ISSN, PK, PLZ, UDC, ZIP)

FLAP Flachpunkt (Punkt einer Kurve G_f zu einer Funktion f, bei dessen x-Wert f'' eine zweifache Nullstelle hat - i.e.S. lediglich: ein derartiger Punkt mit *schräger* Tangente - i.w.S. ein derartiger Punkt mit *schräger* oder (stattdessen auch) *waagerechter* Tangente, d.h. evtl. zugleich ein Extrempunkt (HOP, TIP) der Kurve mit dreifacher Nullstellenvielfachheit von f' mit Vorzeichenwechsel (VZW) - beim x-Wert eines FLAP i.e.S. hat f' keine Nullstelle - HOPs oder TIPs sind nicht notwendig zugleich FLAPs i.w.S. - vgl. auch TEP, WEP; Max, Min)

FM	Frequenzmodulation (z.B. bei UHF, UKW, VHF - vgl. auch AM, PCM_1)
FMEA	Fehler-Möglichkeits- und Einfluß-Analyse (engl. error possibility and influence analysis (EPIA) - vgl. auch QM, TQM; QZ; EQ; QS)
FMG	(engl.) full multigrid (dt. etwa vollständiges Mehrgitterverfahren - effizientes nicht-iteratives Approximationsverfahren (i.U. zu anderen Mehrgitterverfahren und Relaxation) der Numerik - vgl. nR)
FMS	(engl.) fieldbus message specification (dt. Feldbus-Mitteilungs-Spezifikation - vgl. VFD; PROFIBUS)
FN	Funktionsnorm; Funktionelle Norm (entspr. engl. FS_2 - auch "Profil" gen., engl. profile - vgl. auch DR_1, TS; ISP)
FNS	Friedrich-Naumann-Stiftung, Bonn (parteinahe Einrichtung (rechtlich keine Stiftung) - vgl. FES, KAS)
FO	Fernmeldeordnung (der DBP - im Zshg. mit d. Postreform am 1.1.1988 abgelöst von d. TKO, zusammen mit DirRufV, TO (TO_2), VFsDx)
FOB; f.o.b.	Frei an Bord (... benannter Verschiffungshafen - von engl. Free on Board (... named port of shipment) - eine von 13 der seit 1.7.1990 revidiert geltenden Incoterms der ICC (ICC_2) - vgl. auch CIF, EXW)
FOCUS	(1981 von einflußreichen Leuten gegr. britisches Komitee, das die Entwicklg. der IT-Normung, besonders zu OSI, beobachtet, Schwerpunkte, Lücken u. Schwachstellen herausstellt u. dem Department of Trade and Industry (dti) sachdienl. Maßnahmen empfiehlt - vgl. DISC, ITUSA)
FODA	Formal Specifications of ODA (formale Syntax und Semantik für ODA (mit IMCL und Prädikatenlogik erster Stufe) - entstanden aus Interpretation der Prosabeschreibung von ODA mit Rückwirkungen auf den Prosatext der Norm (Entdeckung und Beseitigung von Inkonsistenzen) - ermögl. direkte Umsetzg. in Programmiersprachen (PS_2) - geeignet zur Erzeugung von SW-Produkten und Prüfmitteln - siehe ISO/IEC IS 8613-10:1991 - vgl. auch ODIF; FDT)
FOF	bevorzugte (/optimale) Übertragungsfrequenz (von engl. favorite operating frequency - die Abk. wird nicht übers. - tageszeitl. veränderl. optimale Frequenz für KW-Fernempfang (KW_2) in bestimmter Region, etwa in Funkprognosen des FTZ - liegt zwischen LUF und MUF)
FORKAT	BMFT-Förderkatalog (vgl. auch FI, IT; EBN; AGF, GFE; ICSI; GRS; IdS; EUREKA; INFODATA, VDLF; DFG; ECHO; FuE)

FORTH (abges. von einer interakt. Programmierspr. (PS_2) mit LIFO-Struktur:) Foundation of Research and Technology - Hellas, Heraklion, Kreta (griechische Stiftung für Forschung und Technik - verfügt über eigene Institute, so u.a. das 'Institute of Computer Science', mit dem die FORTH seit 1992 Mitgl. des ERCIM ist)

FORTRAN (von engl. Formula Translator - prozedurale Programmiersprache (PS_2) für technisch wissenschaftliche Zwecke - in der BRD trotz gewisser Schwächen traditionell Sprache der Numeriker - ursprünglich wurde es ab 1954 von J.W. Backus et al. bei IBM in den USA entwickelt unter den Anforderungen: geringer Programmieraufwand und laufzeitgünstige Objektprogramme - es folgte eine evolutionäre Entwicklung über mehrere, jew. weitgehend aufwärtskompatible Stufen - ab FORTRAN IV von ANSI genormt, zunächst beschränkt auf Basic FORTRAN (66) - nicht-strikte Kompatibilität von Herstellerdialekten führte zu diversen Erweiterungen - das erweiterte FORTRAN (77) in ANSI X3.9-1978 wurde in ISO/IS 1539-1980 (Referenz auf ANSI) und in DIN 66 027, 6.80 (mit zweisprachiger Wörterliste) übernommen, Grundl. für Normkonformitätsprüfungen u.a. der GMD - eine Nebenlinie führte zu RT (real-time) FORTRAN in ISO/IS 7846-1985 - inzwischen wurde das sogen. Fortran 8x (man hatte auf das Jahr '88 gezielt) mehrfach geändert - daraus entstand schließlich die neue Normversion von 1990 mit der Bez. "Fortran" i.U. zu "FORTRAN")

Fortran (90) (wiederum eine evolutionäre Weiterentwicklung der lettzten Version, FORTRAN 77 - sie verbindet Aufwärtskompatibilität zur Weiterverwendung von Programmvorräten mit modernen Programmiersprachkonzepten - FORTRAN 77 ist in Fortran 90 (von 1990) vollst. enthalten, obgl. sich beide aufgrund der Neuerungen stark unterscheiden - nur vier sprachprozessorabhängige 'features' alter Programme werden von Fortran-90-konformen Kompilierern eingeschränkt interpretiert - getilgt ('deleted') wurde kein altes Sprachmittel - redundante Sprachmittel, f. die es schon in FORTRAN 77 bessere Ausdrucksmöglichkeiten gab, wurden f. die neue Norm von ANSI X3J3 u. die von JTC1/SC22 f. Fortran durch Kleinschrift als veraltend ('obsolescent') gekennzeichnet und in einem Anhang zusammengestellt, können also später leicht getilgt werden - zu den neuen Konzepten gehören u.a. rekursive Prozeduren, Module, Datenstrukturvereinbarung, Matrixoperationen, Erweiterbarkt. - siehe: ANSI X3J, 3rd Draft 1990; ISO/IEC IS 1539:1991 (ca. 400 S.); inhaltsgleiche EN 21 539:1989; K.-H. Rotthäuser: Der neue Standard "Fortran 90", in Output 12/1990, S. 15-24 - in den USA gilt lt. Beschluß von ANSI X3 zusätzl. die FORTRAN-77-Norm weiter - vgl. auch FORTRAN-SC, HPF; Ada, ALGOL 60, APL, BASIC, C_1, CHILL, COBOL, ELAN, LISP, Modula-2, Pascal, PEARL, PL/I, PROLOG, Scheme, Simula, SML; PSP)

FORTRAN-SC FORTRAN Scientific Computing (Nebenversion von FORTRAN 77: mit Intervallarithmethik und Ergebnisverifikation - Fortran 90 bietet Grundfunktionen, die ein effizienteres Fortran-(90)-SC ermögl. - vgl. auch Ada, Pascal-SC, PEARL; GAMM)

FOSUC Federal Open System User Council (USA) (dt. Bundesbenutzerrat für offene Systeme (i.S. von OSI) - bei NIST - 1991 gegr. auf Initiative des CSL von Bundesbehörden - will u.a. GOSIP erweitern - vgl. auch APP/OSE, GIG, NIU, OIW; Internet, NREN)

FP
1. (angel. an engl. Functional Programming (FP_2) - so ben. Programmierspr. (PS_2) - von J.W. Backus 1978 beispielhaft eingef. in einem richtungsweisenden Art. über Funktionale Programmierung (FP_2) - siehe J.W. Backus: Can programming be liberated from the von Neumann style? A functional style and its algebra of programs, in CACM Vol. 21 (1978), p. 613-641 - vgl. auch VNM; LISP, PROLOG, Scheme, SML)
2. funktionale Programmierg. (entspr. engl. functional programming - funktion. Programme entspr. mathem. Fkt., d.h. sie bewirken Abbildg. von Mengen von Eingabewert. in Mengen von Ausgabew. durch Zusammensetzg. aus einfachen Ausdr., z.B. Grundfunkt., gestützt auf eine geeignete (funktion. o. applikat.) PS (PS_2) wie z.B. FP (FP_1), LISP (o. auch HASKELL, Miranda, die dieses Lexik. nicht enth., u. ML (ML_2)) - keine Seiteneffekte (Analogiebildg. zu engl. side-effect, dt. eigtl. Nebenwirkung), 'higher order functions', getypt o. ungetypt - vgl. auch OOP, STP_2; SEU; SE; SW)

F-P; FP Bei JTC 1: F-Profile; Interchange Format Profile (dt. F-Profil oder Austauschformat-Profil - vgl. auch A-P, T-P)

Fr Freitag (5ter Wochentag - vgl. Di, Do, Mi, Mo, Sa, So; KW_1)

FRG Federal Republic of Germany (engl. Übers. von "BRD" - bei ISO und IEC bis 1990 offiziell "Germany, F.R." - vgl. auch RFA)

FS (abges. von Festschrift in juristischen Referenzierungen, hier bsd.:)
0. (in Büronotizen verkürzt für FSchr.)
1. Flugsicherung (bedeutende, sicherheitskritische Anwendg. von IT)
2. Bei CEN & CENELEC: Funktionsnorm; Funktionelle Norm (von engl. Functional Standard - vgl. auch FN; DR_1)
3. Bei JTC 1: (engl.) Functional Standardization (internat. nur d. Vorgang, nicht das Ergebnis ISP - dies allenfalls informell - vgl. auch FSTG, SG-FS; A-P, F-P, T-P; CTC, ISPICS, PDISP, PICS)

FSchr. Fernschreiber (vgl. TTY) bzw. Fernschreiben (vgl. auch Tx, Ttx)

FSM (engl.) finite state machine (Art von endlichem Automaten (EA_2) - Grundlage für derzeitige Protokollbeschreibungen - vgl. auch FDT)

FSTG Bei JTC 1: Functional Standardization Taxonomy Group (vgl. FS_3)

FSSYD Fuzzy Sets and Systems (Zeitschrift bei Elsevier - Organ der IFSA)

FTAM (engl.) File Transfer, Access and Management (dt. Dateitransfer, -zugriff u. -verwaltung - die Abk. wird nicht übers. - in OSI-Schicht 7, der Anwendungsschicht des OSI-RM, das Anwendungsdienstelement (ASE) für den Transfer einer Datei, den Zugriff auf sie und ihre Verwaltung von RS zu RS im Netzverbund (eines Rechnernetzes) - verwendet ein virtuelles Dateiformat als Zwischenformat - siehe: ECMA-101; DIN ISO 8571-1/5 - vgl. auch ACSE; RDA; JTM, VTS; ISPICS, PICS)

FTE Fakultätentag für Elektrotechnik, Karlsruhe (vgl. ZVEI; ITG_1, VDE; FTI; IT)

FTI Fakultätentag Informatik in der Bundesrepublik Deutschland, Stuttgart (vgl. GI_1; FTE; IT)

FTP
1. Bei JTC 1: Fast-Track Procedure (dt. etwa Schnellverfahren - schon von ISO/TC 97 eingeführt - von JTC 1 als dessen Nachfolger übernommen - siehe: Directives for the work of ISO/IEC JTC 1 on IT, JTC 1 N385, 89-04-20, p. 63)
2. Datei-Transfer-Protokoll (von engl. File Transfer Protocol - Internet-Protokoll für Dateitransfer - vgl. auch FTAM; SMTP, telnet; TCP/IP; OSI)

FTS Fahrerloses Transportsystem (vielfältige, innerbetrieblich verwendete, automatische Transportmittel - siehe VDI 2510, Entwurf 3.90)

FTZ Fernmeldetechnisches Zentralamt, Darmstadt (der DBP Telekom - vgl. auch Roland; PTZ; BAPT, ZZF)

FU(B) Freie Universität, Berlin (West) (vgl. ZEDAT; TUB, ZIB; ETH, RWTH, TU-BS, TUM, $UNIDO_2$)

FuE Forschung und Entwicklung (z.B. in Zusammensetzungen wie "FuE-Plan" - engl. R&D - siehe u.a.: Ratgeber Forschung und Technologie 1993, Fördermöglichkt. u. Beratungshilfen, Kurzfassg. für den BMFT, bei Deutscher Wirtschaftsdienst, Köln, 1993, 136 S. (zugl. gute Übersicht); VDLF - vgl. auch u.a. EWIV; DFKI, ECRC, ERCIM, ESI, $FAST_2$, FZI, GMD, ICSI, MPII, ZED, ZIB; FORKAT; AGF, FhG, MPG; DFG; Esprit, RACE; COST; EUREKA; ECHO)

FUP Funktionsplan (z.B. für digitale Schaltungen - siehe DIN 40 179 - i.U. zu Logikplan (LOP) - vgl. auch KOP; ESB_1; KBL; FDT)

FY (engl.) fiscal year (dt. Steuerjahr(USA) ≠ Geschäftsjahr, Rechnungsjahr)

FZI Forschungszentrum Informatik an der Universität Karlsruhe, Karlsruhe (selbständige Forschungseinrichtung an der Universität Karlsruhe seit dem 1.1.1985 - Stiftung des öffentlichen Rechts - mitgetragen vom Förderverein Forschungszentrum Informatik Karlsruhe e.V. - widmet sich der Umsetzung neuer Forschungsergebnisse der Informatik in die industrielle Praxis - die Mitarbeiterzahl wuchs von knapp 30 in 1985 auf 100 in 1989, der Haushalt gleichzeitig von rund 5.2 Mio. DM auf ca. 11 Mio. DM - vgl. auch DFKI, FAST, GMD, MPI, ZIB; ESI)

G	Giga (von grch. gigas, dt. Gigant (Riese) - Milliarde - dezimaler Vorsatz für $10^9 = 1000^3 = 1\,000\,000\,000$ bei SI-Einheiten (SI_1) u. anderen [gesetzl.] Einheiten - z.B. in "GW" für Gigawatt oder in "Gflops" - vgl. auch Mrd.; c_2, d_2, k, µ, m_2, M_2, n, T)
Ga	(Elementsymbol) Gallium (lat. - engl. gallium - chem. Element eines Metalls mit der Ordnungszahl 31, in Gruppe 3 des Periodensystems der chem. Elemente - vgl. GaAs)
GA	1. (engl.) General American Pronunciation (eine im Nord-Osten u. im Zentr. der USA sowie Regionen Kanadas übl. Aussprache des amerikan. Englisch - als Norm idealisiert u. in Wörterbüchern angegeben - unterscheidet weniger Laute als die britische RP (RP_1)) 2. (engl.) General Assembly (dt. Generalversammlung - z.B. bei CEN, ECMA, ETSI, IFIP - das Akr. wird oft nicht übers. - vgl. auch TA)
GAA	Geldausgabeautomat (kurz auch "Geldautomat" gen. - vgl. ATM_2; ec; GZS; ID, PIN, TAN; POS; DES, PZ, RSA; TTT_2)
GaAs	Galliumarsenid (lat.-grch. - engl. gallium-arsenid - chem. Verbindung des Halbmetalls Arsen (As) mit dem Metall Gallium (Ga) - für ICs (IC_1), insbes. CMOS' verwendet, bei weit höheren Frequenzen als mit Silicium (Si) - vgl. auch Ge)
GAMM	Gesellschaft für Angewandte Mathematik und Mechanik, Hamburg (Mitbegründerin der GI (GI_1) - unterhält u.a. einen mit der GI gemeins. FA "Rechnerarithmetik und wissenschaftliches Rechnen", der sich um Umsetzung u. Einführg. neuerer Erkenntnisse über Rechnerarithmetik bemüht, um zumindest im techn.-wissenschaftl. Bereich die herkömml., fehleranfällige Art der Gleitkommarechnung mit Numeralen begrenzter Stellenzahl (auf deren jeweils mögl. Menge auch alle unendl. periodischen b-al-Brüche rationaler Zahlen bei sog. Radixdarstellung zur Basis b und alle irrationalen Zahlen durch Rundung abgebildet werden) durch **Intervallrechnung mit gesicherten Ergebnissen** (Verifikation) u. entspr. Programmierumgebg. zu ersetzen - siehe u.a.: Def. von Numeral, Radixdarstlg., Gleitpunktrechn. in DIN 44 300 T. 2, 11.88; insbes. einschlägige Veröffentl. von U. Kulisch - vgl. auch GKA; eLib; DGOR, DMV, DPG, ITG_1; IEEE; EMS_4; IMACS, IMU)
GAN	(engl.) Global Area Network (dt. etwa Weltnetz - für die Gesamtheit aller untereinander vermaschter normkonformer/normadaptierter Telematiknetze vorgeschlag. Begr., etwa in Verallgemeinerg. von Globalem MHS (vgl. MHE), der terrestrische Kommunikation u. Satellitenkommunikation umfaßt - vgl. auch LAN, MAN, WAN; ITU, JTC1; OSI)

GATT; Gatt	Allgemeines Zoll- und Handelsabkommen, Genf (von engl. General Agreement on Tariffs and Trade - multilateraler Vertrag u. Sonderorg. (mit Schlichtungsstelle) der Vereinten Nationen (UNO) - von 23 Staaten 1947 gegr. mit dem Ziel, den internat. Handel von Handelshemmnissen so weit wie mögl. zu befreien - in Kraft seit 1.1.1948 - Grundlage des GATT bildet Nichtdiskriminierung durch Meistbegünstigung und Inländerbehandlung (ausländischer Anbieter) mit erforderlichen Ausnahmen - frühere Entwicklungsrunden dientem vorrangig dem Abbau von Zöllen als tarifären Handelshemmnissen - seit 1979 ist der **Abbau der nicht-tarifären Handelshemmnisse** in den Vordergrund gerückt - zu ihnen gehören unverträgliche techn. Normen - seit 1.1.1980 gelten mehrere Übereinkommen für die Unterzeichnerataaten: eines über techn. Handelshemmnisse, gen. "Normenkodex"; eines über das öffentl. Beschaffungswesen und eines über Einfuhrlizenzverfahren - Empfehlg. zum Schutz geistig. Eigentums - ein neuer **Normenkodex** vom Juli 1987: rechtl. Verbindlichkeit techn. Vorschriften (z.B. CTRs) erfordert ihre **GATT-Notifikation** - der noch 1990 von d. EG (EG_1) erhobene Hochzoll von 14 % auf eingeführte ICs (IC_1) wurde als Wettbewerbsnachteil europ. Chipkäufer beseitigt - an der Uruguay-Runde z. Weiterentwicklg. des GATT waren 117 von 192 Staaten der Erde beteiligt (114 Mitgl. und 3 Beobacht.), die etwa 90 % des Welthandels bestreiten - sie wurde am 15.12. 1993 abgeschl. - die Schlußakte berücks. erstmals auch Dienstleistgen, hat 550 S. u. tritt am 1.1.1995 in Kraft - man erwartet von ihrer Umsetzg. Impulse zur Überwindg der Rezession in den beteiligten Ländern - vgl. auch MTO; EUROBIT; Incoterms; EG_1, EFTA, EU_1, RGW; ECE; COCOM; OECD; KSZE)
GBG	geschlossene Benutzergruppe (in einem offenem System vereinbar - z.B. bei gewerbl. Nutzung von Btx - vgl. auch OBG; RUZA)
Gbit	Gigabit (Milliarde[n] Bit (Bit_2) - z.B. in "3 Gbit/s" (Übertragungsrate) - vgl. auch G; bit, sh)
GBO	graphische Benutzeroberfläche (engl. sinngem. graphical user interface (GUI) - rückübers. also eigtl. graphische Benutzerschnittstelle)
gcd	(engl.) greatest common divisor (dt. ggT - vgl. auch lcm; kgV; mod)
GChACM	Deutsches Kapitel d. ACM e.V., München (von engl. German Chapter of the ACM - fördert lt. Satzung Informatik, deren Anwendungen, personale Kommunikation über beides, auch mit US-amerik. Interessent., u. europ. Aktivit. der Mutterges. - hierzu dienen Tagungen, Veröffentl. - gemeins. mit d. GI (GI_1), lokale Grupp. in München, Böblingen, Erlangen, Hamburg u. Karlsruhe - siehe GChACM (Hrsg.): German Chapter News 1/90 (enth. neue Satzung) - vgl. auch adi, FIFF, ITG_1)

GCI

1. Richtlinien für Kommunikations-Schnittstellen (der KEG - von engl. Guidelines for Communication Interfaces - siehe SIC-G 5, Version 1, 21.4.1989 - vgl.auch SS_1)
2. Gesellschaft chinesischer Informatiker in Deutschland, Bonn (in Vbdg. mit der GI (GI_1))

GD

(engl.) Global Distribution (dt. Weltweite Verteilung - bei Kurierdiensten: von Dokument- o. Warensendungen - die Abk. ist auch Bestandteil des Namens von GD Express Worldwide [(Deutschland) GmbH, Troisdorf] sowie der Nummer entspr. Frachtbriefe - vgl. EMS)

GDD

Gesellschaft für Datenschutz und Datensicherung, Bonn (vgl. DVD, DGIR, GRVI; GI_1(-FB6); DSB; BDSG; RI_1)

GDI

(engl) Generalized Device Interface (etwa: [ver]allgemeine[rte] Geräteschnittstelle f. PCs (PC_1) - vorgeschlagen von IEEE - vgl. auch SS_1)

GDO

Gesellschaft Deutscher Organisatoren e.V., ...

GDP

(engl.) gross domestic product (dt. Bruttoinlandsprodukt (BIP) - vgl. auch BSP, GNP)

GDV

graphische Datenverarbeitung (vgl. CAD; GKS, GKS-3D, PHIGS; PHI-GKS; CGI, CGM; MoU; PREMO; CGRM; Eurographics; HM, MM_2; KI_1; LDV, PDV, VDV; ADV; DV)

Ge

(Elementsymbol) Germanium (lat. - engl. germanium - chem. Element eines Halbmetalls mit der Ordnungszahl 32, in Gruppe 4 des Periodensystems der chem. Elemente - für Halbleiter, insbes. Germaniumdioden verwendet - vgl. GaAs, Si)

GEM

1. Gesellschaft für elektronische Medien, Frankfurt a.M. (erbringt Beratungs- und Dienstleistungen auf dem gesamten Gebiet der Fachinformation (FI) - propagiert Nutzung von on-line-DBs (DB_1), EP (EP_2) u. dgl. - Nachfolgeeinrichtung der GID - vgl. auch ECHO)
2. (von engl. Graphics Environment Manager, dt. Graphikumgebungsverwaltung - auf Arbeiten von Xerox in den 70er Jahren zurückgehende und von Digital Research weiterentwickelte, verbreitete graphische Benutzeroberfläche (GBO) als Zusatz zu DR DOS, MS-DOS, PC-DOS bzw. in Verbindung mit dem Betriebssystem (BS_1) zu PCs (PC_1) von Atari - verwendet Bildsymbole (engl. icons), Fenster (engl. windows) und Menüleistentexte in Verbindung mit einer Maus zum Anklicken - mußte auf Klage von Apple, 1985, für den Atari ST geändert werden, da sie der GBO der Macintosh-Familie offenkundig ähnelte - vgl. auch GUI)

GEMA Gesellschaft für musikalische Aufführungs- und mechanische Vervielfältigungsrechte, Berlin (vgl. VGW; UrhG)

GEN Paneuropäisches Netz (von engl. Global European Network - die Abk. wird nicht übers. - gemeins. Übertragungsnetz als Transportinfrastruktur f. Telekommunikationsdienste (TK_2) außer Telefondiensten, dessen europaweite Bereitstellg. ab Frühjahr 1993 die Telegraphieträg. (PTTs) Frankreichs, Großbritanniens (BT), Italiens, Spaniens u. Deutschlands (DBP Telekom), d.h. die fünf größten Netzbetreiber Europas, am 10.9. 1992 in Paris vereinbart haben - GEN soll mittels Glasfaserkabel (vgl. LWL), Kreuzkonnektoren u. eines leistungsfähigen Netzmanagements Übertragungskanäle schneller als bisher verfügbar machen u. Qualität u. Zuverlässigkeit d. Übertragung verbessern - Übertragungsraten sind: $n \times 64$ kbit/s, max. $31 \times 64 = 1984$ kbit/s - offen für andere europ. Netzbetreiber - vgl. auch Datex; DFN, EARN, EuroKom, Euronet, WIN; RARE; FTAM, MHS (MOTIS); WAN; IXI; GAN; OSI)

GENESIS (von grch./lat. genesis, dt. Schöpfung - seit 1988 geplanter Superrechner der als europ. Verbundproj. d. KEG von Wissenschaft, Industrie u. potentiellen Benutz. unter Beteilig. von mehreren Staaten entwick. werden soll, u. zwar nach der Architektur von Suprenum - zunächst f. eine Rechenleistg. von ca. 100 Gflops, später im Ber. von einem Tflops - siehe The Birth of GENESIS, in Supercomp., European Watch, Febr. 1990 - vgl. auch PEACE; HPCS, HPSC; RS; HLRZ)

Gentex (von engl. General Telegraph Exchange Service - postinternes Fernschreibnetz zur Übermittlung von Telegrammen - vgl. Tx)

GESIP Gesellschaft für Informatik in der Pharmazie e.V., München (nimmt fachspezifisch konzeptionelle Aufgaben wahr und berät Apotheken - vgl. auch gmds; GChACM, GI_1)

GEZ Gebühreneinzugszentrale der öffentlich-rechtlichen Rundfunkanstalten in der Bundesrepublik Deutschland, Köln (Antragsformulare sind an Schaltern der DBP-Unternehmen und Bei Geldinstituten erhältlich)

GfdS Gesellschaft für deutsche Sprache e.V., Wiesbaden (betreibt Sprachpflege u. untersucht deren Grundlagen - beantwortet entgeltl. einschlägige Fragen - finanziert von BMI (Fehlbedarfsfinanzierung), KMK, Förderern und Mitgliedern - gibt die Zeitschriften *Sprachdienst* (in Mitgliedschaft inbegriffen) u. *Muttersprache* hrs. - ist mit eigenen Beiträgen u. Stellungnahmen (auch ihrer Mitgl.) an Vorbereitung d. Rechtschreibreform beteiligt - Mitgl. kann jede[r] ernsthaft interessierte Sprachteilhaber[in] werden - unterhält örtliche Gruppen in Berlin, Bonn, Hamburg, Ludwigsburg, Lüneburg, München, ... - vgl. auch DA_1, IdS, GI_3)

GFE Großforschungseinrichtung (in der BRD - näheres zu den GFEs ist ausgeführt zur Arbeitsgem. der Großforschungseinrichtungen (AGF))

Gflops Gigaflops (Abk. angelehnt an "Mflops" i.S. von Megaflops - "flops" von engl. floatingpoint operations per second - Milliarde[n] Gleitkomma-Op. pro Sekunde (s) - vgl. auch G, Mrd.; Tflops; MIPS, MOPS)

GG Grundgesetz (der BRD - ist die vorläufige Verfassung und das höchstrangige Gesetz der BRD - ihr ist die DDR aufgrund des EinigungsV mit Wirkung vom 3.10.1990 gem. bis dahin geltendem Art. 23 GG beigetreten - beitrittsbedingte Änderungen des GG gem. Art. 4 EinigungsV sind seither in Kraft - die Geltung des geänderten GG erstreckt sich gem. Art. 3 EinigungsV seither auch auf die Länder Brandenburg, Mecklenburg-Vorpommern, Sachsen, Sachsen-Anhalt, Thüringen und den Teil des neuen Landes Berlin, in dem es vorher nicht galt - dem EinigungsV übergeordnet ist d., gleichfalls GG-relevante, völkerrechtl. Vertrag über die abschließende Regelung in bezug auf Deutschland, auch "Souveränitätsvertrag" gen., der als Ergebnis der sog. Zwei-plus-Vier-Verhandlungen am 12.9.1990 in Moskau zwischen der BRD, der DDR, Frankreich, der (damals noch bestehenden ehem.) Sowjetunion, dem Vereinigten Königreich Großbritannien und Nordirland sowie den USA geschlossen wurde - vgl. auch D_1, DE, DEU)

GGO Gemeinsame Geschäftsordnung der Bundesbehörden (der BRD - die GGO setzt sich zusammen aus dem Allg. Teil, gen. "GGO I" (Organisationsgrundsätze; Geschäftsgang; Dienst- u. Hausordnung; Merkblätter; Vordrucke; Anhänge), dem besonderen Teil, gen. "GGO II" (Verkehr mit Bundestag, Bundesrat, Bundesverfassungsgericht (BVerfG); Weg der Gesetzgebung; Erlass von Verordnungen (VOs) u. allg. Verwaltungsvorschriften; Völkerrechtliches; amtliches Veröffentlichen; Anlagen) - diese Teile werden in einem vom BMI hrsgg. Loseblattwerk bei Kohlhammer zusammen mit vergleichbaren Regelungen mittels Änderungslieferungen fortgeschrieben - vgl. auch AutomGr, GOBR, GOBReg, GOBT, GOVermA; SiR; BABl., BAnz., BGBl., GMBl.)

GGS Gütegemeinschaft Software e.V., Frankfurt a.M. (Vereinigung von SW-Herstellern, DV-Anwendern, Prüfstellen - beim VDMA - verleiht Produkten das RAL-Gütezeichen Software und zugleich das DIN-Prüfzeichen der DGWK, wenn dafür laut Prüfbericht einer von ihr autorisierten Prüfstelle die Voraussetzungen nach DIN 66285 und RAL-GZ 901 gegeben sind - die DIN-Norm wurde bei bei ISO/IEC JTD1 eingebracht fund führte dort zu einer Internat. Norm, deren Rückwirkung nur sehr geringe Änderungen erforderlich machte - die Autorisierungsvoraussetzungen überprüft die GMD (Abt. I 8.R) im Auftrag der GGS - vgl. auch GuP, RPP; DGPI, DGR; BSI_2; BDSG, GSG) ggT; GGT größter gemeinsamer Teiler (engl. gcd - von gegebenen Zahlen oder Polynomen allg. der unter ihren übereinstimmenden Teilern größte Teiler (wobei Teiler i.S. aufgehender Division ohne Rest gemeint ist) - dient im Elementarrechnen etwa dazu, gemeine Brüche zu kürzen, o. in der Algebra, den Bruch bzw. Quotienten zweier Polynome - Beispiel: ggT (8, 12) = 4, die größtmögliche Zahl, durch die sich beide gegebenen Zahlen ohne Rest teilen lassen (hier größer als eins, dem unteren Grenzfall gemeins. Teiler) - von zwei oder mehr Zahlen läßt sich der ggT u.a. durch deren Zerlegung in Primfaktoren und Auswahl und evtl. Multiplikation der *kleinsten* Potenzen d. *gemeinsamen* Basisprimzahlen bestimmen, so z.B. $8 = 2^3$, $12 = 3^1 \cdot \underline{2^2}$, also $2^2 = 4$ - lassen sich die gegeb. Zahlen nicht in Primfaktoren mit gemeins. Basisprimzahlen ($\neq 1$) zerlegen, ist der ggT gleich eins - beliebige gemeins. Teiler zweier Zahlen a und b sind zugleich Teiler von deren ggT (a, b) - die Berechng. des ggT von mehr als zwei Zahlen läßt sich auch durch Schachtelung iterativ auf die von jeweils zwei Zahlen zurückführen, denn es gilt: ggT$(a, b, c, \ldots)$ = ggT $(a,$ ggT $(b, c, \ldots))$ usw. - effizienter wird der ggT bei Zahlen und bei Polynomen mit dem euklidischen Algorithmus bestimmt - mit dem kleinsten gemeinsamen Vielfachen (kgV) besteht der Zusammenhang: ggT$(a, b, c, \ldots)$ = $a\,b\,c \ldots$ / kgV $(a, b, c, \ldots)$ - vgl. auch mod; nR, sR)

GI

1. Gesellschaft für Informatik e.V., Bonn (größter (bundes)deutscher Fachverband für Informatik, gegr. 1969, mit über 15 000 Mitgl. - Mitgl. der IFIP und des CEPIS - betreibt die DIA (DIA_1) und die DLGI (vgl. dort) - Organ der GI ist die zweimonatl. erscheinende Zeitschrift Inform.-Spektr. bei Springer-Verlag, Heidelberg (Bezug für Mitgl. im Beitrag enthalten) - dort erscheinen auch im Rahmen der GI hrsgg. wissenschaftl. Veröffentlichungen einschließl. aller Tagungsbände (IFBs) - Mitgl. erhalten auch das Inform.-Magazin (vordem CM) gratis, eine Reihe Fachzeitschriften verbilligt und ermäßigte Mitgliedsbeiträge bei einer Reihe anderer Fachverbände - die GI gliedert sich seit Mai 1989 in neun Fachbereiche (FBs):
   FB 0 Grundlagen der Informatik (vgl. GTI, TI),
   FB 1 Künstliche Intelligenz (KI_1),
   FB 2 Softwaretechnologie u. Informationssyst. (vgl. SE, SW),
   FB 3 Technische Informatik und Architektur von Rechensystemen (RS'),
   FB 4 Informationstechnik (IT) und technische Nutzung der Informatik,
   FB 5 Informatik in der Wirtschaft (vgl. WI_1),
   FB 6 Informatik in Recht u. öffentlicher Verwaltung (vgl. RI_1),
   FB 7 Ausbildung und Beruf,
   FB 8 Informatik und Gesellschaft -
   die FBs untergliedern sich in Fachausschüsse (FAs) und diese in

Fachgruppen (FGs) bzw. temporäre Arbeitskreise (AKs) - die GI betätigt sich in ihren FGs z.T. im Vorfeld der Normung, bisher jedoch weniger als die BCS (BCS_2) - siehe u.a. Merkblätter der GI über sich, ihre Organisation und eigene FBs (erhältl. bei der Geschäftsstelle) - ein Kooperationsvertrag mit der ostdeutschen GI (GI_2) vom Apr. 1990 führte zur Vereinigung - vgl. auch eLib; PII; adi, DGIR, FIFF, GChACM, GCI_2, GDD, GESIP, GIL, GLDV, GMA, gmds, GRVI, IKÖ, ITG_1, KIF, WKWI; OCG, ÖGI, SI_2; DGOR, DMV, DPG, GAMM; FhG, FZI, GMD, MPII, ZIB)

2. GIDDR; Gesellschaft für Informatik der DDR, Berlin (Ost) (war die größte Fachvereinigung für Informatik in der DDR - hatte zuletzt ca. 1 800 Mitgl. - entsprach etwa der westdeutschen GI (GI_1) - gliederte sich in Fachsektionen (neu gebildet wurde noch "Büroautomatisierung und Informationsnetze") - ihr Vorstand begrüßte im Nov. 1989 den Demokratisierungsprozeß der DDR - gab u.a. eigene Zeitschr. "GI-Mitteilungen" hrs., die zweimonatl. erschien (ab 1/90 noch in neuer Form) - Kooperationsvertrag mit der westdeutschen GI vom April 1990 führte zur Vereinigung - vgl. auch AdW)
3. Goethe-Institut, München (Abk. informell, jedoch viel verwendet - ben. nach J.W. [von] Goethe, 1749-1832 - widmet sich Vermittlg. der deutschen Sprache im Ausland sowie für Ausländer im Inland - unterhält Sprachlehreinrichtg. in vielen Städten d. Erde u. in d. BRD u.a. in Arolsen, Berlin, Bonn, Marburg, München, Radolfzell - gibt für Ausländer eigene Lehrwerke der deutschen Sprache hrs. - einzige sprachkulturelle Einrichtg., die vom AA getragen wird - Zusammenarbeit u.a. mit DAAD - vgl. auch DA_1, GfdS, IdS)

GI '93 — 23. Jahrestagung der GI (GI_1), Dresden (war 27.9.-1.10.1993 in Dresden: vorwieg. bei der Fakultät Informatik d. TU, Eröffng. im Deutschen Hygiene-Museum - Motto: Informatik, Wirtschaft, Gesellschaft - organis. von der Fakultät Inform. der TU Dresden - vgl. auch DLGI)

GID — Gesellschaft für Information und Dokumentation, Frankfurt a.M. (existiert nicht mehr - wesentl. Arbeiten wurden überwiegend von d. GMD, teilweise von der Nachfolgeeinrichtung GEM (GEM_1) übernommen)

GIG — Graphics in Government (USA) (Users' Group bei NIST, gefördert vom CSL - dient Erfahrungsaustausch von Bundesbehörden zu Graphik und deren Beratung vom CSL, auch bezüglich Standards - vgl. auch FIPS; APP/OSE, NIU, OIW)

GIL — Gesellschaft für Informatik in der Land-, Forst- und Ernährungswirtschaft e.V., Freising-Weihenstephan (gibt eigene Zeitschrift hrs.: Informatik in der Land-, Forst- und Ernährungswirtschaft - vgl. auch DGIR, FIFF, GDD, GESIP, gmds, GRVI, IKÖ, WKWI ; GI_1)

GISA German Information Security Agency (stand engl. für ZSI)

GKA Gleitkomma-Arithmetik (engl. floating-point arithmetic - vgl. real; E_1, NF_1; NaN, NOP_1; GAMM, IEEE; VZ; Im, Re; FKA; nR)

GKS Graphisches Kernsystem (engl. entspr. Graphical Kernel System - siehe: ISO/IS 7942:1985, DIN 66252; ISO/IEC DIS 7942-1:1993 - Normkonformitätsprüfung bis 1991 bei der GMD - zur Förderg. der Anwendg. genormter graph. Schnittstellen (SS_1) wurde 198x der GKS Verein e.V., Hüttenbach, gegr. - dieser betätigt sich als Bindeglied zwischen Normung, Anwendern, Anbietern, gibt einen Mitteilungsdienst hrs. und hält (voraussichtlich jährl.) deutschsprachige Graphiktage ab - vgl. auch CGI, CGM, GKS-3D, PHIGS, PHI-GKS; RM)

GKS-3D GKS für drei Dimensionen (Erweiterg. von GKS - siehe: DIN ISO 8805, 5.91 - vgl. auch PHIGS, PHI-GKS, PREMO; CGI, CGM)

GKSS GKSS-Forschungszentrum Geesthacht GmbH, Geesthacht (vgl. AGF)

glb (engl.) greatest lower bound (in Math. - dt. Infimum (inf) - i.U. zu lub)

GLDV Gesellschaft für Linguistische Datenverarbeitung, Ulm (vgl. MÜ, TV_2, WBS, XPS; LDV; DV; KI_1; GI_1)

GliedIT (i.S. von Gliederung der Informationstechnik (IT) - ad-hoc-AK der KIT (Sekretar. bei DKE-Referat 712) - hat entspr. Entw. DIN 44310, 9.87 erarbeitet, d. u.a. zu krit. bis ablehnend. Stellungnahmen geführt hat - aufgr. d. Einspruchsbertg. hat d. AK GliedIT d. KIT u. dem NI-GLA die Veröffentl. eines in Details geänd. 2ten Entw. empf., offenlassend, ob später eine Vornorm folgt - der 2te Entw. DIN 44310, 2.90 hat auch zu krit. bis abl. Stellungn. geführt (so von d. GI (GI_1) u. aus d. GMD) - gem. Einspruchsbertg. am 30.10.1990 erschien (erweitert): DIN-Fachber. 36, Berlin 1992, 26 S., A5, 22,-- DM, ISBN 3-410-12842-5 - siehe auch Quellen unter IT - vgl. auch FTE, FTI)

GMA VDI/VDE-Gesellschaft Meß- und Automatisierungstechnik, Düsseldorf (gemeins. Fachges. in VDI u. VDE - gibt VDI/VDE-Richtl. z. Meß- u. Automatisierungstechn. hrs. - veranstaltet Fachtagungen u. Kongresse - Organe der GMA sind at u. atp bei Oldenbourg - kooperiert u.a. mit der GI (GI_1) in gemeins. Fachgr. u. mit d. PTB - deutsche Mitgliedskörpersch. d. IFAC u. d. IMEKO - siehe u.a. GMA (Hrsg.): kl. Glossar zur KI (KI_1) - vgl. auch VDI/VDE-IT; GAMM, GME, ITG_1)

GMBl. Gemeinsames Ministerialblatt (der BRD - hrsgg. vom BMI - vgl. auch BABL., BAnz., BGBl.)

GMD Gesellschaft für Mathematik und Datenverarbeitung mbH, Sankt Augustin (Großforschungseinrichtung (GFE) in der AGF - das nationale Forschungszentrum für Informatik und Informationstechnik (IT) der Bundesrepublik Deutschland (BRD) - 1968 gegr. von der Bundesreg. zusammen mit d. Regierung des Landes Nordrhein-Westfalen (NRW) - staatl. Finanzierung wird ungef. zu einem Drittel aus Kooperationen u. Verbundproj. ergänzt - angestrebt wird mehr Drittmittelfinanzierung - die GMD betreibt Grundlagenforschung und angewandte Forschung in ausgewählten Bereichen der Informatik und Mathematik in Verbindung mit Hochschulen, Industrie und anderen Forschungseinrichtungen im In- u. Ausland - sie widmet sich dabei verstärkt marktnahen Projekten der Informationstechnik (IT) i.w.S. mit Aussicht auf schnelle Umsetzung ihrer Ergebn. (Transfer) - zu ihren Schwerpunkten gehören derzeit (in wechselndem Ausmaß) Algorithmenforschung, Computeralgebra, graph. Datenverarbeitung (GDV), künstl. Intelligenz (KI_1), Multimedia (MM_2), offene verteilte Verarbeitung, paralleles Rechnen, Rechnerstrukturen, Schnittstellen (SS_1), Sicherheit in offenen Systemen, Software-Ergonomie, Supercomputing, Telekommunikation (TK_2) - sie beteiligt sich an Netzaktivitäten besonders für das Wissenschaftsnetz (WIN) des DFN-Vereins, an der Arbeit von Fachverbänden und der Normung auf dem Gebiet der Informatik - sie betreibt zusammen mit DESY und der KFA ein HLRZ - bewährte Zusammenarbeit mit CWI und INRIA führte 1988 zur Gründg. von ERCIM, dem 1990 das RAL (RAL_2) beigetreten ist u. 1991 das INESC u.a.m. - die GMD ist Mitgründerin von ICSI u. ESI, bei denen sie mitwirkt - sie beteiligt sich am japan. Großprojekt RWC - sie hat Betriebsteile in Sankt Augustin (Schloß Birlinghoven & Zentrum) u. Darmstadt (Rheinstraße, Dolivostraße, Julius-Reiber-Straße), Forschungszentr. in Berlin (Hardenbergplatz, Adlershof), eine Forschungsstelle an der Universität Karlsruhe, ein Verbindungsbüro in Tokio - aufgr. 1990 geknüpfter Verbindungen in den neuen Bundesländern u. anfängl. Unterstützungsmaßnahmen wird eine Etablierung eingeleit. Zusammenarbeiten betrieben, die konkret zunächst zur Mitgründg. von MCZs (MCZ_2, MCZ_3) in Potsdam u. Rostok führte - die Forschungsstellen in Heidelberg u. Köln wurden geschl., das eigene MCZ (MCZ_1) u. Normkonformitätsprüfungen wurden eingestellt - siehe: Schriftenreihen bei GMD u. R. Oldenbourg; FuE-Pläne; Jahresber.; CWI GMD INRIA Newsletter seit Apr. 1989, jetzt ERCIM-News; GMD-Spiegel; englische News (werden ausgebaut); Veröffentlichg. ihrer Mitarb. bei divers. Verl. u. Fachzeitschr. - die GMD kooperiert zudem mit CNR, FORTH, SINTEF (im Rahmen von ERCIM) u. mit CFI, CIT, CRIM, CSI_2, DEKITZ, DIN, EWOS, FZI, GGS, GI (GI_1), GUUG, IBFI, IFIP, ISO/IEC JTC1 (über DIN), itz', KEG, MPII, MPIM, NCC, NIST/CSL, NPL, OSF, ZIB, Systemherstellern, Universitäten, Akademien u.a. - vgl. auch GMD-IZ; HPSC, MANNA, BCS_1; PN_1; TTT_2; GEM_1; ECRC, JRC)

GMD-IZ GMD Informationszentrum für Informationswissenschaft und -praxis, Darmstadt (Projektträger Fachinformation (FI) für das Fachinformationsprogramm der Bundesregierung 1990-1994 aller Bundesressorts beim BMFT - vgl. auch FIS, FIZ; ECHO, STN)

gmds Ges. f. Medizinische Dokumentation, Inform. u. Statistik e.V., Köln (kooper. mit d. GI (GI_1) - vgl. auch CAMAC, MUMPS; IMIA; WHO)

GME VDE/VDI-Gesellschaft Mikroelektronik, Frankfurt a.M. (gemeins. Fachgesellschaft in VDE u. VDI für Mikroelektron. u.a. in d. Informationstechnik (IT) - vgl. auch DKE; VDI/VDE-IT; GMA, GI_1, ITG_1)

GMT (engl.) Greenwich Mean Time (früher die mittl. Ortszeit am Nullmeridian in Greenwich bei London und Bezugszeit f. die Zonenzeiten des Weltzeitsystems - "GMT" noch verwendet i.S. von WEZ bzw. UTC)

GMwD Gesellschaft für Mehrwertdienste in der Telekommumikation mbH, Bonn (Muttergesellschaft der EUnet Deutschland GmbH, Dortmund)

GNP (engl.) gross national product (dt. Bruttosozialprodukt (BSP) - vgl. auch GDP; BIP)

GO Geschäftsordnung (engl. rules; (rise to) order - i.U. zu TO (TO_1))

GoB Grundsätze ordnungsmäßiger Buchführung (in der BRD - verbindl. Vorschriften zu: Belegbarkeit, Buchung, Kontrolle, Datensicherung, Dokumentation, Prüfbarkeit, Aufbewahrg. (6 bis 10 Jahre), Wiedergabe - siehe: §§ 145 ff AO; §§ 238 ff HGB - vgl. auch GoS; GoDV, GoDS)

GOBR Geschäftsordnung des Bundesrates (der BRD) - vgl. auch GGO, GOBReg, GOVermA)

GOBReg Geschäftsordnung der Bundesregierung (der BRD - vgl. auch GGO)

GOBT Geschäftsordnung des Deutschen Bundestages (der BRD - vgl. aach GGO, GOBReg, GOVermA)

GoDS Grundsätze ordnungsmäßigen Datenschutzes (in der BRD - vgl. auch BDSG; GoB, GoDV, GoS; HGB)

GoDV Grundsätze ordnungsmäßiger Datenverarbeitung (in der BRD - vgl. auch GoB, GoDS, GoS; HGB)

gon (das) Gon (abgeleit. SI-Einh. (SI_1) f. den eben. Winkel - bis 1974 "Neugrad" - es gilt 1 gon = $90^o/100$ = (1/400) pla = (π/200) rad)

GoS Grundsätze ordnungsmäßiger Speicherbuchführung (in der BRD - vgl. auch GoB; GoDV, GoDS; HGB; EStG)

GOSIP

1. [US] Government OSI Profile (USA) (OSI-Profil der Bundesregierung der Vereinigten Staaten - entwickelt von NBS/ICST (jetzt NIST/NCTL) in Abstimmung der Bundesverwaltung mit der Rechensystem-Industrie - beschreibt gemeins. Kommunikations-Protokolle für RS' verschiedener Anbieter und für verschiedene Anwendungen von Datenübermittlung ($DÜ_1$) mit diesen Systemen - siehe FIPS PUP 146 - vgl. auch [UK] $GOSIP_2$; EPHOS)
2. [UK] Government Open System Interconnection Profile for Procurement (GB) (OSI-Profil der Reg. des Vereinigten Königreichs - entwick. von CCTA in Abstimmung von Reg. u. Rechensystem-(RS)-Industrie - beschreibt gemeins. Datenkommunikations-Protokolle u. deren Einsatz auf RS' f. Datenübermittlung ($DÜ_1$) - erhältl. bei Her Majesty's Printing Off., London - war Vorbild f. EPHOS, dem es angepaßt o. das es ersetzen wird - vgl. auch [US] $GOSIP_1$)

GOST USSR State Committee for Standards, Moskau (lt. ISO - war das sowjetische Normungsinstitut - Nachfolger? - vgl. auch ST RGW)

GOVermA Gemeins. Geschäftsordung des Bundestags u. des Bundesrats f. den Ausschuß nach Art. 77 des GG (Vermittlungsausschuß) (vgl. auch GGO)

GPO Government Printing Office (USA), Washington, DC (Bezugsquelle für Publikationen US-amerikanischer Bundesbehörden wie NIST einschl. CSL, NSA u.a.m. - vgl. auch NTIS)

GPOS Generalized Portable Operating System (vom PPSC diskutiert aufgr. Mangel an Portabilität von Anwendungs-SW, die auf unbefriedigende BS-Vielfalt (BS_1) zurückgeführt wird, insbes. die lang anhaltenden Auseinandersetzungen zur Unix-Vereinheitlichung - siehe: Final Report to PPSC vom 24.5.1988, 78p. + Appendices - vgl. auch BSD, Desktop Unix, OSF/1, POSIX, XPG; IEEE, X/Open, UCB, UI)

GPS Global Positioning System (System des US DoD mit 24 Satelliten z. global anwendbar. Ortsbestimmg. - auf 15 m genau - lt. Presseber. behalte sich das DoD (per constructionem?) genaue Anwendg. vor, grobe werde vermarktet (z.B. für Navigation) - vgl. auch Modacom; SOS)

GRASPIN Graphical Specification and formal Implementation of Nonsequential systems (ESPRIT-Proj. 125 im Bereich Software(SW)-Technologie für einen persönl. Arbeitsplatz zur inkrementellen graph. Spezifikation und formalen Implementation von Systemen f. nichtsequentielle (nebenläufige) Prozesse - als FDT wurde die algebraische Spezifikationssprache

SEGRAS verwendet - vielfältige Ergebnisse sind in einer von der GMD betreuten Publikationsserie der KEG in englischer Sprache niedergelegt: Esprit-Projekt GRASPIN, 1989/1990 - vgl. auch DeMon)

GREEKPRO (vgl. ECE; COMPRO)

GRG Gesundheits-Reformgesetz (der BRD - in Kraft seit 1.1.1989 - umstritten (z.B. bei Ersatzkassen und Versicherten) - bewirkte zumindest den Abbau des riesenhaften Pillenbergs - vgl. KVdR, RVO, SGB; BfA)

GRIS Fachbereich Graphisch-Interaktive Systeme, Darmstadt (der THD - vgl. auch AGD, ZGDV)

GRS Gesellschaft für Reaktorsicherheit, Köln (Forschungseinrichtung - gehört zu 53% der BRD, vertreten durch den BMFT, und den Bundesländern, und zu 47% regionalen TÜV-Gesellschaften - vgl. auch AGF)

GRUR (Zeitschrift) Gewerblicher Rechtsschutz und Urheberrecht (der Deutschen Vereinigung für gewerbl. Rechtsschutz und Urheberrecht - bei VCH Verlagsgesellschaft, Weinheim - vgl. GEMA, VGW; UrhG)

GRVI Gesellschaft für Rechts- und Verwaltungsinformatik e.V., Hannover (Rechtsgüterschutz in d. Informationsgesellschaft, u.a. techn. Normg. - vgl. DGIR, DVD, GDD; GI_1(-FB6); RI_1)

GS
1. Bei CENELEC: Generalsekretariat (die Abk. wird nicht übers.)
2. (Prüfzeichen) "Geprüfte Sicherheit" (gem. GSG - dient Verbraucherschutz - Akkreditierung von Prüfstellen als Prüflabor gem. EN 45 001 u. Zertifizierstelle gem. EN 45 011 ist Angelegenheit des BMAs mit Zustimmung des Bundesrates - vgl. auch DGWK, RAL_1; CE_2, S_2; DEKITZ, DINZERT; ECITC, EOTC; QS)

GSA General Services Administration (USA), Washington, DC (vgl. NTIS)

GSF Gesellschaft für Strahlen- und Umweltforschung mbH, Neubiberg (Großforschuingseinrichtung (GFE) - vgl. auch AGF)

GSG Gerätesicherheitsgesetz (der BRD - vom 18.2.1986 - enthält Bestimmungen zur Sicherheit von Geräten f. gewerbl. o. privaten Gebrauch - hat mit dem ProdHaftG das sog. Maschinenschutzgesetz ersetzt - hat u.a. das Prüfzeichen "GS" (GS_2) rechtl. sanktioniert - siehe: DIN EN 45 001 bis 45 014 sowie DIN EN 29 000 - vgl. auch ArbStättV)

GSI Gesellschaft für Schwerionenforschung mbH, Darmstadt (Großforschungseinrichtung (GFE) - vgl. auch AGF)

GSM

Bei ETSI: Groupe Spécial Mobile (dt. sinngem. Spezialgruppe Mobilfunk - Technisches Komitee (TC) - übertr. auch dessen Normen (ENs u. CTRs, fertig o. in Arbeit) für ein einheitl. europ. Mobilfunknetz als deren Gegenstand - in anderer, informeller Deutung der Abk. (engl.) "**Global System for Mobile Communications**" gen. - zum Telefonieren/Faxen gibt es in Deutschland zwei Digitalnetze, gen."D-Netze" (Stimmklang durch Frequenzmultiplex unnatürl.), i.U. zum bald flächendeckend ausgebauten u. verbesserten Analognetz, C-Netz, sowie dem älteren B-Netz - die D-Netze sind zellenlose Mobilfunknetze, ISDN-kompatibel , nur langsamer - die Netzbetreiber sind DBP Telekom (D1-Netz) u. Mannesmann Mobilfunk GmbH (D2-Netz) - mit ihnen gibt es 15 Dienstanbieter - vorrang. Ausbau gilt dem Telefonieren, der Vollausbau erfordert noch Jahre - zur mobilen Datenkommunik. bietet DBP Telekom seit 1992/93 regional begrenzt Modacom an (vgl. dort) - Vollausbau bis 1995 - siehe u.a. Telekom Trends, bei neue Mediengesellsch. Ulm mbH - vgl. auch PCN; ERMES; OSI ; ATM_0, BT_2, EE, HF_2, NA_1, PS_1, RES, SES, SPS_1, TE, TM_2)

GTG

Glossary Task Group (USA) (der DBSSG von ANSI/X3/SPARC ($SPARC_2$) - auf dt. (frei) übers. Aufgabengruppe f. Terminologie - vgl. auch CDMTG, DADTG, DMSPTG, FADTG, OODBTG, OSIDBTG; DB_1, DBMS, DBS; KS, OSI; ODP)

GTI

Grundlagen der Theoretischen Informatik (Pflichtvorlesung im Informatikstudium deutschsprachiger Hochschulen - engl. Foundations of TCS - vgl. auch TI; KI_1, RI_1, WI; GI_1, IFIP)

GTZ

Deutsche Gesellschaft für Techn. Zusammenarbeit GmbH, Eschborn (Entwicklungshilfe in Verbdg. mit dem BMZ - vgl. auch DED, DTA)

GUI

(engl.) graphical user interface (dt. sinngem. graphische Benutzeroberfläche (GBO) i.U. zu Kommandozeilen-Benutzeroberfläche (entspr. engl. command-line user interface) - unterstützt Bedienung von Rechensystemen (RS') mit sog. Menüs ('pull-down' o. 'pop-up') und sog. Ikonen (engl. icons), also Bildsymbolen, in überlagerbaren Fenstern (Fenstertechnik) - höchst benutzer- u. zugangsfreundlich - wohl erstmals im Palo Alto Research Center (PARC) von Xerox in den USA entwickelt (im Zshg. mit SMALLTALK-80) und dann von Apple für die Macintosh-Familie übernommen u. weiterentwickelt - das MIT hat X-Window entwickelt, auf dem u.a. OSF/Motif basiert - inzw. wurden (endlich!) auch im Rahmen von SAA (einschließl. der sog. DOS-Welt) sowie von X/Open u. OSF (f. die sog. Unix-Welt) durchaus vergleichb. Benutzeroberflächen o. portable Basis-Software (SW) dafür eingeführt (z.B. MS-DOS 6.1 mit Presentation Manager Windows 3.1; OSF/Motif - vgl. auch CCL, MML, NLS; BSS, MMI; UIMS)

GUIDE (von engl. Guidance for Users of Integr. Data Processing Equipment - IBM-Benutzerverband - vgl. SEAS, SHARE; DECUS, SAVE)

GuP Gütebedingungen und Prüfbestimmungen (von RAL (RAL_1) u. GGS - insbes. für Anwendungssoftware (SW) - siehe: Entwurf DIN 66285 (soll Vornorm ersetzen); RAL-GZ 901 - vgl. auch RPP)

GUS (abges. von der Gemeinschaft Unabhängiger Staaten (ehem. USSR):) Von SPAG: Guide to the Use of Standards (Loseblattwerk bei SPAG SA, Brüssel - Erstausg. erschien 1984 u. manifestierte die von den an SPAG beteiligt. Firmen eingegang. Verpflichtung zur Einführung von OSI - ergänzend (quer) zu den sog. Grundnormen der ISO, inzw. des JTC1, hat GUS die neuartige Konzept. d. Funktionsnormen (FNs) propagiert (die z.B. Anwendungsfunktionen u. Transportfunktionen mehrerer Schichten des OSI-RM umfassen) - FNs sind inzw. bei CEN, CENELEC, ETSI u. ISO-IEC/ JTC1 (hier als ISPs) eingef. u. haben sich als wirks. Mittel zur Durchsetzung der OSI-Normung erwiesen - drei grundlegende Revisionen des GUS führten zu techn. weniger detaillierten Texten in Richtg. eines nützl. 'Guide' - die Akzeptanz von GUS führte u.a. zu EWOS u. ETSI - siehe GUS, Vers. 4, inkl. period. erschein. Nachtr., wie insbes. SPAG-Positionen - vgl. auch EPHOS)

GUUG Vereinigung deutscher UNIX-Benutzer e.V., München (von engl. German UNIX User Group - sehr aktive Benutzervereinigung mit Untergliederung, die auch einen **Arbeitskreis Standards** umfaßt - nimmt sich aktiv Themen wie Multimedia (MM) u. Objektorientier. (OO) an - hält große 'Workshops' ab - gibt Zzeitschrift hrs.: GUUG Nachrichten - publiziert eigen. Software(SW)-Katalog, in den Meldungen zu UNIX-Produkten aufgen. werden - hält Jahrestag. o. Symposien mit Ausstellg. ab - sog. Stammtische werden u.a. in Berlin, Braunschweig, Karlsruhe, Köln, München unterh. - zu den Fördermitgl. gehören namhafte Hersteller, GFEs wie die GMD, Hochschulen u. die KEG/GD IX/ F-6 - betrieb mit der Universität Dortmund ($UNIDO_2$) ein Netz für Rechner unter Unix, das an EUnet angeschlossen war - vertritt die Interessen ihrer Mitgl. bei IEEE bezügl. POSIX, bei OSF, X/Open, UI - Mitgl. von EurOpen - vgl. auch OMG; CHUUG, UUGA)

GWB Gesetz gegen Wettbewerbsbeschränkungen (auch "Kartellgesetz" gen. - der BRD - die Einhaltung des Gesetzes wird vom Bundeskartellamt in Koblenz überwacht - vgl. auch UWG)

GZS Gesellschaft für Zahlungssysteme m.b.H., Frankfurt a.M. (betreibt als einen ihrer Geschäftsbereiche die EUROCARD Deutschland GmbH - vgl. ec; TTT_2; GAA; ID, PIN; POS)

h
1. (als Einheit:) Stunde (von lat. hora - gesetzliche Zeiteinheit: 1 h = 60 min = 3600 s - vgl. auch a, d; KW_1; SI_1)
2. Hekto (von grch. hekaton, dt. Hundert - dezimaler Vorsatz für 100 bei SI-Einheiten (SI_1) u. anderen gesetzl. Einh. (nicht empfohlen) - z.B. in "hPa" - vgl. auch c_2, d_2, G, k, μ, m_2, M_2, n, T)

hart
hartley (Sondereinheit der Informationstheorie nach C.E. Hartley, ausserhalb des SI-Systems (SI_1) - gestützt auf den dekadisch. Logarithmus lg - siehe: DIN 44 301; ISO 2382/16 - vgl. auch bit, NAT_1, sh)

HBFG
Hochschulbauförderungsgesetz (der BRD - vgl. auch CIP_3)

HD
0. (engl.) hard disk (dt. Festplatte[nspeicher] - vgl. LW_2; CD_2; RAM)
1. Von ITSTC: Harmonisierungsdokument (das Akr. wird nicht übers. - vgl. prHD; BC; EN, ENV, prEN)
2. (engl.) high density (dt. hohe (Schreib)dichte - ermöglicht bei $5^1/_4$-Zoll-Disketten (bis zu) 1,2 MByte/Diskette, bei $3^1/_2$-Zoll-Disketten (bis zu) 1,44 MByte/Diskette - vgl. auch in; DD_3; DS_2, SS_1)

HDD
(engl.) hard-disk drive (dt. Festplattenlaufwerk - vgl. FDD)

HDE
Hauptgemeinschaft des Deutschen Einzelhandels, Köln (vgl. CCG)

HDLC
(von engl. High-level Data Link Control - siehe: DIN ISO 3309; DIN ISO 4335; DIN ISO 7809 - i.U. zu SDLC - vgl. auch OSI)

HDN
Hochgeschwindigkeits-Datennetz (im DFN - für Anschlußkapazitäten von 2 Mbit/s bis 140 Mbit/s geplant - soll im Lauf der 90er Jahre den Bedarf deutscher Wissenschaftseinrichtg. an sehr schneller Datenkommunikat. decken - die Vorbrtg. z. Planung begann 1988 - ein im Sommer 1989 vorgelegter Projektplan f. das HDN wurde im Herbst 1989 von DFN-Gremien beraten u. akzeptiert sowie von der DBP Telekom im Dez. 1989 als Grundlage gemeins. Zusammenarbeit gutgeheißen - die Realisierg. setzt auf genormten existierenden OSI-Protokollen auf - FDDI, ISDN u. bekannte Technolog. werden integr. - HDN soll WIN organ. ergänzen, neue Datenkommunikationsanwendg. ermögl. u. in die globalen Planungen von DBP Telekom u. der einschläg. Industrie passen, also keine Insellösg. abgeben, sondern weltweiter Konnektivität förderl. sein - aufgr. von BERKOM-Erfahrungen etc. wurde als gemeins. Netzwerkprotok. f. Schicht 3 (OSI-RM) X.25 gewählt - dies legt eine Zsarb. mit JANET bezügl. der Anforderungen an HW u. SW sowie im Rahmen von RARE nahe - siehe: HDN Status Anfg. '90, in DFN-Mitt., Heft 19/20, Berlin, März 1990, S. 26; unter DFN - vgl. auch NREN (!); COSINE, RACE; CONCISE, Ebone; GEN; CCIRN; IXI)

HDTV (engl.) high definition television (hochauflösendes Fernsehen (TV_1) - auf breiterem Schirm (16 : 9 = $5^1/_3$: 3 statt 4 : 3) - kinoähnlicher als bisher - europ. Entwicklg. nach Vorbild von Sony u. auf Grundl. eines EUREKA-Projekts (Nr. 95) mit 1250 statt 625 Zeilen u. ca. 700 000 Pixeln - bandbreite Übertrag. auf Kabel im sog. Hyperband (302-460 MHz) erfordert Harmonisrg. unterschiedl. Bandbelegungen, die von d. KEG betrieben wird, mit Normg. bei ETSI - wird in einer Studie von OTA bez. Unterhaltungsmarkt zurückhaltend beurteilt, techn. als fortschrittl. - als vorlfg. verbesserter TV-Übertragungsstandard u. Übergang zu Satellitenempf. wurde D2-MAC (trennt Farbe, Helligkeit, Klang) 1990 zwisch. Frankreich u. Deutschland vereinbart - vgl. auch HES)

HEB Heimelektronikbus (vgl. HES; HOIT)

Helios (verteiltes Betriebssystem (BS_1) für Mehrtransputersysteme - entwick. von Perihelion in England in Vbdg. mit Inmos und weiterentwickelt mit Parsytec - kombiniert Benutzer- und Programmschnittstellen von Unix[derivaten] mit Parallelisierungs- u. Kommunikationseigenschaften des Transputers - partiell berücksichtigt wurden die PS (PS_1) Ada, C (Parallel C), Fortran, Modula-P, Pascal, PROLOG (Parallel PROLOG) u. insbes. Occam - vgl. auch PEACE; HPF)

HES Heimelektroniksystem(e) (siehe u.a. DIN EN 60948 (numerische Tastatur für HES) - vgl. auch HEB; HDTV; HOIT)

HF

1. Hochfrequenz(bereich) (engl. high frequency - i.e.S. dekadischer Unterteilung der Frequenz- oder Wellenbereiche elektromagnetischer Schwingungen: 3 bis 30 MHz (Dekameterwellen) - vgl. auch KW_2, LW, MW, UKW; UHF, VHF)
2. Bei ETSI: (außer HF_1) Human Factors (dt. Menschliche Faktoren - Technisches Komitee (TC) - vgl. auch ATM_0, BT_2, EE, GSM, NA_1, PS_1, RES, SES, SPS_1, TE, TM_2)

HfD Hauptanschluß für Direktruf (d. DBP Telekom - Endgerät fester Datenverbdg. (vulgo: Standltg.) im öffentl. Direktrufnetz zur Übertr. digit. Daten - vgl. auch DDV; TAE; Datel, SWFD, ZZZ; ZZF; $DÜ_2$; TK_2; OSI)

HFDS (engl.) Highly Functionally Distributed System (dt. Hochfunktionell verteiltes System - war seit 1984 übergeordnetes Ziel des japan. Großprojekts TRON ($TRON_1$) - grundsätzl. (nicht pragmat.) verträgl. mit internat. Trends bzw. Zielaspekten von ECMA, IEEE, JTC1, OSF, SPAG, X/Open bzw. für ODP - vgl. auch POSIX, XPG; IAP)

HGB Handelsgesetzbuch (der BRD - vgl. auch GoB, GoS; AO; BDSG, PatG, UrhG, WiKG; SI_1; BGB, SGB, StGB; GG)

HGC — Hercules Graphics Card (von Hercules entw., erste graphikfähige Anpassung monochromer Textmonitore für 720 × 384 Pixel mit eigenem RAM für 32 KByte und Zeichen aus 14 × 9 Pixeln - vgl. auch AGA, CGA, EGA, MDA, PGA, VGA, XGA)

HHI — Heinrich-Hertz-Institut für Nachrichtentechnik, Berlin (West)

highTech — (von engl. high tech(nology), dt. etwa Spitzentechnik - war ein kritisches FuE-Magazin, bei Management-Presse, München - ist 1991 im Manager-Magazin aufgegangen)

HIPERLAN — (von engl. high performance Radio LAN - Hochleistungs-Funk-LAN - zur angestrebten Entwickl. von Normen im vielversprechenden Bereich lokaler Funknetze für Systeme zu drahtloser Datenübertragung ($DÜ_2$) hat die KEG (mit Unterstützg. von SOGITS) ETSI beauftragt, bis Dez. 1993 einen ETR f. eine abstrakte Architekt. u. ein Referenzmod. (RM_1) f. HIPERLAN zu erarbeiten, in Abstimmung mit CCITT u. JTC1 u. evtl. gestützt auf ein Projektteam (PT) - vgl. auch CEPT; OSI)

HIPPI — (engl.) High Performance Parallel Interface (auf dt. übers. Hochleistungs-Parallelschnittstelle (Schnittstelle?) - faktisch jedoch eine schnelle Punkt-zu-Punkt-Verbindung über bis zu 25 m zu paralleler Übertragung von 32 bzw. 64 nutzbaren Bits (zuzüglich Paritätsbits), die eine Datenübertragungsrate von 800 bzw. 1600 Mbit/s ermöglicht - weist u.a. auch entsprechende Schnittstellen auf - von ANSI in JTC 1 eingebracht - siehe: ANSI X.3183-199x; ISO-IEC in Vorbrtg. - vgl. auch ESDI, FDDI, IPI, SCSI, SCTD, SMD; SS_1)

HIS — Hochschul-Informationssystem GmbH, Hannover (von Bund und Ländern getragene gemeinnützige Einrichtung zur Untersuchung von Bildungszielen, -wegen und -erfolgen von Schulabgängern mit Hochschulzugangsberechtigung zur Absicherung bildungspolitischer Entscheidungen u. Ermöglichung (!) vorausschauender Hochschulpolitik - vgl. ZVS; AvH, DAAD; DHV; HRK, KMK; WR)

HLL — (engl.) high[er]-level language (dt. etwa: höhere Programmierspr. (PS_2) - z.B. Ada, ALGOL 60, CHILL (!), COBOL (85), Fortran (90), Lisp, Modula-2, Simula, Pascal, PL/I - vgl. auch LLL, UHLL, VHLL)

HLRZ — Hochleistungsrechenzentrum (z.B. bei GMD, KFA, ZIB - vgl. auch RZ; ALWR, VDRZ)

HLS — (von engl. hue, lightness, saturation; dt. Farbton, Helligkeit, Sättigung - doppelkegelförmiges Farbmodell (in räuml. Polarkoordinaten), z.B. bei Bildschirmen von Tektronix - vgl. HSV; CMY, RGB; MPR)

HM Hypermedia (entspr. engl. hypermedia - Verallgemeinerung von Hypertext i.S. auch nichtlinearer, integrierter Verwendung von schriftlichem oder gesprochenem Text, stehendem oder bewegtem Bild, Klang oder Musik, also von Multimedia (MM_2) - vgl. auch TV_1, TV_2; CGI, MIDI; GKS, PHIGS; HyTime, SGML, SMDL)

HMI Hahn-Meitner-Institut Berlin GmbH, Berlin (West) (eine Großforschungseinrichtung (GFE) - vgl. auch BERKOM; AGF)

HNF Hessesche Normalform (einer Geraden- oder Ebenengleichung in der analytischen Geometrie - ben. nach O. Hesse, 1811-1874 - vgl. NF_1)

HoD (engl.) head of delegation (dt. DelegationsleiterIn - so u.a. bei ISO und JTC 1 - in sog. Plenarsitzungen (engl. plenary sessions) aller Delegationen wird Auffassung und Bericht jeder Delegat. von deren HoD als Sprecher/in vorgetragen, soweit dieser/diese nicht ein Mitgl. der Delegation bittet, dies zu tun - allein der/die HoD ist berechtigt, an Abstimmungen des Plenums teilzunehmen - unabhängig von der Delegationsdisziplin können andere Mitgl. der Delegation jedoch in anderen Rollen sprechen, insbes. für eine von ihnen geleitete Arbeitsgruppe (engl. WG) oder in einer Verbindungsfunktion - vgl. auch SC, TC)

HOIT (engl.) home oriented informatics and telematics (wird u.a. von IFIP WG 9.3 bearbeitet - vgl. auch HEB, HES; HDTV; IT)

HOP Hochpunkt (lokales Maximum (Max) eines Funktionsgraphen an der Stelle a mit $f'(a) = 0 \;\wedge\; f''(a) < 0$ (notw. & hinr. Bed.) - entweder mit einfacher Nullstelle von f' und keiner von f'' oder, wenn zugleich Flachpunkt (FLAP) i.w.S., mit dreifacher von f' und zweifacher von f'' - vgl. auch Min, TIP; TEP, WEP; VZW)

HPCC National High-Performance Computing and Communication Initiative (USA) (dt. Nationale Initiative für Hochleistungs-Rechnen und -Kommunikation - lt. Analyse des dem Kongress vorgelegten US-Haushaltsentwurfs für 1993 durch die (1992 geschlossene) GMD-Außenstelle in Washington DC ist für 1993 eine Steigerung der Fördermittel um 23 % auf 802,9 Mio. $ vorgesehen - siehe Einzelh. in Inform.-Spektr. Bd. 15, H. 5, Okt. 1992, S. 296 - HPCC dient vier FuE-Zielen (engl. R&D): ASTA (≠ AStA), BRHR, HPCS, NREN - vgl. auch SDI; DARPA, NASA; NSA; NCSL, NIST; ICSI; NSF; GENESIS, HPSC)

HPCS High-Performance Computing Systems (USA) (dt. Hochleistungsrechensysteme - 1993 mit voraussichtlich 178,4 Mio. $ gefördertes FuE-Ziel der Bundesregierung (für Supercomputer mit 1 Tflops) neben ASTA (≠ AStA), BRHR und NREN im Rahmen von HPCC)

HPF (von engl. High Performace Fortran, dt. Hochleistungs-Fortran - auf Basis von Fortran 90 entwickelte Programmioersprache (PS_2) mit Anweisungen wie FORALL für Parallelrechner mit MIMD- oder SIMD-Architektur - siehe ANSI Draft, Nov. 1992 - vgl. auch Modula-P, Occam; LISP, PROLOG)

HPSC 'High-Performance Scientific Computing' (BRD) (auch dt. (bewußt) so gen. i.S. von: wissenschaftliches Höchstleistungsrechnen - die Abk. wird nicht übers. - seit Dez. 1991 gibt es eine neue deutsche HPSC-Initiative der GMD i.A. des BMFT - siehe insbes. U. Trottenberg, J. Linden et al.: Situation u. Erfordernisse des wissenschaftlichen Höchstleistungsrechnens in Deutschland, Memorandum zur Initiative High-Performance Scientific Computing, Inform.-Spektr. (1992) Bd. 15, H. 4, S. 218-220 - vgl. auch GENESIS, HPCC, MANNA; TTT_1)

HP-UX (Unix-nahes BS-Produkt (BS_1) von Hewlett-Packard)

HRC (engl.) Hybrid Ring Control (in "FDDI HRC" - siehe ISO/IEC 9314-5 in Vorbrtg. - vgl. auch ESDI, IPI, SCSI, SCTD, SMD; LAN, SS_1)

HRK Hochschulrektorenkonferenz - Konferenz der Rektoren und Präsidenten der Hochschulen in der Bundesrepublik Deutschland, Bonn (aufgrund der Herstellung der Einheit Deutschlands (EinigungsV vom 3.10.1990) am 5.11.1990 aus der WRK hervorgegangen - die HRK ist ein freiwilliger Zusammenschluß u. gemeinnützig - in ihr wirken die Mitgliedshochschulen (einschl. Fachhochschulen (FH) u.a.m.) zur Erfüllung ihrer Aufgaben in Forschung, Lehre und Studium ständig zusammen und nehmen ihre gemeinsamen Belange wahr, und zwar gemäß eigener Ordnung (in Kraft seit 1.1.1974) in der Fassung vom 5.11.1990 - Organe sind: Plenum, Senat, Präsident und Präsidium - der Präsident wird am Sitz (Wissenschaftszentrum, Bonn) von einem Generalsekretariat unterstützt (Ltg. Generalsekretär) - die Aufnahme neuer Mitgl. vorzubereiten obliegt dem Senat - Beschlüsse des Plenums an die Mitgl. ergehen als Empfehlungen - Finanzierung durch eine Stiftung und Mitgliedsbeiträge - vgl. auch DHV; BLK, DFG, KMK, SV, WR)

HS Hauptschule (in der BRD inkorrekt auch "Volksschule" gen. - zu Informatik an HS' siehe unter ITG_2 - vgl. auch VHS_2; BLK, KMK)

HSV (von engl. hue, saturation, value; dt. Farbton, Sättigung, Intensitätswert - kegelförmiges Farbmodell (in räumlichen Polarkoordinaten) - vgl. HLS; CMY, RGB; MPR)

HW; Hw Hardware (von engl. hardware - frz. matériel - siehe Def. in DIN 44 300 T. 1, 11.88 - vgl. auch SW; RA; IC_1)

HWiG — Haustürwiderrufsgesetz; Gesetz (der BRD) über den Widerruf von Haustürgeschäften u. ähnlichen Geschäften (in Kraft seit 1.5.1986 - ermögl. dem Käufer einen Widerruf des Kaufs innerhalb einer Frist und verpflichtet den Verkäufer zu ordnungsgemäßer Belehrung darüber - ein Käufer darf dann einen Vertreter jedoch nicht in seine Wohnung bestellt haben - (herausgegriffen) - vgl. AGBG; ZPO; BGB, HGB)

HwO — Handwerksordnung (der BRD - bisher nicht durch EG-Richtl. (EG_1) verdrängt o. gefährdet (Juni 1990) - in Zweifelsfällen Handwerkskammer, Berufsverband oder Europa-Informationszentrum der BfAI fragen)

Hypertext — (entspr. engl. hypertext, von grch. hyper u. engl. text - die Ben. wurde von T.H. Nelson in den 60er Jahren in den USA geprägt - nichtlinearer Text (i.w.S. auch einschließl. eingebundener Bilder) - entweder tatsächlich auf Bildschirm oder Papier hierarchisch oder vernetzt angeordnet oder aber, wenn dominant linear, durch Referenzen zwischen Textelementen der gewöhnl. Linearität sequentieller Texte enthoben - dient Widerspiegelg. nichtlin. Ordng. von Textelementen in der äußerl. Textorganis., u. zwar über herkömml. Formen hinaus, u. soll (kooperative) Kreation u. evtl. Rezeption von Texten unterstützen mit den Mitteln moderner IT, z.B. 'Workstations' (WS') mit Hilfe geeign. Anwendungs-Software (SW) - siehe: J. Conklin: Hypertext: An Introduct. and Survey, in IEEE Computer Vol. 20 (1987), No. 9, p. 17-41; CACM, Spec. Issue on Hypertext, Vol. 31 (1988), No. 7 - vgl. auch DSSL, DTP, ODA, SGML, SPDL, T_EX; WYSIWYG; TV_2; HM, MM_2)

HyTime — (von engl. Hypermedia/Time-based Structuring Language - dt. Hypermedia/Zeitbasierte Strukturierungssprache - Verallgem. von SMDL mit Anwendg. von SGML-Syntax - Formalsprache mit elementaren Datentypen u. Attributen für Multimedia-Anwendg. (MM_2) - auf notw. Festleg. gerichtet mit semantischem Freiraum für Anwendg. - siehe: U. & C. Bormann: Offene Bearbtg. multimedialer Dokumente, Normungsproj. u. ..., Inform.-Spektr. (1991) Bd. 14, Okt. 1991, S. 270-280 (Multimediale Syst.); ISO/IEC CD 10744:1991 (HyTime) entspr. ANSI/X3V1.8M/SD-7 - vgl. auch FDT; Hypertext; HM)

Hz — Hertz (ben. nach H. Hertz, 1857-1894 - Sondereinheit für die Größe Frequenz: Schwingung (oder Periode oder evtl. Drehung) pro Sekunde - in Einheitenrechnung s^{-1} - vgl. auch G, k, M_2, T; SI_1)

HZD — Hessische Zentrale für Datenverarbeitung, Wiesbaden (informationstechn. Kompetenzzentr. d. hessischen Landesverwaltg. mit ca. 450 Mitarbeitern/innen - betätigt sich auf dem Gebiet d. Datenverarbeitg. (DV) u. einschläg. Ausbildung - landeseigener Betrieb - vgl. auch LDS; IT)

i — 1. Eins (als kleine römische Ziffer - vgl. I)
2. i (so gen. imaginäre Einheit $i = \sqrt{-1}$ (aufgrund $i^2 = -1$) zur Darstellung komplexer Zahlen $c = a + b$ i oder (ihrer konjugierten) $c^* = a - b$ i - es gilt die Eulersche Beziehung $e^{i\pi} = -1$ - vgl. auch Im, Re; VZ)

I; i — Eins (als (große; kleine) römische Ziffer - vgl. C_2, D_3, L, M_4, V_1, X_2)

IA — (frz.) intelligence artificielle (dt. KI (KI_1), engl. AI (AI_3) - vgl. auch MÜ, XPS, WBS; EACE)

IAB — Internet Activity Board (1992 aufgegangen in der Internet Society - vgl. RARE; CCIRN)

IABG — Industrieanlagen-Betriebsgesellschaft mbH, Ottobrunn (betätigt sich u.a. im Verteidigungsbereich - betreibt vom DoD anerkannte u. von d. DGWK akkreditierte Prüfstelle f. Ada-Kompilierer, auch f. den zivilen Bedarf - hat die Kriterien d. ZSI (siehe dort) erarbeitet - unterstützt die öffentl. Verwaltg. d. BRD - vgl. auch IMKA, KBSt; ISIT; SiR)

IAEA — International Atomic Energy Agency, Wien (vgl. EAG, EURATOM)

iag; IAG — IFIP Applied Information Processing Group (bis 23.1.1981 - war die IFIP-Gruppe f. angew. Informationsverarbtg. in Management u. Verwaltung - hat u.a. noch 1979 zwei 'Workshops' über 'Economics of Standardization' in Brüssel u. Rocquencourt abgeh. - vormals "IFIP Administration Group" gen. - aufgr. in ihr erkannter Erfordernisse sollte die iag 1981 durch eine Nachfolgeeinrichtg., IGU, ersetzt werden, was aus Mangel an aktivem Interesse scheiterte - vgl. auch CSI; INSITS)

IAI — International Association for Identification, ... (vgl. CCCG; ID)

IAP — Schnittstelle für Anwendungsportabilität (von engl. Interface for Application Portability - war großes dringliches Sondervorhab. der JTC1/TSG-1: bestand in einer Studie zu den drei Bereichen Programm-Portabilität, Daten-Portabilität und BSS-Kompatibilität - in drei Abschnitten: Anforderungsdefinition (bis Mitte '89), Analyse, Schlußfolgerung (beendet '90/'91) - berücks. wurden: EDIFACT, ESF, IGES, Motif (OSF), ODA/ODIF, ODP, OSI, PCTE, XPG (X/Open), POSIX (IEEE), SIGMA, STEP, TRON, UIMS, Unix - siehe: ISO/ IEC JTC 1 TSG-1 on Standards necessary to define Interf. for Applic. Portab. (IAP), Final Report, Apr. 1991 ("... the findings shall form the basis for JTC1's decision on how to tackle this subarea of work"); Spec. issue on IAP of CSI (CSI_2), 1993 - vgl. auch $CASE_2$; CS_2; FDT; RM)

IATA International Air Transport Association, Montreal, Quebeque (1919 gegründet - 1992 waren 213 Fluggesellschaften Mitgl. - an EDIFACT beteiligt - vgl. auch ICAO, UIC; NTK)

IBC (engl.) information-based complexity (siehe J.F. Traub, G.W. Wasilkowski, H. Wosniakowski: I...-B... C..., Academic Press, New York, 1988 - vgl. NP_1)

IBCN Integrated Broadband Communication Network (dt. Integriertes Breitband-Fernmeldenetz - vorgesehene Weiterentwicklung von ISDN, basierend auf ATM (ATM_1) - vgl. auch IBFN)

IBFI Internationales Begegnungs- und Forschungszentrum für Informatik gemeinnützige GmbH, Schloß Dagstuhl, Wadern-Dagstuhl (im Naturpark Saar-Hunsrück) (das Akr. wird nicht übers. - nach dem Vorbild des Mathemat. Instituts Oberwolfach konzipiertes gemeinnütz. Zentrum zur Förderung der Inform. in Forschung u. Anwendung, des wissenschaftl. Dialogs u. des Wissenstransfers zwisch. Forschung u. Wirtsch. in uneingeschr. internat. Rahmen und in interdisziplinärer Offenheit - gegr. am 6.2.1990, zurückgehend auf eine Initiative d. GI (GI_1) von 1988 u. eine Empfehlg. des Wissenschaftsrats (WR) von 1989 zur Inform. an den Hochschulen, die eine überregionale Lösung nahelegte - bezügl. der Grundbetriebskosten u. der Investitionskosten getragen von den Bundesländern Saarland u. Rheinland-Pfalz unter Beteilig. des Bundes u. der Volkswagenstiftung - Gesellschafter sind die GI, die Universität des Saarlandes, die Universität Kaiserslautern u. die Universität Karlsruhe - Gestaltung u. Überwachung der wissenschaftl. Nutzung obliegen einem Wissenschaftl. Direktorium aus sieben ehrenamtl. Wissenschaftlern unter Vorsitz des Wissenschaftlichen Direktors des IBFI (Schloß Dagstuhl, D-66687 Wadern; Geschäftsstelle am Fachbereich Informatik der Universität des Saarlandes, W-6600 Saarbrücken) - eröffnet 1990 - Bibliotheksbau u. Wohntrakterweiterung bis 1994 - jungen Wissenschaftlern soll die Teilnahme an internat. Tagungen durch anteilige Kostenübernahme erleichtert werden - vgl. auch DIA_1; DFKI, FZI, GMD, MPII, ZIB; ECRC, ERCIM, ESI, ICSI, JRC)

IBFN Integriertes Breitband-Fernmeldenetz (für Breitbandkommunikation in den 90er Jahren von der DBP Telekom als Weiterentwicklung von ISDN geplantes Netz - vgl. auch IBCN)

IBI Intergovernmental Bureau for Informatics, Rom (dt. etwa Zwischenstaatl. Büro für Informatik - der UNESCO - hat die Aufg., ständig dazu beizutrag., den Breitenzugang zur Informatik zu erleichtern, den gesellschaftl. Einfluß ihrer Anwendg. zu verstehen u. den größten Nutzen aus ihren Möglichkeiten zu ziehen - vgl. auch ICC_1; IFIP)

IBN Institut Belge de Normalisation, Brüssel (Belgisch. Normungsinstitut)

IBW (engl.) intelligent bibliographic workstation (vgl. WS; KWIC, KWOC; OPAC; SR; IuD, FI)

IC
1. integrierte (Mikro)Schaltung (von engl. integrated circuit, dt. (wörtlich) integrierter Schaltkreis - Mikroprozessor (MP i.e.S.) oder Speicher-Chip - vgl. auch ASIC, BICMOS, CMOS, DL_1, DTL, MOS, NMOS, PMOS, TTL_2, VHSIC, VMOS; GaAs, Si; LSI, MSI, SSI, VLSI; CECC; PCB; E.I.S, EUROCHIP, JESSI)
2. Inter City (Zugart der Deutschen Bundesbahn (DB_2) - vgl. auch EC_3, ICE, TEN_2)
3. International Classification (Zeitschrift für Begriffstheorie, systematische Terminologie und Wissensorganisation - bei INDEKS-Verlag, Frankfurt a.M.)

ICAO International Civil Aviation Organization, Montreal (u.a. an internat. Normung eines maschinell lesbaren Passes beteiligt mit ICAO Doc. 9303/2 als Grundlage für ISO 7501 - vgl. auch IATA; ID)

I-CASE (engl.) integrated computer aided-software engineering (vgl. SW, SE)

ICC
1. International Computing Center, Rom (frühere Einrichtung der UNESCO, aus der das IBI hervorgegangen ist)
2. Internationale Handelskammer, Paris (von engl. International Chamber of Commerce - nichtstaatliche Weltorganisation der Wirtschaft (unabhängig von und älter als die UNO) mit zehntausenden von Unternehmen und Wirtschaftsverbänden in 110 Ländern als Mitgliedern - Landesgruppen (engl. National Committees/Councils) in 59 Ländern koordinieren die Tätigkeiten national (Deutsche Landesgruppe der ICC, Köln) - im Umfeld der Normung vereinheitlicht die ICC die Handelspraxis, formuliert Handelsterminologie und Richtlinien für Exporteure und Importeure - ihre Kommission für internat. Handelspraxis hat 1990 die **Incoterms 1990** verabschiedet und vertritt die Wirtschaft gegenüber zwischenstaatlichen Gremien, die sich mit der Harmonisierung des Handelsrechts befassen - das **Internationale Schiedsgericht der ICC** (engl. ICC International Court of Arbitration) wurde 1923 gegr. und stützt sich auf eine Schiedsordnung mit 'supervised Arbitration' (dt. etwa: überwachte Schiedsgerichtsbarkeit) - andere Einrichtungen der ICC dienen dem Seehandel, der Bekämpfung von Markenpiraterie, den Handelskammern, dem Wirtschaftsrecht oder der Umwelt - hat 1990 in Hamburg ihren 30. Weltkongreß abgehalten - siehe: vielfältige Publikat. bei Vertriebsdienst der ICC, Köln; speziell unter Incoterms - vgl. auch MTO; IHK, DIHT; RZZ, UNCID; ICS_1)

ICE

1. Inter City Express (Zugart d. DB (DB_2) - schneller (bis 250 km/h) u. komfortabler als EC (EC_3) u. IC (IC_2) - vgl. auch TEN_2)
2. (engl.) internal conceptual and external (im CASE-Zshg. ($CASE_2$))

ICONE

Comparative Index of National Standards in Europe (über ECHO oder NSOs (z.B. das DIN) erreichbare 'on-line'-DB (DB_1) von CEN mit Referenzen und Titeln von europ. u. internat. Normen, inhaltsgleichen u. sonstigen nationalen - entstanden im Rahmen des SPRINT-Programms der KEG - vgl. auch DITR, ISONET, TermNet; FI)

ICOT

Institute for New Generation Computer Technology, Tokio (1982 von MITI (60 Mrd. Yen) gegr. u. von Systemherstellern mitgetrag. Institut zur Entwicklg. d. 5ten Rechensystem(RS)generration bis 1991 - siehe ICOT Journal (Jap. & Engl. ed.) - 1992 aufgel. - Nachfolger ist NIPT bzw. RWCP - vgl. auch INTAP, JIPDEC; RWC; ECRC, MCC)

ICS

1. International Chamber of Shipping, London (an EDIFACT beteiligt - vgl. auch NTK; EDI, Incoterms; ICC_2)
2. Internationale Normenklassifikation (von engl. International Classification for Standards; frz. Classification internationale pour les Normes (ICS) - das engl. Akr. wird nicht übers. - eine dreistufige hierarch. Klassifikat., deren Klassen mit unterglied. 5- oder 7stelligen Nummern im Format 12.345[.67] notiert werden - auf den vorderen zwei Stellen (der oberen Stufe) werden 40 Sachgeb. untersch. (z.B. 07 Mathem., Naturwissensch.; 17 Metrologie, angew. Physik; 29 Elektrotechnik; 31 Elektronik; 33 Telekommunikation (TK_2); 35 Informationstechnik (IT), Bürotechnik; dazwisch. in bunter Folge anderes wie gewürfelt), auf den mittl. drei Stellen (der mittl. Stufe) werden die Sachgeb. in ca. 335 Gruppen unterteilt, auf den hinteren zwei Stellen (der unteren Stufe) werden 124 der ca. 335 Grupp. in Untergr. unterteilt etc. - in Deutschld. 1994 vom DIN eingef., im DIN-Katal. statt bisher. Sachgr., ab Apr. 1994 auf Normen etc. gedruckt (zeitweilig zusätzl. noch die DK-Zahl) - siehe P. Meink: Die Internat. Normenklassifik. ..., DIN-Mitt.72. 1993, Nr. 8 - Kritk: Yet another UDC? or back to the old £ Sterling?)

ICSI

International Computer Science Institute, Berkeley, CA (internat. Inst. für (anwendungsbezog.) Grundlagenforschung der Informatik, insbes. zu neuronalen Netzen (NN_0) und massiv parallelen Systemen (MPS_1) - gemeins. von d. Computer Science (CS_1) Division d. UCB u. d. GMD mit Unterstützg. des BMFT 1986 gegr. als gemeinnützige ('non-profit') Einrichtg. in Kalifornien mit Standort nahe dem Kampus d. UCB - satzungsgem. gelenkt von einem 'Board of Trustees' u. getragen von einem Konsortium d. Regierungen d. USA u. d. BRD sowie von Industriefirmen, dem 1990 weitere Förderer aus d. Schweiz, Italien u. den USA beigetreten sind, auf deutscher Seite koordiniert vom Verein zur Förderung deutsch-amerikan. Zusammenarbeit auf dem Gebiet der Informatik u. ihrer Anwendungen e.V., Heidelberg - ICSI unterhält für Wissenschaftler, deren Arbeit u. Interessen denen des Instituts besonders nahe stehen, ein 'External Fellows Program', dem bedeutende Gelehrte aus Europa u. den USA angeh. - siehe u.a.: ICSI Newsletter; ICSI Technical Reports - vgl. auch CWI, INRIA, NCTL, RAL_2; ERCIM)

ICST — Institute for Computer Science and Technology (USA) (am NBS - beide wurden aufgrund des '1988 Trade Act' im Jahr 1988 umben.: das NBS in NIST, das ICST in NCSL, jetzt CSL)

ICSU — International Council of Scientific Unions, ... (dt. Internationaler Rat wissenschaftlicher Vereinigungen - deutsches Mitgl. ist die DFG - vgl. auch CODATA; ESF_1)

ID — Identifikation (entspr. engl. identification - bes. in "ID-Karte" (Magnetstreifenkarte o. Chipkarte), u.a. ID-1-Karte, so CICC ($CICC_2$) - siehe: ISO/IS 7810-1985 (physik. Charakteristika von ID-Karten); ISO 7811-1/5:1985 (Präg./Aufzeichng. von/auf ID-Kart.); ISO 7812:1987 (Nummernsyst. u. Registrierg. ausgebend. Stellen); ISO 7813:1985 (Bankkarten); ISO 7816-1/2 (IC-Karten (IC_1) mit Kontakten); ISO/ IEC DIS 7501:1990 (maschinell lesbare Pässe) - vgl. auch BLZ, DID, EAN_2, ISBN, ISSN, PIN, PK[Z], PLZ, TAN, UPC, ZIP; ec; INTAMIC)

IDL — (engl.) Interface Definition Language (dt. Schnittstellendefinitionssprache - das Akr. wird nicht übers. - Standard der OMG f. ein gemeins. Beschreibungsmittel (FDT) - vgl. auch SS_1; CORBA; OMA; OOP; OO)

IDN — Integriertes Text- und Datennetz (der DBP Telekom - von engl. Integrated Digital Network - vgl. auch Datel, EDS; ISDN; EDIFACT, FTAM, MHS (MOTIS); OSI)

IDP — (engl.) initial domain part (linker Teil der NSAP-Adr. (vor "+") i.U. zum DSP (nach "+"))

IdS — Institut für deutsche Sprache, Mannheim (untersucht u. beschreibt den heutigen Gebrauch der deutschen Sprache: Grammatik, Lexik, Sprache der Gesellschaft - bietet germanistische Einrichtungen und Dienste an - beteiligte sich mit seiner Kommission für Rechtschreibfragen (neben der Forschungsgruppe Orthographie der Universität Rostok u. des Zentralinstituts f. Sprachwissenschaft, Berlin, der Wissenschaftl. Arbeitsgr: des Koordinationskomitees f. Orthograph. beim Bundesministerium f. Unterricht u. Kunst, Wien, d. Arbeitsgr. Rechtschreibref. d. Schweizerischen Konf. d. kantonal. Erziehungsdirektoren, Bern/Zürich) an der

Vorbereitung der Rechtschreibreform - wurde 1987 im internat. Zshg. vom BMI mit Vorschl. zur Neuregelung der deutsch. Rechtschreibg. beauftr., die seit 1988/89 vorliegen u. in die internat. Diskussion eingebr. wurden - siehe: wissensch. Publik. u. Jahresber. des IdS; Internat. Arbeitskreis für Orthographie (Hrsg.): Deutsche Rechtschreibung, Vorschläge zu ihrer Neuregelung, Tübingen, 1992, 38,-- DM (behutsamer u. systematik-betonter neuer, abschließender Normentwurf ohne "Al, Bot, Keiser" o. dgl. (1988/89) u. mit drei Varianten zur Groß- u. Kleinschreibg.: status quo, modifiziert, Substantivkleinschreibung (die d. Arbeitskr. selbst leider bevorzugt)) - als wissenschaftliches Forschungsinst. einzige sprachkulturelle Einrichtg., die Bundesmittel des BMFT erhält - vgl. auch BSprA; NAT_2; DA_1, GfdS, GI_3; Infoterm)

IEC
1. Internationale Elektrotechnische Kommission (von engl. International Electrotechnical Commission - Vereinigung schweizerischen Rechts - getragen von den beteiligt. NSOs - publiziert engl., frz., russ., span. - vgl. auch CEI; CENELEC; CCITT, ISO, JTC1)

IEC ...
2. (mit Nr. ...: Norm(en) etc. des gleichnamigen Inst. - vgl. IEV)

IEE
Institute of Electrical Engineers, London (entspricht etwa dem VDE)

IEEE
Institute of Electrical and Electronics Engineers, Inc. (USA), Piscataway, NJ (großer bedeutender US-amerikanischer Ingenieurverein mit u.a. eigener Computer Society (auch Büro in Brüssel), die zweitgrößtes Mitgl. von AFIPS war, sowie eigenem Standards Department (in New York) - die IEEE Computer Society gliedert sich in 'Technical Committees' (TCs), die auch 'Subcommittees' für Standardisierung unterhalten, u. gibt im Vorfeld institutionalisierter Normung auch auf dem Gebiet der Informatik eigene Standards hrs., die oft von ANSI als ANSI-IEEE-Norm übernomm. werden - siehe u.a.: (Zeitschr.) IEEE Computer (f. Mitgl. d. Comp. Soc. gratis); (Mitteilungsdienst) Standards Bearer (IEEE); IEEE Comp. Soc. (edtr.): Standards Status Rep., No. 2, Apr. 1990; ANSI/IEEE Std 729-1983:IEEE Standard Glossary of Softw. Engin. (SE) Terminology - vgl. auch SESS, TCSE; POSIX; ISA_2; ACM, DPMA; AMS)

IEEE Std ...
(mit Nummer ...: Standard(s) etc. des gleichnamigen Vereins - oft Grundlage von ANS' oder FIPS' - vgl. auch POSIX)

IEI[-CNR]
Istituto di Elaborazione della Informazione, Pisa (des CNR, der damit Mitgl. des ERCIM ist)

IEPG
Intercontinental Engineering and Planning Group (von CCIRN - 1990 zu seiner technischen Unterstützung gebildet - vgl. auch EEPG; RARE; TCP/IP; IXI; WAN; GAN; OSI; ODP)

IES.DC — Information Exchange System Data Collections (der KEG - vgl. auch INSIS; ECHO; IR; FI)

IEV — Internationales Elektrotechnisches Wörterbuch (von engl. International Electrotechnical Vocabulary - die Abk. wird nicht übers. - siehe: u.a. IEC 1-1980 Parts 1-12 (mehrsprachig); DIN-IEV ab 1987, so u.a. Entw. DIN IEC 1/25 = Übers. von IEV-Kap. 101 Math. (mit Abschn. zu Größenarten, Verteilungen u. Integraltransformation, Wellen, aber auch einem zur Informationstechnik (IT), der sechs abstimmungsbedürftige Grundbegr. enthält) - vgl. auch ITV)

IFAC — International Federation for Automatic Control, Laxenburg (Österreich) (internat. Vereinigung techn.-wissenschaftl. Fachgesellschaften, die sich mit automatischer Steuerung oder Regelung befassen, aus 45 Ländern - (bundes)deutsches Mitgl. ist die GMA - IFAC ermögl. seit 1990 auch eingeschränkte weltunmittelbare Einzelmitgliedschaften (als 'Affiliates') - vgl. auch CEPIS, EACE, EATCS, EWICS; IFIP, IFORS, IMACS, IMEKO; FIACC)

IFAN — International Federation for the Application of Standards, Genf (von ISO und IEC 19xy gegr. Forum zur internat. Verständigung über die Anwendung techn. Normen, auch in Entwicklungs- und Schwellenländern - hält dreijährl. eine internat. Konferenz ab, die nächste 1995 - Pendant des DIN ist der ANP, der sich u.a. in einem AK, dem ESHD, mit SGML befaßt)

IFB — Informatik-Fachbericht (im Auftrag der GI (GI_1) hrsgg. - bei Springer-Verlag; Berlin, Heidelberg, New York - Abk. steht mit Nr. auf dem Rücken jedes Bd.)

iff — (engl. in mathem. Zshg.) <u>if</u> and only i<u>f</u> (dt. dann und nur dann, wenn (genau dann, wenn) - vgl. poset; btw, wrt)

IFIP — International Federation for Information Processing, Genf (196? unter der Schirmherrschaft der UNNESCO gegr. Dachverband nationaler Informatik-Fachverbände wie afcet, BCS (BCS_2), GI (GI_1), IPSJ, OCG, SI (SI_2), die dort jeweils als einziger Verband ihr Land repräsentieren, aber evtl. andere Vereinigungen des Landes mitvertreten, wie im Fall der GI die DPG, die GAMM und die ITG (ITG_1) (die ehem. DDR wurde von der AdW, nicht der GI (GI_2), vertreten), bzw. nationaler oder länderübergreifender regionaler Gruppierungen wie die ehem. AFIPS o. deren Nachf., die FESI o. die SEARCC - Organe sind der IFIP Council (bestehend aus Executive Board u. Trustees), General Assembly (GA_2), Technical Assembly (TA) unterstützt vom Sekretariat - erklärte Ziele sind (lt. IFIP, 1989, hier übers.) die Förderung der Informatik durch:

- Pflege internationaler Zusammenarbeit auf dem Gebiet Informationsverarbeitung;
- Stimulation von Forschung, Entwicklung und Anwendung von Informationsverarbeitung in Wissenschaft und Arbeitsleben;
- Stärkung der Verfügbarmachung und des Austausches von Information über diesen Gegenstand;
- Begünstigung von Ausbildung in Informationsverarbeitung -

sie betätigt sich hierzu in gegenwärtig neun Technischen Komitees, die sich aus Vertretern ihrer Mitgliedskörperschaften zusammensetzen (jeweils einem) und deren Arbeitssprache Englisch ist:

TC 2 Programming;
TC 3 Education;
TC 5 Computer Applications in Technology;
TC 6 Data Communication;
TC 7 System Modelling and Optimization;
TC 8 Information Systems;
TC 9 Relationship between Computers and Society;
TC 10 Digital Systems Design;
TC 11 Security and Protection in Information Process. Systems -

jedes TC überwacht in seinem Bereich eine Anzahl von Arbeitsgruppen (WGs) für spez. Themen, **z.T. im Vorfeld der Normung**, in die Experten berufen werden, unabhängig von deren Nationalität - neuerdings sollen auch die **Grundlagen der Informatik** i.S. Theoretischer Informatik (TI, engl. TCS) stärker berücksicht. werden - hierzu wurde die SGFCS gegr., die thematisch dem gleichfalls neuen FB 0 der GI entspricht - breit angelegte internat. Kongresse (früher allgem., neuerdings zusammengesetzt) werden dreijährl. abgehalten, 1989 in San Franzisko, 7.-11.9.1992 in Madrid, sodann 1994 in Hamburg - Tagungsberichte u. Arbeitsergebnisse erscheinen gewöhnl. bei Elsevier, Amsterdam, allgemeine Unterlagen, Bulletin und Newsletter verteilt das Sekretariat in Genf - siehe: What is IFIP; Statutes and Bylaws; Standing Orders; 6-Year Plan; Information Bulletin; IFIP Newsletter; G.X. Ritter (ed.): Information Processing 89 (Proceed. of the IFIP 11th World Computer Congr., San Francisco, Aug.28-Sept.1, 1989), Amsterdam 1989, 17+1193 p., ISBN 0 444 88015 1; WG Chairmen's Handbook, Genf 1990; IFIP Code of Ethics - vgl. auch AMB, CGC, IPC_2, OC, SEC; CEPIS, EACE, EATCS, ECCAI, EWICS; IBI; IMIA; IFAC, IFORS, IMACS, IMEKO; FIACC)

IFLA International Federation of Library Associations and Institutions, s'-Gravenhage (NL)

IFORS International Federation of Operational Research Soc.s, Lyngby (gegr. 1959 - über 3000 Mitgliedskörpersch. - hält Konf. ab - ein Bulletin erschein. mtl. - vgl. OR; IFAC, IFIP, IMACS, IMEKO; FIACC)

IFS Institut für Sachverständigenwesen, Köln (gemeinsame Einrichtung der Kammern - vgl. IHK, DIHT; ÖBVSV; BVS)

IFSA International Fuzzy Systems Association, Berkeley CA (dt. etwa Internat. Gesellsch. f. Fuzzy-Systeme - engl. fuzzy, dt. (in diesem Zshg.) Unschärfe (i.S. der auf L.A. Zadek zurückgeh. Lehre von 'Fuzzy Sets' bzw. 'Fuzzy Logics' (dt. unscharfe Mengen bzw. unscharfe (kontinuierlichwertige) Logik) zu verstehen (also nicht i.S. von Heisenbergs Unschärferel.) - offiz. Publikationsorg. von IFSA ist FSSYD vgl. auch LIFE)

IFTM Internationale Versand- und Transportnachricht (von engl. International Forwarding and Transport Message - vom EDIFACT-Board im Entwurf vorgelegter Nachrichtenrahmen mit Segmenten für unterschiedl. Transportnachrichten - vom ITMS-Entwurf abgeleitet - vom NTK als Grundlage eigener Normungsarbeit akzeptiert - siehe DIN-Mitt. 68, 1989, Nr. 5 - vgl. auch EP_0, Incoterms; EDI)

IGES Initial Graphics Exchange Specification (dt. etwa (mißverstdl.) Austauschformat für techn. Zeichnungen - eine CAD-Norm von ANSI, eingereicht zur internat. Normung bei JTC1 - siehe ISO/IEC DIS & Entw. DIN in Vorbrtg. - vgl. auch EPS_2, CGM; CGI; SGML)

IGU International Group of Users of Information Processing, Amsterdam (sollte im Juni 1981 in Brüssel als Nachfolgereinrichtung der iag gegr. werden, was aber scheiterte - vgl. CECUA)

IHK Industrie- und Handelskammer (öffentlich-rechtliche Einrichtung je Großstadt oder Kreis - auf Bundesebene zusammengeschlossen im DIHT - dem **Sachverständigenwesen für IT** hat sich bes. die IHK Köln angenommen - vgl. auch IFS; BVS; BDI; ICC_2)

IIIC International Information Industry Congress, Willowdale, Ontario (internat. Dachverband nation. Industrieverbände der Informationstechnik (IT) auf freiwilliger Grundlage - unterstützt die Prinzipien privaten Unternehmertums und einer freien Wirtschaft - fördert die Interessen seiner Mitgl. durch Stärkung der nation. Verbände mit Austausch von Wissen und Erfahrung sowie als Forum zur Bildung gemeinsamer Auffassungen und für gemeins. Aktionen - von jedem Land wird nur ein relevantes Mitgl. aufgenommen - Mitgl. sind u.a. CBEMA (USA), JEIDA (JAPAN), VDMA (BRD) - verwendet sich u.a. klar für OSI, dessen Ergänzung durch **ODP und 'data-voice-video integration' über ISDN hinaus** - siehe VDMA (edtr.): Common Views on O. S. I., Frankfurt a.M., 1990 - vgl. auch EUCATEL, EUROBIT)

IIR Institut für Informatik und Rechentechnik (der ehem. AdW), Berlin

(Ost) (hat schon in der Übergangszeit für die Wissenschaftseinrichtungen der ehem. DDR gegenüber dem DFN-Verein die Vermittlung zum WIN übernommen - vgl. auch IKI, ITW, ZWG)

IIRS Institute for Industrial Research and Standards, Dublin (Normungsinstitut der Republik Irland - nimmt auch andere Aufgaben als die des NSO wahr - die Zuständigkeitsverteilung unter einschlägigen Einrichtungen unterscheidet sich von der anderer Länder - vgl. auch NSAI)

IKI Institut für Kybernetik und Informationsprozesse (der ehem. AdW), Berlin (Ost) (bearbeitet auch KI (KI_1) - vgl. auch IIR, ITW, ZWG)

IKÖ Institut für Informations- und Kommunikationsökologie e.V., Dortmund (gemeinnütziger Verein zur Förderung von Wissenschaft, Forschung, Bildung u. Beratung auf dem Gebiet der Informations- u. Kommunikationsökologie, das sich insbes. kommunikationsökologischer Lebensbedingungen annimmt u. das allg. für einen verantwortl. Umgang mit Techniken zur Verarbtg. sowie Medien zur Übermittlg. von Information eintritt - gegr. im März 1989 aus dem Fachbereich (FB) Math./Inform. d. Universität Bremen heraus - untersucht Risiken neuer Techniken für kulturelle u. soziale Lebensgrundlagen - kritisiert z.B. Speicherung von Rufnummern im Zshg. von ISDN u. TKO, gestützt auf eine Briefaktion auf d. Grundl. des BDSG - gibt Rundbriefe hrs. (Nr. 1 gratis, ab Nr. 2 nur an Mitgl.) - vgl. auch FIFF; GI_1)

ILO Internationales Arbeitsamt, Genf (von engl. International Labour Office - der UNO nachgeordnete Einrichtung - gibt u.a. die Originalfassung der Internationalen Standardklassifikation der Berufe (ISCO) hrs., die statistischen Zwecken dient - vgl. auch BA; ITU, WHO)

Im Imaginärteil (einer komplexen Zahl $c = a + b\,\mathrm{i}$ ist die (reelle) Zahl b, so daß gilt: $\mathrm{Im}\, c = b = \frac{1}{2\mathrm{i}}(c - c^*)$ mit c^* als der konjugierten Zahl zu c - i.U. zu Re - vgl. auch i_2)

IM; I'M (Mitteilungsdienst) Information Market (vormals "Euronet News" - von KEG/DG XIII hrsgg. - erscheint in Luxemburg - vgl. auch Diane, Euronet; IES.DC; ECHO; Esprit, RACE; RARE)

IMACS International Association for Mathematics and Computers in Simulation, Liége (gegr. 1955 - ca. 1250 Mitgl. - vgl. ASIM, EUROSIM; $AICA_1$; IFAC, IFIP, IFORS, IMEKO; FIACC)

IMAIL /'ai'meil/ Intelligent Mail (neuere Variante der auch dt. sog. E-Mail /'i:-'meil/ - ersetzt direkte Kommunikat. eines primär. Teilnehmers (als Initiators) mit (einem o.) mehreren sekund. Teiln. in mehrer. zweiseitigen

Dialogen f. den Initiator durch nur einen zweiseit. Dialog (Sammeldialog) mit einer von ihm kreierten u. im Netz hinterlegten aktiven Nachricht, die, abhängig von Vorgaben des Initiators, bedingt Dialoge mit anderen Teiln. eingeht u. deren Ergebnis (evtl. ausgewertet) an den Initiator zurückmeldet - siehe Inform.-Spektr., Bd. 11, Heft 2, April 1988, S. 96 (mit Lit.) - vgl. Mailbox, Telebox, MHS (MOTIS), X.400; OSI)

IMC — Information Modelling by Composition (dt. kompositionelle Informationsmodellierung - siehe R. Durchholz und G. Richter: IMC-Inscribed High-Level Petri Nets in Information Systems Design Methodologies, by T.W. Olle, H.G. Sol (edtrs.), bei North-Holland, 1982 - vgl. auch IMCL; BNF, PN_1, PrT, VDL; FDT)

IMCL — IMC-language (formales Beschreibungsmittel - auf Grundlage der elementaren Mengentheorie u. d. Prädikatenlogik erster Stufe - nach Vorschlägen aus d. GMD anwendungsbezog. entwickelt u. in d. ISO-Arbeit f. die formale Beschreibung von ODA verwendet - siehe R. Durchholz, G. Richter: Compos. Data Obj., The IMC/IMCL Refer. Manual, J. Wiley & Sons Ltd., 1992 - vgl. auch FODA; ASN.1, BNF, CCS, CSP, Estelle, LOTOS, PN_1, PrT, SDL, VDL; FDT)

IMEKO — Internationale Meßtechnische Konföderation, Budapest (engl. International Measurement Confederation - internat. Vereinigung techn.-wissenschaftl. Fachgesellschaften aus 30 Ländern - deutsches Mitgl. ist die GMA - vgl. auch IFAC, IFIP, IFORS, IMACS; FIACC)

IMHO; i. m. h. o. — (engl.) in my humble opinion (dt. meiner unmaßgeblichen Meinung nach - vgl. RTFM)

IMIA — International Medical Informatics Association, Almere-Stad (NL) (afiliiertes IFIP-Mitgl. - veranstaltet dreijährl. den Kongreß MEDINFO - gefördert von der WHO - vgl. auch gmds)

IMKA — Interministerieller Koordinierungsausschuß für Informationstechnik in der Bundesverwaltung (der BRD - die Langform d. Ben. wurde 1988 geändert, die Abk. beibehalten - siehe Richtl. für den Einsatz der Informationstechnik in der Bundesverwaltung (IT-Richtlinien), vom 18.8.1988 in GMBL 1988, Nr. 26 - vgl. auch KBSt, KGSt, KoopA ADV)

IMO — International Maritime Organisation, London (vgl. SOS)

imp. — (engl.) imperial (als Adj. im Zshg. mit früher. brit. Einheiten des Meßwesens sinngem. gesetzl. kodifiz. (engl. fixed by statute) - vgl. in; SI_1)

IMPACT 2 — Information Market Policy Actions 2 (Förderprogramm der KEG zur

Benutzung moderner Informationsdienste für Binnenmarkt und Wettbewerbsfähigkeit, 1991-1995, mit 64 Mio. ECU ausgestattet - am 7.11.1991 vom Ministerrat verabschiedet - vgl. auch FI)

IMS Intelligent Management Systems (japanisches Vorhaben von MITI - vgl. auch AMT)

IMU Internationale Mathematische Union, Helsinki (entspr. engl. International Mathematical Union - frz. UIM - vgl. auch AMS, DMV, ÖMG, SMF; EMS_4)

in; in. (engl.) Inch (entspr. vergleichbaren, früher üblichen Einheiten z.T. als Zoll (") ins Dt. übers., obgleich diese Einheit zumindest in der BRD im geschäftl. u. amtl. Verkehr gesetzl. unzulässig ist - Inch war in Großbritannien (seit 1897) u. in den USA (seit 1922) gesetzl. Einheit bis zur Einführung der SI-Einheiten (SI_1), u. zwar in unterschiedl. Länge mit "in" als Einheitenzeichen - insbes. in IT heute noch herkömml. verbreitet u.a. bez. der Maße von Disketten o. Leiterplatt., obgl. SI-unverträgl. u. in EG (EG_1), EFTA geschäftl. u.. amtl.. gesetzl. unzulässig (d.h. als ordnungswidrig mit Bußgeld bedroht) - es gilt: 1 imp.in = 25,399 978 mm, 1 US in = 25,400 051 mm sowie (vereinfachend) für die Umrechnung in das SI-System 1 in = 2,54 cm (auch als Konstante in Taschenrechnern) - siehe: DIN 4890; DIN 4892 (Umrechnungstab.) - vgl. auch m_1; cpi; p)

Incoterms (von engl. International Commercial Terms, dt. Internationale Geschäftsbedingungen - die aus dem Engl. stammende Abk. wird nicht übers. und gewöhnlich nicht in ihre Langform aufgelöst - aus einem Repertoire auswählbare Vertragsklauseln für Kaufverträge im Außenhandel, die von der Internationalen Handelskammer (ICC_2) nach Wortlaut und Auslegung vereinheitlicht wurden, als Elemente eines (semantischen) Codes, der dreibuchstabigen Abkürzungen engl. formulierter Klauseln mit zugehöriger Auslegung bestimmte rechtliche Bedeutungen beilegt, die sich auf Kostenübernahme von Fracht, Versicherung, Zoll und auf Gefahrenübergänge beziehen und zwischen Handelspartnern in ihren Verträgen verbindlich vereinbart werden können - die ICC hat erstmals 1936 internat. Auslegungen handelsüblicher Vertragsformeln herausgegeben (Incoterms 1936), die nicht zuletzt am Seehandel orientiert waren - diese wurden seither mehrfach ergänzt und fortgeschrieben und haben sich zur Ausschließung von Mißverständnissen und Vermeidung von Auseinandersetzungen bewährt als eine Brücke zwischen verschiedenen nationalen Handelsbräuchen und Rechtslagen - aufgrund ihrer Revision von 1990 (**Incoterms 1990**) gelten derzeit 13 Klauseln mit bestimmten Auslegungen, die von der ICC in englischer Sprache angenommen wurden, auf die daher in

Zweifelsfällen zurückzugreifen ist - die standardisierten Abkürzungen der Klauseln (engl. terms) der Incoterms 1990 wurden von der ICC und der ECE angenommen - die neue Fassung berücksichtigt neue Transporttechniken und den zunehmenden Einsatz des sog. elektron. Datenaustauschs (EDI) - sie ist außerdem übersichtlicher und verständlicher als vordem (nach den Anfangsbuchstaben E, F, C, D der Klauselabkürzungen) in vier Gruppen strukturiert - siehe ICC Incoterms 1990, gültig ab 1. Juli 1990 (zweispr. Ausg. deutsch & englisch, mit Angaben zur ICC und ihren Publikationen) 216 S., bei Deutsche Landesgruppe der ICC, Köln, 1990, Publ. 460, ISBN 92-842-0087-3 (?), DM 30,-- + MWSt - die Incoterms werden ständig weiterentwickelt - Beispiele in diesem Lex.: CIF, EXW, FOB - vgl. auch EP_0, IFTM; AGB; HGB; BfAI; COCOM, GATT, OECD; TDED; TDI; EDIFACT; UNCID)

INESC — Instituto de Eugenharia de Sistemas e Computadores, Lissabon (dt. etwa Institut für System- und Rechnertechnik - eine priv. öffentl. Einrichtung ohne Gewinnstreben, die Forschung, techn. Entwicklung und weiterführender Ausbildung in der Informationstechnik (IT) einschl. Telekommunikation (TK_3) dient - gegr. 1980 - es bestehen enge Verbindung. zu den führenden Universitäten, der einschlägig. IT-Industrie und den Telegrafieträgern des Landes - mit seinen ca. 1000 Mitarbeitern repräsentiert INESC nahezu die Hälfte der wissenschaftl. Öffentlichkeit Portugals auf seinem Gebiet - die Forschungsaktivitäten erstreck. sich auf vier strateg. Bereiche: Telekommunikation u. neue Dienste; Rechensyst. (RS') u. Informatik; elektron. Systeme u. Technologie; CIM - das Institut beteiligt sich an europ. Projekt. wie Esprit, RACE, EUREKA u. ist seit 1991 fünftes Mitgl. des ERCIM - siehe ERCIM News No. 6, April 1991, p. 2-3 - vgl. auch CWI, GMD, INRIA, RAL_2)

inf — Infimum (lat.-dt. - in Math.: größte untere Grenze - engl. greatest lower bound (glb) - vgl. auch sup; lub)

INFCO — Standing Committee for the study of scientific and technical information on standardization (der ISO - die Abk. wird nicht übers. - vgl. auch EBN; ABBT, LRPG; ISONET)

INFODATA — (Abk. für Informationsdaten - im Rahmen des FIZ Technik eine Art Meta-Datenbank (DB_1) des GMD-IZ in Darmstadt als Projektträger des BMFT für das Fachinformationsprogramm d. Bundesreg. 1990-1994, die Dokumente nachweist zu allen Aspekten d. Fachinformation (FI))

Inform. — Informatik bzw. (je nach Genus) Informatiker[in] (z.B. in "Dipl.-Inform." - siehe u.a. Veränd. Sichtweisen f. den Informatikunterricht, GI-Empfehlg. (GI_1) f. das Fach Inform. in d. Sekundarstufe II allgemeinbild. Schulen, in Inform.-Spektr. (1993), H. 6 - vgl. auch ITG_n; Math.)

INFORUM (von dt.-lat. Informationsforum - die Abk. ist Eigenname der AG-FIZ - vgl. auch FI)

Infoterm Internationales Informationszentrum für Terminologie, Wien (entspr. engl. International Information Center for Terminology, frz. Centre International d'Information pour la Terminologie, russ. ... ... - wirkt im Rahmen des UNISIST-Programms der UNESCO und in Verbdg. mit ISO/TC 37 "Terminology (principles and co-ordination" - sammelt alle terminologiebezogenen Publikationen u. Unterlagen u. dokumentiert deren bibliographische Angaben - informiert über Terminologie als Grundlage für Information und Dokumentation um wissenschaftl.-techn. Kommunikation zu erleichtern - 1971 gegr. u. seither beim ON angegliedertes internat. tätiges Institut - anknüpfend an Arbeiten, Sammlungen und Verbindungen von E. Wüster, 1898 - 1977, zu Terminologie und Lexikographie - hat TermNet geschaffen - veröffentl. Rezensionen in TermNet News - gibt seit 1974 die Internat. Bibliographie genormter Vokabulare hrs. - vgl. auch DITR, FIZ, ICONE, ISONET, JURIS; ECAT; NAT; FI)

INRIA Institut National de Recherche en Informatique et en Automatique, Rocquencourt bei Versailles (das Nationale französische Forschungsinstitut für Informatik und Automatisierung - betreibt Grundlagenforschung und angewandte Forschung, Entwurf von Versuchssystemen, Technik und Wissenstransfer, internationalen wissenschaftlichen Austausch - beteiligt sich an europäischen Forschungsprogrammen, der Pflege wissenschaftlicher Expertise und der Normung - unter 1000 Mitarbeitern sind 600 Wissenschaftler unterschiedlicher Fachrichtung und Zugehörigkeit - außer am Sitzort unterhält INRIA Forschungsstätten in Sophia-Antipolis (dem Sitz von ETSI), Rennes und Nancy - organisiert (z.T. mit afcet) viele wichtige Fachveranstaltungen, bei denen teilweise auch Englisch gesprochen wird (Simultanübersetzung) - ist den französischen Ministerien für Forschung und für Industrie nachgeordnet - verfügte für 1989 über ein Budget von 360 Mio. FF, wovon 20 % aus Verträgen, Lizenzen o. Verkäufen stammten - bewährte Zusammenarbeit mit CWI u. GMD wurde 1988 intensiviert - siehe CWI GMD INRIA Newsletter No. 1, Apr. 1989 - vgl. auch BIADI; INESC, RAL_2; ERCIM; INSTAC, NCC, NCTL, NPL; ECRC, JRC)

INSIS Integrated Services Inter-Institutional Information System (Langzeitprogramm der KEG für die Kommunikation zwischen Institutionen der EG (EG_1) und der Mitgliedsstaaten - begonnen 1982 - nach gegenwärtigem Modellvorhaben soll das interinstitutionelle Informationssystem auf Basis einer 'online'-DB (DB_1) mit integrierten Dienstleistungen bereits in den 90er Jahren operationell verfügbar sein - vgl. auch EuroKom; IES.DC; CADDIA, TEDIS; EPHOS, EUROMETHOD)

INSITS International Symposium on IT Standardization (erstmals Braunschweig, 4.-7. Juli 1989 - siehe J.L. Berg, H. Schumny (edtrs.): An Analysis of the Informat. Technol. Standardization Process (Proceed. of INSITS 1989), Amsterdam 1990, 13+492 p., ISBN 0-444-87390-2 - vgl. auch OODBS; CSI_2)

INSTAC Informat. Technology Research a. Standardization Center (Jap.), Tokio

INTAMIC International Association for Microcircuit Cards, Paris (dt. sinngem. Internationale Gesellschaft für Chipkarten (i.U. zu Magnetstreifenkarten wie z.B. der ec-Karte), d.h. ID-Karten mit integr. Mikroschaltung - auf eine Initiative von Banken aus sieben europ. Ländern zurückgehd. - 1981 gegr. gemeinnützige Vereinigung ('non-profit organization') der Finanzwirtschaft zur Standardisierung der Chipkarten im internat. Zahlungsverkehr - zu den Mitgl. gehören die meisten Länder der EG (EG_1) u. der EFTA, sowie Neuseeland u. die USA, daneben die großen Zahlungssyst. Amexco, eurocheque/Eurocard, Mastercard, Visa - schon die Gründungsmitgl. erkannten, daß man Unverträglichk., wie sie bei der an sich sehr erfolgreich. Magnetstreifen-ID-Karte vorkamen, nur durch **rechtzeitige Aufstellg. u. Einhaltg. von internat. Normen** vorbeugen kann - die INTAMIC operiert daher imVorfeld d. Normung, d.h. die in ihrer 'Standards Working Group' (SWG_2) nach Vorgaben der Generalverslg. erarbeiteten Ergebn. werden in die internat. Normung von ISO-IEC/JTC1 (hier SC17, SC27) bzw. ISO/TC68 eingebracht - die Arbeiten bezieh. sich auf die techn. Terminologie, physikal. Charakteristika, Sicherheitsaspekte, Kommunikationsprotokolle u. Datenelemente (DE_1) - da die internat. (u. europ.) Normen nur die gemeins. Grundlage vielfältiger Anwendungen abgeben, erarbeitet die INTAMIC zusätzl. Anwendungs-Richtl. für das Kreditgewerbe - siehe J. Tunstall: INTAMIC, Initiative des internat. Kreditgewerbes für Standards und Richtl. zur Chipkarte, Betriebswirtschaftl. Blätter, Stuttgart, 1987, H. 11, S. 531-532 - vgl. auch GZS; TeleTrusT; SWIFT; TeleSec, TTT_2; GAA, POS_1; IC_1; POS_2; DES, MAC_2, RSA, ZKP; EDI, OSI)

INTAP Interoperability Technology Association for Information Processing (Japan), Tokio (1985 von MITI gegr. u. mitgetr. von 50 Untern. - unterst. JISC in d. Erarbeitg. von IT-Normen, auch beim JTC1, insbes. für OSI - zuständig für entspr. Konformitätsprüfungen - betreibt das Sekretariat von AOW - vgl. auch INTAPNET; ICOT; POSI; CPS)

INTAPNET INTAP-Net (Japan), Tokio (Zusammenschluß von japanischen Systemherstellern mit -benutzern zur Förderung von OSI, Demonstration von 'Interworking' von OSI-Systemen und Interoperabilitätstests (i.U. zu Normkonformitätstests), z.B. für MHS (MOTIS), FTAM - vgl. auch AUSINET, EurOSInet, OSInet; OSI^{ONE})

integer — (engl., dt. ganz - (konkreter) Datentyp ganzer Zahlen in vielen Programmiersprachen (PS_2) - i.U. zum gleichnamigen abstrakt. Datentyp (ADT) - vgl. auch ent, mod; boolean, char, real)

Internet — (engl. i.S. von dt. Internetz (Zwischennetz) - das US-amerik. Superdatennetz (Netz von Subnetzen), ein protokolldefiniertes (neudt. auch logisches) Weitbereichsnetz (WAN) auf d. Infrastruktur von Telegraphieträgern (PTTs), das viele Subnetze (LANs, MANs, WANs) über 'Gateways' bzw. auch unmittelbar Knotenrechner miteinander verbindet, die dazu alle ein gemeins. Adressierungsschema (die Internet-Adr.) u. die TCP/IP-Protokolle ($\not\subset$ OSI) verwenden - Internet-Standards spielen trotz d. Weltgeltung von OSI auch im Zshg. interkontinent. Telekommunikation (TK_2) nach wie vor eine wichtige Rolle - das Internet Activity Board (IAB) wurde zur Internet Society umgebildet - siehe B.P. Kehoe: Zen and the Art of Internet, A Beginner's Guide to the Internet, 1st ed., rev. 1.0, Febr. 1992, 96 p. - vgl. auch IRG; RFC; ARPANET, AppleLink, BITNET, CSnet, NSFnet, Usenet, UUCP; NREN; DFN, EARN, EUnet, WIN; HDN; RARE; COSINE, RACE; CONCISE, Ebone; GEN; X.25; IXI; GAN)

I/O — (engl.) input/output (entspr. dt. EA (EA_1) - z.B. in "I/O device" oder "I/O unit" für EA-Gerät bzw. EA-Einheit)

IOCU — International Organization of Consumer Unions, Den Haag (hat im Interesse des Verbraucherschutzes Prinzipien f. vergleich. Warenprüfungen aufgestellt, die u.a. von der Stiftung Warentest, Berlin, zugrundegelegt werden, die 1964 vom Deutschen Bundestag gegr. wurde (unabhängig von Industrie und Handel) - vgl. AgV; SMMP; COPOLCO)

IOI'92 — 4te Internationale Informatik-Olympiade (entspr. engl. 4th International Olympiad in Informatics - die engl. Abk. wird nicht übers. - nach dem Vorbild der Internationalen Mathematik-Olympiade jährl. zur Motivation von Schülern abgehalten - wurde 1989 in Bulgarien, 1990 in der USSR, 1991 in Griechenland, 1992 in Deutschland veranstaltet - hier vertreten durch den BMBW, in Zusammenarbeit mit der KMK, im Einvernehmen mit dem AA (AA_1) und unterstützt von der GI (GI_1) und der GMD im Zshg. mit dem Bundeswettbewerb Informatik - wurde in der BRD 1992 gelenkt vom AKIOI'92)

IOP — Interoperabilität (entspr. engl. interoperability - IOP-Testen von OSI-Einrichtungen, etwa auf bilateraler Basis, dient (i.U. zu Konformitätsprüfung) dem indirekten Nachweis von Gebrauchstauglichkeit bzw. von Funktionstüchtigkeit unter realen Betriebsbedingungen im Netzzusammenhang - vgl. PSI, SIG_1; EEMA, ECMA, ETSI, EWOS; SPAG; EPHOS; ETCOM; EurOSInet)

IP (in 'TCP/IP") Internet-Protokoll (entspr. engl. Internet Protocol - vgl. auch MIME, MX, POP, SMTP; RIPE; OSI)

IPA
1. Information Processing Association of Israel, Haifa (dt. Israelische Gesellschaft für Informationsverarbeitung - der israelische Fachverband für Informatik, der das Land bei der IFIP repräsentiert - die IPA Israel ist erreichbar bei IBM Israel in Haifa 32 000)
2. Information Promotion Agency (Japan), Tokio (gründete 1992 im Auftr. von MITI ein 'Internat. Software Technology Research Center' f. rd. 70 Mio. DM (5 Mrd. Yen), das sich d. automatis. SW-Entwicklg. annehmen soll, um dem erwartet. großen Mangel an SW-Entwickl. abzuhelfen - vgl. auch IPSC; ICOT, JIPDEC; ESI)
3. Weltlautschriftverein, London (von engl. Internat. Phonetic Assoc. - hat die sog. Internat. Lautschrift geschaffen, einen Zeichensatz zur phonet. Transkription (nicht Transliteration) gespr. Wörter o. Texte, von dem jeweils sprachbez. Teilmengen verwendet werden, etwa in Wörterbüchern, Lexika o. Lehrbüchern - Varianten beruhen auf unterschiedl. Anforderungen o. Weiterentwicklg. - vgl. RP_1; LDV)

IPC
1. Institute of Printed Circuits (USA), ...(dt. Institut für gedruckte Schaltungen)
2. Bei IFIP: International Programme Committee (dt. Internat. Programm-Komitee zuständig für das Programm des jeweiligen IFIP-Kongresses, z.B. 1994 in Hamburg, bzw. einer sog. Konferenz - vgl. auch AMB, CGC, OC, SEC)

IPI
1. Instytut Podstaw Informatyki, Warschau (polnisches Forschungsinstitut für Informatik (Inform.))
2. Intelligent Peripheral Interface (wörtl. ins Dt. übers. Intelligente (?) Peripherieschnittstelle - Gerätesteuerwerk mit Schnittstelle - isoliert den zentr. Rechner (ZE) mit d. darin gespeich. Software (SW) durch eine funktionell verallgem. ('function-generic') Kommandosprache von unterschiedl. gestalteter u. veränderl. Peripherie (PE) - unterscheidet zwei Schichten: geräteabhängig (IPI-2) u. geräteunabhäng. (IPI-3) - von ANSI vorbereitet - siehe ISO(/IEC) 9318-1/7 - vgl. auch ESDI, FDDI, HIPPI, SCSI, SCTD, SMD; SS_1)

IPM
1. Institut für praktische Mathematik (der TH Darmstadt)
2. Interpersonelles Mitteilen (entspr. engl. Interpersonal Messaging - ermöglicht Mitteilungen zwischen zwei oder mehr Personen an Endgeräten, z.B. PCs (PC_1) o. Ttx-Geräten - als sog. elektron. Post (EP_2) ü. öffentl. Datennetze etwa im Mailbox-Verfahren, wobei die Mailbox, eine Art von Mitteilungsspeicher (MS), des einzelnen Teilnehmers im öffentl. o. priv. Bereich liegen kann - vgl. auch EDI, MHS (MOTIS), MIDA; Tbx, VAS; OSI)

IPMS IPM-System (von engl. Interpersonal Messaging System - nach MOTIS (MHS)-Norm von ISO wie CCITT-Empfehlg..X.400 (MHS) - z.B. Tbx von DBP Telekom - vgl. auch IPM_2; E-Mail, EP_2; FTAM; LAN, MAN, WAN; GAN; TCP/IP; DIR, EDI, ISDN, OSI)

IPP Max-Planck-Institut für Plasmaphysik, Garching (der MPG - ein MPI)

IPRL (engl.) ISP requirements list (dt. ISP-Anforder.liste - vgl. auch ISPICS)

IPS (engl.) (so gen.) International Printer Standard (dt. Internat. Druckerstandard - von JEIDA vorbereiteter. japanischer Standard für einen einfachen Leistungstest von Bürodruckern, der lt. eigenen Angaben mit vier Parameter-Werten auskomme - i.U. zum etwas älteren EPPT von Europrint der 25 charakterisierende Werte unterscheidet - der japanische Vorschlag stammte von den Firmen Brother, Epson, Fujitsu, C. Itoh, Nec, Oki, Seikosha, Star und Toshiba (Canon?), die zusammen über die Hälfte des Marktes abdecken - der VDMA hat gegen seine Verbreitung interveniert u. sich um eine Vermittlg. bemüht - vgl. auch SS_1)

IPSE (engl.) integrated project support environment (dt. integrierte Projektunterstützungs-Umgebung - im CASE-Zusammenhang ($CASE_2$) - vgl. auch ISEE, PCTE, SDE, SEE)

IPSIT International Public Sector IT-Group (informelle Vereinigung von Einrichtungen der öffentl. Verwaltung in Australien, Kanada, den USA, Japan, Schweden, Großbritannien, Frankreich, Deutschland u. d. KEG zur Schaffung von Beschaffungsprofilen im Bereich offener Systeme - vgl. auch IMKA, KBSt, KoopA ADV; PPG; ECTUA; GOSIP; GUS; EPHOS)

IPSJ Information Processing Society of Japan, Tokio (Fachvereinigung für Informatik - hat ca. 26 000 Mitglieder - vertritt Japan in der IFIP - ist mit ACM und IEEE assoziiert - veröffentlicht u.a. die engl. Zeitschrift Journal of Information Processing - betreibt die ITSCJ - vgl. auch ICOT, JIPDEC, JBMA, MITI)

IPTC International Press Telecommunication Council, London (vgl. ECTUA, EUSIDIC, RARE)

IPV Information Processing Vocabulary (mehrteilige IS - umben. in ITV)

IQ Intelligenzquotient (Begr. urspr. von W. Stern geprägt - heutige IQ-Tests sollen globale Intelligenz gem. Test als individuelle Abweichung von einem altersbez. Mittelwert (= 100) feststellen, der mal festgelegt wurde - seriöse Lit.? - vgl. I-S-T; EACE; KI_1)

IR Information Retrieval (dt. Informationswiedergewinnung - IR-Systeme werden herkömmlich von Bibliotheken, Großbetrieben und öffentlichen Einrichtungen (wie BA, BKA) verwendet - hinzugekommen sind die Anbieter öffentlich zugänglicher 'Online'-DBs (DB_1) und neuerdings stark zunehmende Anwendungen in Wissenschaftsbetrieb, Verlagswesen etc. in Verbindung mit neueren Speichermedien wie CD-ROM und WORM, z.T. mit erhöhten Anforderungen für Hypertext oder im Multimedienbereich (MM_2) - die GI (GI_1) hat darum 1991 eine Fachgruppe (FG) für IR gegr.: GI-FG 2.5.4/4.9.3 mit Schwerpunkt: vage Anfragen und unsicheres Wissen - siehe vgl. auch DFR; DD_1, KWIC, KWOC; OPAC; DIR, IRDS, KS, NDL, SQL, SR, Thesaurus; OSI; DGD; FID, IFIP; Infoterm; FI, IuD, KI_1, LDV)

IRANDOR Instituto Español de Normalisación, Madrid (Spanisch. Normungsinst.)

IRD Informationsresourcenbank (von engl. Information Resource Dictionary - OSI-gerechtes 'Data-Dictionary' (DD_1) einer (/der) IRDS-Implementation (eines Unternehmens), die mehreren oder vielen Nutzern oder Pflegern (DBAs) je nach Berechtigung zugänglich ist - begrifflich und faktisch Bestandteil eines bzw. des jeweiligen IRDS - Datenbank (DB_1) spezieller Ausprägung mit indikativen Daten im IRDS (das funktionell auch eine Art DBMS umfaßt) - vgl. auch DE_1; RDA; Thesaurus; DIR; OODB, RDB; SR; IR, IuD; KS, ODP)

IRDS Informationsresourcenbank-System (von engl. Information Resource Dictionary System - die Abk. wird nicht übers. - genormtes OSI-gerechtes 'Data-Dictionary'-System (DDS) zur Definition, Strukturbeschreibung und Verwaltung von Informationsresourcenverzeichnissen (IRDs) - eine spezialisierte Art von Datenbanksystem (DBS) zur Erfassung und Steuerung von/der Informationsresourcen eines Unternehmens in einem IRD oder mehreren IRDs, das bzw. die damit eingerichtet, gepflegt und zugänglich gemacht wird bzw. werden, und zwar als Bestandteil[e] des IRDS - die IRDS-Architektur (gewissermaßen auch ein Referenzmodell (RM_1), sozusagen das IRDS-RM) unterscheidet vier Datenstufen (engl. data levels): die IRD-Definitionsschemastufe, die IRD-Definitionsstufe, die IRD-Stufe und die Anwendungsstufe - je zwei benachbarte Datenstufen werden zu insges. drei Stufenpaaren (engl. level pairs) zusammengefaßt etc. - diese Architektur ermöglicht u.a. Änderungen, Erweiterungen, Integritätsmaßnahmen - siehe: Begr.-Def. in DIN ISO 7498 (OSI-RM); DIN 66313, 1.92 (IRDS-Architekt. u. Allg. zu einer Normenreihe), enth. dt. Vorspann mit engl.-dt. Fachwörterliste u. ISO/IEC 10027:1990 - vgl. auch RDA; $CASE_2$; DIR; NDL, SQL 2; SR; IR, IuD; KS, ODP)

IREPRO (vgl. ECE; COMPRO)

IRG — Internet Resource Guide (Leitfaden für die Betriebsmittel von Internet - bearbeitet und über Netz verfügbar gemacht vom NSF Network Service Center (NNSC) - mittels E-Mail bestellbar bei: resource-guide-request@nnsc.nsf.net.usa - vgl. auch IAB; RFC; CSNET, NSFnet)

IRL — (von engl. Industriel Robot Language, dt. Industrielle Robotersprache (vgl. PS_2) - siehe DIN 66312, T.1, 6.93 - vgl. auch PSP; FDT)

IRM — (engl.) information resources management (dt. Informationsresourcen-Verwaltung - vgl. IRD)

IROFA — International Robotics and Factory Automation Center, Tokio (1985 gegr. japan. Einrichtg. f. Forschung, Entwicklung, Fortbildg. auf dem Gebiet Robotik, die sich für MAP engagiert - vgl. INSTAC; MITI)

IRV8 — Internationale Referenz-Version des 8-Bit-Codes (vgl. ARV8, DRV8, MBV8; Unicode; UCS)

IS — Bei ISO & IEC: Internationale Norm (von engl. International Standard - evtl. auch 2nd, 3rd, ... ed. - Ergebnis internat. Normung (höchster Status) - ersetzbar nur durch eine neue 'ed.' des IS gleicher Nr., nicht durch einen DIS - vgl. auch NP_0 (NWI); WD; CD_1 (DP_1); AD; TR)

ISA —
1. Industriestandard-Architektur (entspr. engl. Industry Standard Architecture - der von IBM bis zum AT u. insbes. damit faktisch gesetzte, nicht von ihr so ben. PC-Standard (PC_1), bes. bezügl. der Hardware(HW)-Architektur, verstärkt von vielen Nachahmern als Mitbewerbern, die sog. 'Clones' gebaut haben - von IBM selbst durch Einführg. d. Mikrokanalarchitektur (MCA) verlassen, die über ihre techn. Vorzüge hinaus eine Kompatibilitätsschranke errichtete, insofern sie neue Software (SW) erforderl. machte, während sich Mitbewerber aufwärtskomp. verhielten, indem sie eine sog. Erweiterg. des ISA einführten, näml. EISA - vgl. auch ACE; YAMA; BS_1)
2. Instrument Society of America (USA), Research Triangle Park, NC (gibt u.a. eigene Standards hrs. - Beispiel: ISA-S72.01-1985: PROWAY-LAN (Local Network) An Industrial Data Highway - vgl. auch LLC, MAC_1; IEEE; ANSI; CAMAC, MAP/TOP)

ISBN ... — Internationale Standard-Buchnummer ... (mit Nr. ... - entspr. engl. Internat. Standard Book Number - Buchidentifikation z. Rationalisierg. - 1970 internat. eingef. - 10stellig im Format 1-234-56789-0 (vier Teile) für: <Gruppen-Nr.>-<Verlags-Nr.>-<Titel-Nr.>-<Prüfziffer (PZ)> - Gr.-Nr. 3 steht f. Deutschld., Österr. o. die Schweiz - die Verl.-Nr. vergibt eine Gruppenagentur, so d. Börsenverein des deutschen Buchhandels in Frankfurt a.M. - siehe DIN 1462 - vgl. auch ISMN, ISRC, ISSN)

ISCO — Internationale Standardklassifikation der Berufe (von engl. Internat. Standard Classification of Occupations - das Akr. wird nicht übers. - u.a. für Vergleichbarkeit von Erhebungsdaten über die Erwerbsbevölkerung u. zur Datenübermittlung ($DÜ_1$) - Übers. des Statist. Bundeaamts (Systemat. Verz.) bei W. Kohlhammer, engl. Originalfassg. beim ILO)

ISDN — Diensteintegrierendes Digitalnetz (von engl. Integrated Services Digital Network - Zusammenfassg. herkömml. getrennter Dienste f. Telekommunikat. (TK_2) zur Übermittlg. digitaler Daten auf dem Telefonnetz - ist ermögl. durch Digitalisierg. der gesproch. Sprache von Telefonaten - dient Mischkommunikation, z.B. Btx, Datex-J, Telefax, Telefon, Teletex u.a.m., auch zeitl. überlappt, u. künftig (breitbandig) auch Bildfernsprechen - unterschiedl. Ansätze in einigen Ländern erforderten schnelle internat. Normung - CEPT berücksichtigte die Empfehlg. der KEG zur koordinierten Einführg. von ISDN u. die Ziele d. Funktionsnormung von ITSTC - in einem MoU von 26 Netzbetreibern 20 europ. Länder über Euro-ISDN wurde einheitl. Einführg. bis Ende 1993 unter Einhaltg. von Mindestanfordrg. u. internat. Normen vereinbart - mit zwei Basiskanälen für 64 kbit/s u. einen Steuerkanal für 16 kbit/s - die DBP Telekom hat sich f. ISDN entschieden u. 1990 begonnen, eine nachfrageor. Einführg. damit ermögl. Dienste zu realis. - bis zur vollständig. Digitalisrg. des deutsch. Netzes im Jahr 2020 ermögl. ISDN-Zugangsmoduln begrenzter Kapazität ab Ende 1993 einen Übergang - ISDN ist bei begrenzt. Datenumfang geeignet f. grundstücksübergr. Datendirektverbdg. (DDVs) u. sogar als WAN-Medium ohne Modem, auch preisl. - siehe: GI-Empfehlg. (GI_1) über das Für u. Wider des ISDN, in DuD 8/87, S. 385-393; (vorl.) FTZ-Richtl. 1TR6 (D-Kanal-Protok.); ergänzende CEPT-Empfehlg. bzw. ETS' u. CTRs in Vorbrtg.; DIN ISO 8877, 4.91 (Basisanschl. mit Westernstecker (FKS), nicht mehr TAE-Stecker) =EN 28877:1990 - vgl. auch ZKP; CSPDN, DIB, ISPBX, PSPDN, PSTN; LAN, MAN; GSM; IBFN; IBCN; B-ISDN; X.25; OSI)

ISE — (engl.) Information Systems Engineering (Planung, Gestaltung und Pflege von Informationssystemen - dient dem sog. Informationsmanagement - Normungs-Projekt von JTC1 und CEN)

ISEE — (engl.) integrated software engineering environment (im CASE-Zusammenhang ($CASE_2$) - vgl. auch IPSE, PCTE; SDE, SEE)

ISIS — Internationales Software Informationssystem ('online'-DB (DB_1) für Software (SW) mit über 8000 Programmbeschreibg. f. Rechensysteme (RS') aller Größenklassen - zugängl. über FIZ Technik, Frankfurt a.M., mittels PC (PC_1) plus Modem oder AKPL und Kommunikationspaket TECON von FIZ Technik - 2mal jährl. publiziert Nomina, München, ISIS-Report für A (A_2), CH (CH_2), D (D_1) - vgl. auch eLib; FI)

ISIT Interministerieller Ausschuß für die Sicherheit in der Informationstechnik, Bonn (beim BMI - hat ein Rahmenkonzept zur Gewährleistung d. Sicherheit bei Anwendung der IT (30.12.1988) erarbeitet, das den Kriterien d. ZSI (ITSK) zugrundelag u. sich in den Rahmen der internat. Zusammenarbeit mit NATO, EG (EG_1) etc. einfügte u. in diesem Zushg. keine Hindernisse errichtete - unterh. einen Unterauschuß f. Sicherheitsbegr. (USIB) - nicht-ministeriale Kreise sind bei ISIT nicht hoffähig - an Stelle d. ITSK werd. im Ber. d. EG (EG_1) die ITSEC weiterberaten - vgl. auch ITEHB, ITSHB; IMKA; BOS, SiR; BSI_2; SOG-IS)

ISMN ... Internationale Standard-Musikaliennummer ... (siehe DIN ISO 10 957 in Vorbrtg. - vgl. ISBN, ISRC, ISSN)

ISO 1. International Organization for Standardization, Genf (von früher engl. International Standards Organization - dt. Internationales Normungsinstitut - die Abk. wird nicht übers. - Vereinigung schweizerischen Rechts - getragen von den nationalen Normungsinstituten 70 beteiligter Länder, den Mitgliedskörperschaften (engl. Member Bodies) - leistet internat. Normungsarbeit in autonomen TCs, gestützt auf die Mitwirkung national. Delegationen d. Mitgl. (wie AFNOR, ANSI, BSI (BSI_1), DIN, JISC, ON, SIS, SNV), soweit diese (als 'P-Members') Mitwirkung zugesagt haben - Entwürfe werden nur zu Normen, wenn ihnen 75% der Mitgliedskörperschaften (meist in briefl. Abstimmung, engl. Letter Ballot) zustimmen - die Zuständigkeit ist gegenüber CCITT, jetzt ITU-TS, u. IEC einvernehmlich abgegrenzt - Veröffentlichungssprachen: Englisch, Französisch, Russisch (optional) - publiziert ISO/IS, ISO/DAD, ISO/DIS, ISO/CD (CD_1, früher DP_1), ISO/TR, ISO/DTR (erhältl. über jeweilige NSO, z.B. DIN), Übersichten, jährl. ein Memento, monatl. ein Bulletin, Kataloge (darunter das Technical Program mit DADs, DPs, DIS' und inklusive ISO/IEC/JTC1-IS etc.); (gemeinsame) ISO/IEC Directives: Part 1 (Procedures ..., 2nd ed. 1992), Part 2 (Methodology ..., 2nd ed. 1992), Part 3 (Drafting and Presentation ..., 2nd ed. 1989) - vgl. auch CCITT, IEC; CEN, CENELEC, CEPT, ETSI; JTC 1)

ISO ... 2. (mit Nummer: ... - Norm(en) etc. des gleichnamigen Instituts)

ISONET World-Wide Information Network on Standards, Genf (von "ISO" + engl. network - die Abk. wird nicht übers. - dt. (übers.) ISO-Welt-Informationsnetz für Normen - vgl. auch DITR, ICONE; TermNet; ECHO; FI)

ISP ... Bei JTC 1: International Standardized Profile ... (mit Nr. ... - dt. (dem Namen nach) internat. genormtes Profil - gleichsam **Normprofil** - faktisch auch internat. Norm (IS), mit Profil als Gegenstand, also

Profilnorm - der Terminus ist insofern doppelsinnig - als Norm gesehen funktions- oder produktbezogen zusammengesetzt aus Elementen sog. Grundnormen (von ISO, IEC oder CCITT), engl. basic standards, die selbst nicht derartig zusammengesetzt sind (der Gegenstand einer ISP heißt **"Profil"**, engl. "Profile") - vergleichbar europ. FNs (engl. FS_2), deren forcierte Entwicklung den Anstoß zur internat. Entsprechung gab - vom ISO-Rat (engl. ISO Council) 1987 hinsichtlich der Entwicklung von OSI beschlossen und 1988 vom JTC 1 (ISO & IEC) übernommen - der Beschluß berücksichtigt die ausdrückliche Bereitschaft der sog. OSI-Anwendergruppen COS, MAP/TOP World-Federation, POSI, SPAG (organisiert im Feeders Forum), die ISO- bzw. IEC-Komitees für IT bei der Planung und zeitlichen Abwicklung ihrer Arbeitsprogramme für dringend benötigte OSI-Normen zu unterstützen und selbst Prüfmittel als Grundlage für Normkonformitätsprüfungen auszuarbeiten oder dazu beizutragen - die vier OSI-Feeder-Gruppen und jetzt auch zusätzlich die drei OSI-Workshops AOW, EWOS, NIST OIW sind 'S-Liaison'-Mitglieder des JTC 1 - für ISPs soll (lt. ISO/IEC JTC 1 PDTR 10000) gelten (hier übers.):

- Vorschläge für ISPs können von jeder Mitgliedskörperschaft von ISO o. IEC eingebracht werden (z.B. von DIN, ON, SNV) o. auf kooperativer Planung von JTC 1 mit OSI-Feeder-Gruppen ('S-Liaison') zur Vorbereitung internat. harmonisierter PDISPs beruhen;
- die Zeitspanne bis zum Abschluß der ISO- oder IEC-Prozedur, der Zustimmung (engl. approval) der Mitgliedskörperschaften und der Veröffentlichung ist auf sieben bis zehn Monate begrenzt (wodurch die sechsmonatige briefliche Abstimmung von DIS einschließlich Überprüfung der Planungsgruppe (für DISP) auf drei Monate verkürzt wird);
- eine TG (z.B. die FSTG) erstellt einen gegliederten Katalog von Vorschlägen für ISPs, der als Technischer Bericht (TR) von ISO (oder IEC) veröffentlicht wird, wobei der TG Fachleute von Mitgliedskörperschaften, vorschlagenden Anwendergruppen und 'liaison organizations' (z.B. CCITT) angehören -

Registriermechanismen (wie es sie bereits für Codes und für Kryptoalgorithmen gibt) ermöglichen die Spezifikation detaillierter Parametrisierungen im Rahmen von Grundnormen - siehe: Schriftstück ISO Council 87, 1987-09-24, Resolution 17; ISO/IEC JTC1 TR 10000 - vgl. auch ISPICS, PICS; A-P; F-P, T-P; M-IT-02; CTS, OTL; ETSI)

ISPBX

Integrated Services Private Branch Exchange (ISDN-Kommunikation über Nebenstellenanlagen (i.w.S.) - Dienstgestaltung und SS-Bedingungen (SS_1) zwischen Endgeräteherstellern und PTTs (z.B. DBP Telekom) teilweise kontrovers diskutiert - rasche Einigung liegt im allseitigen Interesse, auch der Anwender - KEG und KBSt drängen darauf - siehe: CCITT ...; ISO ... - vgl. auch PBX; LAN, WAN; OSI)

ISPICS Bei JTC 1: Profile Implementation Conformance Statement (deswegen "ISPICS", da auf Profil in ISP bezogen - jedoch nicht "PICS", da diese Abkürzung von einer OSI-Norm belegt ist - vom Hersteller eines OSI-Systems gemachte Aussage, welche Konformität des Systems mit einer Profilnorm (ISP) beansprucht wird, welche Funktionen implementiert sind sowie welche Optionen implementiert sind und welche nicht - vgl. auch IPRL, PTS; CTS, OTL)

ISRC ... Internat. Standard-Tonbild-Aufnahmeschlüssel ... (mit Nr. ... - vgl. ISBN, ISMN, ISSN)

ISSN ... Internationale StandardSerienwerk-Nummer ... (mit Nr. ... - von engl. Internat. Standard Serial Works Number - vgl. ISBN, ISMN, ISRC)

I-S-T Intelligenz-Struktur-Test (von R. Amthauer zu Anfg. der 50er Jahre entwickelt - daher auch "Amthauer-Test" gen. - strebt Feststellung und Vergleich sog. Intelligenzstrukturen an - unterscheidet sich grundlegend von Verfahren zur "Messung" der Globalintelligenz (oder der Bildung des Notendurchschnitts) - fand weltweite Beachtung und hat sich als Eignungstest millionenfach praktisch bewährt, z.B. in Berufsberatung als Hilfe zur Selbsthilfe - siehe FAZ (Hrsg.): Test für Bildung u. Beruf, o.J. (ca. 1980), mit Literaturang. - vgl. auch IQ; KI_1)

ISV (engl.) independent software vendor (dt. unabhängiger SW-Händler - vgl. auch OEM; PCM_2)

it (Zeitschrift) informationstechnik (bei Oldenbourg, München)

IT Informationstechnik (entspr. engl. information technology; frz. technologies de l'information - die Ben. steht für einen in Industrie, Politik u. Normung von verschiedenenen Lagern unterschiedlich vervendeten Begr. (Gebrauchsprädikator), über dessen Inhalt u. Umfang leider kein Einvernehmen besteht (wie es für den Begr. Informatik gem. Def. der GI (GI_1) und staatlicher Festlegung in der Schweiz eher besteht) - nach Auffassung des JTC 1, behördlichen Verlautbarungen der BRD, sowie bei VDMA, ZVEI, DIN und der ITG (ITG_1) im VDE (und wohl auch nach Auffassung der Gründer des ZIB) schließt IT auch [DV-bezogene] Telekommunikation {TK_2) ein, nach Auffassung der KEG jedoch nicht (Rücksicht auf Telegrafieträger) - ähnlich wie die KEG unterscheidet die Internat. Normenklassifikation (ICS_2) die Sachgebiete 35 IT (i.e.S.) und 33 TK - lt. IT-Richtlinien des BMI von 1988 erstreckt sich IT auf Datenverarbeitungstechnik, Kommunikationstechnik (KT) und Bürotechnik und umfaßt Geräte und Verfahren auf der Grundlage der Mikroelektronik ... - lt. Legaldef. des BSIG umfaßt Informationstechnik technische Mittel zur Verarbeitung oder Übertragung von Information -

lt. der Fakultätentage Elektrotechnik (FTE) und Informatik (FTI) in Gemeinsame Stellungnahme der ... zur Abstimmung ihrer Fachgebiete im Bereich Informationstechnik (auch "Friedenspapier" gen.), Ende 1990 mit großer Mehrheit beider Plenarverslg. gebilligt, ist IT ein Überschneidungsber. von Inform. u. Elektrotechnik, ein interdisziplinäres Gebiet, das derzeit keinen eigenen Studiengang erfordere - siehe u.a. die Def. von Inform. im allg. Faltblatt d. GI (GI_1); Wissenschaftsrat (WR): Empfehlungen zur Inform. an den Hochschulen, Köln, 1989, ISBN 3-923203-25-X; BMFT: Rahmenkonzept zum Ausbau d. Grundlagenforschg. f. die Informationstechn., Bonn, 1986; BMI: Richtl. f. den Einsatz d. Informationstechn. in d. Bundesverwaltg. (IT-Richtlinien), vom 18.8.1988 in GMBl 1988, Nr. 26; BMI: Gliederg. d. IT-Rahmenkonzepte, KBSt-Reihe, Bd. 18, Bonn 1990; BMFT, BMWI: Zukunftskonzept Informationstechnik, Bonn, 1989; BSIG vom 17.12.1990; FTE & FTI (Hrsg.): Gemeins. Stellungnahme ... (wie oben), erarbeitet von einer gemeins. Kommission (F.J. Brandenburg, W. Freise, W. Görke, R. Hartenstein, P. Kühn, H.J. Schmitt) et al., in Inform.-Spektr. (1991) 14, S. 163-167; DIN-Fachbericht 36 (umstritt. Versuch einer wünschbaren Gliederung der IT, keine Def., doch Erläuterung), unter GliedIT - vgl. auch PII; VDI/VDE-IT; NI, KIT; ITG_2; V_4; IMKA, KBSt; BSI_2, ZSI; SOGITS; ITTF, ITTTF; KI_1, TI, RI_1, WI_1; ITV)

ITA ... Bei CCITT: (so gen.) Internationales Telegraphenalphabet ... (mit Nr. ... - entspr. engl. International Telegraph Alphabet - eigtl. nicht Alphabet sondern Code gem. Def. in DIN 44 300 T. 2, 11.88 und ISO 2382/4 - vom CCITT werden traditionell mehrere ITAs f. verschiedene Zwecke mit Nummern untersch. - z.B. ITA Nr. 2 z. DÜ ($DÜ_1$) - siehe: ISO/DIS 6936:1987 zum Überg. zwisch. den Zeichensätzen von ISO 646, ISO 6937/2 (mit Add. 1 zur Textkommunikation) u. CCITT ITA Nr. 2; von der ECMA (gem. ISO 2375) betreutes ISO-Code-Register - vgl. auch ARV8, ASCI, DRV8, EBCDIC, MBV8; Unicode; UCS)

ITAEGC Information Technology ad hoc Expert Group on Certification (des ITSTC - nach Verabschiedung des M-IT-03 aufgelöst)

ITAEGM Information Technology ad hoc Expert Group on Manufacturing (des ITSTC forciert AMT - hat M-IT-04 vorbereitet - vgl. auch ITAEGC, ITAEGS, ITAEGV; SOGITS)

ITAEGS Information Technology ad hoc Expert Group on Standards (des ITSTC - hat M-IT-02 vorbereitet und schreibt es fort - vgl. auch ITAEGC, ITAEGM, ITAEGV; SOGITS)

ITAEGV IT Advisory Expert Group for coordination of standardization activities for Information Security (des ITSTC - vgl. auch ITAEGS; SOGITS)

ITALPRO (vgl. ECE; COMPRO)

ITEHB IT-Evaluationshandbuch (für die Prüfung der Sicherherheit von Systemen der Informationstechnik (IT) - der ZSI (Hrsg.) i.A. der BuReg, 1. Fassg. vom 22.2.1990, bei BAnz. Verlagsges., Köln, ISBN 3-88784-220-0 - beruht auf den IT-Sicherheitskriterien (ITSK) vom 1.6.1989 - soll entspr. den ITSK fortgeschrieben werden, vom BSI (BSI_2) - vgl. auch ITSHB; ITSEC, ITSEM; DEKITZ; ECITC)

ITG

1. Informationstechnische Gesellschaft, Frankfurt a.M. (im VDE - der (bundes)deutsche Fachverband für Informationstechnik (IT), früher Nachrichtentechnik - ehemals NTG - gliedert sich in Fachausschüsse (FAs) - Hrsg. eigener, normenähnlicher Empfehlungen, die z.T. direkt zu DIN-Normen werden - kooperiert mit GI (GI_1), u.a. in gemeinsamen Fachgruppen (FGs) - vgl. auch ntz; DKE; PII; GAMM, GChACM, GMA, GME, VDI)
2. informationstechnische Grundbildung (auf Basis eines Rahmenkonzepts zu Struktur und Aufgaben informationstechnischer Bildung, das die Bund-Länder-Kommission für Bildungsplanung (BLK) 1984 beschlossen hat (überarb. Fassg. vom 7.12.1984) sind in allen [alten] Bundesländern der BRD unterschiedliche Richtlinien für eine informationstechnische (IT-bezogene) Grundbildung (eigtl. wohl eher **Grundbildung in Informatik**) insbes. an den Hauptschulen (HS') und Modelle für die Unterrichtsgestaltung entwickelt und erprobt worden - siehe auch: LOG IN, Sonderheft: Informationstechn. Grundbildung, 9(1989); für Sekundarstufe II: unter Inform. - vgl. auch GI_1 (FB 7 / FG 7.3.1), ITG_1, VFPI; KMK, WR)

ITMS International Transport Message Scenario (liegt im Entwurf britischer, niederländischer und skandinavischer Gruppen vor - wurde IFTM-Entwurf des EDIFACT-Board zugrundegelegt - vgl. auch NTK; EDI)

ITRON Industrial TRON (vgl. auch BTRON, CTRON, MTRON; BS_1)

ITSCJ Information Technology Standards Commission of Japan, Tokio (japanische Mitgliedskörperschaft des ISO-IEC/JTC 1, die auch zu internat. Sitzungen einlädt und sie betreut - wird von der IPSJ betrieben - entspr. internat. dem deutschen DIN-NI - vgl. auch INTAP, JISC)

ITSEC Kriterien für die Bewertung der Sicherheit von Systemen der Informationstechnik (von engl. Information Technology Security Evaluation Criteria, frz. Critéres d'évaluation de la sécurité des systèmes informatiques, holl. Criteria voor de Evaluatie van Informatie Beveiligingstechnologie - die Abk. wird nicht übers. - staatlich abgestimmte (nicht EG-harmonisierte) Kriterien von Frankreich, Deutschland, den Niederlanden, dem Vereinigten Königreich, gestützt auf Vorarbeiten erarbeitet von den jeweils zuständigen Regierungseinrichtungen in den vier gen. Ländern, darunter der ZSI (Version 1), Vorgängerin des BSI (BSI_2), das "ITSEC Comments" entgegennimmt - beschr. wurden Begr. u. Kriterien d. Bewertg. sog. Evaluationsgegenstände (**EVG**s, engl. **TOE**s) und ein halbformales Beschreibungsmittel - unterschieden werden Kriterien mit den folg. Bez. auf sieben Stufen (aufsteig.): E0; F1, E1; F2, E2; F3, E3; F4, E4; F5, E5; F6, E6 - in einem Anh. ist die beabsichtigte Zuordng. zu den Krit. u. Klassen von TCSEC angeg. - dieser Harmonisierungsaufg. haben sich KEG u. CEN nicht initiativ angenommen, weil nach den Röm. Vertr. gewisse Sicherheitsaufg. den Mitgliedsstaaten vorbehalten sind - um so wichtiger sind im Interesse freiheitl. Demokratie u. im Hinblick auf die europ. Integration Stellungn. aus betroffenen Kreisen d. Industrie u. d. Wissenschaft, sowie allerdings auch deren angemessene Berücksichtig. ducch die zuständ. Stellen - daher ist die Einschaltg. einer inform. Beratergruppe, der SOG-IS bei der KEG, zu begrüßen, die auch Stellungn. d. SOGITS in Betracht zieht - siehe: engl. Draft gleichnam. Brosch., hrsgg. vom BMI (f. die BRD), Vers. 1, Bonn, 2.5.1990, 125 p., sowie inzwisch. Vers. 1.1 u. 1.2, letztere (vorlfg. harmonis. Kriterien) vom Juni 1991 (auch englisch etc. erhältl.), Luxemburg, 1991, ISBN 92-826-3003-X; A. Pfitzmann, E. Raubold (Hrsg.): VIS '91, Verläßl. Informationssyst., GI-Fachtag. (GI_1) Darmstadt, IFB 271, Berlin 1991; TMRSE; Präsidiumsarbeitskr. *Datenschutz u. Datensicherung* d. GI: Stellungn. zu den Kriter. f. die Bewertg. d. Sicherheit von ... (ITSEC) Vers. 1.2, Inform.-Spektr. (1992), Bd. 15, S. 221-224 - vgl. auch ITSEM; ISIT; SOG-IS, SOGITS; DEKITZ; ECITC)

ITSEM Information Technology Security Evaluation Manual (verhält sich zu den ITSEC wie das ITEHB zu den ITSK - vgl. auch ECITC)

ITSHB IT-Sicherheitshandbuch (für die sichere Anwendung der Informationstechnik (IT), Vers. 1.0, März 1992, BSI 7105 (BSI_2!) - führt in die weitgespannte und vielschichtige Problematik der IT-Sicherheit ein ("**IT-Sicherheit** ist der Zustand eines IT-Systems, in dem die Risiken, die beim Einsatz dieses IT-Systems aufgrund von Bedrohungen vorhanden sind, durch angemessene Maßnahmen auf ein tragbares Maß beschränkt sind.") und gibt einen wohlgegliederten Überblick über alle wichtigen Aspekte sowie einige autoritative und sonstige Quellen - ist auch eine eminent nuetzliche Orientierungshilfe für Wirtschaft (auch KMUs), Wissenschaft und öffentliches Leben (Nachholbedarf), insbes. Sicherheitsbeauftragte und Führungskräfte - das ITSHB, die ITSK (ersetzt durch ITSEC) und das ITEHB (ersetzt durch ITSEM) werden vom BSI als Standardwerke zur IT-Sicherheit angesehen und entsprechen dem vom ISIT (i.A. des Bundeskabinetts) erkannten Handlungsbedarf - vgl. auch APCSH, V_4; NCSC, NSA; TCSEC)

ITSK IT-Sicherheitskriterien (für die Bewertung der Sicherheit von Systemen der Informationstehnik (IT) - der ZSI (Hrsg.) i.A. der BuReg, 1. Fassg. vom 11.1.1989, bei BAnz. Verlagsges., Köln, ISBN 3-88784-192-1 - Grundlage des IT-Evaluationshandbuchs (ITEHB) vom 22.2.1990 - auch englisch erhältl. - soll mit ITSEC harmonisiert und fortgeschrieben werden, vom BSI (BSI_2) - wurde faktisch durch ITSEC ersetzt - vgl. auch ITSHB; ITSEM; ISIT; SOG-IS; DEKITZ; ECITC)

ITSTC Information Technology Steering Committee (dt. Lenkungsausschuß Informationstechnik, frz. Comitee de direction de la technologie de l'information - die Abk. wird nicht übers. - gemeinsam von CEN, CENELEC, ETSI (anstelle von vorher CEPT) - vgl. auch BC; ECITC; ECMA, EWOS, SPAG; ITAEGC, ITAEGM, ITAEGS, ITAEGV; SOGITS)

ITTF Information Technology Task Force, Genf (gemeinsam von dem IEC Central Office und dem ISO Central Secretariat gebildete Gruppe zur gemeinschaftlichen Unterstützung der Tätigkeit der Stäbe beider Institutionen für das JTC1 - siehe: Directives for the work of ISO/IEC JTC1 on IT, JTC1 N385, 1989-04-20, p. 27 + Annex A4 - vgl. auch JTPC, TB/CA; IT)

ITTTF Information Technology and Telecommunication Task Force, Brüssel (der KEG, DG XIII - vgl. auch CTS, Esprit, RACE; IM; ITSTC; SOGITS; IT)

ITU Internationale Fernmelde-Union, Genf (von engl. International Telecommunication Union, frz. UIT - bei der UNO - umfaßt CCIR und CCITT, jetzt ITU-TS - publiziert und vertreibt deren Empfehlungen auf englisch und französisch - vgl. auch WARC; CEPT, ETSI)

ITU-TS (engl.) ITU Telecommunication Standardization Sector, Genf (seit März 1993 umben. Nachfolgeeinrichtung des CCITT (aus dessen Sekretariat zugleich das 'ITU Telecommunication Standardization Secretariat' in Genf geworden ist - Hrsg. der ITUTs)

ITUSA IT Users Standards Association, London (1984 von NCC und größeren DV-Anwendern gegr. Vereinigung (finanz. von Mitgl.), die Anforderungen an IT-Normen zusammenführt und sie bei BSI (BSI_1) oder CECUA geltend macht - vgl. auch NCUF, USFIT; DISC, FOCUS)

ITUT ... (engl.) ITU 'Telecommunication Recommendation (mit Bez. ... - seit März 1993 statt CCITT Rec. ... - ITUTs erscheinen in englischer und französischer Sprache - erhältl. bei der ITU in Genf - mit ISO/IEC JTC1 harmonisierte Entw. werden gemeins. publiziert)

ITV Information Technology Vocabulary (internat. zweisprachige Terminologienorm von ISO/IEC JTC 1 zur Informationstechnik (IT) u. zunehmend auch Informatik - grob vergleichb. DIN 44 300, die teilweise darin berücks. u. davon beeinflußt ist - weitere Angleichg. wird für erforderl. gehalten u. betrieben, ist jedoch grundsätzl. schwieriger als bei Sachnormen, da Terminologie sprachabhängig ist - in diesem Zushg. werden u.a. auch ausgewählte (reifere) Teile des ITV vom NI 1 ins Dt. übers. - derzeit liegen sieben Teile in offizieller dt. Übers. vor (nicht Norm) - i.S. internat. Terminologienormung wird nun eine deutsche Spiegelnorm angestrebt - für das ITV sind noch sechs zusätzl. Teile (29 bis 34) geplant - Sparmaßnahmen behindern die im Interesse internat. einheitl. Def. und ihrer Übernahme ins Deutsche erforderl. aktive deutsche Zuarbeit derzeit leider erhebl. - siehe: ISO/IEC (WD/CD/DIS/IS) 2382 P. 1-28 (of or for 1st/2nd/3rd Ed.), e.g. P. 1 Fundamental terms (3rd IS), P. 7 Computer programming (WD for 3rd IS), P. 8 Computer security (3rd WD for 2nd IS), P. 9 Data communication (DIS for 2nd IS), P. 13 Computer graphics (2nd CD for 2nd IS), P. 17 Databases (DIS), P. 20 System development (IS), P. 23 Text processing (IS), P. 25 Local area networks (IS), P. 27 Office automation (DIS), P. 28 AI, Expert systems (2nd CD) - vgl. auch IPV; IEV; GliedIT)

ITW Institut für Theorie, Geschichte und Organisation der Wissenschaften (der ehem. AdW), Berlin (Ost) (vgl. auch IIR, IKI, ZWG)

itz; ITZ Informationstechnik-Zentrum (gener. Begr. - regional wirkendes Informations- u. Beratungszentrum für Informationstechnik (IT) in kleinen u. mittl. Unternehmen (KMUs) - Träger sind vorwiegend Städte, Gemeinden, Bundesländer, Volkshochschulen (VHS'), Wirtschaftsförderungsämter o. auch Sparkassen, Kammern (so IHKs) o. ortsansässige Untern. - sie kooper. im Rahmen der ITZ-AG - vgl. auch MCZ_{1-3})

ITZ Bei der KIT: IT-Zertifizierungsausschuß, Berlin (bestand nur Monate und ist 1988 in DEKITZ übergegangen - siehe unter DEKITZ - vgl. auch CASCO, CCC1, CENCER, DINZERT)

ITZ-AG Arbeitsgem. Informationstechnik-Zentren, St. Augustin (loser Zusschl der itz - dient Abstimmg. Erfahrungsaust., Koordinat. - bei der GMD)

IuD Information und Dokumentation (Kernanwendungsgebiet der sog. Informationswissenschaften - Normg. im NABD - siehe u.a. die Norm (z.T. Entw.) DIN 31 639 (IuD-Fachwörterbuch), T. 1 (Grundbegr.), T. 2 (Tradition. Dok.), T. 6 (Dok.-Sprachen), T. 11 (Audiovisuelle Dok.) - vgl. auch FI, FIS, FIZ, IVS; SR; IR; IuK; BMFT; DGD, GI_1)

IuK Information u. Kommunikation (vgl. FI; IR; IT, IuD; OSI)

IUPAP International Union of Pure and Applied Physics, Québec (dt. Internationale Vereinigung f. reine u. angewandte Physik - vgl. DPG; EPS_3)

IUT (engl.) implementation under test (dt. sinngem. Implementat. im Test - versuchsweise implementierte Funktionseinheit (FE) zur Kommunikation (etwa TK_2) im Zshg. eines WAN o. LAN insbes. als Objekt d. Protokollprüfung auf Normkonformität, Interoperabilität, Robustheit o. Leistung - vgl. auch PCO; ASP, PDU; TTCN; CTS, OTL; OSI)

IVS Informationsvermittlungsstelle (vgl. FIS, FIZ; IuD, IuK; FI)

IVW Informationsgemeinschaft zur Feststellung der Verbreitung von Werbeträgern (ermittelt und veröffentlicht vierteljährl. die Auflagenhöhe von (gedruckten o. verkauften?) Zeitungen und Zeitschr., die dies mit dem dreieckigen Signet der Gemeinschaft im Impressum ausweisen)

IWU (engl.) interworking unit (dt. etwa: Zusammenarb'einheit; Kopplungseinh. - FE zwisch. LAN o. PSN u. anderen Netzen - vgl. auch ISDN)

IWV Impulswahlverfahren (bei Telefon[dienst]en: das gewöhnl. Wahlverfahren - i.U. zum MFV)

iX (Bez. angelehnt an die Endung von "Unix" - Multiuser-Multitasking-Magazin - bei Verl. Heinz Heise GmbH & Co KG, Hannover - ersch. seit Sept. 1990 mtl. - f. Mitgl. d. GI (GI_1) ermäßigt - vgl. auch c't; X_3)

IXI Internationale X.25-Infrastruktur (entspr. engl. International X.25 Infrastructure - für Telekommunikation (TK_2) auf öffentlichen oder privaten Datennetzen im Netzverbund (z.B. DFN mit Internet) via Schicht-4-'Gateway' oder 'Router' (Schicht 3) - europ. X.25-Verbindungen für Wissenschaftseinrichtungen bisher kostenlos - vgl. auch FTAM, MHS (MOTIS); Datex-P; HDN, WIN; ISDN; CEN, CEPT, ETSI; ITU-TS (CCITT), JTC1; WAN; GEN; GAN; OSI-RM)

J — (das) Joule /d3u:l/ (abgeleitete SI-Einheit (SI_1) der Energie, der Arbeit, der Wärmemenge - auch f. die Angabe des physiologischen Brennwerts von Nahrungsmitteln verwendet (in kJ) - als gesetzl. Einheit hat das Joule die Kalorie ersetzt (1 kcal = 4,1868 kJ) - vgl. auch cal, kal; W_1)

JBMA — Japan Business Machine Makers Association, Tokio (vgl. JEIDA, JIPDEC; JISC; MITI; CBEMA, ECMA; EUROBIT)

JEDI — Joint Electronic Data Interchange Coordination Committee, USA (ursprünglich über ECE an Standardisierung für TDI, nun über ANSI an Normung für EDI, insbes. EDIFACT beteiligt - vgl. auch COMPRO)

JEIDA — Japan Electronics Industry Development Association, Tokio (vgl. JBMA, JIPDEC; JISC; MITI)

JESSI — Joint European Submicron Silicon (größtes EUREKA-Programm, EU 127, zur Entwicklg. hochintegr. Mikroschaltungen, zunächst insbes. DRAMs und EPROMs, den strategisch wichtigsten Massenbausteinen in den 90er Jahren - gliedert sich derzeit in ca. 50 Projekte und Unterproj. - Laufzeit: 1989-1996 (8 Jahre) - Mittelzuweisg. f. die Anfangsphase 550 MECU, Gesamtschätzg. (1989) 3.800 MECU - gefördert von den Regierungen der 14 Gründungsmitgl. aus Deutschland (Robert Bosch GmbH, Daimler Benz AG, FhG, Karl Suss KG, Siemens AG), Frankreich, Italien, den Niederlanden und Großbritannien sowie der KEG - beteiligt sind inzw. über 150 Unternehmen u. Institutionen - erfreuliche Berichte lassen hoffen, daß einige Ziele 1-2 Jahre früher erreicht werden als geplant - im Januar 1990 hat der JESSI-Board etwa 20 neue Proj. verabschiedet, die sich u.a. auf Grundlagenforschung, CAD, CMOS oder ISDN beziehen und denen z.T. eine weitreichende strateg. Bedeutg. beigemessen wird - die Zsarb. von Siemens mit IBM und die mit SEMATECH auf diesem Gebiet wurde vom JESSI-Board ausdrücklich begrüßt - die Programmkoordination liegt beim JESSI Office in München - vgl. auch E.I.S, EUROCHIP; IC_1; ESF_2)

JIPDEC — Japan Information Processing Development Center, Tokio (japanisches. Zentrum für Entwicklung der Informationsverarbeitung - hat 1981 in internat. Konferenz seinen Plan zur Entwicklung von 'FITH GENERATION COMPUTER SYSTEMS' vorgest. - der Plan umfaßte drei Phasen von je 3-4 Jahren Dauer mit Gesamtbudget in der Größenordng. von 1 Mrd. DM - Wissensverarbeitg. i.S. des Arbeitsbereichs KI (KI_1) der Inform. als prägendes Merkmal sowie mögl. Differenzierung nach Anwendungsklassen zur Erzielung maximaler Leistg. haben die Erwartungen in anderen Ländern wohl nicht unerhebl. vorgeprägt - siehe G. Marx: Rechner der 5. Generation, in Inform.-Spektr., Bd. 5

(1982), Heft 3, S. 190-191 - vgl. auch ICOT; JEIDA; TRON; IPA_2; ERCIM, JRC, MCC, NIST/CSL; RWC; MITI; JBMA, JISC; IPSJ)

JIS ... Japanese Industrial Standard ... (mit Nummer ... - hrsgg. von JISC)

JISC Japanese Industrial Standards Committee, Tokio (japanisches Normungsinstitut - Hrsg. der JIS - Mitgl. von ISO, IEC, JTC1 - vgl. auch INTAP, ITSJ; ICOT, JEIDA, JIPDEC; MITI)

JIT (engl.) just in time (dt. rechtzeitig - das Akr. kennzeichnet kurzfristige rechtzeitige Aktualisierg. von Gegebenheiten, beruhend auf rechnergestützter Planung u. Datenübermittlg. ($DÜ_1$) im Bereich Logistik, ermögl. durch Verwendg. von EDI, im Bereich Produktionsplg mit Anwendg. von OR-Methoden - vgl. auch CAM, CIM; PPS; EDIFACT)

JoD Journal of Development (Mitteilungsdienste von CODASYL - vgl. auch COBOL JOD)

JRC Joint Research Centre (of the Commission of the European Communities), Ispra (Varese) (dt. Gemeins. Forschungszentrum (d. KEG), it. Centro Comune di Ricerca - das Akr. wird nicht übers. - naturwissenschaftl. Einrichtg. zur Unterstützg. der ökologischen u. techn. Maßnahmen der Kommission mit integrativer Wirkung in den Mitgliedstaaten und zur Stärkung des gemeinsamen europäischen Marktes - im Vordergrund stehen bes. supranationale Probleme wie Umweltschutz, Pflanzenschutz, **technische Normen,** Information über Europa und Energiequellen - es umfaßt derzeit neun Institute, verteilt auf vier Sitze in Geel (Belgien), Petten (Niederlande), Karlsruhe und Ispra, darunter ein **'Centre for Information Technologies and Electronics'** für Datenverarbeitung (DV), Telekommunikation (TK_2) u. mathemat. Modellierung in Ispra - hält sog. 'Euro Courses' ab, gestützt auf Experten internat. Reputation von Universitäten oder Forschungsinst., gewöhnlich in Englisch, für ein bis zwei Wochen im Frühjahr oder Herbst - vgl. auch u.a. ESI; ECRC, ERCIM; ICSI)

JSPS Japan Society for the Promotion of Science, Tokio (hat 1990 mit dem DAAD ein Austauschprogramm vereinbart, nach dem Forschungsaufenthalte deutscher Wissenschaftler in Japan u. japanischer in Deutschland für jeweils 300 Personentage vermittelt u. gefördert werden)

JTC
1. Bei CEN & CENELEC: Gemeinsames Technisches Komitee (von engl. Joint Technical Committee - vgl. auch JWC, JWG)
2. Bei ISO & IEC: Joint Technical Committee (Zusammenfassung eines oder mehrerer TCs oder SCs von ISO mit einem o. mehreren TCs o. SCs von IEC - vgl. auch JTC1)

JTC 1 Bei ISO & IEC (seit 1988): Joint Technical Committee 1 "Information Technology" (Zusammenschluß von ISO/TC 97 mit IEC/TC 83 und IEC/SC 47B - untergliedert in die vier Gruppen AE, EM, S (S_1), SS (SS_3) aus je 4 SCs - siehe: ISO/IEC Directives: **Procedures** for the technical work of ISO/IEC **JTC1** on Information Technology, 2nd ed. 1992, Genf, 5+ 110 p., ISBN 92-67-10179-X; ISO/IEC Directives Parts 2 & 3 unter ISO (anstelle von Part 1 gelten für das JTC 1 die auf dessen Erfordernisse zugeschnittenen 'Procedures'); *Wir geben der Informationstechnik Profil*, Spiegelgremien des NI im DIN zu denen von JTC 1, Stand Apr. 1993 - vgl. auch SC 47B, TC 83, TC 97; ITTF; SC, SWG, TSG, WG; CD_1, DIS, IS, ISP, NWI, TR, WD; EDI, CS, FDT, MOTIS, MIDA, PL, ODA, OSI; IAP; RM; IT)

JTESI Joint Technical European Standards Institute (von CEN/CENELEC erwogenes Zusammenlegungsvorhaben, das u.a. vom DIN unterstützt wurde, aber einstweilen nicht zustande kommt - die KEG hat einen Vorschlag für ein Europäisches Normungssystem (Arbeitstitel) vorbereitet, das bestehende Zusammenarbeit offizialisieren, koordinieren und straffen soll, aber noch eingehender Erörterung mit CEN/CENELEC, ETSI, den nationalen Normungsinstituten von EG (EG_1) und EFTA, Industrieverbänden sowie Regierungsvertretern bedarf, auch hinsichtlich anderer Wirtschaftsregionen, GATT, KSZE und OECD - vgl. auch ASB, ENSO; CECUA, ECMA, EWOS, SPAG; CEPT, EBU; ITSTC, SOGITS, SOGT; SOGS)

JTM Job Transfer and Manipulation (in OSI-Schicht 7, der Anwendungsschicht des OSI-RM, ein Anwendungsdienstelement (ASE), das [für den Bürobereich] kommunikationsbezogene Dienste zur Arbeit in einem Netz verbundener offener Systeme bereitstellt - es unterstützt und verwendet andere ASEs - siehe: ISO/IEC 8831 (JTM concepts, services); ISO/IEC 8832 (Spec. of the Basic Class and Full Protocol) - vgl. auch DOA; OSI-RM; ODP)

JTPC Bei JTC 1: (engl.) Joint Technical Programming Committee (ein gemeinsames Komitee von IEC und ISO, das die Gründung des JTC 1 vorbereitet und dem ISO-Rat und dem IEC-Rat empfohlen hat - siehe Decision JTPC 24. Jan. 1987 - im größeren Zusammenhang von Koordinationsbemühungen von ISO und IEC sind auch die gemeinsamen Directives (unter ISO) entstanden, von denen jedoch nur Tiel 2 und Teil 3 für den JTC 1 gelten - vgl. auch ITTF, TB/CA)

JURIS Juristisches Informationssystem für die Bundesrepublik Deutschland (öffentl. zugängl. 'online'-Datenbank (DB_1) der juris GmbH, Saarbrücken, vormals des BMJ - urspr. mit Unterstützung der GMD entwickelt - vgl. auch DITR; RI_1; FIZ; Diane, ECHO; IuD; FI)

JurPC; jur-pc (Fachzeitschrift "für Juristen mit PC" (PC_1) - in Nachfolge von "Informatik und Recht", die 1989 von CR übernommen wurde - referenziert mit: jur-pc - Abonnement schließt kostenlose Mailbox-Nutzung ein - bei MediConsult GmbH, Geschäftsbereich Verlag, Wiesbaden)

JUS Japan UNIX Society, Tokio (vgl. CHUUG, GUUG, UUGA; USENIX; EurOpen; UniForum)

JWC Bei CEN & CENELEC: Gemeinsamer Arbeitsausschuß (von engl. Joint Working Committee - vgl. auch $JTC_{1, 2}$, JWG)

JWG (engl.) Joint Working Group (dt. Gemeinsame Arbeitsgruppe - vgl. $JTC_{1, 2}$, JWC) k — Kilo (von grch. chílioi, dt. tausend - dezimal. Vorsatz für $1000 = 10^3$ bei SI-Einheiten (SI_1) u. anderen [gesetzl.] Einheiten - z.B. in "km" und "kbit" - vgl. auch ≠ K_2; Tsd.; c_2, d_2, G, h, μ, m_2, M_2, n, T)

K —
1. (das) Kelvin (SI-Basiseinheit (SI_1) der thermodynamischen Temperatur - der absolute Nullpunkt (keine Schwingungsenergie d. Moleküle mehr) liegt bei 0 K ≙ -273,15 °C, der Eispkt. (Wasser) bei 273,15 K ≙ ±0 °C, der Tripelpkt. bei 273,16 K ≙ +0,01 °C - seit 1.1.1990 gilt die internat. Temperaturskala von 1990 - vgl. auch J; A_1, cd, kg, m_1, mol, s)
2. K (gesprochen K, z.B. in KByte - informeller, an k angelehnter SI-unverträglicher Vorsatz (SI_1) für $1024 = 2^{10}$ in Zähleinheiten der Informatik (Inform.) u. Informationstheorie - vgl. auch M_3 ≠ M_2)

KA — Kellerautomat (engl. push-down automaton - Begr. der Automatentheorie, unter den eine Klasse theoretischer datenverarbeitender Automaten einfacher Art fällt: mathematisches Modell einer Maschine, bestehend aus einem endlichen Automaten (EA_2) und einem Keller(speicher) potentiell unendlicher Kapazität - selbst also komplexer als der enthaltene EA - unter Kellerspeicher (engl. push-down storage) wird ein nach dem LIFO-Prinzip organisierter linear strukturierter Speicher aus hintereinanderliegenden Zellen für je ein Zeichen verstanden - der von der Kellerstruktur geprägte Dateninhalt des Speichers (als Behälter) wird als Stapel (engl. stack) aufgefaßt - ein KA kann stets nur das oberste Zeichen bedingt entnehmen (vom Stapel nehmen) bzw. Zeichen von oben sequentiell hinzufügen - ein lesender KA (Kellerakzeptor) liest ein (zu prüfendes) Eingabewort zeichenweise sequentiell ein, jedoch nicht notwendig in jedem Arbeitsschritt ein Zeichen - er wertet in jedem Arbeitsschritt das äußerste (auf dem Stapel oberste) Zeichen aus dem Keller aus, löscht es, und legt evtl. ein Zeichen oder mehrere Zeichen sequentiell im Keller ab - aufgrund des vorher von seinem Steuerwerk angenommenen Zustands, des evtl. vom Eingabeband gelesenen Zeichens u. des obersten Elements aus seinem Keller geht das Steuerwerk des Kellerakzeptors in einen neuen (evtl. wieder den gehabten) Zustand über u. legt evtl. neue Zeichen im Keller ab o. entfernt evtl. welche - wenn nach Einlesen des letzten Zeichens u. evtl. weiteren (internen) Arbeitsschritten ein Endzustand mit leerem Keller (bis auf ein Kellerendezeichen) erreicht wird, ist das gelesene Wort akzeptiert - anschauliches Beispiel eines Kellerakzeptors ist ein Syntaxanalysator zur Untersuchung geschachtelt geklammerter arithmetischer Ausdrücke, wobei die erforderliche Paarigkeit öffnender u. schließender Klammern Kellerung (der öffnenden) erfordert - jeder (nichtdeterministische) lesende KA akzeptiert genau eine kontextfreie Sprache, KAs i. allg. also Sprachen vom Typ 2 in der Chomsky-Hierarchie (CH_1) - Kellerakzeptoren eimöglichen deshalb die syntaktische Analyse von Programmen aller bekannten Programmiersprachen bis auf kontextsensitive Nebenbedingungen - siehe: Def. von Kellerspeicher in DIN 44300, T. 6, Nr. 6.2.10, 11.88; DIN 66280 (erweiterte kontextfreie Grammatiken; Begriffe und Schreibweisen); H. Maurer: Theoretische Grundlagen der Programmiersprachen, Theorie der Syntax, Mannheim 1969; unter CH_1 - vgl. auch BNF; AFL; LBA, TM_3; FDT; TI)

KAI/AdW — Koordinierungs- und Abwicklungsstelle der Akademie der Wissenschaften der ehem. DDR, Berlin (ist außer für die Institute und Beschäftigten der ehem. AdW auch entspr. für die Akademie der Landwirtschaftswissenschaften und die Bauakademie der ehem. DDR zuständig - das übermäßig in den Akademien konzentriert gewesene und aus den Hochschulen ausgelagerte Forschungspotential soll nach Empfehlungen des Wissenschaftsrats (WR) vom Juli 1990 anteilig zurückgegliedert werden: ca. 2000 Wissenschaftler 1992-1993 mit 400 Mio. DM aus dem **Erneuerungsprogramm für Hochschule und Forschung in den neuen Ländern, des Bundes und der Länder,** vom 24.5.1991 (da nicht mit übl. DFG-Förderung mögl.) - auch nach WR-Empfehlung.. sowie gem. Art. 38 EinigungsV u. Art. 91b GG sollen Wissenschaftler der Akademien in Bund-Länder-finanzierte Forschungseinrichtungen (der blauen Liste), teilweise wohl auch der MPG eingegliedert werden: ca. 1500 Wissenschaftler mit 120 Mio. DM des Erneuerungsprogramms - für Bausubstanz, Geräteausstattung, Bibliotheksverbesserung, Studentenwohnheime waren im Erneuerungsprogr. 520 Mio. DM vorges. - die Umsetzung ist Sache der neuen Länder, der KAI und der Wissenschaftseinrichtungen - vgl. auch CIP_3; BMBW)

kal; Kal — (frühere alternat. informelle Schreibweisen für kcal - vgl. auch cal, J)

KAPSE — Kernel APSE (vgl. auch Ada; ACVO, KIT_1)

KAS — Konrad-Adenauer-Stiftung für polit. Bildung u. Studienförderung e.V., St. Augustin (parteinahe (rechtl. keine) Stiftg.) - vgl. auch FES, FNS)

KBL — Kommunikationsbeziehungsliste (vgl. FUP, LOP, KOP; FDT)

KBSt — Koordinierungs- und Beratungsstelle der Bundesregierung für Informationstechnik in der Bundesverwaltung, Bonn (im BMI - die Langform der Ben. wurde 1988 geändert, die Abk. beibehalten - die KBSt hat als ressortübergreifend tätige Stelle die Aufgabe, koordinierend u. beratend darauf hinzuwirken, daß die IT in der Bundesverwaltung aus fachlicher, organisatorischer, wirtschaftlicher und technischer Sicht optimal eingesetzt wird - betätigt sich u.a. im Umfeld der Normung - veröffentlicht eigene Schriftenreihe dazu - hat 1989 eine Veranstaltungsreihe "Forum" eröffnet, die den Einsatz der Informatik in der Bundesverwaltung durch qualifizierte Information fördern soll (Tagungsberichte in gleicher Schriftenreihe) - siehe: AutomGr vom 22.11.1973; Richtlinien für den Einsatz der Informationstechnik in d. Bundesverwaltung (IT-Richtlinien), vom 18.8.1988, in GMBl 1988, Nr. 26, dort fünfter Abschnitt; KBSt-Schriften beim BMI, insbes. unter V_4; SiR- vgl. auch IMKA, KGSt, KoopA ADV; ISIT, BOS; IABG; PPG; IPSIT)

KCIM — Kommission CIM, Berlin (im DIN - vgl. auch KeG, KIT; DEKITZ)

KDBS — Kompatible Schnittstellen für Datenbanksysteme (des KoopA ADV - nämlich KLDS und KKDS - vgl. auch KSS; SS_1)

KDCS — Kompatible Schnittstelle für die Datenkommunikation (des KoopA ADV - siehe DIN 66265, 1986 - vgl. auch KSS; SS_1)

KDV — Kriegsdienstverweigerer (in der BRD - vgl. auch ZDL)

KDZ — Kommunale Datenzentrale (in der BRD - z.T. Verbandseinrichtung mehrerer Gemeinden zur Erzielung wesentlicher Einsparungen - vgl. auch DATEV; RZ, RRZ)

KeG — Kommission (so gen.)elektronischer Geschäftsverkehr, Berlin (im DIN - vgl. auch "EDV"; KCIM, KIT, KOKON, KTK; DEUPRO)

KEG — Kommission der Europäischen Gemeinschaften (war vom Rat beauftragt, u.a. für IT-Produkte bis Ende 1992 einen **Binnenmarkt** zu schaffen - dies **erfordert[e] u.a. besondere Normungsanstrengungen zur Beseitigung technischer Handelshemmnisse** - hat am 25.4.1990 die Umsetzung des dritten Rahmenprogramms der Gemeinsch. im Ber. Forschung u. techn. Entwicklg. für die Jahre 1990 bis 1994 bekanntgeg. (überlappte zeitl. Programm von 1987 bis 1991) - von dem von d. KEG vorgeschlag. Fördervolumen von 7.7 Mrd. ECU haben die Finanzminister 5.7 Mrd. ECU bewilligt - auf Informations- und Kommunikationstechnik entfallen davon 2.221 Mrd. ECU - die Maßnahmen sollen die internat. Wettbewerbsfähigkt. d. europ. Industrie stärken u. den Erfordernissen der EEA f. Forschung u. techn. Entwicklg. genügen - siehe u.a. KEG (Hrsg.): Grünbuch z. Normung in Eur., 1991 - vgl. auch ITTTF, ESI, JRC, LAB; CEN, CENELEC, ETSI; ITSTC, JTESI; Esprit, CTS, RACE; SOGITS; CE_1, EC_2, EG_1)

KFA — Kernforschungsanlage Jülich GmbH, Jülich (betreibt zwei Supercomputer von Cray, die von ernsthaften Interessenten aus der BRD nach Vereinbarung mitgenutzt werden können (COCOM-Auflagen) - verfügbare Rechenzeit ist kostenlos - vgl. auch AGF)

KfK — Kernforschungszentrum Karlsruhe GmbH, Karlsruhe (vgl. AGF)

KfR — Kommission für Rechenanlagen, Bonn (der Deutschen Forschungsgemeinschaft (DFG) - siehe: DFG (Hrsg.): Empfehlg. d. KfR zur Ausstattung der Hochschulen in der BRD mit Datenverarbeitungskapazität für die Jahre 1992 bis 1995, Bonn, Dez. 1991; dto. T.2, Fortschreibg. des Netzmemorandums 1987, Bonn, Apr. 1993 - vgl. auch CIP_3; WR)

kg — (das) Kilogramm (SI-Basiseinheit (SI_1) der Masse - der Vorsatz ist bei ihr ein Schönheitsfehler - vgl. auch A_1, cd, K_1, m_1, mol, s)

KGSt — Kommunale Gemeinschaftsstelle für Verwaltungsvereinfachung, Köln (gibt MittKGSt heraus und hält Seminare ab - vgl. auch KBSt; BMI; IMKA, KoopA ADV)

kgV; KGV — kleinstes gemeinsames Vielfaches (engl. lcm - von gegebenen Zahlen allg. das unter ihren übereinstimmenden Vielfachen kleinste Vielfache - dient im Elementarrechnen etwa dazu, gemeine Brüche auf einen mögl. kleinen gemeinsamen Nenner zu bringen - Beispiel: kgV (8, 12) = 24, die kleinstmögliche Zahl, die sich durch beide gegebenen Zahlen ohne Rest teilen läßt (hier kleiner als das Produkt d. gegebenen Zahlen, dem oberen Grenzfall für das kgV) - bei grundlegender Betrachtung des kgV beschränkt man sich gewöhnlich auf [den Ring der] ganze[n] Zahlen oder einfach auf [die Menge der] natürliche[n] Zahlen - von zwei oder mehr Zahlen läßt sich das kgV u.a. durch deren Zerlegung in Primfaktoren und Auswahl und evtl. Multiplikation der *größten* Potenzen der *verschiedenen* Basisprimzahlen bestimmen, so z.B. $8 = \underline{2^3}$, $12 = \underline{3^1} \cdot 2^2$, also $2^3 \cdot 3^1 = 24$ - lassen sich die gegebenen Zahlen nicht in verschiedene Primfaktorpotenzen zerlegen, ist das kgV ihr Produkt - beliebige gemeinsame Vielfache zweier Zahlen *a* und *b* sind zugleich Vielfache von deren kgV (*a, b*) - die Berechnung des kgV von mehr als zwei Zahlen läßt sich durch Schachtelung iterativ auf die von jew. zwei Zahlen zurückführen, denn naheliegenderweise gilt: kgV (*a, b, c, ...*) = kgV (*a,* kgV (*b, c, ...*)) usw. - mit dem größten gemeins. Teiler (ggT) besteht der Zusammenhang: kgV (*a, b, c, ...*) = *a b c ..*./ ggT (*a, b, c, ...*) - vgl. auch mod; nR, sR)

KI — 1. (Arbeitsgebiet) Künstliche Intelligenz (entspr. engl. AI (AI_3), frz. IA - die bedenkl. deutsche Ben. ist eine wortlauttreue, nicht bedeutungstreue Lehnübers. der engl. Ben. (einem Rechensystem (RS) wird zumindest jegliche Intentionalität als Bedingung für Intellekt abgesprochen) - der Begr. ist neuer als die Anfänge des darunter verstandenen Arbeitsgebiets der Informatik - vgl. auch IQ; MÜ, NN_0, RUZA, WBS, XPS; KI_2; RI_1, TI, WI_1; IT; GI(-FB 1); DFKI, LKI, ZED; AKI; KIFS; ECRC; ICSI; AAAI, ECCAI)

2. (Zeitschrift) Künstliche Intelligenz (des FB 1, Künstliche Intelligenz (und Mustererkennung), der GI (GI_1), Haupthrsg. Th. Christaller (GMD) - bei R. Oldenbourg)

KIAP — Kommunikationstechnische Integration von Automatisierungssystemen für die Produktionsleittechnik (siehe ZVEI-Leitfaden von 1988 - vgl. auch CLDATA, DDC)

KIF — (Frauen-)Konferenz der Informatik-Fachschaften (von Universitäten und Fachhochschulen im deutschsprachigen Raum, und zwar ihrer Vertreterinnen/Studentinnen der Informatik, jedes halbe Jahr jeweils im Mai und im Nov. - lt. D. Merling in Mitt. der GI (GI_1), 82. Folge, Inform.-Spektr. Bd. 13, H. 2, April 1990, S. 113 - bitte bei Interesse an zuständige Fachschaft wenden - vgl. auch WWC)

KIFS — KI-Frühjahrsschule (KI_1) (d. GI (GI_1) - jährl. Ende März bis Anfg. Apr.)

KIT
1. KAPSE Interface Team (vgl. auch Ada; ACVO, APSE)
2. Kommission Informationstechnik, Berlin(West) (im DIN - vgl. auch GliedIT; IT; NI; KeG, KCIM; DEKITZ, DINZERT)

(vgl. auch ≠ CIT)

KKDS — Kompatible Schnittstelle für komplexe Datenbanksysteme (des KoopA ADV - eine von zweierlei KDBS - Normung unterblieb - vgl. auch KLDS; KSS; SS_1)

KLDS — Kompatible Schnittstelle für lineare Datenbanksysteme (des KoopA ADV - eine von zweierlei KDBS - mit KSDS genormt - siehe DIN 66 263, 1983 - vgl. auch KKDS; KSS, SS_1)

KM
1. Kapazitätsmanagement (insbesondere in Rechenzentren (RZs))
2. Konfigurationsmanagement (bei SW-Produktion, V-Modell (V_4))

KMK — Ständige Konferenz der Kultusminister der Länder in der BRD, Bonn (vgl. auch IOI'92; BMBW, BMI; BLK, DFG, HRK, SV, WR)

KMUs — kleine und mittlere Unternehmen (wirtschaftspol. Begr. - EG-Mittelstandspolitik (EG_1) für KMUs strebt durch Verbesserung d. Rahmenbedingungen deren Anpassung an europ. Marktstrukturen u. Integr. in den Binnenmarkt an - auch bezügl. EDI u. im Zshg. mit Esprit verwendet - auch die BuReg der BRD fördert mit ihrer Mittelstandspolitik die Heranführung von KMUs an moderne Techniken u. Verfahren, z.B. der IT, insbes. der KT, sowie der FI - siehe u.a.: KEG (Hrsg.): Aktionsprogr. für kleinere u. mittl. Unternehmen (KMUs), Brüssel 1986; unter FI - engl. SMEs - vgl. auch IHK; BfAI, EIC; BVMV; AWV, RKW)

KNF — konjunktive Normalform (der Schaltalgebra - siehe: DIN 5474; DIN 66 000 - vgl. auch ANF; NF; NAND, NOR, XOR; PLA; LOP)

KNN — künstliches Neuronales Netz (vgl. ANN, NN_0; NMPS; MPS; KI_1)

KOKON — Kommission Konformitätszeichen (beim DIN - bei DINZERT-Gründung aufgelöst - vgl. auch ≠ COCOM; DEKITZ; KCIM, KeG, KIT_2)

KoopA ADV — Kooperationsausschuß automatisierte Datenverarbeitung, Bonn (Bund, Länder und kommunaler Bereich - vgl. IMKA, KBSt, KGSt; IT)

KOP — Kontaktplan (z.B. bei digitslen Steuerungen - i.U. zu Ersatzschaltbild (ESB_1), Funktionsplan (FUP), Logikplan (LOP) oder auch Kommunikationsbeziehungsliste (KBL), - vgl. auch FDT)

Kote — (von frz. cote, dt. (Kenn)ziffer - in darstellender Geometrie (bzw. Kartographie) einem Bildpkt. (eines Geländepunktes) im Eintafelverfahren zugeordnetes Numeral mit Vorzeichen (VZ) für die Höhe des Geläudepunktes bezügl. einer vereinbarten Tafelebene (bei kotierten Isohypsen: Normalnull (NN_1)) - die die Zahl zum Größenwert ergänzende Einheit (z.B. m) ist darstellungseinheitl. vereinbart - vgl. auch NP_3; TP_4)

KS — Konzeptionelles Schema (engl. Conceptual Schema (CS_2) - ursprünglich entwickelt für das ANSI/X3/SPARC ($SPARC_2$) von dessen DBSSG - internat. im Rahmen von ISO/TC 97 abgestimmt - siehe: ANSI/X3/SPARC (edtr.): DBSSG Report on the C.S., 1977; Begr. in ISO/TR 9007:1987 - vgl. auch OODBS, RDBS; DB_1, DBMS, DBS; FDT; RM_1; OSIE; CCR, RDA, SQL; IRDS, TP_2; ODP)

KSDS — Kompatible Systemdatei-Schnittstellen (des KoopA ADV - zusammen mit KLDS genormt - siehe DIN 66 263, 1983 - vgl. auch KSS; SS_1)

KSP — Kernspeicher (vgl. EPROM, RAM, ROM, PROM)

KSS — K-Schnittstellen; kompatible Schnittstellen (des KoopA ADV - in den 70er Jahren von der öffentl. Verwaltung entwickelte SS' (SS_1) für DV-Anwendungen auf großen Rechensystemen (RS) und für kompatible Datenkommunikation - gem. Rechtsvorschrift., die landes- oder bundesweit gelten u. als Gegengewicht gegen den damaligen Separatismus der Systemhersteller verbreitet u. erfolgreich eingef. - teilweise mit Förderung des BMFT beim DIN genormt - siehe H. Klimesch: K-Schnittstellen, in Inform.-Spektrum, Bd. 5 (1982), Heft 4, S. 253-254 - vgl. auch KDBS, KDCS, KKDS, KLDS, KSDS; EHKP)

KSSt — Körperschaftssteuer (vgl. AO; EKSt, MWSt, USSt)

KSZE Konferenz über Sicherheit und Zusammenarbeit in Europa (ursprüngl. von 1973 bis 1975 in Helsinki und Genf in mehreren Phasen abgehaltene internat. Konferenz zum Abbau europ. Probleme aus den damaligen Gegensätzlichkeiten zwischen Ost und West, die zu Beschlüssen geführt hat, denen weithin großer Einfluß auf die internat. Entwicklung beigemessen wird - fortgesetzt in neuen Runden, z.B. zunächst in Belgrad - die in Helsinki von 35 Teilnehmerstaaten unterzeichnete Schlußakte der KSZE vom 1. August 1975 enthält mehrere Bestimmungen mit Bedeutung bezügl. IT-Normung im Hauptabschnitt "Zusammenarbeit in den Bereichen der Wirtschaft, der Wissenschaft und der Technik sowie der Umwelt", und zwar insbesondere dort unter "3. Bestimmungen, die Handel und industrielle Kooperation betreffen", Abschnitt **Harmonisierung der Normen:**
"Die Teilnehmerstaaten, In der Erkenntnis, daß ...
bekräftigen ihr Interesse daran, die größtmögliche internationale Harmonisierung von Normen und technischen Vorschriften zu erreichen;
geben ihrer Bereitschaft Ausdruck, internationale Abkommen und andere geeignete Übereinkommen über die Anerkennung von Bescheinigungen und Prüfdokumenten über die Konformität mit Normen und technischen Vorschriften zu fördern;
erachten es für wünschenswert, die internationale Zusammenarbeit auf dem Gebiet der Normung zu verstärken, insbesondere durch die Unterstützung der Tätigkeit zwischenstaatlicher und anderer geeigneter Organisationen in diesem Bereich." -
siehe KSZE, Beitr. u. Dok. aus dem Europa-Archiv, Bonn 1976 - vgl. auch: EFTA, EG_1, RGW; GATT, OECD)

KT Kommunikationstechnik (neueres Synonym zu Nachrichtentechnik (NT), wohl u.a. durch die Ben. "Telekommunikation" (TK_2) nahegelegt, trotz anderer Wortbedtg. - vgl. auch DV; IT)

KtK Kommission für den Ausbau des technischen Kommunikationssystems (in der BRD - vom BMP 1974 eingesetzt - legte 1975/76 den "Telekommunikationsbericht" vor, dessen Feststellungen und Empfehlungen sich als richtungsweisend erwiesen haben - vgl. auch OPTEK)

KTK Kommission Transportkette, Berlin (West) (im DIN - gegr. 27.2.1991 - Aufgabe: Koordination nationaler, europ. und internat. Normungsarbeiten für Verkehr und Transport sicherzustellen und Zusammenarbeit mit anderen Institutionen zu ermögl., so durch Abstimmung mit behördl. Regelsetzern über Ziele und rechtl. Randbedingungen bzw. mit IATA, ICC, IMO - vgl. auch NTK; KeG, KIT)

KVdR Krankenversicherung d. Rentner (in d. BRD - ab 1.1.1989 neugestaltet durch das GRG - siehe Sondermerkbl. d. BfA - vgl. auch RVO, SGB)

KW 1. Kalenderwoche (Abk. wird zu (groben) Terminangaben in Kurzform verwendet - z.B. in "KW 33" für "33. Woche (im Jahr)" - unabhängig von der Unterteilung in Kalendermonate wird das Kalenderjahr auch in KWs unterteilt, die fortlfd. von 1 bis 52 oder 53 numeriert werden - eine KW beginnt (in der BRD seit 1976) gemäß internat. Norm (von 1971) stets mit einem Montag und endet stets mit einem Sonntag (mit dem früher in Deutschland die Woche anfing), hat also immer sieben Tage - gegenüber dem nur dauerbezogenen Begr. Woche ist der Begr. Kalenderwoche auch lagebezogen (mit dem jeweils geltenden Jahreskalender als Bezugssystem) - da sich die Zahl der Tage eines Jahres aber nicht ohne Rest durch 7 teilen läßt, fällt mit der Nahtstelle zwischen zwei Kalenderjahren nur ausnahmsweise die Nahtstelle zwischen zwei KWs zusammen - KWs, die Jahresnahtstellen übergreifen, werden ihrer Nummer nach (nominell) zum alten Jahr geschlagen, wenn mindestens vier Tage davon (der größere Teil) im alten Jahr liegen - sie werden ihrer Nummer nach (nominell) zum neuen Jahr geschlagen, wenn mindestens vier Tage davon (der größere Teil) im neuen Jahr liegen - siehe: DIN 1355 T.1 (Kalender); ISO 2015-1971 (Wochennumerierung) - vgl. auch Di, Do, Fr, Mi, Mo, Sa, So; a, d_1, h_1, s)

2. Kurzwellen(bereich) (Frequenz- o.Wellenbereich umfassend die Teilbereiche: 1.5 bis 3 MHz (Grenzwellen) u 3 bis 30 MHz (Kurzwellen i.e.S.) - vgl. auch HF, LW, MW, UKW; UHF, VHF; EBU; CCIR)

KWIC (von engl. keyword-in-context - z.B. in engl. KWIC index, dt. KWIC-Register: Stichwortregister insbes. zu Titeln, in dem die Stichwörter (selbst typographisch hervorgehoben und untereinander ausgerichtet) im Kontext benachbarter Wörter angegeben sind und ihnen Referenzen zu Quellen oder Textstellen zugeordnet sind, i.U. zu KWOC-Register - dient Informationswiedergewinnung (IR) - vgl. auch Thesaurus; OPAC; DB_1; FI, IuD; LDV)

KWOC (von engl. keyword-out-of-context - z.B. in engl. KWOC index, dt. KWOC-Register: Stichwortreg. insbes. zu Titeln, in dem die Stichwörter ohne Kontext benachbarter Wörter angegeben sind, i.U. zu KWIC-Register - dient Informationswiedergewinn. (IR) - vgl. auch FI; LDV)

KzlA Kanzleianweisung (Anhang II der GGO I)

KZZ (nein, Abk. f.: Konrad-Zuse-Zentrum f. Informationstechnik ist: ZIB)

L — als römische Ziffer: Fünfzig (vgl. C_2, D_3, I, M_4, V_1, X_2)

L3 — (von engl. Level 3 Operating System - ursprünglich von der GMD aus EUMEL weiterentwickeltes prozeßorientiertes Mehrplatz-Betriebssystem (BS_1) für Mehrprogrammbetrieb und Integration der MS-DOS-Welt auf PCs (PC_1) mit Intel-Prozessoren ab 80386 - vgl. auch ELAN; BirliX; BS/2, CP/M, OS/2, TRON, Unix)

LA — Bei DIN-NAs: Lenkungsausschuß (beim NI wurde der LA 1988 durch den Gesamtlenkungsausschuß (GLA) abgelöst - vgl. auch FB_1, FÖ)

LAB — Bei KEG: Rechtsbeirat (von engl. Legal Advisory Board)

LAN — Lokales Netz (von engl. Local Area Network - die Abk. wird nicht übers. - trotz internat. Normen, die u.a. auf ECMA oder IEEE zurückgehen, werden sich in diesem Bereich wohl noch weiterhin Marktstandards wie Ethernet oder Novell mit unterschiedl. Vorzügen behaupten - zur Kopplung heterogener Subnetze dienen sog. 'Backbone'-Netze - siehe: Begr. in ISO/IEC/DIS 2382-25:1989 (ITV P. 25); ISO/IEC DIS 25017:1988, DIN ISO 8802 T. 1-7, insbes. T. 1 (Bez. zu ISO-RM & Bez. von MACs (MAC_1) u. LLC untereinander); Entw. DIN ISO 8802 T. 3 A5, 3.90 (Änderg. 5: CSMA/CD für Lichtwellenleiter-Vbdg. 10 Mbit/s auf 1000 m) - vgl. auch MAU; PSN; HIPERLAN; GAN, MAN, WAN; CSPDN, ISDN, ISPBX, PSPDN, PSTN; FDDI, PHY; ISDN; FTAM, MHS (MOTIS); DFV, EP_2; OSI; ODP)

LAPM — (von engl. Link Access Procedure for Modems - in Datenübertragungsprotokollen für Modems: automatische Fehlerkorrektur mittels CRC und Wiederholung insbes. gem. CCITT V.42)

Laptop[rechner] — (von engl. laptop [computer]: on top of the lap, dt. auf dem Schoß (jedoch als substantiviert. Adjektiv) - Schoßrechner ("Reiserechner" träfe auch auf so gen. 'Notebooks' zu), Schoß-PC (PC_1 i.w.S.) i.U. zu 'Desktop' - einerseits Gattung, andererseits wegen verschiedener Grössen, Leistungsstufen, unterschiedlicher Benennungen und häufiger Modellwechsel schwer abgrenzbar - vgl. auch PDA, WS; RA_1, RS)

Laser — (von engl. light amplification by stimulated emission of radiation, dt. Lichtverstärkung durch angeregte Emission von Strahlung - von Licht einer Frequenz (Farbe), gebündelt und kohärent (phasengleich) - in der IT angew. u.a. in CD-Laufwerken (CD_2, LW_2), Laserdruckern)

LAT — (engl.) local apparent time (dt. wahre Ortszeit (WOZ) - vgl. auch LMT; MOZ; MEZ_2, WEZ; GMT; UTC)

LaTeX /'la:teç/ (von L. Lamport zur vereinfachten Anwendung von TeX zum Setzen von Texten und zur Textsortenauszeichnung (bei Eingabe) entwickeltes System von Makroanweisungen und Bearbeitungshilfen (auf gleicher Ebene) - bietet 'Preview' wie TeX (kein WYSIWYG-Editor) - Standard- LaTeX ist wie TeX selbst auf anglo-amerikanische Sprach- und Satzkonventionen zugeschnitten (so fehlen leider noch bei beiden die genormten und eingeführten Symbole für Standardmengen nach Bourbaki, wie z.B. Doppelstrich-N, die in den USA noch nicht allg. üblich sind) - ein Standard für das Deutsche entstehe erst allmählich - siehe u.a. R. Wonneberger: Kompaktführer LaTeX, bei Addison-Wesley, Bonn, 1987, 14 +141 S., ISBN 3-925118-46-2 (kurz, knapp und klar) - vgl. auch X_1; p; DANTE, TUG; ODA, SGML; DTP, TV_2)

LBA linear beschränkter Automat (engl. linear bounded automaton - Begr. der Automatentheorie, unter den eine Klasse theoretischer, datenverarbeitender Automaten fällt: mathematisches Modell einer eingeschränkten Turingmaschine (TM_3), deren Speicherband auf die Länge der jeweiligen Eingabezeichenfolge (mit zwei Begrenzungszeichen f. Anfang u. Ende) beschränkt ist, von der auch die Kapazität ihres internen Speichers linear abhängt - die Begrenzungszeichen dürfen weder überschrieben noch überschritten werden - die lineare Abbildungsvorschrift ist mit der jeweiligen Maschine festgelegt - die Menge der von (nichtdeterministischen) lesenden LBAs akzeptierten Sprachen ist die Menge der kontextsensitiven Sprachen, also Sprachen vom Typ 1 in der Chomsky-Hierarchie (CH_1), zu denen die Programmierspr. (PS_2) gehören - siehe: unter KA; TM_3; CH_1 - vgl. auch BNF; AFL; EA_2; FDT; TI)

LCD Flüssigkristallanzeige (von engl. liquid crystal display - i.U. zu Leuchtdiode (LED) - vgl. auch CRT, MIM, TFT)

lcm (engl.) least common multiple (dt. kgV - vgl. auch gcd; ggT; mod)

ld dyadischer Logarithmus (nicht "binärer" (zweiwertiger)! - Logarithmus zur Basis Zwei - wichtig sind die Werte: ld e = 1,442 695 …; ld π = 1,651 496 …; ld 10 = 3,321 928 … - i.U. zu lg, ln, log)

LdR (Ergänzbares) Lexikon des Rechts (bei Luchterhand - berücksichtigt auch explizit die Rechtsinformatik (RI_1) - vgl. auch CoR, CR, CuR, DuD, RDV; BGBl.)

LDS In NRW: Landesamt für Datenverarbeitung und Statistik, Düsseldorf (vgl. auch HZD)

LDV Linguistische Datenverarbeitung (vgl. CAT_2, IR, MÜ; GLDV; FI, KI_1; GDV, PDV, VDV; ADV; DV)

LED Leuchtdiode; Lumineszenzdiode (von engl. light-emitting diode - i.U. zu Flüssigkristallanzeige (LCD) - vgl. auch CRT, MIM, TFT)

LFCS Laboratory for Foundations of Computer Science (GB), Edinburg (vgl. CCS, ML, SML)

LFR (engl.) less favoured region (dt. sinngem. strukturschwache Region - in Sicht der EG (EG_1))

lg dekadischer Logarithmus (Logarithmus zur Basis Zehn - wichtig ist u.a. der Wert lg 2 = 0,301 029 995 66 … - i.U. zu ld, ln, log)

LG Landgericht (vgl. AG_0, OLG; BGH)

LH
1. Lastenheft (das Akr. sollte nur eingeführt verwendet werden, z.B. für häufige Bezugnahmen - konsistente Aufstellung der [quantifizierbaren] Anforderungen vom Auftraggeber an ein Produkt und dessen Dokumentation - legt Liefer- und Leistungsumfang fest (was & wofür) - Grundlage für Ausschreibung, Angebot, Vertrag - wird in das Pflichtenheft (PH_1) des Auftragnehmers integriert - siehe unter PH - vgl. auch V_4; EPHOS; FDT)
2. Lufthansa, Berlin (deutsche Fluggesellschaft - vgl. IATA, ICAO)

LID Lehrinstitut für Dokumentation, Frankfurt a.M. (der DGD - vgl. DIA_1)

LIFE Laboratory for International Fuzzy Engineering Research (Japan), Yokohama (im April 1989 von MITI und 48 Unternehmen verschiedener Branchen gegr. - Kooperationen werden angestrebt - in Japan erwartet man, daß künftig rd. 70 % aller Produkte der KI (KI_1) auf sog. 'Fuzzy'-Logik-Systeme aufbauen werden - siehe Inform.-Spektr., Bd. 13, Heft 2, Apr. 1990, S. 103 - vgl. auch XPS; FSSYD; IFSA)

LIFO (von engl. last in, first out - Kellerspeicherprinzip - siehe Def. von Kellerspeicher in DIN 44 300 - der Inhalt eines Kellers heißt "Stapel" (engl. "stack") - vgl. auch KA; FIFO)

LIM (Firmen) Lotus, Intel, Microsoft (bezügl. EMS_3)

LIP Laboratoire de l'Informatique du Parallélisme, Lyon (an der Ecole Normale Supérieur de Lyon - gibt eigene Berichte hrs. (frz.) - vgl. INRIA; ECRC, ERCIM, ESI, JRC; ICSI)

LIPS logische Inferenzen pro Sekunde (von engl. logical inferences per second - etwa Deduktionsschritte pro Sekunde im Zusmmenhang von KI (KI_1), PROLOG - vgl. auch MIPS, MOPS, FLOPS)

LISP (von engl. List Processing Language - ursprünglich von J. McCarthy in den 50er Jahren am MIT entwickelte nicht-prozedurale Programmiersprache (PS_2) - neben Pure LISP als rein applikativer Sprache (angelehnt an Lambdakalkül) sind mehrere Dialekte entstanden: Common LISP, Franz LISP, MacLISP, INTERLISP, ZetaLISP, EuLISP - Anwendung im Bereich KI (KI_1) und für symbolisches Rechnen (sR) hat in den letzten Jahren stark zugenommen - leider sehr verzögerte Normungsbemühungen bei ANSI und ISO beruhen wesentl. auf Common LISP, auf das sich Anwender und LISP-Maschinen-Hersteller in den USA vor Jahren (Boom der LISP-Maschinen) geeinigt hatten - in Europa wird die Normung von EuLISP im Rahmen von EUREKA unterstützt (auch vom NI 22) - vgl. auch PSL, Scheme; Ada, ALGOL 60, APL, BASIC, C_1, CHILL, COBOL, ELAN, Fortran, Modula-2, Pascal, PEARL, PL/I, PROLOG, Simula; PSP)

LK Lochkarte (Abk. und Begr. veraltet - von den Lochkartenmaschinen zum Sortieren, Mischen, Tabellieren etc. her eingeführt und bewährt, wurde sie noch bis in die 70er Jahre als Datenträger f. RS' verwendet - sie ist insofern technikgeschichtlich der Schallplatte (LP) vergleichbar - die meistverbreitete Art hatte 80 Spalten (Stellen) und 12 Zeilen - wohl auch wegen ihrer Anschaulichkeit hat sie noch lange in der kommerziellen Datenverarbeitung (DV) mit RS' nachgewirkt, z.B. im früheren COBOL der alten "(Dampf-)EDV" - vgl. auch LS, MB_1; NOP_2)

LKR Von EG (EG_1): Lieferkoordinierungsrichtlinie (des Rates - regelt Auftragsvergabe/Ausschreibung für öffentliche Beschaffung (in Verbdg. mit dem Beschluß über die Normung auf dem Gebiet der IT u. TK (TK_2), 87/95/EWG - vgl. auch VOL/A; AGBG, BVB_1; GATT)

LLC Steuerungsverfahren im Übermittlungsabschnitt (in LAN - von engl. logical link control (procedure) - die Abk. wird nicht übers. - auf IEEE zurückgehend - siehe: ANSI/IEEE 802.2 (enth. IEEE Std); ISO/IEC IS 8802/2:1990 (enth. ANSI/IEEE Std); DIN EN 41 102, 10.91 (enth. ISO/IEC IS + deutsches Vorwort mit Erläutrg. und Fachwörterlisten Engl.-Dt., Dt.-Engl. - im Zusammenhang von LANs von (dreierlei) MACs (MAC_1) unterschieden, zu denen es sozusagen quer liegt - vgl. auch CSMA/CD; MAU; FDDI, PHY; ISDN; OSI)

LLL (engl.) low-level language (dt. etwa: niedere Programmierspr. (PS_2) - einer der Begrr., die eher von Managern, Politikern oder Publikumszeitschriften verwendet werden als von fachlich zuständigen Leuten - z.B. Assembliersprache - vgl. auch HLL, UHLL, VHLL)

LMT (engl.) local mean time (dt. mittlere Ortszeit (MOZ) - vgl. auch LAT; WOZ; MEZ_2, WEZ; GMT; UTC) ln — natürlicher Logarithmus (von lat. logarithmus naturalis - Logarithmus zur Basis e (vgl. dort) - wichtig sind: ln 2 = 0,693 147 18 ...; ln 10 = 2,302 585 ... - i.U. zu ld, lg, log - vgl. auch exp)

LNCS — (engl.) Lecture Notes in Computer Science (eine der Informatik-Reihen bei Springer, Berlin, Heidelberg, ... - series editors: G. Goos, J. Hartmanis - advisory board: W. Brauer, D. Gries, J. Stoer - umfaßt Entwürfe, Vorlesungsskripte, Sitzungsberichte u.a.m. - vgl. APN)

log — Logarithmus (zur darunter o. als Index angegebenen Basis $b > 0 \wedge \neq 1$ vom Numerus $a > 0$ - i.U. zu ld, lg, ln - auf Tastaturen von Taschenrechn. z.T. auch anstelle von "lg" - vgl. auch abs, arc_1, exp, sgn; VZ)

LOG IN — (Fachzeitschrift für Informatik, ITG (ITG_2) u. Computer in d. Schule - jährl. sechs Hefte themat. Ausrichtg. - bei R. Oldenbourg, München)

LOGIN — (Anmeldung bei Unix - Kommando der Betriebssprache i.Ggs. zu LOGOUT)

LOGOFF — (Abmeldung bei mehreren großen BS' (BS_1) - Kommando der Betriebssprache i.Ggs. zu LOGON)

LOGON — (Anmeldung bei mehreren großen BS' (BS_1) - Kommando der Betriebssprache i.Ggs. zu LOGOFF)

LOGOUT — (Abmeldung bei Unix - Kommando der Betriebssprache i.Ggs. zu LOGIN)

LOP — Logikplan (bei digitalen Schaltungen - siehe DIN 40 700 - i.U. zu Funktionsplan (FUP) - vgl. auch ESB_1; KOP; KBL; FDT)

LOTOS — (von engl. Language of Temporal Ordering Specification - formales Beschreibungsmittel zu OSI nach zeitlich geordnetem beobachtbaren Verhalten - siehe ISO/DIS 8807:1987 - vgl. auch ANF, ASN.1, BNF, CCS, CPN_2, CSP, Estelle, FSM, IMCL, KNF, LOTOS, PN_1, PrT, SDL, TTCN; FDT)

LP — Langspielplatte (große Schallplatte - herkömmlicher Tonträger mit spiralig vom Rand zur Mitte verlaufender, geprägter Analogaufzeichnung - technikgeschichtlich der Lochkarte (LK) vergleichbar - vgl. auch CD_2, DAT, MC, MD)

LPC — (engl.) linear predictive coding (spezielle Modulationsart zur Digitalisierung von Analogsignalen - zur Übertragung, Speicherung, Erkennung gesprochener Sprache - vgl. ADM, PCM)

LQ — Briefqualität (der Druckausgabe von Bürodruckern - von engl. letter quality - diese grobe Charakterisierung ist kein eindeutiges Qualitätsmaß zum Vergleich verschiedener Drucker - siehe dazu EPMI (edtr.): EPPT - vgl. auch NLQ; dpi)

LRC — Längsprüfung (von engl. longitudinal redundancy check - bei Magnetband (MB_1) - mittels zusätzlicher Zeichen (Redundanz) zur Blocksicherung - vgl. auch CRC_2, VRC)

LRPG — ISO/IEC ad hoc Group on Long Range Planning (dt. etwa ISO/IEC-ad-hoc-Gruppe für Langfristplanung - eine von zwei 1987 berufenen Gruppen zur Erarbeitung von Prognosen bzw. eines Plans für **künftige Anforderungen an Normung** und zur Empfehlung von deren Umsetzung - siehe: ISO-IEC-Publikation: A vision for the future, Standards needs for emerging technologies, Genf, Apr. 1990, 51,10 DM; ISO Bulletin Nr. 5, 1990; DIN-Mitt. 69, 1990, Nr. 10, S. 556 ff - die andere Gruppe ist ABBT - vgl. auch EBN)

LRZ — Leibniz-Rechenzentrum, München (der Bayrischen Akademie der Wissenschaften - ben. nach G.W. Leibniz, 1646-1716 - vgl. TUM)

LS — Lochstreifen (Abk. und Begr. weitgehend veraltet - für Fernschreibgeräte eingeführt, wurde er noch in den 60er Jahren als Datenträger für Schreibautomaten (z.B. Flexowriter von Friden), vorwiegend technisch-wissenschaftlich eingesetzte Rechensysteme (RS', z.B. Ferranti, Zuse) u. Zeichenmaschinen (z.B. Graphomat von Zuse) verwendet - die in Europa meistverbreitete Art hatte fünf Spuren u. eine Führungsspur mit kleinen Löchern - vgl. auch LK, MB_1; Tx)

LSB — (engl.) least significant bit (Bit mit (konventionell) niedrigstem Stellenwert (im Numeral) - übertr. auch: Bit am weitesten rechts (im Wort, Byte oder Speicherplatz) - vgl. auch MSB)

LSD — (engl.) least significant digit (Ziffer (konventionell) niedrigsten Stellenwerts (im Numeral bzw. Speicherplatz) - im Dt. bezieht man sich stattdessen gewöhnl. auf die niedrigste Stelle - vgl. MSD; LSB, MSB)

LSI — (engl.) large scale integration (Großintegration, Hochintegration bei ICs (IC_1) - vgl. auch MSI, SSI, VLSI, ULSI)

LTM — (engl.) long term (dt. langfristig/Langfrist... - vgl. STM)

LTPL — Long Term Processcontrol Language (Abk. u. Begr. veraltet - dt. etwa Langfristsprache zur Prozeßsteuerung - war eines der frühen IT-Projekte der KEG - ist an Separatismus der Mitgliedsländer gescheitert, da die beste Kandidatenspr. keine Mehrheit fand, die Formel "Melt of the best features" nicht half u. ein gemeins. großes Projekt schließl. in Erwartg. von Ada unterblieb (vereinfacht) - vgl. auch PEARL; TRON)

lub (engl.) least upper bound (in Math. - dt. Supremum (sup) - vgl. auch glb; inf)

LUF niedrigste brauchbare Frequenz (von engl. lowest usable frequency - dt. auch "Dämpfungsfrequenz" gen. - tageszeitlich veränderliche untere Grenzfrequenz für Kurzwellen-Fernempfang (KW_2) in bestimmter Region, in Funkprognosen des FTZ - vgl. auch FOF, MUF)

LW
1. Langwellen(bereich) (i.w.S.: Frequenz- oder Wellenbereich umfassend die Teilbereiche: 10 bis 150 kHz (Längstwellen), 150 bis 500 kHz (LW i.e.S.) und 500 kHz bis 1.5 MHz (Mittelwellen) - vgl. HF, KW, MW, UKW; UHF, VHF)
2. Laufwerk (für magnetischen oder optischen Datenträger wie z.B. HD (HD_0); DAT, MB (MB_1), MC, MD (MD_2), CD (CD_2); CD-ROM, WORM - vgl. auch TV_2)

LWL Lichtwellenleiter (auch "optischer Wellenleiter" gen., engl. optical wave guide (OWG) - z.B. optische Faser, speziell Glasfaser (Kabel enthält viele) - vgl. auch EMP; FDDI; Ethernet; BIGFON; TAT)

LZB Landeszentralbank (auch deren Kennzeichnung mittels Nr. - vgl. BLZ) µ — Mikro (von grch. mikros, dt. klein - Millionstel - dezimaler Vorsatz für 0,000 001 = 10^{-6} bei SI-Einheiten (SI_1) u.a. gesetzl. Einh. - z.B. in "µm", Mikrometer, "µA" u. "µV" - in d. Informationstechn. (IT) übertr. auch in "µP" - vgl. auch c_2, d_2, G, k, m_2, M_2, n, T)

µP — Mikroprozessor (seltenere alternative Abk. zum öfter verwendeten Akr. "MP" (das leichter reproduzierbar), angelehnt an das Vorsatzzeichen µ)

m
1. (das) Meter (SI-Basiseinheit (SI_1) der Länge - vgl. auch yd; A_1, cd, K_1, kg, mol, s)
2. Milli (von lat. millesimus, dt. Tausenstel - dezimaler Vorsatz für 0,001 = 10^{-3} bei SI-Einh. (SI_1) u.a. gesetzl. Einh. - z.B. in "mm", Millimeter, "mA" u. "mV" - vgl. auch c_2, d_2, G, k, µ, M_2, n, T)

M
1. Mark (i.S. von Mark der ehem. DDR - Währungseinheit der DDR u. von Berlin (Ost) seit 1968 bis 30.6.1990 - davor seit 1964 Mark d. Deutschen Notenbank (d. DDR) - vgl. auch DDM; DEM, DM)
2. Mega (von grch. megas, dt. groß - Million - dezimaler Vorsatz für $10^6 = 1000^2 = 1\,000\,000$ bei SI-Einheiten (SI_1) und anderen [gesetzl.] Einheiten - z.B. in "MW" für Megawatt und in "Mflops" - vgl. auch Mio.; MIPS; MOPS; c_2, d_2, G, k, µ, m_2, n, T)
3. (so gen.) Mega (z.B. in "MByte" - informeller, an 2. angelehnter SI-unverträgl. Vorsatz (SI_1) für $1\,048\,576 = 2^{20}$ in Zählgrößen der Informatik mit dyadischer Progression - vgl. auch MB_2; G, K_2)
4. als röm. Ziffer: Tausend (von lat. mille) - vgl. C_2, D_3, I, L, V_1, X_2)

MA — Magister der Philosophie; (engl.) Master of Arts (von lat. magister artium - vgl. MBA; PhD)

MAC
1. Steuerungsverfahren für Mediumzugriff (in LAN - von engl. media access control (procedure) - im Zshg. von LANs werden drei Typen von MAC-Verfahren zu drei physikal. Medien unterschieden - siehe: Entw. DIN ISO 8802 T.3 (CSMA/CD), T.4 (Bus mit Sendeberechtigungsmarke, gen."Token-Bus"), T.5 (Ring mit Sendeberechtigungsmarke, gen."Token-Ring") - quer zu ihnen dreien liegt das Steuerungsverf. im Übermittlungsabschn. (LLC), von ihnen zu untersch. u. sie ergänzend - vgl. auch MAU; ISDN; OSI)
2. (engl.) Message Authentication Code (dt. sinngem. Mitteilungs-Authentifikations-Zusatz (nicht etwa "Code") - vgl. PZ; DES, FEAL, RSA, TTT_2, ZKP; X.509; OSI)

Mach — (mit Unix-Software (SW) kompatibles Betriebssystem (BS_1) d. Carnegie Mellon University (CMU), das u.a. die Behdlg. nebenlfg. Prozesse u. die Kommunik. zwisch. ihnen verbessert u. heutige Multiprozessor-

Architektur. effiz. nutzt - entwick. ab 1984 - Basis zukünftiger DoD-Projekte - siehe aktuelles Schlagwort: Mach, in Inform.-Spektr., Bd. 12 (1989), Heft 6, S. 343-346 - vgl. auch X/Open, OSF, TRON, UII)

MADE — (von engl. Multimedia Application Development Environment - gr. Esprit-III-Proj. z. Entwickl. einer objektor. (OO) Softwarebasis (SW) für Multimedia-Anwendungen (MM_2) und zur Bereitstellung von SW-Werkzeugen für deren Benutzer bis Mitte 1995 - geleitet von Bull mit CWI als Hauptpartnern - die anderen Partner sind die FhG, INESC u. vier europ. Bedarfsgruppen d. Bereiche Automobile, Luftfahrt, Medizin u. Tourismus - für 120 Personenjahre (PJ) sind 16,6 MECU veranschlagt, zu denen die KEG 7,5 MECU beiträgt - vgl. auch SCOPE)

Mailbox — (engl., dt. Briefkasten - in [offenen] Kommunikationsnetzen: Funktionseinheit (FE) zur Hinterlegung (Speicherg.) von Mittlg. o. Progr. für Abruf (engl. download) - im öffentl. o. priv. Bereich - im Zshg. von MHS (MOTIS), IPMS: Mitteilungsspeicher (MS) - vgl. auch MX, POP; SMTP; BBS, IMAIL; MIDA; E-Mail, EP_2; OSI, TCP; TK_2)

MAN — (von engl. Metropolitan Area Network, dt. Großstadtnetz - bes. in den USA für erforderl. gehaltene Art von Kommunikationsnetz einer Ausdehnung zwischen LAN und WAN - vgl. auch DQDB; OSI)

MANNA — Massiv-Parallele Architektur für Numerische u. Nichtnumer. Anwendg. (vom BMFT gefördert. Pilotproj. d. GMD f. konfigurierbare Parallelrechner f. ca. 1 Gflops bis 1 Tflops - gem. Empfehlg. d. Rubbia-Kommission - siehe GMD-Spiegel 3'93 - vgl. auch PEACE; TTT_1)

MAP
1. (von engl. Manufacturing Automation Protocol - das Akr. wird nicht übers. - dt. etwa: Kommunikationsprotokoll z. Produktionsautomatisierg. - vgl. MMS; CAM, CIM; TOP; WSS; EMUG)
2. (engl.) Multi Annual Programme (dt. Mehrjahresprogramm (KEG))

MAP/TOP — (üblicher Bezug auf MAP (MAP_1) und TOP - die MAP/TOP World-wide Federation, ... ist zugleich eine der OSI-Anwendergruppen - vgl. auch MMS; EMUG; ODETTE; CAM, CIM; EDIFACT, MHS (MOTIS); ETCOM; COS, OSITOP, POSI, SPAG; EWOS; ISP)

MASE — (von engl. Message Administration Service Element - ein ASE für MH - vgl. auch MHS)

MATER — Maschinelles Austauschformat für terminologische/lexikograph. Daten (früher "Magnetband-Austauschformat ..." - siehe: DIN 2341 T.1 (Kategorienkatalog), T.2 (Dateiaufbau); ISO 6156 - vgl. auch SR, Thesaurus; OSI; NABD, NAT, NI; Infoterm; FI, IR, LDV; IuD)

Math. Mathematik bzw. (je nach Genus) Mathematiker, Mathematikerin (z.B. in "Dipl.-Math." - vgl. Inform.; DMV)

MATHDI (von Mathematik-Didaktik - 'Online'-Datenbank (DB_1) des FIZ Karlsruhe für die gesamte Didaktikliteratur der Math. und der Inform., die seit 1977 in der ZDM referiert wurde - zugänglich von allen bedeutenden Datennetzen über STN International - vgl. auch DFN; FIS; FI)

MAU Medium-Anschlußeinheit (von engl. medium attachment unit - die Abk. wird nicht übers. - vgl. LLC, MAC_1; LAN; OSI)

Max; max Maximum (u.a. in Analysis, Statistik - vgl. HOP; Min, TIP; Median)

MB
1. Magnetband (nach wie vor noch zu Datensicherung (MB-Archiv) und Datenaustausch verwendet - Gebrauch geht jedoch zugunsten moderner Speichermedien und Datenverbindungen rasch zurück - siehe u.a. DIN 31 632, 12.87 (Begleitformular) - vgl. auch NRZ; LRC, VRC; DAT, MC; VHS1; QIC; DEVO, DÜVO; OSI)
2. (so gen.) MByte (Mega-Byte - etwa in Angaben der Speicherkapazität oder des Speicherbedarfs - vgl. auch M_3)

MBA (engl.) Master of Business Administration (in den USA - grob vergleichbar dt. Magister der Betriebswirtschaftslehre (BWL), jedoch an (universitärer) 'Business School' erworben - vgl. auch MA; PhD)

MBV8 Multibyte-Version des 8-Bit-Codes (mit diakritischen Zeichen - nach DIN 66 303 - vgl. auch ARV8, ASCI, DRV8, EBCDIC, ITA, UCS)

MC Magnetbandkassette (auswechselbarer Tonträger oder Datenträger - in DV werden von Philips eingef. ECMA-Kassetten verwendet, deren seitenrichtiges Einlegen in ein Laufwerk (LW_2) mit einer Kerbe im Kassettenmantel erzwungen wird - vgl. auch VHS_1; MB_1; QIC; CD, LP)

MCA Mikrokanalarchitektur (von engl. Microchannel Architecture - von IBM 1986 für PCs (PC_1 i.w.S.) der PS/2-Familie abweichend vom selbst gesetzten, von anderen so ben. Industriestandard (ISA_1) zu geringer Leistung eingef. moderner PC-Bustyp (aynchron) mit grundlegenden Neuerungen (wie ID-Nr. für Peripheriekarten): MCA 1.0 - zum Schutz vor Nachahmern zunächst nicht allg. zugängl. gemacht - inkompatibel zu ISA i.U. zum Erweitertem Industriestandard (EISA) - nach Verbesserung 1989 hat IBM die Weiterentwicklung u. Standardisierung 1990 der MCDA übertragen, zu deren Mitgl. viele Hersteller gehören und die die Spezifikationen herausgibt - MCA 2.0: Adreßbusbreite bis 32 Bits, Datenbusbreite bis 64 Bits, Transferrate bis 160 MByte/s - siehe unter PCI_1 - vgl. auch VL_2; SAA; ACE)

MCC Microelectronic and Computer Center, Austin, TX (US-amerik. Zentr. für industrielle Forschung - vgl. NIST/CSL; E.I.S; ECRC, ICOT)

MCCI Multimedia Communications Community of Interest, La Napoule (Interessengemeinschaft für Multimediaanwendungen wie Dokument-, Bild-, Grafikübertragung bzw. Videokommunikation und deren Standardisierung, gestützt auf vorhand. Normen - gegr. 1993 von BT, DBP Telekom, France Télécom, Northern Telecom, IBM, Intel, Telstra Corp. Ltd. - vgl. auch DIA_2, MMCF; MM_2; OSI)

MCDA Micro Channel Developers Association, Redding, CA (auf Vorschlag von IBM 1990 gegr. unabh. Einrichtg. f. die MCA - vgl. auch VESA)

MCZ
1. Bei GMD: Mikrocomputer-Zentrum, Sankt Augustin (Ortsteil Zentrum) (wurde 1992 eingestellt - bot eine ständige Ausstellung von PCs (PC_1) verschiedener Fabrikate u. thematische Kurse f. KMUs, öffentl. Verwaltung u.a. - vgl. auch MEZ_1; itz)
2. Mikrocomputer-Zentrum, Potsdam (von der IHK in Potsdam als Träger mit Unterstützung von bonndata Gesellschaft für Datenverarbeitung mbH, der IHK in Bonn und der GMD Ende Nov. 1990 eröffnet. - vergleichbar MCZ_1 - vgl. auch itz)
3. Mikrocomputer-Zentrum, Rostok (1991 gegr. - vgl. MCZ_{1-2}; itz)

MD
1. (engl.) management domain (lt. CCITT - dt. Verwaltungsbereich - vgl. auch ADMD, PRMD; MHE; MHS (MOTIS), MIDAS; MTS; MTA3; MH; OSI)
2. Minidiskette (von engl. Mini Disc - von Sony 1993 eingef. wiederbeschreibbare Klein-CD f. digitale Klangaufzeichng. im Heimelektronikbereich - Ø 6,4 cm, Spieldauer 74 min - auch industriebespielte MDs werden bereits angeboten - Einführung für Autoradios und portable Rechner steht bevor - vgl. auch ROD)

MdB Mitglied des Bundestags (der BRD - vgl. auch MEP)

MDA Monochrome Display Adapter (Anpassung nicht-grafikfähiger Textmonitore von PCs (PC_1) für 25 Zl. à 80 Zeichen bei 14×9 Pixel je Zeichen und anteiliger Hauptspeicherbelegung - vgl. AGA, CGA, EGA, HGC, PGA, VGA)

MDE mobile Datenerfassung (vgl. BDE; AKPL, TTL, TTU; Modacom)

MDI Multi-Document Interface (Mehrdokument-Schnittst. - vgl. ODA; SS_1)

MDS Mobile Datenspeicher (für wiederverwendbare Transportmittel - zugleich VDI-Arbeitsgruppe (vgl. AG_2) - vgl. auch NTK)

MDSE (von engl. Message Delivery Service Element - ein ASE für MH - vgl. auch MHS; OSI)

MDT mittlere Datentechnik (Abk. und Begr. infolge Entwicklung von Informationstechnik (IT) und Markt veraltet)

Median (von lat. median (Adj.): mittig gelegen; engl. median, frz. médiane - dt. auch "Medianwert" oder "Zentralwert" gen. - in Statistik: von einer Erhebung oder Stichprobe zu einer [Zufalls]Größe x derjenige Wert $\hat{x}$, der unter allen (verschiedenen o. mehrfachen) Werten von x, bei deren Anordnung in monoton (i.w.S.) steigender oder fallender Folge, genauso viele Werte vor sich wie hinter sich hat - bei ungerader Anzahl aller Werte: der Wert in der Mitte der Folge - bei gerader Anzahl aller Werte nicht eindeutig definiert, ersatzweise wählt man gewöhnl. das arithmetische Mittel der beiden Werte an der Mitte - der Medianwert $\hat{x}$ ist also gleichsam Folgenmitte-Wert ohne Bezug auf die Summe aller Werte - als Lageparameter eines Kollektivs ist er deswegen nicht von sog. Ausreißern abhängig wie der Mittelwert $\overline{x}$ (das arithmet. Mittel aller Werte) als Summenmitte-Wert ohne Bezug auf die Lage im Kollektiv - definitionsgemäß (begrifflich) verschieden, können beide im Wert auch zusammenfallen - der Begr. wird übertragen auch auf Sortierfolgen [in der Datenverarbeitung (DV)] angewandt - vgl. auch Max, Min)

MEP Mitglied des Europäischen Parlaments (entspr. engl. Member of the European Parliament (EP_1) - vgl. auch MdB)

MESZ Mitteleuropäische Sommerzeit (gemäß ZeitG bedingt eingef. Dekretzeit (MESZ = MEZ + 1 h = UTC + 2 h) (hier MEZ_2) angebl. z. besseren Ausnutzung der Tageshelligkeit zwischen frühestens 1. März und spätest. 20. Oktober, und zwar jeweils an einem Sonntag beginnend u. endend, in Übereinkunft mit Nachbarstaaten - Beginn um 2 Uhr MEZ = 3 Uhr MESZ, Ende um 3 Uhr MESZ = 2 Uhr MEZ, wobei von der doppelt erscheinenden Stunde von 2 Uhr bis 3 Uhr die erste (MESZ) 2A und die zweite (MEZ) 2B heißt - vgl. auch DLST)

MEZ
1. Mikroelektronik-Zentrum, Bochum (Anlaufstelle bes. für kleine u. mittelständ. Unternehmen d. Region zur Hilfe beim Einstieg in die Mikroelektronik u. der Ausbildung von Mitarbeitern - betreibt auch Forschung u. Entwicklg. (FuE) mit Industriepartnern u. neuerdings einen Bereich Systemtechnik - vgl. MCZ_1; ZED, ZIT)
2. Mitteleuropäische Zeit (die zu 15° ö.L. (bei Görlitz & Zgorzelec an der poln.-deutsch. Grenze) gehörende Zonenzeit (ZZ_1) Mitteleuropas (MEZ = UTC + 1 h) - gesetzl. Zeit der BRD, soweit nicht aufgrund des ZeitG Sommerzeit (nämlich MESZ) dekretiert ist - entsprechendes gilt für Österreich, die Schweiz und andere Nachbar-

staaten - nach der internat. als Bezugssystem vereinbarten Einteilung d. Erdoberfläche in 15° breite Zeitzonen reicht die mitteleuropäische Zone zwar nur von 7,5° ö.L. bis 22,5° ö.L. - der Geltungsbereich der MEZ erstreckt sich faktisch aber über weitere Bereiche West- und Osteuropas (jeweils landeseinheitlich) - vgl. auch DCF 77; DHI, PTB; GMT, WEZ; ZU, ZZ_1; MOZ, WOZ; TAI)

MF Mikrofilm (siehe mehrteil. DIN 19078 zur Mikrofilmtechnik, z.B. T. 1, 3.90 (Durchlicht-Mikrofilm-Leseger.) - vgl. auch CIM_1, COM)

Mflops Million(en) Gleitkomma-Operationen pro Sekunde (von engl. million floating-point operations per second - auch als "Megaflops" gedeutet o. so gesprochen - vgl. FLOPS; M_2; Gflops, Tflops; MIPS, MOPS)

MFM modifizierte Frequenzmodulation (entspr. engl. modified frequency modulation - 8-Spur-Aufzeichnungsverfahren für Festplatten von PCs (PC_1) mit kontinuierlichem Übergang zwischen zwei bestimmten Magnetisierungszuständen mit 17 Sektoren/Spur - von IBM eingeführte, ältere de-facto-Norm - vgl. auch MF; RLL; ESDI)

MFV Mehrfrequenzwahlverfahren (bei Telefonen: das bes. Wahlverfahren bei sog. Umschaltbaren Wahlverfahren - dient Datenübertr. ($DÜ_2$), Fernabfrage eines Anrufbeantworters o. d. Nutzg. von TK-Diensten (TK_2) wie Cityruf, Fax, Sprachbox d. DBP Telekom - zusätzl. u. i.U. zu IWV)

MGC (engl.) manual gain control (dt. Handsteuerung d. Eingangsverstärkung - an KW-Empfängern (KW_2) anstelle von automatischem Schwundausgleich einschaltbare Einrichtung zum Einstellen d. Empfindlichkeit des Empfängers (Übersteuerungsgefahr) - vgl. auch AFC, BFO, SSB)

MH Mitteilungsübermittlung (von engl. Message Handling - hier nur: über ein oder in einem MHS (bzw. MOTIS) i.U. zu physischer Zustellung (PD_1) - Anwendungen sind z.B. IPM (IPM_2), EDI - realisiert in OSI-Schicht 7, der Anwendungsschicht des OSI-RM, mittels folgender acht Anwendungsdienstelemente (ASEs): MTSE; MSSE, MDSE, MRSE, MASE; ROSE, RTSE, ACSE - siehe ISO/IEC 10021-6 (Protoc. Spec.) - vgl. auch AC; MHE; OSI)

MHE (engl.) Message Handling Environment (dt. Mitteilungsübermittlungs-Umgebung - umfaßt das jeweilige MHS (bzw. MOTIS), die (direkten und die indirekten Nutzer seiner Dienste sowie dessen Verteiler (DLs) - ISO/IEC 10021-2 wie CCITT X.402 unterlegen dieser Umfangsangabe eine begrenzte Eindringtiefe und bestimmte Betrachtungsebene und nennen diese drei integrierenden Komponenten "primäre funktionelle Objekte" - das MHS wird selbst in sekundäre u. davon wiederum das

MTS in tertiäre funktionelle Obj. untergliedert - umgekehrt wird dort übergeordnet d. Begr. des Globalen MHS eingef., d. sich aus nationalen u. grenzüberschreitenden Vermaschungen aller normkonformer MHS (MOTIS) ergibt - vgl. auch MH; LAN, MAN, WAN; GAN; OSI)

mho (frühere engl. Schreibweise für 1/Ohm, d.h. also die Einheit Siemens (S_1) des elektr. Leitwerts - noch anzutreffen - vgl. auch Ω; SI_1)

MHS Mitteilungs-Übermittlungs-System(e) (von engl. Message Handling System(s) - die Abk. wird nicht übers. - kompatible offene Systeme zur Übermittlung elektronischer Post (EP_2) in Datenübermittlungsnetzen - in Schicht 7 (Anwendungsschicht) des OSI-RM - die von den Telegrafieträgern (bei CCITT engl. Administrations) wie der DBP Telekom hierfür erstmals 1984 im CCITT Red Book gegebene Empfehlung X.400(-1984) kurz **MHS 84** und die von ihnen 1988 verbesserte u. erweiterte Empfehlung im CCITT Blue Book von 1989 (gemeinschaftl. mit ISO-IEC/JTC1 erarbeitet), X.400(-1989), kurz **MHS 88** ermöglicht eine Koexistenz privater Netze u. Dienste mit den eigenen öffentl. Diensten im Rahmen der von den Telegrafieträgern gebotenen Infrastruktur öffentl. Netze bzw. Dienste sowie Übergänge (Interkommunikation), sowohl zwisch. den eigen. Telekommunikationsdiensten als auch vom u. zum privat. Bereich, im Interesse aller Rechner- u. Gerätehersteller sowie grundsätzl. aller Nutzer solcher Dienste u. Netze - der darin gesehene große Kompromiß zwisch. den verschiedenen Interessengruppen erfordert aber nicht nur künftige Einhaltung jeweils relevanter zahlreicher Normen, sondern auch nachträgl., z.T. sehr aufwendige Anpassungen älterer Lösungen daran - X.400 hat dafür notwendige und optionale Merkmale von Mitteilungen bzw. MHS festgelegt, so in Anlehnung an das OSI-RM ein funktionelles Schichtenmodell, gen. MHS-Modell, und zwei grundlegende MH-Dienste, die von den Telegrafieträgern bereitgestellt werden (MT_2 und IPM_2), sowie zwei ihnen entsprechende Protokolle zwischen Systemkomponenten eingeführt - die neuere, auf Arbeiten der ECMA zurückgehende MOTIS-Norm von ISO/IEC stimmt mit dem MHS-Standard von CCITT inhaltl. weitgehend überein (Unterschiede sind in je einem Annex d. ISO/IEC-Norm-Teile angegeben) - siehe: (neuere Empfehlung) CCITT X.400 ff. in Blue Book, Fasc. VIII.7-1989; ISO/IEC 10 021-1/7:1990 wie unter MOTIS; R. Babatz, M. Bogen, U. Pankoke-Babatz: Elektronische Kommunikation, X.400 MHS, Braunschweig 1990, ISBN 3-528-06389; X.435 für EDI in Vorbereitung (als Teil von **MHS 92** von CCITT u. ISO/IEC); zahlreiche im Rahmen von EDI ersch. DIN-Normen zu EDIFACT unter EDIFACT - vgl. auch MD_1; ADMD, PRMD; EAN_1; MIDA; DIR; ODA, SGML; EEMA; OSI)

Mi Mittwoch (3ter Wochentag - vgl. Di, Do, Fr, Mo, Sa, So; KW_1)

MIDA — Distributed Application for Message Interchange (dt. Verteilte Anwendung von Mitteilungsübermittlung (modisch mißverständlich auch: ...austausch) - siehe: ECMA-93/1987, 2nd ed.; ECMA-122/1987 (Mailbox ...) - vgl. auch MOTIS; X.400; MHS; EDI; EP_2; OSI)

MIDI — Musical Instrument Digital Interface (dt. Digitale Schnittstelle für Musikinstrumente - der abstrakten Schnittstelle (SS_1) zur Übergabe von Musikdaten zwischen PCs (PC_1) von ATARI und mit ihr ausgestatteten 'Keyboards' entspr. konkrete, mit "MIDI" bezeichnete Eingangs- oder Ausgangsstecker an den Geräten - vgl. auch tpq; SMDL; MM_2)

MIL-STD — Military Standard (USA) (Militär-Norm der USA - von ANSI publ. und gelegentlich in FIPS-Reihe inkorporiert - vgl. auch VG_1)

MIM — Metall-Isolator-Metall-Element (MIMs ermögl. in Verbindung mit Flüssigkristallanzeige-Elementen (vgl. LCD) den Bau von Flachbildschirmen, bei einfacherer Herstellung und weniger Ausschuß als Dünnschichttransistoren (TFTs) - sie wurden am Institut für Netzwerk- und Systemtheorie der Universität Stuttgart entwickelt - vgl. auch CRT)

MIMD — (engl.) multiple instruction stream, multiple data stream (dt. mehrere Befehlsströme, mehrere Datenströme - von M.J. Flynn vorgeschlag. Charakteristikum einer Rechnerarchitekt. nach d. Beziehg. Operationen-Operanden: mehrere Befehlsfolgen werden (auf mehreren Prozessoren mit gemeins. o. eigen. (verteilt.) Speicher) nebenlfg. jew. sequentiell abgearbeitet - für [bedingte] Verknüpfungen d. nebenlfg. Prozesse gibt es verschiedene Lösg. (z.B. gemeins. Speicher, Botschaften) - herkömml. in Multiprozessorsystemen (MPS_2) realisiert - hohem Durchsatz stehen algorithm. Probl., etwa der Zerleg. von Aufg., entgegen - vgl. auch BCS_1; Transputer; PMPS; MISD, SIMD, SISD; CISC, RISC)

MIME — Multipurpose Internet Mail Extensions (Standard (RFC 1113) f. Inhaltsarchitekturen von gesproch. Text, Stehbildern, Video zu SMTP)

min — (als Einh.: die) Minute (gesetzl. Zeiteinh.: 1 min = 60 s - vgl. auch h_1)

Min; min — Minimum (u.a. in Analysis, Statistik - vgl. TIP; HOP, Max; Median)

Mio. — Million[en] (engl. million; frz. million - z.B. in "3 Mio. DM" - vgl. auch M_2; ppm_2; Mrd., Tsd.)

MIPS — Million[en] Befehle pro Sekunde (von engl. million instructions per second - vgl. M_2, Mio.; s; MOPS; FLOPS, Gflops, Mflops, Tflops)

MIS — Management-Informationssystem (vgl. PIS; DB_1, DBS; DSB; BDSG)

MISD (engl.) multiple instruction stream, single data stream (dt. mehrere Befehlsströme, einzelner Datenstrom - von M.J. Flynn vorgeschlagenes Charakteristikum einer Rechnerarchitektur nach der Beziehung Operationen-Operanden: mehrere oder viele Befehlsfolgen werden (auf mehreren oder vielen Prozessoren) parallel jeweils sequentiell abgearbeitet und rufen dabei die gleichen Operanden ab - praktisch ohne Realisierung geblieben - vgl. MIMD, SIMD, SISD; CISC, RISC)

MIT Massachusets Institute of Technology, Boston, NE (hat viel zur Entw. von CS (CS_1) u. IT beigetr. - vgl. CMU, UCB; NCSL, SRI; ICSI)

M-IT-01 (sinngemäß: CEN-CENELEC-ETSI/ITSTC-Memorandum 01 z. Informationstechnik (IT)) **Memorandum M-IT-01 (Issue 2) on the Concept of Profiles and Structure of Funct. Standards** for Information Technol., adopted by CEN/CENELEC/ETSI/ITSTC, Dec. 1991, 13 p. (... über den Begr. der Profile u. die Gliederg. funktionaler Normen für IT ...) - Grundl. für OSI-Normung von CEN, CENELEC, EWOS, ETSI - ausgerichtet an ISO/IEC TR 10000-1:1990 f. ISPs - vgl. auch M-IT-02, M-IT-03, M-IT-04; ITAEGS, SOGITS)

M-IT-02 (sinngemäß: CEN-CENELEC-ETSI/ITSTC-Memorandum 02 z. Informationstechnik (IT)) **Memorandum M-IT-02 (Issue 5) on Taxonomy of Profiles and Directory of Functional Stands** (for interworking in an OSI environment), adopted by the CEN/ CLC/ ETSI ITSTC, Dec, 1991 (... über die Taxonomie der Profile und das Verzeichnis funktionaler Normen (zum Zusammenwirken in einer OSI-Umgebg.) ...) + **Amendment to M-IT-02 Issue 5, Dec. 1991 of Functional Standards f. Information Technology** - das Memorandum ist die vereinbarte Grundlage für die OSI-Normung der Arbeitsgruppen von CEN, CENELEC, EWOS und ETSI - es wird jährl. von ITAEGS überarbeitet, ausgerichtet am jeweil. Stand von ISO/IEC TR 10000-2 bzw. dem DTR gleicher Nummer für ISPs und unter der Lenkung von ITSTC - ETSI hat CEPT als dritten Träger ersetzt - vgl. auch M-IT-01, M-IT-03, M-IT-04; SOGITS)

M-IT-03 (sinngemäß: CEN-CENELEC-CEPT-Memorandum 03 zur Informationstechnik) **Memorandum M-IT-03 on Certification of Information Technology Products,** adopted by the CEN/ CLC/ CEPT/ ITSTC, March 1987 (... über die Zertifikation von Produkten der Informationstechnik ...) - die Umsetzg. des Memorandums trug zur Gründg. von ECITC bei u. zu dessen **Absichtserklärung (MoU)**, Ausg. 1, Apr. 1989, zur Durchführg. des Memorand., die u.a. zur Normkonformität von IT-Produkten die Schaffung eines europ. harmonis. IT-Prüf- u. Zertifiziersyst. u. dessen Etablierg. u. Förderg. in den Mitgliedsländern vorsieht - vgl. auch DEKITZ; M-IT-01, M-IT-02, M-IT-04)

M-IT-04 (sinngemäß: CEN-CENELEC-CEPT-Memorandum 04 zur Informationstechnik) **Memorandum on European Standardization Work Programme f. Advanced Manufacturing Technology**, adopted by the CEN/ CLC/ CEPT/ ITSTC, Oct. 1988 (... für fortschrittl. Herstellungstechnik ..., ...) - Gegenstand ist ein großangelegtes KEG-Proj. & Normungsvorhaben: AMT - vgl. auch M-IT-01...03)

MITI Ministry of International Trade and Industry (Japan), Tokio (hat 1990 u.a. ein neues 8-Jahres-Programm für rd. 70 Mio. DM z. Automatisierung d. SW-Entwicklung aufgelegt, für das IPA (IPA_2) ein 'Internat. Softw. Technol. Research Center' gründete - vgl. auch $CICC_1$; RWC)

MittKGSt Mitteilungen der KGSt, Köln (Mitteilungsdienst - u.a. zur IT)

ML

1. (engl.) meta language (dt. Metasprache - i.U. zu engl. object language, dt. Objektsprache - die Unterscheidung dieser relativen Begr. geht über die Scholastik auf die Stoa zurück u. wurde in die formale Logik (auch Methodologie) von St. Leśniewski, 1886-1939, eingeführt - allg. Begr. i.U. zu ML_2 - vgl. auch BNF; FDT)
2. (von engl. Meta Language - die Abk. ist auch Bez. einer bestimmten Programmiersprache (PS_2), die in den 70er Jahren von M. Gordon, R. Milner und Chr. Wadsworth an der University of Edinburgh entwick. wurde - siehe M. Gordon, R. Milner, Chr. Wadsworth: ML, LNCS, Vol. 78, Springer-Verl., New York, ..., 1979 - seither sind viele Dialekte u. Implementationen entstanden, in Edinburgh u. anderweitig - eine Synthese vieler der in den Varianten erprobten Ideen führte zu Standard ML (SML) - vgl. auch FP_1)

MLFF Management Level Feeders Forum (von SPAG, COS, MAP-TOP, POSI eingesetztes FF - ergänzend zu TLFF - vgl. auch CPS_2)

MM

1. Mensch-Maschine (entspr. engl. man-machine - in Zusammensetzungen wie "MM-Interaktion", "MM-Kommunikation" - der Schnittstelle (SS_1) zwischen Mensch und Maschine wird in Informatik und Informationstechnik (IT) erhebl. Bedeutung beigemessen, denn an ihr liegen Tastatur, Bildschirm, Drucker, Benutzeroberfläche (vgl. GBO), Programmierspr. (PS_2) u.a.m auch mit physischen, psychischen, methodischen u. ergonom. Aspekten (Ergonomie wird im NI-GLA hoch bewertet) - vgl. auch MMI; BSS; EACE)
2. Multimedia (entspr. engl. multi media - Verbdg. von Wort und Schrift Steh/Bewegtbild, Klang o. Musik, also Audio + Video - Normg. bei JTC1 in SC18, SC24, SC29 (unterschiedl. Aspekte) - siehe Inform.-Spektr. (1991) Bd. 14, Okt. 1991 (Themenheft: Multimediale Systeme) - vgl. auch MADE; TV_2; HyTime, MIDI; Hypertext; HM; PREMO; DIA_2, MCCI, MMCF, VESA)

MMCF Multimedia Communications Forum, Austin, TX (1993 gegr. von ca. 20 IT-Herstellern, darunter AT&T, IBM, Siemens - beabsichtigt internat. Standards f. kompatible Multimedia-Applikat. bestimmter Servicequalität zu entwick. u. dabei auch Erwartungen tatsächl. o. potentieller Anwender zu berücks. - vgl. auch DIA_2, MCCI; MM_2)

MMD Mensch-Maschine-Dialog (in NI u. GI (GI_1) wurde die Ben. als anthropomorph abgel. - stattdessen "Mensch-Maschine-Interaktion (MMI)")

MMI Mensch-Maschine-Interaktion (vgl. MMD; GBO, MML, NLS; BSS)

MML Mensch-Maschine-Sprache (von engl. Man-Machine-Language - siehe: CCITT Z.301 ff - vgl. auch CHILL; CCL; GBO, MMI, NLS; BSS)

MMS (engl.) Manufacturing Message Specification (das Akr. wird nicht übers. - dient Kopplung heterogener Automatsierungssyst. - siehe DIN 66 306 (ISO/IEC 9506) - vgl. auch MAP, TOP; CIM; AMT; OSI)

MNPQ Meß-, Normen-, Prüf- und Qualitätssicherungswesen (Bez. insbes. im Bereich Entwicklungshilfe übl. zwischen BMZ, DIN u. PTB; QA, QS)

Mo Montag (1ter Wochentag - vgl. Di, Do, Fr, Mi, Sa, So; KW_1)

mod modulo (bes. in Algebra u. Zahlentheorie - in $a \equiv b \pmod{m}$, gelesen "a kongruent b modulo m", mit *a, b, m* ganzzahlig (Datentyp integer) bzw. ganzrational - charakterisiert den Modul *m*, bezügl. dessen die Kongruenz[relation] zwischen *a* und *b* bezügl. der Reste von *a* und *b* bei Division durch *m* besteht - auch diese Kongruenz (eingeführt von C.F. Gauß, 1777-1855) ist (wie die geometr.) eine Äquivalenzrelation: Klasseneinteilung einer Menge von Zahlen o. Polynomen in *m* Restklassen zum jeweiligen Modul (Plural hier Moduln) - statt "kongruent" könnte man auch "restgleich" lesen - *a* und *b* sind in der Formel vertauschbar u. d. Modulbezug "(mod *m*)" gilt für beide Seiten - die Kongruenz von *a* und *b* besteht gleichermaßen, wenn die Differenz beider Zahlen (ohne Rest) durch *m* teilbar ist, geschrieben $m | (a - b)$ i.S. von "m teilt (a - b)" - vgl. auch ggT, kgV; PZ; abs, ent, sgn; ZPE, ZPI)

MOD magneto-optische Diskette (von engl. magneto optical disc - siehe D. Michel, R. Hülsenbusch: Schein des Seins, ... zwölf MODs im Vergleich, in iX 9/1992, S. 32-43 - vgl. auch ROD; CD, MD_2)

Modacom (von engl. mobile data communication, dt. mobile Datenkommunikation - Netz/Dienst d. DBP Telekom, die mobile digitale Datenkomm. in Deutschld. erstmals öffentl. zugängl. machen (i.U. zu den D-Netzen für Telefonie) - kompat. mit gleichartigen Diensten in England, Frankreich, Japan, USA, die z.T. länger bestehen - nach einem 1991 begonnenen Pilotproj. von Motorola in NRW, die im Herbst 1992 von Telekom auch mit dem Ausbau beauftragt wurde, eingef. am 1.6.1993 - westdt. Wirtschaftszentren sowie Berlin, Chemnitz, Dresden, Leipzig bis Ende 1993, flächendeck. in d. BRD bis 1995 - Modacom ermögl. Datenübermittlg. ($DÜ_1$) mit Funk von o. zu Bordrechnern, portablen Rechnern etc. (mit Kopplg. an GPS auch geortet) über Funkterminale, Vermittlungsrechner (vgl.ACC) und indir. Datex-P auch mit ortsfesten Rechensyst. (RS') - vgl. auch GSM; PCN; ERMES; GAN; OSI)

Modem — (der) Modulator-Demodulator (zur Umsetzung von Gleichstromsignalen in Wechselstromsignale u. umgekehrt - etwa anstelle eines AKPL zur Datenübertragung ($DÜ_2$) über das Telefonnetz verwendet - auch für Btx und Fax erforderlich - vgl. auch TTU; Muldex)

Modula-2 — (entsprechend der von N. Wirth 1976 in Abwandlung von Pascal entwickelten Sprache Modula so ben. - moderne prozedurale Programmiersprache (PS_2) relativ geringen Sprachumfangs mit Modulkonzept, das einen streng modularen Aufbau der Programme ermöglicht, und ohne GOTO - geeignet für techn.-wissenschaftl. Anwendungen und zur Systemprogrammierung - konsequente Neuentwicklung auf der Basis von Pascal und Modula, angelegt auf Modularisierung von Programmen (auch EA-Prozeduren) - Variationsbreite bisheriger Implementationen mit leider noch sehr unterschiedlichen Programmierumgebungen erstreckt sich bereits von kleinsten PCs (PC_1) bis zu kleineren Großrechnern - erst 1987 angelaufene Normung bei BSI (BSI_1) und ISO/TC97 wird forciert betrieben und sollte bis Mitte 1989 zu einem ISO/DIS führen (Sprache und Modulbibliothek) - siehe: ISO/DIS in Vorbrtg.; vierteljährl. erscheinende Zeitung: Gute Nachrichten (zu Modula-2 & Oberon), bei A+L AG in Grenchen (CH) - vgl. auch MODUS; Ada, ALGOL 60, APL, C_1, CHILL, COBOL, ELAN, Fortran, LISP, Pascal, PEARL, PL/I, PROLOG, Simula; PSP)

Modula-P — (P wie parallel - Sprache f. parallele Programmierung, etwa von Transputern - Erweiterg. von Modula-2 um CSP-Konstrukte - siehe J. Vollmer: Modula-P, a language for parallel programming, in Proc. 1st Internat. Modula-2 Conf., 1989 - vgl. auch BCS_1; Occam; PMPS)

MODUS — Modula-2 Users Association, . . . (Modula-2-Anwenderverband)

mol — (das) Mol (SI-Basiseinheit (SI_1) der Stoffmenge - vgl. auch A_1, cd, K_1, kg, m_1, s)

MOPS — Million(en) Operationen pro Sekunde (entspr. engl. million operations per second - vgl. M_2, Mio.; s; MIPS; FLOPS, Gflops, Mflops, Tflops)

MOS — Metall-Oxid-Halbleiter (von engl. metal-oxide semiconductor - Art integrierter Schaltung (IC_1) nach dem Prinzip von Feldeffekttransistoren (FET), i.U. zu bipolaren - vgl. auch CMOS, NMOS, PMOS, VMOS; DL_1, DTL, TTL_2)

Motif — (kurz für OSF/Motif - portable Standardbasis-Software (SW) für Grafische Benutzeroberflächen (GBOs) - vgl. auch DME; DCE_2; Unix)

MOTIS — etwa: Mitteilungsorientierte Textaustausch-Systeme (von engl. Message Oriented Text Interchange Systems - die Abk. wird nicht übers. - die auf Arbeiten von ECMA zurückgehende MOTIS-Norm von ISO/IEC stimmt mit der MHS-Empfehlung X.400-1989 (MHS 88) von CCITT inhaltl. sehr weitgehend überein (da gemeinschaftl. erarbeitet) - die Bez. MOTIS und ihre Langform wurde im Titel der Normteilreihe beibehalten, im Text der Normteile heißt es auch MHS - substantielle Unterschiede sind in je einem Annex der ISO/IEC-Norm-Teile ausgewiesen - sie beziehen sich z.B. auf Rollen und Zuständigkeit von ADMDs und PRMDs im jeweil. Land und über die Grenzen hinweg - siehe: ISO/IEC IS 10021:1990 P. 1-7 mit zusammen ca. 750 p.; für EDI liegt bisher nur eine CD (CD_1) vor; CCITTT X.400 ff. von 1989 wie unter MHS - vgl. auch MIDA; MT_2, IPM_2; OSI, RM_1)

MoU; MOU — Absichtserklärung (von engl. Memorandum of Understanding, frz. Accord - die Abk. wird im internat. Zshg. von Normung und Harmonisierung nicht übers. - etwa formelles Einvernehmen - ein MoU hat (auch in Staaten mit 'Case Law') keinen rechtl. verbindlichen Status, sondern ist lediglich Ausdruck des Einvernehmens zwischen Partnern, die es im gegenseitigen Interesse bekunden - Beispiele für MoUs: zu PHI-GKS, von ECITC zur Durchführg. des M-IT-03 von CEN/CENELEC/CEPT, von KEG, EFTA und CEN/CENELEC zur Errichtung der EOTC, ein 1989 von der KEG angeregtes der EEMA zu E-Mail - vgl. auch RFC)

MOZ — mittlere Ortszeit (engl. local mean time (LMT) - mittlere Sonnenzeit am Meridian eines Ortes (MOZ = WOZ - Zeitgleichung) - siehe Entw. DIN 13312, 3.91 (Navigation) - vgl. auch ZU, ZZ_1; MEZ_2, MESZ; GMT,WEZ; ACTS, DCF77; DHI, PTB; TAI; UTC)

MP — Mikroprozessor (entspr. engl. microprozessor - i.e.S. integrierte Schaltung (IC_1) zum Rechnen, also gleichsam Rechen-Chip (evtl. mit eigen. ['Cash'-] Speicher) i.U. zu Speicher-Chip - außer in Rechnern in spezialisierter Ausführung auch in Fotoapparaten, Laserdruckern, Robotern, Videokameras, Waschmaschinen u.v.a.m. verwendet - i.w.S. wurden gelegentl. auch PCs (PC_1 i.e.S.) nach diesem Bestandteil (als Pars pro toto) so gen. - siehe BS 7238:1990 (Glossary) - vgl. auch = µP; IC_1; CISC, RISC; VLIW; CALM, MUFOM; RA_1, RS)

MPG Max-Planck-Gesellschaft zur Förderung der Wissenschaften e.V., Berlin & München (Trägerorganisation vorzugsweise naturwissenschaftlicher, aber auch kulturwissenschaftlicher Forschungsinstitute einschließlich solcher auf nicht etablierten Randgebieten und solcher, die einen erheblichen Mitteleinsatz erfordern - zur MPG gehörten schon in den alten Bundesländern der BRD 62 Institute bzw. Forschungsstellen mit insges. 13 000 Mitarbeitern sowie je ein Institut in Nijmegen und Rom, und eine Außenstelle in Grenoble - in den neuen Bundesländern wurden aufgrund eigener Planungen bzw. im Zusammhang mit Empfehlungen des Wissenschaftsrats (WR) bereits vier Institute und ca. 30 universitäre Arbeitsgruppen gegründet - insofern die Institute u. Forschungsstellen alle Glieder der MPG sind, ist sie weiter die größte Wissenschaftseinrichtg. in d. BRD - der Jahresetat 1990 betrug 1,25 Mrd. DM (lt. Presse) - Finanzierung hälftig durch Bund und Länder - Nachfolgerin der 1911 gegründeten Kaiser-Wilhelm-Gesellschaft zur Förderung der Wissenschaften seit 1948 - der Senat der MPG hat im Juni 1990 einen neuen Präsidenten gewählt - die Jahreshauptverslg. 1992 in Dresden hat mit großer Mehrheit beschlossen, den rechtl. Sitz der MPG nach Berlin zurück zu verlegen - Präsidialbüro und Verwaltg. bleiben einstweilen in München - der WR hat der MPG die Trägerschaft der *Förderungsgesellschaft Wissenschaftliche Neuvorhaben mbH* übertragen - von d. erwarteten Emeritierungswelle in d. BRD wird auch die MPG betroffen sein - vgl. auch MPII, MPIM; MPI; AGF, FhG; AdW)

MPI(s) Max-Planck-Institut(e) (z.Zt. 60 Einrichtungen der MPG für überwiegend naturwissenschaftliche Grundlagenforschung - größtenteils in der BRD - vgl. auch (u.a.) IPP, MPII, MPIM)

MPII Max-Planck-Institut für Informatik, Saarbrücken (auf Beschluß im Juni 1990 gegr. - vgl. GMD; IPP, MPIM; MPI; MPG)

MPIM Max-Planck-Institut für Mathematik, Bonn (arbeitet auf ausgewählten Gebieten, z.B. Computer-Algebra, mit der GMD zusammen - vgl. auch sR; IPP, MPII; MPI; MPG)

MPM Metrapotentialmethode (Netzplanungsverfahr., das Vorgänge graphisch als Knoten darstellt - in Frankreich entwickelt - zu Netzplantechnik (NPT) allg. siehe DIN 69 900, 8.87 T. 1 (Begriffe), T. 2 (Darstellung) - vgl. auch CPM, PERT; NP_2; OR; FDT)

MPR Statens mät- och provrad, Stockholm (dt. Staatlicher Meß- und Prüfrat (von Schweden) - Hrsg. der Empfehlg. MPR-P 1987:2 mit Mindestanforderungen an die ergonom. Qualität von Bildschirmen bezügl. Darstellung, Kontrast (3 : 1, wie in ISO/DIS 9241), elektromagnetischer und elektrostatischer Felder (engere Grenzen als in DIN VDE 0848) -

siehe auch: DIN 66 233 u. DIN 66 234 zur Gestaltg. von Bildschirmarbeitsplätzen; EG-Richtlinie vom 29.5.1990: Mindestanforderungen ... - vgl. auch HLS, HSV, RGB; SIG, VDT, VDU)

MPS

1. massiv paralle(s) System(e) (in aktuellen FuE-Projekten - das Prinzip, durch Nebeneinander (Nebenläufigkeit, engl. concurrency) gegenüber Nacheinander Zeit zu sparen, läßt sich nicht nur auf gleichartige Teilaufgaben (wie bei Matrizenaddition) anwenden, sondern auch auf verschiedenartige Teilprobl., soweit sie unabhäng. voneinander sind - vgl. auch SMP; MANNA; NMPS, PMPS)
2. Multiprozessorsystem (Rechensystem (RS) mit vielen Prozessoren, evtl. Vektorrechner o. Feldrechner - vgl. auch MIMD, MISD, SIMD; Transputer; PMPS)

MPST

Mehrprozessor-Steuersystem für Arbeitsmaschinen (genormtes modulares System, das aufgr. festgelegter Schnittstellen reale Ausprägungen als Kombination von Standardkomponenten ermöglicht - siehe u.a. DIN 66264 T. 1, 1983 - vgl. auch PROFIBUS; CAD, CAM, CIM_2; MAP, TOP; AMT)

Mrd.

Milliarde[n] (engl. billion; frz. milliard - z.B. in "3 Mrd. DM" - vgl. auch G; ppb; Mio., Tsd.)

MRSE

(von engl. Message Retrieval Service Element - ein ASE für MH - vgl. auch MHS; OSI)

MS

(abgesehen von einem bekannten Software-Herst. hier (funktionell):) Mitteilungsspeicher (von engl. message store - in häufiger Verwendg. (älter als die Norm) gewöhnl. "Mailbox" gen. - Speicher eines MHS, der einem einzelnen Benutzer (Person o. Prozeß) des MHS potentiell zur Verfüg. steht (zwischen seinem UA (UA_2) u. einem MTA (MTA_2) seines MTS) - evtl. mit UA im eigenen PC (PC_1), obgleich beide begrifflich zum MHS gehören - siehe ISO/IEC 10021:1990-5 entsprech. CCITT X.413, 1988 - vgl. auch AU_2, PDAU; Tbx; IPMS; OSI)

MSB

(engl.) most significant bit (höchstes Bit (mit konventionell höchstem Stellenwert im Numeral) - i.U. zu left-most bit - vgl. auch LSB)

MSC

1991 Mathematics Subjekt Classification (revidierte Version der Mathematik-Klassifikation (in engl. Sprache) von den Referateorganen Zentralblatt für Mathematik u. Mathematical Reviews gemeinsam mit Fachleuten aus aller Welt entwickelt u. seit 1991 eingeführt - löste alte Klassifikation der AMS von 1980/85 ab - in den Registerbänden des Zentralblatts ab Bd. 700 enthalten - für Abonnenten gratis von Redaktion erhältl. - vgl. auch ICS_2; DK, UDC; FI)

MSD (engl.) most significant digit (Ziffer (konventionell) höchsten Stellenwerts (im Numeral bzw. Speicherplatz) - im Dt. bezieht man sich stattdessen gewöhnl. auf die höchste Stelle - vgl. LSD; LSB, MSB)

MS-DOS (Microsoft DOS - im Zusammenhang. mit PCs (PC_1) weit verbreitetes Einplatz-Betriebssystem (BS_1) für Dialogverarbeitung und Stapelverarbeitung im Einprogrammbetrieb auf 16-Bit-Prozessoren wie u.a. Intel 80286 - abgesehen vom rechnerabhängig gestalteten EA-System portabel bei PCs i.e.S. - ursprünglich von Seattle Computer Products entwickelt - die Rechte an diesem BS wurden jedoch 1981 von Microsoft (kurz "MS" gen.) erworben, die inzwischen mehrere neue Versionen herausgebracht hat - inzwischen von IBM unter der Bezeichnung "PC-DOS" mit geringen Abweichungen für deren erste PC-Generation und für die neuere PS/2-Familie (mit MCA) eingeführt - nicht zuletzt deswegen schon seit Jahren de-facto-Standard im Bereich IBM-kompatibler PCs mit Intel 80286, dem eine sehr große Auswahl von Anwendungsprogrammen entspricht - zugleich erstes verfügbares BS für aufwärtskompatible PCs mit 32-Bit-Prozessor Intel 80386 (mit EISA) sowie für die PS/2-Modelle mit Intel 80386 (mit MCA) und VGA-Bildschirm, das hier (MCA-bedingt) leider andere Varianten der Anwendungsprogramme erfordert (also Portierung schon vorhanden gewesener Programme nicht zuließ), wobei Einprogrammbetrieb die Möglichkeiten der 32-Bit-Rechner nicht ausschöpft - anders ab neuerer Version MS-DOS 6.1 - mit aufgesetztem Windows erhielt MS-DOS auch endlich eine angenehme graphische Benutzeroberfläche (GBO) wie das BS der Apple-Macintosh-Familie sie seit je integriert bot - moderner und effizienter sind jedoch die BS' der neuen Generation wie u.a. das Apple-BS ab Version 7.2, Microsofts Windows NT (wenn fertig und stabil) vom gleichen Hersteller, div. Desktop-Unix', NeXTSTEP oder OS/2 - vgl. auch BIOS; DR DOS; L3)

MSI (engl.) medium scale integration (Mittelintegration bei ICs (IC_1) - vgl. auch LSI, SSI, VLSI, ULSI)

MSK Meßsucherkamera (Art von Sucherkamera (z.B. die Leica), i.U. zu Spiegelreflexkamera (SLR) - vgl. auch AF, PC_2, SCA, TTL)

MS-OS/2 Microsoft Operating System / 2 (MS-Fassg. von OS/2 - siehe Angaben unter OS/2 - vgl. auch CP/M, DOS, L3, MS-DOS, PC-DOS, Unix)

MSR Messen, Steuern, Regeln (vgl. PDV_1; GMA; PTB; AEF; SI_1)

MSSE (von engl. Message Submission Service Element - ein Anwendungsdienstelement (ASE) für Mitteilungsübermittlung (MIT) - vgl. auch MHS; E-Mail, EP_2; OSI)

MT
1. (engl.) machine translation (dt. maschin. Übersetzung (MÜ) - vgl. auch SL, TL; CAT_2; KI_1, LDV)
2. Mitteilungstransfer (entspr. engl. message transfer - geleistet von MTAs (MTA_3) in MTS' - gemeinsame Grundfunktion aller öffentlichen oder privaten normkonformen oder normadaptierten MHS' bzw. MH-Dienste, wie z.B. IPMS bzw. IPM (IPM_2), ein VAS für EP (EP_2) oder EDI - vgl. auch MOTIS, X.400; LAN, MAN. WAN; GAN; OSI)
3. (engl.) magnetic tape (dt. Magnetband (MB_1) - vgl. auch NRZ; LRC, VRC; DAT, MC; VHS_1; QIC; DEVO, DÜVO)

MTA
1. Mathematisch-Technische(r) Assistent(in) (Ausbildung an Fachhochschulen (FHs), in der Industrie oder der GMD - vgl. auch $\neq$ MTA_2; ITG_2; DIA_1; GI_1)
2. Medizinisch-Technische(r) Assistent(in) (vgl. $\neq$ MTA_1)
3. Mitteilungstransferagent (entspr. engl. message transfer agent - im Speicher des MTS eines MHS: einer von mehreren gleichartigen Anwendungsprozessen für den Mitteilungstransfer (MT_2) jeweils eines Nutzers von und zu anderen Nutzern über deren MTA im selben MTS oder anderen MTS' im selben oder anderen Verwaltungsbereichen (MDs), gleich ob PRMD oder ADMD - vgl. auch AU_2, MS, PDAU, UA_2; MH, MHE; OSI)

MTBF
mittlere Ausfallzeit zwischen (dem Auftreten von) zwei Störungen (von engl. mean time between failures - siehe Def. in ISO/IS 2382/14-1978, DIS für 2nd Ed. in Vorbrtg. - vgl. auch QoS; QA, QS)

MTO
Multilaterale Handelsorganisation, Genf (des GATT - von engl. Multilateral Trade Organization - dazu soll aufgrund der Uruguay-Runde des GATT dessen Sekretariat ausgebaut werden, ausgestattet mit einer verbindlichen Schiedsgerichtsbarkeit - vgl. auch ICC_2)

MTRON
Macro TRON (Näheres und Lit. unter TRON - vgl. auch BTRON, CTRON, ITRON; BS_1)

MTS
Mitteilungstransfersystem (entspr. engl. message transfer system - Gesamtheit der Mitteilungstransferagenten (MTA_3) eines MHS zusammenwirkend in einem Speicher-und-Nachsende-Verfahren ('store and forward') zur Übertragung u. Zustellung von ihnen übergebenen Mitteilungen an die aus den Umschlägen d. Mitteilungen hervorgeh. Empfänger ('recipients') - siehe ISO/IEC 10 021:1980-4 entspr. CCITT X.411, 1988 - vgl. auch MH, MHE; E-Mail, EP_2; OSI)

MTSE
(von engl. Message Transfer Service Element - ein Anwendungsdienstel. (ASE) für Mitteilungsübermittlg. (MH) - vgl. auch MHS; OSI)

MÜ maschinelle Übersetzung; Maschinen-Übersetzung (engl. machine translation (MT) - vorwiegend bezogen auf natürliche Wortsprache, seltener auf formale Sprache wie Programmiersprache (PS_2) - vgl. auch CAT_2; COTEL, EUROTRA; ECAT; CH_1; KI_1, LDV)

MUF höchste brauchbare Frequenz (von engl. maximum usable frequency - das Akr. wird nicht übers. - tageszeitlich veränderliche obere Grenzfrequenz für Kurzwellen-Fernempfang (KW_2) in bestimmter Region, etwa in Funkprognosen des FTZ - vgl. auch FOF, LUF)

MUFOM Mikroprozessor-Universalformat für Objekt-Module (Plural von das Modul - siehe DIN IEC 975, 1990, inhaltsgl. IEEE 695, 1985 - vgl. auch MP; CISC, RISC; VLIW; CALM; IC_1)

Muldex Multiplexer-Demultiplexer (vgl. Modem)

MUMPS (von engl. Massachusetts [General Hospital] Utility Multi-Programming System - spezielle Programmiersprache (PS_2), die für Krankenhäuser und ärztliche Praxen entwickelt wurde - siehe ISO/IEC DIS 11 756:1992 (MUMPS) - vgl. auch PSP; SW; gmds; WHO)

MVS (von engl. Multiple Virtual Storage Operating System - BS (BS_1) für Großrechner von IBM für vielfache virtuelle Speicher, das simultan mehrere Prozesse (i.S. von Programmläufen) im BS zuläßt und Mehrprogrammbetrieb unterstützt - vgl. auch TSO; VM)

MW Mittelwellen(bereich) (vgl. LW; HF, KW_2, UKW; UHF, VHF)

MX (E-Mail-Vermittlungsrechner - von engl. mail exchanger - die Abk. wird auch im Dt. verwendet, insbes. herkömml. von Novell aber auch [ver]allgemein[ert] - Rechensystem (RS), das E-Mail empfangen und senden kann (mailfähig ist) in der Rolle, dies für ein anderes, nicht mailfähiges RS eines anderen E-Mail-Teilnehmers stellvertretend zu tun - der MX ist dafür mit einem MX-Eintrag in einem Name-Server eingetragen - nicht zu verwechseln mit POP-Server - vgl. auch MIME, SMTP; RFC; EP_2; TCP/IP; OSI)

MWSt Mehrwertsteuer (engl. value added tax (VAT) - vgl. auch EKSt, KSt, USSt)

MWT Ministerium für Wissenschaft und Technik, Berlin (Ost) (der ehem. DDR - seine Zuständigkeiten sind aufgrund des EinigungsV mit der BRD auf das BMBW bzw. das BMFT übergegangen - vgl. auch AdW, ASMW; CIP_2, KAI/AdW; DIN, PTB; RGW)

n — Nano (von lat. nanus, dt. Zwerg - Milliardstel - dezimaler Vorsatz für 0,000 000 001 = 10^{-9} bei SI-Einheiten (SI_1) u.a. gesetzl. Einh. - z.B. in "ns", Nanosekunde - vgl. auch c_2, d_2, G, h, k, μ, m_2, M_2, T)

N — Norden (Himmelsrichtung - vgl. O, S_0, W_2)

NA
1. Bei ETSI: Network Aspects (dt. Netzaspekte - Technisches Komitee (TC) - vgl. auch ATM_0, BT_2, EE, GSM, HF_2, PS_1, RES, SES, SPS_1, TE, TM_2)
2. Beim DIN: Normenausschuß (arbeitet autonom, organis. u. unterstützt vom DIN nach dessen Richtl. für NAs, DIN 820 u. evtl. eigener GO - gestützt auf freiwill. Mitwirkg. interessierter Kreise aus Wirtschaft, Wissenschaft u. Verwaltg., die dazu auf eigene Kosten Fachleute (Mitgl.) entsenden - ist auch für Auslegung der eigenen Normen zustdg. - z.B. AEF, AQS, AZG, DKE, NABD, NAM, NAT_2, NBü, NDWK, NI, NTK - vgl. auch AA_2, AK, UA_1)

NABD — Normenausschuß Bibliotheks- u. Dokumentationswesen, Berlin(West) (NA (NA_2) im DIN - vgl. auch NAT_2, NBü, NI; DGD; FID; FI)

NAM — NA Maschinenbau, Frankfurt a.M. (NA (NA_2) im DIN - getragen vom VDMA - vgl. auch DKE)

NaN — (engl.) not a number (symbol.: Nichtzahl - in Gleitkomma-Arithmetik (GKA) nach IEEE - vgl. auch GAMM)

NAND — (von engl. <u>n</u>ot-<u>and</u> (dt. nicht-und) - engl. Abk. im Dt. nur für Schaltalgebra genormt - gleichbedeutend negierter Konjunktion (bzw. Sheffer-Junktion) in mathematischer Logik - siehe: DIN 5474; DIN 44 300 T 5; DIN 66 000 - vgl. auch NOR, XOR; ANF, KNF; PLA; LOP)

NASA — National Aeronautics and Space Administration (USA), Washington, DC (Nationale Luft- u. Raumfahrtbehörde d. USA - vgl. DARA; ESA)

NAT
1. natürliche Einheit des Informationsgehalts (i.S. der Informationstheorie nach C.E. Shannon - Sondereinheit außerhalb des SI-Systems (SI_1) - gestützt auf den natürlichen Logarithmus ln - siehe: DIN 44 301; ISO 2382/16 - vgl. auch bit, hart, sh)
2. Normenausschuß Terminologie, Berlin(West) (NA (NA_2) im DIN - genauer eigentlich: Terminologielehre, insbes. Terminologiegrundsätze und Terminologie der Terminologie, denn jeder NA ist selbst zuständig für die Terminologie seines Fachgebietes - vgl. auch AEF, AQS, DKE, NABD, NBü, NDWK, NI; IEV, ITV; IC_3; FDT, RM_1; Infoterm)

NATO — Nordatlantikpakt, Casteau/Belgien (von engl. North Atlantic Treaty Organization - das Akr. wird nicht übers. - seit 1949 bestehendes Verteidigungs- und Beistandsbündnis mit integriertem Militärsystem von Belgien, der Bundesrepublik Deutschland (BRD), Dänemark, Frankreich (ab 1966 eingeschränkt), Griechenland (von 1974 bis 1980 eingeschränkt), Großbritannien, Island, Italien, Kanada, Luxemburg, den Niederlanden, Norwegen, Portugal, Spanien (seit 1982), der Türkei und den Vereinigten Staaten von Amerika - die Einschränkungen beziehen sich auf das Militärsystem - vgl. auch WEU)

NBS — National Bureau of Standards (USA) (umfaßte ICST - beide wurden aufgrund des *Omnibus Trade and Competitiveness Act* (dt. etwa Mantelgesetz für Handel und Wettbewerb) mit Wirkung vom 23.8.1988 umbenannt: das NBS in NIST, das ICST in NCSL - das NCSL wurde als Institut und damit Teil des NIST 1991 nochmals umben. in CSL)

NBSP — hartes Leerzeichen (von engl. no-break space - die Abk. bezeichnet (in Codes) dasjenige Leerzeichen, nach dem ein Zeilenumbruch unzulässig ist (z.B. in einem Namen oder einer Formel) - nach einem Zeilenumbruch liegende harte Leerzeichen erscheinen sichtbar am Anfang der nächsten Zeile (Einrückung) - vgl. SP; SHY; WYSIWYG; DTP; TV_2)

NBü — Normenausschuß Bürowesen (NA (NA_2) im DIN - ein Arbeitsträger von DEUPRO - vgl. auch AEF, NABD, NAT_2; NBü, NDWK, NI; KeG, KIT_2; TDI; EDI; IT)

NC
1. Numerische Steuerung (von engl. numerical control - das Akr. wird nicht übers. - vgl. CNC, DNC; APT, EXAPT; CLDATA; DDC; KIAP; CAD, CAM, CIM)
2. Numerus Clausus (fachbezogene Zulassungsbegrenzung an Hochschulen - vgl. ZVS; BAföG; AvH, DAAD; ZAV)

NCC — National Computing Centre (GB), Manchester (nationales britisches Rechenzentrum (RZ) und Beratungszentrum für Datenverarbeitung (DV) - betreut großen fabrikatsneutralen Benutzerverband NCUF (der als solcher wohl einmalig in der Welt ist) - wird staatlich gefördert und übernimmt Dienstleistungen auf kommerzieller Grundlage - erarbeitet Studien, beteiligt sich vielfältig an nationaler und internationaler IT-Normung und führt Normkonformitätsprüfungen für Ada, COBOL, FORTRAN, GKS, OSI-Protokolle durch, zurückliegend z.T. in Zusammenarbeit mit der GMD - arbeitet an Prüfmitteln für ODA u. für POSIX - ist für BSI (BSI_1) die JTC1-Registrierstelle f. Kryptoalgorithmen - siehe: NCC (edtr.): Interface (bedarfsweise ersch. Mitteilungsdienst); NCC (edtr): Report on Standards in Computing, a consultative doc. ... for the Dep. [of Trade] and Ind. (dti)), Sept. 1977 (veraltet aber noch heute beispielhaft); diverse eigene Lit., insbes. zu Anwendungen von Informatik oder IT - vgl. auch NPL, RAL_2; FOCUS, ITUSA)

NCS Natural Color System (dt. Natürliches Farbsystem - metrisches Farbsyst. aus Schweden - in "NCS-Farbatlas" - SIS (Hrsg.): SS 01 91 02 mit 1526 Farbmustern, 7sprachig, Neuauflage 1989, ISBN 3-410-78494-2, DM 656,--, erhältl. bei Beuth, Berlin(West) - vgl. auch SS_4)

NCSC National Computer Security Center (USA), Washington, DC (1981 gegründete Bundesbehörde, die Produktprüfungen nach den TCSEC (Orange Book) durchführt und die Ergebnisse in einer 'Evaluated Products List' veröffentlicht - vgl. auch NCSL, NSA; NCC; BSI_2, ZSI)

NCSL (vormals ICST) National Computer Systems Laboratory (USA), Gaithersburg, MD (am NIST (vormals NBS) - im Zshg. neuer Aufgabenzuweisung an das NBS bzw. NIST von 1988 (siehe unter NBS) wurde auch das ihm zugehörige ICST umbenannt, und zwar zunächst in NCSL - dieses wurde 1991 nochmals umben. in CSL - siehe CSI (CSI_2), Vol. 10, Nr. 3, 1990, Special Issue on NCSL - vgl. auch NIST OIW; CISE, MCC, NCSC, NTIS; CWI, GMD, ICOT, INRIA, NCC, NPL, PTB, RAL_2; ECRC, ERCIM, JRC; ICSI)

NCUF National Computer Users Forum (GB), Manchester (nationaler britischer Verband von Rechensystembenutzern (RS), der, im Unterschied zu anderen Benutzerverbänden, gemeinsame Anliegen von Benutzern beliebiger oder grundsätzlich aller Fabrikate artikuliert und insbes. beim britischen Industrieministerium geltend macht, das diese Aktivität fördert - hat sich schon früh und intensiv der IT-Normung angenommen - betreut und ständig unterstützt vom NCC - siehe u.a.: NCUF (edtr.): The Status of Standards in Computing, Report by the NCUF, Jan. 1979 (gestützt auf NCC-Report von 1977, veraltet aber z.T. noch heute beispielhaft) - vgl. auch USFIT; ITUSA; CECUA)

NDL Netzdatenbanksprache (von engl. Network Database Language - internat. genormte (nicht-relationale) Datenbank(DB_1)sprache - siehe DIN ISO 8907 - hat in Deutschland offenbar keinerlei nennenswerte Bedeutg. i.U. zu SQL - vgl. auch RDL; OO; LAN, WAN; OSI; ODP)

NDWK Normenausschuß Daten- u. Warenverkehr, Köln (NA (NA_2) im DIN - (bundes)deutsches Spiegelgremium zu ISO/TC ... - sein Aufgabenbereich handelsbezogener Anwendung von IT umfaßt die Normung zu Artikelnummern für Konsumwaren mit großem Umschlag, insbes. EAN (EAN_2), sowie von EANCOM im Rahmen von EDIFACT (seit Anfang 1989) getragen von der CCG - vgl. auch NBü, NI; DEUPRO, EDIG; KeG; ICC; Incoterms; SC_2, UPC; EDI)

NET ... Von CEPT (in Abstimmung mit CEN, CENELEC, ETSI): (frühere) Europäische Telekommunikationsnorm (mit Nr. ... - von frz. Norme Européenne de Télécommunication - die Abk. wurde nicht übers. - ging durch TRAC-Beschluß aus ETS von ETSI hervor - Anwendung bei Zulassung (u. indir. Beschaffung) verbindl., insofern sich die Telegrafieträger der EG- (EG_1) u. der EFTA-Länder in einer gemeins. Absichtserklärung (MoU) vom Nov. 1985 verpflichtet hatten, ihre Einhaltg. in den nation. Zulassungsvorschr. (z.B. des ZZF) zu fordern - nun "CTR" gen. - vgl. auch TEN_1; EN, ENV; ACTE; ECITC; EOTC)

NeXTSTEP (angel. an engl. next step, dt. nächster Schritt - von NeXT urspr. nur für die eigene (1992 eingestellte) Rechnerfamilie (PCs (PC_1) i.w.S. oder WS') entwickeltes, von vornherein objektor. (OO) Mehrplatz-Betriebssystem (BS_1) für Mehrprogrammbetrieb - substantiell und in seiner graph. Benutzeroberfläche (GBO) auf einen Mach-Kern aufgesetzt u. insofern also auch Unix nahestehend, ohne daß dies an der GBO erkennbar wäre - 1988 als BS eigener neuer Rechensysteme (RS') mit Motorola-680x0-Prozessoren (vgl. MP) von NeXT eingeführt und dafür bis 1992 weiter entwickelt (mehrere 'Releases') - inzwischen hat sich NeXT auf dieser Grundlage als Hersteller von Software (SW) etabliert und auch eine Intel-Version des BS geschaffen - vgl. auch Desktop-Unix, OS/2, Windows NT; OOP; API_1, $CASE_2$, OSE; ODP)

NF
1. Normalform (Allgemeinbegriff (vereinbarte, evtl. kanonische Form) - u.a. insbes. die Normalform von Gleitkommazahlen - siehe Def. von Gleitpunktschreibweise und von normalisieren in DIN 44 300 T. 2, 11.88 - vgl. auch ANF, KNF; HNF)

NF ...
2. Von AFNOR: Norme Française (mit Nr. ... - Französische Norm etc. - einen Sonderstatus haben homologierte NFs: sie sind ersichtlich (gekennzeichnet) für staatl. Stellen Frankreichs verbindl. (i.U. zu DINs, DIN-ENs in der BRD die (unsichtbar) über Referenzen von außen verbindl. gemacht sein können) - vgl. insbes. EN; RI_1)

NfD
1. Nachrichten für Dokumentation (Fachzeitschrift der DGD - für Mitglieder gratis - bei VCH Verlagsgesellschaft, Weinheim - vgl. auch IC_3; LID; VFPI; FID; FI, IuD)
2. Nur für den Dienstgebrauch (niedrigster Geheimhaltungsgrad b. VS')

NFS Netzdateisystem (von engl. Network File System - von Sun - ermöglicht [Benutzern von] Rechensystemen (RS'), Dateien auf anderen RS' über eine Netzverbindung so mitzunutzen, als ob sie selbst (lokal) darüber verfügten - vgl. auch ABI; $SPARC_1$)

NGI Nederlands Genootschap voor Informatica, Amsterdam (der niederländische Fachverband für Informatik - Mitglied der IFIP und des CEPIS)

NI

Normenausschuß Informationsverarbeitungssysteme, Berlin (West) (NA (NA_2) im DIN - seit 1988 (bundes)deutsches Spiegelgremium zu JTC1 (davor zu ISO/TC97) - sein Aufgabenbereich (eigener Arbeit und Mitwirkung im internat. Zusammenhang) umfaßt (gekürzt):
- die Normung zur (so gen.) Informationsverarbeitung mit Digital- und Analog-Rechensystemen in bezug auf Kommunikation
  zwischen Mensch und Maschine,
  zwischen den Maschinen und
  zwischen den Menschen sowie
- die Normung zu Bürosystemen der Informationstechnik -

siehe die für die Arbeit des NI geltenden Regularien:
1. Richtlinie für Normenausschüsse im DIN (DIN-RL), Ausg. Juli 1987;
2. Geschäftsordnung des NI (NI-GO) von 1988-12-02;
3. DIN 820 T.1-n in den jeweiligen Fassungen (u.a. zu DIN EN ..., DIN ISO ...) -

die NI-GO definiert den (vorstehenden) Aufgabenbereich, regelt das Zuständigkeitsgebiet des NI (neu), der in seiner Zusammensetzung auf den NI (alt) (vormals FBI), FBüma und zwei übernommene DKE-Gremien zurückgeht, bildet die Organisation des NI auf die DIN-RL ab und ergänzt sie - Organe des NI sind (lt. NI-GO):
a. der Förderkreis (FÖ),
b. der Gemeinschafts-Lenkungsausschuß (GLA),
c. der Fachbeirat (FB (FB_1)),
d. die Arbeitsausschüsse (AAs (AA_2)),
e. der Vorstand (V (V_2)),
f. der Vorsitzende des NI,
g. der Geschäftsführer -

DIN 820 erläutert Begriffe der Normung, beschreibt Arbeiten und Formen von Normveröffentlichungen sowie deren Entstehung - an den Leitungsorganen beteiligt sind u.a. Vertreter von BDI, BMI (KBSt), BMWi, DBP, GMD, Herstellern, VDMA, ZGDV, ZVEI - vgl. auch NIT; GliedIT; AEF, AQS, AZG, NABD, NAM, NAT_2, NBü, NDWK, NTK; DINZERT; KeG, KIT_2; [A]DV, IT ($\supset TK_2$); BS_1, $CASE_2$, DBMS, EDI, EDIFACT, FDT, FE, HW, ISDN, LAN, KS, MHS, MIDA, ODA, ODP, OOP, OSE, OSI, PS_2, SE, SS_1, SGML, SQL, SW, WAN; ECMA, EWOS, IEEE, SPAG; CEN, CENELEC, CEPT, ETSI; ASB; ITSTC; SOGITS, SOGS, SOGT; CCITT, IEC, ISO, JTC 1; EG_1, GATT, KSZE, OECD)

NI-AA ...

(mit Nummer ... bzw. ausnahmsweise dreistelliger Abk. - AA (AA_2) ... des NI - verkürzt auch NI ... mit Nummer bzw. Abk. - die AAs leisten die eigentliche Normungsarbeit - ihre Obleute sind ex officio am NI-FB beteiligt - vgl. auch FBK, LVI, MMS, MTD; TBETSI; JTC1, TC; FÖ, GLA; DIN, DEKITZ; ECMA, EWOS; CEN; IEC, ISO)

NI-FB — Fachbeirat des NI, Berlin (West) (die Abk. ist auch Bestandteil von Schriftstücks-Nr.n)

NI-FÖ — Fördererkreis des NI, Berlin (West) (die Abk. ist auch Bestandteil von Schriftstücks-Nr.n)

NI-GLA — Gemeinschafts-Lenkungsausschuß des NI, Berlin (West) (die Abk. ist auch Bestandteil von Schriftstücks-Nr.n)

NIPT — [Japanese programme for the advancement of] New Information Processing Technologies (vom MITI im März 1991 in Tokio abgehaltene Tagung für ein ICOT-Nachfolgeprojekt (ab 1993), für das MITI internat. Beteiligung und Zusammenarbeit anstrebe - an der Tagung haben sich auf Einladung auch deutsche Informatiker (von Hochschulen und der GMD) beteiligt - führte zum Projekt RWC)

NI-V — Vorstand des NI, Berlin(West) (die Abk. ist auch Bestandteil von Schriftstücks-Nr.n)

NIST — (vormals NBS) National Institute of Standards and Technology (USA), Gaithersburg, MD (dem US Department of Commerce nachgeordnete Behörde u. Forschungsanstalt für Metrologie u.a.m. - behielt Aufgaben des NBS bei u. übernahm (1988) vier neue gesetzl. Aufg. zur Stärkung der US-amerikanischen Industrie auf dem Weltmarkt: Einrichtung regionaler Technologietransferzentren; zentrale Unterstützung der US-Bundesregierung zur staatlichen und örtlichen Förderung des industriellen Ausbaus; Schaffung eines fortschrittlichen Technologieprogramms zur **Begünstigung rascher Vermarktung aussichtsreicher Neuentwicklungen**; Daueraufgabe, ein **nationales Clearinghaus** für Informationen über techn. Entwicklungsinitiativen zu beteiben - NIST umfaßt das CSL (zuletzt NCSL, vormals ICST) - ist u.a. ISO-Registrierstelle für GKS-Parameter graphischer Elemente - Hrsg. der FIPS-Reihe - umfaßt, innerhalb des CSL, das nordamerik. Pendant OIW zu AOW und EWOS - siehe *Omnibus ... Act* unter NBS - gemessen an deutschen Gegebenheiten umfassen die Aufgaben des NIST die der PTB sowie (anders gelagert) Aufg. der GMD, der KBSt u.a.m. - vgl. auch MCC, NCSC, NSA, NTIS; NSF_1; NPL; BIPM; SI_1)

NIST OIW — OSI Implementors Workshop at the NIST (USA), Gaithersburg, MD (nur informell auch kurz "OIW" gen. - region. Analogon zu AOW für Ostasien-Ozeanien und EWOS in Europa - Sekretariat gehört organisat. zum CSL - vgl. auch NCSC; FN, FS_2; DR_1; ISP; OSI-RM)

NIT — Normenausschuß Informationstechnik ("NIT" war anstelle von "NI" für das DIN-Spiegelgremium zu JTC1 vorges. - es blieb jedoch bei "NI")

NITCCM — Bei CEN & CENELEC: Nationales Koordinierungsmitglied für IT-Prüfung und -Zertifizierung (von engl. National IT Certification Coordination Member - Gattungsbegr. gemäß M-IT-03 - vgl. auch NSO; DEKITZ, ECITC; DINZERT; AZG, NK; CASCO, CENCER)

NIU — North American ISDN Users' (Forum bei NIST, gefördert vom CSL - der Joint ISDN Users' Workshop and ISDN Implementors' Workshop des NIU-Forums legt Anwendungsanforderungen fest und entwickelt Anwendungsprofile für ISDN-Produkte und -Dienste - trifft sich dreimal im Jahr - vgl. auch APP/OSE, GIG, OIW)

NJE — (von engl. Network Job Entry - BITNET und EARN beruhen auf dem NJE-Protokoll ($\not\subset$ OSI) von IBM - die Benutzg. von EARN erfordert in d. BRD einen Vertrag mit dem DFN-Verein - vgl. auch DEARN; SNA)

NJSZT — John-von-Neumann-Gesellschaft für Informatik, Budapest (Abk. entspr. ungar. Ben. - engl. John von Neumann Society for Computing Sciences - ben. nach J. von Neumann, 1903-1957, dem Begründer (ungarischer Herk.) der Theorie der Spiele - vgl. VNM; CEPIS, IFIP)

NJW — (Zeitschrift) Neue Juristische Wochenschrift (bei C.H. Beck - mit Beilage CoR: Computer Report)

NK — Beim DIN/NI: Normkonformitätskreis (des NI-GLA - ruht derzeit - vgl. auch DEKITZ, ECITC)

NLI — (engl.) natural language interface (dt. natürlichsprachliche Schnittstelle (SS_1), z.B. zu IRS)

NLQ — Nahezu Briefqualität (der Druckausgabe von Bürodruckern - nach engl. near letter quality - diese grobe Charakterisierung ist kein eindeutiges Qualitätsmaß zum Vergleich verschiedener Drucker - siehe EPMI (edtr.): EPPT - vgl. auch LQ; dpi; EQ, EQS; QA, QS)

NLS — (engl.) native language support (dt. Unterstützung der Landessprache (obgleich der mit derlei Unterstützung auch oft geschadet wird, doch der Jargon will es so) - bezüglich der Benutzeroberfläche von Anwender-Software (SW) - vgl. auch GBO; BSS, MMI)

NLUUG — Netherlands UNIX Users Group, Bilthoven (vgl. auch GUUG, UNIGS; EUUG; EurOpen; X/Open; UniForum)

NMOS — N-Kanal-MOS (von engl. negative-channel metal-oxide semiconductor - IC-Art (IC_1) - vgl. auch CMOS, PMOS, VMOS; DL_1, DTL, TTL_2; E.I.S.; JESSI; EUROCHIP)

NMPS — Neuronale Massiv Parallele Systeme (siehe: G. Kalb, R. Moxley (GMD Berkeley): Massively Parallel, Optical, and Neural Computing in the *United States* & U. Wattenberg (GMD Tokyo): <same> in *Japan*, © GMD 1992, by IOS Press, Amsterdam, ISBN 90-5199-097-9 & ...-098-7 - i.U. zu PMPS - vgl. auch NN_0; MPS_1, SMP; KI_1, TI)

NMS — (engl.) network management system (vgl. BIS, SCS)

NN; N.N.
0. Neuronales Netz (engl. neural network - in Inform. - vgl. ANN, NMPS, MPS; KI_1, TI)
1. Normalnull (vom Nullpunkt des Amsterdamer Pegels als angenommenem mittl. Meeresspiegelstand abgeleitetes Bezugsniveau der kartographischen Höhenmessung - vgl. NP_3)
2. zu nennender Name (von lat. nomen nescio/nominandum - in Organisationsplänen)

NNI — Nederlands Normalisatie-Instituut, Rijswijk (bei Delft) (Niederländisches Normungsinstitut - vgl. SI_1)

NNSC — NSF Network Service Center, Washington, DC (für Internet Hrsg. und Verbreiter des IRG)

NNTP — (engl.) Network News Transfer Protocol (ein vorgeschlagener Standard (RFC 977) für strombasierte Nachrichtenübertragung über das Usenet - vgl. auch UUCP; NJE, TCP/IP; OSI)

NOP
1. Nulloperation (entspr. engl. no operation (dt. eigtl. keine Operation, Nichtoperation, Unoperation) - Leerbefehl in Assembliersprachen - vgl. NaN; CALM; PS_2)
2. (so gen.) normierte Programmierung (eigtl. kommerzielle Standardprogammierung - Herstellung von Programmen einer gewissen Klasse kommerzieller Programme zu häufig benötigter Dateienverarbeitung mit Gruppenkontrolle (gestuften Summen) - siehe DIN 66 220, 5.77, ein frühes Beispiel anwendungsbezogener IT-Normung (gefördert vom BMFT) - vgl. auch LK; STP_2)

NOR — (von engl. not-or (dt. nicht-oder) - engl. Abk. im Dt. nur für Schaltalgebra genormt - gleichbedeutend negierter Adjunktion (bzw. Peirce-Junktion) in mathematischer Logik - siehe: DIN 5474; DIN 44 300 T.5; DIN 66 000 - vgl. auch NAND, XOR; ANF, KNF; PLA; LOP)

Np — Neper (wie Einheit verwendete Kennzeichng. natürlich-logarithmischer Verhältnismaße zweier gleichartiger Energiegrößen - keine Einheit - darf gleich 1 gesetzt werden, da $\dim(\mathrm{Np}) = 1$, also evtl. weggelassen werden - siehe DIN 5493 - vgl. auch ln; dB; SI_1)

NP
0. Bei ISO & JTC1: (New [Work Item] Project (Projekt für neuen Arbeitsgegenstand - statt früher NWI - vgl. auch WD; CD_1; DIS)
1. (von: Menge der von einer nichtdeterministischen Turingmaschine (TM_3) in polynomialer Laufzeit (Schrittzahl) erkennbaren Sprach. - von S.A. Cook 1971 eingeführter Begr. der Komplexitätstheorie mit dem die praktisch wichtige Beantwortung der theoretisch untersuchten Frage zusammenhängt, ob für bestimmte Typen von Aufgaben schnelle Lösungsverfahren existieren - z.B. in "NP-Problem" (ob es ein Verfahren gem. einer deterministischen Turingmaschine zur Lösung des Erfüllbarkeitsproblems in Polynomialzeit gibt) oder in "NP-vollständig" (heißt ein Problem, wenn es so schwierig zu lösen ist wie das Erfüllbarkeitsproblem, d.h. sich darein in polynomialer Zeit transformieren läßt und umgekehrt, so z.B. das Problem des Handlungsreisenden (TSP), das Rucksackproblem, das Stundenplanproblem) - vgl. auch P; CH_1; OR, TI)
2. Netzplan (i.S. der Netzplantechnik (NPT): zusammenhängende Darstellung von aufeinanderfolgenden bzw. nebenläufigen Abläufen und deren Abhängigkeiten, als gerichteter Graph aus Kanten für Vorgänge (/ Ereignisse) und Knoten für Ereignisse (/ Vorgänge) oder als entsprechende Tabelle - graphisch werden die Kanten als Pfeile, die Knoten etwa als Kreise dargestellt - bekannte und verbreitete NPTs sind CPM, MPM und PERT)
3. Nivellementspunkt (etwa mit Granitpfeiler im Gelände unverrückbar verankerte Markierung zur kartographischen Höhenmessung - in Kontinentaleuropa durch vernetzte Messungen auf Normalnull (NN_1) bezogen - vgl. auch Kote; TP_4; GDV)

NPL
National Physical Laboratory (GB), Teddington (dem Departm. of Trade and Industry (dti) nachgeordn. Behörde u. Forschungsanst. für Metrologie - auch Informatikforschung - vgl. NCC, RAL_2; NIST, PTB; SI_1)

NPT
Netzplantechnik (Technik (i.S. von Methode) zur Aufstellung von NPs (NP_2) - siehe DIN 69900, 8.87, T.1 (Begriffe), T.2 (Darstellung) - Beispiele: CPM, MPM, PERT - vgl. auch OR; ET, WA; FDT)

nR
numerisches Rechnen (vgl. integer, real; FKA, GKA; abs, $arc_{1,2}$, ent, exp, ld, ln, log, mod, sgn; HOP, TEP, TIP, VZW, WEP; card, ord; Im, Re; VZ; ggT, kgV; sR; NP_1; PS_2; DV)

NR
Norsk Regnasentral, Oslo (dt. Norwegisches Rechenzentrum (RZ))

NRC
National Research Council (USA), Washington, DC (Nationaler Forschungsrat d. USA - für Naturwissenschaften u. Technik - gegr. 1916 - entspr. teilweise der DFG bzw. dem WR - hat 1989 den Comp. Science and Technology Board (CSTB) gegr. - vgl. auch CS_1; NSF_1)

NREN National Research and Education Network (USA) (dt. etwa Nationales Forschungs- und Bildungsnetz - soll den Wirrwarr vorhandener Netze in den USA ordnend verbinden, wesentlich gestützt auf NSFnet, und eine Leistung im Gbit-Bereich bieten, d.h. 50 mal so schnell sein wie die schnellsten verfügbaren Netze 1991/1992 - Befürworter beanspruchen, es werde damit möglich, einen Text vom Umfang der Encyclopedia Britannica in einer Sekunde (s) zu übertragen - als fünfjähriges Projekt vom Kongress im Herbst 1991 angenommen - für den Aufbau wurden etwa 2 Mrd. $ für fünf Jahre bereitgestellt werden - siehe: Inform.-Spektr. 14(4), Aug. 1991; RFC-1167; Zen ..., unter Internet - 1993 mit voraussichtl. 122,5 Mio. $ gefördertes FuE-Ziel der US-Bundesreg. neben ASTA (≠ AStA), BRHR u. HPCS im Rahmen von HPCC - vgl. auch ARPANET, BITNET, CSNET, Usenet, UUCP; TCP/IP; DFN, EARN, HDN, WIN; RARE; COSINE, RACE; CONCISE, Ebone; GEN; X.25; IXI; GAN; OSI)

NRW Nordrhein-Westfalen (Bundesland der BRD mit Regierungssitz in Düsseldorf - fördert Informatik[anwendungen] an fast allen Hochschulen (UNIs (UNI_2), THs, TUs) und Fachhochschulen (FHs) des Landes sowie als Gesellschafter der GMD (Betriebsteil Birlinghoven) und bei vielen neueren Einrichtungen der Region wie MCZ (MCZ_1), MEZ (MEZ_1), ZED - im Rahmen der Programme TPW und TPZ fördert es seit 1979 auch jeweilige IT-Schwerpunktthemen - "NRW" ist seit 1989 auch Autokennzeichen der Behörden dieses Landes - vgl. auch ITG_2; RWTH, $UNIDO_2$; LDS, SISZ; KoopA ADV)

NRZ (engl. non-return to zero - bei Magnetband (MB_1) - siehe DIN 66010 - vgl. auch LRC, VRC; DAT)

NRZZ Nomenklatur des Rates für die Zusammenarbeit auf dem Gebiet des Zollwesens (vgl. RZZ; SITC)

ns Nanosekunde (vgl. n; s; SI_1)

NS Bei CEN & CENELEC: Nationale Norm (von engl. National Stand.)

NSA National Security Agency, USA (nahm zeitweil. Einfluß auf Auswahl u. Normung kryptograph. Verfahren im OSI-Zusammenhang, wofür im nicht-eingestuften Bereich wieder das CSL (vormals NCSL, ICST) am NIST (vormals NBS) zuständig ist - vgl. auch DES; NCSC)

NSAI The National Standards Authority of Ireland, Dublin (Name und Aufgabe entsprechen etwa denen des früheren NBS in den USA (vgl. auch unter NIST) oder denen der deutschen PTB - nationales Normeninstitut (NSO) entspr. ANSI oder DIN ist jedoch das IIRS)

NSAP — Vermittlungsdienstzugangspunkt (von engl. network-service-access-point - hat NSAP-Adr. aus dem IDP (vor "+") und dem DSP (nach "+") - siehe Entw. DIN 66322, 1.92 - vgl. auch DEPT; VG DEPT; MHS (MOTIS), FTAM; WAN; OSI)

NSF
1. National Science Foundation (USA), Washington DC (Nationale Wissenschaftsstiftung - entspricht teilweise der DFG - fördert u.a. 'Neuroengineering' und 'Supercomputing' (Grundlagen u. allgemeinen Forschungszugang) in erheblichem Ausmaß - unterhält das NSFnet - hat 1989 das CISE gegr. - vgl. auch NRC; CS_1)
2. Norges Standardiseringsforbund, Oslo (Norweg. Normungsinstitut)

NSFnet — National Science Foundation Network (USA) (Datennetz der NSF (NSF_1) - wesentlicher Bestandteil von Internet und Basis für das zukünftige NREN - vgl. auch DFN, WIN)

NSO — Nationales Normungsinstitut (von engl. National Standards Organization - Gattungsbegr. in internat. Zusammenhang, unter den z.B. fallen: AENOR, AFNOR, ANSI, BSI (BSI_1), CSBS, DGQ (DGQ_2), DIN, DS (DS_1), ELOT, IBN, IIRS, ISI, JISC, MSZH, NNI, ON, SCC, SFS, SIS, SNV, UNI - siehe ISO MEMENTO 1994 (englisch und französisch) - Verwendung vergleichbar der von "PTT" - vgl. auch ASMW, GOST; ENSO)

NStAnl — Nebenstellenanlage (herkömml. Hauptanschlußeinrichtung am öffentl. Telefonnetz der DBP Telekom, in der hereinkommende Rufe auf die Nebenstellen verteilt und herausgehende Rufe der Nebenstellen gegenüber dem öffentlichen Telefonnetz zusammengefaßt werden, interne Telefonate zwischen den Nebenstellen gebührenfrei geführt werden und externe Telefonate an allen Nebenstellen über einen oder wenige Hauptanschlüsse umreihig oder auch begrenzt nebenläufig, also wirtschaftlich geführt werden - die ursprügliche Beschränkung des internen Nebenstellennetzes auf Telefonie ist vielfach längst zugunsten einer breiteren Nutzung aufgegeben worden - dies bot sich bezüglich Telefax (Fax) ohne besonderen Ausbau an - die Tendenz interner Dienstintegration wird durch Digitalisierung der Telefonie und die Integration öffentlicher Datendienste (Datel) in ISDN (vgl. dort) verstärkt - vgl. auch PBX; HfD, SWFD; ETSI; KT, TK_2; OSI)

NT — Nachrichtentechnik (ältester und wesentlicher Bereich der sog. Informationstechnik (IT) - vgl. auch KT; DV, TK_2)

NTG — (ersetzte Bez.) Nachrichtentechnische Gesellschaft (im VDE - Mitbegründerin der GI (GI_1) - Name ersetzt durch "Informationstechnische Gesellschaft" (ITG_1) - vgl. auch DKE)

NTIS National Technical Information Service (USA), Springfield, VA (Bezugsquelle für US-amerikanische technische Regelwerke, z.B. FIPS, soweit nicht wie ANS über jeweil. NSO, wie DIN in Deutschland, ON in Österreich, SNV in der Schweiz erhältl. - innerhalb der Vereinigten Staaten auch Bezugsquelle f. CCITT-Empfehlungen - vgl. auch GPO)

NTK Normenausschuß Transportkette, Berlin(West) (NA (NA_2) im DIN - 17.10.1990 aufgelöst - seit 27.2.1991 besteht stattdessen eine Kommission Transportkette (KTK) im DIN - vgl. auch AEF, AQS, DKE, NABD, NAM, NAT, NDWK, NI; SI_1)

NTSC National Television System Committee (USA), Philadelphia PA (hat den 1953 in Nordamerika und Japan eingeführten NTSC-Standard zum Farbfernsehen geschaffen, den ersten nach CCIR-Empfehlung (die u.a. Kompatibilität mit Schwarz-Weiß-Fernsehen fordert) - vgl. auch PAL, SECAM; VHS_1; HDTV; TV_1)

ntz Nachrichtentechnische Zeitschrift (bei VDE-Verlag, Offenbach - Organ der ITG (ITG_1) - veröffentlicht u.a. ITG-Empfehlungen (ITG_1) im Vorfeld der Normung)

NUA Netz-Benutzeradresse (von engl. network-user address - z.B. die sog. **Datenrufnummer** für DATEX-P - vgl. auch NUI; EAN_1; ID; OSI)

NuBus (IEEE-Standard einer 32-Bit-Busschnittstelle (SS_1) in Arbeitsplatzrechnern (PC_1, WS) für Anschluß einer zusätzlichen bestückten Leiterplatte (auch 'Zusatzkarte/platine" gen.) in zwei Formaten - als Übergabestelle dient ein zuverlässiger Steckverbinder - ermögl. schnellen Datentransfer u. Kompatibilität von Zusatzkarten - urspr. am MIT mit Western Digital entwickelt und von TI verbessert - später zum NuBus '90 erweitert - größere Verbreitung erst seit Apples Macintosh-II-Familie - ein vorhandener NuBus-Steckplatz bietet (gegenwärtig) jedoch keine Gewähr dafür, daß jede NuBus-Karte funktionell paßt, da evtl. ihr Strombedarf nicht von der Stromversorgung des Rechners gedeckt ist etc. - siehe: IEEE-Std. 1169-R in Vbdg. mit IEEE-Std. 1394; ISO/IEC DIS 10 860:1990 (...: NuBus); G. Körber: Geben und Nehmen, Der NuBus in Theorrie und Praxis, ab c't 1993, Heft 2, S. 164-173 - vgl. auch PDS_2; Simm)

NUI Netz-Benutzeridentifikation (von engl. network-user identification - z.B. die sog. Teilnehmerkennung für DATEX-P - vgl. auch NUA; EAN_1; ID; OSI)

NVBTG Nederlandse Vereinigung van Bedrijfstelecommunicatetic Grootgebruikers, Bussum (vgl. ECTUA)

NWI Bei ISO & JTC1: New Work Item (neues Arbeitsthema - jetzt "NP" (NP_0) gen. - erfordert mehrheitl. Zustimmung u. ausreichende Mitarbeitsbereitschaft von Mitgliedskörperschaften - im Entstehungsgang einer internat. Norm: öffentl. nicht zugängl. Aufgabenbeschreibung - kausal vor WDs - vgl. auch CD_1 (DP_1); DIS, IS)

NWO Niederländische Organisation für die Förderung der Forschung, Amsterdam (entspricht wohl teilweise der Deutschen Forschungsgem. (DFG) u. teilweise dem Wissenschaftsrat (WR) - vgl. auch CWI, SMC)

Ω (abgeseh. von anderer Verwendung des griechischen Omega, z.B. in Math.) (das) Ohm (SI-Einheit (SI_1) des elektrischen Widerstands (Resistanz) - vgl. auch mho, S_3; A_1, V_3, W_1)

O[-] Osten (Himmelsrichtung [und vorläufige Leitkennung vor früherer PLZs der ehem. DDR bis 30. Juni 1993] - vgl. auch N, S_0, W_2)

OAI Offenes Anwendungs- und Interkommunikationssystem (für techn. Anwendungen - ein umfassendes OAI-Modell als Konzept für ein verteiltes Gesamtsystem soll Anforderungen an Leistung, Zuverlässigkeit u. Wirtschaftlichkeit einer integr. Fabrik der Zukunft erfüllen - längerfristige Zielsetzung für CIM - vgl. auch CAM; EDIF; AMT, CFI; OSI)

OASIS

1. Open And Secure Information Systems (Eureka-Projekt Nr. 159 von 1986/1987 f. offene sichere Netze, z.B. ISDN - nach Definitionsphase von Beteiligten aus EG-Ländern (EG_1) abgebr. - siehe BMFT-Pressemitt. vom 13.6.88 - vgl. auch TeleSec; X.509; ZSI)
2. Open Architecture Systems Integration Strategy (Strategie offener Architektur zur Integration von Systemen - von Apple geprägter Begr. für die Offenheit der neueren RS' der Macintosh-Familie bezüglich 3,5'-Disketten von anderen Systemen und der Vernetzbarkeit in LANs - vgl. auch ASC, A/UX)

Oberon (ben. nach Zwergenkönig in franz. Sage und W. Shakespeares Sommernachtstraum, als Helfer u. Freund des Menschen - von N. Wirth 1987 vorgeschl. prozedurale Programmiersprache (PS_2) - spezielle Weiterentwicklg. von Modula-2, also verwandt mit Pascal - entwickelt in Zshg. mit einem neuen BS (BS_1), einem für die neue Sprache konstruierten Arbeitsplatzrechner, Ceres, Editoren u. einer graph. Benutzeroberfläche (GBO) zus. mit J. Gutknecht an der ETH - lt. Wirth f. jeden Rechnertyp geeignet u. allg. einsetzbar f. System- u. Anwendungsprogrammierung - wohl einfacher u. übersehbarer als andere PS' - siehe N. Wirth: From Modula to Oberon, bei ETH, Zürich, 1987 - nach Weiterentw. 1990 in Richtg. Objektor. (OO) folgte Oberon-2 - vgl. auch PSP)

Oberon-2 (Neufassung von Oberon, die mehr als die Zwischenfassung objektor. Programmierung (OOP) ermögl. - siehe H. Mössenböck, N. Wirth: The Programming Language Oberon-2, bei ETH, Zürich, 1992 - Kompilierer sind erhältl. für Ceres und für Amiga (bereits in Vers. 3.0 von A+L AG in CH-2540 Grenchen, dazu ein Debugger) - wenn Oberon-2 auch auf andere Plattformen übergreift, könnte auch ein Normungsantrag gestellt werden - vgl. auch Modula-2, Pascal; PS_2))

OBG offene Benutzergruppe (z.B. bei Btx oder RUZA - vgl. auch GBG)

ÖBVSV öffentlich bestellte[r] und vereidigte[r[Sachverständige[r] (die Bez. ist gemäß § 132a StGB u. § 3 UWG gesetzl. geschützt u. ist keine Berufsbez. sondern Ausdruck d. Zuerkanntheit einer besond. Qalifikat., die den Aussagen von ÖBVSVs einen erhöht. Wert verleiht - ist von d. örtl. zuständig. IHK als öffentl.-rechtl. Einrichtg. auf persönl. Eign. u. vom IFS auf besond. fachl. Eign. überprüft - unterliegt Schweigepflicht (§ 203 StGB) u. für die Dauer seiner öffentl. Bestellg. einem Pflichtenkatalog d. Sachverständigenordng. d. bestellenden Kammer - kann gerichtl. u. außergerichtl. tätig werden - Unparteilichkeit ist vornehmste Pflicht)

OC Bei IFIP: Organizing Committee (dt. Organisations-Komitee - zuständig für die Organisation des jeweiligen IFIP-Kongresses, z.B. 1992 in Madrid, 1994 in Hamburg, bzw. einer sog. Konferenz - vgl. auch AMB, CGC, IPC_2, SWC)

Occam® (nach William von Ockham (dt., engl. Occam), ca. 1285-1347/1350, ben. Programmiersprache (PS_2) für nebenläufige Prozesse - entwickelt von Inmos (GB) - beruht auf CSP - verwendet 'send'-Befehle ("!") und 'receive'-Befehle ("?") zur Synchroinisation von Prozessen mittels der Rendezvous-Methode - wird vor allem auf Transputersystemen (Transputer) angewendet - siehe INMOS Ltd. (edtr.): occam 2 ..., bei Prentice Hall, New York, London, ..., 1988 (Internat. Series on Comp. Science, 133 p., ISBN 0-13-629312-3 - vgl. auch BCS_1; Ada, C_1 (Parallel C), Fortran, Modula-P, Pascal, Prolog (parallel Prolog), Scheme; Helios, PEACE, Unix; SS_1; MPS_1)

OCG Österreichische Computergesellschaft, Wien (einer der beiden großen österreich. Fachverbände f. Informatik - Mitgl. von CEPIS und IFIP - vgl. auch ÖGI; GI_1, GI_2, SI_2)

OCR optische Zeichenerkennung (von engl. optical character recognition - das Akr. wird nicht übers. - OCR-Schrift (visuell lesbare Klarschrift) ist maschinell gut u. sicher lesbar - ihre Bedeutung. geht evtl. mit der Verbesserung maschineller Lesbarkeit vieler Schriften zurück - vgl. OCR-A, OCR-B, SC_2)

OCR-A (typograph. stärker von normalen Lateinschriften abweichend als OCR-B - hat keine Kleinbuchstaben - auf Scheckformularen und Überweisungsträgern (in der Kodierzeile) verwendet - siehe: DIN 66008, T. 1 (6.89), T. 6 (1.85), T. 7 (8.85) u.a.m.)

OCR-B (typograph. stärker an normale Lateinschriften angelehnt als OCR-A - hat auch Kleinbuchstaben - zur Klarschriftdarstellung der EAN (EAN_2) ergänzend zu deren Darstellung in Strichcode (SC_2) verwendet - siehe: ECMA-11; DIN 66009, 9.77)

ODA — Offene Dokumentarchitektur (entspr. engl. Open Document Architecture (einheitl. bei CCITT & JTC 1) - das "O" stand bei JTC 1 zeitweilig noch für "Office" wie schon zuvor bei ISO und ursprünglich bei ECMA - genormtes Referenzmodell (RM) und Beschreibungsmittel für Spezifikation und Übermittlung von Syntax und Semantik der Architektur potentiell gemischter Dokumente (Text, Vektorgraphik, Rasterbild) beliebiger Dokumentklassen (z.B. Brief, Tabelle, Publikation, Rechnung) - jedes bestimmte ODA-Dokument ist eine Ausprägung eines spezifizierten Dokumenttyps von Dokumenten einer Klasse - es wird zwischen so gen. logischen (eigtl. inhaltlichen, eingeprägten oder inhärenten) Strukturen von ODA-Dokumenten und (darstellungsbez., aufgeprägten oder äußerl.) Layout-Strukturen unterschieden - siehe: ECMA-101, 2nd ed., 1988, Vol. 1 u. Vol. 2; DIN ISO 8613 T. 1, 5.91 (Einführg. u. Grundprinzipien), T. 2, 5.91 (Dokumentstrukturen), T. 4 bis 8 (kein T. 3) in Vorbrtg., inhaltsgleich ISO/IS 8613:1988, Parts 1 till 8 (außer 3) mit ca. 600 S. (Addenda u. Erweiterungen in Vorbrtg.), DIN ENV 41 509, 5.91 (Grundzeicheninhalt weiterbearbeitbarer u. formatierter ODA-Dok.); DIN ENV 41 511, 5.91 (Mitteilungsprofil weiter-bearbeitbarer u. Layout-unabhäng. Dok.); CCITT T.411-T.418 in Blue Book, Fasc. VII.6-1989; W. Appelt: Normen im Bereich d. Dokumentverarbeitung, in Inform.-Spektr. Bd. 12 (1989), H. 6, S. 321-330; W. Appelt: Dokumentaustausch in Offenen Syst. (Einführg. in ISO 8613), 1990, 318 S., 66 Abb., DM 78,--, ISBN 3-540-52707-9; Kommunikation in Konsortien (übertragbare Kommunikationsinfrastr. des Esprit-ODA-Konsortiums), IBM Nachr. 42 (1992), Heft 310, S. 67 - vgl. auch FODA; DAP_2, ODIF, ODL; SGML; T_EX; DTP; PDL; DOAM, MHS (MOTIS); EDIFACT; EDI; OSI)

ODE — (engl.) ordinary differential equation (dt. gewöhnliche Differentialgleichung - vgl. PDE; sR)

ODETTE — Organisation de données échangées par télétransmission en Europe, Paris (Vereinigung und Projekt von Automobilherstellern und Zulieferern zur Förderung von Datenaustausch mittels Telekommunikation in Europa - Zusammenhänge bestehen insbes. mit MAP und TOP - vgl. auch EDIFACT, MHS (MOTIS); EDI; OSI)

ODIF — Office Document Interchange Format (von ODA - dt. etwa Austauschformat für Bürodokumente - die Abk. wird nicht übers. - ODIF beruht auf ASN.1 - siehe: ISO/IS 8613, Part 5 (ODIF) inhaltsgleich CCITT T.415; CCITT T.73 (Doc. Interch. Protoc.) - vgl. auch PDL, DCA, DIA_3; SDIF; EDIFACT, MHS (MOTIS); EP_2; OSI)

ODL — Office Document Language (siehe: normativen Annex zur ISO-Norm f. ODA; nicht bei CCITT - vgl. auch DSSSL, SGML, SPDL; MHS)

ODM Objektdatenmanagement (entspr. engl. object data management - Gegenstand von OODBs - bearbeitet u.a. von der OODBTG - vgl. auch OO)

ODP Offene Verteilte (Daten)Verarbeitung (von engl. Open Distributed (Data) Processing - die Ben. (Arbeitstitel) setzt Daten stillschweigend voraus - Verarbeitg. von Daten (also von Zeichenketten, die Information darstellen), an d. Funktionseinheiten (FEs) in mehr als einem Rechensystem (RS), an mehr als einem Ort beteiligt sind, gestützt auf dazu erforderl. Datenkommunikation, bei noch so heterogener Zusammensetzung der wesentl. Komponenten, die Offenheit erfordert - diese soll darum mit Normen u. deren Einhaltg. gewährleistet werden - ein weitgreifendes internat. Normungsvorhaben des ISO-IEC/JTC 1 (derzeit TC 21/WG 7 in Zsarbt. mit anderen), dessen (angestrebte) Verwirklichung in Normen, sowie deren Realisierg. f. verteilte Datenverarbeitung (DV) in verteilten heterogenen Systemen - entstanden ist das Vorhaben aus der OSI-Normung heraus - leitend war dabei die Erkenntnis, daß z.B. offene Syst. mit X/Open-Portabilität von Software (SW) u. einheitl. Betriebssystem(BS_1)-Schnittstelle(SS_1) für Unix bzw. Unixderivate gemäß XPG-Normen zusammen mit offener Kommunikation nach einschlägigen OSI-Normen noch keine zureichende, genügend allgemeine u. umfassende Grundlage für einen Rahmen offener verteilter Datenverarbeitung abgeben - ein derartiger Rahmen muß weitgespannten heutigen u. vorhersehbaren funktionalen Anforderg. gerecht werden u. dabei nach Mögl. auch wichtige de-facto-Normen berücksichtig. - es hat sich schon länger u. zunehmend deutlich abgezeichnet, daß hierfür u.a. ein angemessener Überbau über das erfreulicherweise (auf getrennten Wegen) Erreichte erforderl. ist, der noch erhebl. gemeins. Anstrengungen betroff. Kreise nötig macht, grob vergleichbar denen, die für OSI oder für XPG aufgewandt wurden - mit den Arbeiten für ODP ist eine Herausforderg. an die Fachwelt zutage getr., die wirtschaftlich bedeutsam, intellektuell komplex u. zeitlich kritisch ist - sie wurde angenommen, zunächst verborgen vor einer breiteren Öffentlichkeit, von ECMA (speziell) u. JTC 1 (allg.) u. begleitenden Forschungsprojekten d. KEG im Rahmen von Esprit u. RACE sowie bei der IFIP (im TC 6), und zwar von Rechensystemherstellern, Hochschulinformatik, einigen Softwarehäusern u. in begrenztem Ausmaß auch der GMD - die in gemeins. Anstrengung von Forschung u. Normung in Vorbereitung begriffene ODP-Konzeption für verteilte Datenverarbeitung soll vorhandene einschläg. Normen aus den Bereichen offene Systeme, wie insbes. XPG, u. offene Kommunikation, d.h. Ausschnitte von OSI, verbinden, sie übergeordnet u., soweit erforderl., nebengeordnet ergänzen - insofern ODP die Verarbeitungsseite betont u. sich auf OSI abstützt, ist ITU-TS (CCITT) graduell weniger betroffen, unterstützt ODP aber auch um die Übereinstimmung im OSI-Bereich zu wahren - außerdem arbeitet ITU-TS ODP-bez. an einem Rahmen für verteilte Anwendg. (DAF) -

siehe: unter ODP-RM & RM-ODP; W. Effelsberg, H.W. Meurer, G. Müller (Hrsg.): Kommunikation in verteilten Systemen, GI/ITG-Fachtag. (GI_1, ITG_1), Mannheim, Febr. 1991 (Tagungsbd.), bes. S. 43-52: Beitr. von K. Geihs zu ODP; ECMA TR/49 (1.90): Support Environment for ODP - die neuen OMG-Standards OMA, CORBA, und IDL werden, ihrer großen Bedeutung entspr., nun auch angemessen zu berücksichtigen sein - vgl. auch DOA; OSE, POSIX; FTAM, RPC; TP_2; MHS; ISPBX, LAN; PSN, WAN; KS; IAP; IR)

ODP-RM — ODP-Basis-Referenzmodell (entspr. engl. ODP Basic Reference Model, frz. ODP Modèle de Référence de base - grundlegendes, übergeordnetes und zukunftsorientiertes Referenzmodell (RM) für ODP - soll auf hohem Abstraktionsniveau (entspr. dem OSI-RM) den Rahmen für vorhandene bzw. noch zu schaffende Spezifikationen und Realisierungen verteilter Anwendungen (gem. OSI-Terminologie) in heterogener Umgebung abstecken, allgemein für alle Anwendungsgebiete - abweichend vom OSI-RM wurde hierzu eine objektorientierte Modellierungstechnik entwickelt, die sich auf bekannte Konzepte wie Vererbung, Abkapselung etc. stützt - bisherige Ausarbeitungen des JTC 1, Stellungnahmen und Diskussionen hatten zur Planung einer vierteiligen Norm für das RM geführt (engl.): Part 1: Survey; Part 2: Descriptive Model; Part 3: Prescriptive Model; Part 4: User Model - vorläufige ISO/IEC-Komitee-Entw. (CD_1) u. CCITT Draft Rec.s dazu sind ab 1992 ersch., kurz leider gegen die Systematik (z.B. OSI-RM) "**RM-ODP**" gen. - Internat. Normentw. (DIS) sind wohl spätestens bis 1995 zu erwarten - vgl. auch DOAM; OOP; POSIX, XPG; UTC; FDT; IR)

OECD — Organisation für wirtschaftliche Zusammenarbeit und Entwicklung, Paris (von engl. Organization for Economic Cooperation and Development - die OECD führt u.a. Unters. zu Erfordernissen, Rolle u. Wirkung. der informationstechn. Entwickl. durch, die schon vielfältig beachtet wurden u. 1966/67 zur Einltg. der DV-Förderung in Frankreich, Großbrit., Japan u. der BRD beigetr. haben - vgl. auch GATT; IT)

ÖEK — Österreich. Elektrotechn. Komitee (von ON u. ÖVE - entspr. d. DKE)

OEM — (engl.) original equipment manufacturer (Hersteller von Geräten oder Funktionseinheiten (FEs), dessen eigene Produktion die anderer Hersteller [von Systemen] ergänzt oder erweitert, die dadurch Lizenzgebühren oder Zeit einsparen oder kein Entwicklungsrisiko einzugehen brauchen - der OEM profitiert als Zulieferer von größeren Stückzahlen und spart Vertriebskosten - das OEM-Geschäft hat (vergleichbar 'Multivendor'-Aktivität.) zugen., **begünstigt durch Normen u. Standards, und diese seinerseits begünstigend** - Gegenstand von OEM-Geschäften können u.a. auch PCMs (PCM_2) sein - vgl. auch ISV)

ÖGAI Österreichische Gesellschaft für 'Artificial Intelligence', Wien (hält jährl. Konferenz ab - eigener Rundbrief - enge Kooperation mit der GI (GI_1), und zwar deren FB1 - vgl. auch AI_3, KI_1)

ÖGI Österreichische Gesellschaft für Informatik, Wien (der österreichische Fachverband für Informatik (einer von zwei großen) - enge Kooperation mit der GI (GI_1) - vgl. auch OCG; GI_2, SI_2)

OIML Internationale Organisation für gesetzliches Meßwesen, Paris (von frz. Organisation Internationale de Mesure Légale - vgl. ≠ EUMEL; NIST, NPL, PTB; OIPM; EUROMET)

OIPM Internationale Organisation für Maße und Gewichte, Paris (von frz. Organisation Internationale des Poids et Mesures - vgl. NIST, NPL, PTB; OIML; EUROMET)

OIW OSI Implementors Workshop (am NIST/CSL - vgl. auch NIST OIW; APP/OSE, GIG, NIU)

OLG Oberlandesgericht (vgl. AG_0, LG; BGH)

OLV Online-Lastschriftverfahren (mit ec-Karte zur Direktabbuchung vom Konto - in BRD seit Apr. 1992 - vgl. auch GAA, POS; PIN; ID)

OMA (engl.) Object Management Architecture (dt. Objektverwaltungsarchitektur - das Akr. wird nicht übers. - gleichsam das Referenzmodell (RM_1) und damit der anderen Standards (der OMG) übergeordnete Standard der OMG - objektorientierte Architektur für Applikations- und System-Objekte, unter denen eine Funktionseinheit (FE) für Kommunikation, der sog. 'Object Request Broker' (ORB), Botschaften vermittelt - vgl. auch CORBA, IDL; OOA, OOD, OOP; OO)

OMG (engl.) Object Management Group, Framingham, MA (1989 in den USA gegr. internat. Standardisierungsgruppe von Rechensystem(RS)-herstellern u. Software(SW)-Häusern mit dem Ziel, netzwerktransparente Kommunikation heterogener Syst. mit Standards f. objektor. (OO) Software (SW) zu ermögl. - hatte schon Ende 1993 über 3OO Mitgl., darunter fast alle namhaften Hersteller, bedeutende Softwarehäuser u. einige bekannte Forschungseinrichtg. - i.U. zur OSF beabs. die OMG nicht, konkrete Produktspezifik. zu standardis., sondern eher Metaspezifik. wie vielfach in d. formellen IT-Normung übl. - siehe: R. Wagner: OMG setzt Standards, in c't 1/1993, S. 22; M.P. Wagner: Insider-Treffen, in c't 7/1993, S. 28; CSI (CSI_2), Vol. 15, Nr. 2-3, Jul. 1993, Special Double Issue: Object-Oriented Ref. Models - vgl. auch CORBA, IDL; OMA; GUUG; MADE; CASE; OOA, OOD, OOP)

ÖMG	Österreichische Mathematische Gesellschaft, Wien (vgl. OCG, ÖGI; AMS, DMV; EMS_4; IMU)
OMS	(engl.) Object Management System (dt. Objektverwaltungssystem - das Akr. wird nicht übers. - wichtigste Komponente von PCTE - Verallg. des Unix-Dateisystems - vgl. auch PICG; PTI; SEU; SE; SW)
ON	Österreichisches Normungsinstitut, Wien (nicht "ÖN" - Urheber von ÖNORMen - Grundlage der Arbeit des Instituts ist das Österreichische Normengesetz von 1971 - entspr. dem DIN und der SNV)
ONK	Ortsnetzkennzahl (bei DBP Telekom: Vorwahlnummer eines Ortsnetzbereichs - z.B. ONK 0228 vom Ortsnetzbereich Bonn - nachschlagbar im AVON - vgl. auch PLZ, ZIP; BLZ; EAN_2, UPC; ISBN, ISSN; TAN; DK, UDC; PIN, PK[Z]; ID)
ÖNORM ...	(mit Nr. ...: Norm(en) etc. des ON, gem. dem Österreich. Normengesetz von 1971 - in Refer. statt "ÖNORM" z.T. auch kurz (informell) "ON")
ONP	(engl.) Open Network Provisions (dt. etwa Bestimmungen für offene Netze - werden u.a. zwisch. KEG/DG XIII/D/2, den PTTs u. den Netzbetreibern, wie dem DFN-Verein, beraten - Vorschläge existieren, doch eine umfassende u. i.S. der Idee von OSI auch tarifär zufriedenstellende Lösg. ist wohl b.a.w. nicht zu erreichen - vgl. auch EEMA, GAP)
OO; OO...	Objektorientierung; objektorientierte[r/s] ... (entspr. engl. object-orientation; object-oriented - Ben. und Begr. gehen wohl primär auf die wohl ursprüngl. von B.J. Cox vorgeschlagene und so ben. objektorientierte Programmierung (OOP) als neuem Programmierstil zurück, der aus einer Weiterentwickl. d. strukturierten Progr. (STP_2) unter Hinzunahme zusätzl., teils altbekannter teils neuerer Konzepte als Anforderungen o. Kriterien hervorgegangen ist - da dieser Ansatz sich als ergiebig u. vielversprechend erwies, wurde u. wird er auf weitere Bereiche ausgedehnt: objektor. Sprachen (wie C++, SMALLTALK), objektor. Entw. (OOD), objektor. Analyse (OOA), objektor. Software(SW)-Entwicklg., objektor. Datenbanksysteme (OODBS') u.a.m. - richtig angewandt u. unter geeigneten Voraussetzungen wird OO wohl wesentl. Fortschritte zur Überwindung d. Softwarekrise ermögl. - Cox nannte OOP einen (engl.) "evolutionary approach" - dennoch erschien es zunächst (wie schon oft) übertrieben, objektor. Methodik als neues Paradigma (i.S. des wissenschaftstheoret. Begr. von T.S. Kuhn), gen. "objektorientiertes Paradigma", einzuschätzen, solange eine auf ihr beruhende wissenschaftl. Revolution d. Inform. o. des Software-'Engineering' (SE) nicht manifest war - Verbreitung u. rasche Durchdringung weiter Bereiche rechtfertigen "Paradigmenwechsel" hier eher - als bestimmende Merkmale von

OO gelten: abstr. Datentypen (ADT), Klassenkonzept (von Simula), Modulkonzept (z.B. in Modula-2), Polymorphie (von Operationen im Programmlauf) u. [mehrstufige] Vererbung - siehe: Lit. unter OOP; Artikel unter OODBS; CSI (CSI_2), Vol. 15, Nr. 2-3, Jul. 1993, Special Issue: Object-Oriented Ref. Models (RM_1) - aussichtsreich erscheinen Normungsansätze von ANSI u. d. OMG - vgl. auch GUUG; CORBA, IDL, OMA; OOPS; SQL 3; CASE; PREMO; MADE; ODP)

OOA — objektorientierte Analyse (entspr. engl. object-oriented analysis - vgl. OOD, OOP; OODBS; OO)

OOCTG — Object-Oriented COBOL Technical Group (ist 1989 von CODASYL gebildet worden - hat objektorientierte Erweiterungen zu COBOL vorbereitet - ist im Dez. 1992 in ANSI X3J4.1, der Object-Oriented COBOL Task Group, aufgegangen - vgl. auch GUUG, OMG; OO)

OOD — (engl.) object-oriented design (dt. objektorientierter Entwurf - vgl. OOA, OOP; OODBS; OO)

OODB — objektorientierte Datenbank (Datenbank (DB_1) mit Objektorientierung (OO) - vgl. auch DB_1, RDB; OODBS; OOA, OOD, OOP; KS)

OODBMS — objektorientiertes Datenbankverwaltungssystem (von engl. object-oriented data base management system - vgl. DB_1, DBMS, DBS; RDBMS; OODB, OODBS; OOA, OOD, OOP; KS, OO)

OODBS — objektorientiertes Datenbanksystem (entspr. engl. object-oriented data base system - eine objektorientierte Datenbank (OODB) [oder mehrere OODBs] zusammen mit ihrem objektor. DBMS (OODBMS) - siehe: W. Klas: Was heißt eigtl. "objektor. Datenbanksystem"? in GMD-Spiegel 1'91, S. 46-49 (auch zu den Begr. Objekt, Klasse, Vererbung); CSI (CSI_2) Vol. 13 (No. 1-3), Special Vol.: The Object-Oriented Data Base Task Group (OODBTG), 1991, 8 + 332 p.; Inform.-Spektr. (1993) Bd. 16, H. 2, Apr. 1993 Thema Objektor. Datenbanksyst. - die eingeschlagene Entwicklung wird sich in der formellen Normung konkret in evolutionären Änderungen von SQL 3 gegenüber SQL 2 niederschlagen - vgl. auch DB_1, DBS, RDBS; SQL 3; OOA, OOD, OOP; KS, OO)

OODBTG — Object-Oriented Database Task Group (USA) (der DBSSG von ANSI/X3/SPARC ($SPARC_2$) - auf dt. übers. Aufgabengr. für objektorientierte Datenbanken (OODBs) - gegr. Jan. 1989 - hat ein [vorläufg.] Referenzmodell (RM_1) für OODBS' erarbeitet, 1990 zwei 'Workshops' abgehalten und Vorschl. bei ISO/IEC/JTC1 eingebracht - siehe unter OODBS - vgl. auch ODM; CDMTG, DADTG, DMSPTG, FADTG, GTG, OSIDBTG; DBMS, DBS; KS, OSI; ODP)

OOP objektorientierte Programmierung (entspr. engl. object-oriented programming - z.B. mit der Programmierspr. (PS_2) SMALLTALK, u.a. zurückgeh. auf Konzepte der PS Simula - Weiterentwicklung Strukturierter Programmierung (STP_2) - siehe u.a.: B.J. Cox: Object-Oriented Progr., An Evolutionary Approach, bei Addison-Wesley, 1986; B. Meyer: Object-orient. Softw. Constr., Prentice Hall, 1988; St. Cook (Ed.): Proceed. of the 1989 Confer. on Obj.-Oriented Progr. in Nottingham, Cambridge Univ. Press, 1989; neue Publikat. - vgl. auch OOPS; OV; FP_2, NOP_2; OOA, OOD; OODBS; CASE; OMA; OO)

OOPS objektorientierte Programmiersprache (Beispiele sind C++, Oberon-2; SMALLTALK, in ihrer Objektorientierung (OO) auf Simula zurückgehend - vgl. auch COBOL; OOP; CORBA, IDL, OMA; PS_2)

OPAC (engl.) online public access catalog (vgl. KWIC, KWOC; SR, Thesaurus; DB_1; IBW; FI, IuD)

OPTEK Optionen der Telekommunikation (Studie des Landes Nordrh.-Westfal. (NRW) von 1989 - vgl. auch TK_2; KtK; DBP, FTZ; FIFF, IKÖ; DFN; RACE; ETSI; CCITT, JTC_1; OSI)

OR /'o:'er/ (engl.) Operations Research (dt. Unternehmensforschung, kurz auch OR - mathem.-ökonomisches Arbeitsgebiet, das Vorbereitung und Fundierung von Entscheidungen zum Gegenstand hat und sich auf mathem. Methoden (Algebra, Graphentheorie, Komplexitätstheorie, Lineare Programmierung, Nichtlineare Programmierung, Spieltheorie, Statistik) und Modelle stützt, wobei lineare und nichtlineare, statische und dynamische Probleme, kontinuierliche und diskrete Größen unterschieden werden vgl. JIT, NP_2, TSP; NP_1; IFORS)

ORB (engl.) Object Request Broker (dt. Objektanforderungsmakler - eine Funktionseinheit (FE) für Kommunikation unter Applikations- und System-Objekten - insbes. Botschaftenvermittler gem. CORBA im Rahmen von OMA - vgl. auch IDL; OMG; OOA, OOD, OOP; OO)

ord (in Math.) Ordinalzahl (von lat. ordinale, dt. Ordnungszahl - die Abk. wird in Termen wie $\mathrm{ord}(M;\leq)$ für die Ordinalzahl (den Ordnungstypus) einer wohlgeordneten Menge verwendet - Ordinalzahlen sind im finiten Bereich mit Kardinalzahlen und natürlichen Zahlen identifizierbar (i.U. zu Ordinalzahlen i.S. der Grammatik, die die Stellung eines Gliedes in einer Folge ausdrücken, wobei die *dritte* Mark natürlich weniger als *drei* Mark [Wert] ist) - vgl. card)

OS/2 Operating System / 2 (urspr. von Microsoft und IBM - war 1987 (vorgesehen als gemeins. DOS-Nachfolger) in Vers. 1.0 nur ein komfortables Einplatz-Betriebssystem (BS_1), wurde inzw. LAN-bezogen auch ein Mehrplatz-BS, f. Mehrprogrammbetrieb (auch simultan in zwei Ausführungsmodi f. mehrere OS/2-Prozesse u. einen DOS-Prozeß), das unter geeign. Hardware-Voraussetzungen (HW) u. je nach Ausbau die Möglichkeit. des 32-Bit-Prozessors Intel 80 386 ausschöpfte, auch für den 16-Bit-Prozessor Intel 80 286 einsetzbar und mit Intel 80 386 sowohl den (konstruktiv mitberücks.) Intel 80 286 emulierte als auch Aufwärtskompatibilität zu best. DOS-Vers. bot u. dessen Bedienung durch ein kontextbez. Hilfesystem zur Selbsterläuterg. u. seit 1988/Vers. 1.1 eine graph. Benutzeroberfl. (GBO) mit Fensteraufteilg. des Bildschirms mittels Presentation Manager (PM_1) benutzerfreundl. unterstützt wird - anfängl. von MS u. IBM als 'Joint Venture' in den USA entw., von MS dort wie hier unter der Bez. "MS-OS/2" vertrieben, von IBM Deutschland unter der Bez. "BS/2" (in den USA "IBM-OS/2") - bei weitgeh. Übereinstimmung unterschieden sich MS- u. IBM-Variante dadurch, daß letztere auf den Mikrokanal (MCA) von IBM eingestellt u. in SAA einbezog. war - IBM hat BS/2 für die PS/2-Familie eingef., aber auch andere Systemhersteller, so zuerst Zenith u. dann Compaq, haben OS/2 f. ihre 32-Bit-Rechner (mit EISA) eingef. - MS hat die Weiterentw. zugunsten von Windows NT aufgeg. - seit 1992/Vers. 2.0 (allg. verfügbar für 32-Bit-Prozessor) bietet IBM es internat. allein unter der Bez. "OS/2" an - aktuell ist Vers. 2.2.1 von 1993 - eine deutsche Benutzergr., OS/2 User Group Deutschland, Mechenich Kommern, besteht seit 1990 - vgl. auch Desktop-Unix, L3, NeXTSTEP)

OSCRL — Operating System Command and Response Language (JTC1-Project - vgl. auch BS_1; GPOS)

OSE — Offene Systemumgebung (von engl. Open System Environment - von EWOS, NIST et al. in Erweiterung und Verallgemeinerung des 'Common Application Environment' (CAE) von X/Open internat. bearbeitetes Projekt für Portabilität, Interoperabilität und Schnittstellen (SS_1) von Anwendungs-Software (SW) - ergänzend und passend zu OSI werden ein Referenzmodell (RM_1) und Profile (FNs) genormt - vgl. auch ≠ OSIE; APP, $POSIX_1$; IAP; ODP)

OSF — Open Software Foundation (dt. etwa Stiftung offene Software - im Mai 1988 zur Wahrung des gemeinsamen Interesses von Unix-Lizenznehmern gegenüber einer engeren Bindung des Lizenzgebers AT&T an Firma SUN gegründet - von einem Konsortium neun bedeutender RS-Hersteller mit einem Kapital von ca. 150 Mio. US-$: Apollo, Bull, DEC, Hewlett-Packard, Hitachi, IBM, Nixdorf, Philips, Siemens - die OSF verfolgt ihren Zweck durch Entwicklung von System-Software (SW) für ihre Mitglieder - Mitgl. kann (neben den Gründerfirmen) jede Firma, Hochschule o. Forschungseinrichtung werden (z.Zt. etwa 80) -

die OSF stützt sich auf eigene Forschung und eigenes Marketing - ihre europäische Forschungsstelle in Grenoble sorgt für Transfer zwischen universitärer Forschung und dem OSF-Entwicklungsbereich - als erstes Produkt wurde 1990 ein Betriebssystem (BS_1) fertiggestellt OSF/1 (anfängl. hieß es: voraussichtl. schon Ende 1989) - einem europäischen akademischen Beratungsgremium gehören u.a. einzelne einflußreiche Persönlichkeiten von CWI, GMD, INRIA sowie der Universitäten von Cambridge und Newcastle an - die Vrije Universität Amsterdam hatte einen ersten Projektvorschlag für ein verteiltes BS eingereicht, der eine breite Beteiligung vorsah - AT&T begegnete dem Zusammenschluß 1989 durch Gründung der Unix International Inc. (UI), unterstützt von Control Data, NCR, Olivetti, Prime, UNISYS - siehe u.a. CWI GMD INRIA Newsletter, No. 1, Apr. 1989, S. 10 - vgl. auch OSF/Motif; Birlix; $POSIX_1$; IEEE, $POSIX_2$, PPSC, X/Open; XPG; OSE; ODP)

OSF/1 (ein Unix-nahes Betriebssystem (BS_1) und erstes Produkt von OSF - ursprüngl. geplant bis Ende 1989, in erster Version fertig 1990)

OSF/Motif (portables Basissystem zur Entwicklung verwandter graphischer Benutzeroberflächen (GBOs) für Anwendungs-Software (SW) - Softwareprodukt von OSF, das schon kraft seiner Herkunft einen de-facto-Standard verkörpert, z.Zt. in Vers. 1.1 - beruht auf dem am MIT entwikkelten X-Window-System, das seinerseits grundlegende Operationen weitgehend unabhängig von Hardware (HW) und Betriebssystem (BS_1) vorhält (außer unversteckbaren Eigenschaften wie denen von Bildschirmen) - auf dieser Basis bietet Motif ihm eigentüml. (auf DEC- bzw. HP-Produkte zurückgehende) Dialogobjekte an, die nach Bedarf parametrisiert u. kombiniert werden können - siehe: OSF, Motif Style Guide, auch bei Prentice Hall (bald für Vers. 1.1); OSF, Motif Programmers's Reference, auch bei Prentice Hall (bald für Vers. 1.1); Th. Berlage: OSF/Motif und das X-Window System, bei Addison-Wesley (D), 1991, 11 + 491 S., ISBN 3-89319-222-0, DM 89,-- (neuer als engl. Ausg.) - vgl. auch GBO, GUI; COSE; OSE; XPG; ODP)

OSI Kommunikation Offener Systeme (von engl. Open Systems Interconnection - die Abk. wird nicht übers. - an einem bestimmten Schichtenmodell (OSI-RM) orientierte Kommunikation in offenen Systemen der sog. Telekommunikation (TK_2) und darüber hinaus, wobei Kommunikationsformen, Systemfunktionen u.a.m. bestimmte zugehörige Standards einhalten, wodurch erst die Offenheit der Systeme ermöglicht wird - die Standards manifestieren sich zunächst in grundlegenden aufeinander abgestimmten CCITT-Empfehlungen der Telegrafieträger (wie der DBP Telekom) einerseits sowie in ISO- bzw. ISO-IEC/JTC1-Normen der Hersteller von Rechensystemen (RS'), Kommunikationseinrichtungen oder Software (SW) und der sonstigen an Kommunikation interessierten Kreise wie DV-Anwender oder wissenschaftlicher Forschung andererseits - die Normung auf diesem Gebiet wurde während der letzten zwölf Jahre mit größerem Aufwand vorangetrieben als alle anderen Zweige der IT-Normung, zu denen vielfältige Beziehungen bestehen, zusammengenommen - mit ihr wurde erstmals in großem Ausmaß eine der konkreten Entwicklung **voreilende Normung** betrieben, und zwar 'top-down' und mit Vorrang der internationalen Normung vor der nationalen - damit wurde erstmals in d. Geschichte internat. Normung das Aufeinanderprallen unverträglicher nationaler Normen u. der daraus resultierende Reibungs- u. Zeitverlust weitgehend vermieden - Anwendungsgebiete mit einer gewissen Eigenständigkeit sind: offene Systeme zur Nachrichtenübermittlung (MHS bzw. MOTIS, Mailbox, MIDA), insbes. Übermittlung von Daten (FTAM), Texten oder Bilddateien (z.B. mit ODA/ODIF oder SGML), Handelsdatenaustausch (mittels EDIFACT), die Nutzung öffentlich zugänglicher Datenbanken über Kommunikationsnetze (gestützt auf DATEX-P), Verteilte Büroanwendungen (DOA) und von den Telegrafieträgern wie der DBP Telekom angebotene öffentl. Dienste (wie Btx, Telebox, Telefax, TEMEX, Ttx, Tx) - siehe: CCITT X.200 ff in Blue Book, Fasc. VIII.4&.5-1989; ISO/IEC/ DIS 2382-26 (Terminologie); DIN ISO 7498 T.1 (OSI-RM) mit Korr.1, T.2 (Sicherheits-Architektur), T.3 (Namen u. Adressierung), T.4 (Verwaltug. u. Rahmen); ISO TR 8509 (OSI, Dienstkonventionen); ISO/IEC TR 10730:1993 (Tutorial on naming and addressing) - vgl. auch KtK; ISDN; DIR, IRD, SR; EDI, MAP, TOP; LAN, MAN, WAN; GAN; COS, POSI, SPAG; AOW, EWOS, NIST OIW; ECMA, IEEE; ETSI; EPHOS; DFN, WIN; Diane, RARE; RACE; OSI^{ONE}; ODP)

OSIDBTG — Open Systems Interconnection and Database Task Group (USA) (der DBSSG von ANSI/X3/SPARC ($SPARC_2$) - auf dt. übers. Aufgabengr. für OSI und Datenbanken (DB_1) - vgl. auch CDMTG, DADTG, DMSPTG, FADTG, GTG, OODBTG; DB_1, DBMS, DBS; KS; ODP)

OSIE — (engl.) Open Systems Interconnection Environment (dt. OSI-Umgebung - vgl. auch ≠ OSE)

OSInet; OSI-NET (USA) — (Zusammenschluß US-amerikanischer (oder nordamerikanischer?) Hersteller und Anwender zur Förderung von OSI, Demonstration von 'Interworking' von OSI-Systemen und Interoperabilitätstests (nicht Normkonformitätsprüfg.), z.B. zu DIR, MHS, FTAM; ISDN - vgl. auch AUSINET, EurOSInet, INTAPNET; OSI^{ONE})

OSI/NM — (engl.) OSI network management (insbes. in "OSI/NM Forum" - das brit. OSI/Network Management Forum wurde 1988 gegr. u. betrachtet sich als führende Industriegruppe f. die Schaffg. von Netzverwaltungsstandards - seine Aktivität. richten sich an drei, die Netzwelt konstituierende Gruppen: Nutzer, Anbieter u. Normungsinst. - das Forum gibt eig. Spezifikat. hrs. - vgl. auch IOP; PSI, SIG_1; EEMA; ECMA, ETSI, EWOS, SPAG; EPHOS, ETCOM; EurOSInet)

OSI^{ONE} (weltweiter Zusammenschluß der OSI-Promoter AUSINET, EurOSInet, INTAPNET, OSInet und evtl. anderer gleichartiger Einrichtungen unter der gemeinsamen Zielsetzung, der Welt OSI (als solche) zu demonstrieren - erstmals gemeinsam in Hannover auf der CeBIT'90 mit MHS (MOTIS) - danach FTAM u.a.m. - vgl. auch EEMA)

OSI-RM OSI-Basis-Referenzmodell (entspr. engl. OSI Basic Reference Model, frz. OSI Modèle de Référence de base - nicht "ISO-Referenzmodell"!, da mehrdeutig und da auch CCITT beteiligt - grundlegendes, allgemeines Referenzmodell (RM) für die Kommunikation zwischen Systemen - es modelliert die Kommunikation in sieben Schichten (engl. layers), drei anwendungsorientierten (engl. application oriented) oberen und vier transportorientierten (engl. transport oriented) unteren Schichten, denen best. Kommunikationsdienste u. -protokolle schichtspezif. zugeordnet werden - zuoberst in diesem Schichtenmodell liegt Schicht 7 (engl. layer 7), die sog. Anwendungsschicht (engl. Application Layer), auf die sich dieses Lexikon bes. oft bezieht - in ihr liegen die Anwendungsdienstelemente (ASEs) - das von ISO (aber nicht von CCITT) 1987 ergänzte OSI-RM berücksichtigt außer verbindungsorientierten (engl. connection-mode (CO)) Kommunikationsdiensten zusätzlich sog. verbindungslose (engl. connectionless-mode (CL)), d.h. Kommunikationsdienste ohne Verbindungsaufbau, also ohne vereinbarte Betriebsmittelbereitstellung - siehe: DIN ISO 7498, 4.91, aus ISO 7498:1984 mit AD 1:1987, Techn. Corr. 1:1988, deutscher Vorspann mit Erläuterungen u. zweisprachigen Fachwörterlisten; CCITT X.200 (ohne verbindungslose Komm.) - eine partielle Rückwirkung des RM-ODP auf das OSI-RM ist wohl nicht unmöglich - vgl. auch EDI; RM_1; FDT)

OSITOP OSI Technical and Office Protocols, Paris (1987 gegr. europäischer Interessenverband für technische und Büro-Protokolle, deren Normung und Prüfung auf Normkonformität - diskutiert und fördert Anwendung von OSI-Normen - vgl. auch TOP; EMUG; EWOS)

OSTC Konsortium zum Testen Offener Systeme (von engl. Open Systems Testing Consortium - eine Anerkennungsvereinbarung (vgl. RA_2) von ECITC - vgl. auch DEKITZ)

OTA Office of Technology Assessment (USA), Washington, DC (hat 1990 u.a. Studien zu HTS (... in Perspective) und IIDTV (The Big Picture ...) vorgelegt - vgl. auch WTO; TFF; TAB; STOA)

OTL — OSI Testing Liaison Group, Brüssel (ECITC-Arbeitsgr. zur Vereinbarung von OSI-Konformitätsprüfungen mit ITSTC, EWOS u.a.m. - berät die KEG für CTS - vgl. auch FS_2, ISP; IPRL, ISPICS, IUT, PCTR, PICS, PIXIT, PTS, RA_2, RI_2, SCTR; TTCN; QA)

OV — Objektverzeichnis (bes. in objektor. Progr. (OOP) - vgl. auch OODBS)

ÖVE — Österreichischer Verband für Elektrotechnik, Wien (entspr. dem VDE)

OWG — (engl.) optical waveguide (e.g. optical fiber - dt. Lichtwellenleiter (LWL) - vgl. auch FDDI)

π (kleines grch.) Pi (als mathematische Konstante für den Kreis, steht π (Symbol eingef. von L. Euler) für das Verhältnis des Umfangs zum Durchmesser u. der Fläche zum Quadrat des Radius bzw. (in der Maßtheorie) für die Umfanghälfte u. den Flächeninhalt des Einheitskreises: π = 3,141 592 653 589 793 238 462 643 383 279 502 884 197 ... - transzendente Irrationalzahl - vgl. auch arc_1, arc_2; rad; e; i)

p (u.a.) typographischer Punkt (herkömml. Einheit für den Ausschluß u. die Letterngröße: 1 p = 1,000333/2660 m = 0,376 065 ... mm, i.U. zu US-amerik. 1 point = 1$^\bullet$ = 1/72 in = 0,352 777 ... mm, woraus folgt, daß 1p/1$^\bullet$ = 1,066 0... u. 1$^\bullet$/1p = 0,938 0... - beide werden bei Textverarbeitung (TV_2) u. DTP z.T. miteinander verwechselt, nahegelegt durch irreführende Bez. wie etwa "Pkt" für point oder "pt" für Punkt - im geschäftl. und amtl. Verkehr (eigentl.) unzulässig, da nicht gesetzlich - vgl. auch cpi, dpi; m_1; SI_1)

P (u.a. Menge der mit polynomialen determinierten Algorithm. lösbaren Probl. - Begr. d. Komplexitätstheorie - vgl. auch NP_1; CH_1; OR, TI)

PA Postamt (so u.a. in den ATBs der DBP Telekom- vgl. auch BPA_2)

PAD (engl.) packet assembly/disassembly (dt. Paket bilden/auflösen, u. zwar Datenpakete bei der Datenübertragung ($DÜ_2$) - nach CCITT X.3 auch auf Rechner im Datex-P-Netz übertragen, die den Vorgang ausführen - auch in engl. "PAD facility", dt. "PAD-Einrichtung")

PAGODA Profile Alignment Group on ODA, ... (gemeinsame ODA-Expertengruppe der drei OSI-'Workshops' AOW, EWOS, NIST OIW - vgl. auch PODA; TODAC)

PAL (von engl. phase alternation line, dt. Phasenwechsel je Zeile - der PAL-Standard für das Farbfernsehen ist in Europa meistverbreitete de-facto-Norm nach CCIR-Empfehlung, ausgenommen Frankreich und Osteuropa - als eine Verbesserung des NTSC-Standards entwickelt von W. Bruch et al. bei AEG-Telefunken, Hannover - in BRD eingeführt ab 1967 - vgl. auch SECAM; VHS_1; HDTV; TV_1)

PARADISE Piloting a Researchers' Directory Service for Europe (von RARE - realisiert auf Basis eines selbstentwickelten 'Directory-Servers', der Interessenten frei überlassen wird - dient Auskünften und Koordination nationaler Aktivitäten - vgl. auch DIR; DIB; CONCISE; OSI)

PARC Xerox Palo Alto Research Center, Palo Alto, CA (bekannt u.a. durch seine Ergebnisse auf dem Gebiet graph. Benutzeroberflächen (GBOs))

Pascal — (ben. nach B. Pascal, 1623-1662 - prozedurale Programmierspr. (PS_2) für Lehre und Praxis - Weiterentwicklung der älteren Fassung von ALGOL 60, die N. Wirth an der ETH Zürich ab 1967 betrieben hat - charakteristisch sind das Datentypkonzept und die Unterstützung struktur. Programmierg. (STP_2) - in der Ausbildg. von Studenten bewährt - eingeführt in unterschiedl. Anwendungsbereichen - CENCER-Zertifizierung normkonformer Kompilierer soll Dialekten, die trotz Normung entstanden sind, entgegenwirken - Einfluß auf o. Grundl. für andere Sprachen, insbes. Extended Pascal (inzw. 2nd ISO-DP, Weiterentwicklg. fraglich) und Modula-2 (Normung neuerdings forciert) - siehe: BS 6192-1982; ISO/IEC IS 7185:1990 (Referenz auf britisches Original); DIN 66256, 1.85 (dt. Übers. von Original und zweisprach. Wörterverz.; auch in Einführung von K. Däßler und Sommer bei Springer u. Beuth enthalten) - ISO-Arbeit zu Extended Pascal sollte mal mit dem 2nd DP zugunsten von Modula-2 eingestellt werden - die neuere IS ist eine Überarbeitung von ISO 7185:1983 - vgl. auch Pascal-SC; Oberon; Ada, ALGOL 60, APL, BASIC, C_1, CHILL, COBOL, ELAN, Fortran, LISP, PEARL, PL/I, PROLOG, Simula; PSP)

Pascal-SC — Pascal Scientific Computing (Nebenvers. von Pascal: mit Intervallarithm. u. Ergebnisverifikt. - vgl. auch Ada, FORTRAN-SC; GAMM)

PATDPA — Deutsche Patentdatenbank (Online-Datenbank (DB_1) des DPA für Patentinformation - auch auf CD-ROM erhältl. - gefördert vom BMJ - vgl. auch PATGRAPH; PATOS; PatG; JURIS; EPA, WIPO; FI)

PatG — Patentgesetz (der BRD - herkömml. ist ein Patent nur in den Staaten rechtswirks., in denen es angemeldet u. erteilt ist - künftig braucht ein Patent im Rahmen des EG-europ. Patentrechts (EG_1) nur in einem EG-Staat angem. werden, damit es bei Erteilg. EG-weite Geltg. erlangt - vgl. auch UrhG; JURIS, PATDPA, PATOS; PRC; DPA, EPA, WIPO)

PATGRAPH — (Graphik-Datenbank (DB_1) der Deutschen Patentdatenbank (PATDPA) des DPA - vgl. auch PATOS; PatG; EPA, WIPO; FI)

PATOS — Patent-Online-System (Online-Datenbank (DB_1) von Bertelsmann/-Wila für Patentinformation - enthält je Patent: Bibliographie, Hauptanspruch der Anmeldung u. Abstract - ist auch erhältl. auf CD-ROM - vgl. auch PATDPA, PATGRAPH; DPA, EPA, WIPO; PatG; FI)

PBX — Private Branch Exchange (etwa Nebenstellenverkehr i.S. interner Verwendung von NStAnl. - im Zushg. mit ISDN verallgem. zu ISPBX)

PBZ — Partialbruchzerlegung (z.B. bei Euklidischen Ringen, Integration rationaler Funktionen - vgl. ZPE; sR)

PC

1. etwa: Persönlicher Rechner; Arbeitsplatzrechner (von engl. personal computer - i.e.S. Rechner mit Intel-8088-Prozessor, 8-Bit-Datenbus und Arbeitsspeicher (RAM) für bis zu 512 KByte wie ursprüngl. ab 1981 der erstmals so ben. PC von IBM als Namenspender, dem Namen nach in heutiger Sicht der Ur-PC - im öffentl. Sprachgebr. erstreckt auf den sog. Industriestandard (vgl. ISA_1) inkl. IBM-kompatibler Fabrikate ('Clones'), auf EISA, MCA, bedingt auch auf die sog. Apple-Welt (ab 1986), Atari u.a.m. - anfängl. unterhalb von XT, dann von AT (AT_1) - i.w.S. auch Rechner der Größenordnung oder Leistungsstufe von XT und AT, kompatible und vergleichbare übergreifend, so auch 32-Bit-Systeme mit Intel 80 386 bzw. Motorola 68 000 der unteren bis mittleren Leistungsklasse, zunehmend an die bisherigen 'Workstations' (WS') heranreichend, wobei die Grenze zu WS' schon lange fließend geworden ist - siehe Def.(versuch) in ITV, hier ISO/IEC 2382-1 (in DIN 44 300 nicht enthalten - vgl. auch MP; RA, RS)
2. Perspektivekorrektur (von engl. perspective correction - Kennzeichnung von Objektiven (Shiftobjektiv.), Kameraeinrichtg. o. Projektoren, die es ermögl., perspektiv. Verzerrung auszugleichen - Versetzg. des Objekt. (mit größerem Bildfeld) parallel zur opt. Achse - vgl. AF; ASA, EV, SCA, TTL; MSK, SLR; TV_2, VHS_1)

PCB

(engl.) printed circuit board (dt. ([un]bestückte) Leiterplatte - auch "Platine" o. "Steckkarte" - vgl. auch SMD_2, SMT; ASIC, Simm; MP; IC_1)

PC-DOS

(DOS von IBM für PCs (PC_1) - gleicht weitgehend MS-DOS - vgl. auch BIOS; DR DOS; BS/2, OS/2; L3; TRON; Unix; BS_1)

PCFAX

(informelle Abk., u.a. von ECTUA verwendet - mittels PC (PC_1) i.w.S. (also auch von Apple Macintosh, Atari oder NeXT) abgesandtes Telefax - vgl. auch Fax; Datex, Ttx; AKPL, Modem)

PCI

1. (engl.) Peripheral Component Interconnect (dt. sinngem. Peripheriekomponenten-Verbdg. (der Prozessoren) - neuer moderner PC-Bustyp (PC_1 i.w.S.) für Parallelübertrag. von 32 Bits bzw. (Vers. 2.0) 64 Bits mit hohen Transferraten von theoret. bis zu 132 bzw. 264 MByte/s und Eigenschaften anderer Bustypen, wie MCA und EISA - ursprüngl. von Intel entwickelt (gleichzeitig mit dem VL-Bus (VL_2) von VESA) um f. Pentium einen genügend leistungsfähigen Bus-Standard bereitzustellen - guter Aussicht auf große Verbreitung dient evtl. die Weiterentwicklg. u. Standardisierung bei der unabhäng. PCI Special Interest Group, Hillsboro OR, an der sich u.a. Apple u. DEC beteiligen - sie ist Hrsg. der: PCI Local Bus Spec., Rev. 2.0, Apr. 30, 1993 - siehe auch G. Schnurer: Moderne PC-Bussysteme, in c/t 1993, H. 10, S. 110-130 - vgl. auch ISA_1)

2. (engl.) protocol-control-information (dt. sinngem. Protokoll-Steuerinformation - im Zshg. des OSI-RM - vgl. auch PDU, SDU)

PCLink (von PC (PC_1) + engl. link, dt. Bindeglied - von Quantum (USA) angebot. Netz f. IBM-PCs und Kompatible PCs - vgl. auch AppleLink; FidoNet, UUCP; DFN, EARN, EUnet, WIN)

PCM
1. Pulscodemodulation (entspr. engl. pulse code modulation - zur Digitalisierung eines Analogsignals wird dessen Amplitude (gemäß Abtasttheorem) zeitlich äquidistant gemessen und digitalisiert - in Digitaltelephonie, Musikaufzeichnung u. zur Erkennung, Speicherung o. Verarbeitung gesprochener Sprache heute vielfältig verwendet - 1938 von A.H. Reevers erfunden - vgl. auch ADM, LPC)
2. (engl.) plug compatible machine (dt. steckerkompatible Masch. - PCM-Hersteller liefern selbständig o. als OEMs - vgl. auch ISV)

PCN Personen-Kommunikationsnetz (von engl. Personal Communication Network - die Abk. wird nicht übers. - ein künftiges digitales Mobilfunknetz auf GSM-Basis für Teilnehmer mit kleinem, leichten, persönl. Apparat, insbes. in Europa, das vermutl. einen Massenmarkt für Geräte u.a. in Deutschland mit sich bringt, aber wohl auch Probleme bezügl. Frequenzen und Lizenzen - Normung der techn. Spezifikation bei ETSI macht rasche Fortschritte)

PCO (engl.) point of control and observation (dt. sinngem. Steuerungs- und Beobachtungspunkt - bezüglich einer im Protokolltest befindlichen Implementation (IUT): im Zusammenhang eines Kommunikationsnetzes bestimmte Spezialeinrichtungen zur Steuerung und Beobachtung der IUT - von ihnen werden testfallabhängige ASPs oder PDUs gesendet und die Reaktionen darauf geprüft - vgl. auch TTCN; CTS; OSI)

PC-R-CC Select Committee of Experts on Computer-related Crime (des Europarats/CDPC - siehe: Recomm. No. R (89)9: Computer-related Crime, Strasbourg 1990, 116 p., ISBN 92-871-1792-6, erhältl. bei Verlag Dr. H. Heger, Bonn - vgl. auch BDSG, UrhG, WiKG; RI_1)

PCTE Sofware-Schnittstelle zur Integration von Werkzeugen (von engl. Portable Common Tool Environment - 1983 bis 1987 entwickeltes Esprit-Ergebnis, das als Basis zur Entwicklg: spezif. Software-Werkzeuge angesehen wird u. bereits zu einer Serie von Folgeproj. führte - eine portable o. öffentl. Werkzeugschnittstelle (PTI) wurde (über PIMB u. ECMA) in die internat. Normung des JTC1 eingebracht - Ansprechpartner ist PICG - siehe: ISO/IEC DIS 13719:1993 P. 1 (Abstrakte Beschreibung) (ECMA-149), P. 2 (Sprachbindung für C) (ECMA-158), P. 3 (Sprachbindung für Ada); ENs in Vorbrtg. - vgl. auch OMS; SEU)

PCTR — (engl.) Protocol Conformance Test Report (siehe ISO/IEC 9646-1 - vgl. auch SCTR; IPRL, ISPICS, PICS, PIXIT, PTS, RA_2, RI_2; TTCN; OSI; CTS, ECITC; QA)

PD —
1. physische Zustellung (von engl. physical delivery - jegliche von der sog. gelben Post (amerik.-engl. SnailMail) übermittelte Sendungen einschließl. zuvor elektron. übermittelter Post (EP_2), insbes. in MHS- (bzw. MOTIS-) Sicht i.U. zu MH - z.B. Postzustellung von Briefen, Telegr., Telebriefen durch örtl. Zusteller, auch von Kurierpost - vgl. auch PDAU, PDS_1; IPM_2; DBP [Postdienst])
2. (engl.) public domain (dt. etwa öffentlicher Bereich - im Zshg. mit PCs (PC_1) übliche Charakterisierg. öffentl. verfügb. Billig-Software (SW), für die auch Urheberschutz beanspr. wird, zu der ein Unkostenbeitrag erst nach Ingebrauchnahme zu entrichten ist)

PDA — persönlicher digitaler Assistent (entspr. engl. personal digital assistant - auf der CES, Chicago 1992, angek. Beisp.: "Newton" von Apple, "Organizer" von Sharp-Wizard, beide stiftgesteuert, u. "Organizer" von Casio - Apple u. Toshiba haben 1992 ein Abkomm. zur gemeins. Entwickl. von Multimedia (MM_2)-PDAs geschlossen - vgl. auch VR)

PDAD — Bei ISO & JTC1: Proposed Draft Addendum (dt. Entwurfsvorschlag f. ein Add. - vgl. auch PDAM, PDISP, PDTR; AD, DAD; CD_1 (DP_1))

PDAM — Bei ISO & JTC1: Proposed Draft Amendment (dt. Entwurfsvorschlag f. eine Berichtigung - vgl. auch PDAD, PDI'SP, PDTR; AM, DAM)

PDAU — Zugangseinheit für physische Zustellung (von engl. physical delivery access unit - Funktionseinheit (FE) eines MHS, die Nutzern eines bestimmten Dienstes für physische Zustellung (PD) außerhalb des MHS, etwa Nutzern des DBP Postdienstes, indir. Nutzg. des MHS ermögl. (über einen MTA (MTA_3) seines MTS - vgl. auch AU_2; UA_2; OSI)

PDF — Portables Dokument-Format (entspr. engl. Portable Doc. Format - für **systemübergreif. Dokumentübermittlg. in Originalform** mittels 7-Bit-Darstellung von Texten und Graphiken auf Basis von PostScript - von Adobe 1993 mit den Acrobat-Produkten eingef. - zunächst für Macintosh u. Windows - andere Vers. sollen bald folgen - vgl. auch RTF; PDL; TV_2; T.73; MHS (MOTIS), ODA, SGML)

PDE — (engl.) partial differential equation (dt. partielle Differentialgleichg. - vgl. ODE; sR)

PDISP ... — Bei JTC 1: Proposed Draft ISP ... (mit Nr. ... - dt. ISP-Entwurfsvorschlag - vgl. auch PDAD, PDAM, PDTR; DISP; CD_1 (DP_1), DIS, IS)

PDL — Seitenbeschreibungssprache (allg. Begr. - von engl. page description language - Beispiele: PostScript, Interpress - zur Übers. von ODA-Form in PDL siehe: ECMA TR/48 - vgl. auch SPDL; PS_2; FDT)

PDS —
1. System für physische Zustellung; PD-System (von engl. physical delivery syst. - Beisp.: DBP Postdienst - i.U. zu MHS (MOTIS))
2. (engl.) processor direct slot (ein nichtgenormter Steckplatz - vgl. NuBus, Simm)

PDTR ... — Bei ISO & IEC: Proposed Draft Technical Report ... (mit Nr. ... - dt. Entwurfsvorschlag für einen Technischen Bericht - wie bei den TRs (vgl. dort) werden auch bei den PDTRs dreierlei Arten unterschieden - von ihnen wird insbes. auch im JTC 1 Gebrauch gemacht - vgl. auch PDAD, PDAM, PDISP; DTR; CD_1 (DP_1), DIS, IS)

PDU — (engl.) protocol-data-units (dt. Protokoll-Dateneinheit - im Zshg. des OSI-RM - PCOs senden PDUs zum Ferntesten von IUTs o. Protokollen - vgl. auch PCI_2, SDU; ASP; TTCN; CTS; RPC; ODP)

PDV —
1. Prozeßdatenverarbeitung (engl. process computing - automatisierte Datenverarbeitung (ADV) zur Steuerung, Regelung oder Überwachung von deterministischen o. stochast. Prozessen zu Umformung oder Transport von Materie, Energie oder Information in Echtzeitkopplung an die Prozesse - gestützt auf Prozeßrechensyst. (PRS) u. Prozeßrechentechnik (verbindet MSR- mit DV-Technik) - besondere Merkmale sind u.a.: vielfältige Peripherie der Rechenanl. (RAs), z.B. Meßfühler, sowie Unterbrechbarkeit u. z.T. Nebenläufigkeit d. Rechenprozesse (i.U. zu den namenspendenden, gesteuerten Prozessen) - siehe: DIN 66201 (PRS, Begr.); einschläg. VDI-Richtl. - vgl. auch AD_2, DA_2; DDC; CAM; CAMAC, PROFIBUS; Ada, PEARL, RT FORTRAN; Mach, RTU, TRON; GI_1, GMA, ITG; IFAC, IFIP, IMEKO; GDV, LDV, VDV; DV; IT)
2. Prozeßlenkung mit DV-Anlagen (war von d. KfK betreutes Projekt d. DV-Progr. d. BuReg, aus dem u.a. PEARL hervorging)

PEACE — (von engl. Process Execution and Communication Environment; dt. Prozeß-Ausführungs- und -Kommunikations-Umgebung - urspr. als Kern-Betriebssystem (BS_1) für Suprenum entwickelt, unter Berücksichtigung von dessen neuartiger Parallelrechnerarchitektur, in seinen Grundfunktionen als Knoten-BS in Kopien auf alle Knotenrechner verteilt, lokal sowohl Betriebsmittel als auch Prozesse verwaltete u. die Kommunikation zwischen nebenlfg. Prozessen ermöglichte - wurde von der GMD für das vom BMFT geförderte Projekt MANNA zu einer Familie objektor. (OO) paralleler BS' weiterentwickelt - siehe GMD-Spiegel 2'93, S. 9 - vgl. auch Mach, Helios; TTT_1)

PEARL (von engl. Process and Experiment Automation Real-time language - eine prozedurale Programmiersprache (PS_2) zur Steuerung und Überwachung industrieller Prozesse und naturwissenschaftlicher Experimente - sie ermögl. eine weitgehend maschinenunabhäng. Programmierung von Echtzeitaufgaben u. genügt hohen Anforderungen bezüglich Sicherheit u. Zuverlässigkeit - gemeinschaftl. entwickelt von industriellen Anwendern, wissenschaftl. Instituten, Softwarehäusern, Prozeßrechnerherstellern u. d. GMA mit Förderung des BMFT - PEARL (auch "Full PEARL" gen.) mit Basic PEARL als Teilsprache (Mindest-Sprachumfang für Implementationen) sowie Erweiterungsregeln - zur weitgehend formalen Beschreibung von PEARL wurden attributierte Grammatiken und Transitionsnetze (PrT-Netze) verwendet, die es ermöglichten, auch interagierende konkurrente (nebenläufige) Vorgänge darzustellen - bei der KEG ist PEARL an dem europ. Projekt LTPL gescheitert (aus dem nichts wurde) und bei ISO/TC97 hat es trotz Erfüllung der Anforderungen an Echtzeitsprachen nicht genügend Stimmen erhalten - erfolgreicher Einsatz und stetig wachsende, auch internat. Verbreitung werden durch den 1979 gegründeten PEARL-Verein e.V. (engl. PEARL Association), Düsseldorf, unterstützt - siehe: DIN 66253 T. 2, 10.82 (Full PEARL inkl. Basic PEARL); DIN 66253 T. 3, 1.89 (Mehrrechner-PEARL); H. Meintzen: Anwendungsprogrammierung für Digitalsysteme, Beispiele mit PEARL und PC (PC_1), bei de Gruyter, Berlin(West), 1989 (mit Vgl. zu anderen PS' - vgl. auch PDV_2; PDV_1; Ada, ALGOL 60, APL, BASIC, C_1, CHILL, COBOL, ELAN, Fortran, LISP, Modula-2, Pascal, PL/I, PROLOG, Simula; PSP)

Pentium (grch.-neulat. etwa: der Fünfte - auf der CeBIT '93 erstmals öffentlich vorgestellter Mikroprozessor (MP) von Intel, der in Abweichung von den Bez. der bisherig. Generationenfolge von Intel, 8086 bis 486, nicht wie erwartbar "586" gen. wurde - ein CISC-Prozessor f. über 100 MIPS bei einer Taktfrequenz von einstweil. 66 MHz, mit Schnittstellen (SS') für einen 32-Bit-Adreßbus und einen 64-Bit-Datenbus bei 80 Bit breiten Zahlregistern für größere Genauigkeit im Verknüpfungsstadium - Pentium hat den 'Real Mode' des 8086, ist befehlskompatibel zum 486 und wie dieser mit integrierter Gleitkommaeinheit (FPU) ausgestattet, so daß vorhandene x86-Software (SW) vom Prozessor her unverändert übernommen werden kann, wobei numerikintensive Programme deutlich schneller laufen - Pentium-optimierte Programme erbrächten laut Intel mindestens eine Leistungssteigerung um den Faktor 2,3 - entsprechende Kompilierer werden von Borland, IBM, Microsoft, USL u.a. entwickelt - Pentium verwendet ein Pipelinesystem mit fünf Stufen für Integer-Arithmetik u. acht Stufen für Gleitkomma-Arithmetik - besitzt für Befehle und Operanden je einen Cache für 8 KByte - Pentium kann auch zu zweit, dritt oder viert für symmetrische Mehrprozessorsysteme (SMP) eingesetzt werden und ermöglicht nachträgliche

Erweiterung dazu - für sicherheitskritische Anwendungen können auch je zwei Pentium parallel betrieben werden und sich dabei gegenseitig überprüfen - Rechensysteme (RS') mit diesem Prozessor sind bereits von mehreren Herstellern lieferbar - siehe: insbes. G. Schnurer: Die fünfte Generation, Pentium-Technik im Detail, in c't 1993, Heft 4, S. 132-138; Presseberichte u.a. in der CW - vgl. auch PCI_1; RISC)

PERT (engl.) Programme Evaluation and Review Technique (Netzplanverfahr. mit unterschiedl. Bewertungen je Vorgang - in den USA entwickelt - zu Netzplantechnik (NPT) allg. siehe DIN 69900, 8.87 T. 1 (Begriffe), T. 2 (Darstellung) - vgl. auch CPM, MPM; NP_2; OR; FDT)

PGA (engl.) Professional Graphics Adapter (Grafikanpassung für Farbmonitore von PCs (PC_1) für 640 × 480 Pixel und max. 16 aus 64 Farben - vgl. AGA, CGA, EGA, HGC, MDA, Tiga, VGA, XGA)

pH (das pH, bes. in "der pH-Wert" - buchstäblich gespr.) Wasserstoffexponent (symbolische Abk. aus p wie Potenz und H wie (lat.) Hydrogenium (dt. Wasserstoff) - Symbol der chemischen Größe Wasserstoffexponent einer Lösung, dem negativen dekadischen Logarithmus (lg) der molaren Wasserstoffionenkonzentration, einer fundamentalen Größe der Chemie u. Biochemie für die Azidität (bzw. die Basizität), d.h. etwa den Säuregrad von Lösungen - sie wird stellvertretend, nämlich einfacher u. kürzer mit dem pH angegeben: $\mathrm{pH} = -\lg c_{\mathrm{H}^+}$ - da die Wasserstoffionenkonzentration als Molzahl, d.h. Zahlenwert in Mol (mol) ohne die Einheit angegeben wird, kommt dem pH-Wert (Wert!) gleichfalls keine Einheit zu (Kennzeichnung des Größenwerts durch Angabe der Größe) - unter normalen Bedingungen erstreckt sich die Spanne von pH-Werten beliebiger Säuren u. Basen von 0 bis 14 (bei konstantem Ionenprodukt von 10^{-14} mol), wobei pH = 7 neutral bedeutet, kleinere Werte sauer (ab 4 schwach sauer), größere Werte basisch (ab 11 stark basisch) - reines Wasser hat pH-Wert 7, destilliertes Wasser nimmt an der Luft durch Absorbtion von Kohlendioxid ein pH von 5,5 an (pH = 5,5) - grobe Messung kalorimetr. mit färbenden Indikatoren, genaue elektrometr. aufgr. von Ionenwirkung auf Elektroden - vgl. auch dim, SI_1)

PH Pflichtenheft (Abk. sollte nur eingeführt verwendet werden, z.B. für häufige Bezugnahmen - konsistente Beschreibung der beabsichtigten/genehmigten Realisation eines Produkts (wie & womit) vom Auftragnehmer gemäß Lastenheft (LH_1) - das LH wird in das PH integriert (gewöhnl. inkorporiert, nicht nur referenziert) u. während der Erstellung des PHs auf Konsistenz u. Realisierbarkeit geprüft - das PH wird gewöhnl. nach Auftragserteilung erstellt, evtl. zusammen mit dem Auftraggeber, d. es als verbindl. Vereinbarung genehmigt - siehe VDI/VDE 3694 (… von Automatisierungssystemen), 4.91 - vgl. auch V_4; FDT)

PhD; Ph.D. (engl.) Philosophical Doctor (in den USA - von lat. philosphiae doctor - vgl. MA; MBA)

PHI-GKS (Harmonisierungsvorschlag für PHIGS u. GKS-3D aus der TH Darmstadt, der z. Nachweis seiner Realisierbarkeit spezifiziert u. implementiert wurde - siehe Inform.-Spektr. (1987) 10, S. 239-245 - inzwischen hat sich gezeigt, daß die Verschiedenheit der beiden Entwicklung. keine Verschmelzung zuläßt - PHI-GKS führte in der internat. Normung jedoch zur Aufstellung von Anforderungen an Graphiksysteme, zur Annäherung von SS' (SS_1) u. (begrenzter) Kompatibilität (internes MoU des JTC1/SC24) - vgl. auch PREMO; CG-RM; RM_1)

PHIGS Programmer's Hierarchical Interactive Graphics System (etwa: hierarch.-interaktives Graphik-Programmiersystem - grob vergleichbar GKS-3D, doch funktionell weiterreichend - siehe: ISO/IEC IS 9592-1:1989 (Functional Description) + Amendm. 1, P. 2:1989 (Archive file format) + Amendm. 1, P. 3:1989 (Clear text encoding of a.f.) + Amendm. 1, IS P. 4:1992 (PLUS); ISO/IEC 9593 (PHIGS language bindings) - vgl. auch PHI-GKS; CGI, CGM)

PHIGS PLUS (siehe unter PHIGS - vgl. auch PLUS)

PHY Physical Layer Protocol (der FDDI - vgl. auch MAC_1, SS_1)

PICG PCTE Interface Control Group, Dortmund (Ltg. bei UNIDO)

PICS Protocol Implementation Conformance Statement (lt. ISO 9646/1 und beispielsweise ISO/IEC DIS 8751-5:1989 (FTAM, PICS proforma) - vgl. auch ISPICS)

PIF
1. Page Image Format (von IBM - eines unter vielen Graphik(darstellungs)formaten - vgl. RIFF, TIFF; EPS_2; CGM)
2. (engl.) program information file (Programminformations-Datei bei Betriebssystemen (BS_1) zu PCs (PC_1))

PII (Fachgruppe) Physik, Informatik, Informationstechnik (gemeins. Fachgruppe (FG) von DPG, GI (GI_1) und ITG (ITG_1) zur engeren Zusammenarbeit zwischen Informatik (Inform.), Informationstechnik (IT) und Physik - gegr. 1991/1992 - die FG ist in der DPG dem FB 525 *Kybernetik* (wird umben.), in der GI als FG 4.0.3 dem FB 4 *Informationstechnik und Technische Nutzung der Informatik,* in der ITG dem FA 4.1 *Rechner- und Systemarchitektur* zugeordnet - die PII hat sich am 3.4.1992 eine eigene (FG-) Ordnung gegeben - persönl. Mitgl. der Trägergesellschaften DPG, GI und ITG können durch schriftliche Mitteilung an die jeweilige Geschäftsstelle beitreten)

PIMB PCTE Interface Management Board, ... (strebt rasche internat. Normung von PCTE an - hat hierfür eine technische Arbeitsgruppe (PICG) eingerichtet und die ECMA zur Einrichtung ihres TC 33 bewogen, das seit 1988 besteht)

PIN persönliche Identifikationsnummer (entspr. engl. personal identification number - persönlich zugeteilte vierstellige Geheimnummer - z.B. zur Verwendung von Geld[ausgabe]automaten (GAAs) mittels ec-Karte oder für 'Homebanking' mit Btx - i.U. zu betriebl. Personennummer (auf Gehaltsmitteilg.), Versicherungsnummer (bei BfA) oder öffentl. vergebenen Personenkennzeichen (PKs) - vgl. auch TAN; ID; POS)

PIS Personal-Informationssystem (erfordert strikte Einhaltg. gesezl. Datenschutzbestimmungen - vgl. MIS; DB_1, DBS, DBMS; DSB; BDSG)

Pixel (kleinstes) Bildelement (von engl. picture element - kann auf Bildschirmen (mit Raster) von anderen Bildel. in Farbe u. Intensität (auch Grauwert) untersch. werden (Ansteuerg.) - dabei wird gewöhnl. stillschweigend vorausgesetzt, daß die Bildelemente selbst quadratisch sind u. ein Raster ausschöpfen, das in Höhe u. Breite die gleiche Maschenweite hat (was bei Druckern nicht allg. gilt) - die Proportion einer Bildfläche auf einem Bildschirm, z.B. die von dessen nutzbarer Teilfläche, wird als das nichtausgerechnete Produkt ihrer Höhe h und ihrer Breite b in Pixeln angegeben, die Zahl der Bildel. der Bildfläche als das ausgerechnete Produkt: $h \times b$ Pixel $=$ p Pixel - die Auflösung eines Bildschirms könnte dementspr. korrekt mit der Anzahl a von Pixeln/Flächeneinheit angegeben werden, etwa als: a Pixel/cm^2 - verbreitet übl. ist es jedoch, die (lineare) Auflösg. eines Bildschirms gemäß angegebener Voraussetzg. in dpi anzugeben, wobei der Kürze halber "dot" an die Stelle von "Pixel" tritt - vgl. auch in; cpi, cpl; Bit_1; DTP; TV_2)

PIXIT Protokoll-Implementierungs-eXtra-Information zum Testen (entspr. engl. Protocol Implementation eXtra Information for Testing - vgl. PCTR, PICS; RA_2; RI_2; TTCN; OSI; CTS, ECITS; QA, QS)

PJ Personenjahr (statt früher übl. "Mannjahr" - vgl. a, KW_1; NPT; PPS)

PKCS (engl.) Public-Key Cryptosystem (Kryptosystem mit einem öffentl. (und einem geheimen) Schlüssel, gleichbedeutend asymmetrischem Kryptosystem - Allgemeinbegr., unter den jedes System dieser Klasse fällt - erstmals theoretisch von Diffie u. Hellmann vorgeschlagen - siehe: W. Diffie, M.E. Hellmann: New directions in cryptography, in Transact. IEEE Information Th., IT-22, Vol. 6, 1976, p. 644-654; ISO/IEC DIS 9796:1990 (Digital signature scheme) - vgl. auch DES; FEAL, MAC_2, RSA, ZKP; TeleSec, TTT_2; X.509; OSI; ODP)

PK[Z] Personenkennzeichen (z.B. in Schweden eingeführt - das entsprechende Vorhaben in der BRD wurde 1976 aufgrund rechtlicher Bedenken aufgegeben - vgl. auch BDSG)

PL
1. (engl.) programming language (dt. Programmiersprache (PS_2) - siehe: ISO/IS 2382/15-1985 (Begriffe) - vgl. auch PLP, PSP)
2. Prüflabor[atorium] (vgl. AS, ZS; DGWK; TGA; DAR; WELAC; EOTC)

pla Vollwinkel (Abk. von lat. plenus angelus - als (ergänzende) SI-Einheit (SI_1) vorgeschlagen derart, daß $1\,\text{pla} = 2\pi\,\text{rad} = 360^\circ = 400\,\text{gon}$, folglich $1\,\text{rad} = 0{,}159\,154\,9\ldots\,\text{pla}$, $1^\circ = 0{,}002\overline{7}\,\text{pla}$, $1\,\text{gon} = 0{,}0025\,\text{pla}$ - etwa als Ersatz für das gesetzlich unzulässig gewordene 1∟ für rechter Winkel - siehe DIN 1315 (Winkel) - vgl. auch arc_1)

PLA programmierbare Logikanordnung (entspr. engl. programmable logic array - matrixartiges kombinatorisches Schaltwerk für boolesche Verknüpfungen - kann (quasi als Rohling) einmalig programmiert werden, etwa i.S. sog. Mikroprogrammierung - vgl. auch ANF, KNF; NAND, NOR, XOR; boolean; FUP, KOP, LOP; KBL; ET; ASIC; IC_1)

PL/I (von engl. Programming Language One - eine prozedurale Programmiersprache (PS_2) zu universeller Anwendg. auf techn.-wissenschaftl. wie kommerzielle Aufg. u. zur Systemprogrammierung mit sehr grossem Repertoire (auch alternativer) sprachl. Mittel, das aufgaben- oder programmierstil-bezogene Beschränkung auf Teilmengen nahelegt - urspr. 1964 bis 1966 von IBM als New Programming Language entwickelt in absichtl. Vereinigung von Konzepten aus ALGOL 60, COBOL u. FORTRAN (so rekursive Prozeduren, Datentypen, Datenformatierung) - hinzukamen bedingte Fehlerbehandlung im Programmlauf, determinierende Attribute zu Operanden u.a.m. - die Semantik wurde in VDL beschrieben - selbst hervorragende Kompilierer ließen Bedenken zur barocken Fülle und zu subtilen Fehlermöglichkeiten von PL/I nicht verstummen - die Normung wurde 1975 von ECMA durch Beschluß der Generalverslg. aufgegeben, jedoch von ANSI weitergeführt - die späte Normung einer (anfängl. abgelehnten) Teilsprache wird von kritischen Anwendern f. den größten Fortschritt gehalten - PL/I siehe: ANSI X3.53-1976; ISO/IS 6160-1979 (Refer. auf Orig.); DIN 66 255, 5.80 (engl. Orig. u. zweisprach. Fachwörterliste); inhaltsgl. EN 26 160:1989 - Teilspr. siehe: ANSI X3.74-1981; ISO/IS 6522-1985 (Refer. auf ANSI); ISO/IEC DIS 6522:1989 (Überarbtg. der IS von 1985); DIN 66255 Teil 2, 5.84 (mit engl. Orig. u. zweisprachig. Wörterverz.) - naheliegend erscheint, daß die Verbreitung aufgrund von Fortran zurückgeht - vgl. auch Ada, APL, BASIC, C, CHILL, ELAN, LISP, Modula-2, Pascal, PEARL, PROLOG, Simula; PSP)

PLP

(engl.) programming language processor (dt. Programmiersprach-Prozessor (PSP) - siehe ISO/TR (Typ 3) 9547:1988 (zu Testmethoden) - vgl. auch PL_1, PS_2; LBA)

PLUS

(kurz für) PHIGS PLUS (von frz.-dt.-engl. Plus Lumière und Surfaces - die hybride Langform wurde dem Akr. absichtlich (mit Humor) so unterlegt - siehe ISO/IEC-Norm P. 4 unter PHIGS)

PLV T

Pflichtleistungsverordnung Telekom (Verordnung (VO) der BuReg d. BRD für die DBP Telekom - in Kraft seit 1.10.1992 - legt fest, welche ihrer Dienstleistungen die DBP Telekom als Pflichtleistungen anbieten muß, um ihren Infrastrukturauftrag zu erfüllen - für ihre Pflichtleistungen und ihre Monopolleistungen gilt weiterhin die TKV neben den neuen AGB, die für ihre sog. freien Leistungen im Wettbewerb mit anderen Anbietern nun ausschließl. gelten - vgl. auch PSG)

PLZ

Postleitzahl (früher für Deutschland (D_1) wie für Österreich (A_2) und die Schweiz (CH_2) vierstellig vor dem Bestimmungsort anzugeben - **neue fünfstellige PLZ' für D (BRD) seit 1. Juli 1993** wie von der DBP Postdienst ab Januar 1993 bekanntgegeben (Verzeichnis: vom Mai 1993 leider fehlerhaft) - abgeseh. von Problemen u. Kosten d. Umstellg. wird allg. als mißlich empfunden, daß für Abholadressen (Postfach) u. Zustelladressen (Straße) grundsätzl. verschiedene Nummern gelten, so daß beide Adr. in Absendern u. Dateien strikt auseinanderzuhalten sind, u. daß die Besuchsadresse nicht mehr aus der Zustelladr. ersichtl. ist - anstelle des Ländernamens unter dem Bestimmungsort kann für die meisten europ. Länder das Landeskennz. für Kraftfahrzeuge d. PLZ mit Bindestrich vorangestellt werden (ausgen.: Spanien, Vereinigtes Königreich, Gemeinschaft unabhängiger Staaten) - siehe Postleitzahlenverzeichnis d. DBP Postdienst - vgl. auch O, W_2; ZIP; ONK; BLZ; EAN_2, UPC; ISBN, ISSN; TAN; DK, UDC; PIN, PK[Z]; ID)

PM

1. (engl.) Presentation Manager (des Betriebssystems(BS_1) OS/2)
2. Projekttmanagement (engl. project management - vgl. NPT; V_4)

PMD

(engl.) post-mortem dump (von lat. post mortem: nach dem Tod / engl. dump: (hier etwa) Halde - dt. Post-Mortem-Abzug - Speicherabzg. nach Systemzusammenbruch - vgl. BS_1, SW; RS; ITSHB)

PMOS

P-Kanal-MOS (von engl. positive-channel MOS - IC-Art (IC_1) - vgl. auch CMOS, NMOS; VMOS; DL_1, DTL, TTL_2)

PMPS

Programmgesteuerte[s] massiv parallele[s] System[e] (MPS_2) (i.U. zu NMPS - vgl. auch MIMD, SIMD; BCS_1; Transputer; MANNA; Ada, Modula-P, Occam; MPS_1)

PN 1. Petri-Netz (entspr. engl. Petri net - ben. nach C.A. Petri, dem Begründer der Netztheorie - die Bez. wird häufig auch einschränkend verwendet zur Kennzeichnung von Netzen mit unstruktur. Vielfachmarken - siehe: C.A. Petri: Kommunikation mit Automaten (Dissertation von 1961), Schrift. des Inst. f. Instrumentelle Math., Nr. 2, Bonn, 1962, 81 S. (in New York ist 1966 eine engl. Übers. ersch.); B. Baumgarten: Petri-Netze, Grundlagen und Anwendung, 1990, 369 S. (Einf. mit Lit.), ISBN 3-411-14291-X; G. Rozenberg (Ed.): Advances in Petri Nets (APN) 1991 (contains Bibliogr. of Petri Nets 1990, updated by H. Plünnecke, W. Reisig), LNCS 524 & APN 1992 (results of DeMoN by E. Best et al.), LNCS 609, Springer-Verl. 1991, 8 + 572 p., ISBN 3-540-54398-8 & 1992, 8 + 472 p., ISBN 3-540-55610-9; K. Jensen (Ed.): Applic. and Theory of P. N. 1992 (13th Internat. Conf., Sheffield, June 1992, Proceed.), LNCS 616, Springer-Verl. 1992, 6 + 398 p., ISBN 3-540-.....-. - vgl. auch CPN_2, EPS_1, PrT; FDT)

2. polnische Notation (entspr. engl. Polish notation - "polnisch" ben., da von einem Polen eingeführt: J. Łukasiewicz, 1878-1956 - klammerfreie (u. punktfreie) Präfix- oder auch Postfixnotation für Terme der Aussagenlogik oder der Arithmetik, wie z.B. bei NKpq statt $\neg(p \wedge q)$ oder bei $ab+^2$ statt $(a + b)^2$, anstelle der sonst überwiegend üblichen Infixnotation, die ohne Klammern nicht allg. eindeutig ist (oder anstelle von Präfix- oder Postfixnotation mit Klammern) - i.e.S. (urspr.) klammerfreie Präfixnotation f. aussagenlogische Ausdrücke, insbes. um außer ein- u. zweistell. Junktoren (von Ł.: "Funktoren" gen.) auch drei- u. n-stellige Junktoren darstellen zu können, i.w.S. heutigen Sprachgebrauchs als Oberbegriff auch (zumindest klammerfreie) Postfixnotation einschließend u. (mehr o. minder konsequent o. durchgängig) auf arithmetische Terme übertr., insbes. bezügl. Rechenmaschinen, bei Taschenrechnern u. Programmiersprachen (PS_2) - allg. wird mit PN sog. Klammergebirgen entgegengewirkt u. damit die Syntaxanalyse (von sog. Parsern) vereinfacht - vgl. auch RPN, UPN; APL; VZ; FDT)

PNE Bei CEN&CENELEC: Abfassung und Gestaltung Europäischer Normen (von frz. présentation de normes européenne; engl. presentation of European standards - die Abk. wird nicht übers. - siehe: Gemeinsame Geschäftsordnung von CEN und CENELEC, T. 3: Regeln für die Abfassung und die Gestaltung Europäischer Normen (PNE-Regeln), dreisprachige Ausg. (dt.-engl.-frz.), 1991-09 = DIN V 820, T. 2 (Gestaltung von Normen), 6.92, Mit Anhang G: Abfassung und Gestaltung von Benennungen und Definitionen - vgl. auch EN, ETS; CTR)

PODA Piloting ODA (Esprit-Projekt von Bull, ICL, Olivetti, Siemens (jetzt SNI) - vgl. auch PAGODA, TODAC)

POP (von engl. Post Office Protocol, dt. Postamtsprotokoll - zur Übermittlg. elektron. Post (EP_2), insbes. E-Mail aber evtl. auch 'News' oder Fax, zwisch. einem ständig ('online') empfangs- u. sendebereit. POP-Server (einem Rechensystem (RS) in Postamtsrolle) u. anderen, nicht ständig bereiten RS' (in Postkundenrolle) von Dienstteilnehmern, vom POP-Server verwendetes Protokoll - nicht unmittelbar zustellbare E-Mail, die ein POP-Server in seinem Speicher hinterlegt, kann der jeweils berechtigte Teilnehmer von einem beliebigem Rechner und Ort aus über Netz abrufen (Benutzerkennung & Passwort) - vgl. auch MX; SMTP)

POS
1. Point of Sale (dt. Verkaufsstelle - bes. in neudt. 'POS-Banking' für bargeldloses Bezahlen von Einkäufen mit Kredit- o. Scheckkarte - vgl. auch OLV; GAA; ec; PIN; ID)
2. Payment Operating System (dt.Zahlungs-Abfertigungs-System - NWI von ISO/TC68 - vgl. auch EFT; TTT_2; EDI)

poset (engl. in mathem. Zusammenhang.) partial ordered set (dt. halbgeordnete Menge - vgl. iff)

POSI Promoting Conference for OSI, Japan (OSI-Anbietergruppe - fördert die Normung von ISPs u. deren Anwendung - entwickelt Test- u. Zertifizierverfahren für OSI-Produkte - entspr. COS in den USA, SPAG in Europa - vgl. auch INTAP; CPS; MAP/TOP, OSITOP; EWOS)

POSIX
1. Portable Operating System Interface for Computer Environments (dt. etwa Rechnerumgebungs-Schnittstelle für ein portables Betriebssystem - von IEEE in IEEE.P1003 entwickelte Schnittstelle (SS_1) eines Unix-ähnlichen BS (BS_1) für Programme in C auf Quellsprachebene zur Erzielung von Programmportabilität, gen. POSIX.1: System Application Program Interface (API) - siehe: ISO/IEC IS 9945-1:1990 = IEEE Std 1003.1-1990 - vgl. auch BSD, OSF/1, XPG; PCTE)
2. Promoting Conference for UNIX, Japan (bezeichnet nach dem Vorbild von "POSI" - UNIX-Anwendergruppe - vgl. IEEE/POSIX, OSF, X/Open, UCB, UI)

PostG Postgesetz (der BRD - vgl. auch PSG; DBP)

PostScript (die Metapher ist Wz von Adobe - Seitenbeschreibungssprache von Adobe - zumindest in Deutschland weiter verbreitet als InterPress von Xerox (deren Verbreitg. offenbar zurückgeht) - bezügl. Laserdruckern (Laser) für PCs (PC_1) o. 'Workstations' (WS') der de-facto-Standard - siehe P. Vollenweider (ETH): PostScript, Konzeption, Anwendung, Mischen von Text u. Graphik, bei Carl Hanser, München, Wien 1988, 177 S., ISBN 3-446-15347-0 - vgl. auch PDF; SPDL; FDT)

PostStruktG Poststrukturgesetz (der BRD - siehe unter und vgl. auch = PSG)

PostVwG Postverwaltungsgesetz (der BRD - vgl. auch PSG; DBP)

POWER Performance Optimization With Enhanced RISC (dt. Leistungsoptimierung mit erweitertem RISC - das Akr. ist eingetr. Wz von IBM - Architektur der sog. Superskalar-Prozessoren der RISC-System/6000 Familie, deren neueste Modelle 11,7 bis 25,2 MFlops leisten - vgl. auch $SPARC_1$; SPEC)

P.P. (u.a.:) Proportionalteile (von lat. partes proportionales - in herkömml. Funktionstafeln Zahlenangaben zur (meist linearen) Interpolation für nicht direkt ausgewiesene Zwischenwerte)

ppb (engl.-lat.) parts per billion (dt. sinngem. Milliardstel (bei Einh. Vorsatz n) - vgl. auch Mrd.; G; ppm_2)

PPE (engl.) purchasing power equivalent (dt. Kaufkraft-Äquivalent)

PPG Public Procurement Group (SOGITS nachgeordnet - kurz für "SOGITS-PPG" - ersetzte PPSC-IT - vgl. auch AGB, BVB; PSI; EPHOS, EUROMETHOD; ECITC)

ppm
1. (engl.) pages per minute (dt. Seiten/min wie Seiten pro Minute - Einheit (außerhalb SI (SI_1)) für die Arbeitsgeschwindigkeit von Seitendruckern - insbes. zum Vergleich von Bürodruckern, z.B. Laserdruckern für PCs (PC_1) oder WS' verwendet - vgl. auch cps)
2. (engl.-lat.) parts per million (dt. sinngem. Millionstel (bei Einh. Vorsatz μ) - vgl. M_2; ppb)

PPS Produktionsplanung und -steuerung (in großen Unternehmen, weniger KMUs, weiter zunehmend rechnergestützt, u.a. gestützt auf Methoden des OR und neuerdings auch sog. 'Fuzzy'- Verfahren - siehe VDI 2815 (PPS-Begriffe) - vgl. auch CPM, MPM, PERT; NPT; AV; CNC, DNC_2; NC_1; CAP; WSS; CAM, CIM; AMT)

PPSC-IT Public Procurement Sub Committee IT (Unterausschuß für öffentl. Beschaffung im IT-Bereich - wurde SOGITS nachgeordnet unter der Bez. "SOGITS-PPG" bzw. kurz "PPG" - bei d. KEG/DG III - vgl. auch KBSt, KGSt; IMKA, KoopA ADV; EPHOS, EUROMETHOD)

PPSS Produktions-Planungs- und Steuerungs-System (Werkzeug zur PPS)

PQ Bei CEN & CENELEC: Erstfragebogen (von engl. primary questionaire - für die Planung von ENs - vgl. auch UQ)

PR (engl.) Public Relations (dt. eigtl. öffentl. Beziehungen (etwa eines Unternehmens) - engl. Akr. und Langform sind auch im Dt. üblich - statt "PR-Arbeit" jedoch üblicher u. verständl.: "Öffentlichkeitsarbeit" - sog. online-PR stützt sich auf EP (EP_2) - vgl. auch CI_2)

PRC Bei ECMA: Protection Rights Committee (dt. Schutzrechte-Komitee - beobachtet rechtl. Auswirkungen auf den sich entwickelnd. Schutz von Rechnerprogrammen sowie Patentlizensierung im Zshg. mit [europ.] Normung, berichtet u. kommentiert die Fakten an bzw. für die Generalversammlung (GA_2) - vgl. auch PatG, UrhG, UWG, StGB, WiKG 2)

PREGO Programming Environment for Graphical Objects (dt. Programmierumgebung für graphische Objekte - das Akr. entspr. ital. prego, dt. bitte (als Antwort) - war von PREMO abgelöstes Normungsvorhaben des ISO/IEC JTC 1/ SC24 für eine internat. Graphiknorm der zweiten Generation (i.U. zu GKS von 1985, GKS-3D von 1988, PHIGS von 1989) unter Beachtung des internat. genormten Computergraphik-Referenzmodells (CGRM von 1992) für graphische Datenverarbeitung (GDV), nach dem 'Framework/Components'-Modell und Anforderungen potentieller Benutzer (Befragung, Mitwirkung) - Modellierung, 'Rendering', Animation u.a.m. sollen nach neuestem Stand unterstützt werden - 'top-down'-Vorgehen bei Erarbeitung der Norm sowie deren Überschaubarkeit u. Offenheit sollen Problemen der ersten Generation (wie Veraltung bei Fertigstellung) vorbeugen - auch Konfigurierbarkeit, Erweiterbarkeit und Objektorientierung führen weit über die erste Generation hinaus - DIN/NI 24 hatte einen 'Initial Draft' eingebracht, dessen Beratung zu PREMO führte - vgl. auch CGI, CGM; OOP)

PREMO Presentation Environment for Multimedia Objects (dt. Darstellungsumgebung für Multimedia-Objekte - das Akr. wird nicht übers. - am 18.10.1992 von ISO/IEC JTC 1/ SC24 in Verallgemeinerung von PREGO beschlossenes neues Normungsvorhaben, das den Trend zu Multimedia (MM_2) berücksichtigt - das verallgemeinerte Vorhaben wird nach Abstimmung mit SC18 und SC29 einem 'Letter Ballot' bei den Mitgl. des JTC 1 unterworfen - internat. Ergebnisse dieses weitgespannten Ansatzes liegen voraussichtl. 1995 vor - vgl. auch OOP)

prEN Von CEN/CLC: Europäischer Norm-Entwurf (pr von frz. projet - die Abk. wird nicht übers. - vgl. auch EN; prENV, prHD; HD)

prENV Von CEN/CLC: Europ. Vornorm-Entwurf (pr von frz. projet - die Abk. wird nicht übers. - vgl. auch ENV; prEN, prHD; HD)

prHD Von CEN/CLC: Harmonisierungsdok.-Entw. (pr von frz. projet - die Abk. wird nicht übers. - vgl. auch HD; prEN, prENV; EN)

PRMD privater Versorgungsbereich (eines MHS - von engl. private management domain (lt. CCITT X.400) - außerhalb der Zuständigkeit des jeweiligen Telegrafieträgers (vgl. PTT), z.B. DBP Telekoms - vgl. auch ADMD; MD_1; VAS; MOTIS; EP_2; OSI)

ProdHaftG Produkthaftungsgesetz; Gesetz (der BRD) über die Haftung für fehlerhafte Produkte (in Kraft seit 1.8.1988 - regelt Herstellerhaftung in Fällen, in denen ein Mensch getötet, an Körper oder Gesundheit verletzt oder eine Sache aufgrund eines Produktfehlers beschädigt wird - EG-einheitlich (EG_1) geändert seit 1990 - ergänzt die Verkehrssicherungspflichten nach § 823 Abs. 1 BGB um Produkthaftung nach dem Verursacherprinzip mit nur noch eng definierten Entlastungsmöglichkeiten - gewährt Käufern bzw. Verbrauchern wesentlich besseren Schutz vor Schäden aus Produktfehlern als zuvor durch gravierend erhöhtes Haftungsrisiko für die Hersteller - der Distributor, Groß- oder Einzelhändler gilt als Hersteller, wenn der Hersteller kein europ. Unternehmen ist, keine europ. Niederlassung hat etc. - der Haftungszeitraum beträgt zehn Jahre - der Geschädigte muß seinen Anspruch spätestens drei Jahre nach dem Eintritt eines Schadens geltend machen - Haftung kann nicht durch AGBs ausgeschlossen werden - das Gesetz hat u.a. erhebl. Auswirkungen auf die Informationstechnik (IT) u. ist nach höchstrichterlicher Rechtssprechung **auch auf Softwareprodukte anwendbar** (obgl. als Produkt nach dem Gesetz urprüngl. nur bewegl. Sachen und Elektrizität galten, nicht Software (SW)) - dies sind nur Hinweise zu dem komplexen Gesetz, vielleicht nicht die wichtigsten im Einzelfall - vgl. auch HW; BE, FE; RS; GSG; AGBG; PatG, UrhG; HGB)

PROFIBUS (ein OSI-RM-kompatibles, Vernetzung von Feldgeräten zur Automatisierung auf den unteren Informationsebenen der Leittechnik dienendes Bussystem für objektor. Arbeitsweise u. mit einheitl. Feldgeräteschnittstelle f. ein virtuelles Feldgerätemodell - zurückgehend auf Vorarbeiten von Bosch, Klöckner-Moeller u. Siemens - gefördert vom BMFT im Verbundproj. 'Feldbus' von 13 Firmen und 5 Forschungsinst. - siehe DIN V 19245 T. 1 (Schichten 1 & 2) 1988 u. T. 2 (Schicht 7) 1990; FZI aktuell 1/90, S. 13-19 - vgl. auch FMS, VFD; SS_1; PRS; OOP; MPST; CAD, CAM, CIM_2; MAP, TOP; OSI-RM; PPS; AM PDV_1)

PROLOG (von engl. Programming in Logic - deklarative Programmierspr. (PS_2), mit der man beschreibt, was woraus zu berechnen ist, nicht wie gerechnet wird (Sachverhalte statt Ablauf) - ihre Verwendung führt zur Lösungssuche, evtl. mittels Probierverfahren - als de-facto-Norm gilt etwa W. F. Clocksin, C. S. Mellish: Programming in PROLOG, bei Springer, N. Y. 1981 - Implementationen gibt es an Universitäten u. Forschungsstellen - Anwendg. sind nicht auf Künstl. Intelligenz (KI_1) beschränkt, beziehen sich aber oft auf Expertensyst. (XPSe) - Entwicklungsumgebg. haben Schnittstellen (SS_1) zur Programmierspr. C (C_1) o. einer RDB - wird bei JTC1/SC22 genormt - die GI-Fachgr. (GI_1, FG) für deduktive Syst. unterstützt die Normung (über DIN) - vgl. auch Ada, ALGOL 60, APL, BASIC, CHILL, COBOL, ELAN, Fortran, LISP, Modula-2, Pascal, PEARL; PSP)

PROM — programmierbarer Festspeicher (von engl. programmable read-only memory - schneller Speicher zu dauerhaft. Aufnahme häufg. benötigt. Daten, z.B. Befehle o. Konstanten - vgl. EPROM, ROM; RAM, Simm)

PRS — Prozeßrechensystem (Rechensystem (RS) für Prozeßdatenverarbeitung (PDV) - mit Digital-, Hybrid- o. evtl. Analogrechner, Prozeßperipherie (z.B. Meßfühlern, Stellgliedern) u. teilweise spezieller Software (SW) ausgestattet - vgl. auch MP, RA_1; BS_1; AD_2, DA_2; DDC; CAMAC, PROFIBUS; Ada, PEARL, RT FORTRAN; Mach, RTU, TRON)

PrT-... — in "PrT-Netz": Prädikat-Transitions-... (in der Netztheorie eine Klasse von Petrinetzen (PN_1) mit unterschiedlichen Marken, gleichbedeutend Petrinetzen höherer Ordnung - vgl. CPN_2, EPS_1; FDT)

PS — (abges. von Pferdestärk. (veralt.), 1 PS = 735,498 75 W, u. Postscript.:)

1. Bei ETSI: Paging System (dt. Personenrufsystem (?) - Technisches Komitee (TC) - vgl. auch ATM_0, BT_2, EE, GSM, HF_2, NA_1, RES, SES, SPS, TE, TM_2)
2. Programmiersprache (engl. programming language (PL) - siehe Def. in DIN 44 300 T. 1, 11.88 - vgl. auch PLP, PSP; Ada, ALGOL 60, ALGOL 68, APL, BASIC, BCPL, C, C++, CHILL, COBOL, ELAN, Fortran, FORTRAN-SC, FP_1, HPF, IRL, LISP, ML_2, Modula-2, MUMPS, Oberon[-2], Occam, Pascal, Pascal-SC, PEARL, PL/I, PROLOG, PSL, RT FORTRAN, Scheme, Simula, SML, SMALLTALK; LBA; ADT, BNF, CH_1, FDT)

PSDN — Paketvermitteltes Datennetz (in internat. Zshg. - von engl. packed switched data network - vgl. Datex-P; PSPDN; LAN, MAN, WAN; OSI)

PSG — PostStruktG; Poststrukturgesetz (der BRD - vom 20.4.1989 - untergliedert den geschäftl. Bereich der DBP mit Wirkung vom 1.7.1989 (Postreform) in die drei selbständigen Unternehmen DBP Postdienst mit PTZ, DBP Postbank, DBP Telekom mit FTZ - es ermögl. übergreifend. Finanzausgl. - das BAPT (aus Teilen von PTZ u. FTZ hervorgeg.) u. das ZZF gehören zum hoheitl. Bereich (BMPT) - neue Reform durch Privatisierung steht bevor - vgl. auch FAG, TKO; Roland)

PSI — (abgesehen von einem bekannten Softwarehaus in der BRD hier bes.:) SPAG's Process to Support Interoperability (das Akr. ist im Signet mit dem grch. Buchstaben Psi hinterlegt - Qualitätscodex und Verfahren vieler Anbieter von OSI-Produkten für deren Interoperabilität durch Konstruktion - die Teilnehmer an dem Verfahren müssen sich rechtswirksam verpflichten, ein Bündel von Anforderungen an OSI-Produkte einzuhalten, die sich auf Normkonformität und Interoperabilität (IOP) beziehen - siehe Mitteilungsdienst: The SPAG Standard, Brüssels, Spring 1991, 8 p. - vgl. auch SIG_1; EEMA, EWOS; ETCOM; EurOSInet; EPHOS, EUROMETHOD; ECITC, ETSI; QA, QS)

PSL Portable Standard Lisp (an Erfordernissen der Computeralgebra orientierter Common-Lisp-Dialekt von Cray - PSL wird beim ZIB weiterentwickelt - vgl. auch sR)

PSN Privates Schaltnetz (entspr. engl. private switching network - privates ISDN zur Kommunikation zwischen DVEs - vom Benutzer auf eigenem Grundstück selbst betrieben - siehe: CCITT I.112 - vgl. auch IWU; LAN; OSI)

PSP Programmiersprach-Prozessor (auch kurz "Sprachprozessor" gen. - engl. PLP - siehe ISO/TR 9547:1988 (Typ 3 TR zu Testmethoden) - vgl. auch PL_1, PS_2; LBA)

PSPDN öffentliches Paketvermittlungs-Datennetz (von engl. Packed Switched Public Data Network; dt. verkürzt "öffentliches Paketvermittlungsnetz" gen. - vgl. Datex-P; PSDN; CSPDN, ISDN, PSTN; LAN, MAN, WAN; OSI; ODP)

PSTN öffentliches Fernsprechwählnetz (von engl. Public Switched Telephone Network vgl. CSPDN, ISDN, PSPDN, PSTN; OSI)

PT Bei ETSI & EWOS: Projektteam (entspr. engl. Project Team - wird von KEG finanziert)

PTB Physikalisch-Technische Bundesanstalt, Braunscheig (dem BMWi nachgeordnete techn. Oberbehörde und Forschungsanstalt f. die Grundl. des Messens, Eichens u. Kalibrierens - überwacht die Einhaltung des SI-Systems (SI_1) in d. BRD u. erteilt Bauartzulassungen bez. Eichung - beteiligt sich intensiv an einschlägiger Normung beim DIN u. internat. - hat 1990 auf der Hannover-Messe ein von ihr entwickeltes offenes **PC-System (PC1) mit hoher Manipulationssicherheit** vorgestellt, das im gesetzl. Meßwesen zur Fernmessung eingesetzt werden könnte - plant Aufbau einer Abt. f. Untersuchungen zu Grundl. der Informationstechnik (IT) komplementär zu bereits existierenden Einrichtungen (wie GMD, MPII, ZIB) in Deutschland u. für verstärkte Anwendg. von IT im eigenen Bereich - Zweigstelle in Berlin(West), dem Ursprungsort d. PTB - gegr. als Physikalisch-Technische Reichsanstalt 1887 - siehe: div. PTB-Schriften; Jahresberichte; W. Gitt: Informationstechnik, Bericht über ... Staatsinstitute u. Empfehlungen f. d. künftige PTB-Arbeit, März 1990 - vgl. auch DCF 77, DKD; DHI; BAM; DPG; NIST, NPL; EUROMET; BIPM)

PTI (engl.) Portable Tool Interface (eine kompatible Werkzeugschnittstelle (SS_1) als Entwicklungs- und evtl. Normungsvorhaben für Software-Entwicklungsumgebungen (SEUs) als Folgeprojekt von PCTE)

PTS (engl.) Profile Test Specification (vgl. PCTR, SCTR; RA_1; TTCN; OSI; CTS; DEKITZ; ECITC; QA, QS)

PTT etwa: Post- oder Telegrafieträger (oder beides - Gattungsbegr. in internationalem Zusammenhg. - von frz. Postes, Télégraphes, Téléphones - entspr. engl. Post, Telegraph and Telephones - Verwendung der Abk. ist vergleichbar der von "NSO" - vgl. auch ADMD; IT)

PTZ Posttechnisches Zentralamt, Darmstadt (der DBP Postdienst - vgl. FTZ; BAPT, ZZF)

PZ Prüfzeichen (engl. check character - oft auch "Prüfziffer" gen., soweit keine Buchstaben (als Zusatzzeichen) verwendet werden - ein- oder zweistelliges Numeral das, oder Buchstabe der Nummern zur Sicherung gegen unzulässige Falschanwendung verfälschter Nummern bei ihrer Vergabe von vornherein beigegeben (rechts angehängt) wird u. dessen Einhaltung bei Verwendung d. Nummern geprüft wird, so daß fehlerhaft angegebene, erfaßte oder übertragene Nummern mit hoher Wahrscheinlichkeit erkannt werden - basiert jeweils auf der Anwendung eines geeigneten Algorithmus' (Bildg. ganzzahliger Divisionsreste zu einem Modul, z.B. 11, oder auch zwei Moduln) zur Nutzung der Redundanz der verlängerten Nummer, und zwar unter Berücksichtigung der nach Fehlerstatistik u. Sachzusammenhang wahrscheinlichen Fehler (z.B. Ersetzung einzelner oder Vertauschung benachbarter Ziffern) - auch auf kurze Texte einheitl. Länge übertragbar - siehe: Def. von Fehlererkennungscode i.U. zu Fehlerkorrekturcode in DIN 44300 T.2, 11.88; Prüfzeichen-Verfahren in DIN ISO 7064, 8.84 (enth. auch Bez. genormter Verfahren & Auswahlkriterien); unveröffentlichtes Manuskript von E.R. Berger-Damiani zu mathem. Grundl. etc. von ISO 7064 - vgl. auch mod; MAC_2; ID, PIN; ISBN)

PZZ (so gen.) Pseudo-Zufallszahlen (lt. D. Knuth (The Art of Programming) gibt es so etwas (begrifflich) nicht - faktisch werden derartige Zahlen jedoch oft verwendet - vgl. ZZ; ZZG)

QA (engl.) quality assurance (dt. Qualitätssicherung (i. allg.) bzw. Gütesicherung (i. bsd.) - übergeordneter (und wohl mehrdeutiger) Begr., der viel älter als Software (SW_1) ist, aber längst auch auf sie übertragen wurde - siehe: ISO/IS 8402; ISO/DIS 55 350, Part 1-...; Arbeiten von IEEE bezügl. Softw. (SW) - vgl. auch QS; CAQ; EPIA; QM, TQM)

QBE (engl.) query by exchange (dt. Abfrage mittels Beispiel - im DB-Bereich (DB_1), insbes. bei Online-Abfragen - vgl. auch SQL [2]; FI)

QCD Quantenchromodynamik (Gebiet der Physik, das besonders hohe Anforderungen an die Leistung von Rechensystemen (RS') stellt - namhafte Physiker von CERN, DESY und KFA haben 1990 eine Europäische Teraflop-Initiative gegründet mit dem Ziel, bis 1993 ein RS mit mindestens 10^{12}, d.h. (dt.) einer Billion Gleitkommaoperationen pro Sekunde verfügbar zu haben, das weiterführende Untersuchungen zu Elementarteilchen ermöglichen soll - Parsytec in Aachen hat dazu im April 1991 einen vielbeachteten Entwurf eines massiv parallelen MIMD-Rechners auf Basis von Transputern des Typs T9000* vorgelegt, mit dem das Ziel zumindest bezügl. der Hardware (HW) erreichbar erschien - siehe F. Langhammer: Ein europ. Teraflop-Rechner als realist. Option, in Spektr. d. Wissensch., Sonderheft 11, Ultrarechner, 1991, S. 15-17 - vgl. auch Tflops; BCS_1; Ada, C_1 (Parallel C), Fortran, Modula-P, Occam, Pascal, Prolog (parallel Prolog), Scheme; Helios, PEACE, GP-MIMD, MANNA, OMI, PUMA; SMP; MPS_1; NMPS, PMPS; TTT_1)

QIC Quarter Inch Committee, ... (Komitee zur Entwicklung eines Standards für sog. 'Streamer' z. Datensicherung bei PCs (PC_1), dessen Basis Viertel-Zoll-Magnetband war - vgl. auch SCTD; MB_1; SS_1)

QL Abfragesprache (von engl. query language - für Informationsabruf aus ['Online']-Datenbanken (DB_1) - die KEG strebt schnelle Normung einer einheitlichen einfachen QL an - vgl. auch DCL, DML; NDL, SQL; FDT; SR; IR; FI, IuD; Diane, ECHO; OSI)

QM Qualitätsmanagement (entspr. engl. quality management - i.U. zu TQM - vgl. auch EQ; QS)

QoS Dienstgüte (von engl. Quality of Service - i. allg. Parameter der Datenübermittlung durch Dienste in Kommunikationsnetzen (speziell Datennetzen) - in OSI-Schicht 3, der Vermittlungsschicht (engl. Network Layer) des OSI-RM, ein Dienstelement, das Art und Qualität einer Netzverbindung festlegt, und zwar gem. Anforderungen aus der übergelagerten Schicht 4, der Transportschicht - vgl. auch CL, CO)

QS Qualitätssicherung (für QS-Systeme ist in Deutschland die DQS zuständig (i.U. zur Produktzertifizierg., f. die die DGWK zuständig ist) - siehe: DIN 55 350 T.11 (Grundbegr.); DIN ISO 9000 T.3, 6.92 (zur Entwicklg., Lieferg., u. Wartg. von Software); i.w.S. (Produktzertifizierung) auch DIN 66 285, 8.90 (Güte u. Prüfung von Anwendungs-SW); entspr. ISO/IEC-Norm (in Vorbrtg.) des JTC1/SC7 nach engl. Übers. von DIN 66285 - vgl. auch QA; CAQ; QM, TQM; AQS; DGQ; V_4; CASCO, CENCER; GGS, RAL, TüV; BAM, Roland, ZZF; SCOPE; DEKITZ, ECITC; DINZERT, EOTC/EQS; EQNET; EQ)

QZ QZ Qualität und Zuverlässigkeit (Zeitschrift für industrielle Qualitätssicherung (QS) - Organ d. Deutschen Gesellschaft für Qualität (DGQ) - bei Carl Hanser Verlag, München - ISSN 0720-1214 - vgl. auch DIN-Mitt.; FMEA, EPIA; QM, TQM; EQ)

R-... (in "R-Diagramm", engl. "R-Chart"; "R-Technik", engl. "R-Technology" von "russische(s)", engl. "Russian": so ben. von Seiten der Urheber in der ehem. USSR, bei GOST und ISO - R-Diagramme sind ein formales Beschreibungsmittel für Algorithmen oder DV-Prozesse herzustellender oder vorhandener Programme und Gegenstand oder Hilfsmittel von rechnergestütztem 'Software-Engineering' ($CASE_2$, SE): einfache rechtwinklig ausgeführte Graphen aus gerichteten Kanten, Doppelkanten und Knoten zur Darstellung von Programmkonstrukten aus Bedingungen und Aktionen in beliebiger Vermaschung, unabhängig von bestimmten Programmiersprachen (PS_2), jedoch sprachbezogene Beschriftung zulassend und auf gewöhnl. alphanumerischen Bürodruckern reproduzierbar - R-Technik ist auf R-Diagramme gestütztes CASE, für die bereits einige Werkzeuge für PCs (PC_1) u. Großrechner existieren u. mit der u.a. ein graphisch unterstützter Programmierstil angestrebt wird - im wesentl. zurückgehend auf u. propagiert von I.V. Vel'bickij in Kiew - siehe: GOST 19 005-85; ISO/IS 8631:1989 (2nd ed.) Annex A, Spalte H; DIN 66 262, 11.85: Programmkonstrukte zur Bildung von Progr. mit abgeschl. Zweigen; Def. von abgeschl. Zweig in DIN 44 300 T.4, 11.88; I.V. Vel'bickij: Technology of Programming by Graphic Structures, Univ. Kiev, 1989; W.K. McHenry: R-Technology and CASE, Analysis and Comparative Perspective, Georgetown Univ., Wash. DC, 1989 - vgl. auch RE_1, RE_2; STP_2; FDT)

RA

1. Rechenanlage (ausschließlich die Hardware (HW) eines Rechensystems (RS) - siehe Def. in DIN 44 300 T.5, 11.88 - vgl. auch PC_1, WS; RZ)
2. (Bei ECITC) Anerkennungsvereinbarung (von engl. Recognition Arrangement - die ECITC-Mitgl. haben im Mai 1989 der vorläufigen Annahme der beiden ersten RAs zugestimmt: dem OSTC (inzwisch. voll anerkannt) für OSI u. dem ETCOM für MAP/TOP - 1990 wurde auch dem RA zu EMCIT für EMV vorläufig zugestimmt - siehe: Provisional Guide on how to set up a R... A..., by CEN/CLC; ECITC (edtr.): Acceptance Criteria for Recogn. Arrangements - vgl. auch CTS, OTL; DGWK; DEKITZ)

RACE Research and Development in Advanced Communications Technologies for Europe (Förderprogramm d. KEG - vgl. auch INS; COMETT, DELTA, DRIVE; Esprit, $FAST_1$, INSIS, SCIENCE; EUREKA)

rad (der) Radiant (die Abk. ist Einheitenzeichen der ergänzenden SI-Einheit (SI_1) Radiant (engl. radian, frz. radian) für den ebenen Winkel - "Radiant" ist besonderer Name für die SI-Einheit Meter durch Meter (Einheitenzeichen m/m) i.S. von Meter (Kreisbogenstück) durch Meter (Radius) - Einheit der Dimension (dim) 1 zur (bedarfsweisen) Kennzeichnung von Zahlenwerten im Bogenmaß als Größenwert der Größe ebener Winkel i.U. zu anderen Längenverhältnissen (z.B. Dehnung), bes. in Physik und Technik - es gilt 2π rad = 360° = 400 gon, folglich 1 rad = 57,295 779 ...° = 63,661 977 ... gon - auf Taschenrechnern als alternative Einheit zu Grad (engl. degree) oder Gon vorgesehen um das Bogenmaß zu kennzeichnen (obgleich mathematisch i.allg. weder erforderl. noch erwünscht) - daher dort anstelle der auf der Tastatur fehlenden einfachen Arkusfunktion (arc_1) zur Umrechnung nutzbar - siehe: DIN 1301 (Einheiten); DIN 1312 (geometr. Orientierg.), DIN 1315 (Winkel) - vgl. auch pla)

RAK — Regeln für alphabetische Katalogisierung (bei Reichert, Wiesbaden - Titelaufnahme nach DIN 1505, T.1-2 entspr. im wesentl. der nach RAK - vgl. auch RAK-WB; ISBN, ISSN)

RAKA — Rationalisierung auf Kosten anderer (Akr. von der CCG scherzhaft geprägt - hier als Warnung potentiell Betroffener aufgenommen - sprachlich vergleichbar YAMA)

RAK-WB — RAK (Bd. 1): Regeln für wissenschaftliche Bibliotheken (bei Reichert, Wiesbaden - siehe unter RAK - vgl. auch ISBN, ISSN)

RAL
1. RAL Deutsches Institut für Gütesicherung und Kennzeichung e.V., Bonn (von ehemals: Reichsausschuß für Lieferbedingungen (seit 1925) - vergibt Gütezeichen - vgl. DGWK, DGPI, GGS, TüV, VDE, ZZF; PI, QS; AQS; DQS; DGQ)
2. Rutherford Appleton Laboratory, Chilton (Oxfordshire) (größte der im SERC zusammengeschlossenen Forschungseinrichtg. im Vereinigten Königreich - hat ca. 1400 Mitarb., etwa zur Hälfte Wissenschaftler - betätigt sich auch intensiv auf dem Gebiet der Informatik u. Informationstechnik (IT) - wurde 1990 Mitgl. von ERCIM - vgl. auch NPL, NCC; CWI, GMD, INESC, INRIA; ICSI)

RAM
1. Direktzugriffsspeicher (von engl. random-access memory - dieser Begr. grenzt Speicher nach der Art des Zugriffs vom Begr. sequentieller Speicher (z.B. MB_1) ab, nicht nach der Richtung des Zugriffs (wie ROM), nach der Konstruktion (wie KSP o. MB), nach der Verwendungsweise oder Stellung in der Speicherhierarchie - dennoch wird er bei PCs (PC_1) der Einfachheit und Kürze wegen oft gleichbedeutend mit dem Begr. Arbeitsspeicher (Hauptspeicher) gebraucht, da Arbeitsspeicher in aller Regel RAMs sind - RAMs dienen aber auch anderen Zwecken (z.B. in Laserdruckern) - unterschieden werden zudem sog. dynamische RAMs (DRAMs) u. sog. statische RAMs (SRAMs) - vgl. auch Simm; CD_2, CD-ROM, MOD, ROD, WORM; MC; DAT; LP; LK, LS)

2. Maschine mit Direktzugriffsspeicher (von engl. random-access maschine - vgl. VNM; VM_1; TM_3)

RARE

Réseaux Associés pour la Recherche Européenne, Amsterdam (das Akr. wird nicht übers. - Vereinigung europäischer Netzbetreiber und -benutzer, die seit 1986 zur Überwindung nationaler Grenzen von Forschungsnetzen eine harmonisierte Datenkommunikations-Infrastruktur entwickelt, und zwar in internat. Zusammenarbeit u.a. mit der Internet Society (als einem von deren Gründungsmitgl.) - betreut COSINE - unterhält Arbeitsgruppen (WGs) u.a. für DIR, FTAM, ISDN, MHS sowie insbes. auch die seit 1991 in den Vordergrund getretene Gruppe RIPE für TCP/IP-Netze - gibt Empfehlungen hrs., z.B. zu EAN_1 - vgl. auch EEPG; DFN, WIN; EARN, Euronet; CEPT, ETSI; ECMA, EWOS, SPAG; ECTUA, EEMA; ECFRN; NREN; CCIRN; CCITT, JTC1; IXI; LAN, MAN, WAN; GAN; OSI; ODP)

RD

1. Bei CEN & CLC: Bezugsdokument (von engl. Reference Docum.)
2. (engl.) research and development (besser wohl "R & D" abgekürzt - dt. wohl meist FuE, sonst F&E)

R & D

(engl.) research and development (z.B. in Verlautbarungen der KEG zu Esprit - dt. Forschung u. Entwicklg. (FuE) - vgl. auch RTD)

RDA

Fernzugriff auf Datenbanken (von engl. Remote Database Acces - die Abk. wird nicht übers. - in OSI-Schicht 7, der Anwendungsschicht des OSI-RM, das Anwendungsdienstelement (ASE) für den Fernzugang zu Datenbanken (DB_1) - der internat. genormte RDA ermöglicht Verbindungen von DBs und entfernten Anwendungen mit einen Minimum zusätzl. (nicht genormter) techn. Vereinbarungen, auch in heterogenen Konfigurationen - dabei können Anwendungen selbst auch Prozesse von [aktiven] Datenbanksystemen (DBS') sein, was auch Kooperation von [heterogenen] Untersystemen verteilter DBS' ermögl. - die internat. Normen gehen auf Vorarbeiten von ECMA TC 22 (Databases) zurück - die [Weiter]enwicklg. von RDA steht in engem Zusammenhang mit der von SQL, jetzt von SQL 2 zu SQL 3 - siehe: ECMA TR/30, Dec. 1985; Entw. DIN 66316, 10.92, T.1 (Generisches Modell, Dienst, Protok.), T.2 (SQL-Spezialisrg.), enth. jew. deutsch. Vorspann, engl.-dt. Fachwörterliste u. ISO/IEC DIS 9579-1:1991 bzw. -2:1991, Einspruchsfrist endete 31.1.1993; Norm in Vorbrtg. - vgl. auch RDASP; SQL 2, SQL 3; DIR, IRDS; RDM; OODBS; KS; ODP)

RDASP

(engl.) Remote Database Access Service and Protocol (vgl. RDA, TP; DB_1; KS, OSI; ODP)

RDB

Relationale Datenbank (Datenbank (DB_1) nach dem Relationalen Modell (RM_2) von E.F. Codd - vgl. auch RI_3, SQL; DD_1, IRD; DIR; OODB; RDBMS, RDBS; DBMS, DBS; KS)

RDBMS — Relationales Datenbankverwaltungssystem (von engl. relational data base management system - vgl. RI_3, SQL; OODBMS; RDB, RDBS; RM_2; DB_1, DBMS, DBS)

RDBS — Relationales Datenbanksystem (eine Relationale Datenbank (RDB) [oder mehrere RDBs] zusammen mit ihrem Relationalen DBMS (RDBMS) - vgl. auch RM_2; OODBS; DB_1, DBS; KS)

RDL — relationale Datensprache (von engl. relational data language - generischer Begr. einer relationalen Datenbank(DB_1)sprache, z.B. das internat. genormte SQL [2] (zumindest bezüglich einer konstituierenden sprachlichen Komponente) i.U. zur internat. genormten NDL)

RDM — Relationales Datenmodell (in einigen Quellen "RM" (RM_2) gen. - siehe Lit. unter RM_2 - vgl. auch RI_3; RDB, RDBMS, RDBS; SQL)

RDS — Radiodatensystem (ermöglicht einseitige Übermittlung von Daten im UKW-Bereich auf Kanälen, die Sendern f. Hörfunk zugewiesen sind, in einer zuvor nicht genutzten Frequenzlücke (relat. 57 kHz) neben Summen- u. Differenzsignal des Stereotones (u.a. potentiellen Sign.), auch u. gerade begleitend zu Hörfunk - RDS-Signale können von dafür ausgestatteten neueren Empfängern (Autoradios, Tunern, Steuergeräten) als Anzeigedaten bzw. Steuerdaten interpretiert werden - entwickelt in Europa - hier auch bereits weithin verwendet (bald auch in den USA) vor allem zur Übertragung der Senderbez. f. LCD-Anzeige sowie alternativer Frequenzen (automat. Umstellen) insbes. für Autoradios, wenn das eingestellte Progr. zu schwach einfällt, doch auch bei Heimempfängern sinnvoll zum Optimieren des Empfangs - dient auch Angabe der Programmart und kann auch für Wetterberichte, Börsenberichte oder Personenruf verwendet werden, auch in Verbindung mit Rechensystemen (RS') - vgl. auch ARI; Btx, TEMEX, Videotext; ACTS, DCF 77)

RDV — (Zeitschrift) Recht der Datenverarbeitung (Organ der GDD - bei Vieweg, Wiesbaden)

Re — Realteil (einer komplexen Zahl $c = a + b\,i$ ist die (reelle) Zahl a, so daß gilt: $\mathrm{Re}\,c = a = \frac{1}{2}(c + c^*)$ mit c^* als der konjugierten zu c - i.U. zu Im - vgl. auch i_2)

RE — 1. (engl.) requirement engineering (auf eingehende Anforderungsanalyse gestütztes Vorgehen - auch bei der Entwicklung von Software (SW) - vgl. auch R-...; FP_2, STP_2, OOD; OO; SE)

2. (engl.) reverse engineering (im Software-Engineering (SE) Verfahren zur Analyse gegebener Software(SW)-Produkte zum Rückschließen auf deren Struktur, insbes. vom Objektcode (Kompilat) eines Programms auf seinen Quellcode (Dekompilieren) und damit auf Lösungsverfahren oder Algorithmus und Konstruktion - erleichtert eigene Änderung oder Wartung fremder Programme, ermöglicht aber auch Ideenraub bei Vermeidung unzulässiger Direktkopie - das Fehlen eines Schutzgesetzes für SW-Produkte (entspr. dem Halbleiterschutzgesetz) wurde daher oft beklagt - die rechtliche Abgrenzung bereitet jedoch grundsätzliche Schwierigkeiten - aufgrund einer EG-Ricchtlinie hat sich die Situation geändert - siehe unter UrhG - vgl. auch R-...; PatG; PRC, WIPO)

real — (engl., dt. reell - (konkreter) Datentyp (abgeschnittener oder gerundeter) reeller Zahlen (in Gleitkommadarstellung) in vielen Programmiersprachen (PS_2) - i.U. zum gleichnamigen abstrakten Datentyp (ADT) - vgl. auch FPA; GKA; (unter) GAMM; boolean, char, integer)

REM — Raster-Elektronenmikroskop (verwendet Reflexion eines am Objekt im Rasterbildverfahren geführten Elektronenstrahls - vgl. TEM)

RES — Bei ETSI: Radio Equipment systems (dt. etwa Funkgerätesysteme - Technisches Komitee (TC) - vgl. auch ATM_0, BT_2, EE, GSM, HE_2, NA_1, PS_1, SES, SPS, TE, TM_2)

RFA — Republique Fédérale d'Allemagne (frz. Übers. von "BRD" - bei ISO u. IEC bis 1990 offiziell "Allemagne, R.F." - vgl. auch FRG)

RFC — 1. (engl.) request for comment (Bitte um Stellungnahme - in Wissenschaftsbetrieb und Standardisierung der USA und wohl auch Kanadas übliche englische Fügung - vgl. MoU)

RFC[-...] — 2. (RFC (RFC_1) im Netzzusammenhang US-amerik. oder internat. Telekommunikation (TK_2) ein bes. Arbeits- und Dokumentationsmittel für eine formelle [techn.] Vereinbarung mit dem Charakter eines Standards - zunächst wird ein Vorschlag via eine (die) zentrale Ansprechstelle (z.Zt. postel@isi.edu.usa) im CSnet o. Internet (?) als RFC ohne Nr. publik gemacht (evtl. über Usenet) u. von daran Interessierten über E-Mail kommentiert, evtl. über mehrere Revisionen - sodann wird dem allg. akzeptierten Ergebnis, falls es überhaupt dazu kommt, eine Nr. zur Identifikation zugeordnet, die über eine Mailbox im CSnet o. Internet (?) vergeben wird, u. so eine internat. Identifizierg. aktueller, breite Kreise interessierender RFC-Ergebnisse (RFC-... mit Nr. ...) ermögl., die jeder Interessierte über eine Netzverbdg. abrufen kann - auch von Europa o. anderen Erdteilen aus - z.B. RFC-791: IP - vgl. auch EAN_1; RFD)

RFD (engl.) request for discussion (dt. Bitte um Diskussion - bei Usenet gewöhnlich für eine Zeitspanne von zwei bis drei Wochen, in der die Einzelheiten einer neuen 'Newsgroup' ausgehandelt werden - über Netz mittels E-Mail - vgl. auch RFC; CFV)

RFT revidierbar[er] formatierter Text (entspr. engl. revisable form text - im Zshg. von Textverarbeitung (TV_2) o. Textübermittlung: Text in einer Darstellungsform, die konkrete Schriftzeichen eines gegebenen gewöhnl. Textes als Zeichen eines (abstrakten) Alphabets der Buchstaben, Ziffern, Interpunktionszeichen etc. einerseits und deren Formaspekte wie Schriftschnitt, lokale Schriftauszeichnung andererseits voneinander gesondert in einer zusammenhängenden Zeichenfolge wiedergibt, wobei übergeordnete Formaspekte des Schriftstücks wie Gliederungsstruktur, Satzspiegel etc. auf besondere Weise verschlüsselt in die gleiche Zeichenfolge aufgenommen werden (z.T. vorangestellt) - die mißverständl. Ben. ist evtl. im Zshg. mit der Prägung von "DCA" entstanden - eine Klärung einschlägiger Begr. wurde bei der Normung von ODA und SGML angestrebt - vgl. auch ≠ RTF; PDF; WYSIWYG)

RGB (von Rot, Grün, Blau; entspr. engl. red, green, blue - bei Farbbildschirmen verwendetes, würfelförmiges Farbmodell additiver Primärfarben für den Bildaufbau im Ggs. zu CMY - die Abk. wird dementspr. auch am Stecker von Arbeitsplatzrechnern für Farbmonitore verwendet, also als Bez. der Übergabestelle bzw., abstrakter, der Schnittstelle (SS_1) - vgl. auch HLS, HSV; EGA, HGC, VGA, SVGA; Tiga, XGA; X_3; MPR; SIG, VDT, VDU; GDI, SCSI)

RGU rechnergestützter Unterricht (engl. computer aided instruction (CAI))

RGW Rat für gegenseitige Wirtschaftshilfe (dt. f. "COMECON" - in d. ehem. DDR wurde ausschließl. "RGW" verwendet - ehem. Wirtschaftsorganisation des ehem. Ostblocks - hat noch im Juni 1988 mit den EG (EG_1) ein Zusammenarbeitsabkommen geschl., das neben d. BRD auch Berlin (West) einschloß - 1990 aufgelöst - vgl. auch EFTA; ECE; KSZE)

RI 1. Rechtsinformatik (im weitesten Sinn das Gebiet interdisziplinärer Forschung, Entwicklung und Lehre mit dem Gegenstand: Beziehungen zwischen Informatik und Recht - Hauptrichtungen sind dabei Informatikanwendungen im Recht (RI i.e.S.) u. Rechtsregelung von Informatikanwendungen (Informationsrecht) - techn. Normung, insbes. auf dem Gebiet der Informatik bzw. Informationstechnik (IT), kann man eine gewisse Affinität zur RI beimessen, insofern **technische Normen über Referenzen in rechtlichen Vorschriften einen höheren Grad von Verbindlichkeit** erhalten, insbes. in der Rechtssetzung der EG (EG_1) mit Verweisungen von Richtlinien (gem. Art. 189 EWG-Vertr., engl. directives) auf ENs - siehe H. Fiedler: Rechtsinformatik in LdR 32 vom 29.2.1988 - vgl. auch TI, WI_1; IT; NF_2; DGIR, GI_1(-FB 4), GDD, GRVI; FJI, ZRVI; CoR, CR_1, CuR, DuD, RDV; BDSG, ProdHaftG, UrhG, USG; CDPC/PC-R-CC)

2. Referenzimplementation (entspr. engl. reference implementation - in Zshg. von Produktprüfungen, bes. zu Protokollen - vgl. IUT, PCTR, PICS, PIXIT; CTS, OTL; OSI)
3. Referenzintegrität (entspr. engl. reference integrity - dt. etwa Verweisgeschlossenheit - eine Integritätsbedingung von DBs (DB_1) - insbesondere eine von RDBs nach den Coddschen Regeln geforderte Eigenschaft, die das RDBMS gewährleisten soll)

RIFF — Raster-Image File Format (eines unter vielen Graphik(darstellungs)formaten - vgl. PIF, TIFF; EPS_2; CGM)

RIP — Rasterbildprozessor (von engl. raster image processor - in hochwertigen, für DTP geeigneten (etwa Postscript-fähigen) Druckern oder Fotosatzbelichtern verwendeter Prozessor zum Bildaufbau nach einer Bildbeschreibung in einer bestimmten Seiten- oder Datenbeschreibungssprache - vgl. auch SPDL; DDL; WYSIWYG; NDL)

RIPE — Réseaux IP Européens, Amsterdam (das Akr. wird nicht übers. - dt. Europäisches IP-Netz - Sondergruppe von RARE für die technische und administrative Koordination der TCP/IP-Netze in Europa sowie zwischen Europa u. d. übrigen Welt - mit d. Verbreitung von TCP/IP in Europa ist auch die Teilnahme an RIPE gewachsen - vgl. auch Internet; COSINE; OSI)

RISC — (von engl. reduced instruction set computer, dt. Rechner mit reduziertem Befehlsvorrat - Rechnerarchitektur bzw. Prozessorarchitektur neuerer Art nach dem Befehlsvorrat, i.U. zu CISC - schnelle RISC-'Workstations' (WS') mit großen Bildschirmen hoher Auflösung u. Unix bzw. Unix-nahem Betriebssystem (BS_1) sowie graphischer Benutzeroberfläche (GBO) werden derzeit u.a. von HP Apollo, IBM (POWER) u. Sun ($SPARC_1$) angeboten - mit ihrer Verbreitung hat sich das 'Client-Server'-Prinzip weithin durchgesetzt - vgl. auch BCS_1; Transputer; VLIW; MIMD, MISD, SIMD, SISD)

RJE-... — (von engl. remote job entry - in "RJE-Station" etwa: abgesetzte EA-...)

RLL — lauflängenbegrenzt(es Aufzeichnungsverfahren) (von engl. run length limited - etwa verkürzte MFM mit vergleichsweise besserer Speichernutzung durch 26 Sektoren/Spur - erfordert qualitativ hochwertige Platte ohne Fehler - vgl. auch ESDI)

RM

1. Referenzmodell (entspr. engl. reference model, frz. modèle de référence - seit Entwickl. des OSI-RM hat dieser Begr. eine Schlüsselbedtg. in der vorwiegd. internat. IT-Normung erlangt - z.B. bezügl. CAD, EDI, GKS, IRDS, KS, MOTIS, ODA, OSCRL, TP (TP_2) u. neuerdings bes. CGRM, ODP, OSE - RMs ermögl. eine Strukturierg. großer Gebiete, 'top-down'-Vorgehen, Integrat. von Gemeinschaftsarbeit vieler Beteiligter, relstiv frühe Inangriffnahme voreilender o. entwicklungsbegleit. Normung - sie ermögl. konsistente Resultate u. tragen wesentl. zur Verminderung von Reibungsverlusten bei, die bei 'bottom-up'-Vorgehen in komplexen Zshg. unvertretbar anwachsen - vgl. auch RM-ODP; IAP; XPG; FDT)
2. Relationales Modell (entspr. engl. Relational Model - Modell von E.F. Codd für Datenbanken (DB_1), insbes. RDBs - dt. gewöhnlich "RDM" gen. - siehe: E.F. Codd: A Relational Model for Large Shared Data Banks, in CACM, Vol. 13 (1970). No. 6, p. 370-387; E.F. Codd: Further Normalization of the Relational Model, in R. Rustin (edtr.): Courant Comp. Science (CS_1) Symp. 6, 1971, Englewood Cliffs NJ, 1972 - vgl. auch RDBMS, RDBS; RI_3; SQL)

RM-ODP

Basis-Referenzmodell Offener Verteilter Verarbeitung (von engl. Basic Reference Model of Open Distributed Processing - das RM-ODP von ISO/IEC/JTC1 und ITU-TS (vorher CCITT) beruht nach deren eigner Erklärg. auf Begr., die aus aktuellen Entwickl. zur verteilten [Daten]Verarbeitung hergeleitet sind u., so weit wie mögl., auf Gebrauch formaler Beschreibungsmittel (vgl. FDT) - es unterscheidet fünf Abstraktionsweisen (engl. abstractions), gen. "Gesichtspunkte" (engl. viewpoints), die zur Modellierung verschied. Aspekte vert. Systeme erforderl. sind - jeweilige Wahl eines bestimmten Gesichtspunktes ermögl. eine Systemauffassung, die einem bestimmten Zweck entspr. u. zugl. andere, für diesen Zweck irrelevante Eigenschaften vernachlässigt - unter vielen mögl. Gesichtspunkt. wurden fünf ausgewählt, die eine angemessene Beschreibg. eines offenen vert. Syst. ermögl. - drei Abstraktionsweisen berücksichtig. die Interaktionen zwisch. Komponent. eines vert. Syst.: der (engl.) 'enterprise', d. 'information' u. der 'computational viewpoint' - der 'engineering viewpoint' dient der Erfassung der Infrastrukturarchitektur u. der 'technology viewpoint ' der Erfassung von Konformitätsrelationen zwischen techn. Ausführung u. Spezifikationen - den fünf Gesichtspunkten entspr. fünf Ausprägungen eines formalen Beschreibungsmittels (Sprachen) - siehe: ISO/IEC CD 10746-1:1992 (Overview, guide); CD ...-2.2:1992 (Descriptive model); CD ...-3: 1992 (Prescriptive model); CD ...-4:1993 (Architectural semantics); CCITT Draft Rec.s 901 to 904 (same titles & cont. as the ISO/IEC CDs); C.J. Taylor: Object-orented concepts for distributed systems, in CSI (CSI_2), Vol. 15, Nr. 2-3, Jul. 1993, Special Double Issue: Object-Oriented Ref. Models (RM_1) - vgl. auch ODP-RM; IR; OSI; RM_1)

RNA (engl.) ribonucleic acid (dt. RNS - vgl. auch DNA, DNS)

RNS Ribonukleinsäure (Nukleinsäure (eine Nukleotidenkette) - engl. RNA - vgl. auch DNA, DNS)

RO (engl.) remote operation (bei OSI, insbes. DOA, RPC - vgl. auch TP; ODP, RM-ODP)

ROA Referenced Object Access (i.Zshg. von DOAM - vgl. auch OSI; ODP)

ROD wiederbeschreibbare optische Diskette (von engl. rewritable optical disc - am Markt eingeführt insbes. als MOD - vgl.auch CD, MD_2)

Roland (Abk. f. Realisierung offener Kommunikationssysteme auf der Grundlage anerkannter europäischer Normen und der Durchführung harmonisierter Testverfahren - Prüfdienst der DBP Telekom, beim Fernmeldetechnischen Zentralamt (FTZ), zur Prüfung von Endgeräten der Daten- oder Textkommunikation (sog. nicht-[sprech]sprachlicher Telekommunikation) auf Einhaltung einschlägiger europ. (internat.) Normen wie CTRs von TRAC, ETSes von ETSI oder ENs von CEN-CLC (u.a. publiziert von DIN), die auf internat. (Rahmen-) Empfehlungen von CCITT bzw. internat. Normen von ISO/IEC (JTC1) beruhen und aufgrund europ. Übereinkünfte von EG (EG_1) und EFTA einzuhalten sind (Mehrheitsbindung) - die DBP Telekom hat hierzu unter mehreren Bewerbern der BRD den Zuschlag der KEG erhalten - die Prüfberichte von Roland werden auf der Basis von Gegenseitigkeit europaweit anerkannt, ersetzen allerdings nicht die Gerätezulassung des jeweiligen Telegraphieträgers - das Prüflaboratorium in Wiesbaden hat gegenwärtig etwa 30 Mitarbeiter - der Auftragseingang ist erwartungsgemäß hoch - vgl. auch ZZF; CENCER; DEKITZ, ECITC; CE_2; CECC)

ROM Festspeicher (von engl. read-only memory - speichert Daten dauerhaft, unabhängig von Stromversorgung - vgl. EPROM, PROM; CD-ROM, WORM; MOD, ROD; RAM)

ROSE Fernbetriebsdienstelement (von engl. Remote Operations Service Element (in OSI-Schicht 7, der Anwendungsschicht des OSI-RM, das Anwendungsdienstelement (ASE) für Fernbetrieb - u.a. zur Unterstützung von MH sowie für DOA und EDIFACT verwendet - siehe ISO/IEC 90 721-1 - vgl. auch ACSE, RTSE; PRC; ODP)

RP 1. (engl.) Received Pronunciation (dt. sinngem. Geltende Aussprache - eine britische Aussprache des Engl., die auf die allgemein übliche Sprechweise gebildeter Kreise in Südengland und London zurückgeht, weithin (auch in Australien, Neuseeland, Kanada und sogar in den verschiedenen Regionen der USA) gut verstanden wird, seit 1917 fortlaufend dokumentiert wurde und britischen Ausspracheangaben in Wörterbüchern zugrundeliegt - sie wurde in Ermangelung einer besseren Ben. "RP" gen. - i.U. zur deutschen Hochlautung (Bühnenaussprache) nach Siebs et al. ist RP eher eine natürliche Norm einer (nicht der) gemäßigten Hochlautung - siehe u.a. Everyman's English Pronouncing Dictionary, by Daniel Jones, rev. by A.C. Gimson et al., Everym. Ref. Libr. - vgl. GA_1; IPA_3; LDV)

2. Bei CEN & CENELEC: Verfahrensregeln (dt. Ben.?) (von engl. Rules of Procedure)

RPC etwa: Fernprozeduraufruf (von engl. Remote Procedure Call - im Zusammenhang offener verteilter Datenverarbeitung (VDV): ein Prozeduraufruf, bei dem die Adreßräume der aufrufenden und der aufgerufenen Prozedur getrennt sind und die Prozeduren evtl. physisch getrennt gespeichert sind - siehe ECMA-127, 12.87 - vgl. auch OSI; ODP)

RPP Rahmenprüfplan (z.B. der GMD für die GGS gemäß GuP von RAL und DIN für Anwendungssoftware (SW) - siehe Klaus P. Schmidt: Arbeitspapiere der GMD 312)

RRZ Regionales Rechenzentrum (Gattungsbegr. - Abk. auch, doch nicht notwendig in Abk. von Eigennamen derartiger Einrichtungen enthalten - Beispiele sind das Rechenzentrum (RZ) der Christian-Albrecht-Universität Kiel für Schleswig-Holstein, das der Universität zu Köln für NRW, das RRZE und das RRZN - vgl. auch HLRZ)

RRZE Regionales Rechenzentrum Erlangen, Erlangen (beteiligt sich u.a. mit FTAM- Durchsatzmessungen an Arbeiten für das HDN im DFN)

RRZN Regionales Rechenzentrum für Niedersachsen, Hannover (u.a. auch Partner im Norddeutschen Vektorrechnerverbund, d. seit 1984 aufgrund eines Verwaltungsabkommens zwisch. den Ländern Berlin, Niedersachsen u. Schleswig-Holstein besteht - vgl. auch ZEDAT, ZIB, ZRZ)

RS Rechensystem (Hardware (HW) plus Software (SW) - das Stammwort Rechnen (entspr. engl. compute) bezieht sich hier nicht nur auf numerisches Rechnen (entspr. engl. calculate), sondern (wie schon bei G.W. Leibniz, 1646-1716) auf Rechnen allg. i.S. von Berechenbarkeit, also auch auf symbolisches Rechnen - die viersilbige Ben. ist insofern fast streng synonym mit dem schwerer sprechbaren achtsilbigen "Datenverarbeitungssystem" (DVS) - "Textverarbeitg. (TV_2) auf Rechnern" ist also nicht falsch, da Rechnen nicht nur numerisch Rechnen bedeutet - siehe Def. in DIN 44300 T. 5, 11.88 - vgl. auch nR, sR; PC_1, WS; RA_1, RW, ZE; RZ; VNM; MPS_2, VM_1; TM_3)

RSA (In Zusammensetzungen mit Bezug auf ein asymmetrisches Kryptoverfahren nach:) Rivest, Shamir, Adleman (den drei Urhebern dieses ersten 'Public-Key Cryptosystem' bestimmter Art, i.U. zu den beiden Begründern der Theorie, W. Diffie und M. Hellmann, von 'Public-Key Cryptosystems' (PKCS) überhaupt - siehe R. Rivest, A. Shamir, L. Adleman: A method for obtaining digital signatures and public-key cryptosystems, CACM, vol. 21, 1978, p. 120-126 - vgl. auch DEA, DES, FEAL, MAC_2, ZKP; TeleSec, TTT_2; X.509; OSI)

RSPC Reed-Solomon Product-like Code (bestimmter Fehlerkorrekturcode - z.B. bei CD-ROMs - vgl. auch CIRC)

RTD (engl.) research and technological development (dt. Forschung und technische Entwicklung - das Akr. wird von der KEG bezüglich ihrer Forschungs[rahmen]programme verwendet - siehe u.a. Innovation+ Technology Transfer, 2/92, CEC, Luxembourg vgl. auch R&D; FuE)

RT FORTRAN Real-Time FORTRAN (prozedurale Programmiersprache zur Prozeßsteuerung - vgl. auch PDV; ADA, LTPL, PEARL; PS_2, PSP)

RTF (engl.) Rich Text Format (auf dt. übers. Reiches Textformat (i.U. zu 'Nur-Text' ohne sog. Formatierungen) - von Microsoft (im Zshg. mit neueren Versionen von MS-Word) eingeführtes Textformat zur Textübermittlung (mißverständlich auch "Textaustausch" gen.) zwischen gleichartigen o. (bedingt) heterog. Systemen - (jüngerer) de-facto-Standard zur Darstellg. formatierter Texte in sog. ASCII-Zeichenfolge einschließl. aller Formatierungen, insbes. im Zshg. von Textverarbeitung (TV_2) mit Standardprogrammen (wie auch Nisus, WordPerfect u.a.m.) - obgl. das RTF von MS selbst zweckbezogen "Austauschformat" gen. wird, können RTF-Texte auch wie Word-Texte mit Word bearbeitet werden (z.B. mit 'Suchen u. Ersetzen') - vgl. auch ≠ RFT; DCA; PDF; WYSIWYG; EDIFACT, MHS (MOTIS), ODA, SGML)

RTFM; r. t. f. m. (engl.) read the fantastic manual (dt. lesen Sie das phantastische Handbuch - vgl. IMHO)

RTS/CTS (von engl. Request To Send / Clear To Send, dt. Sendeanfrage / Sendebereitschaft - beide Akr. bez. einzeln je eine Verbindung an seriellen V.24-Schnittstellen (SS_1) zwisch. DEE u. DÜE, in dieser Kombination jedoch ein 'Handshake'-Protokoll z. Datenübergabe zwisch. Rechner u. Modem, das insbes. vom schnelleren Rechner zum Modem (mit Datenkompression) am langsameren Telefonnetz z. Vermeidung sog. Zeitfehler erforderl. ist - bei Bedarf aktiviert der Rechner RTS, sendet ein Datenpaket aber erst, wenn das Modem daraufhin CTS aktiviert hat - vgl. auch FKS, TAE; Datex-J, Datex-P; ISDN, X.25)

RTSE (engl.) Reliable Transfer Service Element (in OSI-Schicht 7, der Anwendungssch. des OSI-RM, das Anwendgsdienstel. (ASE) f. zuverläss. Übertr. - u.a. zur Unterstützg. von MH, DOA u. EDIFACT verwendet - siehe ISO/IEC 9066-1 - vgl. auch ACSE, ROSE; RPC; ODP)

RTU Real-Time Unix (Echtzeit-Betriebssystem (BS_1) von AT&T - Variante von Unix - vgl. auch AIX, A/UX, BirliX, BSD, HP-UX, OSF/1, Sinix, Xenix; OSF/Motif; GUUG, UNIGS; Mach, TRON)

RUZA rechnerunterstützte Zusammenarbeit (engl. computer supported cooperative work (CSCW) - von Personen in geschlossenen oder offenen Gruppen (GBG, OBG) in betriebsstandörtlich benachbarter (LAN-vernetzter) o. getrennter (WAN-vernetzter) Verteilg., zeitüberlappt o. zeitversetzt - u.a. Begr. der KI (KI_1) - vgl. auch FTAM, MHS (MOTIS); VDV; HM, MM; ODP)

RVO Reichsversicherungsordnung (in der BRD - in Zshg. mit SGB - vgl. auch BfA, VBL)

RW Rechenwerk (siehe Def. in DIN 44 300 T.5, 11.88 - vgl. auch RA, RS, RZ, ZE)

RWC Real-World Computing (in Nachfolge von ICOTs 1992 abgeschlossenen 'Fifth Generation Computers Programme' Japans aus dem 1992 von MITI verkündeten Forschungsprogramm NIPT 1993 hervorgegangenes neues japanisches 10-Jahres-Forschungsprojekt für die "Informationsgesellschaft" des 21sten Jahrhunderts - angestrebt wird eine Nutzenmaximierung von Informationssystemen, deren Anzahl und Vielfalt nach aller Voraussicht enorm zunehmen wird, durch eine "Vermenschlichung" der Rechensysteme (RS'), die in die Lage versetzt werden müssen, mit der realen Welt (einschließlich Menschen) auf eine Weise zu interagieren, die dem menschlichen Informationssystem nahe kommt - wesentl. Gegenstände werden neben theoretischen Grundlagen sein: massiv parallele Systeme (MPS_1), neuronale Systeme, opt. Rechnertechnik u. Anwendg. im Problembereich d. realen Welt (i.S. des Proj.) - für die Finanzierung sind vom MITI 60 Mrd. Yen (= ca. 780 Mio. DM) vorgesehen - realisiert wird das ambitionierte Proj. von der Real-World Computing Partnership (RWCP), der das MITI die Aufg. übertragen hat - siehe: MITI (edtr.): The Master Plan for the Real-World Computing Program (Ergebnis einer Studie), Tokyo, March 1992; E. Politzer: Engineering Cognitive Systems, Japan's Real-World Computing Programme, in AICOM, Vol. 5 No. 2, June 1992)

RWCP Real-World Computing Partnership, Tsukuba (bei Tokio) (hat nach Vorbereitungsphase (u.a. Präsentation in Europa u. Nordamerika) gem.

Master Plan am 1.4.1993 ihre Arbeit in Tsukuba begonnen - nicht-japanische Einrichtg. (wie die GMD im Einvernehmen mit dem BMFT), die Mitgl. der Partnership sind, haben Projektvorschläge eingereicht, begutachtet von einem von MITI eingesetzten 'Review and Promotion Committee', deren Auswahl auf der Vollverslg: im März 1993 vorgestellt wurde - Kosten, die nicht direkt für Forschung entstehen, werden durch Mitgliedsbeitr. zwischen 10 u. 35 Mio. Yen gedeckt (ca. 130 bis 455 Tsd. DM) - siehe: GMD erstes ... Mitgl. der Real-World Computing Partnership in Japan, in GMD-Spiegel 1'93, S. 8-9; unter RWC - vgl. auch ECRC, ERCIM, ESI, JRC; ICSI)

RWTH — Rheinisch-Westfälische Technische Hochschule, Aachen (vgl. ETH, FU[B], TUB, TU-BS, TUM, $UNIDO_2$; TH, TU)

RZ — Rechenzentrum (i.e.S. Räumlichkeit(en), evtl. Gebäude, mit Rechensystem[en] - i.w.S. auch betreibende Organisationseinheit und von ihr erbrachte Dienstleistungen, z.B. Beratung von Benutzern - vgl. HLRZ, RRZ; KDZ; TZ_1; RA, RS; ALWR, VDRZ)

RZZ — Rat für die Zusammenarbeit auf dem Gebiet des Zollwesens, Brüssel (nimmt seit 1973 die Schirmherrschaft für das Harmonisierte System zur Bezeichnung und Kodierung der Waren des internat. Handels wahr - engl. CCC (CCC_3) - vgl. auch NRZZ, SITC; ICC_2; GATT) s (die) Sekunde (SI-Basiseinheit (SI_1) der Zeit - kann i.U. zu den anderen gesetzl. Zeiteinheiten (nämlich a, d (d_1), h (h_1), min) mit dezimalen Vorsätzen kombiniert werden - Beispiele sind: Millisekunde (1 ms = 10^{-3} s), Mikrosekunde (1 µs = 10^{-6} s), Nanosekunde (1 ns = 10^{-9} s) - vgl. auch Di, Do, Fr, Mi, Mo, Sa, So; KW_1; A_1, cd, K_1, kg, m_1, mol; ACTS, DCF 77; MOZ, WOZ; ZU, ZZ_1; MESZ, MEZ_2; GMT, WEZ; TAI, UTC)

S
0. Süden (Himmelsrichtung - vgl. N, O[-], W[-])
1. Bei JTC1 (bis 1991): Systems (Grouping: SC6, SC13, SC18, SC21 - vgl. auch SYS_1; AE_2, EM_2, SS_3)
2. (als Zusatz zum Zulassungszeichen der DBP Telekom für Ton- bzw. Fernsehrundfunkempfänger oder zugehörige Komponenten - bedeutet, daß das Gerät weitgehend unempfindlich gegen störende Beeinflussungen ist, die von anderen Funkeinrichtungen (z.B. des Amateurfunks, des CB-Funks) ausgehen, während das Zulassungszeichen selbst als Gewähr dafür gilt, daß das damit gekennzeichnete Gerät seinerseits keine Fernmeldeanlagen oder andere Funkanlagen stört - vgl. auch EMV; CE_2, GS_2; ZZF)
3. (das) Siemens (abgeleitete SI-Einheit (SI_1) des elektr. Leitwerts - Kehrwert der Widerstandseinheit Ω wie "Ohm" (daher engl. früher "mho" statt S) - vgl. auch A_1, As_1, V_3)

Sa Sonnabend; Samstag (6ter Wochentag - vgl. Di, Do, Fr, Mi, Mo, So; a, KW_1; s)

SAA Systems Application Architecture (eigene Fabrikate, Standards u. offizielle Normen übergreifende Systemanwendungs-Architektur von IBM seit 1987 - als eine Art Superstandard eines einflußreichen Systemherstellers ansehbar u. entspr. beachtet, sei es als Orientierungshilfe (wohl eher partiell) oder als Gegenstand kritischer Auseinandersetzung (etwa aus Sicht offener Normen oder Standards von Firmengruppen) - die Offenlegung dieses natürl. nicht uneigennützig geschaffenen umfassenden Kompatibilitätskonzepts verdient Respekt und entspricht einer älteren Forderg. der KEG nach Offenlegung von Schnittstellen - Änderungen nach Markt, Standards, Normen sind schon deswegen naheliegend, weil IBM sich an standardsetzenden Gruppierungen wie OSF und an Normung beteiligt - siehe: 12bändige IBM-Handbuchserie: S... A... A... Library, seit 1987, beginnend mit an Overview; E. Wheeler, A. Ganek: Introduct. to S... A... A..., IBM Syst. Journ. Vol. 27.3, 1988, p. 250-263; P. Grindley: Standards and the Open Systems Revolution in the Computer Industry, in Analysis of The Information Technology Standardization Process, Proceed. of INSITS 1989, Amsterdam 1990, ISBN 0 444 87390 2 - vgl. auch MCA, MVS, SQL; SNA)

SADIO Sociedad Argentina de Informática e Investigatión Operativa, Buenos Aires (Argent. Ges. f. Informatik und 'Operations Research' (OR) - seit 1977/1978 - hat sich 1979 der IFIP angeschl. - berät seit 1984 die argent. Reg. u. hat zur Gründg. des brasilian.-argentin. Progr. für Forschg. u. weiterführ. Studien in Inform. beigetr. - hat derzeit etwa 1000 Mitgl. (Praktiker, Hochschullehrer, Studenten u. einige Firmen) - hält Jahrestagungen mit etwa 600 Teiln. ab u. unterhält mehrere SIGs)

SADT™ Structured Analysis and Design Technique (die Abk. ist ein Wz von SofTech, Inc. - dt. Strukturierte Analyse- und Entwurfstechnik - bewährtes graph. Beschreibungsmittel für Systeme - auf Arbeiten von D.T. Ross am MIT in den 60er Jahren zurückgeh. - mit SADT angefertigte Systembeschreibungen können maschinell in CPNs (CPN_2) übers. werden - siehe D.A. Marca, C.L. McGowan: SADT ..., bei McGraw-Hill, New York 1988, ISBN 0-07-040235-3 - vgl. auch FDT)

SAG SQL Access Group, ... (dt. SQL-Zugriffsgruppe - Interessengemeinschaft von 40 Datenbank-Software-Herstellern (DB_1, SW), Rechensystemherst. (RS) u. DV-Anwendern zur Standardisierg. von SQL-Zugriffen über Netze in vert. Syst. - SQL-Abfragen über OSI-Netze sind bereits spezifiziert - gegenw. wird eine Art API vorber.: das Call Level Interface (CLI) f. TCP/IP- bzw. IPC/SPX-Netze, mit dem wohl verschiedene Ansätze, wie die von Borland u. Microsoft auf einen Nenner gebracht werden sollen - vgl. auch OMG, OSF, X/Open; ODP)

SAL (engl.) Surface Air Lifted (bei DBP Postdienst in "SAL-Paket" - schnelle Paketzustellung nach bestimmten Ländern über kombinierten Land-Luft-Weg - vgl. auch EMS_5)

SASE spezielle Anwendungsdienstelemente (von engl. specific application service elements - in OSI-Schicht 7, der Anwendungsschicht des OSI-RM, diejenigen Anwendungsdienstelemente (ASEs), die nicht eigenständig sind, d.h. nicht einzeln von einer Anwendung in Anspruch genommen werden können, sondern nur gestützt auf allgemeine Anwendungsdienstelemente ($CASE_3$) - als Hilfsbegr. inzwischen weniger aktuell - Beispiele: FTAM, MOTIS, RDA)

SaVe Satellitenverteildienst (d. DBP Telek. f. Festverbdg. bei fest. Nutzungsgebühr. - max. 500 Adressaten - vgl. auch DASAT; GAN; TK_2; OSI)

SAVE Siemens Informationstechnik Anwenderverein e.V., München (Siemens-Benutzerverband des techn.-wissenschaftl. Bereichs und der Wirtschaft - gliedert sich in Arbeitskreise zu bestimmten Themen - die beiden früheren Siemens-Benutzerverbände SCOUT und WASCO sind in SAVE aufgegangen - vgl. auch DECUS, GUIDE, SEAS, SHARE)

SB — Selbstbedienung (in Zusammensetzungen wie "SB-Foyer, SB-Safe, SB-Technik, SB-Zentrale" - vgl. ec, GAA, POS; ID)

SC
1. Bei ISO & JTC 1: (engl.) Subcommittee - SCs in JTC 1 entspr. meist AAs gleicher Nr. im NI, z.B. SC1 und AA1 - vgl. auch AG_1, SG-FS, SWG, TC, WG)
2. Schrift SC (wie "Strich-Code", obgl. engl. bar code - zur maschinellen Zeichenerkennung - siehe DIN 66 236 T. 1-8 - vgl. auch UPC; EAN_2, OCR-B; ID)

SC 47B — Bei IEC bis 1988: Subcommittee 47B "Semiconductor Devices" (ist 1988 im JTC 1 aufgegangen - Elektrotechnik sonst jedoch im IEC, in Deutschland in der DKE - vgl. MP; IC_1)

SCA — Spezielle Kamera-Anpassung (von engl. Special Camera Adaptation - von einer Gruppe bestimmter Hersteller von Blitzgeräten mit ihrerseits einheitl. Schnittstelle (SS_1) (zur Kamera) vereinbarte Anpassung verschiedener Kameras mit TTL-Lichtmessung u. unterschiedl. SS (zum Blitzgerät) durch Adapter für den jeweil. Kameratyp eines grundsätzl. beliebigen Herstellers - vgl. auch EV; AF, PC_2; MSK, SLR)

Scheme — (engl.) Algorithmic Language Scheme (i.S. von dt. Schema - eine funktionale Programmiersprache (PS_2) mit imperativen Komponenten und geringem Umfang ein (lt. 'Report') 'statically scoped and properly tail-recursive' Dialekt von LISP (obgleich der 'Report' dem Andenken von Algol 60 gewidmet ist) - sie ist zudem 'weakly dynamically typed' und steht daher dem Lambdakalkül nahe - Scheme wurde ursprünglich 1975 am MIT von G.L. Steele Jr. und G.J. Sussman als Interpretierer für erweiterten Lambdakalkül vorgeschlagen, wird seither vorwiegend in Ausbildung und Forschung verwendet und hat die Entwicklung von LISP beeinflußt - ihre bald über das MIT hinausgehende Verbreitung machte wegen ihrer raschen evolutiven Weiterentwicklung eine Standardisierung erforderlich - für Scheme wurde eine klare und einfache Semantik bei wenig alternativen Ausdrucksmöglichkeiten angestrebt - es ist eine der ersten Sprachen mit 'first-class procedures' wie im Lambdakalkül - siehe J. Rees und W. Clinger (Edtrs.): Revised^3 Report on the Algorithmic Language Scheme, in SIGPLAN Notices V21 No.12, Dec. 1986, p. 37-79 - vgl. auch EuLISP, PSL, SML)

Science; SCIENCE — (Akr.? - Förderprogramm der KEG zur Stimulation der Teilnahme forschungsbeteiligter europäischer Wissenschaftler an internationaler Zusammenarbeit und internationalem Austausch - vom Forschungsrat mit einem Budget von 167 Mio. ECU für die Dauer von fünf Jahren ab 1. Januar 1988 angenommen - vgl. auch COMETT, DELTA, DRIVE, Esprit, $FAST_1$, INSIS, RACE; EUREKA)

SCOPE Software Asessment and Certification Programme Europe (dt. Software-Bewertungs- u. Zertifizierungsprogr. Europa - großes Esprit-II-Vorhaben (Nr. 2151), 1989-1993, im Bereich IPS zu 'Software-Engineering' (SE) u. Qualitätssicherung (QS) zur Erarbeitung einer sowohl strukturorientiert. als auch statist. Prüf-, Meß- u. Bewertungsmethodik f. Software (SW) unter Berücksichtigung vorhandener Standards u. mit Überleitg. in Normung - verwendet wird ein Bewertungs- u. Zertifizierungsmodell, das an PCTE orient. ist - das Konsort. umfaßt gewerbl. Partner, Forschungsinst. u. Universitäten, in Dänemark, Deutschland (GMD, GRS, TÜV Bayern), Frankreich, Großbritannien, Irland, Italien, Spanien - in der Endphase soll die Konsensfähigkeit EG-weit (EG_1) u. aus der EFTA verstärkt werden - siehe H.-L. Hausen, N. Cacutalua, D. Welzel: A Method of Software Assessm. and Certific., Arbeitspap. d. GMD 571, Sept. 1991, 199 p. - vgl. auch GuP, RPP; ESF, ESSI; BS_1, PS_2, PSP; FE, BE, SS_1; FDT, LH_1, PH; POSIX, XPG; IAP; GGS; ECMA, TCSE/SESS; CEN, JTC 1; ECITC, EOTC/EQS; EQ)

SCOUT (einer d. zwei früheren Siemens-Benutzerverb. - aufgegangen in SAVE)

SCS (engl.) service control system (vgl. BIS, NMS)

SCSI Schnittstelle für kleine Rechensysteme (von engl. Small Computer Systems Interface - unterstützt in erster Vers. bis zu acht 'Hosts' und Gerätesteuerwerke an einem 8-Bit-Bus (mit 'multi-master arbitration') - beruht auf dem Shugart SASI Interface - weiterentwickelt zu SCSI-2 bzw. SCSI-3, die Erweiterg. für 16, 32, 64 Bits breite Übertragung (andere Stecker) u. erhöhte Übertragungsraten bieten - siehe: SCSI[-1]: ISO/IS 9316:1989 (≈ ANSI X3.131-1986), EN 209316, 7.90, DIN ISO 9316, 9.91; SCSI-2: ISO/IEC 10288:1992; SCSI-3: bei ANSI in Vorbrtg. - vgl. auch ASPI; SCTD; SPOOL; GDI, RGB; SS_1)

SCTD (von engl. Small Computer Systems Tape Device level interface - Schnittstelle (SS_1) für 'Streamer'-Laufwerke nach Anforderung. des QIC - siehe ISO/IEC IS 9317 - vgl. auch SCSI)

SCTR (engl.) System Conformance Test Report (vgl. PCTR; IPRL, ISPICS, PTS, RA_2, RI_2; TTCN; OSI; ECITC; QA)

SDH Synchrone Digitale Hierarchie (entpr. engl. Synrhronous Digital Hierarchy - CCITT-Standard zur optischen Datenübertragung ($DÜ_2$) in einem internat. übergreifenden Übertragungsnetz für Übertragungsraten von mehreren Gbit/s - ermögl. Zusammenarbeit mit den bestehenden plesiochronen Verfahren nord-amerikan. bzw. japan. Hierarchie (24-Kanal-System) u. europ. Hierarchie (30-Kanal-System) - siehe CCITT Rec. G.700 ff - vgl. B-ISDN, FDDI; OSI)

SDI — Strategic Defense Initiative (des DoD seit der Reagan-Ära - dt. (informell-krit.) auch "Krieg der Sterne" gen. - hat zu öffentl. Protest von Beteiligt. in den USA u. Mitarb. deutscher Forschungseinrichtg. geführt - inzw. drängen Regierungsstellen auf vorzeigbare Resultate f. die in neun Jahren ausgegeb. über 30 Mrd. $ - erwartet werden u.a. Ergebnisse im Ber. paralleler Prozesse - vgl. auch FIFF; HPCC)

SDIF — SGML-Dokumentaustauschformat (von engl. SGML Document Interchange Format - siehe: ISO/IS 9069:1988 (SDIF) = engl. Kern von DIN ISO 9069, 7.91, mit dt. Vorwort u. engl.-dt. Fachwörterliste; ISO/IS 9070 (Registr. Proc. für Publ. Text Owner IDs); ISO/DIS 9541 /1-7:1988 (Font Inf. Interchange); CCITT T.73 (Doc. Interch. Protoc.) - vgl. auch ODIF; EP_2; MHS(MOTIS); EDI, OSI)

SDL — Specification and Description Language (formales Beschreibungsmittel zu OSI - siehe CCITT Z.101 bis Z.104 - vgl. auch ASN.1, BNF, CCS, CSP, Estelle, IMCL, LOTOS, PN_1, PrT, VDL; FDT)

SDLC — Synchronous Data Link Control (i.U. zu HDLC - vgl. auch LAN; ATM_2; OSI)

SDS — SEDAS-Daten-Service (der CCG - soll auch kleinen und mittleren Anwendern (vgl. KMUs) von SEDAS die Einführung von EDIFACT/EANCOM ermöglichen)

SDU — (engl.) service-data-unit (im OSI-RM-Zshg. - vgl. auch PCI_2, PDU)

SE — Software-Engineering (Neudt. von engl. software engineering - vgl. RE_2; SEU; $CASE_2$; BS_1, FDT, PS_2, SS_1, SW; CIP_2; TCSE; ESF, ESSI; IPSE, PCTE; IAP)

SEARCC — South East Asia Regional Computer Confederation, Singapur (südostasiatischer Regionalverband von Informatikgesellschaften in Hongkong, Indien, Indonesien, Malaysia, den Philippinen, Singapur, Thailand u. Pakistan - wie auch die zu ihren Mitgliedskörperschaften gehörenden Computer Society of India und Singapore Computer Society selbst Vollmitgl. d. IFIP - vgl. auch ≠ SERC; CLEI, ECI, W.A.R.C.S)

SEAS — SHARE Europe Association (technisch-wissenschaftlicher IBM-Benutzerverband für Europa - vgl. auch GUIDE; DECUS, SAVE)

sec; SEC — (Ersatzzeichen f. das Einheitenzeichen s (Sekunde) im SI-System (SI_1) - nur bei beschränktem Zeichenvorrat, z.B. im Fernschreibverkehr (Tlx), zu verwenden, um Verwechslung mit S (Siemens) auszuschließen - sonst falsch, i.U. zu "min" - siehe DIN 66030 - vgl. auch h)

SEC Bei IFIP: Site Evaluation Committee (dt. sinngem. Veranstaltungsort-Bewertungskomitee - für Einholung ('soliciting') u. Bewertg. ('evaluation') von Angeboten ('bids') f. jeweil. IFIP-Kongresse, etwa den 1996 (1992 Madrid, 1994 Hamburg) - vgl. auch AMB, CGC, IPC_2, OC)

SECAM (von frz. séquentiel à mémoire, dt. sinngem. aufeinanderfolgend speichernd - der SECAM-Standard für das Farbfernsehen nach CCIR-Empfehlung war in Frankreich, arabischen Ländern und Ostblock am meisten verbreitet - unabhängig entwickelt von H. de France - in Frankreich eingeführt ab 1968 - Verbreitung in Europa zugunsten von PAL zurückgehend - vgl. auch NTSC; VHS_1; HDTV; TV_1)

SEDAS Standardregelungen einheitlicher Datenaustauschsysteme (von der CCG ab den 70er Jahren bei der Konsumgüterwirtschaft d. BRD eingeführter Vereinheitlichungsansatz f. den Datenträgeraust. zwisch. Handel u. Produzenten (gegen RAKA!) - inzw. ausgebaut u. weithin als Standard eingef. - verdienstvoller Vorgriff auf eine Zwischenlösg. mittl. Integration, die indessen nicht die Bereitschaft zur Einführung von EDIFACT-EANCOM erhöht, weil die eine neue Umstellg. erforderl. macht, sich also als Insellösg. erwies - dieser Problematik stellt sich die CCG mit Umstellungshilfen, Umsetzern o. dgl. - siehe K. Schulte: Die EDI-Einführungsbereitsch. in d. Konsumgüterind., in EDI 89 Report, deutsche congress gesellschaft starnberg mbH (Hrsg. u. Verl.), Starnberg, o.J., S. 95-107 - vgl. auch SDS; NDWK; TEDIS; TDI; EDI)

SEGRAS SEmiGRAphical Specification (Spezifikationssprache verbindet algebraische Spezifikation mit beschrifteten Petrinetzen höherer Ordnung - von D. Krämer, 1989 - verwendet im ESPRIT-Projekt GRASPIN - vgl. auch BNF, CPN, PN_1, PrT, IMCL; FDT)

SERC Science and Engineering Research Council, London (nationaler Forschungsrat des Vereinigten Königreichs, der Grundlagenforschung in Naturwissenschaften, Mathematik und Technik fördert - grob vergleichbar DFG, NSF - vgl. auch ≠ SEARCC; NPL, RAL_2)

SEI Software Engineering Institute, Pittsburgh, PA (an der CMU)

SES Bei ETSI: Satellite Earth Stations (dt. Satelliten-Bodenstationen - Technisches Komitee (TC) - vgl. auch ATM_0, BT_2, EE, GSM, HF_2, NA_1, PS_1, RES, SPS_1, TE, TM_2)

SESS Bei IEEE Computer Society: Software Engineering Standards Subcommittee (des TC für 'Software Engin.' (SE): TCSE - erarbeitet SE-Standards, die meist auch als ANSI/IEEE Stds erscheinen und in die internat. Normung von JTC1 eingehen - siehe unter IEEE)

SEU — Software-Entwicklungsumgebung (einer der faktisch wichtigsten Begriffe des sog. Software-Engineering (SE) und daher Gegenstand vieler Erörterungen und Projekte, etwa im Rahmen des Esprit-Programms - vgl. auch SW; PCTE, PTI; BS_1, PS_2; IAP, ESSI)

SFB(s) — Sonderforschungsbereich(e) (der DFG - durch Nummern unterschieden)

SFS — Suomen Standardisoimisliitto r. y., Helsinki (finnisch. Normungsinst.)

SG —
1. Bei JTC 1: (engl.) Special Group (z.Zt. nur SG-FS - vgl. auch AG_1, SC_1, SWG, TC, TG, WG)
2. Bei CEN & CLC: Generalsekretär (von frz. Secrétaire Général)

SGB — Sozialgesetzbuch (der BRD - z.Zt. fünf Bücher - vgl. auch DEVO, DÜVO; GRG, RVO; BA, BfA; BGB, HGB, StGB; GG)

SGFCS — Bei IFIP: Specialist Group on Foundations of Computer-Science (dt. ... für Grundlagen der Informatik - auf Beschluß der IFIP-Generalverslg. (GA_2) in San Franzisko, Sept. 1989, gegr. zu internat. Verständigung über Theoret. Inform. (TI) - vgl. auch TCS; GI_1 (-FB 0))

SG-FS; SGFS — Bei JTC 1: Special Group on Functional Standardization (verantwortlich für ISO/IEC TR 10000 (Taxonomy & Directory of ISPs) - vgl. auch FN, FS_3, ISP; AG_1, SC_1, SWG, TC)

SGML — (sinngem.:) Allgemeine Standard-Auszeichnungssprache (zur Textorganisation) (von engl. Standard Generalized Markup Language - das Akr. wird nicht übers. - i.U. zu ODIF nur die Syntax potentiell gemischter Dokumente (Text, Vektorgraphik, Rasterbild) beliebiger Dokumentklassen (bes. Publikationen) erfassende Spezifikationssprache zur Dokumentübermittlg. im Rahmen geschloss. Gruppen (GBG) gemäß vereinbarter oder (bei einfachen Gegebenheiten) voraussetzbarer Semantik verwendeter Begr. - unter Auszeichnung wird nicht nur typograph. Auszeichnung (kursiv, fett o. dgl.) verstanden, sondern auch verwendungsbez. Auszeichnung, etwa f. selektive Übernahme von Daten in eine DB (DB_1) - siehe: ISO/IS 8879:1986 (SGML); ISO/IEC TR 9573 (zu Unterstützg. u. Gebrauch), P. 1-13, z.B. P. 13 (Öffentl. 'entity sets' f. Math. u. Naturwissensch.), 7.91; W. Appelt: Normen im Ber. d. Dokumentverarbeitg., in Inform.-Spektr. (1989) 12, S. 321-330 - vgl. auch DTD, SDIF; SMDL; ESHD; DSSSL, SPDL; ODA; T_EX; DTP; MM_2)

sgn — Signum (von lat. signum: Zeichen - Vorzeichenfunktion $\text{sgn } x := (-1 \text{ für } x < 0) \vee (0 \text{ für } x = 0) \vee (+1 \text{ für } x > 0)$ bei reellen x - Treppenfkt. - in vielen Programmiersprachen (PS_2) enthalten für 'reels' und meist auch für 'integers' - vgl. auch VZ; abs, ent, mod) sh shannon (Sondereinheit für den Entscheidungsgehalt i.S. der Informationstheorie nach C.E. Shannon, außerhalb des SI-Systems (SI_1) - gestützt auf den dyadischen Logarithmus ld - siehe: DIN 44 301 (noch "bit"); ISO 2382/16 (ersetzt "bit" in dieser Bedtg. durch "shannon") - vgl. auch NAT_1, hart)

SHY (engl.) soft hyphen (dt. weicher Bindestrich - die Abk. bezeichnet (in Codes) dasjenige u.a. als Bindestrich (evtl. rechter Ergänzungsbindestrich) verwendete, stets sichtbare Schriftzeichen *kurzer Mittestrich*, nach dem ein Zeilenumbruch zulässig ist - zur Eingabe mittels Tastatur ist dafür gewöhnl. nur die Taste "-" anzuschlagen - dasselbe Schriftzeichen wird so auch als Gedankenstrich, Operationszeichen, Spiegelstrich oder Vorzeichen (VZ) eingegeben, soweit unzulässiger Zeilenumbruch auf andere Weise (im Kontext) verhindert wird - i.U. zum harten Bindestrich (evtl. linker Ergänzungsbindestrich) oder Vorzeichen, nach dem ein Zeilenumbruch unzulässig ist und der gewöhnl. durch gleichzeitiges Anschlagen zweier bestimmter Tasten einzugeben ist (gleichfalls verwendbar als Gedankenstrich, Operationszeichen, Spiegelstrich), und i.U. zum nur bedingt sichtbaren Trennstrich, zu dessen Eingabe gewöhnl. die Befehlstaste und "-" anzuschlagen sind - vgl. auch NBSP, SP; WYSIWYG; DTP; TV_2)

SHARE SHARE Association, USA (technisch-wissenschaftlicher IBM-Benutzerverband in den USA - vgl. GUIDE, SEAS; DECUS, SAVE)

Si (Elementsymbol) Silicium (lat. - engl. silicon (wie in "Silicon Valley") - nichtmetallisches chem. Element metallähnlicher Eigenschaften mit der Ordnungszahl 14, in Gruppe 4 des Periodensystems der chem. El. - für Halbleiter o. ICs (IC_1) verwendet - vgl. auch GaAs, Ge)

SI 1. Internationales Einheitensystem (von frz. Système International d'Unités - das Akr. ist in dieser Bedeutung internat. verbindl. festgelegt und wird daher nicht übers. - kohärentes metrisches System f. Größen und Einheiten im Meßwesen mit sieben Basiseinheiten: **Meter** (**m_1**), **Kilogramm** (**kg**), **Sekunde** (s), **Ampere** (**A_1**), **Kelvin** (**K_1**), **Mol** (**mol**), **Candela** (**cd**) - wichtigstes Arbeitsergebnis der Organe der Meterkonvention, darauf angelegt, die herkömmliche Konkurrenz mehrerer Einheitensysteme zu beenden - in den Mitgliedsländern der EG (EG_1) und der EFTA einheitlich eingeführt - ebenso in fast allen anderen Staaten, die der Meterkonvention beigetreten sind - alle SI-Einheiten sind gesetzliche Einheiten, deren es wesentlich mehr gibt, da es im SI für jede physikalische Größe nur genau eine Einheit gibt, zu den gesetzlichen aber auch von den SI-Einheiten abgeleitete sowie andersartige Einheiten gehören - siehe: Gesetz über Einheiten im Meßwesen (der BRD) von

1966 mit Änderungsges. u. zugehörige Verordnungen (VOs) sowie einschläg. Richtlinien d. Rates d. EG (EG_1) ab 1971; ISO/IS 1000-1981; DIN 1301 T. 1-3, T. 1/Bbl.1; DIN 1313; DIN 1338; DIN 66 030 (Ersatzsymbole für beschränkten Zeichenvorrat z.B. bei Telex); NNI (Hrsg.): graph. Übersicht über die SI-Einheiten u. ihre Zshg. - vgl. auch dim; PTB; EUROMET; BIPM, SUN)

2. Schweizer Informatiker-Gesellschaft, Zürich (der schweizerische Fachverband für Informatik - Mitgl. von CEPIS und IFIP - pflegt enge Kooperation mit der GI (GI_1), gemäß Kooperationsabkommen zwischen beiden Gesellschaften - vgl. auch GI_2, OCG, ÖGI)
3. SPARC International, Mountain View, CA (vgl. $SPARC_1$)

SIC Normen-Implementierungs-Komitee, Luxemburg (der KEG/DG IX-F - von engl. Standards Implementation Committee - Hrsg. von SIC-Richtlinien (SIC-G ...) für Einrichtungen der EG (EG_1) und deren Zusammenarbeit mit Regierungsstellen der Mitgliedsländer - vgl. auch SPAG; CEN, CENLEC, ETSI; EOTC, SOGS)

SIC-G ... SIC Guide ... (mit Nr. ... - dt. SIC-Richtlinie - Beispiel: SIC-G 5 = GCI (GCI_1) - vgl. auch EPHOS, ETG, GUS, SIG_1; LH_1, PH)

SIG
0. Sichtgerät (auch: "Datensichtgerät", "Monitor" gen. - vgl. auch VDT, VDU)
1. SPAG Interoperability Guide (Handbuch für zwei Zielgruppen (übers.): Anbieter von OSI-Produkten zur Erlangung der PSI-Kennzeichnung durch Einhaltung von IOP-Anforderungen u.a.m. sowie Beschaffer von OSI-Produkten zur Spezifikation ihrer IOP-Anforderungen gem. PSI - vgl. auch ED, ETG; LH_1, PH; EPHOS)
2. (engl.) Special Interest Group (dt etwa Spezielle Interessengruppe - das Akr. wird von vielen Institutionen verwendet - z.B. bei ACM, AOW, ECOMA, NIST OIW - vgl. auch SWG, WG)

SIMD (engl.) single instruction stream, multiple data stream (dt. einzelner Befehlsstrom, mehrere Datenströme - von M.J. Flynn vorgeschlagenes Charakteristikum einer Rechnerarchitektur nach der Beziehung Operationen-Operanden: eine Befehlsfolge wird (auf mehreren oder vielen Prozessoren mit eigenem Speicher parallel) sequentiell abgearbeitet und ruft dabei jeweils mehrere o. viele Operanden parallel ab - in heutigen Vektorrechnern realisiert u. auf systolische Felder (engl. systolic arrays) angewendet - vgl. MIMD, MISD, SISD; CISC, RISC)

Simm; SIMM (engl.) single in-line memory module (dt. etwa Einzel-Speicher-Erweiterungsmodul - dient RAM-Erweiterung (RAM_1) - besteht aus Steckkarte mit aufgestecktem DRAM, die in einen Simm-Sockel auf der Hauptplatine paßt - bei Nachrüstung ist zu beachten: Speicherdichte,

Zugriffszeit (in ns) nicht überschreiten, zulässige Leistungsaufnahme in W (W_1), Ableitg. stat. Aufladung - (hier: das Mod<u>u</u>l, die Mod<u>u</u>le) - vgl. auch ASIC, DIP, SMD_2; SMT; PCB; IC_1)

SIMPRO (vgl. ECE; COMPRO)

Simula (Bez. angelehnt an "Simulation" - zur sicheren Simulation realer Systeme geschaffene imperative Algol-60-nahe Programmiersprache (urspr. eine Erweiterung von Algol 60) von K. Nygaard, O.-J. Dahl et al. an der Norsk Regnasentral (NR) in Oslo - noch heute für Simulationen u. andere Aufgaben (evtl. zunehmend) verwendet, hat sie aufgrund der mit ihr eingeführten Konzepte der (heute sog.) objektorientierten Programmierung (OOP) auch die Entwicklg. anderer Programmiersprachen (PS_2) wie C++, und SMALLTALK beeinflußt - die OOP-Konzepte waren bereits in Simula I von 1965 angelegt - in Simula 67 kam noch das Klassenkonzept hinzu, das gleichfalls andere Sprachen beeinflußte - die Simula Development Group und die Simula Standards Group haben inzwischen auch für eine Normung der Sprache gesorgt - siehe SIS (Hrsg.): Svensk Standard SS 636114 (Simula), Stockholm, 1987 - vgl. auch SS_4; Ada, APL, BASIC, C_1, CHILL, COBOL, ELAN, Fortran, LISP, Modula-2, Pascal, PEARL, PL/I, PROLOG; PSP)

Sinix (Unix-nahes Betriebssystem (BS_1) urspr. von Siemens, nun von SNI)

$SINTEF_{DELAB}$ Stiftelsen for Industriell og Teknisk Forskning ved Norges Tekniske Høgskole, Trondheim (Stiftung für industrielle und technische Forschung der norwegischen Technischen Hochschulen - seit 1992 Mitgl. von ERCIM, erstmals eines Landes außerhalb der EG (EG_1))

SIPROCOM (vgl. ECE; COMPRO)

SiR Sicherheitsrichtlinien (Richtl. f. die Sicherheitsüberprüfg. von Personen im Rahmen des Geheimschutzes - siehe Bekanntmachg. des BMI vom 2.1.1991 in GMBl., 42. Jhrg., Nr. 5, 12.2.91 - vgl. auch GGO; BOS)

SIS Standardiseringskommissionen i Sverige (sinngem. Schwedisches Normungsinst. - Hrsg. d. SS (SS_4) etc. - vgl. auch NCS, Simula; MPR)

SISZ Software-Industrie-Support Zentrum GmbH, Dortmund (X/Open-Partner f. Nordrh.-Westf. (NRW) z. Konformitätsprüfg. von Unix-Software nach XPG - 1992 vom Land NRW mit einer Mio. DM gefördert)

SISD (engl.) single instruction stream, single data stream (dt. einzelner Befehlsstrom, einzelner Datenstrom - von M.J. Flynn vorgeschlagenes Charakteristikum einer Rechnerarchitektur nach der Bez. Operationen-

Operanden: eine Befehlsfolge wird (auf einem Prozessor) sequentiell abgearbeitet u. ruft dabei Operanden sequent. ab - in den meisten bisher kommerz. verfügbar. Rechnern realisiert, insbes. allen von-Neumann-Rechnern (VNM) - vgl. auch MIMD, MISD, SIMD; CISC, RISC)

SITC Internationales Warenverzeichnis für den Außenhandel (von frz. ... ... - vgl. NRZZ)

SITPRO (vgl. ECE; COMPRO)

SITPRONETH (Akr. endet auf H wie Holland (da kürzer als "NL") - vgl. ECE; COMPRO)

SITZ Saarbrücker Informations- u. Technologiezentr., Saarbrück. (vgl. ZPT)

SL (engl.) source language (dt. Quellsprache - i.U. zu Zielsprache (TL))

SLR Spiegelreflexkamera (i.U. zu Sucherkamera, spez. Meßsucherkamera (MSK) - vgl. auch AF, PC_2; EV, SCA, TTL)

SMALLTALK-80 (von engl. smalltalk: Plauderei - auf D.H. Ingalls zurückgehende (SMALLTALK-76) u. von anderen weiterentwick. objektor. Programmierspr. (OOPS) mit einfach. Vererbung u. (nicht-generisch.) Klassenkonzept - vorzugsweise f. 'Prototyping' u. im KI-Bereich (KI_1) einges. im Rahmen von Programmiersyst. mit bes. anwenderfreundl. Programmierumgebg., zu deren Werkzeugen u.a. ein Übers. f. die Sprache gehört, o. in rechnergest. Lernsyst. (vgl. CAI) - typisch ist dabei eine Benutzeroberfl. mit menügeführter Bedienung auf bitorientiertem Terminal, die dem Benutzer die Eigensch. u. Leistg. des Gesamtsystems über eine zusammenfassende Schnittst. (SS_1) vermittelt, d.h. ohne tiefere Einlassung auf Betriebssyst. (BS_1) o. Dienstprogr. - siehe A. Goldberg, D. Robson: SMALLTALK-80, The Language and its Implementation, Amsterdam 1983 - vgl. auch Simula; GBO; OOP; PS_2, PSP)

SMC Stichting Mathematisch Centrum, Amsterdam (1946 gegr. zur Pflege d. systemat. Weiterführg. reiner u. angew. Math., einschließl. 'Computer Science' (CS_1) (die zu der Zeit noch nicht als gesonderte Disziplin anges. wurde) - bekanntgeworden durch einflußreiche niederländ. Informatiker wie van Wijngarden u. durch ALGOL 68 - umfaßt das CWI u. betätigt sich ihrerseits im Rahmen d. NWO - vgl. auch ERCIM)

SMD
1. (von engl. Storage Module Interface - Schnittstelle (SS_1) f. Platten-Laufwerke (LW_2) - dem JTC 1 von ANSI als NWI vorgeschlagen)
2. (engl.) surface mounted device (auf Leiterplatte aufbringbare Komponente - vgl. ASIC, DIP, Simm; SMT; PCB; IC_1)

SMDL Standard-Musikbeschreibungssprache (von engl. Standard Music Description Language - IT-Normungsprojekt bei JTC 1 - siehe ISO/IEC CD 10743:1991 = ANSI X3V1.8M/SD-8 - vgl. auch MIDI; HyTime, SGML; HM, MM_2)

SMEs (engl.) Small and Medium sized Enterprises (wirtschaftspolit. Begr. - z.B. bez. EDI u. in Zusammenhang mit Esprit verwendet - dt. KMUs - vgl. auch BfAI, EIC)

SMF Société Mathematique de France, Paris (gegr. 1873 - vgl. AMS, DMV, ÖMG; EMS_4; IMU)

SML Standard ML (Weiterentwicklung von ML (ML_2) unter Berücksichtigung von mit ML gesammelten Erfahrungen und Hinzunahme bewährter Konzepte von ML-Dialekten - SML ist eine funktionale (deklarative) Programmierspr. (PS_2) zu interaktiver Verwendung, ist streng getypt, hat ein polymorphes Typensystem, unterstützt abstrakte Datentypen (ADTs), ist (engl.) 'statically scoped', hat einen typsicheren Ausnahmemechanismus (engl. type-safe exception mechanism) und hat eine (engl.) 'modules facility' zur Unterstützung inkrementeller Konstruktion großer Programme - siehe: D. MacQueen, R. Harper, R. Milner, K. Mitchell, D. Sanella: Functional Programming in [Standard] ML, A five day course ... (mit: Standard ML (rev.)), LFCS Education, Dept. of Comp. Science, Univ. of Edinburgh, 1987, 81 + 35 + 6 + 35 p.; R. Fischbach: Kanonisiert, Moderne funktionale Sprachen und ihr Umfeld, in iX, 6/1992, S. 114-117, & Forts. in iX, 7/1992 - vgl. auch EuLISP, FP_1, LISP, PROLOG, Scheme)

SMMP (engl.) standard methods of measuring performance (of consumer goods - auf dt. übers. Methoden der Leistungsmessung (von Verbrauchsgütern) - in [internat.] Normen - siehe ISO/IEC Guide 36-1982 (Vorbereitg. von SMMPs f. Verbrauchsgüter) von COPOLCO, abgestimmt mit IEC)

SMP symmetrisches Multiprozessorsystem (aus gleichen und gleichberechtigten Prozessoren - vgl. Pentium, Transputer; MPS_2; MPS_1)

SMT (engl.) surface mount technology (dt. etwa: Oberflächenbestückungstechnik - Platzeinsparung durch Steckplätze auf Leiterplatten - Montierform von VLSI-Chips, etwa als DIP - vgl. auch SMD_2; AVT)

SMTP (engl.) Simple Mail Transfer Protocol (sehr einfaches Internet-Protokoll gem. RFC-821 für E-Mail in ASCII - Ende einer Nachricht wird durch zwei Zeilenvorschübe (engl. linefeeds), kodiert mit zwei Steuerzeichen CR (CR_2), und einen Punkt markiert - vgl. auch telnet; MX, POP; MHS (MOTIS); Mailbox; EP_2; FTP_2, TCP/IP; FTAM, OSI)

SNA	Systems Network Architecture (mehrmals an OSI angepaßte Netzverbund- und Protokollarchitektur von IBM mit nur fünf (statt sieben) Schichten - vgl. auch DNA; SAA; OSI-RM)
SNV	Schweizerische Normenvereinigung, Bern (entspr. DIN und ON)
So	Sonntag (7ter Wochentag - vgl. Di, Do, Fr, Mi, Mo, Sa; KW_1)
SOAG	Senior Officals Advisory Group (dt. Gruppe hoher Beamter für den Informationsmarkt, u.a. Fachinformation (FI) - bei der KEG/DG XIII - deutsche Federführung beim BMWi - vgl. auch SOG-IS, SOGITS, SOGS, SOGT; ITSTC)
SOG-IS	Senior Officials Group - Information Systems Security (dt. Gruppe hoher Beamter für die Sicherheit von Informationssystemem- bei der KEG/DG XIII - vgl. auch ISIT; SOGITS, SOGT)
SOGITS	Senior Officials Group - Information Technologies Standardization (dt. Gruppe hoher Beamter f. Normung auf dem Gebiet d. Informationstechnik (IT) - bei der KEG/DG XIII - deutsche Federführung beim BMWi - vgl. auch SOGITS-PPG; SOAG, SOG-IS, SOGS, SOGT; ITSTC)
SOGITS-PPG	SOGITS Public Procurement Group (dt. etwa SOGITS-Gruppe für öffentliche Beschaffung)
SOGS	Senior Officials Group - Standards (dt. Gruppe hoher Beamter für Normung (im allg.) - bei der KEG/DG XIII - deutsche Federführung beim BMWi - vgl. auch SOAG, SOGITS, SOGT; CEN, CENELEC, ETSI; ITSTC)
SOGT	Senior Officials Group "Telecommunication" (dt. Gruppe hoher Beamter "Telekommunikation" - bei der KEG/DG XIII - deutsche Federführung bei BMP und BMWi - vgl. auch SOAG, SOG-IS, SOGITS, SOGS; CEPT, ETSI, TRAC)
SOS	(engl. *gedeutet* als 'save our souls', dt. rettet unsere Seelen - Notruf im internationalen Seefunk als Morsesignal (engl. Morse signal / dots and dashes): "· · · — — — · · ·" - 1913 eingeführt - als [Licht-]Notsignal für Notlagen im Gebirge u. anderweitig wird stattdessen verwendet: **beliebiges Zeichen sechsmal, dann eine Minute Pause** - für Funkamateure ist SOS auch im Ernstfall unzulässig (stattdessen ist ein Notruf zu senden, engl. distress call) - ab 1993 ersetzte die IMO das auf See bis dahin noch vollgültige Morseverfahren durch ein schnelleres Verfahren (mit Positionsangabe auf Knopfdruck) - siehe Zeitschrift funk 13/1, Jhrg. 1989 - vgl. auch GPS; DHI; DARC)

Sp. (u.a.) Spalte (etwa i.U. zu Zeile (Zl.) - in älterer DV (so gen. "Dampf-EDV") auch i.S. von Stelle verwendet, obgl. Tabellen- u. Textspalten i. allg. mehrstellig sind - vgl. auch LK; Z)

SP (weiches) Leerzeichen (von engl. space (dt. Zwischenraum) i.S. von engl. blanc - die Abk. bezeichnet (in Codes) dasjenige auf Papier für sich allein unsichtbare Schriftzeichen für die Abwesenheit eines sichtbaren Schriftzeichens (wie Buchstabe, Ziffer, Interpunktionszeichen), das selbst nur im Kontext (z.B. als Zwischenraum zwischen zwei Wörtern) sichtbar ist, bzw. stellvertretend das zugehörige Code-Element statisch in einem Speicher oder dynam. in einem Übertragungskanal - bei äquidistanten Schriften heißt es herkömml. engl. "blanc", dt. "Leer-[zeichen]" - insbes. in dem Zshg. wird es auch mit einem (stets sichtbaren) graph. Metazeichen (meist einer auf dem Rücken liegenden eckigen Klammer) dargestellt - SP wird auch als Steuerzeichen aufgefaßt - einem Zeilenumbruch folgende (weiche) Leerz. verschwinden hinter dem rechten Rand des Satzspiegels, erscheinen also nicht am Anfang d. nächsten Zeile - vgl. NBSP; SHY; WYSIWYG; DTP; TV_2)

SPAG Standards Promotion and Application Group, Brüssel (gegründet von urspr. 12 IT-Anbietern in Europa: AEG, Bull, CGE, GZE, ICL, Nixdorf*, Olivetti, Philips, Plessey, Siemens*, STET und Thomson-CSF (* jetzt SNI) - zusätzl. Mitgl. sind inzw. der DFN-Verein, die Firmen DEC, HP, IBM sowie British Telecom - betätigt sich erfolgreich im Umfeld der OSI-Normung - entspr. als OSI-Anwendergruppe in Europa: COS in den USA, POSI in Japan, die nach dem Vorbild von SPAG gegründet wurden - hat die Aufstellung von FNs (engl. FS_2) vorgeschlagen, die schon länger bei CEN und ITSTC eingeführt sind und inzw. auch internat. beim JTC 1 als ISPs eingeführt wurden - Hrsg. von GUS und SIG (SIG_1) - beteiligt an EWOS - vgl. auch INTAP; CPS; EMUG, MAP/TOP, OSITOP; ECMA, X/Open)

SPARC

1. Skalierbare Prozessorarchitektur (entspr. engl. Scalable Processor Architecture - an der UCB Berkeley, CA, im Unix-Zshg. (Unix®) vorgeschl. offene RISC-Architektur, die anfängl. insbes. von Sun f. deren WS' aufgegr. wurde, gestützt auf einen ersten Chip (IC_1) von Fujitsu - im Rahmen eines Zusammenschl., SPARC International (SI_3), von mehreren WS- u. IC-Herstellern (wie TI u. Philips) mitgetr. - die Rechenleistg. eines Chips wurde in wenigen Monaten von 10 auf 28,5 MIPS gesteigert - seit 1989 wird eine gemeins. mit AT&T entwickelte Anwendungs-Binär-Schnittstelle (ABI) propagiert, die binäre Programmportierung zwischen Rechensystemen (RS') verschiedener Hersteller und Größenordnungen ermöglicht - vgl. auch NFS; POWER; SPEC; CISC)
2. Standards Planning and Requirements Committee (von ANSI.X3)

SPC (best. von CCITT spezifizierte Telekommunikations-Dienste (TK_2) - vgl. auch FTAM, MHS; CHILL; OSI)

SPDL Standard-Seitenbeschreibungssprache (von engl. Standard Page Description Language - Projekt des JTC1 im Zshg. mit SGML - das Projekt berücksichtigt u.a. PostScript von Adobe und InterPress von Xerox - siehe ISO/IEC DIS 10 180 - vgl. auch DSSSL, ODL)

SPEC System Performance Evaluation Cooperative, Fremont, CA (Akr. angel. an die in den USA übl. Abk. "spec(s)" für 'specification(s)' - dt. wörtl. System-Leistungs-Bewertungs-Kooperative - von vier Mikroprozessor(MP)-Herstellern insbes. hinsichtl. RISC-Prozessoren 1988 gegr. zur Vereinbarg. geeigneter 'Benchmarktests' f. Rechensysteme (RS') mit leistungsstarken Mikroprozessoren (MPs), um einheitl. Leistungsangaben zu ermögl., da eine einheitl. Meßvorschrift u. Integration für bzw. von Angaben in MIPS o. Mflops fehlte - zu den Mitgl. gehören inzw. auch AT&T, Bull, CDC, Compaq, Data General, Du Pont, Fujitsu, HP, IBM, Intel, Intergraph, (Fa.) MIPS, Motorola, SNI, Silicon Graphics, Solbourne, Stardent, SUN und Unisys - eine vorläufige 'Test-Suite' ist bei SPEC unter 1000 DM erhältl. - die Mitgl. können ihre Ergebnisse im SPEC-Newsletter in vereinbarter Form publiz. - siehe: R. Weicker: SPEC-Benchmarks, in Inform.-Spektr., (1990) 13, H. 6, S. 334-336; R. Hülsenbusch: Erste Freigabe, Release 1.0 ..., in iX 5/1990, S. 52-54 - vgl. auch ADLZ; EPMI/EPPT)

SPOOL (engl.) simultaneous peripheral operation on line (dt. sinngem. Simultanbetrieb angeschlossener Peripheriegeräte - dient Betreiben einzelner EA-Geräte durch mehrere konkurrente EA-Prozesse - tatsächlich sequentiell oder umreihig, scheinbar (auf höherer Betrachtungsebene eines Benutzerprogramms) simultan - vermittelt über einen von den EA-Prozessen tatsächl. zeitüberlappt nutzbaren Festplattenspeicher - entspr. auch "SPOOL-Betrieb" (engl. spooling) und "SPOOL-Programm" (engl. spooler) - ermöglicht Hauptprogramm Delegation von EA-Aufgaben an Gerätetreiber, ohne selbst EA-Prozesse abwarten zu müssen - vgl. auch SCSI)

SPS

1. Bei ETSI: Signalling, Protocolls and Switching (dt. Signalgeben, Protokolle und Schalten - Technisches Komitee (TC) - vgl. auch ATM_0, BT_2, EE, GSM, HF_2, NA_1, PS_1, RES, SES, TE, TM)
2. speicherprogrammierbare Steuerung (siehe DIN 19 239)

SQL (von urspr. engl. Structured Query Language, dt. Sprache f. strukturierte Abfragen - auf eine von IBM vorgeschlagene RDL zurückgehend - die Bez. "SQL" steht aufgrund von Arbeiten bei ANSI und internat. Diskussion für einen weiteren Begr. als den ihrer Langform - SQL [1] umfaßte eine DDL (Schema) zum Einrichten von Datenbanken (DB_1) oder Tabellen, eine nicht-prozedurale DML mit mengenorientiertem Relationenmodell als einfachem Datenmodell u. Datenunabhängigkeit für einfache u. komplexe (strukturierte) Abfragen gemäß Relationenalgebra zur Auswahl, Verbindg., Sortierg., Löschg. von Daten, u. eine DCL zur Verwaltg. der DB, z.B. dem Einrichten von Zugriffsrechten - SQL ist in d. SAA enthalten - SQL 1 wurde trotz gesicherter Einführg. f. sehr verbesserungsbedürftig gehalten - Normkonformität wurde in d. Norm f. DDL u. DML zweistufig sowie bezügl. Modulsprache u. Einbettg. in COBOL-, FORTRAN-, Pascal- o. PL/I-Programmen differenziert u. nicht auf strikte Konformität von Implementationen beschr. - siehe ersetzte ungültige DIN ISO 9075, 7.90 (SQL), inhaltsgleich ANSI X3.135-1989 - seit 1992 liegt eine internat. Norm (IS), seit 1993 eine sie umfassende DIN-Norm für ein revidiertes, erweitertes und weitgehend aufwärtskompatibles SQL vor, gen.: "SQL 2")

SQL [2] (rev. (lt. DIN:) Datenbanksprache SQL [2] - außer deren Beschreibg. (Syntax u. Semantik) mit einer semiformalen (um englische Prosa erweit.) BNF wurden u.a. auch ausgew. Anforder. an eine SQL-Datenbasis (SQL-DB) genormt, indir. also auch Produktaspekte von DBMS' - Verbesserung. beziehen sich auf Integrität, zusätzl. Datentyp., Zeichensätze, Operationen u.v.a.m. - außerdem wurden die Spracheinbettg. jetzt normativ berücks. (zusätzl. Ada, C (C_1), Fortran, Modula-2, MUMPS, Extended Pascal) - bei SQL 2 wurden drei SQL-Umfangsstufen untersch.: (engl.) Entry SQL, Intermediate SQL, Full SQL - ihnen entpr. die drei Konformitätswerte: niedrig, mttel, hoch - siehe: DIN 66315, 8.93, 5 + 522 + 21 S., enth. dt. Vorspann mit engl.-dt. Fachwörterliste, ISO/IEC 9075:1992 (SQL 2) mit 19 wichtigen techn. Neuerungen u. sechs nicht-normat. Anhäng., Preis: DM 383,60 - angelaufen ist, insbes. bei ANSI eine Weiterentw. zu SQL 3, die wie die Einführg. von SQL 2, Jahre beanspr. - vgl. auch RDA; NDL; SAG; FDT, PS_2; RDB, RDBMS, RDBS; DD_1, DDS; IRDS; RDM; KS; ODP)

SQL [3] (während SQL ursprüngl. ansatzweise am Relationalen Datenmodell (RDM, RM_2) orientiert war u. dies bei SQL 2 verstärkt zutrifft (nun de-facto-Standard u. de-jure-Norm), soll SQL 3 unter Wahrung voller Aufwärtskompatibilität für SQL 2 zur Überwindung bisheriger Mängel u.a. ein erweiterbares objektor. (OO) Typensystem erhalten u. um zweckdienliche Konstrukte prozeduraler Programmierspr. (P'S_2) bereichert werden - die künftige, sehr komplexe Norm ist kaum vor 1995/96 verfügbar - siehe: P..Pistor: Objektor. in SQL 3, in Inform.-Spektr. (1993) 16:89-94, Thema Objektor. Datenbanksyst.; K.G. Kulgarni: Object-orientation and the SQL atandard, in CSI (CSI_2), Vol. 15, Nr. 2-3, Jul. 1993, Special Double Issue: Object-Oriented Ref. Models (RM_1) - vgl. auch ADT; RDBS; OODBS, IRDS, SR; ODP)

SQL-DB SQL-Datenbasis (entspr. (lt. DIN-Norm zu SQL 2) engl. SQL database - vgl. auch DB_1)

sR symbolisches Rechnen (u.a. insbes. im Zusammenhang sog. Computer-Algebra (soweit sie nicht-numerisch ist), von Einheitenrechnung, Kombinatorik, linguistischer Datenverarbeitung (LDV) wie maschineller Übersetzung (MÜ), Logik, Spielen u.a.m. - vgl. auch boolean, char; NAND, NOR, XOR; mod; VZ; ggT, kgV; PBZ, ZPE, ZPI; ODE, PDE; TV_2; nR; NP_1; PS_2; DV)

SR Suchen und Erschließen (von engl. Search and Retrieve - das Akr. wird nicht übers. - internat. definierter Kommunikationsdienst zur Suche bibliographischer Daten in 'Online'-Datenbanken (DB_1) und Informatioswiedergewinnung (IR) für Benutzer offener (wenn auch) heterogener Rechensysteme (RS') im Rahmen offener Gesamtsysteme für Kommunikation Offener Systeme (OSI) - zugleich das dazu erforderliche internat. spezifizierte Kommunikationsprotokoll in Schicht 7, der Anwendungsschicht, des OSI-Referenzmodells (OSI-RM) - dient Lösung einer der wichtigsten IuD-Aufgaben gestützt auf Telekommunikation (TK_2) zur Nutzung (i.U. zur Bereitstellung) von Fachinformation (FI), speziell Bibliothekskatalogen - in OSI-Sicht ist SR eine Anwendung (engl. application), die mit einem Anwendungsdienstelement (ASE), dem SR ASE, bestimmte Dienste Benutzerprozessen zur Verfügung stellt - die Normen unterscheiden zwischen Mindestanforderungen u. optionaler Funktionalität - SR sieht u.a. drei Abfragearten (engl. query-types) vor: privat (zwischen je zwei Partnern zu vereinbaren), umgekehrte poln. Notation (UPN, engl. RPN) gemäß ISO 10163, FIND-Kommando gemäß ISO 8777 - siehe: ISO 8777 (Kommandos f. interakt. Textsuche); ISO/DIS 10162:1990 (SR-Dienstdef.); ISO/DI'S 10163 (SR-Protokollspezif.) - vgl. auch SRPM; ACSE, APDU; DIR, IRD, KS, MATER, Thesaurus; IBW, OPAC; LDV; ODP)

SRAM statischer Direktzugriffsspeicher (von engl. static random-access memory - erfordert kein Auffrischen des Speicherinhalts, der auch bei Abschalten erhalten bleibt - i.U. zu DRAM - beide sind Direktzugriffsspeich. (RAM_1) - vgl. auch ROM; KSP, MB_1; CD-ROM, WORM)

SRI SRI, Palo Alto, CA (vormals "Stanford Research Institute" - selbständiges Forschungsinst., das früher zur Stanford University gehörte - hat Abk. als Name beibehalten - vgl. auch CMU, MIT, UCB; ICSI)

SRPM SR-Protokollmaschine (entspr. engl. SR protocol machine - Funktionseinh. (FE), mit deren zwei die Verwendung des SR-Protokolls zum Suchen und Erschließen interaktiv modelliert wird (Austausch von APDUs) - siehe unter SR)

SS
1. Schnittstelle (siehe Def. in DIN 44300 T.1, 11.88 - vgl. auch BSS; BE, FE; ABI, API, BCS_1, ESDI, FAPI, GDI, KSS, MIDI, POSIX, SMD, SCSI, SCTD, V.24, X.25; IDL; CIM_2; GCI_1)
2. engl. single sided (dt. einseitig - bezieht sich auf die Magnetschicht auf Disketten, die insbes. bei 5 1/4-Zoll-Disketten anfänglich nur einseitig aufgebracht werden konnte i.U. zur allgemein üblich gewordenen beidseitigen - vgl. DS_2; DD_3, HD_2)
3. Bei JTC1 (bis 1991): Systems Support (Grouping: SC2, SC20, SC24, SC47B (TC47), SC83(TC83) - vgl. auch SYS_1; AE_2, EM_2, S_1)

SS ...
4. Svensk Standard (mit Nr. ... - Norm hrsgg. vom SIS - vgl. auch NCS, Simula)

SSB
(engl.) single-side band (dt. Einseitenband (ESB) - zu Sendung, Übertragung oder Empfang im KW-Bereich (KW_2) gebräuchliche Nutzung nur der einen Halbwelle - vgl. auch AFC, BFO, MGC; ARI, RDS)

SSI
(engl.) small scale integration (Kleinintegration bei ICs (IC_1) - vgl. LSI, MSI, VLSI, ULSI)

STC
Bei EWOS: Steering Committee (dt. etwa Lenkungsausschuß)

STD
(engl.) state/transition diagramm (dt. Zustandsänderungsdiagramm - vgl. FDT)

StGB
Strafgesetzbuch (der BRD - berücksichtigt aufgr. des WiKG 2 (vgl. dort) erstmals auch die sog. Computerkriminalität, für die es um mehrere §§ ergänzt wurde - siehe Strafgesetzb., 25. Aufl., in Beck-Texte im dtv, bei dtv, München 1992 - vgl. auch BGB, HGB, SGB; ZPO; GG)

STM
(engl.) short term (dt. kurzfristig/Kurzfrist... - vgl. LTM)

STN
(kurz für "STN International") Scientific and Technical Information Network - International (internat. naturwissenschaftl. u. techn. Informationsnetz - die Bez. wird nicht übers. - gegründet als Verbundsyst. von FIZ Karlsruhe, CAS in Columbus (Ohio) u. JICST in Tokio - Zugang zu wichtigen US-amerik. u. japan. 'Online'-Datenbanken (DB_1) u. weltweite Nutzung deutscher DBs - vgl. auch FIS, IVS; OSI; FI, IuD)

STOA
Scientific and Technological Options Assessment, Luxemburg (das Akr. wurde vermutlich bewußt an den griechischen Namen der von Zenon 300 v.Chr. gegr. Philosophenschule angelehnt, die u.a. Übereinstimmung mit sich, der Natur und der Vernunft forderte, kosmopolitische Vorstellungen entwickelte etc. - Dienststelle beim Europäischen Parlament (EP_1) f. Bewertung wissenschaftl.-techn. Optionen (WTO) -

berät die Mitgl. des EP u. der parlamentar. Ausschüsse - gestützt auf Wissenschaftler unter Vertrag - vergibt wenige Stipendien an junge Wissenschaftler für die Semesterferien - vgl. auch TFF; TAB; OTA)

STP

1. Strukturiertes Programm (Programm i.S. der Strukturierten Programmierung (STP_2), das bestimmte im sog. 'Software Engineering' (SE) als vorteilhaft erachtete Strukturkriterien einhält, die keine GOTO-Anweisungen zulassen, üblicher- und zweckmäßigerweise aber eine Zurückführung auf sog. Programmkonstrukte einer begrenzten Anzahl von Typen - etwa i.U. zu sog. Spaghetti-Programmen - vgl. auch TUP, USP)
2. Strukturierte Programmierung (Programmiermethodik, die Aufgaben systematisch 'top-down' in Teilaufgaben zerlegt, und zwar problemorientiert und fortgesetzt (verfeinernd), wobei jeder Zerlegungsschritt die Aufgabe oder Teilaufgabe erschöpft und (i.U. zur nur modularen Programmierung) sprungfreie Programmbausteine zumindest angestrebt werden - i.U. zu den herkömml. Programmablaufplänen können Jackson-Methode u. Nassi-Shneidermann-Diagramme i.S. der STP bei kleinen Aufgaben vorteilhaft verwendet werden, während sie bei größeren Aufgaben bald graphisch in die Enge führen - siehe: DIN 88 260, 10.84 (hierarchisch strukturierte Verarbtg. von Dateien nach Satzgruppen); DIN 66 261, 11.85 (Struktogramme nach Nassi-Shneidermann); DIN 66 262, 11.85 (Programmkonstrukte); ISO/IEC 8631:1989 (program constructs), 2nd ed.; Structured Programming; ISSN 0935-1183, bei Springer Internat. - vgl. auch STP_1; NOP_2; R-...; FP_2, OOP; FDT, SW)

ST RGW

RGW-Standard (Norm der ehem. RGW in russ. Sprache - in der ehem. DDR erschien eine dt. Ausg. - vgl. auch TGL; ASMW, GOST)

SUCESU

Sociedade des Usarios de Computadores e Equipamentos Subsidiarios, Rio de Janeiro (Fach- und Benutzervereinigung - Mitglied der IFIP)

SUN

(abgesehen von einem für 'Workstations' (WS') bekannten Rechensystemhersteller Sun:) Symbole, Einheiten und Nomenklatur (von engl. Symbols, Units, and Nomenclature - das Akr. wird nicht übers. - eine Kommission der IUPAP - sie hat Empfehlungen zur Anwendung des SI (SI_1) der CGPM von 1960 und 1971 erarbeitet, denen die Generalversammlung der IUPAP zugestimmt hat und mit denen i. allg. die entspr. ISO-Normen übereinstimmen - siehe: Symbole, Einheiten u. Nomenklatur in der Physik, deutsche Ausg. des engl./frz. doc. U.I.P. 20 (1978), 2., korr. Aufl., Weinheim 1981 (1. Aufl. von U. Stille))

sup

Supremum (lat.-dt. - in Math.: kleinste obere Grenze - engl. least upper bound (lub) - vgl. auch inf; glb; ggT, kgV; gcd, lcm; iff, poset)

Suprenum | Superrechner für numerische Anwendungen (die Abk. (angelehnt an "Supremum" in Math.) ist eingetr. Wz - Rechensystem (RS) mit Parallelrechner (dritter Generation) in neuartiger MIMD/SIMD-Architektur für (zumindest numerisch) höchste Rechenleistung in beispielsweise allen Bereichen numerischer Simulation - d. Parallelrechner als Kern der Rechenanlage (RA) ermöglichte Vollausbau auf 256 Prozessoren mit jeweils eigenem Arbeitsspeicher, die sowohl parallel arbeiten als auch untereinander kommunizieren können, also die Abwicklung untereinander verknüpfter nebenläufiger Prozesse ermöglichen - die numerische Rechenleistung eines vollausgebauten Suprenum-1-Rechners läßt sich grob mit 5 Gflops charakterisieren - modular sind jeweils 16 Knotenrechner (aus Prozessor, Arbeitsspeicher u.a. Komponenten) zu einem sog. Cluster zusammengefaßt - der Vollausbau besteht aus wiederum 16 derartigen Clustern mit insges. 256 Knotenrechnern - das architekturbedingte eigene Betriebssystem (BS_1), PEACE, unterstützt u.a. die Kommunikation zwischen den Prozessoren - entwickelt wurde Suprenum von 1985 bis 1990 unter wissenschaftl. Ltg. von U. Trottenberg und W. Giloi von ca. 150 Fachleuten mit einem Aufwand von 200 Mio. DM in einem Verbundproj. von 14 Partnern: Großforschungseinrichtungen der AGF, insbes. der GMD, mehreren Hochschulen und Industrieunternehmen, u.a. Krupp Atlas Elektronik, sowie der Suprenum GmbH, Bonn - dabei wurde u.a. eine optimale Hardware-Unterstützung (HW) moderner numerischer Algorithmen angestrebt, so daß etwa numerische Simulationen nach dem Mehrgitterprinzip um Grössenordnungen schneller werden - gefördert vom BMFT bis 1989 - das erste System wurde 1988 mit vorlfg. 4 Clustern und anfängl. erheblich eingeschränkter Rechenleistg. an die GMD ausgeliefert - es wurde f. deren HLRZ auf 16 Cluster ausgebaut - 1990 wurde ein 8-Cluster-Syst. von der Univ. Erlangen mit guten Meßwerten abgenommen - insges. wurden sechs Syst. geliefert - beträchtl. Erkenntnisgewinn steht also ein geschäftl. Mißerfolg gegenüber - die Produktion wurde daher eingestellt - die Wartung wird von d. Suprenum GmbH in Bonn wahrgen. - vgl. auch DIRMU 25; MANNA; Genesis; TTT_1)

SV | Stifterverband für die Deutsche Wissenschaft e.V., Essen (Gemeinschaftsaktion der (bundes)deutschen Wirtschaft und Technik in Forschung und Lehre und zur Förderung des Nachwuchses - u.a. Globalförderung an Selbstverwaltungskörperschaften der Wissenschaft - Initiator und Betreiber des Wissenschaftszentrums in Bonn, das Tagungsräume mittlerer Größe bietet und in dem oder in dessen nächster Umgebung mehrere einschlägige Institutionen ihren Sitz o. ein Büro haben - vgl. auch AdW; AGF, FhG, MPG; BLK, DFG, HRK, KMK, WR)

SVGA | Super-VGA (vgl. auch VESA; AGA, CGA, EGA, HGC, MDA, PGA; Tiga, XGA; CMY, RGB)

SW; Sw; sw — Software (von engl. software - frz. logiciel - siehe: allg. Def. in DIN 44 300 T. 1, 11.88; Entw. DIN 66271, 2.94: Fehler u. ihre Behandlg. in Vertragsverhältn. (Einspr. bis 31.5.94); Entw. DIN 66285, 2.94: S'w.-Pakete, Qualitätsanforder. u. Prüfbestimm. (⊃ ISO/IEC 12119: 1993) (Einspr. bis 31.3.94); Dokument. in: ISO IS 6592:1985 (applic. syst.); ISO IS 9127:1988 (User doc. & cover inf. f. consumer sw packages); ISO/IEC TR 9234:1990 (managem. of sw doc.) - vgl. auch eLib; BS_1, DBMS, PD_2, PS_2, PSP, UP; FP_2, NOP_2, OOP, STP; V_4; FDT, LH_1, PH; AGULF; $CASE_2$, SE, SEU; ESF, ESSI; HW; FE, RS)

SWFD — Selbstwählferndienst (im Telefonnetz der DBP Telekom - verwendet Ortsnetzkennzahlen (ONK) mit 3 bis 5 Stellen - vgl. auch EDS, ZZZ)

SWG —
1. Bei JTC1: (engl.) Special Working Group (vgl. auch SWG-P, SWG-RA, SWG-SP; AG_1, SC_1, SG-FS, TC, WG)
2. Bei INTAMIC: Standards Working Group

SWG-P — Bei JTC1: Special Working Group (SWG_1) on Procedures

SWG-RA — Bei JTC1: Special Working Gr. (SWG_1) on Registration Authorities

SWG-SP — Bei JTC1: Special Working Group (SWG_1) on Strategic Planning

S.W.I.F.T. — Society for Worldwide Interbank Financial Telecommunication, Brüssel (betreibt eigenes internat. Datenübertragungsnetz f. geldbez. Mitteil. in Standardform, insbes. schnellstmögl. Überweisg. als T/T - betreibt auch FuE zu KI (KI_1) in La Hulpe (Belg.) u. richtet internat. 'Workshops' f. die Anwendg. von KI im Bankwesen aus (gen. "BANKAI") - vgl. auch GAA, POS_1; GZS, TTT_2; DES, CD; INTAMIC; EDI, OSI)

SYREN — Synergie de Recherche et de Normalisation (dt. **Synergie von Forschung und Normung** - Sonderausschuß von AFNOR z. Koordin. von Normung mit FuE - vgl. auch EBN; Esprit, RACE; EUREKA)

SYS —
1. Bei ISO/TC97 (alt): Systems (Grouping: SC2, SC6, SC18, SC20, SC 21 - vgl. auch S_1, SS_3; AE_1, EM_1)
2. SYSTEMS, München (zweitgrößte, deutsche Fachmesse f. Informationstechnik (IT) - 2jährl. im Sept. von d. Münchener Messe- u. Ausstellungsges. mbH - traditionell kombiniert mit einem internat. GI-Kongreß (GI_1) u. einer Präsentation des DIN-NI (mitgetr. von GI, VDMA u. ZVEI) - die nächste ist: SYS '95 - vgl. auch CeBIT)

SysOp — Systemoperateur (etwa eines Mailboxsystems - entspr. engl. system operator - entspr. 'Postmaster' im Zusammenhang von Internet)

T (abgeseh. von T-Diagramm, T-Flipflop, die hier noch nicht berücks.:) Tera (von grch. teras, dt. etwa ungeheuer groß - Billion (amerik. engl. trillion, brit. engl. billion, frz. billion) - dezimaler Vorsatz für $10^{12} = 1000^4$ = 1 000 000 000 000 bei SI-Einheiten (SI_1) und anderen [gesetzl.] Einheiten - z.B. in "TW" für Terawatt oder in "Tflops" - vgl. auch c_2, d_2, G, k, μ, m_2, M_2, n)

T.73 CCITT-Empfehlung T.73 (Protokoll für Dokumentübermittlung in Telekommunikationsdiensten - vgl. auch PDF; ODIF, SDIF, SGML, MHS, MOTIS; EAN_1, EP_2; OSI)

TA (abgesehen von Technischer Anweisung, z.B. in "TA-Luft" für Umweltschutz, die hier nicht berücksichtigt ist, hier lediglich:)
(engl.) Technical Assembly (dt. Technische Versammlung - das Akr. wird in Normung und Umfeld nicht übers., z.B. bei CEN, ECMA, ETSI, IFIP - nimmt bei EWOS Ergebnisberichte der EGs (EG_3) entgegen und stimmt darüber ab - i.U. zu Generalversammlung (GA_2))

TAB Technologiefolgen-Abschätzungsbüro, Bonn (des Bundestages d. BRD - nach 17jähriger Beratung 1990 eröffnet - dient (dt. eigtl.) Technikfolgenabschätzung - soll zur Beurteilung gesellschaftlich relevanter, technischer Neuerungen Grundlagen erarbeiten bzw. sie durch Vergabe von Studien an Forschungseinrichtungen beibringen, z.B. zur Entsorgung und Vermeidung von Müll, zum Raumgleiter oder zur Gentechnik, etwa anknüpfend an die Arbeit der ehemaligen Enquete-Kommission Technikfolgen-Abschätzung (!) und Bewertung des 11. Bundestags, u.a. zum Einsatz von Expertensystemen (XPS) - siehe G.H. Altenmüller: Neue Grundlagen für techn. Entscheidungen des Bundestages, das Beispiel Expertensysteme, in Spektr. d. Wissensch., 11/1990, S. 43 u. 48 - vgl. auch WTO; TFF; OTA; STOA)

TAE Telekommunikations-Anschlußeinheit (für ISDN - der DBP Telekom - ermöglicht Fernmessung zur Fehlersuche über Netz - jedoch nur bis zu ihr, wenn Anschlußeinheiten nicht von der DBP Telekom geliefert - vgl. auch FKS; HfD; Datel, EDS, SWFD, ZZZ; ZZF; TK_1; OSI)

TAI Internationale Atomzeitskala (von frz. Temps Atomique International - das Akr. wird nicht übers. - 1971 von der 14. Generalkonferenz für Maß und Gewicht (der OIPM) festgelegt - beruht auf der Basiseinheit Sekunde (s) des Internationalen Einheitensystems (SI_1), der sog. Atomsekunde, mit dem Vorzug, keinen Schwankungen zu unterliegen, und dem Nachteil wachsender Abweichung von der mittl. Sonnenzeit (vgl. MOZ) um gegenwärtig jährl. etwa 1 s - vgl. auch WOZ; MESZ, MEZ; ACTS, DCF 77; DHI, PTB; UTC; BIH)

TAN Transaktionsnummer (entspr. engl. transaction number - ist bei 'Home-Banking' mit Btx (ohne Chipkarte) zusätzlich zur PIN zu verwenden, und zwar jede TAN nur einmal - vgl. auch ID; TPSU; TP_2; OSI)

TAT-... Transatlantisches Telefonkabel (entspr. engl. Transatlantic Telephone Cable - mit d. Nr. ... - z.B. TAT-10, das erste Glasfaserkabel (LWL), das die USA (Greenhill, RI) mit Deutschland (Norden, Ostfriesland) direkt verbindet (und über ein zusätzl. Seekabel mit den Niederlanden) - zwei Faserpaare werden mit einer Übertragungsrate von je 565 Mbit/s betrieben, was gleichzeitig bis zu 60 000 Telefongespräche o. entsprechende andere Nutzg. ermögl. - ein drittes Faserpaar dient Ersatzschaltungen - die Kosten von ca. 500 Mio. DM tragen 35 PTTs, darunter die DBP Telekom zu knapp einem Viertel - vgl. auch EMP; BIGFON)

TB/CA ISO Technical Board & IEC Committee of Action (lt. Directives von den Generalsekretären oder einer nationalen Mitgliedskörperschaft anrufbar, wenn ein JTC1-Sekretariat (bei einer Mitgliedskörperschaft), die daran zu stellenden Anforderungen anhaltend nicht einhält - vgl. auch ITTF, JTPC)

TBETSI Technischer Beirat ETSI der Deutschen Elektrotechnischen Kommission im DIN und VDE (DKE), Frankfurt a.M. (hat die Aufgaben: die nationalen deutschen Beiträge zur Normungsarbeit von ETSI zu koordinieren und die Vertretung der deutschen Interessen bei der Technischen Versammlung, engl. Technical Assembly (TA), von ETSI sicherzustellen (angelehnt an Interne Richtlinie des TBETSI) - zur Vorbereitung jeder TA werden alle deutschen ETSI-Mitgl. (und Beobachter) von ETSI von TBETSI eingeladen, also nicht nur Vertreter einschlägiger Ausschüsse (AAs) der DKE und des NI (z.B. NI 6, NI 21, NI 27) sondern auch die europaunmittelbaren Mitgl. aus Wirtschaft, Wissenschaft und Verwaltung sowie des BMPT bzw. BAPT und der DBP Telekom - zur Generalversammlung, engl. General Assembly (GA_2), von ETSI führt derzeit das BMPT eine Abstimmung herbei (anderer Verteiler) - vgl. auch DEKITZ; CEN/CENELEC, EOTC; EPHOS, EWOS, SOGITS; OSI)

TBS Technologieberatungsstelle beim DGB Landesbezirk NRW, Oberhausen (setzt sich für sozial-verträgliche Regelung der DV-Anwendung ein, so u.a. für die Realisierung von Datenschutz - gibt entsprechende Informationshefte hrs. - berät gewerkschaftliche Stellen u. Betroffene - unterhält dazu Regionalstellen - vgl. auch IKÖ; FIFF)

Tbx Telebox (Mailbox-Dienst der DBP Telekom - jedem Nutzer des Dienstes wird nach Anmeldung eine Adresse seiner Box u. ein persönliches Paßwort zugewiesen - geboten werden u.a. auch die Bildung von Nutzergruppen sowie (außer der Übermittlung interpersoneller Mitteilungen) die Verbreitung öffentl. Mitteilungen über ein sog. Schwarzes Brett (vgl. BBS) - eine Form von MHS-Verträglichkeit mit unterschiedlichen Mailbox-Diensten d. PTTs anderer Länder ist vorgesehen - vgl. auch EP_2, IPM_2, MOTIS; EEMA; OSI)

TC — Technisches Komitee (von engl. Technical Committee - vgl. SC, SWG, WG)

TC 83 — Bei IEC bis 1988: Technical Committee 83 "Information Technology Equipment" (1988 aufgegangen im JTC 1 als SC 83)

TC 97 — Bei ISO bis 1988: Technical Committee 97 "Information Processing Systems" (Spiegelgremium zum DIN/NI - 1988 aufgegang. im JTC1)

TCB — Trusted Computing Base (hardwareseitige Sicherheitsschicht eines BS (BS_1) gemäß TCSEC, die ab Bewertungsklasse B2 formale Beschreibungsmittel erfordert - vgl. auch FDT)

TCCB — (aufgelöst:) Technical Coordination Consultative Board (bei der KEG für CTS - Beratungsgremium für die technische Koordination von EG-Projekten für Konformitätsprüfungen, besonders im OSI-Bereich)

TCOS — Bei IEEE: Technical Committee on Operating Systems (Technisches Komitee für Betriebssysteme (BS') - Urheber von POSIX als erstem autoritativen Standard für Unix (Wz von AT&T) und zugehörigen Standards in dessen Umfeld - mit vier Arbeitsbereichen: 'Interoperability', 'Applications Portability', 'Data & Information Portability', 'People & Portability' - vgl. auch OSF; X/Open)

TCP/IP — (von engl. Transmission Control Protocol / Internet Protocol - auf dt. übers. Protokoll zur Übertragungssteuerung / Internet-Protokoll - die Abk. wird nicht übers. - Gesamtheit der Internet-Protokolle, zurückgehend auf Protokolle des ehemal. ARPANET (gleichsam der Mutter von Internet) der ARPA (heute DARPA) - umfaßt die drei Internet-Standard-Protokolle FTP (FTP_2) für Dateitransfer, SMTP für E-Mail und telnet für Terminalfernverbindung - älter und (herkunftsbedingt) in den Vereinigten Staaten und im atlantischen wie auch pazifischen Verkehr weiter verbreitet als entsprechende OSI-Norm-Protokolle, z.B. für FTAM oder MHS in OSI-Schicht 7, und deren verdienstvolle Vorgänger - grundsätzlich ermöglicht TCP/IP wie OSI Datenkommunikation zwischen verschiedenen Rechensystemen (RS'), also Offenheit einer Welt von heterogenen Systemen, auf die beide von vornherein angelegt waren - mögen OSI-Lösungen, zu denen sich ein großer Teil der Welt (auch die USA) bekannt hat auch allgemeiner, robuster, sicherer sein, so sind TCP/IP-Lösungen doch eingeführter u. bewährter - der Unverträglichkeit beider Ansätze wird internat. nicht nur mit 'Gateways' zur Umsetzung begegnet - OSI-Entwicklungen werden in den USA auf Internet betrieben - bei der Weiterentwicklung von Internet werden OSI-Elemente berücks., z.B. das OSI-Protokoll CLNP zum Routen von Paketen - große Netzbetreiber oder ihre Vereinigungen scheinen es gegenwärtig eher auf eine wirtschaftl. und zeitgünstige Verschmelzung der Vorzüge (engl. melt of the best features) anzulegen, ohne daß dies der Weltgeltung von OSI nennenswerten Schaden zufügen dürfte - siehe Advantages and disadvantages of TCP/IP and OSI, in CSI (CSI_2), Vol. 14, No. 5 & 6, 1992, p. 522-524 - vgl. auch Ebone; RARE; CCIRN)

TCS — (engl.) Theoretical Computer Science (dt. TI - vgl. auch SGFCS)

TCSE — Bei IEEE Computer Society: Technical Committee on Software Engineering (SE) - vgl. auch SESS)

TCSEC — Trusted Computer System Evaluation Criteria (des DoD - derzeit nur auf Betriebssysteme (BS_1) mit sicherheitsbezogenen Hardware-Komponenten und auf Zugangshardware angewendet - erstmals 1983 veröffentlicht - oft kurz "Orange Book" gen., auch in der überarbeiteten Fassung von 1985 - unterscheidet sieben Bewertungsklassen (aufsteigend): D, C1, C2, B1, B2, B3, A1 - Produktprüfungen nach den Kriterien werden vom NCSC durchgeführt - siehe Standard DoD 5200.28-STD (TCSEC), Assistent Secr. of Defense, Washington, DC, Dec. 1985 - vgl. auch TCB; ITSEC; BSI_2, ZSI; TMRSE)

TDED — Handbuch der Handelsdatenelemente (von engl. Trade Data Elements Directory - die Abk. wird nicht übers. - ursprüngl. von UN/ECE/Trade WP.4 entwickelt (mit Beteiligung. von DEUPRO), jedoch nicht im Zusammenhang mit den bei CCITT, ISO und ECMA betriebenen Arbeiten für OSI, MHS (MOTIS), DBs (DB_1), DDs - übergeleitet auf ISO/TC 154, das in Abstimmung mit (seinerzeit) ISO/TC97/ SC14 (heute JTC 1/SC 14) u. dem Bedarfsdruck folgend eine ISO-Norm geschaffen hat - siehe: ISO/IS 7372:1986 (TDED) - vgl. auch UN/-TDED; EDIFACT; TDI; EDI; DE_1; EP_2; DIR; AWV, NBü)

TDI — Handelsdatenaustausch (von engl. Trade Data Interchange - in internat. Zusammenhang und in der Normung wird das Akr. auch im Dt. verwendet - in Verallgemeinerung von TDED und EDIFACT, dem mit deren Normung federführend betrauten ISO/TC 154 in 198? zugewiesenes NWI (gestützt auf Vorarbeiten der ECE mit Beteiligung von DEUPRO und auf ANSI X.12) zur Bearbeitung in Abstimmung mit (damals) ISO/TC97/SC14 (jetzt JTC1/SC14) - die Erkenntnis, daß der Austausch von Handelsdaten sich in den größeren Zshg. von Datenübermittlung ($DÜ_1$) über Kommunikationsnetze (oder mittels Datenträgern), Datenelementen (DE_1) jedweder Art, DBs (DB_1), DDs und ADV auf RS' einfügen muß, sowie die Einführung und Verbreitung von elektronischer Post (EP_2), führte (zunächst im TC 154) zu dem Vorhaben eines die verschiedenen Aspekte des TDI übergreifenden konzeptionellen Modells, gen. "EDI", das auf höherer Ebene von ISO im Sept. 1988 u. von JTC 1 im Dez. 1988 erörtert u. aufgegriffen wurde u. das zuvor im Hinblick auf 1992/1993 starke Unterstützung der KEG/DG XIII erhielt - siehe u.a. IM, Issue No. 53, July-Aug. 1988 - vgl. auch ODA, SGML; MHS (MOTIS); OSI; KS; FDT; RM_1)

TDSV Telekom-Datenschutzverordnung; Verordnung über den Datenschutz bei Dienstleistungen der DBP Telekom (der BRD - ergänzt das Post- u. Fernmeldegeheimnis nach GG sowie, bereichsspezifisch, das BDSG - siehe BGBl. Teil I, Nr. 39 vom 29.6.1991, S. 1390 - die Einhaltung des Datenschutzes wird nach § 24 BDSG vom BfD überwacht, soweit Betroffene dem nicht widersprech. - vgl. auch VO; DSB; FTZ; BAPT)

TE Bei ETSI: Terminal Equipment (dt. Endgeräte - Technisches Komitee (TC) - vgl. auch ATM_0, BT_2, EE, GSM, HF_2, NA_1, PS_1, RES, SES, SPS_1, TM_2)

TED Tenders Electronic Daily (on-line-Datenbank (DB_1) von ECHO, die öffentl. Ausschreibg. u. Kaufinteressen aus aller Welt zugängl. macht)

TEDIS Trade Electronic Data Interchange System (ursprünglich 2-Jahres-Gemeinschaftsprogrmm der KEG für elektronischen Datenaustausch im Handel, für das 5 Mio. ECU bereitgestellt wurden - beschlossen Anfang 1988 - die EFTA-Länder beteiligten sich an Finanzierung u. Aktivitäten - zunächst wurden unter integrativem Aspekt zwölf sektorspezifische Projekte finanziert mit dem Ziel, den Rückstand der europ. Unternehmen gegenüber denen d. USA auszugleichen - eine Fortsetzung des 1989 ausgelaufenen Programms wurde als 2te Phase vom Ministerrat am 22.7.1991 beschl. (91/385/eec) - Hauptaufgaben sind (engl.): awareness activities; legal aspects of EDI; EDI message security; telecommunication aspects relating to EDI; support to Paneuropean sectoral projects - siehe Ausschreibung im: EC Official Journal, 20.8.1991, p. 156 ff - mit der internat. Koordination wurde die EAN-Zentrale in Brüssel von der KEG betraut - vgl. auch CADDIA, INSIS; TDI; EDI)

TEE Trans-Europa-Express (entspr. engl. Trans-Europe Express - frühere Zugart europ. Bahngesellschaften, ersetzt durch EC (EC_3) - vgl. auch IC_2, ICE, TEN_2; DB_3, DR_2)

Telebox (vgl. Tbx; MHS, MOTIS; EP_2; OSI)

Telebrief (Anwendung von Telefax (Fax) im Bereich der "gelben" Post - bei bestimmten größeren Postämtern aufgebbar und empfangbar - wird dem Adressaten vom Empfangsamt im Ortsbereich zugestellt - ermöglicht rasche Bild- und Textübermittlung von und an Adressaten ohne Telefaxanschluß, z.B. Glückwunsch, Lageskizze)

Teledon (kanadischer TK-Dienst (TK_2) privater Träger für Bildschirmtext mit mehr Möglichkeiten als Btx der DBP Telekom - vgl. auch OSI)

Telefax Fernkopie(ren) (von Telefaksimile[übertragung] - Dienst der DBP Telekom - nutzt Telefonnetz und -wählsystem je Verbindung alternativ - überträgt Abbild von Bild- u. Textvorlagen - Teilnehmer werden in das sog. Fax-Verzeichnis der DBP Telekom u. auf Antrag in das Telefonbuch aufgenommen - vgl. auch TEMEX; OSI)

TeleSec (von tele + lat. securitas, dt. Fernsicherheit - Projekt der DBP Telekom, das auf eine Gesamtkonzeption für Informationssicherheit angelegt ist - siehe K.-D. Wolfenstetter: Computerviren und Trojanische Pferde, eine ernste Bedrohung für den Softwareanwender (SW)? in DuD 2/90, S. 64-70 - vgl. auch TTT_2; BSI, ZSI)

Teletex (von engl. telegraphic exchange of text - kurz Ttx bzw. TTX)

TeleTrusT (von lat. tele + engl. trust - ein 1982 zunächst unter dem Namen "OSIS" von COST-11 initiiertes Projekt der KEG mit nationalen Gruppen in mehreren europ. Ländern - hat u.a. die sichere und vertrauenswürdige Kommunikation in offenen Telekommunikationssystemen zum Ziel - dient u.a. sicherer Authentifizierung von Partnern in der Telekommunikation (TK_2) - 1988 wurde auf Vorschlag der GMD eine Vereinigung TeleTrusT Deutschland e.V. mit Sitz in Darmstadt gegründet - vgl. auch TTT_2)

Telex (urspr. von engl. telegraphic exchange - kurz Tx)

telnet (Internet-Protokoll für Terminalfernverbindung (engl. remote terminal connection) - vgl. auch FTP_2, SMTP; TCP/IP; OSI)

TEM Transmissions-Elektronenmikroskop (verwendet Durchdringung von Dünnschicht-Objekten mit energiereichem Elektronenstrahl und dessen magnetische Ablenkung - vgl. REM)

TEMEX (von engl. telemetry exchange - Dienst der DBP Telekom - dient Übermittlung von Fernwirksignalen über Telefonnetz als vorgefundener Infrastruktur, unabhängig von Gesprächen (zusätzlich: unhörbar überlagert) - z.B. für automatische Überwachung von Babys, Notruf Behin-

	derter, Fernablesung von Zählern, Fernsteuerung von Geräten, Parkleitsysteme, Taxiruf von Gaststätten oder Hotels u.a.m. - einfach, billig, sicher und schnell - vgl. auch Telefax)
TEN ...	1. (Von CEPT in Abstimmung mit CEN u. CENELEC: zeitweilig erwogene freiwillige Variante zu NET - wurde aufgegeben - vgl. auch CTR; ETS; EN, ENV)
TEN	2. Trans-Europa-Nacht (entspr. engl. Trans Europe Night - Zugart europ. Bahngesellschaften - vgl. auch IC_2, ICE; EC_3)
TEP	Terrassenpunkt (auch "Sattelpunkt" (mehrdeutig) gen. - Punkt einer Kurve G_f zu einer Funktion *f*, bei dessen *x*-Wert *f'* ein Extremum mit einfacher Nullstelle und Vorzeichenwechsel (VZW) hat und *f''* eine einfache Nullstelle mit VZW - Wendepunkt (WEP) mit waagerechter Tangente an der Stelle *a* mit $f''(a) = 0 \wedge f'(a) = 0$ (notw. Bed.) - vgl. auch FLAP, HOP, TIP; Max, Min)
TermNet	Terminologienetz (von Infoterm vorbereitetes internat. Datennetz für Terminologie - siehe Zeitschrift TermNet News (mit Rezensionen) - vgl. auch DB_1; FI, IuD)
$\TeX$; TeX	/teç/ (von grch. techne (τέχνη)) - ein Texteditor, mit dem Text erst nach dessen Eingabe formatiert wird: Programmsystem von D.E. Knuth für Druckvorlagen in Buchdruckqualität - ermögl. insbes. auch anspruchsvollen Formelsatz, den es aufgrund vorzugebender metasprachlicher Indikatoren selbst nach typographischen Regeln genau berechnet (Eingriffe mögl.), u. philologische Arbeiten - die Indikatoren erscheinen bei Texteingabe sichtbar in den Text eingestreut auf dem Bildschirm u. werden erst durch Formatieren umgesetzt, zur Betrachtung der vorbestimmten Textgestalt (engl. preview) auf dem Bildschirm o. zur Druckausgabe - $\TeX$ ist also kein WYSIWYG-Editor - berücksichtigt anglo-amerikanische Satzregeln und typographische Maße - auf großen Rechensystemen (RS'), Workstations (WS') und PCs (PC_1) im Dialog verwendbar - siehe D.E. Knuth: The $\TeX$book, Addison-Wesley (Copyright: AMS), 1984, 483 p., ISBN 0-201-13448-9 - vgl. auch X_1; p; $\LaTeX$; DANTE, TUG; WYSIWYG; ODA, SGML; DTP, TV_2)
TEXFAX	(Mischmodus Teletex (Ttx) mit Telefax (Fax) der DBP Telekom - vgl. auch KT; TK_2; OSI)
TFF	Technikfolgenforschung (neuerer Begr. i.U. zu Technikfolgenabschätzung und zu Technikfolgenbewertung - z.B. hinsichtlich der politischen Aufgabe des Staates, die Sozialverträglichkeit von Informationstechnik (IT) zu beachten - vgl. auch WTO; TAB; OTA; STOA)

Tflops	Teraflops (Abk. angelehnt an "Mflops" i.S. von Megaflops - Billion[en] Gleitkomma-Operationen pro Sekunde - vgl. auch T; TTT_1; Gflops; MIPS, MOPS)
TFT	Dünnschichttransistor (von engl. thin-film transistor - u.a. für flache Farbmonitore in Aktivmatrix-TFT-LCD-Technik (z.B. von Toshiba) - besser als CRT oder (bezüglich Wärmeentwicklung und Kontrast) passive LCDs - vgl. auch MIM; RGB; SVGA; SIG)
TFTS	Terrestrial Flight Telephone System (Normungsprojekt von ETSI PT19 in Abstimmung mit u.a. der EAEC - vgl. auch DECT)
TG	Bei JTC 1: Taxonomy Group (dt. Taxonomiegruppe - z.B. FSTG - (Bei ANSI jedoch: task group, auf dt. übers. Aufgabengruppe - z.B. DMSPTG, FADTG, OODBTG, OSIDBTG))
TGA	Trägergemeinschaft für Akkreditierung GmbH, Köln (mit Geschäftsstelle u. Sitz beim BDI - Dachorganisation der Akkreditierungsstellen (AS') für Prüflaboratorien im staatlich nicht geregelten Bereich - koordiniert sie (z.B. DAE & DEKITZ) branchenübergreifend u. ist zusammen mit dem staatlich geregelten Bereich im DAR vertreten, zusammen mit ihresgleichen anderer europ. Länder in der WELAC)
TGL ...	DDR-Standard ... (mit Nummer ... - Norm etc. des ASMV - von urspr. Technische Güte- u. Lieferbedingungen - das ASMW hat noch selbst vorgeschlagen, kurzfristig den Rechtsstatus von TGLs als staatlicher Qualitätsvorschriften durch den Gesetzgeber aufzuheben u. damit die Anwendung von DIN-Normen zu ermöglichen - für gerichtsrelevante Nachweise (z.B. im Bauwesen) wurde eine historische Datenbank beim DIN eingerichtet - vgl. auch ST RGW)
TH	Technishe Hochschule (vgl. TU; ETH, RWTH, THD, TUB, TU-BS, TUM; FH, GH, UNI_2)
THD	Technische Hochschule Darmstadt, Darmstadt (vgl. GRIS, IPM; TH)
Thesaurus	(grch.-lat, dt. Schatz - geordnete Zusammenstellung von Bezeichnungen (Ben., Abk.), insbes. Deskriptoren, von Begriffen eines Dokumentationsgebiets, zusammen mit einer Darstellung begriffl. Beziehungen und Charakteristika, zum Indexieren von Dokumenten, Speichern und Wiederauffinden ('Retrieval') ihrer Beschreibungen - Thesauri sind (neben Schlagwortsyst. u. Klassifikationen) eine Art Dokumentationssprache - siehe DIN 1463, T. 1 (Einsprachige Thesauri), 11.87, Entw. T. 2 (Mehrsprachige Thesauri), 12.88 - vgl. auch KWIC, KWOC; OPAC; DB_1; SQL; NABD, NAT; Infoterm; FI, IuD; IR, LDV)

THW — Technisches Hilfswerk (in der BRD - erhielt 1989 neue gesetzl. Grundlage als Bundesanstalt mit Regionalverbänden - vgl. auch TÜV)

TI — (abgesehen von einer bekannten US-amerikanischen Industriefirma:) Theoretische Informatik (Zweig und Studienrichtung der Informatik, umfassend Automatentheorie, Komplexitätstheorie, Netztheorie, Systemtheorie, Theorie formaler Sprachen (z.T. auch Gegenstand der Math.) - engl. TCS - vgl. auch GTI; GI_1(-FB 0); CH_1, NP_1, P, PN_1)

TIA — Telecommunications Industries Association (USA), ...

TIB — Technische Informations-Bibliothek, Hannover (Aufgabe u.a. für Informatik und Informationstechnik (IT) - vgl. auch eLib; DB_2; FI)

TIFF — Tag Image File Format (eines unter vielen Graphik(darstellungs)formaten - vgl. PIF, RIFF; EPS_2; CGM; DTP, GDV)

Tiga — Texas Instruments Graphic Architecture (Software-Schnittstelle (SW, SS_1) f. Graphikprozessoren von Firma TI - ist VGA-kompatibel u. ermögl. Auflösungen von 1024×768 bis 1280×1024 Pixel (je nach Monitor, Prozessor u. Bildspeich.) mit großer Farbauswahl u. schnell - derzeit wohl eines der besten Grafiksysteme im PC-Bereich (PC_1) - vgl. auch XGA; AGA, CGA, EGA, HGC, MDA, PGA; SVGA)

TIP — Tiefpunkt (lokales Minimum (Min) eines Funktionsgraphen an der Stelle a mit $f'(a) = 0 \wedge f''(a) > 0$ (notw. & hinr. Bed.) - entweder mit einfacher Nullstelle von f' und keiner von f'' oder, wenn zugleich Flachpunkt (FLAP) i.w.S., mit dreifacher von f' u. zweifacher von f'' - vgl. auch HOP, Max; TEP, WEP; VZW)

TK —
1. Tageskopie(n) (vgl. Az.)
2. Telekommunikation (Abk. weniger üblich als Langform - vgl. KT; DV; IT; ICS_2; TCP/IP; OSI)
3. Typenkennung (von Worten in Wortmaschinen, d.h. Rechenanlagen (RAs) mit Wortstruktur)

TKO — Telekommunikations-Ordnung (der DBP Telekom - ist seit 1.1.1988 in Kraft (Ermächtigungsgrundlage ist § 14 PostVwG) - hat DirRufVO, FO, TO_2, VFsDx abgelöst - Kritik z.B. bez. ISDN wurde u.a. vom IKÖ geübt - vgl. auch TKV; FAG, PSG)

TKV — Telekommunikationsverordnung (VO für die DBP Telekom - gilt seit 1.10.1992 weiter für die Monopolleistungen u. die Pflichtleistungen d. DBP Telekom, und zwar neben deren neuen AGB u. der PLV T, nicht für die sog. freien Leistungen im Wettbewerb unter den AGB)

TLFF Technical Level Feeders Forum (von SPAG, COS, MAP-TOP, POSI ergänzend zu MLFF eingesetztes FF - vgl. auch CPS_2)

TL (engl.) target language (dt. Zielsprache - i.U. zu Quellsprache (SL))

TM
1. (engl.) trade mark (entspr. dt. Warenzeichen (Wz) - vgl. auch UrhG)
2. Bei ETSI: Transmission and Multiplexing (dt. Übertragen u. Multiplexen - Techn. Komitee (TC) - vgl. auch ATM_0, BT_2, EE, GSM, HF_2, NA_1, PS_1, RES, SES, SPS_1, TE)
3. Turing-Maschine (entspr. engl. Turingmachine - nach dem brit. Math. A.M. Turing, 1912-1954, ben., der sie 1936 zur Präzisierg. der (intuitiven) Begriffe Berechenbarkeit u. Entscheidbarkeit vorgeschlagen hat - Begr. der Automatentheorie, unter den eine Klasse theoret., datenverarbeitender Automaten fällt: mathem. Modell einer potentiell universellen Rechenmaschine mit einem Speicherband unbegrenzter Länge (linearer Speicher), auf dem ein Lese-Schreib-Kopf je Stelle ein Zeichen eines endlichen Alphabets lesen oder (über)schreiben kann, einer (die jeweilige Maschine bestimmenden) endl. Zustandsübergangstabelle (Turingprogr.), einer endl. Menge von Zuständen u. einer Bandsteuerung mit den Fkt.: Zeichen von einer Stelle lesen; Zeichen auf einer Stelle schreiben (wobei vorgefundenes überschrieben wird); Band um eine Stelle (nach links o. rechts) versetz. - einem Rechensystem (RS) mit Progr. zur Lösg. einer best. Aufgabe entspr. eine best. TM - RS' können als potentiell univers. TMs aufgefaßt werden insof. jeder Algorithmus in ein Progr. f. sie umges. werden kann - lt. A. Church (1936) ist jede im intuitiven Sinn berechenbare Fkt. Turing-berechenb. (unbeweisbare, als unwiderlegt anerkannte Churchsche These) - insbes. sind alle rekurs. Fkt. Turing-berechenbar - siehe: H. Hermes: Aufzählbarkeit, Entscheidbarkeit, Berechenbarkeit, Berlin 1971; J.E. Hopcroft: Turingmaschinen, in Spektr. d. Wiss., Juli 1984, S. 34-49; W. Brauer: Grenzen maschin. Berechenbarkeit, in Inform.-Spektr., Apr. 1990, S. 61-70; Def. von Automat (in anderem Sinn) enthält DIN 19 233, 7.72 - vgl. auch EA_2, KA, LBA; NP_1; CH_1; PN_1; FDT; TI)

TMA Telecommunications Managers Association (GB), Orpington, Kent

TMRSE Towards Mutual Recognition of Security Evaluations (Konzept. gegens. Anerk. von Sicherheitsbewertg. in den USA u. EG-Europa (EG_1) einer gemeins. Arbeitsgr. von VDMA u. ZVEI, die auf Anreg. der Industriepolitikgr. von EUROBIT gegr. wurde, auf d. Grundl. von TCSEC (1985) u. ITSEC (1990), die mittels einer feineren Auflösg. vereinigt werden sollen, um den Herstellern einschläg. IT-Produkte mehrf. Prüflasten zu ersparen - siehe T... M... R... of S... E..., Franfurt a.M., Oct. 1991, VDMA/FG BIT, 5 p. - vgl. auch TTT_2; TeleTrusT)

TO
1. Tagesordnung (engl. agenda - i.U. zu GO - vgl. auch TOP_1)
2. Telegrammordnung (der (alten) DBP - am 1.1.1988 abgelöst von der TKO, zusammen mit DirRufV, FO, VFsDx)

TOE
(engl.) target of evaluation (i.S. d. ITSEC - dt. Evaluationsgst. (EVG))

TOEFL
Test of English as a Foreign Language (für amerik. Englisch - Bücher und Kassetten bei Prentice Hall - vgl. GA_1, RP_1)

TODAC
Testing ODA Conformance (gemeins. Proj. von: Departm. of Communic., Canada; NCC, UK; ... - vgl. auch FODA; PAGODA; PODA)

TOP
1. Tagesordnungspunkt (vgl. AOB, BOF; TO_1)
2. Technical and Office Protocols (Kommunikationsprotokolle für Technik und Büro - vgl. CAM, CIM, OSI, OSITOP, MAP)

TOPSYS
(von engl. Tool for Parallel Systems, dt. Werkzeug für Parallele Systeme - an der TUM seit 1987 entwick. Software (SW) für PMPS - Verträglichk. mit BCS (BCS_1) gewährleistet Portabilität von Progr. über einen weiten Bereich von Transputer-Systemen und Anwendg. - vgl. auch Ada, C_1 (Parallel C), Modula-P, Occam; Helios, Peace, Unix)

TP
1. (engl.) teleprocessing (dt. DFV)
2. (engl.) transaction processing (dt. Transaktionsverarbtg. - insbes. in "OSI-TP-Modell", "OSI-TP-Dienst", "OSI-TP-Protok." u. in "TP-Monitor" - im Rahm. von OSI-Schicht 7, d. Anwendungssch. des OSI-RM, ist eine Transakt. eine Menge zusammengeh. Operat., charakteris. durch vier Eigensch.: (engl.) 'atomicity', 'consistency', 'isolation', 'durability' - eine verteilte Transakt. (engl. distributed transact.) ist eine, die sich auf mehr als ein offenes Syst. erstreckt (sie setzt sich aus mind. so vielen Teilen zus. wie offene Syst. in sie einbezog. sind) - siehe: ISO/IEC DIS 10026-1.2: 1991 (OSI-TP-Modell); ...-2.2:1991 (OSI-TP-Dienst); ...-3 (OSI-TP-Protok.) in Vorbrtg. - vgl. auch TPSU; DTP_2, VTV_2; ODP)
3. (vgl. T-P)
4. Trigonometrischer Punkt (Markierung zur Landvermessung im Gelände - in 1 bis 3 km Abstand von benachbarten TPs und mit Granitplatte oder dgl. gesichert - vgl. Kote, NP_3; NN_1)

T-P; TP
Bei JTC 1: T-Profile; Transport-Profile (dt. T-Profil oder Transportprofil von ISPs (oder FNs) - vgl. auch A-P, F-P)

TPI
(engl.) text preparation and interchange (dt. Vorbereitung und Austausch (besser Übermittlung) von Text - vgl. DTP, WYSIWYG; TV_2; RTF; PostScript, PDF; SGML, ODA; EDI)

TPM — (engl.) third-party maintenance (dt. Drittseitenwartung - insbes. die sog. unabhängige Computerwartung, die von herstellerunabhängigen Firmen übernommen wird, für die ein Bedarf auf Kundenseite bei **Kombination von Fabrikaten verschiedener Hersteller** besteht, **ermöglicht durch Kompatibilität aufgrund der Einhaltung von Normen oder der Anwendung von Standards** i.w.S. - bezieht Garantieabwicklg. bedingt ein - in den USA in den 60er Jahren eingef., im UK seit den 70er Jahr., in den deutschsprach. Ländern seit ca. 1980 im Vordringen - vg!. AGB, BVB_1, VOL; LKR)

tpq — (engl.) ticks per quarter (dt. etwa: Teile je Viertel[note] - als Einh. f. [interne] Auflösg. von Software(SW)-Sequenzern in d. Musikdatenverarbeitg. - z.B. 384 tpq von Cubase (Steinberg) - vgl. auch MIDI; DV)

TPSU — TP-Dienst-Nutzer (TP_2) (von engl. Transaction Processing Service User - in einem offenen System, das in eine verteilte Transaktion einbezogen ist, ein Prozeß, der diese nutzt - vgl. auch TAN; OSI; ODP)

TPW — Technologie-Programm Wirtschaft (von NRW - fördert seit 1979 auch Einzelprojekte zu IT-thematischen Schwerpunkten - vgl. auch TPZ)

TPZ — Technologie-Programm Zukunftstechnologien (von NRW - förd. seit 1979 auch Einzelprojekte zu IT-themat. Schwerpkt. - vgl. auch TPW)

TQM — totales Qualitätsmanagement (nach engl. total quality management - die Abk. wird nicht übers. - eigtl. ganzheitliches Qualitätsmanagement i.U. zu QM - vgl. auch EPIA, FMEA; QZ; EQ; QS)

TR ... — (abgesehen von Telefunken-Rechensystemen bis in die 70er Jahre, hier:) Technical Report ... (von ECMA, ISO, IEC, JTC 1 o. ICSI u.a.m. - mit Nr. ... - dt. Technischer Bericht (von DIN selbst stattdessen: Fachbericht), frz. Rapport Technique - die Abk. wird nicht übers., also auch im Französischen verwendet (nicht RT!) - **bei JTC1 werden dreierlei Arten (engl. types) von TRs unterschieden**, die lt. ISO-IEC Directives, Procedures for the technical work of ISO/IEC JTC1 on Information Technology, 2nd ed., ISO)IEC, beide Genf, 1992, ISBN 92-67-10179-X wie folgt definiert sind (engl.):

- type 1, when the necessary support within the TC cannot be obtained for the publication of an IS, despite repeated efforts;
- type 2, when the subject is still under technical development requiring wider exposure;
- type 3, when a TC has collected data of a different kind from that which is normally published as an IS ("state of the art", for example) -

vgl. auch DTR, PDTR; DIS; AM_2, DAM, PDAM)

TRAC — Bei CEPT: (engl.) Technical Recommendations Application Committee (frz. Comité Chargé de l'application des recommendations techniques - erhebt ausgewählte ETSes (künftig auch ENs) zu CTRs (anfänglich NETs), deren Hrsg. CEPT ist - vgl. auch ETSI)

TRAM — (das) Transputer-Modul (nach Inmos-Standard werden Module verschiedener Größe und Ausstattung unterschieden: einsetzend bei ungefähr ID-Karten-Größe mit 16 Anschlüssen, sowie geradzahlige Vielfache mit entsprechend mehr Steckplätzen (engl. slots))

Transputer — (von engl. transmitter + computer, dt. Übertrager + Rechner, i.S. von im Verbund mit seinesgleichen kommunikativer Rechner - integrierter Mikrorechner aus Mikroprozessoren (MP) mit RISC-Architektur für 32- bzw. 64-Bit-Worte, eigenem (lokalen) Zwischenspeicher (engl. cache) u. leistungsfähiger Kommunikationseinrichtg., dessen physikal.-techn. Eigenschaften Konfigurationen mit großer Stückzahl ermögl. - erstmals 1983 vorgestellt, seit 1985 von Inmos in Bristol hergestellt und (auch in Vbdg. mit der KEG und Parsytec) weiterentwickelt - da Transputer massiv parallele Rechner, z.B. Multitransputersysteme (als Makrorechner) in MIMD-Struktur, bei relativ einfachem, unkritischen Aufbau ermöglichen, ist wohl damit zu rechnen, daß sie aus dem Schatten anderer zukunftsträchtiger Konstruktionen (z.B. Connection Machine, Hypercube und neue RISC-Prozessoren) heraustreten, etwa im Bereich 'Supercomputing' - siehe: Publikationsserie bei IOS Amsterdam; unter QCD - vgl. auch TRAM; BCS_1; Helios, Occam; GP-MIMD; OMI, PUMA; FE, HW, SS_1; RS; PMPS; MPS_1)

TRON —

1. The Realtime Operating system Nucleus (dt. Der Realzeit-Betriebssystem-Kern - 1984 an der Universität von Tokio begonnenes zukunftsorientiertes japanisches Projekt für ein Betriebssystem (BS_1) u.a.m., unter Ltg. von K. Sakamura - Unterprojekte sind:
   integrierter TRON-Mikrorechner;
   ITRON (Industrial TRON), spezialis. auf (eingebettete) Steuerg. "intelligenter" Objekte;
   BTRON (Business TRON), spezialisiert auf Steuerung von Arbeitsstationen (WS');
   CTRON (Communication, Central and Common-Use TRON), spezialisiert auf Verarbeitungsverwaltung auf größeren Rechnern sowie Kommunikation zwischen Rechnern;
   MTRON (Macro TRON, gedacht für "intelligente" Gesamtsteuerung hochfunktionell verteilter Systeme (HFDS);
   TULS (TRON Universal Language System), eine (noch hinzugekommene) Spezifikationssprache zur Bewertung von Systemschnittstellen (vgl. SS_1) -
   eine Mitwirkg. im TRON-Proj. steht auch nichtjapanischen Firmen

und Normungsinstituten offen gegen Mitgliedschaft bei TRON ($TRON_2$) - siehe: K. Sakamura (edtr.): TRON Proj. 1990: Open-Architecture Computer Systems (Proceed. of the 7th TRON Proj. Symposium, Springer-Verl., Tokio 1990; Spezifikationen ..., b. IOS in Amsterdam - vgl. auch HW, SW; FE, SS_1; FDT; Mach, RTU, Unix; Motif, POSIX, XPG; IAP; OSI; ODP)

2. TRON Association, Tokio (1988 vom MITI gegr. zur Förderung der Schaffung und Annahme von Normen und zugehörigen Arbeiten, zur Ermöglichung von HFDS', insbes. mit dem von der Assoc. weitergeführten Projekt TRON ($TRON_1$), einschlägigen Publikat., Symposien und dgl. mehr - mitgetragen von einem Konsortium von 152 mitwirken-den Unternehmen und Einrichtungen (März 1991) - Mitgliedschaft steht auch nichtjapanischen Einrichtungen offen - vgl. auch IEEE/POSIX, OSF, UI, X/Open; JTC 1)

TS

1. Bei CEN & CENELEC: Techn. Sekretariat (entspr. engl. technical secretariate - unterstützt das CS (CS_3) in d. Bearbeitg. von DRs zu FS' (FS_2), gem. Abstimmungsergebn. u. Vorgaben jeweilig. WGs)
2. Bei I'TU: (engl.) Telecommunication Standardization Section (kurz für korrekt "ITU-TS" - die ITU-TS ist seit 1993 die umbenannte Nachfolgeeinrichtung des CCITT und Hrsg. von ITUTs)

Tsd. tausend (engl. thousend; frz. mille - z.B. in "3 Tsd. DM" - vgl. auch k; Mio., Mrd.)

TSG Bei JTC1: (engl.) Technical Special Group (z.B. TSG 1 für IAP - vgl. auch SC, SWG, TC, WG)

TSP (engl.) traveling salesman problem (dt. Problem des Handlungsreisenden - so ben. nach dem Problem Handlungsreisender, mehrere Orte (genau einmal) in der Reihenfolge der kürzesten Reiseroute zu besuchen mit Rückkehr zum Ursprungsort - gesucht wird die kürzeste hamiltonsche Rundreise (nach W.R. Hamilton, 1805-1865) zwischen den Knoten eines (vollständigen) Graphen mit gewichteten Kanten - das TSP ist NP-vollständig (NP_1) - es gehört zu einer anwendungsbezogen wichtigen Klasse von Optimierungsproblemen des OR)

T/T Telex-Überweisung (von engl. telex transfer - vgl. Tx; INTAMIC, S.W.I.F.T.; EDIFACT; EDI; OSI)

TTCN Tree and Tabular Combined Notation (dt. etwa kombinierte Baum- und Tabellen-Notation - sprachartiges formal. Beschreibungsmittel f. Testsuiten zur Prüfung (auch Fernprüfg.) von Kommunikationsprotokoll-Implementationen, unabh. von Schicht (nach OSI-RM) u. Testmethode - selbst in Normung begr. u. zur Normg. verwendet, z.B. f. FTAM u.

MHS (MOTIS) - einstweilen in unterschiedl. Varianten verbreitet und verbesserungsbedürftig - ISO/IEC DIS 9643-3 (TTCN); das aktuelle Schlagwort in Inform.-Spektr. (1990) 13: S. 98-100 - vgl. auch ASN.1, CPN_2, Estelle, ET, FSM, LOTOS, PN_1, PrT, PS_2, SDL; FDT)

TTL

1. durch das Objektiv (von engl. through the lens - bezügl. Lichtmessung durch das Objektiv einer Kamera unter Berücksichtigung der Blendeneinstellung u. unter den gleichen opt. Bedingungen wie der zu belichtende Filmausschnitt - vgl. AF, MSK, PC2, SCA, SLR)
2. (so gen.) Transistor-Transistor-Logik (Schaltungstechnik - "Logik" ist hier quasi offizieller Laborslang - vgl. DL1, DTL, MOS; IC_1)

TTT

1. (von Teraflops Leistung, Terabyte Speicher, Terabyte/s Übertragungsrate - weithin angestrebtes Ziel parallelen Rechnens bis zum Jahr 2000 - siehe u.a. IEEE Spectr., 9/1992, Spec. Issue: Supercomputers - vgl. auch Byte, Tflops; T; MPS_1)
2. Trustworthy Telematic Transactions (früher "OSIS" - Gruppe urspr. von der GMD initiierter anwendungsnah. Proj. der Datenkommunikat. mit Authentizitätssicherung - im Rahmen von TeleTrusT - vgl. auch DES, FEAL, MAC_2, RSA, ZKP; X.509; ITSEC, TCSEC; TMRSE)

TTU

Teletex-Telex-Umsetzer (vgl. AKPL, Modem, Ttx, Tx; TEXFAX; KT; OSI)

Ttx

Teletex (Dienst der DBP Telekom - Bürofernschreiben nach CCITT F.200 mit gemischtem Satz (d.h. kleinen und großen Buchstaben), vergleichbar dem Zeichensatz einer Büroschreibmaschine, mit einer mittleren Übertragungsrate von 400 bit/s im Datex-L-Netz - Übergang von und zu Telex (Tx) ist möglich mittels TTU - DBP Telekom bietet keine Neuinstallation mehr an - vgl. auch TTX; ITA; IPM_2; OSI)

TTX

Teletex (Abk. nach CCITT und ISO-IEC/JTC 1 - vgl. auch Ttx; ITA; IPM_2; OSI)

TTY

Fernschreiber (in internat. Zshg. - von engl. teletypewriter (nicht "Teletype", da Wz.) - vgl. auch FS_0, FSchr.; Tx, Ttx; TTU; KT; OSI)

TU

Technische Universität (vgl. TH; ETH, RWTH, THD, TUB, TU-BS, TUM; FH, GH, UNI_2)

TUA

Telecommunications Users' Association (Ltd), London (unabh. Vereinigung von TK-Nutzern (TK_1) - vgl. auch TMA; FOCUS; ECTUA)

TÜA

Technische Überwachungsanstalt, Wiesbaden (den TÜVs in anderen

Bundesländern der BRD entsprechende, jedoch staatliche Einrichtung des Bundeslandes Hessen)

TUB — Technische Universität Berlin(West) (vgl. FU; RWTH, TU-BS, TUM, $UNIDO_2$)

TU-BS — Technische Universität Braunschweig (vgl. RWTH, TUB, TUM, $UNIDO_2$; TU)

TUG — TEX Users Group, Providence, RI (US-amerikanische u. inernat. TEX-Anwendervereinigung - gibt eigene Zeitschrift TUGboat hrs., die auch LATEX u.a.m. berücks. - vgl. auch DANTE)

TULS — TRON Universal Language System (Näheres u. Lit. unter TRON - vgl. auch BS_1; FDT)

TUM — Technische Universität München, Müchen (i.U. zur Universität München - vgl. LRZ; ETH, RWTH, THD, TUB, TU-BS, $UNIDO_2$)

TUP — total unstrukturiertes Programm(element) (nach V. Claus, i.U. zu einem nicht nur aus bestimmten (anerkannt) strukturierten Sprachelementen zusammengesetzten Progr. mit mindestens einer bestimmten Unterstruktur anderer Art: ein Programm[element], das alle bestimmten Unterstrukturen anderer Art enthält - siehe GMD-Spiegel 4/87, S. 46-50 (erörtert Sinn u. Grenzen der STP_2) - vgl. auch STP_1, USP)

TÜV — Technischer Überwachungs-Verein (die TÜVs sind regional eigenständige private Vereine, denen bestimmte Aufgaben staatlich zugewiesen sind und die andere Aufgaben aus eigener Initiative wahrnehmen - zusammengeschlossen in der VdTüV - vgl. auch TÜA)

TV

1. Fernsehen (von engl. television - "TV" ist übl. (internat.) Abk. für "Fernsehen" - vgl. HDTV; NTSC, PAL, SECAM; Btx, Videotext)
2. Textverarbeitung (Sonderfall oder Unterbegriff von Datenverarbeitung (DV) - gemeint ist damit heute gewöhnl. rechnergestützte Textverarbeitung auf einem Arbeitsplatzrechner, z.B. einem PC (PC_1) mit geeigneter Software (SW), die zumindest ein sog. Betriebssystem (BS_1) und ein Textverarbeitungsprogramm (Anwendungsprogramm für TV) umfaßt, mit denen der Rechner für diese Aufgabe gerüstet ist - i.U. zur Verwendung einer althergebrachten Schreibmaschine erscheint Text, den man mit einer schreibmaschinenähnlichen Tastatur eintastet, zunächst nur auf dem Bildschirm, wo er noch beliebig verändert werden kann: erweitert (auch durch Einfügungen), gekürzt, korrigiert, umgestellt, bevor man veranlaßt, daß er ausgedruckt wird - diese auf dem Bildschirm sichtbare

Eingabe erfordert keine Zeilenschaltung wie bei der Schreibmaschine u. wird gleichzeitig im Rechner, und zwar in dessen Arbeitsspeicher (vgl. RAM) gespeichert - außer dem Arbeitsspeicher hat der Rechner noch einen Dauerspeicher ("Festplatte" (HD_0) gen., obgleich sie sich sehr schnell dreht, da nicht entnehmbar) - der Arbeitsspeicher ist schneller, "vergißt" aber seinen Inhalt bei Abschalten des Rechners, d. Dauerspeicher ist langsamer u. "vergißt" nicht seinen Inhalt bei Abschalten - als externes Speichermedium verwendet man Disketten als sog. Datenträger - moderne Textverarbeitungsprogr. ermögl. Flattersatz wie Blocksatz, Wahl von Schriftart u. -größe, Fettdruck, Kursivschrift, Sonderzeichen, Fußnoten, automatische Seitenzählung, Serienbriefe u.v.a.m. - mit ihnen lassen sich auch Bilder, Graphiken, Tabellen anderer Herkunft in Texte einbinden - ihre Benutzung wird durch eine sog. graphische Benutzeroberfläche (GBO) in Verbindg. mit einer sog. Maus bzw. Rollkugel (engl. trackball) wesentlich erleichtert - sehr empfehlenswert ist, unter verschiedenen Arten u. Ausprägungen des Angebots nach Ansprüchen u. Zweck sorgfältig zu wählen - es bestehen enge Zusammenhänge mit Textkommunikation, Tabellenkalkulation u. Geschäftsgraphik (weniger graph. Datenverarbeitung (GDV) allg.) - vgl. auch NBSP, SHY, SP; WYSIWYG; RTF; TPI; LaTeX, TeX; DTP; BVB_2, VTV_1; Hypertext; HM, MM; EDIFACT, ODA, SGML; EDI, MHS (MOTIS); E-Mail, IMAIL; EP_2; OSI; IT)

Tx Telex (Fernschreiben i.e.S. - Dienst der DBP Telekom - von engl. Teletypewriter Exchange [Service] - herkömml., internat. eingeführtes Fernschreiben mit beschränktem Zeichenvorrat, der gemischten Satz (d.h. kleine u n d große Buchstaben) nicht zuläßt, sondern nur entweder Kleinbuchstaben o. Großbuchst., je nach d. Geräteausführg. - Übertragungsrate 50 Bd - das Tx-Netz ist in IDN integr. - Einführung von EDS ermöglichte Komfortverbesserungen, so Direktruf ausgewählter Partner o. verteiltes Senden an mehrere - Übergang von u. zu Teletex ist mittels TTU mögl. - vgl. auch T/T; Gentex, Ttx; ITA; OSI)

TZ

1. Technologiezentrum (die Ben. wird [in ihrer Langform] sowohl als Bestandteil von Eigennamen bestimmter Einrichtungen, wie z.B. das VDI/VDE-TZ IT oder seit 1990/1991 des BMFT in den neuen Bundesländern der BRD, als auch generisch verwendet - vgl. u.a. auch MCZ, MEZ_1; HLRZ, RZ)
2. Teilzahlung (Einzelzahlg. o. Zahlungsmodus - vgl. auch VerbrKrG)

UA

1. Beim DIN: Unterausschuß (vgl. AA_2, AK, NA_2)
2. Benutzeragent (von engl. user agent - von einem MHS ein Anwendungsprozeß, der einem einzelnen Telematikanwender als Nutzer (Person oder Prozeß) des MHS dessen direkte Nutzung ermöglicht (über einen MTA (MTA_3) seines MTS und evtl. einen, diesem vorgelagerten MS) - ein UA kann u.a. auch in einem PC (PC_1) implementiert sein (auch mit MS), obgleich begrifflich zum MHS gehörend - vgl. auch AU_2, PDAU; OSI)

UCB

University of California Berkeley, Berkeley, CA (vgl. CMU, MIT; NCSL, SRI; ICSI)

UCS

(von engl. Universal Coded Character Set, dt. Universell Kodierter Zeichenvorrat - die Abk. wird nicht übers. - von JTC 1 und ECMA vorbereiteter Supercode für die Übermittlung (modisch mißverständlich auch "den Austausch") geschriebener Texte in jedweder Schrift und Sprache seines Geltungsbereichs, unabhäng. von deren Verständnis, strukturell u. inhaltl. auf bisherige internat. Codenormung u. entsprechende registrierte Codes gestützt - die Darstellung eines nicht-ideographischen Schriftzeichens beansprucht in ihrer Vollform (der sog. kanonischen Form) vier Oktaden Bits, die jedoch in den allermeisten praktischen Anwendungen aufgrund eingeschränkter u. vereinfachter Formen des Codes nicht erforderl. sind - d. UCS ist also ein Supercode für maximal 32 Bits lange Codeworte (je Schriftzeichen), ein 32-Bit-Code (entspr. 7-Bit- oder 8-Bit-Code) also nur in seiner Vollform als Supercode zur Vereinigung aller einbezogenen (registrierten) Zeichenvorräte - der kanonischen Form des potentiellen Gesamtzeichenvorrats unterliegt die Struktur eines 4dimensional aufgefaßten Coderaums (engl. coding space) bestehend aus 256 dreidimensionalen Gruppen (untergliedert in Ebenen, Reihen, Zeichen) für je max. 256^3 Zeichen - lt. Abschnitt 5, Abs. 3 des internat. Normentwurfs sei die (enorme) kanonische Codewortlänge von vier Binäroktaden je Zeichen gewählt worden, da zwei Oktaden nicht f. alle Schriftzeichen etc. der Welt ausreichten u. da 32-Bit-Worte mit modernen Prozessorarchitekturen verträgl. seien - diese codetheoretisch-kombinatorisch erstaunl. Aussage im Normentwurf ist u.a. auf Kompatibilitätsanforderungen u. vielfältige Rücksichtnahmen bei der mühsamen u. sorgfältigen Ausarbeitung von UCS zurückzuführen, in deren Verlauf bereits Einwände auszuräumen waren (d. CD-Veröffentlichung (CD_1) stimmten nur sieben P-Mitgl. des JTC 1 zu, der DIS-Veröffentlichung 15 bei 5 Gegenstimmen) - APL wurde (wie ein national. Alphabet) als einz. Formalsprache konkret mitberücksichtigt, das allg. noch wichtigere SI (SI_1) jedoch nicht - f. Logik, Mathematik, Physik etc. sowie für dynamisch redefinierbare Zeichen (Symbole) ist jedoch genug Platz - siehe ISO/IEC DIS 10646:1990 (UCS), 159 p.

(die Einspruchsfrist endete 1991-06-06) - schwerwiegende Kritik an diesem thematisch bedeuts. Entwurf wurde insbes. durch Publikation von Unicode, einem vollständig neu strukturierten 16-Bit-Supercode (mit jüngeren Wurzeln, begrenzter Erweiterbarkeit u. Flexibilität) ausgelöst u. ermöglicht, die schon während der Einspruchsfrist des DIS zu Verbesserungsdiskussionen führte - angestrebt wird seither eine Verbindung der besten Eigenschaften von UCS und Unicode als internat. Supercode - vgl. auch ASCII, EBCDIC; ARV8, DRV8; OSI; GAN)

UDC — Universal Decimal Classification (von M. Dewey /'dju:i/, 1851-1931, entwickelt - seit 1895 internat. - auf allen ISO- und IEC-Normen sind noch b.a.w. UDC-Zahlen angegeben - dt. DK - vgl. auch ICS_2)

UfAB — Unterlagen für Ausschreibung und Bewertung von DV-Leistungen (siehe KBSt-Reihe, Bd. 2 - vgl. auch UfAB II, UfAB-APC; BVB_1; LKR; ADV; IT)

UfAB II — Unterlagen für Ausschreibung und Bewertung von DV-Leistungen, Version II (siehe KBStReihe, Bd. 11 - vgl. auch UfAB-APC; BVB_1; LKR; ADV; IT)

UfAB-APC — Unterlagen für Ausschreibung und Bewertung von Arbeitsplatzrechnern (siehe KBSt-Reihe, Bd. 2a und Bd. 7 - vgl. auch UfAB II; BVB_1; LKR; PC_1, WS; IT)

UHF — ultra-hohe Frequenz (entspr. engl. ultra high frequency - Frequenz- oder Wellenbereich von 300 MHz bis 3 GHz (Dezimeterwellen) - u.a. für zweites und drittes Fernsehprogramm verwendet - vgl. auch TV_1; VHF; KW_2, LW, MW, UKW)

UHLL — (engl.) ultrahigh-level language (auf dt. übers. ultrahohe Programmiersprache (PS_2) - willkürl. Einstufung - vgl. auch HLL, LLL, VHLL)

UI — Unix International Incorporated (im Nov. 1988 von AT&T in Konfrontation zu OSF gegr. Vereinigung zur Standardsetzung für Unix® - Mitgl. sind die Firmen Amdahl, AT&T, Conti-Data, Fujitsu, ICL, Motorola, NCR, NEC, Nokia, Olivetti, Prime, Sun, Unisys und (im Durchschnitt mit OSF) auch Data-General, Intel, Oracle, Texas Instruments, Toshiba, Wang - vgl. auch X/Open)

UIC — Union Internationale des Chemins de Fer, Paris (Internationale Union der Eisenbahngesellschaften - vgl. ICC, IMO, IATA, UPU; KTK)

UIM — Union Internationale de Mathématique, Helsinki (frz.; dt. Internationale Mathematische Union (IMU entspr. engl.) - vgl. auch EMS_4)

UIMS (engl.) user interface management system (dt. Benutzerschnittstellen-Verwaltungssystem - vgl. GBO, GUI; SS_1)

UIT Union Internationale des Télécommunications, Genf (frz.; dt. Internationale Telekommunikations-Union (ITU entspr. engl.) - vgl. auch CCIR, CCITT; CEPT, ETSI)

UK GOSIP United Kingdom Government OSI Profile for Procurement (vgl. $GOSIP_2$; EPHOS; ENS)

UKUUG United Kingdom Unix systems User's Group, Buntingford, Herts. (vgl. auch EurOpen; UniForum)

UKW Ultrakurzwellen(bereich) (Frequenz- oder Wellenbereich von 30 bis 300 MHz (Meterwellen) - u.a. für UKW-Rundfunk im Teilbereich von 87,5 bis 100 MHz (Europa) bzw. bis 108 MHz (Japan) - auch Flugsprechfunk und Polizeifunk - vgl. auch KW_2, LW, MW; UHF, VHF)

ULSI (engl.) ultra large scale integration (Ultrahöchstintegration bei ICs (IC_1) - vgl. auch VHSIC; LSI, MSI, SSI, VLSI)

Ultrix (Unix-nahes Betriebssystemprodukt (BS_1) von Digital Equipment Corporation (kurz DEC))

UMTS Universales Mobiles Telekommunikationssystem (entspr. engl. Universal Mobile Telecommunication System - wird, gestützt auf Vorarbeiten von CCIR und RACE, seit 1990 bei ETSI genormt - vgl. auch EBU, ETRI)

UN Vereinte Nationen (von engl. United Nations - vgl. UNO)

UNCID Einheitliche Verhaltensregeln für die Übermittlung von Handelsdaten durch Teletransmission (von engl. Uniform Rules of Conduct for Interchange of Trade Data by Teletransmission - das Akr. wird nicht übers. - von einer Fachgruppe der ICC unter Beteiligung von ECE, ISO, KEG, OECD erarbeitete Grundlage für Datenübermittlung im Handel, die zum Gegenstand vertraglicher Vereinbarung gemacht werden kann - vgl. auch TDI; TEDIS; EDIFACT; EDI)

UNCTAD United Nations Conference on Trade and Development, Genf (dt. WHK)

UN/EDIFACT (neuere Bez. von EDIFACT, die ausdrückt, welches Gewicht die Vereinten Nationen (UN) dem internat. EDIFACT-Standard beimessen - siehe neue DIN[-ISO]-Normen (zugleich ENs) unter EDIFACT - vgl. auch UNSM; UN/TDED; DEUPRO, EDIG; UNCID; ECE; EDI)

UNESCO — Organisation der Vereinten Nationen für Erziehung, Wissenschaft und Kultur, Paris (von engl. United Nations Educational, Scientific and Cultural Organization - die Abk. wird nicht ins Dt. übers. - 1945 gegr. UN-Sonderorganisation mit Förderaufgaben (und anhaltenden Finanzierungsproblemen, da mehrere Staaten ihre Mitgliedsbeiträge nicht oder nur schleppend zahlen) - vgl. auch DUK; DFG; AA_1; IBI)

UNI
1. Ente Nazionale Italiano di Unificazione, Rom (Italienisches Normungsinstitut)
2. auch: Uni: Universität (informelle Abk. - vgl. FH, GH, TH, TU)

UNICE — Union der Industrieverbände der Europäischen Wirtschaftsgemeinschaft, Brüssel (von frz. Union des Industries de la Communauté Economique Européenne, engl. Union of Industries of the European Community - hat 1986 in einem Memorandum die **Industrie aufgefordert, die europäische Normungsarbeit wirksam zu fördern** - vgl. EWG; BDI; VDMA, ZVEI; EUROBIT; CEN, CENELEC, ETSI)

Unicode — (16-Bit-Supercode, vorgeschlagen als Alternative zu UCS - siehe Unicode Inc. (Edtr.): The Unicode Standard, Worldwide ..., Vers. 1.0, bei Addison-Wesley, 1991, 896 p.)

UNIDO
1. United Nations Industrial Development Organization, Wien
2. Universität Dortmund (vgl. FU, RWTH, TH-BS, TUB, TUM; FH, GH, TH, TU, UNI_2)

UniForum — International Association of UNIX Systems Users, Santa-Clara, CA (vgl. auch AFUU, AUUG, CHUUG, GUUG, JUS, UKUUG, USENIX, UUGA; EurOpen)

UNIGS — Unix-Interessengemeinschaft Schweiz, Zürich (umbenannt: CHUUG - vgl. auch GUUG, UUGA; EUnet; EurOpen; UniForum)

UNISIST — UN Intergovernmmental Programme for Co-operation in the Field of Scientific and Technological Information, Paris (der UNESCO - vgl. auch CODATA, Infoterm, ISONET; FI)

Unix®; UNIX® — (eingetr. Wz der AT&T International, in den USA u. anderen Ländern - universell (auf Großrechnern, WS' und PCs (PC_1) prozessortypunabhängig) einsetzbares Mehrplatz-Betriebssystem (BS_1) für Mehrprogrammbetrieb im Dialog und vom Stapel - mit einer Schale (engl. shell) als Kommandointerpretierer, die Benutzer in der Betriebssprache (mit rund 300 Kommandos) programmieren können, wobei außer herkömmlich üblichen Systemdiensten auch vielfältige Standardprogramme (zwischen Schale und Kern) aufgerufen werden können, deren Programmierung in einer Programmierspr. (PS_2) sich deswegen erübrigt - derartige Aufrufe bzw. Programme (sog. Filter) können mit einem Operator ('Pipe') zu zusammenhängender Ausführung und Datenübergabe veranlaßt werden - Dateien sind als Zeichenketten, Verzeichnisse oder (derart aufgefaßte) Geräte hierarchisch zusammengefaßt und nach Berechtigungen differenziert zugänglich - ursprünglich von D.M. Ritchie und K. Thompson, ab 1973 in den Bell Laboratories von AT&T entwickelt in der Programmiersprache C (C_1) - einerseits als herstellerunabhängig propagiert, andererseits in herstellereigenen Versionen unter Produktbezeichnungen angeboten, denen mehrheitlich die Endung "...ix" oder "...IX" gemeinsam ist - die meisten RS-Hersteller haben Versionen des Lizenzgebers AT&T um Komponenten aus eigener Entwicklung oder von der Universität Berkeley (UCB) erweitert - um Standardisierung bemühen sich mehrere Anbietergruppierungen und Benutzervereinigungen wie X/Open, EurOpen, GUUG im Vorfeld der Normung - einer engeren Bindung von AT&T (als Lizenzgeber) an den WS-Hersteller Sun begegneten andere Lizenznehmer durch Gründg. der OSF - Normung ist bei ANSI, JTC 1, DIN etc. längst angelaufen - sie ist jedoch durch Spannungen zwisch. den Gruppierungen erschwert, deren Überwindg. absehbar erscheint u. von der öffentlichen Verwaltung mehrerer Länder gefordert wird - siehe u.a.: K. Hopper: Unix* Standardization, CSI (CSI_2), Vol. 6, Nr. 2, 1986 (grundlegend & pro FDT); P. Domann, V. Meyer, U. Weng-Beckmann: Entwicklungstrends bei Unix ..., Inform.-Spektr., 4/1988 - neuerdings prozessiert AT&T gegen die UCB - vgl. auch Desktop-Unix; $SPARC_1$ (ABI); POSIX, XPG; BVB_1; AIX, A/UX, BirliX, BSD, HP-UX, OSF/1, RTU, Sinix, Ultrix, UTS, Xenix, X/Open Unix; Motif; EUnet, UUCP; Mach, Nextstep, OS/2, TRON; OSCRL; GPOS; API_1; OSE, ODP)

UNO — Organisation der Vereinten Nationen, Genf & New York & Paris & Wien (von engl. United Nations Organization (frz. ONU) - Japan und Deutschland wurden infolge des zweiten Weltkriegs erst 1993 Mitgl. des Sicherheitsrats - vgl. auch ECE, FAO, GATT, ITU, OECD, UNCTAD, UNESCO, $UNIDO_1$, WHK, WHO; KSZE; UN)

UNSM — UN-Standard-Mitteilung (entspr. engl. United Nations Standard Message - UNSMs sind vereinheitlichte Nachrichtentypen für Bestellung, Rechnung und dgl. für die gesamte Geschäftswelt - z.B. 'UNSM Invoice' als Bestandteil von UN/EDIFACT - siehe: Übersicht der Ben. und Def. der UN/EDIFACT-Dokumente in Entw. DIN 16 557 T. 3, 4.91 - vgl. auch EDIFACT; EDI; TDI)

UN/TDED — (neuere Bez. für TDED, die ausdrückt, welches Gewicht die Vereinten Nation. (UN) dem internat. TDED-Standard beimessen - siehe DIN ISO 7372, 1987 (Handb. d. Handelsdatenelem.) - vgl. auch UN/EDIFACT)

UP Unterprogramm (klassisches Konzept der (algorithmischen) Programmierung - im Zusammenhang mit modernen Programmiersprachen (PS_2) durch den Begr. Prozedur präzisiert - die Bez. "UP" ist daher im Programmieralltag ungebräuchlich geworden - siehe Def. von Prozedur in DIN 44 300 T. 4, 11.88 - vgl. auch SW; FE)

UPC Universeller Produkt-Code (entspr. engl. Universal Product Code - vgl. EAN_2; SC_2; ID)

UPN umgekehrte polnische Notation (engl. reverse Polish notation (RPN) - i.U. zu polnischer Notation (PN_2) i.e.S., deren Umkehrung zu Postfixnotation, etwa bei Programmiersprachen (PS_2), bei SR oder bei Taschenrechnern - die Ben. wird wie "PN" sowohl generisch als auch für bestimmte Ausprägungen verwendet - vgl. auch VZ; FDT)

UPU Weltpostverein, Genf (von frz. Union Postale Universelle, entspr. engl. Universal Postal Union - internat. Postsprache ist Französisch, bei Kurierdiensten Englisch - vgl. ICC, IMO, IATA, UIC; EMS_5)

UQ Bei CEN&CENELEC: Fortschreibfragebogen (von engl. update questionaire - vgl. PQ)

UrhG Urheberrechtsgesetz; Gesetz über Urheberrecht und verwandte Schutzrechte (der BRD - vom 9.9.1965 (BGBl. I S. 1273 ff) - aufgrund von Änderungen vom 24.6.1985 fielen gem. §§ 2, 3 seither auch bereits **Programme unter Urheberrechtsschutz** und gem. §§ 106, 108a ihre gewerbsmäßige unerlaubte Verwertung, Vervielfältigung und Verbreitung als urheberrechtlich geschützter Werke unter Strafandrohung - siehe auch Richtlinie des Rates der EG (EG_1) vom 14.5.1991 über den **Rechtsschutz von Computerprogrammen** (91/250/EWG) EG ABl. Nr. L 122, S. 42, in Kraft (umsetzungspflichtig) seit 1.1.1993; sie wurde umges. in: Zweites Ges. zur Änd. des UrhG vom 9.6.1993; BGBl. Jhrg. 1993, Teil I, S. 910; M.M. König: Späte Zustimmung, Urheberrechtsschutz für Computerprogramme (Neuregelung lt. Änderungsges. u. verständliche Kommentare), in c't 1993, H. 1 - wie Werke in natürlicher Sprache fallen nunmehr auch 'Computerprogramme' unter 'Sprachwerke' (lt. § 2 Abs. 1 Nr. 1 UrhG) - § 53 Abs. 4 Satz 2 wurde aufgehoben - 'Besondere Bestimmungen für Computerprogramme' (gem. EG-Richtlinie) wurden in zusätzliche Paragraphen aufgenommen: §§ 69a bis 69g u. 137d UrhG - vgl. auch RE_2; PatG; UWG, WiKG; GEMA, VGW; BSA, VSI; GRUR; PRC; WIPO)

Usenet (angelehnt an "USENIX" und engl. network, dt. Netz - so gen. (uneigentliches) Datennetz - gleichsam das US-amerik. Subdatennetz (Netz in Netzen), ein gebrauchs- und software-definiertes (kaum neudt. logisches) Weitbereichsnetz (WAN) i.ü.S. mit dezentral verteilter Administration und Verantwortung, dessen 'News' über viele andere Netze (LANs, MANs, WANs), insbes. Internet (mittels NNTP) aber auch eigentliche Netze mit gemieteter Infrastruktur von Telegraphieträgern (PTTs), zugängl. ist und vorwiegend zur Verbreitung sog. 'Newsgroups' (auf dt. übers. Bekanntmachungsgruppen) verwendet wird - teilweise im Internet, teilweise im UUCP-Netz u.a.m.- bzgl. seines Gebrauchs grundsätzlich neutral gegenüber Protokollen, z.B. denen von TCP/IP oder OSI, wird heute für die Übertragung von Usenet-'News' bevorzugt das NNTP oder das UUCP-Protokoll verwendet - über 'Gateways' auch in der übrigen Welt erreichbar, so z.B. von europäischen Netzen aus - für Usenet gelten mehr oder minder einheitliche Konventionen (Quasi-Standards), die vorgeschlagen wurden oder sich herausgebildet haben - es gehört niemand und ist weder kommerziell noch öffentl., obwohl einige Betreiber öffentl. gefördert werden (USA) - zu den Quellen für 'Newsgroups' gehören u.a. auch Regierungsstellen u. ihnen nachgeordnete Eiinrichtungen wie NIST u. CSL aber auch die unabhängige NSF - 'Newsgroups' werden heute aber wohl überwiegend von daran Interessierten nach gewissen Richtlinien (engl. guidelines) Aufgrund einer Abstimmung (engl. vote) eingerichtet - Usenet geht in seiner ersten Fassung von 1979 auf drei Studenten zurück: T. Truscott, J. Ellis, St. Bellovin (Unix-Software) - das war kurz nach dem Zustandekommen von UUCP (Unix V. 7), das es gleich übertroffen habe - 1980 wurde es auf d. USENIX-Konferenz in Boulder, CO, vorgestellt - die Software (SW) wurde auf C umgeschrieben, mehrfach weiterentwickelt u. auf alle bekannten Systemplattformen portiert - siehe: News need not be slow, in den Proceed. der USENIX Technical Conf., Winter 1987; B.P. Kehoe: Zen and the Art of Internet, A Beginner's Guide to the Internet (eine humorvolle allgemeinverständliche Einführung, die wohl verbreitetem Nachholbedarf im deutschen Sprachraum entgegenkommt), 1st ed., rev. 1.0, Febr. 1992, 5 + 96 p. (Usenet: p. 29 - 43); RFC-1036: Standard for Interchange of Usenet Messages; RFC-977: NNTP, A Proposed Standard for the Stream-Based Transm. of News - vgl. auch ARPANET, BITNET, CSNET, NSFnet; NREN; DFN, EARN, EUnet, WIN; HDN; RARE; COSINE, RACE; CONCISE, Ebone; GEN; CCIRN; IXI; GAN; OSI)

USENIX — Professional and Technical UNIX Association (USA), Santa-Clara, CA (vgl. auch EurOpen)

USFIT — User Standards Forum for Information Technology, London (Vereinigung von an IT-Normung beteiligter oder von IT-Normung betroffener Personen unter dem Gesichtspunkt der Normenanwendung - gebildet auf Initiative der Normenarbeitsgruppe des NCUF und gegründet unter der Aegide von ITUSA - vgl. auch CECUA)

USP unstrukturiertes Programm (auch "Spaghetti-Progr." gen. - z.B. ein Progr., dessen mit Anweisungen/Befehlen notierte Ausprägung die Struktur eines, Sprungpfeile enthaltenden (konvention.) Programmablaufplans nach DIN 66001 genau widerspiegelt - vgl. auch STP_1, TUP)

USt Umsatzsteuer (vgl. EKSt, KSt, MWSt)

USV unterbrechungsfreie Stromversorgung (z.B. zur Sicherung des Betriebs von Rechensystemen (RS') mittels Notstromaggregat - dient Betriebssicherheit u. Datensicherung - früher nur bei Großrechnern verwendet - inzwisch. auch bei WS' u. sogar PCs (PC_1), da insbes. in einem LAN mit sog. 'Server' sinnvollerweise unerläßlich - vgl. auch RA; FE)

UT3 Associação Portuguesa de Utilizadores de Telefones, Telecommunicações e Telemática (dt. Portugies. Benutzervereinigung f. Telefonie, Telekomm. u. Telematik - vgl. ECTUA; ETSI; CEPT; CCITT; JTC 1)

UTC koordinierte Weltzeit (von engl. Universal Time Coordinated - die Abk. wird nicht übers. - in Anlehnung an traditionelle GMT: auf den Nullmeridian bezogene mittl. Sonnenzeit, jedoch des (gegenüber dem festen tropischen Jahr) um Schaltsekunden korrigierten bürgerlichen Jahres des Gregorianischen Kalenders, gemessen in SI-Einheiten (SI_1) und international koordiniert (Cäsiumuhren, Satellit) - Referenzzeit der für das öffentliche Leben in der BRD (und anderweitig) maßgeblichen Uhrzeit, nämlich MEZ (MEZ_2) bzw. MESZ nach der gesetzlichen Zeitmessung gemäß ZeitG - die UTC weicht durch Einfügen von Schaltsekunden nie mehr als 0,9 s von der mittleren Sonnenzeit am Nullmeridian ab - sie unterscheidet sich von der ihr gegenüber einstweilen vorgehenden TAI um ein jeweils ganzzahliges Vielfaches von Sekunden (s) - die Differenz (TAI minus UTC) betrug 1976 genau 15 s und wächst mit jeder eingefügten Schaltsekunde - auf Empfehlung des CCIR wurde die UTC bereits seit 1972 verbreitet - 1975 empfahl die 15. Generalkonferenz für Maß und Gewicht (CGPM), die sog. bürgerliche Zeit auf dieser Grundlage festzulegen - siehe T.R. Meyer (Hrsg.): Slg. Meßwesen, Bd. I (3 Bd.), Berlin 1979 ff, 4. Erg.-Liefrg., 1981 (lfd. erg.) - vgl. auch WESZ, WEZ; MOZ, WOZ; ZU, ZZ_1; ACTS, DCF 77; DHI, PTB; BIH)

UTE Union Technique de l'Electricité, Paris (vgl. VDE)

UTS (Unix-nahes Betriebssystemprodukt (BS_1) von Amdahl)

UUCP Unix-to-Unix Copy Program (1979 mit Unix V. 7 freigegeben - übertr. insbes. auch das (uneigentl.) Datennetz, das auf dem Steuerungsverfahren zur Datenübermittlg. ($DÜ_1$) zwischen (ursprüngl. nur) Unix-Systemen beruht, bei dem zwei Systeme nach bestimmten Zeitintervallen miteinander Verbindung aufnehmen, prüfen ob Aufgaben anstehen und bereitgestellte Sendungen abrufen (der Vorgang heißt engl. polling) - in den USA nicht im (nur am) Internet - nutzt in d. BRD das Datex-P-Netz - vgl. auch Usenet; FidoNet; EUnet; CHUUG, GUUG, UUGA; USENIX; BITNET, CSNET; DFN, EARN, WIN; POSIX, XPG)

UUGA — UNIX-Benutzergr. Österreich, Wien (von engl. UNIX User Gr. Austria (A_2) - Mitgl. von EurOpen - vgl. auch ≠ AUUG; CHUUG, GUUG)

UVP — Umweltverträglichkeitsprüfung (gemäß UVP-Gesetz (der BRD) vom 1.8.1990, Umsetzg. von Rats-Richtl. der EG (EG_1) vom 27.6.1985)

UWG — Gesetz (der BRD) gegen unlauteren Wettbewerb (aufgrund von Änderungen in Zusammenhang mit dem WiKG 2 ist auch das Verschaffen von Geschäfts- und Betriebsgeheimnissen zu Wettbewerbszwecken, aus Eigennutz, zugunsten Dritter oder in der Absicht, dem Geschäftsinhaber Schaden zuzufügen, strafbar (§ 17, Abs. 2 - vgl. GWB; AGBG; HGB; BDSG; PatG, UrhG; BGB, StGB)

v 1. als kleine römische Ziffer: Fünf (vgl. V_1)

$\vee$ 2. (als Verknüpfungssymbol (Junktor) d. Aussagenlogik bzw. Schaltalgebra:) oder (angelehnt an lat. vel, dt. oder - Adjunktion (unter englischem Einfluß auch noch mißverständlich "Disjunktion" gen.), engl. disjunction: einschließendes Oder - z.B. in "$a \vee b$" in der Bedeutung: a oder b oder beides - das Symbol $\vee$ hat, wie hier, gewöhnlich keine Seriphen - siehe: DIN 5474; DIN 44 300, T. 5; DIN 66 000 - vgl. auch ANF; NAND, NOR, XOR)

V
1. als römische Ziffer: Fünf (vgl. C_2, D_3, I, L, M_4, X_2)
2. (betrieblich oft entw.) Vertrieb (oder) Vorstand (dies auch bei NAs))
3. (das) Volt (abgeleitete SI-Einheit (SI_1) der elektr. Spannung bzw. des elektrischen Potentialunterschieds - vgl. auch EMK; As_1, S_3)
4. Vorgehen[s...] (in "**V-Modell**" als Schreib- und Sprechkürzel für "Vorgehensmodell" - das V-Modell regelt (lt. Quelle) die Softwarebearbeitung (?) im Bereich der Bundesverwaltung (d. BRD) durch einheitliche und verbindliche Vorgabe von Aktivitäten und Produkten (Ergebnissen), die bei Erstellung von Software (SW) u. sie begleitenden Tätigkeiten f. Qualitätssicherung (QS), Konfigurationsmanagement (KM_2) u. techn. Projektmanagement (PM_2) anfallen - Standard von Bundesverwaltung und Bundeswehr (zwei harmonisierte Quellen), der folgenden Zielen dient:
   - Verbesserung und Gewährleistung der Softwarequalität: ...
   - Eindämmung der Softwarekosten über den 'Life-Cycle': ...
   - Verbesserung der Kommunikation zwischen allen Beteiligten, sowie Verringerung der Abhängigkeit des Auftraggebers vom Auftragnehmer: ... -

   das V-Modell wird berücksichtigt bei Angebotsaufforderung und Vertragsgestaltung und findet Anwendung bei Projektbegleitung, Erstellung, Pflege und Änderung von SW für alle Arbeiten von IT-Systemen - es beschreibt den SW-Entwicklungsprozeß organisationsneutral aus funktionaler Sicht und ist daher auch übertragbar auf Unternehmen u. Einrichtungen im nichtbehördlichen Bereich - siehe: BMI (Hrsg.): Planung und Durchführung von IT-Vorhaben in der Bundesverwaltung, Vorgehensmodell (V-Modell), Schriftenreihe der KBSt, Bd. 27/1 u. 27/2 (3 Anlagen), beide Stand Aug. 1992; (bis auf Vorbem. u. Anl. 3 ident.) BMVg (Hrsg.): Allg. Umdruck 250 Softwareentwicklungsstandard der Bundeswehr, ... - vgl. auch ITSHB, ITSEC, ITSEM; EPHOS, EUROMETHOD)

V.17 CCITT-Empfehlung V.17 (für Halb-Duplex-Datenübertrag. ($DÜ_2$) im Fernsprechnetz mit max. 14 400 bit/s - mittels Fax-Modem als DÜE)

V.21 CCITT-Empfehlung V.21 (für Voll-Duplex-DÜ ($DÜ_2$) mit 300 bit/s)

V.22 — CCITT-Empfehlung V.22 (für Voll-Duplex-DÜ ($DÜ_2$) mit 1200 bit/s)

V.22 bis — CCITT-Empfehlung V.21 bis (f. Voll-Duplex-Datenübertragung ($DÜ_2$) im Fernsprechnetz mit 2400 bit/s)

V.24 — CCITT-Empfehlung V.24 (serielle Schnittstelle (SS_1) zur Datenübergabe zwisch. [asynchr.] DEE (z.B. Rechner) u. DÜE (z.B. Modem) nach DIN 66 020, T. 1 - Vereinigungsmenge aller nach der Empfehlg. bzw. der Norm zulässigen Verbdg. an einer Übergabestelle, die Belegungen für bestimmte Schnittstellen (SS') als Teilmeng. enthält - Bez. u. Belegung der Verbdg. - vgl. auch X.25; FKS, TAE; $DÜ_1$, $DÜ_2$; OSI)

V.32 — CCITT-Empfehlung V.32 (für Voll-Duplex-Datenübertragung ($DÜ_2$) im Fernsprechnetz mit max. 9600 bit/s oder Reduktion auf 4800 bit/s)

V.32 bis — CCITT-Empfehlung V.32 bis (erweitert V.32 auf Übertragungsraten von 7200, 12 000 bzw. 14 400 bit/s)

VA —
1. (engl.) value analysis (dt. Wertanalyse (WA))
2. Verwaltungsakt (vgl. VO)
3. Voltampere (für elektr. Scheinleistung zulässig statt Watt (W_1))

VAN[S] — (engl.) value-added network [service](dt. Mehrwertnetz[dienst] für Telekommunikation (TK_2) - vgl. auch VAS; ASE, $CASE_1$, SASE; OSI)

var — Var (für elektr. Blindleistung zulässig statt Watt (W_1) - vgl. auch VA_3)

VAR — (engl.) value-added reseller (auf dt. übers. Mehrwertwiederverkäufer (Begr. im Deutschen nicht allg. üblich - vgl. VAT; MWSt)

VAS — (engl.) value-added service[s] (dt. Mehrwertdienst[e] - für Telekommunikation (TK_2) - Telematikdienste, mit denen Nutzern auf Basis d. jew. verfügbar. Übertragungstechn. (Infrastruktur) d. Telegrafieträger (PTTs) wie der DBP Telekom weitergehende Informations- u. Kommunikationsangebote vorgehalten werden als von den Telegrafieträgern selbst - kennzeichn. sind vor allem Leistungsmerkmale in den Schichten 4 bis 7 des OSI-RM - Mehrwertdienste sind teilweise Gegenstand rechtl. Erörterung - siehe Michael Schneider: Value-Added-Services im rechtl. Bereich, Perspektiven u. IFB Bd. 187 (18. Jahrestag d. GI (GI_1), Hamburg 1988, S. 673 ff - vgl. auch VAN; VTM; ASE, $CASE_1$, SASE)

VAT — (engl.) value added tax (dt. Mehrwertsteuer (MWSt))

VBL — Versorgungsanstalt des Bundes u. d. Länder AdöR, Karlsruhe (siehe Satzung d. V… B… L… (25. Satzungsänd., 15.11.1991) - vgl. auch BfA)

VBN Vermittelndes Breitband-Netz (der DBP Telekom seit 1989 für max. 140 Mbit/s - vgl. auch B-I'SDN)

VCPI (engl.) Virtual Control Program Interface (eine Ausprägung des EMS (EMS_3) von LIM - Schutzmodusprogramme, die VCPI berücksichtigen, können auf Daten in einem Speicherraum für bis zu 32 MByte zugreifen und in der Betriebsart 'Multitasking' gestartet werden (etwa unter Windows) - vgl. auch XMS)

VDA Verband der Automobilindustrie, Frankfurt a.M. (u.a. engagiert in der Entwicklung von MAP und TOP - Hrsg. eigener normenähnlicher Richtlinien - siehe DIN-Katalog)

VFsDx Verordnung für den Fernschreib- und den Datexdienst (abgelöst von der Telekommunikations-Ordnung (TKO))

VDB Verband Deutscher Betriebswirte e.V., Köln (vertritt u. fördert den Berufsstand in Wirtschaft, Staat u. Gesellschaft im Rahmen der Bundesvereinigung Deutscher Betriebswirte e.V. - berät Ausbildungsstätten für Dipl.-Betriebswirte - vgl. auch BWL, WI, WISO; WPV; WIKWI)

V-DBS Verteiltes Datenbanksystem (vgl. DB_1, RDB; DIR, IRDS; DBMS; KS)

VDE Verband Deutscher Elektrotechniker e.V., Frankfurt a.M. (berufsständischer gemeinnütziger technisch-wisseschaftlicher Verein mit rd. 35 000 persönlichen Mitgl. und allen bedeutenden Unternehmen der Elektrotechnik und der Elektrizitätswirtschaft sowie relevanter Bundesbehörden als korporativen Mitgliedern - gegründet 1893 in Berlin (bestand am 22.1.1993 100 Jahre) - schon mit der Verbandsgründg. waren die Förderung der elektrotechn. Wissenschaft und die Errichtg. eines Vorschriftenwerks bezügl. der Sicherheit der Elektrotechnik zum Schutz des Menschen verbunden - gibt u.a. (normenähnl.) VDE-Empfehlungen u. VDE-Vorschriften hrs., denen als anerkannte Regeln zum Stand der Technik große prakt. Bedeutg., z.B. bezügl. elektrotechn. Sicherheit, beigemessen wird - im Zuge der westeurop. Harmonisierg. durch CENELEC erscheinen diese als DIN-VDE-Normen der DKE - neuere Aufgaben sind: Festlegen strenger Prüfverfahren, europ. Harmonisierg., Impulsgebung für Forschung u. Entwicklg. (FuE) sowie Nachwuchsförderg. - der VDE unterhält als eigene wissenschaftl. Fachgesellschaft die ITG (ITG_1) u. beteiligt sich an anderen - er setzt sich u.a. für umweltger. Technik ein u. verwendet sich für einen technikpolit. Dialog auf europ. Ebene - Unbehagen bereite dem VDE die Situation bei der Mikroelektronik u. d. Informationstechnik (IT) - VDE-Sachverständige in d. Industrie sind gewöhnl. unmittelbar d. Geschäftsleitg. unterstellt - vgl. auch GMA; FTE, GME; VDI/VDE-IT; VDI_1)

VDI

1. Verein Deutscher Ingenieure, Düsseldorf (gemeinnützige, wirtschaftl. u. parteipolitisch unabh. Fachvereinigung von Ingenieuren u. Naturwissenschaftl. mit rd. 100 000 Mitgl. - gegr. 1856 - der größte techn.-wissenschaftl. Verein Europas - der VDI gliedert sich regional in 38 Bezirksvereine mit 95 Ortsgruppen u. fachl. in 22 Fachgliederungen mit ca. 740 Ausschüssen, die sich grundsätzl. fachübergreifend zusammensetzen (Wissenschaft, Industrie, öffentl. Verwaltung) - ist auch in Grenzbereichen wie Fachsprache u. Wirkung d. Technik ausgewiesen - gibt u.a. (normenähnl.) VDI-Richtl. hrs., die als anerkannte Regeln zum Stand d. Technik auch im DIN-Katalog aufgeführt werden, u. die Wochenzeitg. "VDI-Nachrichten" mit einer Aufl. von rd. 150 000 Exempl. - Beteiligungsges. sind: VDI-Verlag, VDI-Bildungswerk, VDI-Versicherungsdienst, VDI-Ingenieurhilfe - über zwei Technologiezentren (Informationstechnik (IT), Berlin; Physikal. Technologien, Düsseldorf) fördert der VDI Transfer neuer Schlüsseltechn. von d. Wissenschaft in die Praxis - der VDI kooper. national mit dem BMFT, d. PTB u.a. techn.-wissenschaftlichen Institutionen, internat. mit führenden Ingenieurvereinen - vgl. auch GMA; VDI/VDE-IT; VDE)
2. (engl.) virtual device interf. (dt. virtuelle Geräteschnittst. - vgl. SS_1)

VDI/VDE-IT

VDI/VDE-Technologiezentrum Informationstechnik GmbH, Berlin (West) (fördert kleinere und mittlere Unternehmen (KMUs) bei der industriellen Anwendung der Informationstechnik (IT) - betreibt Technologieanalysen, Technologieförderung und Technologietransfer über Veröffentlichungen und Kongresse, z.T. im Auftrag des BMFT - strukturierte für das BMFT das Themenfeld Mikrosystemtechnik - vgl. auch GMA; GMD; GChACM, GI_1, ITG_1)

VDISK

virtuelle Diskette (von DOS ab Version 3.3 - Bereich des Arbeitsspeichers, der während der Einschaltdauer wie eine reale Diskette verwaltet wird, dessen Inhalt aber vor Abschaltung des Rechners vor Verlust gesichert werden muß - vgl. auch RAM, ROM; PC_1)

VDL

(engl.) Vienna Definition Language (dt. Wiener Definitionssprache - zur Beschreibg. der Semantik von Programmierspr. (PS_2) - von IBM in Wien entwick., angewandt u.a. auf PL/I - vgl. auch VDM; ASN.1, BNF, CCS, CPN_2, CSP, Estelle, ET, FSM, IMCL, LOTOS, PN_1, PN_2, PrT, R-..., SADT, SDL, SEGRAS, TTCN; CONCUR; FDT)

VDLF

Vademecum Deutscher Lehr- und Forschungsstätten (von lat. vademecum, dt. geh mit mir - jährl. aktualisiert gedrucktes Verz. von und bei Raabe Verlag, Stuttgart, sowie eine lfd. aktualisierte Online-Datenbk. (DB_1), die seit 1987 vom Verlag in Kooperation mit FIZ-KA bearbeitet u. angeboten wird - vgl. auch INFO-DATA; DFG, HRK; FI, FuE)

VDM (engl.) Vienna Development Method (dt. Wiener Entwicklungsmethode - die Abk. wird nicht übers. - formales Beschreibungsmittel zur Beschreibung und Entwicklung. von Software (SW), ausgehend von zu erfüllenden Funktionen und angelegt auf Entwurfskorrektheit - Projekt des JTC 1/ SC22 im Zusammenhang mit Programmierspr. (PS_2) - vgl. auch VDL; BNF, ET, IMCL, R-..., SADT, SEGRAS; FDT)

VDM-SL VDM Specification Language (dt. VDM-Spezifikationssprache - von BSI (BSI_1) vorgeschl. Normproj. - siehe: P.G. Larsen, M.M. Arentoft, B.Q. Monahan: Towards a formal semantics of the BSI/ VDM Specific. Lang., in Informat. Process. 89, IFIP Congr. Series Vol.11, Amsterdam 1989, ISBN 04-448-8015-1, p. 95-100 - vgl. auch FDT)

VDMA Verband Deutscher Maschinen- und Anlagenbau e.V., Frankfurt a.M. (einer der beiden größten deutschen Industrieverbände - betreibt die FG BIT und die GGS - ist Träger des NAM im DIN - beteiligt sich an Normung des NI im DIN - gibt für seine Mitgl. eigenen Mitteilungsdienst zur Normung hrs. - berät das BMWi u.a. bezüglich KEG, insbes. SOGITS - ist einer der Gesellschafter der DIA (DIA_1) - vgl. auch ZVEI, EUROBIT; BDI, UNICE)

VdP Verband der Postbenutzer e.V., Offenbach

VDRZ Verband deutscher Rechenzentren e.V., Frankfurt a.M. & Bonn (vgl. auch ALWR)

VDT (engl.) visual display terminal (dt. Bildschirmgerät; Monitor (informell) - insbes. für Büroaufgaben - siehe zur Ergonomie: ISO/DIS 9241-1/2:1988; P. 3.2: 1990; Entw. DIN/ISO 9241 T.3, 2.89 (= ISO/DIS P. 3:1988) - vgl. auch VDU; SIG)

VdTÜV Vereinigung der Technischen Überwachungsvereine e.V., Essen & (Nebenstelle) Bonn (Dachverband der (regionalen) TÜVs - betreibt eine Datenbank (DB_1), in der Erfahrungen und Ergebnisse der TÜVs auswertbar zusammengeführt werden - Hrsg. normenähnlicher Merkblätter und Werkstoffblätter, die auch im DIN-Katalog aufgeführt werden)

VDU (engl.) video display unit (dt. Video-Anzeigeeinheit - in internat. Zusammenhang neuerdings häufig bezüglich HES', weniger bezüglich GDV mit RS' - vgl. auch VDT; SIG; MPR)

VDÜ Verband deutschsprachiger Übersetzer literarischer und wissenschaftlicher Werke e.V., Tübingen (ist auch an "Lebende Sprachen" beteiligt, dem Fachblatt des Bundesverb. d. Dolm. u. Übers. (BDÜ) - vgl. auch MÜ, TV_2; LDV; BSprA; DA, GfdS, IdS; NAT_2; Infoterm)

VDV — verteilte Datenverarbeitung (vgl. GBG, OBG; PCTE, POSIX (API_1); XPG; DIR, FTAM, TP_2; LAN, MAN, WAN; OSI; DOA, DTP_2; IAP, OSE; ODP; GI_1 (FB 3), ITG_1; IFIP (TC 6); HM, MM_2; GDV, LDV, PDV; ADV; DV)

VEB — volkseigener Betrieb (die Abk. war in d. DDR Teil von Firmennamen - z.B. von "VEB Carl Zeiss, Jena", i.U. zu "Carl Zeiss, Oberkochen")

VerbrKrG — Verbraucherkreditgesetz (der BRD - vom 30.10.1990, in Kraft seit 1.1. 1991 - beruht auf EG-Richtlinie (EG_1) 87/102/EWG vom 22.12.86 z. Angleichung ... über den Verbraucherkredit - hat das AbzG abgelöst)

VESA — Video Electronics Standards Association, ... (Zusammenschluß führender Monitor-Hersteller, der bestrebt ist, Super-VGA (SVGA) als de-facto-Standard durchzusetzen (mit Zeilensprung bzw. für höchste Ansprüche gibt es noch höhere Auflösg., die ihren Preis haben u. nicht allg. eingeführt werden können, so u.a. das VGA-kompatible Tiga und XGA) - auch Urheber des VESA-Local-Bus (VL_2) - vgl. auch MCDA)

VFD — (engl.) virtual field device (dt. virtuell. Feldger. - vgl. FMS; PROFIBUS)

VFPI — Verein zur Förderung der Pädagogik der Informationstechnologien e.V., Bonn (vgl. ITG_2; FH, TH, TU, UNI, VHS_2; MCZ, MEZ_1; IBFI; DIA_1, LID; DGD, GI_1(-FB7), ITG_1; FI, IT)

VFsDx — Verordnung für den Fernschreib- und den Datexdienst (der DBP - am 1.1.1988 abgelöst von der TKO, zusammen mit DirRufV, FO, TO_2)

VG —
1. Versammlungsgesetz (der BRD: Ges. über Versammlungen u. Aufzüge, vom 24.7.1953 - lt. § 7 VG ist stets ein Versammlungsleiter erforderlich, der die Versammlung eröffnen u. schließen muß (sonst allenfalls von Polizei auflösbar) - vgl. auch e.V.)
2. Verteidigungs-Gerätenorm (der BRD - siehe DIN-Katalog - vgl. auch MIL-STD)

VGA — Video Graphics Array (1987 von IBM in Zshg. mit den Rechnern d. PS/2-Familie eingef. Analogansteuerg. (Anpassung) von Farb- u. Monochrom-Monitoren mit (im Grafikmod.) 640 × 480 Pixel bzw. (im Textmod.) 720 × 400 Pixel f. 16 aus 262 144 Farben o. 64 Grautöne, bei geringer. Auflösg. mit nur 320 × 200 Pixel (Grafikmod.) f. 256 aus 262 144 Farben o. 64 Grautöne - ermögl. reiche Farbauswahl bei guter Auflsg. f. Textdarstellung u. einfache Grafikanwendg. (u.a. Windows) - potentielle Software(SW)-Kompatibilität besteht von VGA-Monitoren für CGA, MDA u. EGA - VGA-Karten können Registerkompatibilität zu Monitoren für CGA, MDA o. HGC aufweisen - der VGA-Stecker f.

Analogmonitore o. Mehrstandardmonitore mit Analogeing. ist 15pol. - es gibt VGA-Karten mit zusätzl. 9polig. TTL-Stecker (TTL_2) f. CGA, MDA u. HGC, d. nur alternativ verwendet werden kann - ein Mehrstandardmonitor mit 9pol. TTL-Stecker kann evtl. f. VGA mit 9-auf-15-Kabel angeschl. werden - f. höhere Auflösg. wurde VGA von VESA erweit. zu Super-VGA (SVGA) mit gewöhnl. 800 × 600 Pixel bei eingeschr. Auswahl gleichztg. darstellb. Farben u. begrenzt. Geschwindgkt. - vgl. auch AGA, PGA; Tiga, XGA; RGB; MPR)

VG DEPT — Verfahrensgrundlage Kommunikation Offener Systeme; Vergabe des DEPT (d. DGWK - d.h. Regelung für die Vergabe des deutschen Bereichsteils des bereichsspezifischen Adreßteils, DSP, von der Adresse des Vermittlungsdienstzugangspunkts (NSAP), an Antragsteller - erhältl. bei d. DGWK - vgl. auch MHS (MOTIS), FTAM; WAN; OSI)

VGW — Verwertungsgesellschaft Wort, München (Abk. inform. - vgl. GEMA; GRUR; BDÜ, VDÜ; UrhG; WIPO)

VHF — sehr hohe Frequenz (von engl. very high frequency - Frequenz- o. Wellenbereich von 30 bis 300 MHz (Meterwellen) - u.a. für erstes Fernsehprogr. in d. BRD verwendet - vgl. auch UHF; KW_2, LW, MW, UKW)

VHLL — (engl.) very high level language (dt. sehr hohe Programmiersprache (PS_2) - willkürliche Einstufung - vgl. auch HLL, LLL, UHL)

VHS
1. Video-Heim-System (entspr. engl. Video Home System - von JVC eingef. System zur Aufzeichnung von Fernseh- (TV_1) o. Videosignalen auf Magnetband (MB_1) in Kassetten bestimmter Abmessung, größer als Musikkassetten o. ECMA-Kassetten (MC) - VHS-Kassetten werden aber nicht nur nach ihrer Bestimmung z. Aufzeichng. unterschiedl. Analogsign. für NTSC, PAL, SECAM verwendet, sondern auch z. Aufzeichng. von Digitalsign. d. DV auf sog. 'Streamern' - bei Inkompatibilität im Videobereich kann man VHS-Bänder mit Panasonic W1 lesen & konvert. - vgl. auch DAT; QIC)
2. Volkshochschule (von Gemeinden: Einrichtg. d. Erwachsenenbildg. in Abendkursen, die weder das Abitur (österr. & schweiz. die Matura) noch die mittl. Reife erfordert - günstige Gebühr. - vgl. Inform, ITG_2; FH; BSprA, DBB, DIA_1, GMD, IHK, LID; BLK, KMK)

VHSIC — (engl.) very high speed integrated circuit (sehr schnelle integrierte Schaltung - u.a. aufgrund einer Initiative des DoD in den späten 70er Jahren entwickelt - nachteilig sind Kühlungsbedarf und relativ geringe Integrationsdichte - vgl. auch VLSI)

Videotex — (ohne t hinten!) Bildschirmtext (im internat. Zshg. - vgl. ≠ Videotext; Btx)

Videotext (mit t hinten! - Dienst der DBP Telekom - auch "Bildschirmzeitung" gen. - Anzeigetexte in den Austastlücken des Fernsehens (TV_1) im Format sog. Tafeln mit Seiten-Nummern - Empfang setzt Sendung, im Fernsehgerät eingebauten Decoder und Aufruf mit Eingabe der Seiten-Nummer[n] voraus - vgl. ≠ Videotex; Btx, ARI, RDS)

VL

1. Vermögenswirksame Leistungen (in der BRD derzeit DM 936,--/a - die Arbeitgebersparzul. soll evtl. wegfallen - vgl. auch EKSt)
2. VESA-Local-Bus (von VESA spezifizierter moderner PC-Bustyp (synchron) mit i.U. zu MCA und EISA einheitlicher Übergabestelle (Steckverbinder und Belegung) für Graphikkarten, bisher nicht ohne Kompatibilitätsprobleme gegenüber höher als 40 MHz getakteten Rechnern: Vers. 1.0 - das veranlasste VESA zu einer Revision - Vers. 2.0 lt. Entw.: Adreßbusbreite 32 Bits, Datenbusbreite 32 oder 64 Bits, Transferrate bis 160 MByte/s - siehe: VESA: Preliminary Draft VESA VL-Bus Proposal 2.0p, Rev. 0.8p, 1993; unter PCI_1 - vgl. auch ISA_1; SVGA)

VLIW (engl.) very long instruction word (dt. sehr langes Befehlswort - seine Verwendg. ermögl. (bei gleicher Taktfrequenz) eine Erhöhg. d. Rechenleistg. - Architekturasp. von Rechnern/Prozessor. - vgl. CISC, RISC; MIMD, MISD, SIMD, SISD; VNM; MP, RA_1; MIPS, MOPS; ADLZ)

VLSI (engl.) very large scale integration (Größtintegration, Höchstintegration bei ICs (IC_1) - vgl. auch VHSIC; LSI, MSI, SSI, ULSI)

VM

1. virtuelle Maschine (entspr. engl. virtual machine - allg. aus Sicht eines Benutzers o. f. eine Funktionseinheit (FE) scheinbar vorhandene Maschine V, die aus einer wirkl. vorhandenen (realen) Maschine R zusammen mit einer deren Funktionalität verändernden (zusätzl.) Software(SW)-Ausstattung S besteht - der hier rekursiv verwendete Begr. Maschine steht dabei allgem. f. eine FE, die entweder nur als Hardware (HW) realisiert ist (dies kann nur bei R der Fall sein) o. HW u. SW umfaßt (dies ist bei V stets der Fall u. bereits potentiell bei R) - S wird je nach Modellvorstellung als Schicht auf o. Schale um R aufgefaßt - ein Rechensystem (RS) mit APL- o. BASIC-Interpretierer ist für dessen Benutzer gewissermaßen eine APL- oder BASIC-Maschine, u. zwar eine virtuelle - auch ein weiterentwick. RS (Nachfolger) zusammen mit Emulator f. ein älteres RS (Vorgänger) könnte als VM aufgefaßt werden - bei Mehrprogrammbetrieb simuliert ein RS an jeder Benutzerschnittstelle (BSS) sich selbst als VM für jeden einzelnen Benutzer, und zwar so, als stünde es ihm allein zur Verfüg. - siehe Def.n in DIN 44 300, 11.88 u.a. von virtuell in T. 1, von Emulator u. emulieren in T. 4, von Mehrprogrammbetr. in T. 9 - vgl. auch BS_1, SS_1)

2. (etwa in "VM/370" - Betriebssystem (BS_1) von IBM auf Großrechnern von IBM und kompatiblen Systemen - vgl. MVS; VM_1)

VMEbus (Basissystembus nach der Norm IEC 821 steckt einen Rahmen für Kopplungssysteme für Funktionsmodule ab - (hier: das Mod<u>u</u>l, die Mod<u>u</u>le) - vgl. auch VMSbus, VSBbus; NuBus; FE, SS_1)

VMOS Vertikal-MOS (von engl. vertical metal-oxide semiconductor - IC-art (IC_1) - vgl. auch MOS; CMOS, NMOS, PMOS; DL_1, DTL, TTL_2)

VMSbus (serielle Untersystembus-Variante nach IEC 822 zum Basissystembus VMEbus - Kopplungssyst. f. Funktionsmodule in einem Baugruppenträger bzw. auch eigenständige Module f. eingeschr. Entfernungen über ein serielles DÜ-Medium ($DÜ_2$) - (hier: das Mod<u>u</u>l, die Mod<u>u</u>le) - Bedeutg. f. deutsch. Markt wohl gering - vgl. auch VSBbus; FE, SS_1)

VN Versicherungsnummer (insbes. bei Sozialversicherung und im Zshg. von DEVO u. DÜVO 12stellig - umfaßt den Geburtstag des/der Versicherten, relative Identität u. Prüfzeicchen (PZ) - vgl. auch BfA, VBL)

VNM Von-Neumann-Maschine (engl. von Neumann machine - ben. nach J. von Neumann, 1903-1957 - nach Prinzipien von Neumanns von ihm zusamm. mit A.W. Burks u. H.H. Goldstine 1946 vorgeschl. Rechnerarchitektur eines (inzw. als klassisch angeseh.) Universalrechnertyps, charakterisiert durch Aufbau aus den fünf Funktionseinheiten (FEs) Leitwerk, Rechenwerk, Speicherwerk, Eingabewerk und Ausgabewerk (als leerem Rechner) unabh. von jeweils durchzuführenden Rechenprozessen, für die stets erst ein (spezialisierendes) Programm in den Speicher zu laden ist (vergleichbar dem Rüsten einer Werkzeugmaschine), sowie durch eine Reihe funktioneller Anforder. - alle Daten werden binär dargestellt und im selben Speicher abgelegt, gleich ob sie operationeller Art sind, wie Programme als Befehlsfolgen, oder ob es sich um (numerische o. nichtnumer.) Operanden handelt - Befehle werden grundsätzl. sequentiell in der Reihenfolge ihrer Speicherg. ausgeführt, soweit nicht Sprungbefehle Abweichungen davon bewirken - arithmetische, logische u. organisatorische Befehle (auch für bedingte Sprünge) können absolut oder relativ adressiert werden - in heutiger Sicht sind alle VNMs SISD-Rechner - vgl. auch Z3; RA, RS; EVA_1; TM_3)

VO Verordnung; Rechtsverordnung (wird aufgr. einer Ermächtigungsgrundlage (z.B. Gesetz) von einem Exekutivorgan (z.B. Ministerium) erlassen - daher d. Ermächtigungsgrundlage untergeordnet - ergeht also nicht im förmlichen Gesetzgebungsverfahren - vgl. DVO, VA_2)

VOB Verdingungsordnung für Bauleistungen (vgl. VOL)

VOL — Verdingungsordnung für Leistungen, ausgenommen Bauleistungen (vgl. VOB, VOL/A; AGB; BVB_1)

VOL/A — VOL, Teil A: Allg. Bestimmungen für die Vergabe von Leistungen (auch DV-Leistg. - für die Einarbeitung der Lieferkoordinierungsrichtl. (LKR) d. EG (EG_1) war das BMI federführ. - da die Umsetzung d. LKR einige Zeit beanspr., galt temporär eine Interimsregelung des BMWi (alte VOL/A, Richtl.) - vgl. auch AGB; BVB_1; KBSt; EPHOS)

VR — virtuelle Realität (entspr. engl. virtual reality - mittels graph. Datenverarbeitung (GDV) auf Rechensystemen (RS') und räuml. Visualisierung (nicht nur auf Bildschirmen) vorgegaukelte Scheinrealität raumzeitl. Gegebenheiten zu planender Simulation o. wissenschaftlicher Spekulation bzw. derartigen Inhalten gewidmetes neues Arbeitsgebiet - 'Rendering' von Anwendung. der Meteorologie, Strömungsdynamik, Medizin etc. erfordert extreme Rechenleistung paralleler Superrechner - in Zshg. mit der räuml. Darstellg. ist (von den USA ausgehend) auch von 'Cyberspace' die Rede - in Deutschld. arbeiten u.a. FhG, GMD, ZGDV, Hochschulen u. Industrie an VR - vgl. auch HM, MM; RWC; KI_1)

VRC — Querprüfung (von engl. vertical redundancy check - bei Magnetband (MB_1) - mittels Paritätsbit zur Zeichensicherung - siehe DIN 66010 - vgl. auch CRC_2, LRC)

VS — Verschlußsache (gem. VS-Anweisung vom 2.3.1982 - vgl. NfD_2)

VSI — Verband der Software-Industrie Deutschlands, München (Interessenverbd. d. PC-Software-Industrie (PC_1, SW) - fordert Software-Schutzrecht[e], bekämpft **Software-Piraterie**, möchte Unternehmen aufklär. u. überzeugen, lehnt Denunziation ab - siehe: CW unter BSA; EG-Richtl. (EG_1) unter UrhG - vgl. auch VDMA, ZVEI; ECMA, EUROBIT)

VSR — Validation Summary Report (in den USA - lt. ISO/IEC Guide 2: test report - dt. (eine Art von) Prüfbericht - vgl. auch GGS; GuP, RPP; SCOPE; DEKITZ; CASCO, CENCER; QS)

VSBbus — (parallele Untersystembus-Variante nach IEC 823 zum Basissystembus VMEbus - vgl. auch VMSbus; NuBus; FE, SS_1)

VT — Virtuelles Terminal (entspr. engl. virtual terminal - bringt verschiedenartige Endgeräte (Terminale) sozusagen auf einen gemeinsam. Nenner - siehe: DIN V ENV 41 208 (VT Basisklasse, S-Modus formatorientiert), 7.91, T. 1 (VT Dienste), T. 2 (VT-Protokoll), T. 3 (Anforderungen an Schichten darunter); DIN V ENV 41 209, 7.91 (Kommunikation, VT Basisklass., gemeins. Steuerobjekte) - vgl. auch VM_1; OSI)

VTM Verband d. Telekommunikationsnetz- u. Mehrwertdienstanbieter, Köln (vertritt Interessen priv. Anbieter insbes. gegenüber der DBP Telekom - beanstandet kartellrechtl. unzul. Quersubventionierg. des Wettbewerbsbereichs d. Telekom aus dem Monopolber. (z.B. Datex-P) - Aufdeckg. o. begründ. Verdacht erfordert Einschreiten von BMWi o. BMPT)

VwGO Verwaltungsgerichtsordnung (der BRD - regelt das Verfahren auf dem Gebiet der allg. Verwaltungsgerichtsbarkeit - vgl. auch ZPO)Ø

VTV
1. Verband f. Textverarbeitung u. Bürokommunikation e.V., München (registr. in Baden-Bad. - urspr. im AWV - vgl. auch BVB_2; TV_2)
2. verteilte Transaktionsverarbeitung (engl. DTP_2 - wurde in der IT-Normung des JTC 1 nochmals im gößeren, über OSI hinausreichenden Zusammenhang Offener Verteilter Verarbeitung (ODP) aufgegriffen, die zwar nachdrücklich betrieben wird, deren Abschluß im wesentlichen aber wohl erst in zwei bis drei Jahren erreicht sein wird - vgl. auch TPSU; TP_2)

VZ Vorzeichen (reeller (oder rationaler oder ganzer) Zahlen außer 0 (Null): "+" (plus) oder "-" (minus), soweit nicht binär anders kodiert - wird bei bestimmten Zahlen, soweit sie negativ sind, stets als Bestandteil des Numerals dargestellt (wie bei $-3 = 0 - 3$), und zwar gewöhnl. der Ziffernfolge vorangestellt (bei Tischrechnern mit Papierstreifendrucker herkömml. z.T. auch nachgestellt), soweit sie positiv sind jedoch nicht notwendig, d.h. meist der Kürze halber weggelassen - ist bei allgem. Numeralen in deren Buchstaben als inneres VZ unsichtbar mitdargestellt (wie bei $a = -3$), bisweilen zusätzlich zu einem äußeren VZ (wie bei $-a = +3$) - betragsgleiche Zahlen mit entgegengesetztem Vorzeichen nennt man auch "Gegenzahlen", und zwar insbes. dann, wenn sie (wie a und -a) als allg. Numerale mit demselbem Buchstaben dargest. sind u. sich nur im äußeren VZ untersch. (so daß $|a| = |-a|$) - das VZ einer gegeb. Zahl kann (z.B. auf Taschenrechnern) auf zweierlei Weise umgekehrt werden: durch deren Subtraktion von 0 oder durch Multiplikation mit -1 - bei Gleitkommadarstellg. ist das VZ der Mantisse gleich dem VZ der Zahl - maschinell werden negative Zahlen intern gewöhnl. in Form eines Komplements (zu b^{s+1} bzw. zu $b^{s+1} - u$) vom max. s-stelligen Numeral des Betrags in Radixdarstellg. z. Basis b dargest., wobei die Ziffer auf der (s+1)ten Stelle von rechts, als VZ ausgewertet wird (z.B. dezimal 0/9 oder dual 0/1 als +/-) und u für 1 auf unterstem Stellenwert steht - siehe: Allg. in DIN 1333, 2.92 (Zahlenangaben); Def. von Numeral, Gleitkomma- und Radixdarstellung in DIN 44300 T.3, 11.88; Detaillierung u. spez. Konventionen für Datentransfer (mißverständl. "Datenaustausch") in DIN 66250, 5.87 (Zahlendarst. für ... (entspr. ISO/TS 6093:1985)) mit Anh. für Fortran, Pascal, PL/I - vgl. auch abs, sgn; VZW; PN_2, UPN; DEVO, DÜVO)

VZW Vorzeichenwechsel (insbes. bei reellen Funktion[sgraph]en einer unabhäng. Veränderlichen in kartes. Koordinaten - bei ganzrationalen Fkt. (Polynomen) tritt an jeder Nullstelle ungerader Vielfachheit ein VZW auf (bei einfacher Nullstelle schneidet der Graph die x-Achse in einem Pkt., bei mehrfacher hat er (zunächst) eine Berührung mit ihr (bevor es im ungerad. Fall zum VZW kommt) - bei ration. Fkt. tritt bedingt auch an Polstellen ein VZW auf, und zwar an Polen ungerader Ordnung (wie bei $y = 1/x$) etc. - in der sog. Kurvendiskussion (Untersuchg. des Terms einer Fkt. bezügl. Lage u. Verlauf d. Kurve) werden auch VZW an Nullst. d. ersten u. d. zweiten Ableitg. betrachtet, da dies Schlüsse auf Flachpkt. (FLAPs), Extrempkt. (HOPs, TIPs), Terassenpkt. (TEPs) o. Wendepkt. (WEPs) zuläßt - vgl. auch Max, Min; abs, sgn; VZ)

W — 1. (das) Watt (abgeleitete SI-Einheit (SI_1) der Leistung bzw. des Energiestroms, des Wärmestroms (z.T. mit besonder. Namen u. Einheitenzeichen) - es gilt: 1 W = 1 J/s - für elektr. Leistung in W darf auch Voltampere (VA_2) für elektr. Scheinleistung bzw. auch Var (var) für elektr. Blindleistung angegeben werden - die gesetzl. für den geschäftlichen u. amtlichen Verkehr nicht mehr (o. allenfalls erläuternd) zulässige früher übl. Einh. Pferdestärke (PS_1) kann in (aufgerundet) 736 W umger. werden - vgl. auch A_1, Ω, S_3, V_3)

W[-] — 2. Westen (Himmelsrichtung [u. vorläufige Leitkennung vor früherer PLZ der alten BRD bis 30.6.1993] - vgl. auch N, O, S_0)

WA — Wertanalyse (engl. value analysis (VA_1) - allg. etwa: systematisch-analytische Untersuchung vorhandener oder vorgesehener Funktionsstrukturen als Grundlage zu deren Verbesserung durch Veränderung ihrer Komponenten unter Beachtung der Wechselwirkungen zwischen ihnen und mit dem Ziel einer Optimierung oder optimalen Gestaltung der Funktionsstrukturen nach gegebenen oder vorrangig festzulegenden Anforderungen - auf verschiedenartigste Gegenstände mit unterschiedlichster Orientierung anwendbar - siehe: VDI-Taschenbuch T 35: Wertanalyse, Idee, Methode, System (Einführg.); DIN 69 910: Wertanalyse, Begriffe, Methode; VDI 02801: Formblätter zur Durchführung von WAs - vgl. auch ET, NPT)

WAN — Weitbereichsnetz (von engl. Wide Area Network - für den sog. Weitverkehr i.S. von wörtl. Telekommunikation (TK_2), bsd. als OSI - vgl. auch FTAM, ISDN, MHS; GAN, LAN; WIN)

WASCO — (einer d. beiden früheren Siemens-Benutzerverbände - aufgeg. in SAVE)

W.A.R.C.S — West African Regional Computer Society (westafrikanischer Regionalverband von Informatikgesellschaften in Gambia, Ghana, Liberia, Nigeria, Sierra Leone und Togo - wie auch die selbst zu ihren Mitgliedskörperschaften gehörende Computer Association of Nigeria Vollmitglied der IFIP - vgl. auch CLEI, ECI, SEARCC)

WATTCC-88 — World Telegraph and Telephone Conference 1988, Melbourne (der CCITT - in ihrem Rahmen haben am 9.12.1988 Vertreter von 113 Nationen den ersten (u.a. völkerrechtlichen) **Vertrag für integrierte internat. Telekommunikationsdienste und Datennetze** angenommen, der mit Wirkung vom **1. Juli 1990 in Kraft** trat (lt. IM, Issue No. 56, Feb.-Apr. 1989) - vgl. auch EEMA; MoU; TK_2; Datel, VAS; PTT; GAN, WAN; OSI)

WBS — wissensbasiertes System (knowledge-based system - i.S. der KI (KI_1))

WD Bei ISO & JTC1: Working Document (dt. Arbeitsunterlage - häufig auch 2nd, 3rd o. 4th WD - im Entstehungsgang einer internat. Norm: öffentl. nicht zugängl. Schriftstück, im Status kausal dem eines CD (CD_1) vorangehend - vgl. auch NP_0 (NWI); DIS, IS; AD; TR)

WE/EB Westeuropean EDIFACT-Board, Brüssel (koordiniert westeuropäische Beiträge zur Entwicklung von EDIFACT - ein von der KEG gestelltes Sekretariat bei der DG XIII ist zugleich für TEDIS zuständig - vgl. auch COMPRO, ECE, JEDI; TDED; EDI)

WELAC Western European Laboratory Accreditation Cooperation, Brüssel (Vereinigung zur Zusammenarbeit bei der Akkreditierung von Prüflaboratorien (PL_2) in Westeuropa - für alle Branchen bzw. Produktarten übergreifend tätig - vgl. auch AS, ZS; DGWK; TGA; DAR; EOTC)

WELMEC Western European Legal Metrology Cooperation, Braunschweig (betreibt Harmonisierung und Koordination der nationalen und regionalen Aktivitäten in allen technischen Fragen des gesetzlichen Meßwesens in Europa - im Oktober 1989 im Rahmen von EUROMET mit Beteiligung der PTB gegründet - vgl. auch SI_1)

WEP Wendepunkt (Kurvenpunkt mit Krümmungswechsel - Tangente durchsetzt Kurve - invariant gegenüber Koordinatentransformation - bei differenzierbarer reeller Funktion an der Stelle a mit $f''(a) = 0$ (notw. Bed.) und Vorzeichenwechsel (VZW) von $f''(x)$ bei a bzw. $f'''(a) = 0$ (hinr. Bed.) - bei waagerechter Tangente auch "Terrassenpunkt" (TEP) gen. - vgl. auch FLAP, HOP, TIP; Max, Min)

WESZ Westeuropäische Sommerzeit (bedingt eingeführte Dekretzeit (WESZ = WEZ + 1 h = UTC + 1 h) zur angeblich besseren Ausnutzung der Tageshelligkeit - maßgleich MEZ (MEZ_2) (wobei aufgrund von Harmonisierung gilt WESZ = MESZ - 1 h) - vgl. auch ZeitG)

WEU Westeuropäische Union, London (auf Brüsseler Pakt gegründetes, seit 1955 bestehendes Verteidigungsbündnis von Belgien, der Bundesrepublik Deutschland (BRD), Frankreich, Großbritannien, Italien, Luxemburg und den Niederlanden im Rahmen der NATO - vgl. auch $\neq EU_1$)

WEZ Westeuropäische Zeit (die zu 0° ö.L. (Nullmeridian in Greenwich) gehörende Zonenzeit - maßgleich UTC (i.S. von WEZ = UTC + 0 h) - von Privatpersonen oder in britischer Presse bisweilen noch "GMT" gen. (deutbar als GMT heutiger Auffassung) - vgl. auch WESZ; MESZ, MEZ_2; MOZ, WOZ)

WG (engl.) Working Group (vgl. auch SWG; AG_1; SC_1, TC, TSG; JTC1)

WHK Welthandelskonferenz, Genf (Konferenz der Vereinten Nationen für Handel und Entwicklung - der UN-Vollversammlg. nachgeordnet - erörtert Lösung von Handels- u. Finanzierungsproblemen in Gemeinschaft von Industrie- u. Entwicklungsländern - hat z.Zt. ca. 170 Mitgliedsstaaten mi den deutschsprach. Ländern (früher auch der DDR) - internat., nicht supranational - engl. UNCTAD - vgl. auch GATT)

WHO Weltgesundheitsorganisation, Genf (von engl. World Health Organization - bei der UNO - u.a. fördert sie die IMIA und trägt zu ihren Aktivitäten bei)

WI

1. Wirtschaftsinformatik (die wohl bedeutsamste Ausprägung Angewandter Informatik neben Medizinischer Informatik und Technischer Informatik - als Hauptstudienrichtung integriert WI auch BWL - umgekehrt ist WI zunehmend integraler Bestandteil wirtschaftswissenschaftlicher Studiengänge, wozu die GI (GI_1) ihre Berücksichtigung als WPV empfiehlt - siehe u.a. Inform.-Spektr., Bd. 13, Heft 5, Okt. 1990, S. 289-292 - vgl. auch WI_2; RI_1, TI; IT; GI(-FB 5), WKWI)
2. (Zeitschrift) Wirtschaftsinformatik - eine Zeitschrift der Angewandten Informatik (bei Friedr.Vieweg & Sohn Verlagsges., Braunschweig/Wiesbaden - bis 1989: AI (AI_2))

WiKG 2 2tes Gesetz (der BRD) zur Bekämpfung der Wirtschaftskriminalität (regelt erstmalig die sog. **Computerkriminalität** (mit der sich auch eine Expertenkommission des Europarats befaßt hat) - ergab Ergänzg. des StGB, das Datenausspähung (§ 202a), Computerbetrug (§ 263a), Datenveränderg. (§ 303a), Computersabotage (§ 303b) u.a.m. mit erhebl. Strafen belegt - vgl. auch PC-R-CC; BDSG, PatG, UrhG; PRC)

WIN Wissenschaftsnetz (X.25-Wissenschaftsnetz, nicht-öffentliches Datennetz für die Mitglieder des DFN-Vereins, Berlin(West), gestützt auf Netzinfrastruktur der DBP Telekom - ermögl. deutschen Wissenschaftseinrichtungen der Lehre oder Forschung Datenkommunikation zu günstigen Bedingungen, d.h. pauschalen Anschlußgebühren, unabhängig vom Datenvolumen und zu praktisch uneingeschränkter Verwendung - steht auch Wirtschaftsunternehmen (als Partnern von Wissenschaftseinrichtungen) zur Datenkommunikation im Rahmen von Forschung und Entwicklung (FuE) bedingt offen (damit Universitäten und öffentlich geförderte Forschungseinrichtungen mit ihnen kommunizieren können ohne zusätzlich z.B. Datex-P-Gebühren zahlen zu müssen) - von jedem WIN-Anschluß besteht freier Zugang von und ins Datex-P-Netz der DBP Telekom und über 'Gateways' des DFN-Vereins oder über das paneuropäische Wissenschaftsnetz IXI von und in alle wichtigen ausländischen Wissenschaftsnetze - vom DFN Verein werden derzeit WIN-Anschlüsse für 64 kbit/s und für 9,6 kbit/s angeboten (in 1988 begannen Vorbereitun-gen zur Planung eines ergänzenden Hochgeschwindigkeitsdatennetzes (HDN) für Anschlußkapazitäten zwischen 2 Mbit/s und 140 Mbit/s) - lt. DFN Nachrichten (0-Nr. o.D., ca. März 1990) haben bis dahin 111 Wissenschaftseinrichtungen Verträge mit dem DFN-Verein über 143 Anschlüsse an das WIN abgeschlossen - unter den Benutzern des WIN sind u.a. wichtige Anbieter von 'Online'-Datenbanken (DB_1) wie DIMDI, FIZ Karlsruhe, FIZ-Technik und inzwischen auch JURIS - siehe: DFN-Verein (Hrsg.): Wir im DFN (Benutzer des WIN und Nutzer der DFN-Dienste), Nr. 2 März 1990; weitere Angaben unter DFN - WIN sollte den deutschen Teil des zuvor vom DFN-Verein bezahlten EARN-Standleitungsnetzes ersetzen (erfordert OSI-konforme Produkte) - entsprechend sollte DEARN Ende 1990 eingestellt werden - dies ist jedoch aus mancherlei Gründen unterblieben (u.a. größtes Verkehrsaufkommen von 28 GByte/Monat) - das Netzzentrum für Deutschland und Europa wird von der GMD in Bonn betrieben: seit 1987 DEARN & DFN, seit 1990 auch EASInet - die Verbindungen zu US-amerikanischen Netzen (gegen einen Mehrpreis) wurde 1990 verbessert - das DFN-Informationssystem ist erreichbar über die WIN-Nummer 45050130015 oder mit Datex-P unter Nr. 45 3000 43 042, login: dfn, Paßwort: infosys - vgl. auch BIBLIODATA, MATHDI; FI; JANET; AKADEMSET, TRICC, RARE; RACE)

Windows NT (die Bez. knüpft an der des MS-DOS-Aufsatzes Windows an + "NT" für urspr. "New Technology" - von Microsoft 1992 angekündigtes und 1993 eingeführtes prozeßorientiertes Mehrplatz-Betriebssystem (BS_1) für Mehrprogrammbetrieb von Arbeitsplatzrechnern (vgl. PC_1, WS) mit 32-Bit-Prozessor[en] ab Intel 386 u. genügend großem Hauptspeicher (RAM), integr. graph. Benutzeroberfläche (GBO) von Windows 3.x, aber nur beschränkter Kompatibilität mit DOS- und Windows-Anwendungen - mit einigen interessanten Eigenschaften (wie u.a. benutzereinsehbare Betriebsüberwachung und Sicherheitsmechanismen) b.a.w. wohl eher einsetzbar für betriebliche Benutzergruppen denn für Einzelplatzsysteme - Windows NT von MS geht urspr. wie OS/2 von IBM auf ein gemeins. BS-Entwicklung beider Firmen zurück - beide Entwicklungen sind unabhängig von der Unix-Welt zu sehen - der Erfolg wird auch von der Verfügbarkeit von Anwendungssoftware abhängen, deren Vielfalt erfahrungsgemäß aber erst mit der Reife, Stabilität und Verbreitg. eines BS zunimmt - siehe u.a. insbes. P. Siering: Maskenball, Windows NT u. seine Konzepte im Licht d. Mitbewerber, in c't 1993, Heft 6, S. 72-82 - vgl. auch Desktop-Unix, L3, NeXTSTEP)

WIPO Weltorganisation für geistiges Eigentum, Genf (von engl. World Intellectual Property Organization - vgl. GEMA, VGW; PRC; PatG, UrhG; DPA, EPA; GATT)

WISO — Wirtschaft und Soziales; Wirtschafts- u. Sozialkunde (vgl. BWL, WI_1)

WKWI — Wissenschaftliche Kommission Wirtschaftsinformatik im Verband der Hochschullehrer für Betriebswirtschaft e.V., Dortmund (deutschsprachige Länder übergreifende Verbandskommission zur Förderung der Wirtschaftsinformatik (WI_1) in Deutschland, Österreich u. d. Schweiz - hält regelmäßig Arbeitssitzungen und Fachtagungen ab und nimmt zu Fragen des eigenen Fachs Stellung - de facto das Forum d. Wirtschaftsinformatik in den drei Ländern - Mitgl. sind Professoren, Privatdozenten und Habilitanden - sie und mitwirkende Gäste sind meist auch Mitgl. der GI (GI_1), OCG, ÖGI oder SI (SI_2) - vgl. auch VDB)

WORM — (von engl. write once, read many times - optische, auswechselbare 'read-only' Speicherplatte vergleichbar CD-ROM, als opt. Datenträger für Selbstaufzeichnung mittels vergleichsweise erschwinglichem Aufzeichnungsgerät - Hersteller bieten verschiedene Varianten an - daher ist ihre Normung schwierig u. Wirtschaftlichkt. noch kritisch - erfolgversprechende Normung ist jedoch bei ECMA und JTC 1 angelaufen)

WOZ — wahre Ortszeit (engl. local apparent time (LAT) - wahre Sonnenzeit am Meridian eines Ortes (WOZ = MOZ + Zeitgleichung) - siehe Entw. DIN 13312, 3.91 (Navigation) - vgl. auch auch ZU, ZZ_1; MEZ_2, MESZ; GMT,WEZ; ACTS, DCF77; DHI, PTB; TAI; UTC)

WPV — Wahlpflichtvorlesungen (z.B. in Wirtschaftsinformatik (WI_1) f. BWL)

WR — Wissenschaftsrat, Köln (die Abk. ist informell insofern sie vom Wissenschaftsrat selbst nicht verwendet wird - höchstrangiges [bundes] deutsches Koordinierungs- und Beratungsgremium für Wissenschaft und Forschung - gegr. 1957 gemäß Verwaltungsabkommen zwischen Bund und Ländern, deren stimmberechtigte Vertreter von Wissenschaftlern und Vertretern des öffentlichen Lebens beraten werden, die der Bundespräsident beruft - die Wissenschaftler werden auf gemeinsamen Vorschlag von DFG, HRK, MPG und AGF berufen - veröffentlicht Empfehlungen und statistische Berichte, die von der Geschäftsstelle bezogen werden können - siehe: WR (Hrsg.): Empfehlungen zur Ausstattung der Hochschulen mit Rechenkapazität, Köln 1987; WR (Hrsg.): Empfehlungen zur Informatik an den Hochschulen, Köln 1989 - vgl. auch CIP_3, HBFG; AdW; BMFT, BMBW; BLK, KMK, SV)

WRK — Westdeutsche Rektorenkonferenz, Bonn (war ein freiwill. Zusammenschl. bundesdeutscher Hochschulen, vertreten durch deren Rektoren o. Präsidenten, zur Beratung u. Wahrnehmung gemeinsamer Angelegenheiten - gegr. 1949 - am 5.11.1990 zur Öffnung f. Ostdeutschland geändert in HRK - vgl. auch BMBW; DHV; BLK, DFG, KMK, SV, WR)

wrt; w. r. t. (engl.) with respect/reference to ... (dt. hinsichtlich .../ bezüglich ... - insbesondere in englischen E-Mails - vgl. auch btw)

WS (engl.) Workstation (dezentral einsetzbares Recchensystem (RS) relativ hoher Rechenleistg. u. großer Speicherkapazität (Arbeitssp. mindestens 8 MByte) - gegenw. werden u.a. folgende 32-Bit-Prozessoren einges.: Intel 80486/Pentium, Motorola 68040 bzw. Vax-Prozessor (Digital Equipment) mit CISC-Architektur oder auch zunehmend Prozessoren höchster Leistg. mit günstigem Preis-Leistungs-Verhältnis mit RISC-Archit. wie u.a. SPARC- ($SPARC_1$) o. POWER-Prozessoren - typisch sind große Bildschirme mit hoher Auflösg. u. feinster Farbnuancierung, geeignet f. Hypertext, Fenstertechnik u. anspruchsvolle Graphik, zurückgehend auf leistungsfähige Graphikendgeräte für Großrechner - WS' sind mit integr. Netzwerkanschluß für min. 10 MBits/s (z.B. für Ethernet o. Novell) ausgestattet u. einem Betriebssyst. (BS_1) f. Mehrprogrammbetrieb, z.B. Unix - Anbieter sind z.Zt. Apollo (gehört HP), Apple, DEC, HP, IBM, Siemens, Sony, Sun - vgl. auch PC_1; X_3; GBO, PS_2, SW; USV; GBG, OBG; FDDI, LAN, WAN; ODP)

WSA Wirtschafts- und Sozial-Ausschuß (der EG (EG_1) - vgl. auch KEG, EP_1, ER_1, EuGH)

WSS Werkstattsteuerung (Funktion o. Prozeß der automatischen Fertigungssteuerung - statisch als Funktionseinheit (FE) u. dynamisch als Prozeß (i.S. von Rechen- o. DV-Prozeß) auffaßbar - zentrales übergeordnetes Programmpaket, dessen Einsatz und Auswirkung in der Fertigung, durch Disposition, Auftragsvergabe u. Kommunikation - siehe: Def. von Prozeß in DIN 44300 T.1, 11.88; DIN 66201: Prozeßrechensysteme, Begr.; DIN 19222: Leittechnik, Begr.; ISO/IEC 9506: Manufact. message spec.; VDI 2860: Handhabungsfunkt. ... - vgl. auch PPS; SS_1; NC_1; CAM, CAP, CAQ, CIM; MAP_1, TOP; AMT; PDV)

WTO wissenschaftlich-technische Option (WTOs werden f. das Europ. Parlament (EP_1) von dessen Dienststelle STOA bewertet, gestützt auf relevante Einrichtungen o. Personen unter Vertrag - vgl. auch TAB; OTA)

WWC Conference on Women, Work and Computerization (von IFIP (WG 9.1) geförderte Konferenz über Frauen, Arbeit und Rechnereinsatz - zuletzt WWC4 in Helsinki, 30.6.-2.7.1991 - siehe conference proceed. by Elsevier/North-Holland - vgl. auch KIF)

WWU Wirtschafts- und Währungsunion (generischer Begriff, mit dem u.a. in früheren Jahren der EG (EG_1) das Ziel ihrer Weiterentwicklg. ausschnittweise umriss. wurde, u. inzwisch. auch vertragl. konkretisiertes Nahziel des Maastrichter Vertrages von 1992 - vgl. auch EWU; EU_1)

WYSIWYG (von engl. what you see is what you get, dt. was man (auf dem Bildschirm) sieht, erhält man (ausgegeben, insbes. gedruckt) - bezüglich der Umsetzung von Texteingaben zusammen mit typographischen Auszeichnungen und [vorgegebenen] Layoutangaben (zur sog. Formatierung) in der Bildschirmanzeige vor Druckausgabe: auf dem Bildschirm unmittelbar druckbildgerecht formatiert (weil begleitend oder inkrementell formatiert und nicht mehr en bloc als sog. Stapel zu formatieren) - WYSIWYG-Anzeige bedeutet also nicht allg. druckbildgerechte Anzeige (wie die Langform des Akr. verstanden werden könnte), sondern diese nur, falls sie sich bei Eingabe unmittelbar einstellt (so bei Standardprogrammen für Textverarbeitung wie u.a. Nisus und MS-Word) - WYSIWYG-Darstellung von Text auf dem Bildschirm unterscheidet sich daher von eingabetreuer Darstellung von Text als Zeichensequenz mit sichtbar eingefügten Auszeichnungen, die (wie bei TeX u.a. Texteditoren) erst nach gesonderter Formatierung in eine Druckbildanzeige (engl. preview) bzw. dem Druck selbst nicht mehr als eingestreute Metazeichen sichtbar sind, vielmehr in Anordnung bzw. typographischer Gestalt, die Form des Textes, umgesetzt sind - druckbildgerechte Anzeige bedeutet auch nicht notwendig strikt anzeigetreuen Druck bzw. druckgenaue Anzeige, denn Maßstab, Pixelauflösung und leider auch Letternproportion können sich in Anzeige und Druck unterscheiden - also: den Sachverhalt bezeichnend: die Anzeige stimmt von vornherein mit dem zu erwartenden Druckbild nahezu überein (eine vorlfg., vorgabetreue Anzeige mit eingestreuten (Druck-) Steuerzeichen o. metasprachlichen Indikatoren entfällt also) - vgl. auch NBSP, SHY, SP; DCA, DVI$_2$, RFT, RTF; DTP; ODA, SGML)

Wz Warenzeichen (Urheberschutz gemäß UrhG - auf Antrag eingetragen in die sog. Rolle beim DPA - entspricht engl. trrade mark (TM$_1$))

x — als kleine römische Ziffer: Zehn (vgl. X_2)

X — 1. /ç/ (lateinschriftlich äußerlich mit dem großen griechischen Chi übereinstimmender Buchstabe - z.B. in "T_EX")
2. als römische Ziffer: Zehn (vgl. C_2, D_3, I, L, M_4, V_1)
3. (in "X-Bench", "X-Protokoll", "X-Terminal", "X-Window" - "X" willkürl. angel. an "Unix" - das X-Window-System ist ein weitgeh. portables Grundsyst. z. Entwicklg. von GBOs - entwick. am MIT - u.a. Grundl. von OSF/Motif - siehe: O. Jones: Introduct. to the X Window System, bei Prentice Hall, 1988, ISBN 0-13-499997-5; unter OSF/Motif; C. Gittinger: X-Bench, Manual, bei Siemens, München - vgl. auch WS; EXUG; X/Open; OSE)

X.1 — CCITT-Empfehlung X.1 (unterscheidet elf Benutzerklassen nach der Übertragungsrate in bit/s und der Übertragungsform asynchron, synchron oder paketiert - vgl. auch Bd, bit; $DÜ_2$)

X3 — Bei ANSI: Standards Committee Information Processing Systems (wie NI bei DIN Spiegelgrem. zu JTC1 (bis 1988 ISO/TC97) - insbes. bei Programmierspr. (PS_2) traditionell u. noch heute oft Ursprungsgrem. internat. Normen, gestützt auf Vorarbeit von Institutionen im Vorfeld der Normung, wie CODASYL, IEEE, ECMA, X/Open, u. erhebl. Unterstützung von CBEMA als Arbeitsstelle - das häufige Primat beruht auf Größe u. Dynamik des US-amerikan. Binnenmarkts - X3 ermögl. Ausländern gegen eine Gebühr unmittelbare Mitarbeit (Unterlagen, Beiträge, Sitzungsteiln. ohne Stimmrecht), d.h. Einflußnahme u. Frühkenntnis, ohne Bindung solcher Gäste an [deren] Mitwirkung [bei] d. jeweil. NSO (z.B. DIN) o. an ein Mandat, die bei CEN, CENELEC, ISO, IEC u. JTC1 Bedingung ist - vgl. auch ANS, FIPS; $SPARC_2$)

X.11 — CCITT-Empfehlung X.11

X.21 — CCITT-Empfehlung X.21

X.21 bis — CCITT-Empfehlung X.21 bis

X.24 — CCITT-Empfehlung X.24 (Schnittstelle (SS_1) zwisch. DÜE u. DEE f. galvan. Direktverbdg. - siehe DIN ISO 8481 - vgl. auch V.24; TAE)

X.25 — CCITT-Empfehlung X.25 (Schnittstelle (SS_1) zwischen DÜE u. DEE für öffentliche Datenpaketvermittlungsnetze, bei der Anschlußfunktionen in drei Schichten unterschieden werden - vgl. auch WAN; V.24)

X.200 ff — CCITT-Empfehlungen X.200 ff (vgl. auch OSI-RM; OSI)

X.400 ff — CCITT-Empfehlungen X.400 ff (vgl. auch MHS, MOTIS; EAN_1, EP_2; OSI)

X.500 ff — CCITT-Empfehlungen X.500 ff (vgl. auch DIB, DIR; OSI)

X.900 ff — CCITT-Empfehlungsentwürfe X.900 ff (vgl. auch RM-ODP; IR, OSI; XPG; OO; ODP)

Xenix — (Unix-nahes BS-Produkt (BS_1) von Microsoft)

XEU — (Währungssymbol (nicht nur) im Bankverkehr für) ECU (siehe ISO/IS 4217-1987 - vgl. auch DDM, DEM; EWS, EWU)

XGA — Extended Graphics Array (1991 von IBM im MCA-Zusammenhang eingeführter professioneller Video-Adapter mit speziellem Graphik-Koprozessor oberhalb von SVGA und bedingt abwärtskompatibel zu VGA - bei 640 × 480 Pixel können beliebige aus 65 000 Farben gleichzeitig verwendet werden, bei 1024 × 768 Pixel 256 aus 16 Mio. Farben - vgl. auch Tiga; AGA, CGA, EGA, HGC, MDA, PGA)

XMS — (engl.) Extended Memory Specification (eine Ausprägung des EMS (EMS_3) von LIM - dient Arbeitsspeicherverwaltung oberhalb 1 MB (MB_2) - der XMS-Treiber ermöglicht direkte Adressierung des oberen Speicherbereichs bis 16 MB - vgl. auch VCPI; RAM, Simm)

X/Open — (Unix-Anbietervereinigung - von engl. Unix open - Zweckgruppierung der Rechensystemhersteller Bull, DEC, Ericsson, Fujitsu, HP, ICL, NCR, Olivetti, Philips, Siemens oder SNI, Sun, UNISYS (als Nachf. von Burroughs u. Sperry), dem Softwarehs. Interface, AT&T u. (später hinzugek.) IBM - selbst tätig im Vorfeld d. Normung durch gemeinschaftl. Festleg. u. Einhaltg. (mindestens auf einem Rechensystem (RS)) des gemeins. Standards CAE zu dem von AT&T stammenden Betriebssystem (BS_1) Unix (Wz) als Voraussetzung für Kompatibilität zur Portierung von Programmen auf RS' der Mitgliedsfirmen - beeinflußt Normung durch Setzung einer eigenen de-facto-Norm und Teilnahme an der formellen Normung, beispielsweise der Programmiersprache (PS_2) C (C_1) bei ANSI X3 - siehe unter XPG - vgl. auch X/Open Unix; COSE, OSF, UI; EWOS; EUnet, EUUG, GUUG, UUCP)

X/Open Unix — (Unix-nahes Betriebssystem (BS_1) gem. dem X/Open-Standard CAE, einem von mehreren konkurrierenden Standards (vermutlich dem längerfristig maßgeblichen oder doch richtungweisenden) in einer immer noch kaum übersehbaren Situation wetteifernder Einflußnahmen - im Bereich der Bundesregierung (BuReg) der BRD durch BVB-Klausel empfohlen (BVB_1) - vgl. auch XPG; POSIX); SISZ; BSD, OSF/1)

XOR /iks or/(von engl. exclusive or: either ... or ... (dt. ausschließendes Oder: entweder ... oder ...) - engl. Abk. im Deutschen nur f. Schaltalgebra genormt - gleichbedeutend (harter) Disjunktion, negierter Äquijunktion bzw. auch negierter Bi[sub]junktion in mathematisch. Logik - siehe DIN 5474; DIN 44 300 T 5; DIN 66 000 - vgl. auch NAND, NOR; ANF, KNF; PLA; LOP)

XPG X/Open Portability Guide (Portabilitätsrichtlinie von X/Open mit POSIX als Basis - teilweise integraler Bestandteil von CAE - siehe: X/Open Portability Guide 3 (oder neuer); prENV 40002:1989 (enthält die ersten 7 Teile von XPG 3 - XPG-Konformität von Unix-Software (SW) wird von X/Open-Partnern geprüft, in NRW von SISZ in Dortmund - vgl. auch C_1, Unix; COSE; ED, ETG)

XPS Expertensystem (die aufgrund hoher Investitionen in Vorhaben der KI (KI_1) und deren forcierter Entwicklung zunächst überhöhten Erwartungen in XPS' wurden durch die bundesdeutsche Enquete-Kommission für Technikfolgenabschätzung gedämpft: Der Einsatz selbständig entscheidender XPS' in sicherheitskritischen Bereichen sei schon wegen der Fehleranfälligkeit der Programme kaum zu verantworten aber auch weil sie nur Ausschnitte menschlichen Expertenwissens, und zwar nur theoretischen, nicht jedoch Erfahrungswissen berücksichtigten (modellierten), was die Anwendungsbreite einschränke - private Unternehmen hätten in 1989 allein 209 Mio. DM in XPS' investiert - neuere Erkenntnisse über Anwendungserfolge und Vorhaben in Japan bezüglich Unscharfer Logik (engl. fuzzy logic) nach L. Zadeh scheinen hier bedingt in andere Richtung zu weisen - siehe den Abschlußbericht 11/7990 der Enquete-Komm. zu: Chancen u. Risiken des Einsatzes von Expertensyst. in Produktion u. Medizin, vorgel. am 24.9.1990 - vgl. auch OTA, TAB, STOA; DOSES; DFKI, GMD, ZED)

XT (angelehnt an engl. extended - Bez. von IBM eingeführt - PC (PC_1) i.w.S. mit Intel-8086-Prozessor, 16-Bit-Datenbus und einem Arbeitsspeicher (vgl. RAM) für mindestens 634 KByte - zwischen Ur-PC und AT (AT_1) - vgl. auch ISA_1; WS; RA_1, RS)

XX (symbolisch: bei Menschen weibliches Chromosomenpaar (2 von 46 Chromosomen) - vgl. XY; DNS, RNS)

XY (symbolisch: bei Menschen männliches Chromosomenpaar (2 von 46 Chromosomen) - vgl. XX; DNS, RNS)

YAMA (engl.) Yet Another Multivendor Announcement (dt. Noch eine 'Multivendor'-Ankündigung mehr - das Akr. ist eine verdrießlich-humorige Prägung von J. Seeger in seinem Editorial in iX, 6/1992: Ein YAMA weniger - darin geht es um ACE und andere Gruppierungen, die Offenheitsabsichten bezüglich Software (SW) bekunden - sprachlich vergleichbar RAKA)

Y-NET (Esprit-Projekt Nr. 5700 - am 1.10.1990 begonnenes Pilotprojekt zur Einrichtung von OSI-Netz-Diensten für Esprit-Beteiligte - Dauer: 48 Monate - Konsortium: TELEO in Italien zusammen mit einer Gruppe von Systemherstellern - in jedem Mitgliedsland wird ein oder werden mehrere Knoten für E-Mail, FTAM, DIR und entsprechende Dienste auf der Grundlage von OSI-Normen eingerichtet - Hardware (HW) und Software (SW) werden kostenfrei von einer europäischen Herstellergruppe beigesteuert, Betriebs- und Verwaltungskosten übernimmt die KEG (DG XIII-A2) - die Knoten sollen von PCs (PC_1), WS' und anderen RS' zugänglich sein: über X.25-PAD-Verbindungen oder evtl. Wählverbindung - Zusammenarbeit mit EUREKA COSINE und RARE soll übergreifende Kommunikation sicherstellen)

YP (engl.) Yellow Pages (dt. Gelbe Seiten - weitgehend internat. nach dem gelben Papier derjenigen Bände oder Teile offizieller Telefonbücher jeweils zuständiger Telegrafieträger, die die Telefonteilnehmer nach Branchen untergliedert aufführen, so ben. - in Deutschland also das sog. Branchenverzeichnis des originären Telefonverzeichnisses der DBP Telekom - übertr. auch entsprechende Verzeichnisse im Bereich der Telekommunikation (TK_2) Offener Kommunikationssysteme oder im Zusammenhang von Unix - vgl. auch DIR; OSI)

Z	(etwa in "Z/s:") Zeichen (Abk. für Pseudoeinheit außerhalb des SI (SI_1) - siehe Def. von Zeichen in DIN 44 300 T. 1, 11.88 - vgl. auch cpi, cpl, cps; Sp., Zl.)
Z3	(von K. Zuse, *1910, 1941 fertiggestellter erster betriebsfähiger programmgesteuerter Digitalrechner der Welt - aus 2600 Relais für Rechenwerk und Speicherwerk - der Speicher konnte 64 Numerale zu je 22 Dualstellen aufnehmen - Programme wurden extern auf achtspurig gelochtem Kinofilm gespeichert - erfüllte also noch nicht alle Anforderungen einer sog. Von-Neumann-Maschine (VNM), die erst fünf Jahre später publiziert wurden - siehe u.a. K. Zuse: Der Computer, mein Lebenswerk, 2. Aufl., Berlin 1986 - vgl. auch ALGOL 60; "ZIB")
Z.100; Z.110	CCITT-Empfehlungen Z.100, Z.110 (vgl. auch SDL; FDT)
Z.200	CCITT-Empfehlung Z.200 (vgl. auch CHILL; PS_2)
Z.301 ff	CCITT-Empfehlungen Z.301 ff (vgl. auch MML; PS_2)
ZADI	Zentralstelle für Agrardokumentation und -information, Bonn (vgl. GLI; FI, IuD)
ZAV	Zentralstelle für Arbeitsvermittlung, Frankfurt a.M. (dem BMA nachgeordnete Behörde - sagte voraus, daß sich die Anzahl der Hochschulabsolventen in Informatik und die junger IT-Fachkräfte (MTAs (MTA_1) und DV-Kaufleute), trotz steigenden Bedarfs zunächst von 1990 bis 1995 nahezu halbieren werde (lt. Presse) - vgl. auch ZVS; HIS)
ZD	(engl.) zone description (dt. Zeitunterschied (ZU) - vgl. auch ZT; ZZ)
ZDL	Zivildienstleistender (informell auch "Zivi" gen. - vgl. KDV)
ZDM	Zentralblatt für Didaktik der Mathematik (International Reviews on Mathematical Education - erscheint jährl. sechsmal (2monatl.) bei FIZ Karlsruhe - vgl. auch MATHDI; STN; COMAP; FIS; FI)
ZDS	Zuverlässigkeits-Datensystem (siehe: VDI 4010 Bl.1, 6.86 (Überbl.); Bl.2, 3.84 (Struktur); Bl.3, 1.85 (Planung); Bl. 4, 3.84 (Einrichtg., Verwendg., Betrieb) - vgl. auch LH_1, PH)
ZE	Zentraleinheit (die ausschließlich stellungsbezogene Ben. erscheint in heutiger Sicht nur zur funktionellen Auszeichnung eines Rechners mit zentraler Rolle unter mehreren Rechnern geeignet - siehe jedoch Def. in DIN 44 300, 11.88 - vgl. auch CPU; MP; RW; RA_1, RS)

ZED — Zentrum für Expertensysteme, Dortmund (bei UNIDO - vgl. auch DFKI; XPS; KI_1)

ZEDAT — Zentraleinrichtung für Datenverarbeitung (der FUB), Berlin (West) (vgl. auch ZRZ; ZIB)

ZeitG — Zeitgesetz; Gesetz (d BRD) über die Zeitbestimmung (vom 25.7.1978 - schreibt für den amtlichen und den geschäftlichen Verkehr die MEZ (MEZ_2) bzw. (bedingt) die MESZ als gesetzl. Zeit vor sowie deren Darstellung und Verbreitung von der PTB bzw. dem DHI - ermögl. der BuReg, hier dem BMI, für die Sommermonate die MESZ mittels VO öffentl. verbindlich einzuführen - vgl. auch a; KW_1; s; DCF 77; MOZ, WOZ; TAI, UTC; SI_1)

ZfCh — Zentralstelle für das Chiffrierwesen, Bonn (am 1.6.1989 mit erweiterten Aufgaben in ZSI umgewandelt - vgl. auch BSI_2)

ZGDV — Zentrum für graphische Datenverarbeitung e.V., Darmstadt (vgl. auch AGD, GRIS; GDV)

ZIAM — Zentrum für industrielle Anwendungen massiver Parallelität, Herzogenrath (dient Transfer für Datenverarbtg. (DV) auf Parallelrechnern - gegr. 1992 von NRW mit Unterstützg. d. KEG - vgl. auch MPS_1)

ZIB — Konrad-Zuse-Zentrum für Informationstechnik Berlin, Berlin (West) (nach K. Zuse, dem (aus Berlin stammenden) Erbauer des ersten betriebsfähigen programmgesteuerten Digitalrechners (Z3) der Welt ben. Forschungszentrum für Informatik - gegr. 1984 als rechtsfähige AdöR gemäß ZInfG - gesetzl. Aufgabe des ZIB ist es, in enger Zusammenarbeit mit den Hochschulen und wissenschaftl. Einrichtungen in Berlin Forschung und Entwicklung auf dem Gebiet der Informationstechnik (IT) zu betreiben u. den zugehörigen Dienstleistungsbedarf zu decken - der Senator für Wissenschaft u. Forschung übt die Staatsaufsicht aus - am Verwaltungsrat sind die Präsidenten von FUB und TUB beteiligt - das ZIB gliedert sich in die Bereiche 'Scientific Computing' (Numerik, Symbolik, Graphik, Software, Systolik, verteilte Systeme), Anlagenbetrieb u. Wissenschaftlich-Technische Dienste - z.Zt. etwa 100 Mitarbeiter, von denen ca. 30 an wissenschaftlich. Forschung beteiligt sind - ZIB-Fellowships u. Beteiligung am Norddeutschen Vektorrechnerverbund - siehe u.a. die ersten Jahresber. des ZIB von 1987 und 1988 - vgl. auch RRZN, ZEDAT, ZRZ; DFN; FZI, GMD, MPII)

ZInfG — Gesetz über das Konrad-Zuse-Zentrum für Informationstechnik (des Landes Berlin (West) vom 17.7.1984 - gesetzl. Grundlage für Gründung, Aufgabe und Betrieb des ZIB)

ZIP /zip/ Zone Improvement Plan (USA) (in "ZIP Code", dem US-amerikanischen Postcode - entspr. teilweise d. deutschen Postleitzahl (PLZ), wird jedoch Ort und Kürzel des Staats nachgesetzt - vgl. auch ≠ CIP)

ZIT Zentrum für Informatik und Technik, Paderborn (an der Universität GH Paderborn - betreibt interdisziplinäre Forschung für Informatik und Technik und dient Ausbildung in Informatik, Technik und Betriebswirtschaft (BWL) - vgl. auch MCZ_1, MEZ_1, ZED; IT)

ZKP Zero Knowledge Proof (i.S. von dt. Nachweis von etwas gegenüber jemandem ohne Vorwissen darüber - 1985 von Sh. Goldwasser, S. Micali u. Ch. Rakoff vorgeschlagenes kryptologisches Verfahren zum Beweis des Besitzes einer charakterisierb. Informat. ohne deren Preisgabe, im Dialog räumlich getrennter Partner - in Telekommunikation u.a. zur Authentifikation eines Teilnehmers bei einem anderen Teilnehmer ohne vorherige schriftliche Vereinbarung verwendet - wahrscheinlich gut für Authentifikation im ISDN geeignet - siehe: Goldwasser, Micali, Rakoff: The knowledge complexity of interactive proof systems, in Proceed. of the 17th Sympos. on the Theory of Computers, ACM, 1985, P. 291-304; A. Fiat, A. Shamir: How to prove yourself, practical solutions to identification and signature problems, in CRYPTO '86 Proceed., Lect. Notes in Comp. Sc., Vol. 263, bei Springer 1986, p. 186-194; M.V.D. Burmester, Y. Desmedt, F. Piper, M. Walker: A General Zero-Knowledge Scheme (Verallgemeinerung), vorläufiges Skript zur Veröffentlichung 1990; Patentantrag Nr. P38 17 484.7 beim DPA - vgl. DES, FEAL, MAC_2, RSA, TTT_2; X.509; OSI)

Zl. Zeile (etwa i.U. zu Spalte (Sp.) - auch leere Zeile - vgl. auch Z)

ZLS Zentralstelle der Länder für Sicherheitstechnik, Bonn (in der BRD - vgl. auch BSI_2)

ZPE eindeutige Zerlegbarkeit in Produkte von Primelementen (in Zusammensetzungen wie "ZPE-Ring" (faktorieller Ring) oder "ZPE-Satz" (Fundamentalsatz) in Teilbarkeitstheorie - vgl. ZPI; mod; PBZ)

ZPI eindeutige Zerlegbarkeit in Produkte von Primidealen (in Zusammensetzungen wie "ZPI- Ring" (Dedekindscher Ring) - vgl. ZPE; mod)

ZPO Zivilprozeßordnung (d. BRD - regelt wesentl. Teile des Verfahrens d. ordentl. Gerichte in bürgerl. Rechtsstreitigkt. - bei Anwendg. auf Rechtsstreit im IT-Ber. wird erforderl. techn. Sachverstand durch Sachverständige (vgl. ÖBVSV) eingebr. - ein Gerichtsverf. (nach ZPO) kann durch Schlichtg. eines Schiedsgerichts (dessen Spruch bindet, kein Einlegen von Rechtsmitteln erlaubt) vermieden werden - vgl. auch VwGO)

ZPT Zentrale für Produktivität und Technologie Saar e.V., Saarbrücken (vgl. auch SITZ)

ZRVI Zentrum für Rechts- und Verwaltungsinformatik, Hamburg (am Seminar für Verwaltungslehre der Universität Hamburg - vgl.BIFOA, FJI; GI_1 (FB 5, FB 6); BWL, RI_1, WI_1)

ZRZ Zentraleinrichtung Rechenzentrum (der TUB), Berlin (West) (vgl. auch ZEDAT; ZIB)

ZS Zertifizier[ungs]stelle (vgl. AS, PL_2; DGWK; AZG; DEKITZ, DINZERT; ECITC, EOTC)

ZSC Ziffern-Sicherungscode (i.U. zu Prüfziffer (PZ) - siehe Def. von Fehlererkennungscode und von Fehlerkorrekturcode in DIN 44 300, 11.88 - vgl. auch BCD)

ZSI Zentralstelle für Sicherheit in der Informationstechnik, Bonn (dem BMI nachgeordnete Einrichtung - war am 1.6.1989 aus der ZfCh mit erweiterten Aufgaben hervorgegangen - war über eine kommerzielle Außenstelle an sicherheitsbezogener Normung des DIN-NI beteiligt - wurde inzwischen umgewandelt in Bundesamt für Sicherheit in der Informationstechnik (BSI_2, IT) - siehe ZSI (Hrsg.): IT-Sicherheitskriterien (für die Bewertung d. Sicherh.von Systemen), Fassg. 1 vom 11.1.1989, bei BAnz., (gen. "Grünbuch" (entspr. dem US-amerikan. Pendant "Orange Book"), der IT-Sicherheitsstandard mit amtlichem Charakter und Auswirkung für privatwirtschaftl. Hersteller u. Benutzer von Sicherheitsprodukten) - vgl. auch NCSC, NSA)

ZT (engl.) zonal time (dt. Zonenzeit (ZZ_1) - Beisp.: MEZ (MEZ_2), WEZ - vgl. auch ZD; ZU)

ZU Zeitunterschied (engl. zone description (ZD) - es gilt ZU = ZZ - UTC - vgl. auch ZT)

ZVEI Zentralverband Elektrotechnik- und Elektronikindustrie e.V., Frankfurt a.M. (einer der beiden größten (bundes)deutschen Industrieverbände - betreibt AK-IT - beteiligt sich an Normung der DKE in DIN und VDE sowie des NI im DIN - gibt für seine Mitglieder eigenen Mitteilungsdienst zur Normung hrs. - berät das BMWi u.a. bezügl. der KEG, insbes. SOGITS - ist Gesellschafter der DIA (DIA_1) - vgl. auch ITG_1, VDE; VDMA, EUROBIT; BDI; UNICE)

ZVS Zentralstelle für die Vermittlung von Studienplätzen, Dortmund (in der BRD, für Inländer - vgl. auch HIS; NC_2; BAföG; AvH, DAAD; ZAV)

ZWG — Zentrum für wissenschaftlichen Gerätebau (der ehem. AdW), Berlin (Ost) (bearbeitete u.a. auch CNC - vgl. auch IIR, IKI, ITW)

ZZ — 1. Zonenzeit (engl. zonal time (ZT) - es gilt ZZ = UTC + ZU - Beispiele sind: MEZ (MEZ_2), WEZ - vgl. auch ZD)
2. Zufallszahl (engl. random number - vgl. PZZ; ZZG)

ZZF — Zentralamt für Zulassungen im Fernmeldewesen, Saarbrücken (engl. Central Approval Office for Telecommunications - ist unmittelbar dem BMPT nachgeordnet - lt. Begründung zum PostStruktG (PSG) gehört "das Regeln der Zulassung von Geräten und Personen für den Einsatz im Bereich der Telekommunikation" zu den wesentlichen hoheitlichen Aufgaben - demgemäß wurde im Zulassungszeichen des ZZF das zuvor verwendete Posthorn durch den Bundesadler ersetzt - mit der Gerätezulassung wird die generelle Eignung einer geprüften Fernmeldeeinrichtung für die jeweils vorgesehene Verwendungsart bestätigt - lt. § 2a Abs. 1 FAG ist der BMPT ermächtigt, ... das Verfahren für die Zulassung von Endeinrichtungen und Funkanlagen zu regeln - das Zulassungszeichen des ZZF ist für alle in der BRD gekauften und betriebenen Elektrogeräte für Werkstatt, Haushalt, Rundfunk, Telefonie etc. bisher unerläßlich - Verstöße können mit erheblichen Bußgeldern geahndet werden - lt. künftig anzuwendender EG-Zulassungsrichtlinie (EG_1) ist das BMPT die 'zuständige Stelle' f. die BRD, 'benannte Stelle' für die verwaltungsmäßige Zulassung wird voraussichtlich das ZZF sein - das EG-Verfahren sieht eine EG-Baumusterprüfung etc. bzw. ein EG-Qualitätssicherungssystem vor - als Prüfzeichen soll künftig das CE-Zeichen (CE_2) mit bzw. ohne Zusatz verwendet werden - erwogen wird gegenwärtig, auf das Zeichen am Gerät bedingt zu verzichten, keineswegs jedoch auf dessen zumindest nachträgliche Zulassung, verbrieft in einem separaten baumusterbezogenen Zertifikat - das ermöglicht Geräteauslieferg. bzw. -kauf bei sicher zu erwartender Zulassung, brächte aber auch Verunsicherung mit sich, insofern die Zulassung dann nicht mehr am Gerät selbst ersichtl. wäre - vgl. auch S_2; FTZ, Roland; BAPT; CTR; ACTE; DEKITZ, ECITC; DINZERT, EOTC)

ZZG — Zufallszahlengenerator (Funktionseinheit (FE), meist Programm, zur Erzeugung sog. Zufallszahlen - vgl. auch PZZ, ZZ_2)

ZZZ — Zeitzonenzähler (d. DBP Telekom - Zählschalter zur Gebührenerfassung im Selbstwählferndienst (SWFD), der Gebühren abhängig von Entfernung, erreichter Dauer u. Tarif registriert - d. Begr. Zeitzone hängt hier nicht mit Zonenzeit (ZZ) zusammen - vgl. auch HfD, TAE; TK_2)

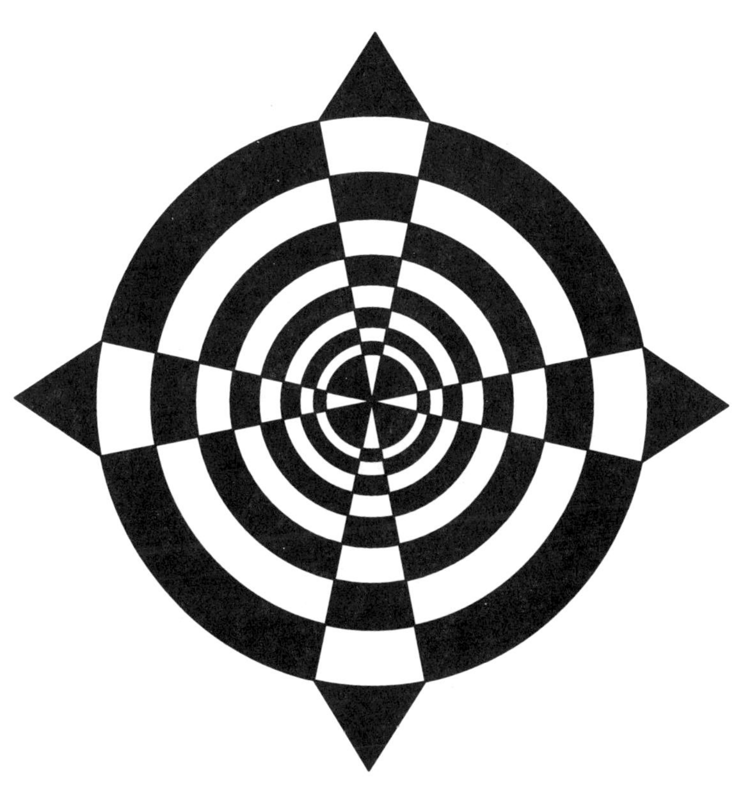

Dank und Quellen

Allen freundlichen Helferinnen und Helfern besten Dank für ihre Aktualisierungen, Korrekturen, Ergänzungs- oder Verbesserungsvorschläge.

Zum Manuskript enes jüngeren Vorläufers (GMD Arbeitspapier 400) erhielt ich wichtige Hinweise aus dem Bundesministerium für Wirtschaft (BMWi), dem Deutschen und dem Österreichischen Normungsinstitut (DIN und ON) und aus der deutschen Industrie. Eine Reihe von Einträgen über neuere Institutionen im Umfeld der OSI-Normung hat Herr Dr. K. Truöl (TeleTrust Deutschland e.V. und EWOS), Darmstadt, beigesteuert. Zu zwei Vorveröffentlichungen bei der GMD habe ich zudem Rezensionen nützliche Hinweise entnommen, für die ich gleichfalls danken möchte. Beide Vorläufer waren rasch vergriffen.

In einigen Zuschriften und Gesprächen wurde ich zum Weitermachen ermuntert. So besonders von einem Hochschullehrer und dem Herausgeber einer namhaften Fachzeitschrift, Normungsbeteiligten und GMD-Kollegen. Das veranlaßte mich zur Ausarbeitung dieses Lexikons. Mein Manuskript dafür wurde von zehn Fachleuten verschiedener Ausrichtung selektiv durchgesehen und auf dieser Grundlage von mir verbessert: einer leitenden Mitarbeiterin der Deutschen Gesellschaft für Warenkennzeichnung (DGWK), einem Abteilungsleiter des Bundessprachenamts (BSprA), einem Juristen (& Informatiker) und sieben GMD-Kollegen (davon drei normungsbeteiligten):

Herrn Dr. W. Appelt, Sankt Augustin (zu Dokumentarchitektur, Formatierern und dgl.)
Herrn Dipl.-Inform. R. Babatz, Bonn (zu Mitteilungsübermittlg., OSI-Schicht 7, Video)
Herrn Dr. K. Kansy, Sankt Augustin (zu Graphischer DV, insbes. CGRM und PREGO)
Herrn Dipl.-Math. J. Kloppenburg, Sankt Augustin (zu Kommunikation, Simula u.a.m.)
Herrn Dr. G. Richter, Sankt Augustin (Verbesserungsvorschl. zu diversen Einträgen)
Herrn Cand. Jur. u. Stud. Inform. M. Schneider, Bonn (Rechtliches, Mehrwertdienste)
Frau M. Schock, Berlin (zu Normkonformität und Qualität in Deutschland u. Europa)
Herrn RegDir H. J. Schuck, Hürth (Durchsicht auf Terminologie und Sprachgebrauch)
Herrn Dr. E. Wegner, Sankt Augustin (z. Informatik, Qualität, Normkonformität u. allg.)
Herrn Dr. R. M. Zimmer, Sankt Augustin (z. Maschinenmodellen u. formalen Sprachen)

Herrn Professor em. Dr. F. Krückeberg, bis Juli 1993 geschäftsführender Leiter des GMD-Instituts für methodische Grundlagen, in dem ich derzeit tätig bin, verdanke ich außer diversen Ergänzungsvorschlägen auch, daß er meine Arbeit an diesem Lexikon verständnisvoll ermöglicht hat. Für vielfältige Ergänzungsvorschläge danke ich wieder Herrn Prof. em. H. Meintzen, Allensbach. Herrn Dr. R. Klockenbusch vom Verlag Vieweg danke ich für Anregungen zu Titel und Anlage des Buchs. Außerdem haben mich Frau N.U. Vestring (Dipl.-Agraring., MBA), Philadelphia PA, Herr Dr.S. Münch (Hrsg. des GMD-Spiegels), Herr F.Sondermann (GMD-EIS) und Herr M. v. Sydow (Stud. Phil.) dankenswert beraten.

Anderen Personen, so Herrn G. Schaube (GMD-AIW/Normenarchiv), der mir Normen und andere autoritative Quellen nachgewiesen hat, sowie Institutionen (wie insbesondere BMPT, DIN, DFN, DKE, DTeV, ECMA, ECTUA, ETSI, EUnet, GI, HRK, KEG, IFIP, SPAG, TBETSI, VDI, VDMA, ZVEI), die mir Material zur Verfügung gestellt oder Kommentare zu einzelnen Einträgen geschickt haben, verdanke ich Aktualisierung oder Richtigstellung zahlreicher Angaben.

Quellen wie technische Normen, Fachzeitschriften und Literatur habe ich im jeweiligen oder übergeordneten Eintrag lokal nachgewiesen, und zwar im allgemeinen durch Referenz hinter "siehe" (vgl. Erläuterung der Einträge, S. xiii). Autoritative Quellen wie Gesetze und Normen habe ich auch dann referenziert, wenn ich sie nicht selbst ausgewertet oder eingesehen habe.

Von den benutzten Fachzeitschriften habe ich außerdem deren Kürzel aufgenommen. Ebenso von den Einrichtungen, in deren Rahmen ich an Sitzungen oder Gesprächen profitiert habe. Für japanische Institutionen habe ich mich unter anderem auf das rote Verzeichnis der Abteilung für Internationale Angelegenheiten der GMD gestützt, für Fachinformation (FI) wesentlich auf das betreffende Programm der Bundesregierung 1990-1994 vom Bundesministerium für Forschung und Technologie (BMFT).

Verantwortlich für Auswahl und Inhalt, d.h. auch die Umsetzung von Verbesserungsvorschlägen (z.T. mehreren zu einem Eintrag), bin ich allein.

Bonn, im Februar 1994 F. v. Sydow

Normalwortregister

Dieses Register erschließt Inhalte des Hauptteils (**a ... ZZZ**) von Normalwörtern her. Soweit es sich dabei um Langformen zu Abkürzungen handelt, die Stichwörter des Hauptteils sind, ist die Abkürzung hier dem Normalwort unmittelbar in **( )** nachgestellt; insofern ist die Auflösung von Abkürzungen des Hauptteils hier invertiert. Stattdessen oder zusätzlich sind Normalwörtern hier andere Stichwörter (Abkürzungen oder Metaphern) des Hauptteils hinter einem **:** nachgestellt, deren Gegenstand unter das Normalwort fällt oder dessen Eintrag ihn berücksichtigt. Indexziffern gehören nicht zum Stichwort. Sie unterscheiden gleiche Stichwörter für verschiedene Gegenstände.
Da Metaphern (wie "Pascal") nicht invertiert werden können, sind sie hier nur unter Normalwörtern (wie "Programmiersprache") aufgeführt. Zahlreiche Abkürzungen sind (wie "COBOL") bekannter als ihre Langformen und deswegen hier auch nicht invertiert, besteht doch kein Anlaß, ihre Langform im Register zu suchen. Folglich enthät das Register **nur ausgewählte oder ergänzende Stichwörter**. Der → verweist auf ein oder mehrere Normalwörter innerhalb des Registers. Viele Einträge der hier nachgewiesenen Stichwörter des Hauptteils enthalten selbst weiterführende Referenzen.

Abkürzung oder Metapher: siehe unter: Arten der Stichwörter, S. ix

Abfragesprache (QL): NDL, SQL 2, SQL 3; QBE; SR → Information Retrieval (IR)

Absichtserklärung (MoU)

abstrakte Sprachenfamilie (AFL)

Akustikkoppler (AKPL): Modem

Allgemeine Geschäftsbedingungen (AGB): AGBG; DGIR

Amplitudenmodulation (AM)

Amtsblatt: BABl., BAnz., BGBL.; GMBl.; EG ABl. → Fachzeitschrift

Analogrechner: PRS; AD, DA_2

Anerkennungsvereinbarung (RA_2): DEKITZ, ECITC → Zertifizierung

Anforderung: DF; RE_1; LRPG; IPRL; $CASE_2$, ODP, OO, QS, SE; CALS, NIU; ISIT; MPR; SW; EPHOS; V_4 → Lastenheft (LH_1), Pflichtenheft (PH); Projektmanagement (PM_2)

Anwenderverband oder -vereinigung: adi, CECUA; AdaD, DANTE, ECOMA, ECUG, EDIG, EMUG, FOSUC, ITUSA, MODUS, TUG → Benutzerverband ...

Arbeitsgemeinschaft der Großforschungseinrichtungen (AGF): GFE

Arbeitsspeicher (RAM) → Speicher; Datenträger

Architektur → Busarchitektur, Rechnerarchitektur; Dokumentarchitektur

Artikelnummer → Europäische Artikelnr. (EAN_2); Universeller Produkt-Code (UPC)

Associated Standardizing Body (ASB): CEN, CENELEC, ETSI

Aufbewahrungszeit: GoB, GoS → Jahr (a)

Auftraggeber (AG_3) → Auftragnehmer (AN), Auftragsdurchlaufzeit (ADLZ)

Auftragnehmer (AN) → Auftraggeber (AG_3), Auftragsdurchlaufzeit (ADLZ)

Auftragsdurchlaufzeit (ADLZ) → Durchlaufzeitforderung (DF)

Automat: (Norm unter) TM_3 → Automatentheorie

Automatentheorie: EA_2, KA, LBA, TM_3; EVA_1 → Chomsky-Hierarchie (CH_1)

Backus-Naur-Form (BNF) → formales Beschreibungsmittel

Baueinheit (BE) → Funktionseinheit (FE); Einheit i.S. von Komponente

Begriff: außer in vielen Einträgen → Terminologie

Behörden: u.a. ASMW, BAW, BBB, BSI_2, BSprA; DARPA, GPO, NTIS; dti; MITI → Bundesanstalten ..., Bundesministerien ..., Europäische Gemeinschaften (EG_1)

Benutzeroberfläche → graphische Benutzeroberfläche (GBO); Ergonomie

Benutzerschnittstelle (BSS) → Benutzeroberfläche, Mensch-Maschine-Interaktion (MMI); Ergonomie

Benutzerverband oder -vereinigung: AFUTT, AFUU, AUTEL, AUUG, CHUUG, CIGREF, CUG, DECUS, DTeV, ECTUA, EurOpen, EUUG, GUIDE, GUUG, JUS, NCUF, NIU, NLUUG, NVBTG, SAVE, SEAS; SHARE, TUA, UKUUG, UniForum, UUGA, VdP → Anwenderverband ...

Beruf: Inform., Math., MTA_1; ISCO → Fachgeb., Fachges. ..., Fakultätentag; Frau

Beschluß: EG_1 → Empfehlung, Richtlinie, Verordnung (VO)

Beschreibungsmittel → formales Beschreibungsmittel, Programmiersprache (PS_2), Terminologie

Besondere Vertragsbedingungen (BVB): LKR, VOL/A; KBST → Vorgehensmodell

Betriebssystem (BS_1): TCB; AIX, A/UX, BDOS, BirLiX, BSD, CP/M, Desktop-Unix, DOS, DR DOS, EUMEL, Helios, HP-UX, L3, Mach, MS-DOS, MVS, NeXTSTEP, OS/2, OSF/1, PC-DOS, PEACE, RTU, Sinix, TRON, Ultrix, Unix, UTS, VM_2, Xenix, X/Open Unix, Windows NT → Sicherheitsschicht (TCB)

Bibliothek: DB_2, TIB; OPAC; BIBLIODATA; NABD → elektronische Softwarebibliothek (eLib); Fachinformation (FI)

Bildschirmtext (Btx): Videotex; CULI; GBG; Datex-J → Fernsehen (TV_1)

Bildschirmzeitung: Videotext → Fernsehen (TV_1)

Bildungsförderung: BAföG; AvH, DAAD (auch Europäische Programme); BMBW; CIP_3; ASK, BLK; SV; FES, FNS, KAS → Forschungsförderung

Bildungskoordination/planung: ZVS; BMBW; HIS; BLK, HRK, KMK; WR → Selbstverwaltung der Wissenschaft

Binnenmarkt → Europäische Gemeinschaften (EG_1), Europäische Union (EU_1); Europäische Norm (EN), Harmonisierungsdokument (HD_1); Richtlinie

Bogenmaß: arc$_1$, arc$_2$, rad; pla → Gradmaß, Winkelmaß

Bruttoinlandsprodukt (BIB) → Bruttosozialprodukt (BSP), Kaufkraftäquivalent (PPE)

Bruttosozialprodukt (BSP) → Bruttoinlandsprodukt (BIB), Kaufkraftäquivalent (PPE)

Bundesamt für Sicherheit in der Informationstechnik (BSI$_2$)

Bundesanstalten der BRD (Auswahl): BA, BAM, BAPT, BAST, DHI, PTB, THW

Bundeseinheitliche Betriebsnummer (BBN): CCG → Identifikation (ID)

Bundesministerien der BRD (Auswahl): AA$_1$, BMA, BMBW, BMF, BMFT, BMI, BMJ, BMPT, BMVg, BMWi, BMZ

Busarchitektur: ISA$_1$; EISA; MCA → Rechnerarchitektur; Architektur

Chomsky-Hierarchie (CH$_1$): EA$_2$, KA, LBA, TM$_3$; BNF, PS$_2$ → Komplexität

Code: ARV8, ASCII, BCD, DRV8, MBV8, EBCDIC, ITA, NRV, UCS, Unicode; ECMA; CIRC, RSPC; SC$_2$ → Europ. Artikelnr. (EAN$_2$), Universeller Produkt-Code (UCP)

Datei: FAT, MATER; NFS, NOP$_2$, OMS, PIF; FTP, FTAM

Datenaustausch → Elektronischer Datenaustausch (EDI), Handelsdatenaustausch (TDI), Datenelement (DE$_1$); Datenübermittlung (DÜ$_1$), Datenübertragung (DÜ$_2$)

Datenbank (DB$_1$): DBMS, DBS, RDB, RDBMS, RDBS, OODB, OODBMS, OODBS; RDA, RDASP; QBE, QL → Fachinformation (FI)

Datenbankabfrage (DBE) → Abfragesprache (QL); Information Retrieval (IR)

Datenbankadministrator (DBA) → Datenbanksystem (DBS)

Datenbanksystem (DBS): DDS; V-DBS → Datenbank (DB$_1$)

Datenbankverwaltungssystem (DBMS) → Datenbank (DB$_1$)

Datenelement (DE$_1$): TDED → Datenaustausch, Datenverarbeitung

Datenendeinrichtung (DEE) → Datenübertragungseinrichtung (DÜE); Einrichtung

Datenerfassung: DEVO; BDE, MDE

Datenschutz: GoDS; BDSG, BfD, DSB; TDSV; TBS; CNIL; DMSPTG

Datensicherheit: GoB; (Normen unter) BDSG; ITSHB; BSI$_2$; CSL, NCSC, NSA; DMSPTG

Datenträger: CD$_2$, CD-ROM, DAT, MB$_1$, MC, MD$_2$, WORM; LW$_2$; LK, LS; SCTD; QIC → Speicher

Datentyp: ADT; boolean, char, integer, real; CLID → Programmiersprache (PS$_2$)

Datenübermittlung (DÜ$_1$): DÜVO; ISDN; LAN, MAN, WAN; FTP, FTAM; TCP/IP, OSI; OSI-RM

Datenübertragung (DÜ$_2$): DEE, DÜE; PAD; AKPL, Modem; LAPM; HDLC, SDLC; V.17, V.21, V.22, V.24, V.32; X.25

Datenübertragungseinrichtung (DÜE) → Datenendeinrichtung (DEE); Einrichtung

Datenverarbeitung (DV): GoDV; ADV, EDV, GDV, LDV, PDV_1; nR, sR; TV_2

Datenverarbeitungsanlage (DVA): RA_1 → Datenverarbeitungssystem (DVS)

Datenverarbeitungseinrichtung (DVE): DVS, RS → Einrichtung

Datenverarbeitungssystem (DVS): RS → Datenverarbeitungsanlage (DVA); Software (SW)

Datum: (in Normung) dav, dor; KW_1 → Datenelement (DE_1); Textverarbeitung (TV_2)

Delegationsleiter (HoD) → internationale Normung

Deutsche Forschungsgemeinschaft (DFG) → Selbstverwaltung der Wissenschaft

deutsche Normung: [ASMW], DIN, DKE; DIN-Mitt., DITR → Normenausschuß (NA_2)

deutsche Standardisierung: CCG, FTZ, GUUG, KBSt, VDI, VDE

Deutschland (D_1): BRD, DDR; EinigungsV → Grundgesetz (GG)

Didaktik: CAI, RGU; DIA_1, LID; COMAP, VFPI; ITG_2; MATHDI, ZDM; DELTA

Dienste: Datel..., ISDN → Telekommunikationsdienst ...; Mehrwertdienst (VAS)

Dienstgüte (QoS) → Qualität

Diensteintegrierendes Digitalnetz (ISDN): B-ISDN

Dimension (dim) → Einheit i.S. von Maßeinheit

Dokument: EP_0; PDF, T.73; MDI; DOA, DSSSL, EDIFACT, ODA, ODIF, ODL, SDIF, SGML; ESHD; MHS, MOTIS, X.400; MIDA

Dokumentarchitektur: DIA_3, FODA, ODA, ODIF; SGML, SDIF; ESHD

Dokumentation: SW; GoB; DGD, LID; FID; KWIC, KWOC, Thesaurus; NABD → Programmdokumentation; Information und Dokumentation (IuD)

Dokumentaustauscharchitektur (DIA_3): EDIFACT → Dokumentarchitektur

Dokumentaustauschformat: PDF; RTF; DCA, RFT; ODIF, SDIF; T.73

Dokumentidentifikator (DID) → Identifikation (ID)

Drittseitenwartung (TPM) → Zuverlässigkeit; Leistung: rechtlich

Durchlaufzeitforderung (DF) → Auftragsdurchlaufzeit (ADLZ)

Editor: WYSIWYG; DTP → Textverarbeitung (TV_2); Steuerzeichen

Einheit i.S. von Komponente: u.a. BE, FE; APDU, AU_2, MAU, PDU → Einrichtung

Einheit i.S. von Maßeinheit: bit, hart, NAT_1, sh; Byte; SI_1: A_1, cd, K_1, kg, m_1, s; a, d_1, h_1, min; gon, rad, pla; S_3, V_3; As_1; var, VA_2, W_1; J; Bd, Hz; dB, Np → Dimension (dim)

Einheitspapier (EP_0) → Elektronischer Datenaustausch (EDI)

Einrichtung: DEE, DÜE, DVE → Einheit i.S. von Komponente

elektronische Post (EP_2): E-Mail, Mailbox; Bcc, Cc, DL; BBS, CBMS, IMAIL; MX, POP; MIME, NNTP, SMTP; TCP/IP; IPM_2, MHS, MOTIS, MTS, X.400; EEMA → Kommunikation Offener Systeme (OSI); Telekommunikationsdienste ...; Diensteintegrierendes Digitalnetz (ISDN); Mehrwertdienst (VAS)

elektronische Softwarebibliothek (eLib) → Internationales Software-Informationssystem (ISIS)

Elektronischer Datenaustausch (EDI): EDIFACT, UN/EDIFACT, X.435; EANCOM; UNSM; UNCID; MHS, MOTIS, X.400 → Handelsdatenaustausch (TDI)

Elektronischer Zahlungsverkehr (EFT): T/T; EWI → Finanztelematik

Empfehlung: CCITT; EG_1; VDE → Beschluß, Richtlinie, Verordnung (VO)

Emulation: VM_1 → Simulation

endlicher Automat (EA_2) → Automatentheorie

Entscheidungstabelle (ET): ETÜ; PM_2 → formales Beschreibungsmittel

Entwicklung: SEU; MITI → Forschung und Entwicklung (FuE)

entwicklungsbegleitende Normung (EBN) → Synergie ...

Entwurfsautomatisierung → rechnergestütztes Konstruieren (CAD)

Ergonomie: MPR; EACE → Benutzerschnittstelle (BSS), Mensch-Maschine-Interaktion (MMI)

Europäische Artikelnummer (EAN_2): EANCOM; SC_2; → Universeller Produkt-Code (UPC)

Europäische Gemeinschaften (EG_1): EGKS, EURATOM, EWG; EP_1, ER_1, EuGH, KEG; EUROSTAT; STOA; ECU, EWI, EWS; EIC → Europäische Union (EU_1)

Europäische Norm (EN): BC; ENV, prEN, HD_1; PNE; ETS, CTR → Internationale Norm (IS); deutsche Normung

europäische Normung: ENSO; CEN, CENELEC, ETSI; ASB; ITSTC; ESB_2, ESF_3, JTESI; CEPT, TRAC; ICONE; ECE; KSZE → internationale Normung

europäische Standardisierung: ECA, ECMA, ECOMA, EHSA, EWICS, EWOS, RARE, SPAG; ECE → internationale Standardisierung

Europäische Union (EU_1(?)): EG_1, EWG; WWU; EWI; ECU

europäische wirtschaftliche Interessenvereinigung (EWIV) → eingetragener Verein (e.V.)

Europäisches Beschaffungshandbuch für Offene Systeme (EPHOS): MHS; FTAM; X.25, WAN; OSI → Lieferkoordinierungsrichtlinie (LKR), Europäische Norm (EN)

Euroscheck (ec): GZS; ATM, GAA; PIN → Finanztelematik

Evaluationsgegenstand (EVG): TOE → Sicherheit in der IT

Expertensystem (XPS): DFKI, ZED → Wissensbasiertes System (WBS); Neuronales Netz (NN_0); Künstliche Intelligenz (KI_1)

Extremum o. dgl.: Max, Min; HOP, TIP; FLAP, TEP, WEP, VZW → Kurvendiskussion

Fachgebiet: BWL, Inform., IuD, Math.; IT; GTI, ITG_2; KI_1, RI_1, TI, WI; OR

Fachgesellschaft oder -vereinigung: AAAI, ACGA, ACM, afect, AFIN, [AFIPS], $AICA_1$, $AICA_2$, AMS, API_2, ASIM , BCS_2, BDU, BDÜ, BVS, CARO, CCF, CEPIS, CIPS, CLEI, COMAP, CSI_1, DABEI, DARC , DEV, DGD, DGIR, DGOR, DMV, DPG, DPMA, DQS, DVD, DVT, EACE, EATCS, ECA, ECCAI, ECOMA, EMS_4, Eurographics, EUROSIM, EUSIDIC, EWICS, FESI, FIACC, FID, GAMM, GChACM, GDD, GDO, GEM_1, GEMA, GESIP, GfdS, GI_1, GIL, GLDV, GMA, GME, GRVI, ICSU, IEE, IEEE, IFAC, IFAN, IFIP, IFLA, IFORS, IFSA, IMACS, IMEKO, IMIA, IM U, IPA_1, IPA_2, ITG_1, IUPAP, NGI, NJSZT, OCG, ÖGAI, ÖGI, ÖMG, ÖVE, SADIO, SEARCC, SMF, SUCESU, TMA, USENIX, VDB, VDE, VDI, VDÜ, VFPI, VTV, WKWI → Anwenderverband ..., Benutzerverband ..., Industrieverband, Standardisierungsvereinigung

Fachinformation (FI): FIS, FIZ; AG-FIZ, INFORUM; INFODATA; IMPACT, UNISIST → 'Oline'-DBs für FI; Abfragesprache (QL), Datenbank (DB_1); Information Retrieval (IR)

Fachterminlogie nach Gebrauch oder Norm: ITV; IEV; GliedIT; IT → Abkürzung oder Metapher; Begriff, Terminologie

Fachzeitschrift: AI_1, [AI_2] ,AICOM, CACM, CoR, CR_1, CSI_2, c't, [CuR], CW, DIN-Mitt., DMR, DSWR, DuD, FFSSYD, GRUR, IC_3, Inform.-Spektr., it, iX, JurPC, LOG IN, NJW, ntz, RDV, TUGboat, WI_2, ZDM u.a.m. unter anderen Stichwörtern → Amtsblatt

Fakultätentag: FFE, FTI; IT → Fachgesellschaft ..., /ndustrieverband ...

Fahrerloses Transportsystem (FTS)

Farbmodell: CMY, HLS, HSV, RGB; NCS; MPR

Feeders Forum (FF) → Normung, Standardisierung

Fehler-Möglichkeits- und Einfluß-Analyse (FMEA) → Zuverlässigkeit

Feldeffekttransistor (FET): MOSFET

Fernsehen (TV_1): HDTV; NTSC, PAL, SECAM → Video; Bildschirmtext (Btx), Bildschirmzeitung

Finanztelematik: ec, EFT, T/T; GAA, OLV, POS_2; PIN, TAN; DES, PZ; CCD, $CICC_2$; TeleTrusT, TTT_2; EDIFACT, X.435; UNCID; EDI

Flüssigkristallanzeige (LCD) → Kathodenstrahlröhre (CRT), Leuchtdiode (LED)

formale[s] Beschreibung[smittel]: FD, FDT; ANF, ASN.1, BNF, CCS, CPM, CPN2, CSP, Estelle, ET, FSM, FUP, IDL, IMCL, KNF, KOP, LOP, LOTOS, MPM, PERT, PN_2, R-..., SADT, SDL, SEGRAS, TTCN, VDL → Petrinetz (PN_1); Programmiersprache (PS_2)

Forschung und Entwicklung (FuE): FORKAT, VDLF; BMFT, DFG –
einige deutsche oder europäische Institute: AKI, DIW, DIW DFKI, DFN, ECFRN, ECRC, EICAR, ERCIM, ESI, $FAST_2$, FAW, FZI, GMD, IABG, ICSI, JRC, LFCS, LIP, MPII, MPIM, PTB, ZED, ZIB; AGF, FhG, MPG –
einige deutsche Vorhaben (zufällige Auswahl): CIM_2, (Feldbus) PROFIBUS, HDN, HPSC, KIAP, MANNA, TOPSYS, TPZ (vgl. auch ältere im Hauptteil) –
europäische Programme u. dgl.: AMT, AVC, COMETT, CTS, DELTA, DOSES, DRIVE, ENS, Esprit, $FAST_1$, IMPACT, INSIS, RACE, Science, TEDIS; EUREKA; COST, CREST (vgl. Projekte im Hauptteil) –
einige nordamerikanische Einrichtungen: CIT_2, CRIM, CSL, ICSI, MCC, NIST, SRI; CISE, CSTB; NRC, NSF_1, (vgl. Einrichtungen im Hauptteil) –
einige US-amerikanische Vorhaben: HPCC: ASTA, BRHR, HPCS, NREN –
einige japanische Einrichtungen: AIR, AIST, ATR, DPC, [ICOT], INSTAC, IROFA, JEIDA, JIPDEC, LIFE, RWCP –
große oder wichtige japanische Vorhaben: NIPT, RWC, TRON

Forschungsförderung: DFG, SFB; BMFT, FORKAT; CIP_3; ASK, BLK; SV → Forschung und Entwicklung (FuE); Bildungsförderung, Selbstverwaltung der Wissenschaft

Frau: FIFF, KIF; WWC → Beruf; Fachgebiet, Fachgesellschaft ..., Fakultätentag

Funktion i.S. von Abbildung: abs, arc_1, arc_2, ent, exp, ggT, kgV, ld, lg, ln, log, mod, sgn → Maximum (Max), Minimum (Min), Vorzeichen (VZ), Zahl

Funktionelle Norm (FN): FS_2; DR_1; ISP; FS_2

funktionelle Programmierung (FP_2) → Programmierstil

Funktionseinheit (FE) → Baueinheit (BE); Einheit i.S. von Komponente

Funktionsplan (FUP) → Kontaktplan (KOP), Logikplan (LOP)

Fuzzy-Mengentheorie bzw. -Logik: FSSYD; LIFE; IFSA → Logik

Galliumarsenid (GaAs) → Germanium (Ge), Silicium (Si); integrierte Schaltung (IC_1), Mikroprozessor (MP)

Gaußklammerfunktion: ent → Funktion i.S. von Abbildung

Gegenzahl: VZ → Vorzeichen (VZ)

Geldausgabeautomat (GAA): ATM_2; ec, PIN → Währung; Finanztelematik

Geschäftsordnung (GO): GGO → Tagesordnung (TO_1); Delegationsleiter (HoD); eingetragener Verein (e.V:)

geschlossene Benutzergruppe (GBG): Btx; CSCW, RUZA → offene Benutzergruppe (OBG)

Gesetz: GG; BGB, HGB,SGB, StGB;AFG, AGBG, AWbG, AWG, BAföG, BDSG, BetrVG, BSIG, BVerfGG, EKStG, GRG, GSG, GWB, HBFG, HWiG, PatG, PostVG, ProdHaftG, PSG = PostStruktG; UrhG, UVPG, UWG, VerbrKrG, VG_1, WiKG → Verordnung (VO); Beschluß, Empfehlung, Richtlinie

Global Positioning System (GPS): MODACOM; SOS

Gradmaß: gon; pla → Bogenmaß, Winkelmaß

graphische Benutzeroberfläche (GBO): GUI; Motif; PARC

graphische Datenverarbeitung (GDV): CAD, VR; GKS, GKS-3D, PHIGS, PREMO; CGI, CGM ; CGRM; Eurographics

Großforschungseinrichtung (GFE): AGF → Forschung und Entwicklung (FuE)

größter gemeinsamer Teiler (ggT) → kleinstes gemeinsames Vielfaches (kgV)

Grundgesetz (GG): BRD, DDR; EinigunsV → Europäische Union (EU_1)

Grundsätze ... : AutomGr.; GoB, GoDS, GoDV; GoS

Gruppenarbeit: GBG, OBG; CSCW, RUZA

Handelsdatenelemente: TDED; DE_1 → Handelsdatenaustausch (TDI)

Handelsdatenaustausch (TDI): EP_0; Incoterms; UNMS; EDI; UNCID

Hardware (HW): RA_1 → Software (SW)

Harmonisierungsdokument (HD_1) → Europäische Norm (EN); Binnenmarkt, Europäische Gemeinschaften (EG_1), Europäische Union (EU_1)

Heim ...: Btx, PDA, TV_1, Videotext; VHS_1; HEB, HES, HOIT → Musik; Video

High-Performance Scientific Computing (HPSC): GENESIS, HPCC, MANNA; TTT_1

Hochpunkt (HOP): Max → Tiefpunkt (TIP); Extremum ...

Hypermedia (HM): Hypertext, MM_2; TV_1, TV_2; CGI, MIDI; PREMO; HyTime, SGML, SMDL → Virtuelle Realität (VR)

Identifikation (ID): $CICC_2$; BLZ, BBN, DID, EAN_2, ISBN, ISSN, PIN, PK, PLZ, TAN, UPC, ZIP → Klassifikation

Industrieverband o. dgl.: BDI, BSA, BVMW, CBEMA, CIAJ, ECMA, ECREEA, ECTEL, EUCATEL, EUROBIT, INTAP, JBMA, TIA, VDA, VDMA, VSI, VTM, ZVEI; IIIC, UNICE → Anwenderverband ..., Benutzerverband ..., Fachgesellschaft ..., Standardisierungsvereinigung

Inferenz: LIPS → Logik, Künstliche Intelligenz (KI_1)

Informatik (Inform.): u.a. GI_1, OCG; ÖGI, SI_2; CEPIS; IFIP → Fachgesellschaft ...; Anwenderverband ..., Benutzerverband ..., Standardisierungsvereinigung; Forschung und Entwicklung (FuE)

Information Retrieval (IR): SQL, SR; DB_1, QL; KWIC, KWOC, Thesaurus → Fachinformation (FI), Information und Dokumentation (IuD)

Information und Dokumentation (IuD): → Dokumentation, Fachinformation (FI)

Informationsmanagement: ISE

Informationstechnik (IT): ITG_1, ITSHB; KIT_2; ITSTC, ITTTF ; ITTF; ITV → Kommunikationstechnik (KT); Telekommunikation (TK_2)

integrierte Schaltung (IC_1): LSI, MSI, SSI, ULSI; VHSIC; E.I.S., JESSI → Mikroprozessor (MP); Speicher

Intelligenzquotient (IQ) → Neuronales Netz (NN_0); Künstliche Intelligenz (KI_1)

Internationale Handelskamer (ICC) → internationale Handelsklauseln

internationale Handelsklauseln: Incoterms → Internationale Handelskammer (ICC)

Internationale Norm (IS): NP_0; CD_1, DIS, WD; AM_2, DAM, PDAM; AD_1, DAD, PDAD; DTR, PDTR, TR → Europäische Norm (EN)

internationale Normung: NSO; ISO, IEC, JTC1 → internationale Standardisierung; europäische Normung, europäische Standardisierung

internationale Standardisierung: CCITT, ITU-TS → europäische Standardisierung

Internationales Begegnungs- und Forschungszentrum für Informatik (IBFI)

Internationales Software-Informationssystem (ISIS) → elektronische Softwarebibliothek (eLib)

Interoperabilität (IOP): PSI, SIG_1; AUSINET, EurOSInet, OSInet, INTAPNET; OSI^{ONE}

Jahr (a): FY, PJ → Kalenderwoche (KW_1), Zeitmaß

Joint Research Centre (JRC) → Forschung und Entwicklung (FuE)

just in time (JIT): CAM, CIM, PPS; EDI, $DÜ_1$ → Operations Research (OR)

Kalenderwoche (KW_1): Jahr (a); Zeitmaß

Kathodenstrahlröhre (CRT) → Flüssigkristallanzeige (LCD), Leuchtdiode (LED)

Kaufkraftäquivalent (PPE) → Bruttolnlandsprodukt (BIB), Bruttosozialprodukt (BSP)

Kellerautomat (KA) → Automatentheorie

Kellerspeicher: LIFO → Silospeicher; Speicher

klammerfrei: APL; PN_2, UPN → rechtsassoziativ

Klassifikation: DK, UDC; ICS_2; MSC; ISCO; IC_3 → Identifikation (ID)

kleine und mittlere Unternehmen (KMUs): IHK; BfAI, EIC; BVMW

Kommunikation: IuK; KBL; BK; GCI, KIAP; KT, NT, TK_2; SR; OSI; ITV → Informationstechnik (IT)

Kommunikation Offener Systeme (OSI): OSI-RM → Offene Systemumgebung (OSE), Offene Verteilte Verarbeitung (ODP)

Kommunikationsbeziehungsliste (KBL) → Kommunikation

Kommunikationstechnik (KT) → Informationstechnik (IT)

Komplement → Gegenzahl; Vorzeichen (VZ); Zahl; Numeral

komplexe Zahl: i_2; Im, Re; abs → Zahl; Numeral

Komplexität: P; NP_1; OR, TM_2 → Chomsky-Hierarchie (CH_1)

Konformitätsprüfung: SISZ; DEKITZ, ECITC; EOTC; CASCO

Konformitätszeichen: DGWK; CCC_1; CECC; CE_2 → Sicherheitszeichen, Zulassungszeichen

kontextfreie Grammatik: CH_1 → Kellerautomat (KA); Backus-Naur-Form (BNF)

kontextsensitive Sprache: CH_1 → linear beschränkter Automat (LBA); Programmiersprache (PS_2)

kritischer Weg: CPM → Netzplantechnik (NPT)

Kryptographie: DEA, DES, FEAL; MAC_2, PKCS, RSA, ZKP; BDSG; TeleSec, X.509; TeleTrusT, TTT_2 → Sicherheit ...

Künstliche Intelligenz (KI_1): AICOM, KI_2; KIFS; AKI, DFKI, ZED; LDV, MÜ; WBS, XPS; ITV → Inferenz, Intelligenzquotient (IQ)

Kurvendiskussion: VZW → Extremum ...; Funktion i.S. von Abbildung

Lastenheft (LH_1) → Pflichtenheft (PH); Anforderung; Projektmanagement (PM_2)

Laufwerk (LW_2): CD_2, CD-ROM, DAT, MB_1, MC, MD_2, WORM; SCTD, SMD

Leistung: rechtlich: AGB, BVB, PLV T; LKR, VOL/A → öffentliche Beschaffung – technisch: ADLZ; EPPT, IPS; ECOMA, SPEC; SMMP; MIPS, MOPS; FLOPS; Hz; Bd, bit/s; bps, cpi, cps → Sicherheit ..., Zuverlässigkeit; Qualität

Leuchtdiode (LED) → Flüssigkristallanzeige (LCD), Kathodenstrahlröhre (CRT)

Lichtwellenleiter (LWL): FDDI; OWG

Lieferkoordinierungsrichtlinie (LKR): VOL/A; GATT → Leistung: rechtlich

linear beschränkter Automat (LBA) → Automatentheorie

Logarithmus (log): ld, lg, ln → Funktion i.S. von Abbildung

Logik: v_2; PN_2; NAND, NOR, XOR; PLA, LOP → Schaltalgebra; Fuzzy...

Manipulationssicherheit: PTB → Zuverlässigkeits-Datensystem (ZDS)

Maschine i. übtr. S.: TM_3; VM_1; VNM

Massive Parallelität: MPST; SMP; MPS_2; Transputer; BCS_1; Helios, Mach, PEACE, TRON; Ada, HPF, Modula-P, Occam; MPS_1, NMPS, PMPS; MIMD, SIMD; QCD, VR; GENESIS, HPSC, MANNA; ASTA, HPCS; RWC; TTT_1 → Rechnerarchitektur

Mathematik (Math.): MSC; MPIM; AMS, COMAP, DMV, GAMM, ÖMG, SMF; EMS_4; IMU → Fachgesellschaft ...; Extremum..., formales Beschreibungsmittel, Funktion i.S. von Abbildung, Zahl; Forschung und Entwicklung (FuE)

Maximum (Max): HOP → Minimum (Min); Extremum ...; Median

Mehrwertdienst (VAS) → Mehrwertnetz (VAW)

Mehrwertnetz (VAN) → Mehrwertdienst (VAS)

Mensch-Maschine-Interaktion (MMI): → Benutzerschnittstelle (BSS)

Messen, Steuern, Regeln (MSR): SI_1; NIST, NPL, PTB; GMA;IFAC, IMEKO → Prozeßdatenverarbeitung (PDV_1)

Metapher oder Abkürzung: siehe unter: Arten der Stichwörter, S. ix

Metasprache (ML_1) → Backus-Naur-Form (BNF), polnische Notation (PN_1)

Mikroprozessor (MP): Pentium, POWER, $SPARC_1$, Transputer; CALM → integrierte Schaltung (IC_1)

Milliarde (Mrd.): G → Numeral, Zahl; Vorsatz

Million (Mio.): M_2 → Numeral, Zahl; Vorsatz

Minimum (Min): TIP → Maximum (Max); Extremum ...

Ministerien: DoD; dti; MITI → Bundesministerien der BRD

Modul, Plural Module: Fortran, SML; MUFON, Simm, SMD_1, TRAM, VMEbus, VMSbus

Modul, Plural Moduln: mod

Multimedia (MM_2): DSSL, MHEG, HyTime, ODA, SPDL, SGML; MHS, B-ISDN; PREMO, GDV, TV_2; TV_1, VHS_1; MIDI, SMDL; MCCI, MMCF; MADE → Hypermedia (HM);

Musik: CD_2, DAT, LP, MB_1, MC, MD_2; MIDI; HyTime, SMDL; MM_2 → Hypermedia (HM)

Netz-Benutzeradresse (NUA): OSI → Datenrufnummer

Netz-Benutzeridentifikation (NUI): OSI → Teilnehmerkennung

Netzplantechnik (NPT): NP_0, CPM, MPM, PERT → formales Beschreibungsmittel

Netztheorie: PN_1; APN; CPN_2, EPS_1, PrT; SADT → formales Beschreibungsmittel

Neuronales Netz (NN_0): ANN, MPS, NMPS → Künstliche Intelligenz (IQ)

Nichtzahl (NaN) → Nulloperation (NOP_1); Gleitkommaarithmetik (GKA)

Norm: u.a. ANS, ANSI ...; BS ..., NF ..., DIN ..., ÖNORM ..., SS ...; EN ..., ETS ...; IS, ISO ..., ISO/IEC ... → Normentwurf, Vornorm (VN)

Normalform (NF_1): ANF, KNF; HNF; GKA

Normenausschuß (NA_2): AEF, AQS, DKE, NABD, NAM, NAT_2, NBü, NDWK, NI, NTK

Normenausschuß Informationsverarbeitungssysteme (NI): NI-FB, NI-GLA

Normentwurf: u.a. (Entwurf) DIN ...; prEN; DIS → Vornorm (VN)

normierte Programmierung (NOP_2) → Programmierstil

Normkonformität: EPHOS, LKR, VOL/A; V_4; DEKITZ, ECITC → Zertifizierung

Normung: u.a. DIN, ON, SNV; CEN, CENELEC, ETSI; JTC1; IEC, ISO; NSO; ENSO; ASB; PNE; HoD; ABTT, LRPG → entwicklungsbegleitende Normung (EBN); Norm, Normenausschuß (NA_2); Standardisierung

Nulloperation (NOP_1) → Nichtzahl (NaN); Gleitkommaarithmetik (GKA)

Numeral: Kote, LSB, LSD, MSB, MSD; EIII, GAMM; Z3 → Vorzeichen (VZ); Exponent (E_1); Prüfzeichen/Prüfziffer (PZ)

numerische Steuerung (NC_1): CNC, DNC; APT, EXAPT; CLDATA; DDC; KIAP; CAM, CIM

numerisches Rechnen (nR): integer, reel; FKA, GKA; VZ; FMG; GAMM, IEEE → symbolisches Rechnen (sR)

Object Management Architecture (OMA): CORBA, ORB; IDL; OMG → Objektorientierung (OO)

Objektdatenmanagement (ODM): → Objektorientierung (OO)

objektorientierte Programmiersprache (OOPS): C++, COBOL, Oberon-2, SIMULA, SMALLTALK; OO

objektorientierte Programmierung (OOP) → Objektorientierung (OO); Programmierstil

objektorientiertes Datenbanksystem (OODBS): OODB, OODBMS; OODBTG; OO

Objektorientierung (OO): ODM; OMA; CORBA, IDL; OMG; OMS; OOA, OOD, OOP; OOPS; OOCTG; OODB, OODBMS, OODBS; OODBTG; MADE → Paradigma...

offene Benutzergruppe (OBG): Btx; CSCW, RUZA → geschlossene Benutzergruppe (GBG)

Offene Dokumentarchitektur (ODA): ODIF, ODL; FODA → Architektur

Offene Systemumgebung (OSE): CAE; X/Open; EWOS; NIST → Kommunikation Offener Systeme (OSI), Offene verteilte Verarbeitung (ODP)

Offene Verteilte Verarbeitung (ODP) → Kommunikation Offener Systeme (OSI); Offene Systemumgebung (OSE)

öffentliche Beschaffung: BVB; EPHOS; LKR, VOL/A; PPG; IPSIT → Normkonformität; Lastenheft (LH_1), Pflichtenheft (PH); Vorgehensmodell

öffentlicher Versorgungsbereich (ADMD) → privater Versorgungsbereich (PRMD)

'Online'-Datenbank: DB_1; BIBLIODATA, CHEMSAFE, CONCISE, DIMDI, DITR, ICONE, ISIS, ISONET, JURIS, MATHDI, PATDBA, PATGRAPH, PARADISE, PATOS, TED, TermNet, VDLF; STN; Diane; ECHO → Abfragesprache (QL); Fachinformation (FI)

Online-Lastschriftverfahren (OLV): Btx, ec ; GAA, POS; PIN, TAN

Operation: VNM; MIMD, MISD, SIMD, SISD; MOPS; Gflops, Tflops

Operations Research (OR): TSP; JIT; NPT, PPS; SADIO; IFORS

paketvermitteltes Datennetz (PSDN): PSPDN, X.25; Datex-P; ISDN → leitungsvermitteltes Datennetz (CSDN)

Paneuropäisches Netz (GEN): TK_2; LWL; IXI, X.25, WAN; PTT → Weltnetz (GAN)

Paradigma/Paradigmenwechsel nach T.S. Kuhn: OO

Parallelrechner: Pentium, Transputer; ZDS; MANNA → Massive Parallelität

Patent: PatG, UrhG; DPA, EPA → Urheberrecht

Petrinetz (PN_1): APN; CPN_2, EPS_1, PrT; SADT → Transition; Netztheorie; formales Beschreibungsmittel

Pflichtenheft (PH) → Lastenheft (LH_1); Anforderung, Projektmanagement (PM_2)

Pflichtleistungsverordnung Telekom (PLV T): VO; DBP Telekom; PSG; AGB

polnische Notation (PN_2): APL, SR; VZ; UPN → formales Beschreibungsmittel

Portabilität: GPOS, POSIX, XPG; APL_1; IAP → Kompatibilität

Postleitzahl (PLZ): A-, CH-, D-; ZIP → Identifikation (ID), Klassifikation; Code

Poststrukturgesetz (PSG = PostStruktG): DBP Telekom, FTZ, Roland; BAPT; BMPT → Telekommunikationsordnung (TKO)

privater Versorgungsbereich (PRMD) → öffentlicher Versorgungsbereich (ADMD)

Produktionsplanung und -steuerung (PPS): CNC, DNC_2; NC_1; WSS; CAM, CAP; CIM; AMT → numerische Steuerung (NC1), Werkstattsteuerung (WSS); Netzplanungstechnik (NPT), Operations Research (OR), Petrinetz (PN_1)

Programm → Programmiersprache (PS_2), Software (SW)

Programmdokumentation: SW → Dokumentation

programmierbarer Festspeicher (PROM): ROM; EPROM → Speicher

Programmiersprache (PS_2): Ada, ALGOL 60, ALGOL 68, APL, APL 2, BASIC, BCPL, C, C++, CHILL, COBOL, ELAN, Fortran, FORTRAN-SC, FP_1, HPF, IRL, LISP, ML_2, Modula-2, MUMPS, Oberon, Oberon-2, Occam, Pascal, Pascal-SC, PEARL, PL/I, PROLOG; PSL, RT FORTRAN, Scheme, Simula, SML, SMALLTALK → linear beschränkter Automat (LBA); Backus-Naur-Form (BNF)

Programmiersprachprozessor (PSP): PLP → Programmiersprache (PS_2)

Programmierstil: NOP_2; STP_2; CIP_2; FP_2; OOP → Paradigma...

Projektmanagement (PM_2) → Lastenheft (LH_1), Pflichtenheft (PH); Vorgehensmodell; Netzplantechnik (NPT), Operations Research (OR)

Protokoll: NJE; FTP, NNTP, SMTP, telnet; TCP/IP; FTAM, MHS, MIDA; PICS; OSI-RM

Protokolltest: ASP, ATS, PTS; IOT, PCO; PDU; TTCN; CTS → Interoperabilität (IOP)

Prozedur: UP; CLI; DFR, RPC → Programmiersprache (PS_2); Software (SW)

Prozeßdatenverarbeitung (PDV_1): PRS; Ada, PEARL, RT FORTRAN; GMA; ECA, EWICS; AMT; CAM, CIM → numerische Steuerung (NC_1), Werkstattsteuerung (WSS); Produktionsplanung und -steuerung (PPS); Programmiersprache (PS_2); Messen, Steuern, Regeln (MSR)

Prozeßrechensystem (PRS): DVS; RA1; BE, FE; AD_2, DA_2; CAMAC, DDC, PROFIBUS, VMEbus, VMSbus, VSBbus → Prozeßdatenverarbeitung (PDV_1)

Qualität: SW; CAQ; QS; QM, TQM; QoS; AQS; DGQ1, DQS, GGS, RAL; QZ; SCOPE; EQS; EQNET; EQ → Sicherheit ..., Zuverlässigkeit; Konformität..., Zertifizierung

Qualitätssicherung (QS): QA; CAQ; QM; TQM; DQS → Qualität

Quantenchromodynamik (QCD): TTT_1

Radiant (rad) → Bogenmaß, Winkelmaß

Rasterbild: RIFF; RIP; REM

Real World Computing (RWC): RWCP → Forschung und Entwicklung (FuE)

Rechenanlage (RA_1): DVA; HW; PC_1, WS; APC; MP; BE, FE → Rechnerarchitektur, integrierte Schaltung (IC_1), Schnittstelle (SS_1), Speicher

Rechensystem (RS): PRS; DVS; RA_1; BE, FE → Rechnerarchitektur; Betriebssystem (BS_1); Schnittstelle (SS_1), Software (SW); Programmiersprache (PS_2)

Rechner: i.e.S. (herkömmlich:) ZE (umfaßt CPU, Speicher u.a.m.) – i.w.S: RA_1, oder auch RS

Rechnerarchitektur: EVA_1; VNM; MIMD, MISD, SIMD, SISD; CISC, RISC; VLIW; CCC_2; POWER, $SPARC_1$, Transputer; BCS_1; SMP, MPS_1 → Busarchitektur

rechnergestütztes Konstruieren (CAD): EDIF; CFI, ECIP; JESSI

rechnerintegrierte Fertigung (CIM_2): CAD, NC_1, PROFIBUS; KCIM

rechtsassoziativ: APL → polnische Notation (PN_2)

Rechtschreibreform: IdS; GfdS; BMI

Rechtsinformatik (RI_1): NF_2; CoR, CR_1, CuR, DuD, RDV; DGIR, GI_1(-FB4), GDD, GRVI; BDSG, UrhG, WiKG; CDPC

Referenzimplementation (RI_2)

Referenzintegrität (RI_3): DB_1; RDB, RDBMS, RDBS → Relationales Modell (RM_2)

Referenzmodell (RM_1): CGRM, OSI-RM, RM-ODP; CAD, EDI, GKS, IRDS, KS, MOTIS, ODA, OSCRL

Relationales Datenmodell (RDM): SQL2; RDB, RDBMS, RDBS → Relationales Modell (RM_2); Referenzintegrität (RI_3)

Relationales Modell (RM_2): SQL2; RDB, RDBMS, RDBS → Relationales Datenmodell (RDM); Referenzintegrität (RI_3)

Richtlinie: EG_1; VDI; UrhG → Beschluß, Empfehlung, Verordnung (VO); Gesetz

Roboter: IRL; AMT; IROFA

Sachverständige[r]: ÖBVSV; IFS; IHK; DIHT; ZPO → Schiedsgericht/Schlichtung

Schaltalgebra: NAND, NOR, XOR; ANF, KNF → Logik; formales Beschreibungsmittel

Schaltjahr: a → Zeitmaß; Einheit i.S. von Maßeinheit

Schiedsgericht/Schlichtung : ZPO; DIHT, IHK; ICC_2; MTO → Sachverständige[r]

Schnittstelle (SS_1): BSS; ABI, API, BCS_1, ESDI, FAPI, GDI, KSS, MIDI, POSIX, SMD, SCSI, SCTD, V.24, X.25; IDL; CIM2; GCI_1, → Baueinheit (BE), Funktionseinheit (FE); Hardware (HW), Software (SW)

Seitenbeschreibungssprache: InterPress, PostScript; SPDL; PDF

Selbstverwaltung der Wissenschaft: AGF, FhG, MPG; DFG, HRK, WR → Bildungskoordination/planung, Forschungsförderung

Sicherheit i.S. von IT-Sicherheit: ITSHB, ITSEC, ITSEM; BSI_2; ISIT; APCSH, V_4; SiR; BDSG; TCB, TCSEC; CSL, NC [illegible] SA; TMRSE → Datensicherheit, Kryptographie

Sicherheitsschicht (TCB): TCSEC → Betriebssystem (BS_1); Sicherheit ...

Silospeicher: FIFO → Kellerspeicher; Speicher

Simulation: ASIM, EUROSIM, IMACS → Emulation

Software (SW): u.a. BS_1, DBMS, PD2, PSP, UP; CASE2, SE, SEU; ESF, ESSI; ESI → Programmierstil; Hardware (HW)

Sommerzeit: DLST; MESZ; ZeitG → Weltzeit, Zonenzeit (ZZ_1); Zeitunterschied (ZU)

Speicher: RAM; DRAM, SRAM; ROM; CD_2, CD-ROM, MOD, ROD, WORM; DAT, MB_1, MC, MD_2; LW_2; TV_2 → Datenträger

Speicherbuchführung: GoB, GoS → Grundsätze ...

Standardisierung → deutsche Normung, europäische Normung, internationale Normung; deutsche Standardisierung, europäische Standardisierung, internationale Standardisierung

Standardisierungsvereinigung: u.a. ACE, CCG, DIA_2, DVI_1, ECMA, EWOS, LIM, MCCI, MCDA, MMCF, OMG, OSF, (unter:) PCI_1, QIC, SPAG, X/Open, VESA → Anwenderverband ..., Benutzerverband ..., Fachgesellchaft ...

Steuerzeichen (Auswahl): EOF, EOT, ESC_1, NBSP, SHY, SP

Strukturierte Programmierung (STP_2) → Programmierstile

strukturschwache Region (LFR) → Europäische Gemeinschaften (EG_1)

Synergie von Forschg. u. Normg.: SYREN → entwicklungsbegleitende Normung (EBN)

Systolik: ZIB → Massive Parallelität

Tagesordnung (TO): TOP → Geschäftsordnung (GO); Delegationsleiter (HoD)

Taxonomie: TG; DMSPTG, FADTG, OODBTG, OSIDBTG

Technikfolgen-Abschätzungsbüro (TAB) → Technikfolgenbewertung

Technikfolgenbewertung: OTA, STOA, TAB; $FAST_1$ → wissenschaftlich-technische Option (WTO); Technikfolgenforschung (TFF)

Technikfolgenforschung (TFF) → Technikfolgenbewertung

Technische Informations-Bibliothek (TIB) → Bibliothek; Fachinformation (FI)

Technischer Bericht: TR; DTR, PDTR

Technisches Hilfswerk (THW) → Bundesanstalten ...

Technologiezentrum (TZ_1): VDI; VDI/VDE-IT; BMFT

Telekommunikation (TK_2): IT; ICS_2 → Datenübermittlung ($DÜ_1$), Datenübertragung ($DÜ_2$), elektronische Post EP_2), Elektronischer Datenaustausch (EDI), Finanztelematik, Kommunikation Offener Systeme (OSI), Mehrwertdienst (VAS), Telekommunikationsdienst ...

Telekommunikationsdienste der DBP Telekom: Btx, Datex-L, Datex-J, Datex-P, Fax, ISDN, Modacom, Temex, Ttx, Tx, Videotext

Telekommunikationsordnung (TKO) → Poststrukturgesetz (PSG =PostStruktG)

Telekommunikationsverordnung (TKV) → Pflichtleistungsverordnung Telekom (PLV T)

Terminologie: MP; IEV, ITV; GTG; JTC1; NAT, NI; DITR; Infoterm, TermNet → Klassifikation; Übersetzung

Terassenpunkt (TEP): WEP → Vorzeichenwechsel (VZW); Extremum ...

Textverarbeitung (TV_2): WYSIWYG; DTP; DV → Editor; Steuerzeichen

Tiefpunkt (TIP): Min; FLAP → Hochpunkt (HOP); Extremum ...

Transaktion: TAN, TPSU; TP_2 → Offene Verteilte Verarbeitung (ODP); Finanztelematik

Transaktionsnummer (TAN) → Identifikation (ID)

Transatlantisches Telefonkabel (TAT-...)

Transition: PrT-...; SADT → Petri-Netz (PN_1)

Turing-Maschine (TM_3): NP_1 → Automatentheorie, Chomsky-Hierarchie (CH_1)

Übersetzung: ETÜ; SADT; MÜ; CAT_2; COTEL, EUROTRA; ECAT; CH_1; LDV ; BSprA; BDÜ, VDÜ → Terminologie

Union der Industrieverbände der Europäischen Wirtschaftsgemeinschaft (UNICE)

Universal Decimal Classification (UDC): DK → Klassifikation

Universal Time: UTC → Weltzeit; Zeitzone, Zonenzeit (ZZ_1)

Universell Kodierter Zeichenvorrat (UCS): Unicode; ECMA → Code

Universeller Produkt-Code (UPC) → Europäische Artikelnummer (EAN_2)

unterbrechungsfreie Stromversorgung (USV): ZDS

Unterprogramm (UP): Makro, Prozedur

Urheberrecht: PatG, UrhG, WiKG; GEMA, VGW; BSA, VSI; GRUR; PRC; WIPO → Patent, Warenzeichen (Wz)

Urheberrechtsgesetz (UrhG)

Validation: VSR; ACVO, BIADI, IABG, GMD, NCC → Verifikation

Verordnung (VO): EG_1 → Gesetz; Beschluß, Empfehlung, Richtlinie

Verein[igung]: e.V. → europäische wirtschaftliche Interessenvereinigung (EWIV); Standardisierungsvereinigung; Anwenderverband ..., Benutzerverband ...

Vereinte Nationen (UN): UNO; UNESCO; ILO, ITU, WHO; UN-EDIFACT

Verifikation: GAMM → Validation

Verwertungsgesellschaft Wort (VGW) → Urheberrecht

Video: DVI_3, EVA_2; VHS; VDU,; VGA, XGA; DVI_1, MCCI, Vesa

virtuelle Maschine (VM_1)

virtuelle Realität (VR)

virtuelles Terminal (VT)

Vorgehensmodell: V_4; KBSt → Lastenheft (LH_1), Pflichtenheft (PH); Projektmanagement (PM_2)

Vornorm: DIN ..., DIN ENV ..., ENV ... → entwicklungsbegleitende Normung (EBN)

Vorsatz zu Einheitenzeichen: c_2, d_2, G, k, μ, m_2, M_2, n, T → Numeral, Zahl

Vorzeichen (VZ): sgn → Numeral, Zahl

Vorzeichenwechsel (VZW) → Extremum ...; Funktion i.S. von Abbildung

Währung: DM; ECU; DEM; XEU; EWI; EWU, WWU

Warenzeichen (Wz): TM_1 → Patent, Urheberrecht

Wartung: Drittseitenwartung (TPM)

Weltzeit: UTC; GMT, WEZ → Zeitunterschied (ZU), Zeitzone, Zonenzeit (ZZ_1)

Wendepunkt (WEP) → Terrassenpunkt (TEP); Vorzeichenwechsel (VZW)

Werstattsteuerung (WSS) → numer. Steuerung (NC_1); Prozeßdatenverarbtg. (PDV_1)

Winkelmaß: arc_1, arc_2, gon, rad, pla → Bogenmaß, Gradmaß; Einheit i.S. von Maßeinheit

Wirtschaftsinformatik (WI_1): BWL; WPF; WI_2; GI_1(-FB 5) → Wissenschaftliche Kommission Wirtschaftsinformatik ... (WKWI)

Wissensbasiertes System (WBS) → Expertensystem (XPS), Neuronales Netz (NN_0); Künstliche Intelligenz (KI_1)

wissenschaftlich-technische Option (WTO) → Technikfolgenbewertung

Wissenschaftliche Kommission Wirtschaftsinformatik im Verband der Hochschullehrer für Betriebswirtschaft e.V. (WKWI) → Wirtschaftsinformatik (WI_1)

Wissenschaftsrat (WR) → Selbstverwaltung der Wissenschaft

Wissenschaftstheorie → Objektorientierung (OO)

X/Open Portability Guide (XPG) → Offene Systemumgebung (OSE)

Yellow Pages (YP), insbes. i.S. von dt. Branchenverzeichnis

Zahl: integer, real; Im, Re; card, ord; e, i, π; Tsd., Mio., Mrd.; Median → Gegenzahl, Vorzeichen (VZ); Nichtzahl (NaN); Numeral; Vorsatz ...

Zeitmaß: a, d_1, h, min, s → Kalenderwoche (KW_1); Schaltjahr; Einheit i.S. von Maßeinheit

Zeitunterschied (ZU) → Weltzeit, Zonenzeit (ZZ_1); Sommerzeit

Zeitzone: MEZ → Zeitunterschied (ZU), Zonenzeit (ZZ_1)

Zeitzonenzähler (ZZZ)

Zertifizierung: DGWK; DEKITZ, ECITZ; DAE, DAR, TGE; AZG, DINZERT, EOTC; CCC..., CENCER; CASCO → Normkonformität

Zonenzeit (ZZ_1): MEZ, WEZ → Sommerzeit; Zeitunterschied (ZU), Zeitzone

Zulassungszeichen: CE_2; GS_2; S_2; ZZF; EMV → Konformitätszeichen, Sicherheitszeichen

Zuverlässigkeit: FMEA; MTBF → Sicherheit; Qualität; Leistung: technisch

Zuverlässigkeits-Datensystem (ZDS) → Manipulationssicherheit

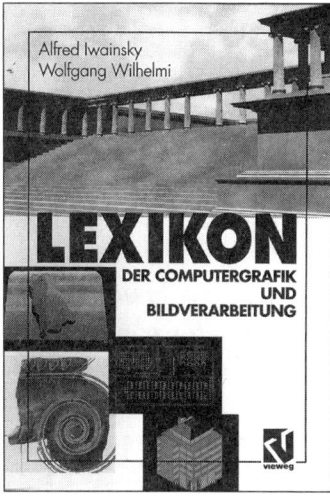